JN449788

한국 야생화
식물도감 (봄)

대한민국을 대표하는

한국 야생화 식물도감 [봄]

초판인쇄 | 2016년 05월 20일
초판발행 | 2016년 05월 31일

지 은 이 | 정연옥 · 정숙진
펴 낸 이 | 고명흠
펴 낸 곳 | 푸른행복

출판등록 | 2010년 1월 22일 제312-2010-000007호
주　　소 | 경기도 고양시 덕양구 통일로 140(동산동)
삼송테크노밸리 B동 329호
전　　화 | (02)3216-8401 / FAX (02)3216-8404
E-MAIL | munyei21@hanmail.net
홈페이지 | www.munyei.com

ISBN 979-11-5637-043-7(14480)
979-11-5637-042-0(세트)

* 이 도서의 국립중앙도서관 출판예정도서목록(CIP)은 서지정보유통지원시스템 홈페이지(http://seoji.nl.go.kr)와 국가자료공동목록시스템(http://www.nl.go.kr/kolisnet)에서 이용하실 수 있습니다.(CIP제어번호: CIP2016012372)

대한민국을 대표하는

한국 야생화 식물도감 봄

정연옥 · 정숙진 共著

푸른행복

「에필로그」
preface

자연을 찾아 산이나 들에서 조그마한 이름 모를 야생화를 보고 우리 주변에 이렇게 많은 야생화가 있는지 알게 된 분들이 많아졌습니다.

주 5일 근무 정착과 생활의 질이 향상되면서 휴일이면 인근 산을 찾는 일이 흔해졌고, 야생화 동호회가 지역별로 사이트별로 활동이 활발해졌습니다. 따라서 등산로 주변에 피어 있는 평소에는 잘 보지 못하고 알지 못했던 꽃을 보면 휴대 전화나 디지털 카메라로 찍어서 인터넷 공간에 올리고 다른 사람들이 이름을 달아 주면 그 꽃을 기억하고 다시 그 꽃을 보면 이름을 불러 주는 그런 시대가 되었습니다. 또한 SNS의 발달로 더 많은 부분에서 실시간으로 꽃을 볼 수 있고 이를 감상하는 때입니다.

최근에는 야생화에 관한 서적과 사진 위주의 도감이 다양해져서 누구나 쉽게 야생화에 관한 공부를 할 수 있습니다.

"한라에서 백두"라는 화두처럼 유명 사이트에 들어가 보면 매 시간 그날그날의 꽃들이 올라와 언제 어떤 꽃이 어떻게 피는지 정확하게 알 수 있습니다. 하지만 아쉽게도 그 식물의 유래와 살아가는 환경, 유사한 품종, 그 품종의 잎, 줄기, 뿌리, 꽃과 종자 등이 상세하게 소개되어 있는 곳은 몇 되지 않는 것이 현실입니다.

그래서 필자는 이 책에 식물의 유래와 유사한 품종을 한눈에 알아보기 쉽게 정리하였고, 계절별로 따로 분류를 하였으며 그 식물의 라이프 사이클(life cycle)을 담았습니다. 꽃이 피는 시기면 여기 저기 이곳저곳을 다니면서 꽃이 폈으면 꽃이 핀 개체를 찍고, 시기가 늦어 씨가 맺혀 있으면 씨를 찍고, 시기가 이르면 올라오는 새순을 카메라에 담아 실었습니다.

이번에 내는 이 책은 많은 것을 표현하는 데 어려움이 있었으나 나름대로 최선을 다해 자료를 정리하고 이를 하나하나 배치하였습니다. 또한 계절별로 나오는 책이기에 유사 품종에 대한 처리를 어떻게 할지가 가장 큰 고민이었습니다. 따라서 다음을 기준으로 내용을 정리하였습니다.

1) 개화기는 달라도 봄에 피는 품종이 많으면 이를 봄편에 넣었습니다. 대표적인 품종은 냉이 종류입니다. 여름에 피는 품종도 봄편에 실었고 개화기는 원래의 것으로 표시하였습니다.

2) 목본류는 많은 품종이 있지만 꽃이 아름다운 화목류를 중심으로 하였습니다.

3) 아직 분류가 되지 않아 정명은 없지만 주변에서 볼 수 있는 품종은 원래 품종의 학명으로 처리하였습니다.

4) 분포지에서 도감에 있는 내용과 다르게 표시된 부분은 자생지가 새로이 발견되는 지역을 추가로 실었습니다.

2015년 10월부터 나고야의정서가 발휘되면서 자원식물에 대한 인식이 어느 시기보다 중요합니다. 아직 분류되지 않았고 이를 자원화해야 하는 일은 미래에 다가올 자원전쟁과 종자전쟁에서의 우위를 점할 수 있기 때문입니다.

꽃 피는 시기가 독자들께서 산과 들에서 보는 것과는 차이가 날 수 있습니다. 이는 국가기관인 산림청과 농진청에서 정한 개회기이므로 약간은 차이가 날 수 있습니다.

이 책의 가장 큰 장점은 수록된 초본류는 가능한 자생지의 생태를 그대로 담았다는 것입니다. 또한 한반도 전 지역에서 자생하는 품종을 담았으며, 식물에는 왜 그런 이름이 붙여졌는지, 어떤 설화가 있는지, 그리고 초보자가 어려워하는 유사 품종을 따로 분류하여 이를 한번에 볼 수 있게 한 것입니다.

자료를 정리하는 내내 힘들었을 텐데도 내색하지 않고 묵묵히 자신의 일을 한 공동저자 정숙진 선생과 원고 정리하느라 힘들 때 사막의 오아시스처럼 웃음을 주며 묵묵히 도움을 준 옆지기 정아 송길자님께도 감사의 인사를 전합니다.

이 책이 나오기까지 더 좋은 책 내용을 출간하라고 아낌없이 자료를 제공하여 주신 분들께 감사의 인사를 전합니다. 목본류 사진을 제공하여 주신 『나무백과』의 저자 오찬진 박사님, '가는장대' 사진을 제공하여 주신 연지, 푸른산님, '산작약' 사진을 제공하여 주신 요한님께 감사의 인사를 전합니다.

원고 정리와 편집에 많은 도움을 주신 편집부 직원분들께도 깊은 감사의 말씀을 드립니다.

꽃들의 기지개가 한창인 남녘에서

저자 대표 정연옥 씀

「한국야생화 식물도감 【봄편】 차례」 contents

우단일엽
814

윤판나물
816

윤판나물아재비
819

으름덩굴
821

은난초
824

은대난초
827

은방울꽃
830

이팝나무
833

자란
836

자란초
839

자운영
841

자주괴불주머니
843

자주솜대
846

자주족도리풀
849

작약(백작약)
852

잔털제비꽃
855

장대나물
858

장딸기
861

장백제비꽃
864

점현호색
867

제비꽃
870

제비꿀
873

제주달구지풀
875

제주양지꽃
877

조개나물
880

조름나물
882

조선현호색
885

조팝나무
888

족도리풀
891

졸방제비꽃
894

좀가지풀
897

좀개소시랑개비
899

좀민들레
901

좀설앵초
904

좀참꽃
907

줄딸기
909

줄민둥뫼제비꽃
912

중대가리풀
915

중의무릇
917

쥐오줌풀
920

지리산개별꽃
923

지리대극
925

지치
927

지칭개
930

진달래
933

쪽동백나무
936

찔레꽃
939

참꽃마리
942

참졸방제비꽃
944

처녀치마
947

346
패랭이꽃
1023

347
풀솜대
1026

348
풍도대극
1029

349
풍도바람꽃
1032

350
피뿌리풀
1035

351
하늘매발톱
1037

352
한계령풀
1040

353
한라꽃장포
1043

354
할미꽃
1046

355
해당화
1049

356
현호색
1053

357
호골무꽃
1055

358
호광대수염
1058

359
호노루발
1060

360
호제비꽃
1063

361
홀꽃노루발
1065

362
홀아비꽃대
1068

363
홀아비바람꽃
1072

364
홍노도라지
1075

365
황매화
1077

366
황새냉이
1079

367
회리바람꽃
1082

368
흰각시붓꽃
1085

369
흰갈퀴현호색
1088

370
흰갯봄맞이
1091

흰골무꽃
1094

흰괭이눈
1097

흰그늘용담
1100

흰금강애기나리
1103

흰금낭화
1105

흰꽃광대나물
1108

흰노랑민들레
1110

흰대극
1113

흰두메자운
1116

흰땃딸기
1118

흰민들레
1121

흰얼레지
1123

흰젖제비꽃
1125

흰조개나물
1128

흰털제비꽃
1130

흰현호색
1133

히어리
1136

한국 야생화 식물도감(봄)

야생화 · 나무 · 야생난

잎이 가늘고 긴

01 가는장대

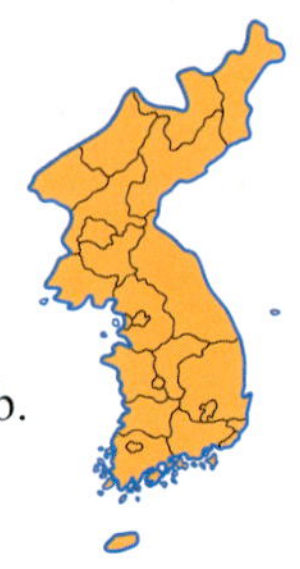

- 학 명 : *Dontostemon dentatus* (Bunge) C.A.Mey. ex Ledeb.
- 과 명 : 겨자과

▲ 가는장대 꽃

▲ 가는장대 잎

장대나물은 가지를 치지 않고 장대처럼 곧게 자란다고 해서 붙여진 이름이다. 꽃의 색깔이나 털의 유무, 잎의 모양 등에 따라 여러 종류로 나뉘는데, 가는장대는 장대나물에 비해 잎이 가늘어서 붙여진 이름이다. 줄기에서 난 잎을 비교해 보면 장대나물의 잎은 긴 타원형이나, 가는장대의 잎은 길이 2~8㎝, 너비 0.3~1㎝로 끝이 뾰족하고 줄 모양을 이룬다.

▲ 가는장대 종자 결실

키는 장대나물이 70㎝ 이상으로 자라는 반면, 가는장대는 15~60㎝가량이다. 뿌리잎은 무더기로 나와 땅에 퍼지고 톱니가 있으며, 줄기잎은 끝이 뭉툭하고 거칠며 가장자리에 날카로운 톱니가 있다.

한편, 꽃도 다르다. 장대나물의 꽃은 4~6월에 원줄기 끝에 흰색으로 달리며 꽃대축이 길게 자라고 꽃자루도 발달하지만 가지가 갈라지지 않고 달리며, 가는장대의 꽃은 5~7월에 홍자색으로 달린다. 꽃이 다른 장대나물 종류에 비하여 아름다운 편이라서 꽃장대 또는 가는잎장대나물로 불리기도 한다. 꽃받침잎은 4개이며 녹색이고 곧추선다. 열매는 길이 4㎝ 정도의 길고 단단한 껍데기에 싸여 있으며, 종자는 길이 1.5㎜ 정도로 좁은 날개가 있다.

겨자과의 두해살이풀로, 우리나라와 일본, 중국 북동부, 몽골과 동시베리

▲ 가는장대 무리

ㄱ

아의 온대 지역에 분포한다. 우리나라의 경우 산지 및 해안의 양지에서 자란다. 어린잎과 줄기는 나물이나 국거리로 이용된다.

길러보기

9월에 받은 종자를 바로 뿌리거나 보관 후 이듬해 봄에 뿌려 번식한다. 양지의 화단에 심으면 좋고, 물은 2~3일 간격으로 준다.

비슷한 식물들

- **장대나물** : 키는 약 70㎝이며, 줄기에서 난 잎은 긴 타원형이다. 꽃은 4~6월에 흰색으로 핀다.
- **큰산장대** : 깊은 산 응달에서 자라며, 키는 15~30㎝이다. 연약해 잘 쓰러지는데, 땅에 닿으면 뿌리가 내려 새싹이 돋는다.
- **섬장대** : 전체에 털이 없으며 곧게 서고, 키는 20~50㎝이다. 울릉도에 자라는 한국 특산종이다.
- **털장대** : 줄기와 잎에 털이 많이 난다. 햇볕이 잘 드는 양지에 자란다.
- **섬바위장대** : 키는 10~20㎝이고, 전체에 별 모양의 털과 갈라진 털이 있으며, 한라산에서 자란다.
- **갯장대** : 바닷가 모래땅에 자란다. 키는 30㎝ 정도로 잎과 함께 털이 많이 나 있다.
- **노란장대** : 꽃이 노란색이다.
- **주걱장대** : 잎이 주걱처럼 생겼다.
- **자주장대나물** : 산기슭 숲 속에서 자라며, 키는 15~30㎝이다. 7월에 흰 바탕에 붉은색 꽃이 핀다. 백두산 등 북부지방에 분포한다.

▲ 장대나물

▲ 노란장대

이파리에 가락지 끼워 주고 싶은

02 가락지나물

■ 학 명 : *Potentilla anemonefolia* Lehm.

■ 과 명 : 장미과

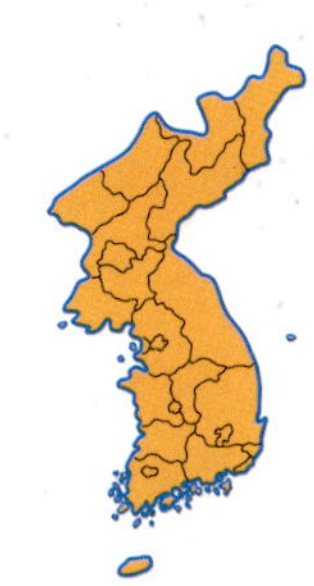

▲ 가락지나물 꽃

▲ 가락지나물 꽃(측면)

꽃만 보면 헷갈리는 것이 가락지나물이다. 노란색 꽃잎이 다섯 개인데, 딱지꽃이나 양지꽃, 물싸리풀, 뱀딸기 등도 그렇게 생겼다. 이럴 때는 잎으로 구분하는 것이 가장 좋다. 가락지나물의 경우 손바닥 모양의 겹잎이다.

가락지라는 이름도 바로 잎의 모양에서 나왔다. 아마도 처음 이 꽃에 이름을 붙인 이는 잎에다 가락지를 끼워 주고 싶었는지도 모른다.

가락지 짝을 잃고 네 홀로 날 따르니
네 짝 찾을 제면 나도 님을 보련마는
짝 잃고 그리는 한은 너나 내나 다르랴

작자 미상의 위 시조에는 연인을 그리워하는 여인의 마음이 절절하기만 하다. 쌍가락지가 아니라 외짝 가락지가 마음을 콕 찌른다. 보통 반지는 미혼이나 기혼 구분하지 않고 끼지만 가락지는 기혼한 여인이 낀다.

가락지나물은 전국 각지의 산지에서 자라는 장미과의 여러해살이풀이다. 햇볕이 잘 드는 곳이면 토양이 척박해도 잘 자란다.

키는 20~60㎝이고, 줄기는 하반부가 비스듬히 자란다. 잎겨드랑이에서 옆으로 뻗은 가지는 끝이 위를 향하며 위로 향한 털이 있다. 뿌리에서 나온 잎

▲ 가락지나물 무리

은 3개씩 줄기에 달리는데, 작은 잎은 길이 1~5㎝, 너비 0.8~2.0㎝이다. 잎의 가장자리에는 톱니가 있으며, 표면에는 털이 성글게 있고 뒷면에는 누운 털이 있다.

꽃은 5~7월에 줄기나 가지 끝에 황색으로 달린다. 꽃의 지름은 0.8~1.0㎝이며, 꽃잎은 5장으로 수술과 암술이 많다. 열매는 달걀 모양으로 6~7월경에 달린다. 열매의 길이는 약 0.1㎝로 털이 없으며, 황갈색이다.

나물로 먹을 수 있고, 약재로도 사용된다.

길러보기

새순이 올라올 때 포기나누기를 해서 화분에 심는다. 9월에 씨를 받아서 화분에 뿌리거나 이듬해 봄에 뿌려도 된다. 습한 곳을 좋아하므로 그늘진 곳에 심는 것이 좋다.

비슷한 식물들

- **양지꽃** : 잎자루가 길고 작은 잎은 3~9개로 깃꼴 겹잎을 이룬다.
- **딱지꽃** : 잎은 어긋나고 깃꼴 겹잎이다. 작은 잎이 다시 깃꼴로 갈라진다.
- **뱀딸기** : 작은 잎은 달걀 모양이거나 달걀 모양 원형이다.
- **물싸리풀** : 홀수 깃꼴 겹잎으로, 작은 잎은 7~11개이다.

▲ 양지꽃

▲ 뱀딸기

조상의 무덤가에 심던

03 가래나무

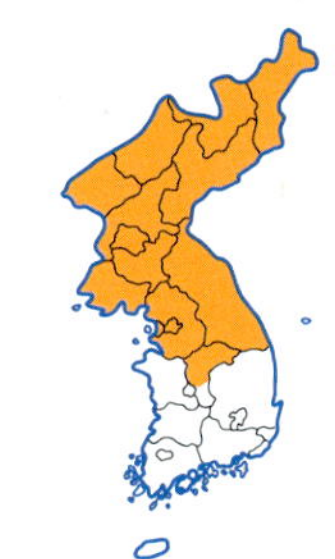

- 학 명 : *Juglans mandshurica* Maxim.
- 과 명 : 가래나무과

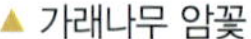
▲ 가래나무 암꽃

▲ 가래나무 수꽃

고국의 소나무 가래나무를 꿈에 가 만져 보고
앞서 간 이의 무덤을 깬 후에 생각하니
구곡간장이 굽이굽이 끊어졌구나.

조위의 〈만분가〉 중에서

옛날에는 조상의 무덤가에 소나무와 가래나무를 많이 심었다. 이를 잘 가꾸는 것을 조상에게 효도하는 것으로 여겼다. 위의 〈만분가〉는 조선 초의 문신 조위(曺偉; 1454~1503)가 무오사화(戊午士禍)로 인하여 순천으로 유배를 가 지은 것으로, 어려울 때는 꿈속에서라도 조상의 무덤가를 맴돌게 된다는 심정을 읊은 것이다.

가래나무는 열매가 꼭 흙을 파헤치는 농기구 가래를 닮았다고 해서 붙여진 이름이다. 한자로는 추목(楸木) 또는 추자목(楸子木), 핵도추(核桃楸)라고 한다. 옛 사람들은 조상 무덤가에 가래나무를 심어서 조상의 무덤이 있는 곳을 추하(楸下), 선산이 있는 시골을 추향(楸鄕), 조상의 산소에 성묘하러 가는 것을 추행(楸行)이라 했다. 이와 같이 특별한 용도로 쓰인 까닭에 옛날에는 뽕나무와 더불어 집 근처에 심어 유산으로 삼았다.

▲ 가래나무 잎

중국에서도 상재(桑梓)라고 해서 뽕나무와 가래나무를 울타리에 심어 자손에게 남겼는데, 후에 상재는 조상 대대로 이어 내려오는 고향을 이르게 되었다.

ㄱ

▲ 가래나무 수피

▲ 가래나무 열매

낙엽활엽교목으로 높이 20m가량이고 지름 80㎝가량이다. 줄기는 암회색으로 곧게 자라고 수피는 세로로 갈라지며 가지는 굵다. 잎은 깃꼴 겹잎이고 타원형의 작은 잎이 7~17개씩 달려 있으며, 작은 잎의 가장자리는 잔톱니가 있으나 점차 없어진다. 수꽃은 길게 늘어져서 녹갈색으로 피고, 암꽃은 가지 끝에 5~10개가 나오며 암술머리는 빨갛고 4~5월에 핀다. 핵과인 열매는 난원형으로 녹색이며 선모로 덮이고, 내과피는 8개의 능각이 지고, 종자는 끝이 뾰족한 달걀 모양으로 9~10월에 익는다.

▲ 가래나무 씨앗

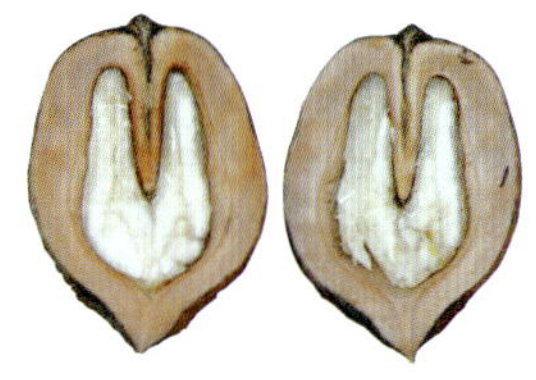
▲ 가래나무 씨앗 속

열매는 추자라고 하는데, 호두와 비슷하게 거무데데한 두꺼운 내과피 속에 들어 있다. 떫은맛이 나는 살이 조금 붙어 있어 먹기는 하지만 식용으로는 적당하지 않고, 기름을 짜서 신선로 요리에 넣기도 하고 목기의 윤을 내는 데에 쓰기도 한다. 또 승려들의 염주를 만드는 데 쓰이고, 손 안에 넣고 지압용으로 사용한다. 한편, 덜 익은 열매의 겉껍질이나 잎에는 독성이 있어서 이것을 찧어 냇가나 개울가에 풀어 놓아 물고기들을 마취시켜 잡기도 하며, 열매의 겉껍질은 물감을 들이는 염료용으로도 사용한다.

우리나라와 중국 동북부, 시베리아 등지에 분포한다. 우리나라에서는 소백산과 속리산 등 중부 이북 해발 100~1,500m 사이의 산기슭과 계곡에 자생한다. 추운 곳에서는 잘 자라지만 따뜻한 곳에서는 생장이 좋지 않은 편이다. 목재는 건축재, 조각재로 사용된다. 어린잎은 삶아서 식용하기도 하고, 한방에서 수피를 말려 약재로 사용하기도 한다.

길러보기

봄에 종자를 파종하여 번식한다.

비슷한 식물들

- **긴가래나무** : 양 끝이 좁고 긴 타원형으로 능각이 다소 뚜렷하지 않다.
- **왕가래나무** : 열매는 길이 4~8㎝의 달걀 모양 핵과로 능선이 없다.
- **호두나무** : 가래나무에 비해 작은 잎이 5~6개이다.

봄나들이 나선 수줍은 새색시

04 각시붓꽃

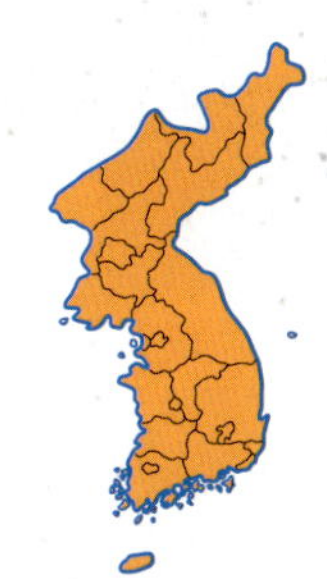

- 학 명 : *Iris rossii* Baker
- 과 명 : 붓꽃과

▲ 각시붓꽃 잎 올라오는 모습

▲ 각시붓꽃 꽃봉오리 올라오는 모습

▲ 각시붓꽃 꽃

▲ 각시붓꽃 무리

아직 쌀쌀한 봄의 어느 날 뒷동산을 걷다 풀밭에서 보랏빛 각시붓꽃을 만나면 여간 기쁜 게 아니다. '이제는 정말 봄이로구나!' 하는 기쁜 마음이 드는 것이다. '기쁜 소식'이라는 각시붓꽃의 꽃말이 하나도 틀리지 않는다.

붓꽃은 키가 60㎝가 넘지만 각시붓꽃은 10~20㎝밖에 안 된다. 그래서 '각시'라는 이름이 붙었는데, 애기붓꽃이라고도 한다. 아직은 추워서일까. 각시붓꽃은 햇볕이 부드럽게 내리쬐는 인적 드문 양지에 몇몇이 모여 봄을 속삭이는 듯하다. 마치 수줍은 새색시들이 봄나들이를 나선 것 같다.

각시붓꽃은 우리나라 산 어디에나 자라는 들꽃이다. 한 해만 피고 마는 한해살이풀이 아니라, 여러 해 피었다 지고 또 피는 여러해살이풀이니 뒷동산에서 각시붓꽃을 만나면 꼭 기억해 두라. 다음해 봄에도 각시붓꽃은 그곳에서 당신을 기다리고 있을 테니.

각시붓꽃은 봄이 가기 전에 꽃을 땅에 떨어뜨린다. 하지만 가늘고 긴 잎은 계속 자라 길이 30㎝까지 된다. 꽃의 지름은 3~4㎝, 꽃잎 안쪽에 수술과 암술이 들어 있다. 꽃이 지면 갈색의 열매가 6~7월경에 긴 타원형으로 달리고, 그 속에 약간 빤짝거리는 검은색 씨가 들어 있다.

갑자기 꽃샘추위가 다가오면 뒷동산에 두고 온 각시붓꽃이 걱정되곤 한다. 하지만 이른 봄에 피는 꽃은 그쯤은 각오하고 핀다는 것을 기억하자.

붓꽃과에 속하며, 우리나라와 일본 남부, 중국 북동부 및 북부 등지에 분포한다.

길러보기

관상용으로 많이 재배된다. 꽃이 아름다워 산에서 이 꽃을 발견하고 집에다 옮겨 심으려는 사람도 있는데, 십중팔구 시들어 죽기 쉽다. 서늘하면서도 습기가 충분한 곳에 심어야 하기 때문에 관리하기가 어렵다. 씨를 받아와 화분에 심을 때나 새순이 올라오는 이른 봄 포기를 나누어서 심을 때에도 서늘한 곳과 습기가 많은 곳에서 키워야 한다.

비슷한 식물들

- **붓꽃** : 붓꽃과를 대표하는 꽃이다. 꽃이 피기 전의 모습이 붓처럼 생겨서 붓꽃이라고 부른다.
- **솔붓꽃** : 무명을 짤 때 풀칠하던 솔을 이 식물의 뿌리로 만들었다고 해서 솔붓꽃이라고 한다. 잎의 길이는 15㎝ 정도이다.
- **난장이붓꽃** : 꽃자루가 아주 짧아서 목 짧은 미인 같다. 키 5~8㎝로 붓꽃 종류 중 가장 작다.
- **금붓꽃** : 진노랑 꽃이 핀다. 키는 13㎝ 정도이다.
- **노랑붓꽃** : 1998년 전라북도 부안군 변산반도에 200여 포기가 군락을 이루고 있는 것이 처음 발견되었다. 키는 약 15㎝로, 한국 특산식물이다.
- **노랑무늬붓꽃** : 흰색 꽃잎에 노란 무늬가 있다. 오대산과 대관령, 팔공산 등지에 자란다. 키는 9~13㎝이다.
- **등심붓꽃** : 북아메리카 원산으로, 남쪽 지방에 널리 퍼져 있는 귀화식물이다. 키는 10~20㎝이다.
- **부채붓꽃** : 여름에 자줏빛 꽃이 핀다. 백두산의 습지에서 자라며, 키는 30~70㎝이다.

▲ 붓꽃

▲ 솔붓꽃

▲ 난장이붓꽃

ㄱ

무리지어 나는 갈매기들이 꽃이 된 듯한

05 갈매기난초

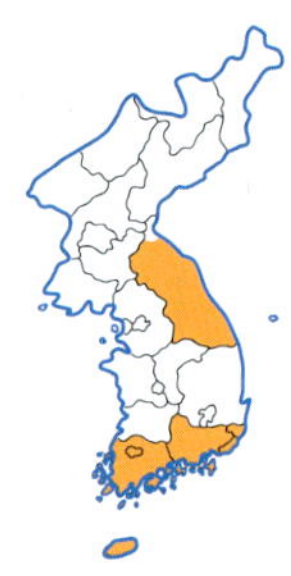

- 학 명 : *Platanthera japonica* (Thunb. ex Murray) Lindl.
- 과 명 : 난초과

▲ 갈매기난초 꽃봉오리

▲ 갈매기난초 꽃

예로부터 난초처럼 사랑을 받는 식물도 있을까. 매난국죽이라고 하여 옛사람들은 난초를 그림의 최고 소재 중 하나로 여겼다. 고결하면서도 아름다운 사군자의 하나인 것이다.

▲ 갈매기난초 새순 올라오는 모습

갈매기난초 역시 인기가 많아 전남과 제주, 강원도 평창 일대 등 자생지에 가보면 사람이 파간 흔적이 쉽게 눈에 띈다. 뿌리가 구근 형태라서 가져다 심으면 잘 자랄 것처럼 보이나 죽는 게 다반사다. 아름다운 꽃을 혼자만 독차지하려고 하면 안 된다. 최근에는 각 국가에 자생하는 식물을 두고 종의 전쟁이 일어나고 있는 만큼 더욱더 아끼는 마음이 있어야 할 것이다.

갈매기난초는 난초과의 여러해살이풀로, 꽃의 모양이 꼭 날고 있는 갈매기를 닮았다. 그것도 20여 마리가 무리지어 나는 듯하다. 꽃의 길이는 짧지만 날개와 주둥이처럼 생긴 것이 여간 앙증맞은 게 아니다.

키는 40~60㎝이고, 습도가 많은 반그늘의 유기질이 풍부한 곳에서 자란다. 다소 굵은 뿌리는 옆으로 퍼지며 자라는데, 그중 가장 큰 뿌리에서 새싹이 돋는다. 잎은 긴 타원형으로 길이 12~20㎝, 너비 4~7㎝이며 끝은 뾰족하다.

길이 10~20㎝의 줄기에 흰색 꽃이 많이 달리고, 입술꽃잎은 넓은 부채 모양이며 길이 1.3~1.5㎝로 끝이 둔하다. 한편, 꿀주머니는 밑으로 처지며 길이 3~4㎝이다. 열매는 7~8월경에 긴 타원형으로 달리는데, 안에는 많은 종자가 들어 있다.

길러보기

국가 위기종으로 분류되어 가정에서 가꾸는 것이 금지되어 있다. 그리고 사실 가정에서 재배하기에는 까다로운 품종이기도 하다.

비슷한 식물들

- **흰제비란** : 갈매기난초에 비해 잎이 좁고, 중앙부 꽃받침조각이 편평하며 꿀주머니가 짧다.
- **제비난초** : 꽃잎이 제비처럼 날렵한 투구 모양이다. 제주도를 제외한 전국에 드물게 자생한다. 키는 약 50㎝이다.
- **산제비란** : 연한 녹색 꽃이 달리며, 꿀주머니는 굽었다.

▲ 흰제비란

▲ 제비난초

▲ 산제비란

나물과 약재로 쓰이는 '용사의 모자'

06 갈퀴나물

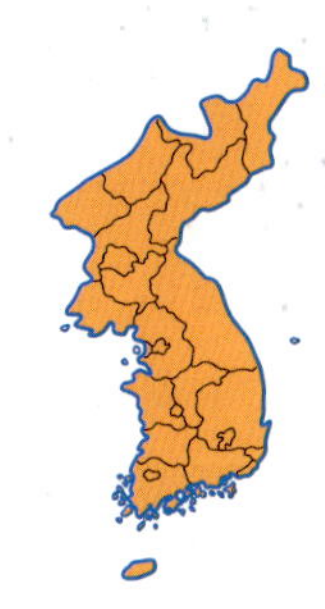

- 학 명 : *Vicia amoena* Fisch. ex DC.
- 과 명 : 콩과

▲ 갈퀴나물 꽃

▲ 갈퀴나물 잎 뒷면

들꽃은 우리가 보는 마음에 따라 다르게 보인다. 사랑스러운 마음으로 보면 예쁘고, 무심히 보면 존재조차 희미하다. 화사한 봄날, 숲 속에서 자신의 존재를 세상에 알리려고 하는 이름 모를 꽃들을 보면 얼마나 신비한지 모른다.

▲ 갈퀴나물 새순 올라오는 모습

갈퀴나물은 갈퀴처럼 생긴 덩굴손으로 다른 물체를 감으면서 자라는 식물이다. 언뜻 보면 갈퀴덩굴과 비슷하게 생겼으나 꽃 색깔과 잎이 나오는 방법, 그리고 키가 다르다. 갈퀴나물은 꽃 색깔이 홍자색이지만 갈퀴덩굴은 홍록색이다. 또 갈퀴나물은 잎은 어긋나지만 갈퀴덩굴은 돌려난다. 키는 갈퀴나물이 80~180㎝인 반면, 갈퀴덩굴은 60~90㎝로 작다.

나물이란 이름이 붙어 있듯 봄에 나오는 새순을 나물로 해 먹는다. 또 가축 사료로도 이용하며, 한방에서는 류머티즘 동통이나 관절염, 근육마비 등의 증상에 약재로 쓴다.

콩과에 속하는 여러해살이 덩굴식물로, 잎은 어긋나고 작은 잎은 길이 1.5~3㎝, 너비 0.4~1㎝로 긴 타원형이거나 피침형이며, 잎줄기 끝에 2~3개로 갈라진 덩굴손이 있다.

잎은 길이 1~3㎝로 짧으며 좁고 뾰족한 모양이다. 꽃은 홍자색으로 한쪽으로 치우쳐 피고 길이 1.2~1.5㎝이다. 꽃받침은 종형으로서 5개의 불규칙한 조각으로 갈라지며 밑부분의 것이 가장 길고 꽃받침통보다 짧거나 같다. 8~9월경에 맺는 열매는 길이 2~2.5㎝, 너비 0.5㎝ 정도로 긴 타원형이며 안에 검고 둥근 종자가 들어 있다.

한국, 일본, 타이완, 중국, 시베리아 등지에 분포하며, '용사의 모자'라는 재미난 꽃말을 가지고 있다.

길러보기

9월에 받은 종자를 바로 뿌리거나 종이에 싸서 냉장 보관한 후 이듬해 봄에 뿌린다. 종자는 발아가 잘 되기 때문에 넓은 면적에 심으려는 경우가 아니면 조금만 뿌려도 된다. 이른 봄이나 가을에 옆으로 나온 뿌리를 나누어 심어도 된다.

햇볕이 잘 들고 물 빠짐이 좋으며 토양이 비옥한 곳에 심는다. 다른 식물과 경합을 많이 하기 때문에 한 곳에 집단적으로 심고 다른 곳으로 퍼져 나가는 것을 막는 것이 좋다. 물은 잎이 많기 때문에 생육 초기에는 많은 양이 필요하므로 1~2일 간격으로 주고, 꽃이 진 후에는 2~3일 간격으로 준다.

비슷한 식물들

- **네잎갈퀴나물** : 잎이 2~3쌍의 작은 잎으로 구성된 짝수 깃꼴 겹잎이다. 산기슭이나 바닷가 풀밭에서 자라며, 꽃은 6~8월에 홍자색으로 핀다.
- **등갈퀴나물** : 잎이 8~12쌍의 작은 잎으로 구성되며, 꽃은 6월에 남자색으로 핀다.
- **가는갈퀴나물** : 잎이 3~6쌍의 작은 잎으로 구성되며, 꽃은 5월에 남자색으로 핀다. 키는 60㎝ 정도이다.

잠깐 피었다 사라지는 귀한 꽃

07 갈퀴현호색

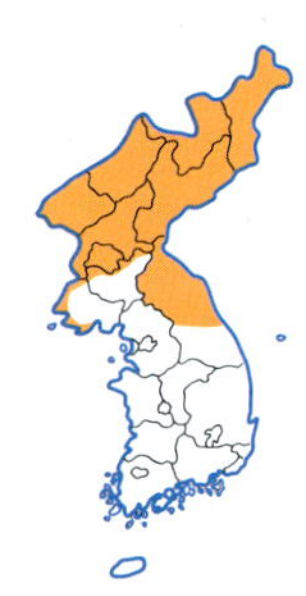

- 학 명 : *Corydalis grandicalyx* B.U.Oh & Y.S.Kim
- 과 명 : 현호색과

▲ 갈퀴현호색 꽃(흰색)

▲ 갈퀴현호색 꽃(보라색)

아직 쌀쌀한 이른 봄, 꽃이 피려면 더 있어야겠다 싶을 때 양지바른 언덕이나 개울가 비탈에 반갑게 얼굴을 내미는 꽃이다. 주로 서늘하고 높은 산에서 잘 자란다. 그래서 아직 응달에 눈이 뭉쳐 있는 산을 오르다 우연히 이 꽃을 보면 여간 반가운 게 아니다.

이 꽃이 특이한 건 봄에 모든 걸 다 끝내고 좀 덥다 싶으면 흔적도 없이 사라진다는 것이다. 3~4월에 꽃을 피우고, 6월에 열매를 맺고는 '난 이제 올해는 다 살았어'라는 말을 남기고 1년 여행을 떠난다. 겨우 3개월만 지상에 머무르는 귀한 식물인 것이다.

▲ 갈퀴현호색 꽃

그렇다고 갈퀴현호색이 죽은 것은 아니다. 뿌리는 여전히 살아 있다. 뿌리를 보면 알처럼 큰데, 구슬같이 생겼다고 해서 북한에서는 땅구슬 또는 땅방울이라고도 한다.

갈퀴현호색은 우리나라 중북부 이북에서 자란다. 키는 10~20㎝로 작은 편이고, 잎은 타원형 또는 거꾸로 세운 달걀 모양이다. 꽃 바로 아래에 있는 잎 모양이 갈퀴처럼 생겨서 갈퀴현호색이라고 한다.

▲ 갈퀴현호색 무리

꽃은 진한 청색으로 5~10개 정도 모여 핀다. 잎의 모양은 작은 물고기 같기도 하고, 작은 새 같기도 하다. 서양에서는 종달새 머리에 나 있는 깃하고 비슷하다고 해서 속명을 '코리달리스'라고 한다. 코리달리스는 그리스 어로 종달새를 뜻하는 말이다.

열매는 6월경에 열리는데, 길이 0.4~1.2㎝, 너비 0.2~0.4㎝로 납작하면서도 송곳처럼 길쭉하다. 이 씨를 받아 9월에 뿌리거나, 해마다 알뿌리에서 작은 알뿌리가 또 생기니까 분리해서 심으면 재배할 수 있다.

그런데 대체 현호색이라는 말은 무슨 뜻일까? 끝에 색 자가 붙어 있어서 마치 무슨 색깔을 의미하는 것 같지만 아니다. 현호색에는 보라색, 하늘색, 흰색 등 여러 빛깔의 꽃이 있다. 현호색에서 '현'은 검다는 뜻으로 알뿌리가 거무튀튀해서 붙였고, '호'는 오랑캐의 뜻으로 이 꽃이 중국 북쪽 지방에서 많이 나서 붙인 것이다. 마지막으로 '색'은 꼬인다는 뜻으로 새싹이 돋아날 때 매듭이 생겨서 붙여졌다. 현호색이라는 이름은 꽤 복잡하게 지어진 것임을 알 수 있다.

관상용으로 많이 사용되며, 알뿌리는 한약재로도 쓰인다.

길러보기

꽃이 예뻐 집에서 관상용으로 기르기도 하지만 서늘한 곳을 좋아해서 키우기가 까다롭다. 또 봄철에만 잠깐 모습을 보였다가 사라지는 까닭에 화분에서 기르면 마치 죽은 것처럼 보이기도 한다.

비슷한 식물들

- **현호색** : 산록의 습기 있는 곳에 자라며, 키 20㎝가량이다. 꽃은 봄에 홍자색으로 핀다.
- **빗살현호색** : 키 20㎝가량이며, 잎은 빗살 모양이다.
- **댓잎현호색** : 잎이 대나무 잎처럼 가늘고 길다. 다른 현호색에 비해 개체 수가 많지 않다.

▲ 현호색

- **왜현호색** : 꽃이 자줏빛이 도는 하늘색이다.
- **들현호색** : 잎이 크고 넓다.
- **점현호색** : 잎에 흰색 반점이 있다. 우리나라에는 천마산에서 자란다.
- **애기현호색** : 산지에서 자라며, 키는 25㎝가량이고, 잎이 잘게 갈라진다.
- **난장이현호색** : 키가 10㎝ 이하로 작다.
- **섬현호색** : 꽃은 5월에 자주색으로 피며, 키 40㎝가량, 잎은 깊게 갈라진다. 울릉도에 분포한다.
- **좀현호색** : 꽃은 홍자색으로 피며, 잎이 작다. 제주도 한라산에 분포한다.

▲ 댓잎현호색

▲ 왜현호색

▲ 들현호색

▲ 점현호색

ㄱ

봄 잔치의 주인공

08 감자난초

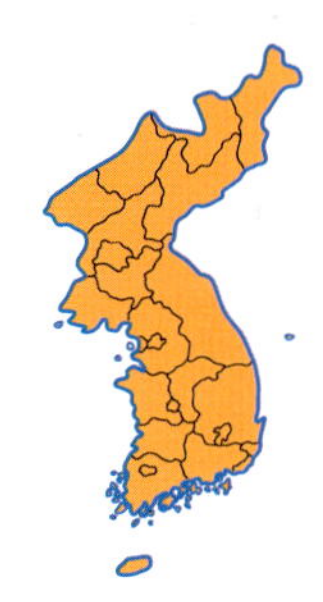

■ 학 명 : *Oreorchis patens* (Lindl.) Lindl.

■ 과 명 : 난초과

▲ 감자난초 꽃봉오리

▲ 감자난초 꽃

봄의 들녘은 꽃들의 잔치로 신난다. 서로 다른 빛깔과 모양을 지닌 수많은 꽃들이 앞다투며 피어나는 것을 보면 마치 요정들이 잔치를 벌이는 것 같다. 그중에서도 낙엽수가 수북하게 쌓인 숲 아래에서 자라는 감자난초는 유난히 아름답다. 조그만 황갈색 꽃들이 줄기 끝에 모여 피는데, 꽃봉오리가 서서히 열리면 하얀 꽃잎이 드러난다. 꽃대의 녹색과 황갈색 꽃, 그리고 하얀 꽃잎술이 조화를 이루어 꽃말 그래도 숲의 요정이라고 부를 만하다.

▲ 감자난초 새순 올라오는 모습

감자난초는 여러해살이풀로, 뿌리 부분은 둥근 알뿌리로 되어 있는데, 이것이 꼭 감자를 빼닮아서 감자난초라고 한다. 예쁜 꽃에 비해 이름이 좀 투박스러운 편이다. 키는 30~50㎝로 난초과에서는 큰 편이며, 잎은 옆에서 1~2장 나온다.

열매는 7~8월경인 여름에 갈색으로 달린다. 열매의 씨방 안에는 무수히 많은 씨가 먼지처럼 들어 있다. 씨방이 건조되어 갈라지면 먼지 같은 씨들은 바람을 타고 멀리멀리 날아간다. 멀리까지 날아가서 자기가 살던 이야기를 주변 식물들에게 들려 줄 것 같은 기분이 든다.

▲ 감자난초 무리

그렇게 씨를 뿌리면 어느새 가을, 이제는 줄기도 시들어서 지상에서 모습을 완전히 감춘다. 만일 화분에 감자난초를 키운다면 이때 조심해야 한다. 죽은 게 아니므로 화분에 가끔 물을 줘야 하기 때문이다. 눈에 보이지 않는다고 숲의 요정이 없는 건 아니지 않은가. 하지만 화분에 물이 너무 많으면 뿌리가 썩을 수 있으므로 조금씩 줘야 한다.

감자난초는 간단히 감자난이라고도 하고, 잠자리난초, 댓잎새우난초라고도 한다. 한국, 중국, 캄차카 반도, 남 쿠릴 열도, 사할린, 우수리 강 등지에 분포한다.

길러보기

따뜻한 곳에서 잘 자라므로 햇볕이 많이 드는 곳에 두는 것이 좋다. 씨는 먼지처럼 작으므로 솜에 받아서 수분을 유지하면 새싹을 틔울 수 있다. 뿌리나누기는 해마다 옆에서 알뿌리가 생기니까 떼어 심으면 된다. 화려한 양란에 비해 소박한 느낌을 준다.

비슷한 식물들

- **잠자리난초** : 8월에 흰색 꽃이 피는데, 꽃대축이 길게 자라고 꽃자루가 발달하나 가지가 갈라지지 않고 달린다. 꽃 모양이 잠자리처럼 생겼다.
- **두잎감자난초** : 잎이 두 장 나는 것이 특징이다. 꽃이 감자난초를 닮았지만 색이 더 짙고, 꽃에 반점이 있는 것이 다르다. 한라산에 분포하며, 한라감자난초라고도 한다.

▲ 잠자리난초

별처럼 꽃이 달리는

09 개감수

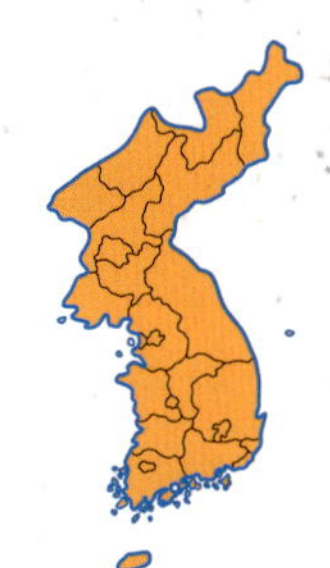

- 학 명 : *Euphorbia sieboldiana* Morren & Decne.
- 과 명 : 대극과

▲ 개감수 꽃

▲ 개감수 줄기

ㄱ

꽃은 색깔과 모양이 천 가지 만 가지 다 다르다. 식물은 어느 것이든 햇볕과 물, 그리고 땅속의 영양분을 먹고 자라거늘 종류마다 다 다른 것을 보면 자연이 얼마나 오묘하고 신비로운지 알 수 있다.

▲ 개감수 꽃

꽃이 예쁜 것은 곤충을 유인하기 위해서이다. 식물은 한 곳에 뿌리를 박고 살아가는 까닭에 씨를 다른 곳으로 퍼트리기가 어려우니까 최대한 예쁘게 꾸미고, 꿀과 향기로 벌과 나비를 유인한다.

그런 면에서 본다면 개감수는 유혹의 명수라고 할 만하다. 꽃이 별처럼 생겨 매우 아름다운 것이다. 이왕이면 다홍치마라고 하지 않던가. 나비나 벌도 눈에 더 잘 띄는 꽃으로 날아가기 마련이다. 꽃은 녹황색으로 피며, 한 줄기에 1개의 암꽃이 있고 나머지는 모두 수꽃이다. 나무는 더러 암꽃과 수꽃이 따로 피기도 하는데, 풀꽃이 따로 피는 경우는 흔치 않다.

개감수는 전국의 산과 들에 자라는 여러해살이풀이다. 양지 혹은 반음지의 비옥한 토양에서 잘 자란다. 키는 30~60㎝이다.

▲ 개감수 무리

잎은 긴 타원형으로 앞부분은 녹색이지만 뒤쪽은 홍자색을 띤다. 언뜻 보면 잎이 꽃 색깔과 비슷해 꽃이 피었는지는 자세히 봐야 알 수 있을 정도다. 잎을 자세히 보면 꼭 개의 다리처럼 생겼는데, 그래서 개감수라는 이름이 붙여졌다.

열매는 여름이 끝난 9월경에 달린다. 이때 열매를 따 씨를 화분에 뿌리거나 다음해 봄에 뿌리면 집에서도 기를 수가 있다. 가을이나 봄에 뿌리에서 새순이 나오는데, 짙은 빨강색이라서 꽤나 신기하다. 이것을 나눠 화분이나 화단에 심어도 된다.

개감수는 큰 군락을 이루지는 않지만 군데군데 뭉쳐서 자라는 것을 자주 볼 수 있다. 잎을 자르면 흰색의 유액이 나오는데, 독성이 아주 강하므로 먹을 수는 없다. 이렇게 독성 물질을 지닌 것은 식물들이 스스로를 방어하기 위해서이다.

개감수는 대극과에 속하며, 감수 또는 낭독이라고도 한다. 우리나라와 사할린 섬 남부, 쿠릴 열도 남부 등지에 분포한다. 관상용으로 심으며, 뿌리는 약재로 사용된다.

길러보기

집에서 기르려면 이른 봄 일찍 싹이 올라오기 때문에 햇볕이 많이 드는 곳에 심어야 한다. 잎을 꺾으면 독한 유액이 흘러나오므로 줄기를 꺾거나 만지지 않는 것이 좋다.

비슷한 식물들

- **대극** : 줄기는 곧게 서며, 키는 80㎝ 정도이다. 잎은 어긋나고 잎자루는 없으며 타원형의 피침형으로 끝이 뾰족하다.

▲ 대극

백두산 고원지대에 자라는

10 개감채

- 학 명 : *Lloydia serotina* (L.) Rchb.
- 과 명 : 백합과

▲ 개감채 꽃

▲ 개감채 무리

백두산은 1년 중 절반은 겨울이라서 야생화들의 생태도 온대지방과는 다르다. 추위가 심하므로 키도 작으며 꽃도 재빠르게 피웠다 떨군다. 2주 정도면 꽃이 피고 진다. 또 씨앗보다는 뿌리로 생명을 이어 가는 것이 더 유리하므로 한해살이풀보다는 여러해살이풀이 더 많은 것도 특징이다.

개감채도 그런 특징을 지니고 있다. 백두산 이외에도 함경북도 관모봉 등 높은 산의 암석지대에 주로 분포하는데, 키는 15㎝ 정도이다. 꽃은 지름 1.5㎝ 정도, 길이 1~1.3㎝로 작은 편이다.

비늘줄기는 원기둥 모양이고 바깥을 둘러싼 껍질은 연한 황갈색을 이룬다. 뿌리잎은 길이 7~20㎝, 너비 1㎜ 정도로 줄 모양으로 두 개가 나고, 줄기잎 역시 줄 모양으로 길이 0.4~3.5㎝이고 끝이 뭉툭하고 가장자리가 위로 말리는 현상이 있다. 잎이 마치 파 잎처럼 보이기도 한다.

꽃은 6~7월에 흰색으로 피는데, 대개 줄기 끝에 한 송이만 종처럼 달린다. 열매는 속이 여러 칸으로 나뉘고 각 칸 속에 많은 종자가 들어 있으며, 9월에 익고 길이 0.6~0.7㎝로 갈색에 거꾸로 세운 달걀 모양이다.

개감채는 이렇게 북한 지방에 분포하나, 이와 비슷한 나도개감채는 강원도 깊은 산에 서식한다. 나도개감채는 꽃이 한 줄기에 여러 송이가 달리는 점이 다르며, 꽃이 피는 시기도 4~5월로 차이가 난다.

ㄱ

▲ 개감채 무리

한편, 감채라는 명칭이 붙은 것은 산자고를 닮아 붙여진 것으로 여겨진다. 산자고는 까치무릇, 감채로도 불리는데, 개감채가 전체적인 모양이 산자고와도 비슷하거니와 약재로 쓸 때에도 비슷한 효과가 있다고 한다. 감채, 즉 산자고보다 못하다는 뜻으로 '개' 자를 붙였을 것이다.

백합과의 여러해살이풀로, 두메무릇, 산무릇, 와판화라고도 한다. 어린잎은 식용하며, 전초를 약용한다. 우리나라의 백두산과 함경북도 관모봉을 비롯하여 중국과 몽골, 러시아 등 북반구 한대에 널리 분포한다.

길러보기

고원에서 자라는 식물이라서 기르기는 쉽지 않다. 재배하려면 설악산 근처에서 가능한 식물이다.

비슷한 식물들

- **나도개감채** : 잎은 길이 10~20㎝, 너비 1.2~2.5㎝로 개감채보다 약간 넓은 편이다. 꽃은 4~5월에 줄기 끝에 여러 송이가 매달린다.
- **산자고** : 백합과 여러해살이풀로, 키는 30㎝ 정도이다. 꽃은 4~5월에 줄기 끝에 1~3송이가 달리는데, 넓은 종 모양으로 위를 향하여 벌어진다.

▲ 나도개감채

개구리 우는 곳에 잘 자라는 두해살이풀

11 개구리미나리

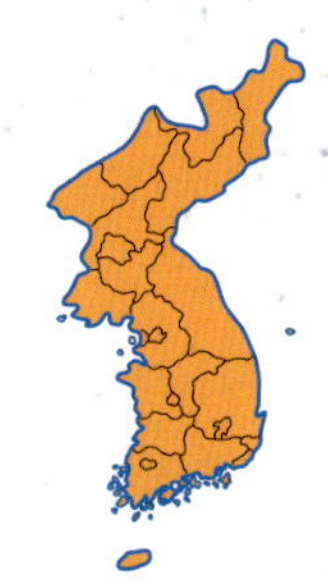

- 학 명 : *Ranunculus tachiroei* Franch. & Sav.
- 과 명 : 미나리아재비과

▲ 개구리미나리 꽃

▲ 개구리미나리 잎

미나리와 비슷하나 잎이 개구리 발 모양을 하고 있어 개구리미나리라고 하는 듯하다. 하지만 개구리발톱이 별도로 있으니, 개구리가 서식하는 물웅덩이 근처와 습지에 잘 자라는 미나리라는 뜻이 더 어울린다.

▲ 개구리미나리 종자 결실

이렇게 미나리를 닮은 식물들은 대개 미나리아재비과에 속한다. 그러나 미나리아재비와 미나리를 살펴보면 잎이 깃꼴 겹잎이라는 것 이외에는 닮은 점이 별로 없다.

키는 50~100㎝이다. 잎은 길이 3~6㎝, 너비 약 1㎝로 뿌리에서 생긴 잎과 줄기에서 생긴 잎자루는 줄기를 따라 위로 올라갈수록 짧아진다. 잎 끝은 2~3개로 깊게 갈라지고 가장자리에는 불규칙한 톱니가 있다. 줄기는 밑부분에 퍼진 털이 있고 윗부분 가지가 갈라지고 털이 적다.

꽃은 6~7월에 줄기를 따라 위로 올라가며 작은 꽃줄기 끝에 1개씩 황색으로 달린다. 꽃의 지름은 1~1.5㎝이다.

꽃받침잎은 연녹색으로 5개이며 겉에 털이 약간 있고 뒤로 젖혀진다. 꽃잎도 5개로 꽃받침보다 약간 길다. 열매는 지름 약 1㎝ 정도로 둥글고 8~9월경에 달리는데, 하나하나씩 떨어진다.

▲ 개구리미나리 무리

미나리아재비과의 두해살이풀로, 우리나라 각처의 산이나 들의 습지에서 자란다. 햇볕이 잘 들고 습기가 많은 웅덩이나 계곡의 물 흐름이 빠르지 않은 곳에서도 자란다. 독성이 약간 있지만, 줄기와 잎은 식용하거나 약재로 사용된다.

길러보기

10월경에 받은 종자를 일반적인 방법으로 보관하여 이듬해 봄에 뿌린다. 2년생이어서 봄에 뿌려야 그해에 꽃을 볼 수 있다. 종자발아율은 높다. 습기가 많은 곳이나 계곡 근처에 심으면 좋다. 마른땅에서는 잘 자라지 않으므로 물이 많이 담겨 있는 화분이나 웅덩이 주변에 심어 관리한다.

비슷한 식물들

- **털개구리미나리**: 왜젓가락풀과 비슷하나 밑부분에 털이 있다. 키는 30~80㎝로 제주도의 습지에 분포한다.
- **개구리자리** : 봄에 노란색 꽃이 핀다. 꽃 지름은 약 0.8㎝로 개구리미나리 꽃보다 약간 작다.
- **개구리발톱** : 봄에 피는 꽃은 흰색 바탕에 약간 붉은빛이 난다. 산기슭에 자라며, 키는 20~30㎝이다.
- **미나리아재비** : 들이나 산길, 길가 등에서 흔히 볼 수 있으며, 키는 60㎝ 정도이다. 꽃잎에 광택이 있다.

▲ 개구리자리

▲ 개구리발톱

▲ 미나리아재비

개구리에게는 없는

12 개구리발톱

- 학 명 : *Semiaquilegia adoxoides* (DC.) Makino
- 과 명 : 미나리아재비과

▲ 개구리발톱 꽃봉오리

▲ 개구리발톱 꽃

개구리의 발톱을 본 일이 있는가. 개구리의 한 종류로 아프리카산 발톱개구리는 있다지만 개구리한테는 발톱이 없다. 그런데 식물에는 있다. 미나리아재비과에 속하는 개구리발톱이 그것이다. 가지에서 나온 잎의 모양이 개구리의 물갈퀴를 닮았고, 씨방이 발톱을 닮아 그런 이름이 붙은 듯하다.

이 외에 개구리라는 이름이 붙은 식물로는 개구리미나리와 개구리밥, 개구리자리 등이 있다. 이런 식물들은 어떤 식으로라도 개구리와 상관이 있으니까 유심히 관찰해 볼 일이다.

▲ 개구리발톱 종자 결실

제주도와 호남지방의 산지에서 자라는 여러해살이풀이다. 햇볕이 잘 드는 곳이나 반 그늘진 곳의 습도가 많은 곳의 유기질 함량이 높은 곳에서 자란다. 개화 기간이 길어 군락으로 심으면 오랫동안 피고 지고를 반복해 관상적인 가치가 상당히 높다.

ㄱ

키는 15~30㎝이고, 줄기는 위에서 가지가 갈라지고, 뿌리는 덩어리 모양이다. 뿌리에서 나온 잎의 뒷면은 흰색이 돈다. 작은 잎은 너비 약 1~2.5㎝로 뒷면에 잔털이 약간 있다.

꽃은 끝이 아래를 향해 1개씩 달리고 흰색 바탕에 붉은빛이 돈다. 꽃의 지름은 약 0.5㎝이다. 꽃받침잎은 5개이고 밑부분이 통처럼 둥글다. 열매는 지

▲ 개구리발톱 잎

▲ 개구리발톱 잎(확대)

▲ 개구리발톱 무리

름 약 0.5㎝로 7~8월경에 달린다. 종자는 검은색이다.

길러보기

7~8월경에 받은 종자를 바로 뿌리거나 종이나 솜에 싸서 냉장고에 보관 후 12월 혹은 이듬해 봄에 뿌린다. 그러나 언제 뿌려도 종자발아율은 상당히 높다.

습지나 습한 곳 주변에 심고, 물은 1~2일 간격으로 자주 흡족하게 줘야 한다. 화분에 심을 때는 뭉쳐 심고, 화분 받침대에 물을 담아 주변습도를 높이면 잘 산다.

비슷한 식물들

- **개구리미나리** : 잎은 3개씩 2회 갈라지고 길이 3~6㎝, 너비 0.7~1.2㎝이다. 잎이 개구리의 다리를 닮았다고 해서 이름 붙여졌다.

▲ 개구리미나리

개구리가 많은 곳에 있는 들꽃

13 개구리자리

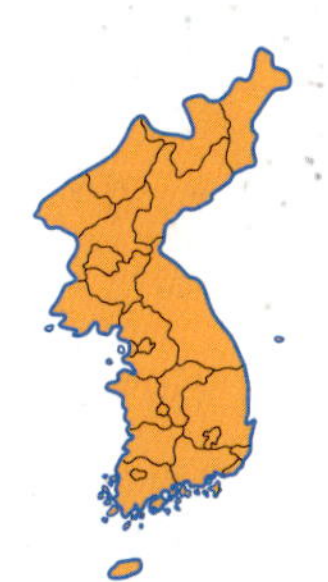

- 학 명 : *Ranunculus sceleratus* L.
- 과 명 : 미나리아재비과

▲ 개구리자리 꽃

▲ 개구리자리 꽃 시든 모습

논둑이나 연못가를 걷다 보면 갑자기 첨벙, 하고 개구리가 물로 뛰어들곤 한다. 겁이 많은 놈이라 발걸음 소리만 나도 쏜살같이 물로 도망치는 것이다. 이렇게 개구리가 튀어나갈 것 같은 물가에 잘 자라는 들꽃이 바로 개구리자리이다.

그런데 또 희한한 것은 이 식물이 꽃을 피우면 조그만 청개구리가 꽃 속에 앉아 있는 것처럼 보이기도 한다. 개구리자리라는 이름이 제격이 아닐 수 없다.

식물 이름에 동물 이름이 들어 있으면 틀림없이 그 동물과 관련이 있는데, 혹시 그런 식물을 만나면 먼저 꽃의 생김새나 잎, 줄기 등을 자세히 살펴보기 바란다. 아, 이래서 그렇구나! 하고 느끼면 야생화 공부가 얼마나 재미있어지는지 모른다.

개구리자리의 키는 50㎝ 내외이고, 잎은 긴 자루가 있다. 잎몸은 길이 1~4㎝이며 세 갈래로 갈라지는데, 잎에는 둔한 톱니바퀴가 있다. 줄기는 털이 없이 매끈하고 광택이 나며, 줄기 속은 비어 있다.

꽃은 4~5월에 피는데, 원줄기나 가지 끝에 황색으로 한 송이씩 달린다. 꽃은 지름 0.6~0.8㎝로 작은 편이며, 꽃받침과 꽃잎은 각각 5개이고 밑부분에 꿀샘이 있다. 열매는 여름철인 7~8월경에 달리며, 아주 작은 종자가 잔뜩 들어 있다.

미나리아재비과에 속하며, 두해살이풀이다. 명칭만 놓고 보면 개구리밥과 비슷할 것 같지만, 개구리밥은 연못이나 호수의 물 위에 떠서 자라는 것이 다

▲ 개구리자리 잎

▲ 개구리자리 줄기

르다. 개구리자리는 놋동이풀 또는 늪바구지라고도 한다. 유독성 식물이지만 약초로 사용된다.

길러보기

씨를 받아 물기가 많은 작은 웅덩이나 연못가 주변에 심으면 잘 자란다. 온도 조건만 좋으면 9월까지도 꽃을 볼 수 있기 때문에 관상용으로도 심기에 좋다. 실내에서 키우려면 키가 좀 큰 편이라서 오후에는 햇볕이 잘 드는 곳에 두는 것이 좋다. 물은 바닥 흙이 마르지 않을 정도로 자주 줘야 한다.

비슷한 식물들

- **개구리미나리** : 풀 전체에 털이 나 있다. 늦봄에서 초여름에 꽃이 피는 것도 다르다.
- **미나리아재비** : 개구리자리와 비슷하다. 그러나 꽃에 청개구리와 비슷한 것이 없이 꽃 전체가 노란색을 띤다.
- **개구리갓** : 꽃 모양은 비슷하나 키가 10~25㎝로, 개구리자리에 비하면 작다. 한라산이나 설악산의 습기 많은 곳에 자란다.
- **개구리밥** : 논이나 연못의 물 위에 떠 자란다. 꽃은 7~8월에 흰색으로 피지만 작아서 보이지 않는 경우가 많다.

▲ 개구리미나리

▲ 미나리아재비

ㄱ

봄을 부르는 전령사

14 개나리

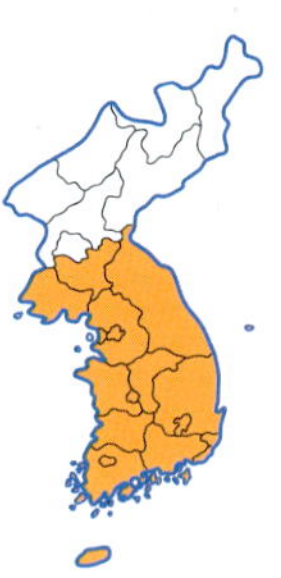

- 학 명 : *Forsythia koreana* (Rehder) Nakai
- 과 명 : 물푸레나무과

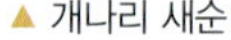

▲ 개나리 새순

▲ 개나리 잎

봄의 전령사는 아무래도 개나리를 최고로 칠 수 있다. 어느 곳에서나 쉽게 볼 수 있기 때문이다. 그런 까닭인지 몰라도 개나리는 우리나라 41곳의 지방자치단체에서 시화 또는 군화로 또는 학교에서 교화로 지정한 곳이 매우 많다. 학명에 *koreana*라고 표기되어 있듯이, 우리나라 특산종으로 유명하지만, 아쉬운 것은 자생지가 발견되지 않는다는 것이다.

▲ 개나리 꽃

개나리라는 이름은 나리에 '개'를 붙인 것으로, 곧 좋지 않은 나리라는 의미라고 한다. 긴 가지에 달려 있는 노란 꽃의 모습이 새의 긴 꼬리 같다고 해서 한자로 연교(連翹)라고 한 것을 풀어 썼다는 설도 있다. 신리화, 가을개나리, 어사리, 서리개나리, 개나리꽃나무 등으로도 불리며, 봄을 맞이하는 꽃이라고 해서 영춘화(迎春花), 꽃이 노란 종처럼 생겼다고 해서 금종화(金鍾花)라고도 한다.

낙엽활엽관목으로, 높이는 3m 정도이고 밑에서 많은 줄기를 낸다. 높은 곳에서는 아래로, 낮은 곳에서는 위로 자라는 특성이 있다. 작은 가지는 녹색이지만 점차 회갈색으로 되며 뚜렷하다. 잎은 마주나고 달걀 모양 긴 타원형으로 피침형이다. 어린 가지의 잎은 3개로 깊게 갈라지고 가장자리는 중앙 이

▲ 개나리 잎차례

▲ 개나리 수피

상에 톱니가 있거나 밋밋하다.

암수딴그루로, 꽃은 잎겨드랑이에 1~3개씩 달리며, 화관은 종 모양이고 3~4월에 잎이 나기 전에 핀다. 열매는 달걀 모양, 삭과로, 겉이 사마귀 같은 돌기 모양이며 9월에 익는다.

물푸레나무과에 속하며, 우리나라와 중국에 분포한다. 함경도를 제외한 전국의 해발 800m 이하 산기슭에 자생한다. 양지를 좋아하나 한지에서도 잘 자라는 나무이며 추위와 맹아력도 강하고 생장 속도도 빠르다. 또한 자동차 매연에도 강해 도심지의 옹벽, 경사면, 울타리, 고속도로변 등에 심기에 좋다. 개나리 종류는 산개나리, 만리화, 장수만리화 등이 있으며, 최근엔 원예 품종으로도 개발되어 잎에 황금색 무늬가 있는 서울골드가 유명하다.

늘 보는 꽃이라서 한방의 약재로 이용된다는 사실은 뜻밖일지도 모른다. 한방에서 개나리 씨를 연교라 하는데, 해독과 소염, 소종, 해열, 지통, 신장염 등에 사용한다. 『동의보감』에서도 연교는 해열, 소염, 배농 해독, 살균 작용을 하여 화농성 염증, 습진, 대장균, 포도상구균, 요도염증에 효과가 있으며 중풍 예방에도 좋다고 한다. 또 개나리꽃에는 루틴 성분이 들어 있어 모세혈관을 튼튼하게 해 주어 고혈압, 뇌일혈, 각종 출혈의 예방제로 쓰인다.

한편, 꽃으로는 개나리주라고 해서 술도 담근다. 또 햇볕에 말린 열매로 술을 담가 연교주를 만들기도 한다. 개나리의 꽃말은 '희망', '깊은 정', '조춘의 감격', '달성'이다.

길러보기

번식은 삽목이나 실생으로 한다. 햇볕이 잘 들고 물 빠짐이 좋은 곳을 택하여 재배한다.

비슷한 식물들

- **산개나리** : 바위틈이나 숲 속에서 자라며, 높이는 1m 정도이다. 우리나라 관악산, 북한산 등 중부지방에 분포한다.

▲ 산개나리

약재로 쓰이는

15 개느삼

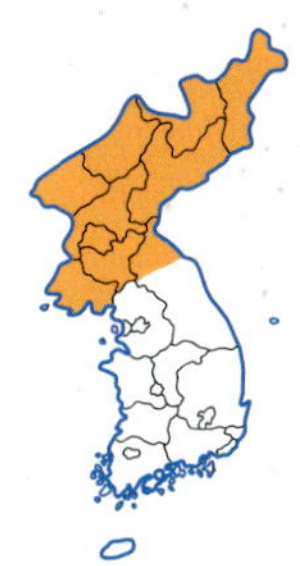

- 학 명 : *Echinosophora koreensis* (Nakai) Nakai
- 과 명 : 콩과

ㄱ

▲ 개느삼 잎

느삼과 비슷하다고 해서 개느삼이라고 하며 개능함, 개미풀, 개너삼, 느삼나무, 구고삼(狗苦蔘)이라고도 한다. 그런데 아쉽게도 느삼이라는 식물명은 없고, 고삼이라고 해서 개느삼과 거의 흡사한 약재용 식물이 존재한다. 이 뿌리를 흔히 '쓴너삼뿌리'라고 하는데, 이와 비슷하다고 해서 개느삼이라고 한 것으로 생각된다.

낙엽활엽관목으로 높이 1m 정도이고 땅속줄기로 번식한다. 줄기는 곧게 자라고, 가지는 털이 있고 암갈색이며, 겨울눈은 털로 덮여 있어 잘 보이지 않는다. 잎은 어긋나고 13~17개의 작은 잎으로 된 홀수 깃꼴 겹잎이며 작은

▲ 개느삼 꽃

▲ 개느삼 수피

잎은 타원형이고 끝이 원형이며 잎맥 끝이 약간 오목하게 패어 있다. 작은 잎의 뒷면에 흰색 밀모가 있으며 작은 잎자루와 잎줄기에 털이 많다. 꽃은 5~6개가 모여 새로 난 가지 끝에 총상화서를 이루고, 피침형 소포가 있으며 황색으로 5월에 핀다. 열매는 협과로 겉에 돌기가 많고 7월에 익는다.

우리나라에만 자생하는 우리나라 특산종이다. 1918년 함경남도 북청 근처에서 처음 발견되어 평북, 함북에서만 자라는 것으로만 알려져 있었으나, 강원도 양구 근처에서도 발견되었다. 강원도 양구 개느삼 자생지는 천연기념물 제372호로 지정되어 있다. 멸종위기 야생동식물 2급으로 지정, 보호되고 있는데, 2010년 지리산 칠선 계곡 근처에서 군락지가 발견되기도 했다.

해발 100~300m에 자생하며, 햇빛을 좋아하고 모래가 섞인 비옥한 땅에서 잘 자란다. 건조한 땅에서도 잘 자라며 추위와 맹아력도 강하다. 싹이 잘 트고 잘 자라지만 높이 1m 정도로 작기 때문에 교목들 아래에서는 자라기가 힘든 식물로, 식물원 등에서 널리 심는 수종이다. 주로 언덕이나 길가에 자라며, 뿌리에 뿌리혹이 있어 척박한 땅에서도 잘 자라고, 꽃도 아름다워 절개지 경사면의 차폐용으로 심기에 적합한 나무이다.

진통, 소염, 해독, 어혈 등에 치료약으로 쓰이고, 특히 독사나 독충에 물렸을 때 해독 치료에 효과가 있는 것으로 알려져 있다.

ㄱ

길러보기

열매 성숙이 잘 안 되므로 어린 줄기를 나누거나 땅속줄기에서 새싹이 나오게 하여 번식해야 한다.

비슷한 식물들

- **고삼** : 양지바른 풀밭에 자라며, 높이 80~100㎝이다.

▲ 고삼

꽃처럼 보이는 잎으로 벌과 나비를 유혹하는

16 개다래

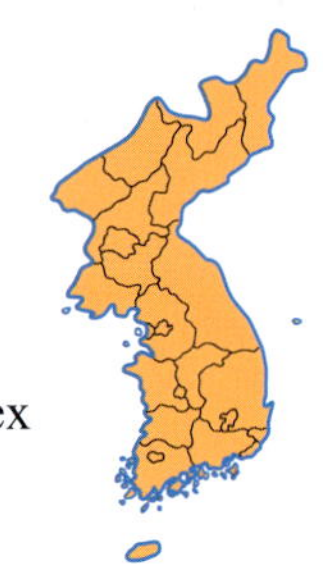

- 학 명 : *Actinidia polygama* (Siebold & Zucc.) Planch. ex Maxim.
- 과 명 : 다래나무과

▲ 개다래 꽃

▲ 개다래 잎

▲ 개다래 잎 변하는 모습

다래는 아주 달콤한 야생과일이다. 먹을 수 있는 다래는 '참' 자를 붙여 참다래라고 하는데, 익으면 녹색이 된다. 이에 비해 '개' 자가 붙었으니 그보다는 못하다는 뜻이며, 열매는 갈색으로 익는다. 말다래, 못좃다래나무, 쥐다래나무, 묵다래나무, 쉬젓가래, 말다래나무 등으로도 불린다.

낙엽활엽덩굴성 목본으로 길이는 5m 정도이고, 작은 가지는 털이 있으며 골속은 흰색으로 차 있다. 잎은 어긋나고 넓은 난형이며 가장자리에는 잔톱니가 있고 어린 가지 잎 앞면의 상반부가 흰색으로 변하기도 한다. 잎에 흰 페인트칠을 하다 만 듯한 무늬가 있어 산에 가면 쉽게 찾을 수 있다. 꽃은 흰색으로 6~7월에 잎겨드랑이에 취산화서로 1~3개가 달리며 향기가 있다. 열매는 장과로 끝이 뾰족한 원주형으로 황갈색이며 9~10월에 누런빛 또는 황적색으로 익는다.

우리나라와 일본, 중국, 러시아, 사할린 섬, 쿠릴 열도 등지에 분포한다. 우리나라에서는 전국의 해발 100~1,700m에 자생한다. 주로 깊은 산속 나무 밑이나 계곡에 야생으로 자라는 덩굴성 목본으로, 그늘에서도 잘 자라며 추위에도 강하다.

ㄱ

▲ 개다래 꽃봉오리

▲ 개다래 열매

▲ 개다래 수피

열매는 혓바닥을 톡 쏘는 맛으로 달지 않고 맛도 없어 거의 먹지 않는다. 잎은 앞면의 반절가량이 하얘 마치 하얀 꽃이 핀 것처럼 보이는데, 이는 이 나무가 벌이나 나비를 유혹하기 위한 것으로, 수분이 이루어지면 다시 초록색의 잎으로 돌아간다. 개다래의 독특한 생존 전략임을 알 수 있다.

약용, 식용, 관상용으로 많이 심는다. 목재는 공예 재료로 쓰며, 열매에 생긴 벌레혹을 통째로 따서 약재로 사용하는데, 중풍이나 안면신경마비, 산통과 요통 등에 효과가 있다고 한다. 또 개다래로 담근 술을 목천료주라고 하는데, 강장제로 사용된다.

길러보기

실생과 삽목으로 번식한다.

비슷한 식물들

- **다래** : 열매는 황록색으로 익는다. 잎 앞면에는 털이 없고, 뒷면 맥 위에 갈색 털이 났다가 없어진다.
- **쥐다래** : 잎에 연분홍색과 흰색이 돌며, 줄기는 자갈색이다. 열매는 가늘고 길다.
- **섬다래** : 잎과 잎자루, 어린 가지와 열매에 적갈색 털이 나 있다. 거문도에 나는 다래라서 섬다래라고 한다.

▲ 다래

▲ 쥐다래

▲ 섬다래

머루와 비슷하지만 먹지 못하는

17 개머루

- 학 명 : *Ampelopsis heterophylla* (Thunb.) Siebold & Zucc.
- 과 명 : 포도과

ㄱ

▲ 개머루 꽃

▲ 개머루 열매

개머루는 머루와 유사하지만 먹지 못하고 변변치 못하다는 뜻으로 붙여진 이름이다. 돌머루, 사포도(蛇葡萄), 산포도(山葡萄)라고도 한다.

낙엽활엽덩굴성 목본으로 가지는 갈색, 수피도 갈색이고 마디가 굵고 골속이 흰색이다. 잎은 어긋나고 심장상 달걀 모양이며 가장자리가 3~5개로 갈라지고, 갈라진 조각에 둔한 치아상 톱니가 있으며 뒤쪽의 맥 위에 털이 나 있다. 꽃은 양성화이며 6~7월에 녹색 또는 녹황색으로 핀다. 열매는 원형 및 편구형의 장과로 9월에 보라색, 남색, 흰색 등으로 익는데, 열매의 색상이 다양한 것이 특징이다.

우리나라와 일본, 중국, 타이완, 쿠릴 열도, 우수리 등지에 분포한다. 우리나라는 전국의 해발 100~1,200m 사이의 산기슭과 계곡에서 자생한다. 습기가 있는 땅을 좋아하고 추위에 강하며 음지와 양지를 가리지 않고 잘 자라는데, 바닷가나 도심지에서도 잘 자란다.

▲ 개머루 수피

덩굴성목본으로, 생울타리용이나 관상용, 조경용 등으로 심는다. 한방에서는 열매를 왕머루와 같이 처방한다. 관절통, 붉은소변, 만성신장염, 간염, 창독을 치료하는 데 달여서 쓰거나 상처를 닦아내는 데 쓴다.

길러보기

번식은 실생, 휘묻이, 삽목 등으로 한다.

비슷한 식물들

- **머루** : 잎 뒷면에 적갈색 털이 빽빽하게 나는 점이 독특하다.
- **왕머루** : 열매는 장과로 9월경에 흑자색으로 익는다.
- **섬머루** : 머루와 비슷하나 적갈색 털이 빽빽하게 났다가 곧 떨어진다. 울릉도에 분포한다.
- **새머루** : 머루나무 중 잎이 가장 적고, 꽃은 원추화서로 핀다.
- **까마귀머루** : 잎이 3갈래로 깊게 갈라지고, 잎 뒷면에 회색 또는 갈색 털이 빽빽하게 난다.

▲ 머루

▲ 왕머루

▲ 까마귀머루

ㄱ

높은 산 바위틈에 자라는 머위

18 개머위

- 학 명 : *Petasites rubellus* (J.F.Gmel.) M.Toman
- 과 명 : 국화과

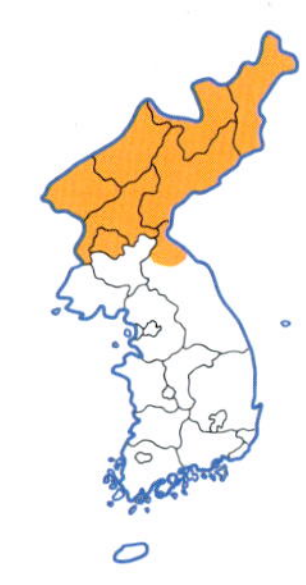

▲ 개머위 꽃

▲ 개머위 잎과 줄기

머위는 대표적인 봄나물로 무침으로 먹어도 되고, 볶아 먹어도 되며, 살짝 데친 후 쌈으로 싸 먹어도 좋다. 이른 봄 잔설을 뚫고 싹이 올라올 정도로 생명력이 강하여 생명초라고도 하며, 겨울을 두드리고 나오는 꽃이라 하여 관동화라고도 부르는데, 이와 닮은 것이 개머위이다. 둘 다 비슷하게 생겼으나 개머위가 머위보다 작고, 꽃도 다르게 달린다.

개머위는 뿌리줄기가 옆으로 길게 벋으며 자라는데, 뿌리에 달린 잎은 길이 3~5.5㎝, 너비 5~9㎝로 모여나고 심장 모양이다. 지름 15~30㎝로 매우 큰 머위 잎에 비하면 작은 편이다.

꽃은 5~7월에 흰색과 백황색으로 핀다. 암꽃차례는 꽃이 진 다음 17~32㎝로 자라며 거미줄 같은 털이 빽빽이 난다. 원줄기 맨 위에 달리는 꽃은 8~9개이며, 꽃대 길이는 6㎝쯤 된다. 이에 비해 머위의 꽃은 여러 개가 뭉쳐서 달리고 포가 밑부분을 둘러싸고 있다. 개머위의 씨는 하나로, 모양이 작고 익어도 터지지 않으며 긴 타원형이다.

국화과의 여러해살이풀로, 우리나라 강원도 북부지방, 중국과 몽골, 러시아 등지에 분포한다. 강원도의 높은 산 바위틈에 잘 자라 산머위라고도 하며, 머위처럼 줄기째 삶아 건져 껍질을 벗겨 나물로 이용한다.

길러보기

고원지대에서 자라므로 재배하기 어려운 품종이다. 자생지에서는 종자 번식이 잘 되어 군데군데 무리를 형성하는 것을 관찰할 수 있다. 또한 포기를

▲ 개머위 무리

뽑아 보면 여러 줄기가 한꺼번에 뭉친 것을 볼 수 있는데, 이는 포기나누기도 잘된다는 의미인 것이다. 따라서 재배를 하고 번식을 시킨다면 가을에 포기나누기를 하며, 이른 봄에는 6월에 받은 종자를 화단에 뿌린다. 반그늘이 가장 좋으므로 빛이 직접 닿지 않는 곳에 심는다. 반드시 종자와 모본은 모두 높은 고원에서 재배해야 한다.

비슷한 식물들

- **머위** : 꽃은 3~4월에 피는데, 지름 0.7~1㎝로 여러 개가 뭉쳐서 달리고, 꽃대 밑이나 꽃자루 밑을 받치고 있는 녹색 비늘 모양의 잎이 밑부분을 둘러싸고 있다.
- **털머위** : 꽃은 9~10월에 노란색으로 핀다. 울릉도 및 제주도 등 남해안 섬 지방에 주로 분포한다.
- **물머위** : 들판의 습지나 도랑에서 자란다. 꽃은 9~10월에 흰색으로 피는데, 가지와 줄기 끝에 잔뜩 모여 피는 것이 특징이다.

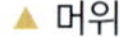

▲ 머위

▲ 털머위

개미가 꽃대를 타고 올라가는 듯한

19 개미탑

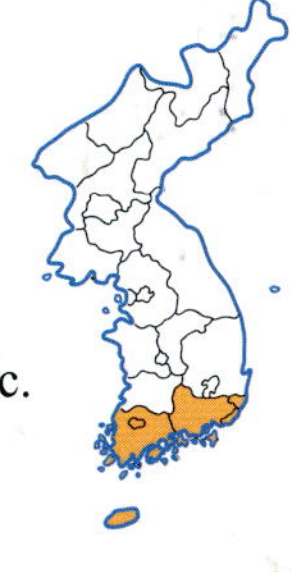

- 학 명 : *Haloragis micrantha* (Thunb.) R.Br. ex Siebold & Zucc.
- 과 명 : 개미탑과

▲ 개미탑 꽃

▲ 개미탑 지상부

개미탑은 개미가 땅속에 집을 짓기 위하여 파낸 흙가루가 땅 위에 두둑하게 쌓인 것을 말한다. 들이나 산에 가면 종종 볼 수 있는데, 아프리카에는 이와 같은 개미집이 높이 2m가 넘는 것도 심심치 않게 발견된다.

식물에도 개미탑이 있는데, 앞에서 설명한 개미탑과는 달리 꽃이 꽃대에 달린 모습이 마치 개미가 줄을 지어 위로 올라가는 듯 피어 붙여진 것 같다. 특히 꽃이 시들고 열매를 맺으면 색깔이 적갈색을 띠어 더욱 개미 같다.

키는 15~40㎝로 줄기는 곧게 선다. 뿌리줄기가 땅 위에서 옆으로 벋으며 가지를 치고 마디에서 수염뿌리를 내리며 자란다. 줄기의 색은 적갈색을 띤다. 잎은 마주나나 줄기 윗부분에는 일부 어긋나기도 한다. 잎은 길이 0.7~1.5㎝, 너비 0.5~1㎝로 대개 동글동글하여 귀엽다. 잎의 가장자리에는 둔한 톱니가 있다.

꽃은 8~9월에 가지 끝에 황갈색으로 피며, 꽃대 축이 길게 자라고 꽃자루도 발달하지만 가지가 갈라지지 않는 형태가 모여 축이 갈라져서 전체적으로 원뿔 모양의 화서를 이룬다. 꽃의 지름은 1~2㎜ 정도로 아주 작다. 꽃잎은 4장으로 긴 타원형이고 끝부분이 안으로 말리며 붉다. 열매는 핵과이고 둥글며 털이 없다.

개미탑과의 여러해살이풀로, 전초를 소이선초(小二仙草)라 하여 약용한다. 우리나라 원산이며 일본, 중국, 동남아시아, 오스트레일리아 등지에 분포한다. 우리나라에는 중부 이남의 산과 들의 습한 양지 풀밭이나 밭둑에서 자란다.

길러보기

여름에 씨앗을 받아 이듬해 봄 원하는 곳에 뿌린다. 들에 나는 풀이라 특별히 가꾸려고 노력하지 않아도 잘 큰다.

비슷한 식물들

우리나라에 분포하는 개미탑과 식물은 개미탑 이외에도 물수세미와 이삭물수세미, 선물수세미 등이 있는데, 개미탑 이외에는 모두 물속에서 산다.

씨앗이 벼룩처럼 작은

20 개벼룩

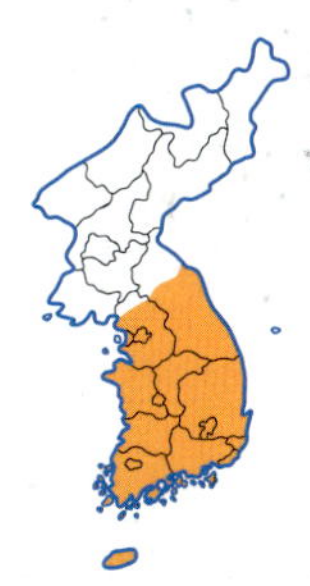

- 학 명 : *Moehringia lateriflora* (L.) Fenzl
- 과 명 : 석죽과

ㄱ

속담에 벼룩의 간을 빼 먹는다는 것이 있듯이, 벼룩 하면 작은 것을 뜻하는 경우가 많다. 식물에도 벼룩이 붙은 것들이 많은데, 벼룩이자리, 벼룩나물, 벼룩이울타리, 벼룩아재비, 개벼룩 등 이들 식물 대부분은 잎도 작고 꽃도 작으며 전체적인 크기도 작은 식물들이다.

이중 개벼룩은 개벼룩이자리라고도 하듯 벼룩이자리와 흡사한 품종이다. '개' 자가 붙은 것을 보면 벼룩이자리보다 못하다는 의미인데, 둘을 비교해 보면 우열을 가릴 기준이 모호하다. 오히려 개벼룩이 꽃도 더 크고 잎도 더 윤기가 난다. 그래봐야 꽃의 크기는 지름 1㎝ 정도밖에 안 된다.

키는 10~20㎝ 정도로 작고, 땅속줄기가 있어 옆으로 번으며 번식한다.

줄기는 가늘며 밑동에서 가지가 나온다. 잎은 어긋나고 긴 타원형 또는 넓은 타원형이며 길이 1~2.5㎝, 너비 0.3~1㎝이다. 잎 뒷면의 맥 위와 가장자리에는 짧은 털이 난다.

꽃은 6~7월에 흰색으로 피고, 꽃이삭은 잎겨드랑이나 줄기 끝에 1~3개가 달린다. 수술은 10개, 암술대는 3개이다. 꽃을 자세히 들여다보면 꽃잎이 다섯 개라서 별꽃을 보는 것 같은데, 그래서 홀별꽃이라고 불리기도 한다. 열매는 열매 속이 여러 칸으로 나뉘며 각 칸 속에 많은 종자가 들어 있고 7~8월에 검은색으로 익는다. 씨앗은 검고 윤기가 나며 마치 벼룩을 닮았다.

석죽과의 여러해살이풀로, 강원도와 북한지방에 자란다. 작은 식물들은 대개 무리를 지어 자라는 습성이 있는데, 개벼룩 역시 군락을 이루곤 한다.

길러보기

꽃이 지고 열매가 완전하게 익은 종자를 여름에 씨앗을 받아 바로 뿌리거나, 냉장고나 종이에 싸서 이듬해 봄 원하는 곳에 뿌린다. 또한 가을이나 봄에는 포기나누기를 하는데, 종자발아율이 높은 품종이어서 굳이 포기나누기를 하지 않아도 된다. 들에 나는 풀이라 특별히 가꾸려고 노력하지 않아도 잘 큰다.

비슷한 식물들

- **벼룩이자리** : 꽃이 개벼룩의 꽃보다 절반쯤 작으며, 잎은 개벼룩 잎보다

둥근 편이다. 전초에 털이 나 있다.

- **벼룩나물** : 벼룩이자리와 비슷하나 식물체 전체가 부드럽고 털이 없다.
- **별꽃** : 꽃은 5~6월에 흰색으로 피며, 작은 꽃줄기는 길이 0.5~4㎝로 한쪽에 털이 있다.
- **벼룩아재비** : 키는 5~15㎝이며, 잎은 끝이 뾰족한 모양 또는 줄 모양이다. 주로 낮은 지대의 습지에 잘 자란다.
- **큰벼룩아재비** : 벼룩아재비보다 약간 크며, 잎은 난형 또는 긴 타원형으로 넓고 3맥이 있다.

▲ 벼룩이자리

▲ 벼룩나물

별처럼 아름다운

21 개별꽃

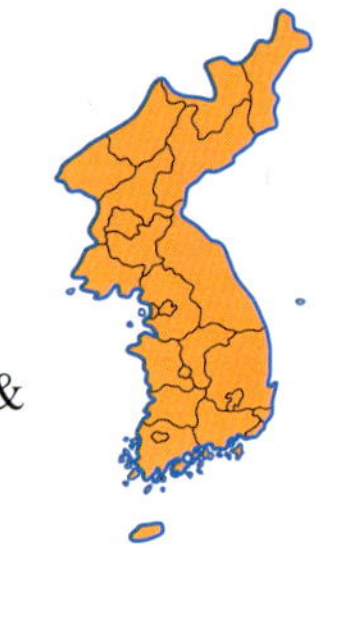

- 학 명 : *Pseudostellaria heterophylla* (Miq.) Pax ex Pax & Hoffm.
- 과 명 : 석죽과

▲ 개별꽃 꽃봉오리

▲ 개별꽃 꽃

별과 꽃은 비슷한 아름다움을 주는 것 같다. 별이 밤하늘을 아름답게 한다면 꽃은 땅을 아름답게 한다. 이 두 가지를 모두 품은 꽃이 별꽃들이다. 꽃이 마치 별처럼 생겼다고 해서 별꽃인데, 개별꽃도 그중 한 종류이다. 키 10㎝ 내외로 작지만 꽃들이 화사하게 피어나는 봄날 산과 들에 마치 별이 솟은 것처럼 앙증맞다.

▲ 개별꽃 새순 올라오는 모습

흔히 꽃에 '개' 자는 본래의 꽃보다 못할 때 붙여지곤 하는데, 개별꽃은 별꽃에 그다지 뒤지지 않는다. 단지 다섯 장으로 된 꽃잎은 같지만 별꽃의 꽃잎은 V자로 갈라져 모두 10장으로 보인다는 점이 다를 뿐이다. 특히 자줏빛에 가까운 5개의 꽃술이 하얀 꽃잎에 하나씩 놓이면 환상적인 조화를 이루곤 한다.

개별꽃은 산과 들에 자라는 여러해살이풀이다. 햇볕이 잘 드는 곳이면 어디서나 잘 자라는데, 흔히 신갈나무가 무리지어 있는 근처에 많이 분포한다.

잎은 마주나고 길이 1~4㎝, 너비 0.2~0.4㎝이다. 꽃은 4~5월에 피고, 열매는 6~7월에 둥글게 달린다.

비록 '개' 자가 붙어 있지만 동삼이나 태자삼이라는 멋진 이름도 있다. 동삼은 이 식물의 뿌리가 어린 인삼의 뿌리와 비슷해서 붙여졌으며, 태자삼이라는 이름은 옛날 명나라를 세운 주원장의 태자 묘에 많이 자라서 붙여진 이름이다.

▲ 개별꽃 무리

봄꽃은 대부분 어린순을 먹을 수 있듯, 이 식물도 나물로 먹을 수 있고, 뿌리는 약재로도 사용된다. 석죽과에 속하며, 우리나라와 일본, 중국에 분포한다.

길러보기

열매 속의 씨를 화단에 바로 뿌리거나, 종자를 종이에 싸서 냉장 보관한 후 이듬해 봄에 뿌리면 집에서도 가꿀 수 있다. 음지가 아닌 곳이면 잘 자라는 식물이니까 햇볕이 잘 드는 곳에 심으면 된다.

번식은 잘하는 편인데, 가능한 한 곳에 집단으로 심어야 다른 식물에 피해를 주지 않는다. 한꺼번에 무리를 지어 심으면 마치 은하수를 깔아 놓은 것처럼 아름다운 모습을 연출하기도 한다.

비슷한 식물들

- **별꽃** : 꽃잎이 V자로 갈라져서 10장처럼 보인다. 수술 7개, 암술 1개이다. 키는 20㎝ 정도이다.
- **긴개별꽃** : 숲 속에서 자라며, 키 15~30㎝로 개별꽃보다 크다.
- **나도개별꽃** : 꽃잎 끝이 파이지 않은 점이 다르다. 흔히 일기예보 꽃으로 통한다. 아침에 웅크리고 있으면 흐리거나 비가 오고, 활짝 피어 있으면 맑은 날이 된다. 그래서 서양에서는 '가난한 사람들의 날씨 거울'이라는 별명도 있다. 키는 10~15㎝이다.
- **덩굴개별꽃** : 꽃이 핀 다음 가지가 옆으로 길게 벋으면서 덩굴처럼 변한다.
- **큰개별꽃** : 개별꽃과 거의 같지만 키가 10~20㎝로 약간 크다. 산지의 응달에서 자란다.

▲ 별꽃

▲ 덩굴개별꽃

▲ 큰개별꽃

이름도 재미있는

22 개불알풀

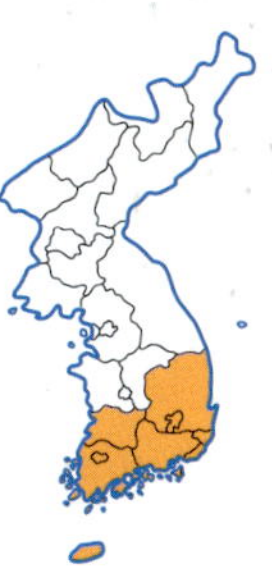

- 학 명 : *Veronica didyma* var. *lilacina* (H. Hara) T. Yamaz.
- 과 명 : 현삼과

▲ 개불알풀 꽃봉오리 나오는 모습

▲ 개불알풀 꽃

ㄱ

개의 불알이라니, 꽃 이름이 아주 민망하기만 하다. 하지만 꽃을 자세히 들여다보면 맨 처음 이름을 처음 정한 사람이 누구인지 대단하다는 생각이 들 정도다. 열매를 보면 작긴 하지만 정말 개의 불알을 닮은 것이다. 사실은 일본어로 된 이름을 우리말로 번역한 것이며, '봄까치꽃'이라는 예쁜 우리말 이름도 있다.

그렇지만 꽃은 아주 예쁘다. 매년 5~6월이면 윗부분의 잎겨드랑이에서 연한 홍자색 꽃이 피어난다. 수술은 2개, 암술은 1개가 있다. 열매는 8~9월경에 달걀 모양으로 달리고, 종자를 싸고 있는 씨방에는 전면에 부드러운 털이 나 있다. 그리고 중앙에는 세로로 깊은 홈이 파여 있고, 양쪽 끝은 둥그스름한 편이다.

우리나라 남부지방을 가면 밭이나 들에서 흔하게 자라는데, 집 앞 화단이나 공원의 산책로 주변에서도 만날 수 있는 귀여운 꽃이다. 두해살이풀로, 원산지는 유럽이다.

키는 5~15㎝로 작은 편이다. 잎은 밑부분이 둥글며 길이와 너비 각각 0.6~1㎝로 톱니가 있다. 줄기는 부드러운 털이 나 있으며, 밑에서부터 가지가 갈라져 옆으로 자라거나 비스듬히 일어서며 자란다. 열매는 8~9월경에 달걀 모양으로 달린다.

개불알이란 명칭이 붙은 꽃으로는 개불알꽃이 있는데, 개불알풀과는 전혀 다른 종류다. 개불알풀이 현삼과인데 비해 개불알꽃은 난초과로 산기슭의 풀

▲ 개불알풀 새순 올라오는 모습

▲ 개불알풀 잎(뒷면)

밭에 자라며 키가 25~40㎝나 된다.

길러보기

화단에 심으면 관상용으로 좋다. 키가 작은 식물이어서 화분에 심으면 더욱 예쁘다. 실내에서 키우면 11월이나 12월에도 꽃을 한 번 더 피우곤 한다. 실외에서는 군집을 이루게 하는 것이 낫다. 물 관리는 따로 해 주지 않아도 잘 자라는 편이다.

꽃을 심을 땐 9월에 받은 종자를 바로 뿌리거나, 보관했다가 이듬해 봄에 일찍 뿌리면 잘 자란다.

비슷한 식물들

- **선개불알풀** : 줄기가 곧게 서고 꽃과 열매에 자루가 없는 것이 개불알풀과 다른 점이다. 서 있다고 해서 '선'이라는 이름이 붙었다.
- **큰개불알풀** : 꽃 지름 약 1㎝로 개불알풀의 꽃보다 크다.
- **눈개불알풀** : 줄기가 바닥을 기는 듯 하다 끝부분에만 바로 선다. 누워 있다고 해서 '눈'이라는 말이 붙었다.
- **복주머니란** : 난초과로 복주머니꽃이라고도 한다. 산기슭의 풀밭에 자라며, 키는 5~40㎝이다.

▲ 선개불알풀

▲ 큰개불알풀

▲ 복주머니란

ㄱ

넓은 잎으로 감춘 앙증맞은 꽃

23 개족도리풀

- 학 명 : *Asarum maculatum* Nakai
- 과 명 : 쥐방울덩굴과

▲ 개족도리풀 잎

참 재미난 이름이다. 개가 족도리를 하고 있는 풀인가 하고 생각하겠지만 '개'는 '다른'이라는 뜻으로 족도리풀의 한 종류를 말한다. 족도리풀은 꽃 모양이 족두리와 비슷해서 이름 붙여졌다. 족두리는 옛날 여인들이 시집갈 때 머리에 얹던 관을 말한다.

그런데 이 풀은 꽃을 보기가 만만치가 않다. 이상하게도 넓은 잎 아래에 피기 때문이다. 다른 꽃들은 대부분 잎 위로 올라와 피는데, 대체 왜 밑에서 피는 걸까. 나비나 벌이 아직 날아다니지 않는 이른 봄에 피기 때문이다. 그래서 벌과 나비 대신 땅에 사는 벌레를 유인해서 암술과 수술을 수정시키자는 뜻이다. 이때는 꽃에서 생선 썩는 냄새가 나는데, 곤충들이 쉽게 찾을 수 있게 하기 위해서다.

개족도리풀은 족도리풀에 비해 잎에 하얀 무늬가 많이 나 있다. 산에 주로 피며 낙엽이 많이 덮여 있는 반그늘의 물이 잘 빠지는 곳에서 잘 자란다. 키는 10~15㎝로 아이들 손으로 한 뼘밖에 안 된다. 그러나 잎은 매우 커서 길이 8㎝, 너비 7㎝ 정도나 된다. 잎은 하트 모양이다. 꽃은 그 잎 밑부분에 흑자색으로 피며 길이 2㎝가 겨우 될까말까 한다. 꽃의 끝은 세 갈래로 갈라지는 것이 특징이다. 이렇게 잎이 크고 그 아래에 꽃이 피는 식물이라서 개족도리풀을 제대로 보려면 잎의 생김새부터 알아야 한다. 열매는 자줏빛이 도는 긴 타원형으로 8~9월경에 달린다.

예전에는 이 풀이 약재로 많이 이용되었는데, 특히 5~7월경 뽑은 뿌리는 '세신'이라고 해서 약초 캐는 심마니들에게 큰 인기였다. 그래서 한때 희귀종이 될 뻔했으나 중국산이 잔뜩 들어와 요즘은 많이 되살아나고 있다고 한다. 재미있는 것은 이른 봄 애호랑나비가 이 잎 뒷면에 알을 낳는다는 것이다. 약초로 많이 채취되던 때에는 이른 봄 애호랑나비도 보기 힘들었지만 요즘은 다시 많아졌다.

개족도리풀은 쥐방울덩굴과에 속하는 여러해살이풀로, 우리나라 남해안에 분포한다.

길러보기

화분에 심어 관상용으로 이용하면 좋다. 늦가을이나 이른 봄에 포기나누기를 하거나 9월경 종자를 받아 바로 화분에 뿌리면 집에서도 기를 수 있다. 물은 2~3일에 한 번씩 준다.

비슷한 식물들

- **족도리풀** : 잎이 밋밋하면 족도리풀, 하얀 무늬가 있으면 개족도리풀이다. 키는 5~10㎝로 개족도리풀보다 작다.
- **무늬족도리풀** : 개족도리풀과 비슷하나 잎이 약간 얇고 무늬도 흐릿하다.
- **각시족도리풀** : 족도리의 삼각형 뿔이 뒤로 젖혀져 붙어 있는 것이 다르다. 족도리풀 중에서 가장 앙증맞은 편이다.
- **자주족도리풀** : 잎이 자주색이었다가 점차 녹색으로 바뀐다.
- **구족도리풀** : 꽃에 통처럼 생긴 부분이 없다. 꽃은 검붉은색으로 꽃대에서 한 송이씩 핀다.
- **민족도리풀** : 족도리풀에 비해 잎이 길이와 너비가 각각 5~15㎝로 약간 크고, 잎 뒷면에 털이 약간 있다. 꽃은 붉은빛이 강한 자주색이다.

▲ 족도리풀

▲ 무늬족도리풀

▲ 자주족도리풀

쓸모가 없는 지치

24 개지치

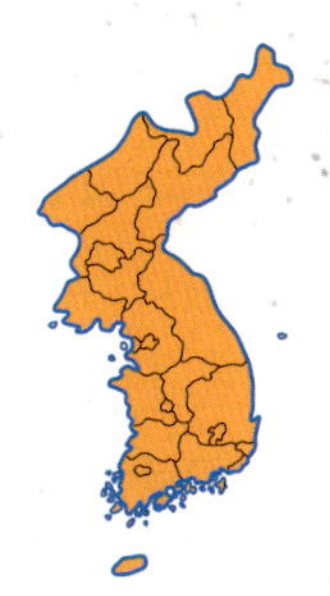

- 학 명 : *Lithospermum arvense* L.
- 과 명 : 지치과

▲ 개지치 꽃

▲ 개지치 줄기

지치는 뿌리를 약용하거나 염료로 이용하는 유용한 식물이다. 또한 칼슘과 카로틴, 비타민 C가 풍부하여 열대 아시아에서는 오랜 옛날부터 채소로 이용해 왔다. 우리나라에서는 특히 자주색을 내는 염료로 많이 사용하였다. 지치 뿌리에서 얻은 보라색 물감은 매우 귀하고 특별하여 왕실이나 귀족들만이 이를 물들인 옷을 입었다고 한다.

이러한 지치에는 여러 종류가 있는데, 우리나라에는 지치와 개지치, 반디지치 등이 자란다. 이중 개지치는 지치보다 못하다고 해서 접두어 '개' 자를 붙인 것이다. 특히 뿌리에 자주색 염료가 없어 쓸모가 없다는 의미로 개지치로 부른다.

줄기는 곧추서고 가지가 갈라지며 키는 20~50㎝이다. 식물 전체에 누운 털이 있으며 잿빛을 약간 띤다. 잎은 어긋나고 좁은 바늘 모양 또는 넓은 선형으로 길이 1~4㎝, 너비 0.2~0.9㎝이며 끝은 둔하고 가장자리는 뒤로 말린다.

꽃은 5~6월에 윗부분의 잎겨드랑이에 1개씩 흰색으로 달리며 꽃자루는 짧다. 열매는 분과로 달걀 모양이고 회색빛이 돈다.

지치과의 두해살이풀로, 유럽과 아시아, 아프리카 북부의 온대에서 난대에 걸쳐 분포한다. 우리나라에는 전국의 산과 들에 자란다. 어린잎은 식용한다.

▲ 개지치 무리

길러보기

9월경에 달리는 종자를 물에 담고 냉장고에 3~4일 정도 둔 후 모래와 섞은 후 손으로 약하게 비벼 뿌린다. 물 빠짐이 좋게 하기 위해 자갈이나 바위가 많은 토양에 심는 것이 좋다.

비슷한 식물들

- **지치** : 키는 30~70㎝로 개지치보다 크며, 뿌리에 자주색이 있다.
- **거센털개지치** : 전체에 털이 많이 나 있는데, 개지치의 털보다 거센 것이 특징이다. 잎의 너비도 개지치의 것보다 크다.
- **갯지치** : 바닷가의 모래땅에서 자란다. 7~8월에 남자색 꽃이 피는데, 꽃대축을 중심으로 길게 자라고, 꽃자루도 발달하지만 가지가 갈라지지 않는 형태로 달린다.
- **당개지치** : 뿌리줄기가 옆으로 길게 벋고 군데군데에서 새싹이 나온다. 그늘지고 습한 곳에서 잘 자란다.
- **산지치** : 산에 자라며, 키는 약 30㎝이다. 전체에 누운 털이 빽빽이 나 있다.

▲ 지치

▲ 당개지치

바닷가에 자라는 야생 무

갯무

- 학 명 : *Raphanus sativus* f. *raphanistroides* Makino
- 과 명 : 무아재비

▲ 갯무 꽃봉오리

▲ 갯무 꽃

▲ 갯무 종자 결실

무는 배추, 고추와 함께 우리나라 3대 채소 중 하나로 손꼽힌다. 통통하면서도 길쭉한 뿌리와 잎을 김치로 담가 먹는데, 잎은 말려서 시래기를 만들어 국을 끓여 먹으면 맛이 일품이다. 무는 의외로 꽃도 예쁘다. 4~5월에 십자형의 연한 자주색 또는 흰색 꽃이 높이 1m쯤 되는 꽃줄기 위에 모여 피면 청순함이 느껴진다.

무의 원산지에 대해서는 지중해, 중앙 아시아와 중국, 인도 등등 여러 설이 있는데, 야생 무가 재배되며 개량된 것이다. 일설에는 갯무가 원조라고 하나 확실하지는 않다. 오히려 무가 야생화되어 갯무가 되었다고도 한다.

갯무란 갯가, 즉 바닷가에 사는 무라는 의미로, 일반 무에 비하여 뿌리가 가늘고 딱딱하며 잎도 작다. 물론 뿌리와 잎은 식용할 수 있는데, 매운 맛과 향이 강하며 아삭아삭 씹힌다. 또 뿌리는 약재로 쓰인다.

키는 90㎝가량인데 뿌리와 줄기의 경계가 뚜렷하지 않다. 드문드문 가지를 치며 드물게 털이 난다. 잎은 어긋나고 길이 5~20㎝, 너비 2~5㎝이며 깃꼴 겹잎으로 깊게 갈라진다. 갈라지는 잎은 2~7쌍으로 양면에 털이 있다.

꽃은 4~5월에 연한 자주색 또는 흰색으로 총상화서를 이루며 핀다. 꽃받

▲ 갯무 새순 올라오는 모습

▲ 갯무 잎

▲ 갯무 무리

침잎은 길이 약 0.7㎝로 긴 타원형이고, 꽃잎은 넓은 거꾸로 세운 달걀 모양 또는 주걱 모양이다. 열매는 길이 4~6㎝의 염주 모양으로 안에 2~5개의 씨가 들어 있다.

십자화과의 두해살이풀로, 원산지는 지중해이며 전 세계에 분포한다. 우리나라에는 울릉도와 경상도, 제주도 등지의 바닷가에 분포한다. 꽃말은 '바람 같은 삶'이다.

길러보기

특별히 재배하지는 않는다.

비슷한 식물들

- **무** : 꽃줄기는 길이 1m 정도이며, 4~5월에 연한 자주색 또는 흰색 꽃이 핀다.
- **알타리무** : 뿌리가 엄지손가락 모양이고 무청이 연한 어린 무를 말한다. 총각무라고도 한다.

봄 바닷가를 거닐다 우연히 만나는 친구

26 갯봄맞이

- 학 명 : *Glaux maritima* var. *obtusifolia* Fernald
- 과 명 : 앵초과

▲ 갯봄맞이 꽃

▲ 갯봄맞이 잎

ㄱ

▲ 갯봄맞이 새순 올라오는 모습

▲ 갯봄맞이 종자 결실

친구도 우연히 만나면 더욱 기쁘듯 꽃도 우연히 만나면 더욱 반가울 것이다. 아직은 을씨년스러운 들녘, 한결 다스해진 봄바람에 살랑거리는 흰 꽃무리들은 그런 반가움을 주는 꽃이다. 개나리나 진달래처럼 빛깔을 자랑하지도 않고, 일부러 찾아다니며 보는 뭍 야생화와는 달리 그저 텅 빈 들녘에서 봄을 노래하고 있을 뿐이다.

봄맞이가 들에 피는 친구라면 갯봄맞이는 봄날 바닷가를 거닐다 우연히 만날 수 있는 친구이다. 앵초과의 여러해살이풀로, 강원도 동해안 지역 모래가 있는 곳 또는 바위틈에서 만날 수 있다.

키는 5~20㎝이고, 줄기는 분백색이 도는 녹색으로 광채가 있으며 털은 없다. 뿌리는 옆으로 자란다. 잎은 양 끝이 둔하고 길이 0.6~1.5㎝, 너비 0.3~0.6㎝이다. 잎 모양은 긴 타원형이며 줄기를 따라 빽빽이 나있다.

▲ 갯봄맞이(백색) 무리

꽃은 꽃줄기가 거의 없는 연한 홍색으로 지름 약 0.7㎝이며, 잎겨드랑이 사이에서 나와 하늘을 쳐다보며 종처럼 핀다. 열매는 6~7월경에 둥글게 달리고 지름 약 0.4㎝이며, 종자는 갈색이다.

강원도 해안가 이외 다른 곳에서는 쉽게 보기 어려우므로, 해안가에 위치한 교육기관이나 수목원 등에 장구채류를 심어 놓고 서로 비교하며 관찰하게 하면 어린이들의 자연학습에 좋을 것 같다.

길러보기

7월에 종자를 받아 종자가 마르지 않게 종이나 솜으로 싸서 냉장 보관 후 9월이나 이듬해 봄에 뿌린다. 종자발아율은 높다. 그러나 아직 재배법이 정확하게 규명된 것은 아니다. 서식 형태를 볼 때 바람이 많이 부는 모래땅에서 키우는 것이 좋을 것이다.

비슷한 식물들

- **봄맞이** : 들에서 흔히 자라며, 꽃은 4~5월에 흰색으로 달린다. 잎이 거의 반원형이다.
- **고산봄맞이** : 백두산의 높은 곳에 자생하며 키는 약 7㎝이다. 6~7월에 지름 0.5~0.6㎝의 흰색 꽃이 핀다.
- **금강봄맞이** : 금강산과 설악산의 응달 암벽에 서식한다. 키는 약 8㎝로 아주 작다.
- **명천봄맞이** : 잎이 전부 뿌리에서 나와서 사방으로 퍼지는 것이 특징이다.

▲ 봄맞이

▲ 고산봄맞이

ㄱ

꽃과 잎이 향기로운

27 고광나무

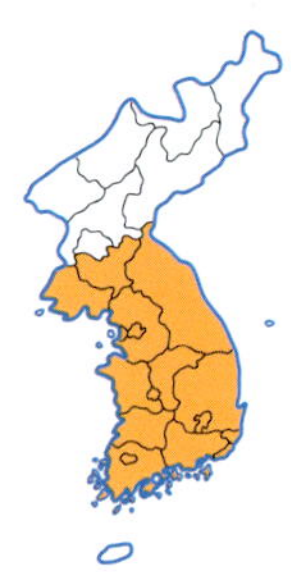

- 학 명 : *Philadelphus schrenkii* Rupr.
- 과 명 : 범의귀과

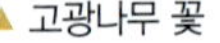

▲ 고광나무 꽃

▲ 고광나무 잎

▲ 고광나무 열매

고광나무는 다른 이름으로 오이순, 외순 등이 있는데, 이는 어린순에서 오이 냄새가 나서 붙여진 이름이며 어린순과 잎은 나물로 해 먹는다. 쇠영꽃나무, 털고광나무라고도 하며 조선산매화(朝鮮山梅花), 동북산매화(東北山梅花)라는 한자명도 있다. 여기에서 산매화는 아름답고 흰 꽃이 매화를 닮아 붙여진 것이다.

낙엽활엽관목으로 높이 2~4m이고, 오래된 가지는 회색이며 벗겨진다. 잎은 마주나고 난형 및 난상 타원형이며 가장자리에 뚜렷하지 않은 톱니가 있다. 꽃은 4~5월에 흰색으로 피는데 향기가 좋고 5~7개씩 잎겨드랑이에 총상화서로 달린다. 꽃잎은 4장으로 원형이다. 열매는 타원형의 삭과로 끝이 뾰족하며 9월에 익는다.

우리나라와 일본, 만주, 우수리 등지에 분포한다. 우리나라에서는 전국 산야의 해발 150~1,250m의 산기슭이나 골짜기에 자란다. 햇빛을 좋아하지만 그늘에서도 잘 자라는 편이고, 건조한 곳과 추위를 잘 견디며 생장 속도가 빠르다.

▲ 고광나무 씨방

▲ 고광나무 수피

▲ 고광나무 꽃 무리

꽃이 아름다워 관상용으로 심는다. 밀원식물로 이용하며, 목재는 땔감 등으로 이용한다. 열매와 뿌리는 소종, 이뇨, 치질 등에 사용되며, 꽃은 신경 계통의 강장제 또는 이뇨제로 쓰인다.

꽃과 잎을 물속에서 강하게 비비면 꼭 비누처럼 향기가 나고 거품도 인다. 실제로 미국의 인디언들은 예전에 고광나무를 이용해서 머리를 감았다고 한다. 허브와 섞어 초를 만들거나 향수 재료로도 사용한다. 꽃말은 '추억', '기품', '품격'이다.

길러보기

뿌리나 줄기를 나누는 포기나누기로 번식한다. 종자로 번식하려면 늦은 봄에 이끼 위에 뿌린다.

비슷한 식물들

- **애기고광나무** : 각시고광나무라고도 부르며, 주로 해발 300m 이상의 높은 곳에 자란다. 잎 가장자리에 잔톱니가 드문드문 나 있다.
- **섬고광나무** : 진도와 경남에서만 자라는 우리나라 특산종으로, 해발 400m 이상의 산골짜기에서 야생으로 자란다.
- **얇은잎고광나무** : 엷은잎고광나무라고도 하는데, 잎에는 털이 약간 있으나 맥 위에만 있고, 암술대가 중간 정도에서 갈라진다.
- **꼭지고광나무** : 잎은 마주나고 달걀 모양 또는 타원형으로 끝이 뾰족하고 톱니가 있다. 경기도와 충북지방에 분포한다.
- **남선고광나무** : 섬고광나무에 비해 나무 전체에 털이 거의 없으며, 전남지방에 분포한다.

잎이 고깔처럼 말리는

28 고깔제비꽃

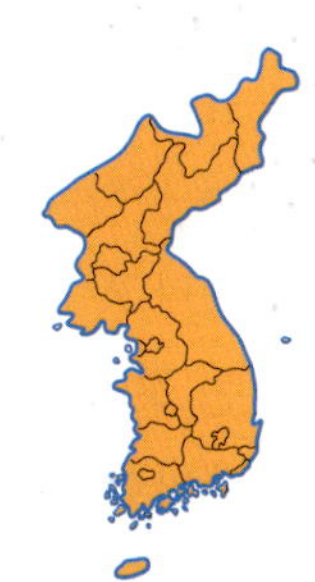

- 학 명 : *Viola rossii* Hemsl.
- 과 명 : 제비꽃과

▲ 고깔제비꽃 꽃

▲ 고깔제비꽃 잎

ㄱ

봄에는 들풀도 저마다 다 화려한 모습으로 치장을 한다. 마치 패션쇼라도 하는 듯하다. 겉으로는 멋만 부리는 것 같지만 사실은 살아남기 위한 치열한 준비라고 할 수 있다. 좀 더 예쁘게 꾸며야 벌과 나비가 날아와 수정을 할 수 있는 것이다.

제비꽃은 봄철에 가장 흔하게 볼 수 있는 들꽃이다. 꽃의 모양과 색깔이 아주 다양한데, 그만큼 다양한 방법으로 살아남기 위한 준비를 한다. 또한 그에 따라 서로 다른 이름을 가지게 된다. 그중 고깔제비꽃은 꽃이 필 때 잎의 모양이 고깔처럼 변해서 고깔이라는 명칭이 붙었다. 고깔은 옛날에 스님이나 무당이 쓰던 모자다. 양쪽 잎의 밑쪽이 안으로 말려서 고깔처럼 된다.

고깔제비꽃은 우리나라 전역의 산과 들에 자라는 여러해살이풀이다. 양지나 혹은 그늘진 곳에 자라는데, 키는 15㎝쯤 된다. 잎은 길이 4~7㎝, 너비도 그와 비슷하다. 잎의 양면에 털이 있는데, 특히 뒷면 맥 위에 털이 있다. 뿌리에서 2~5개씩 모여 나는데, 다 자란 잎은 하트형이며 끝이 뾰족해진다. 꽃은 붉은 자줏빛으로 길이 1.5~2㎝로 한쪽을 향해 피는 것이 특징이다. 열매는 길이 1~1.5㎝로 타원형이며 7~8월경에 달린다.

▲ 고깔제비꽃(흰색)

▲ 고깔제비꽃 무리

한여름에 제비꽃류는 모두 꽃을 피우지 않은 상태로 씨앗만 맺는 것을 관찰할 수 있는데, 이는 더운 날씨에는 꽃 피울 시간도 없을 만큼 절박하기 때문에 종자부터 결실시키는 것이다. 또한 가을에도 날씨가 따뜻하면 꽃 핀 모습을 자주 볼 수 있다.

제비꽃은 우리나라에 자생하는 식물 중에 가장 많은 종류를 지니고 있다. 정말 대가족이다. 어떤 제비꽃이 있나 찾아보다가 언제 봄이 가는지도 모를 지경이다.

고깔제비꽃은 제비꽃과에 속하며 고깔오랑캐꽃이라고도 부른다. 어린순은 식용으로 먹을 수가 있으며, 풀 전체는 약재로도 사용된다. 우리나라와 일본, 중국에 분포한다. 꽃말은 '즐거운 생각'이다.

길러보기

꽃 모양이 아주 예뻐서 씨를 받았다가 9월에 뿌리거나 이른 봄 새순이 올라올 때 포기나누기를 해서 심는다. 화단이나 화분에 뿌리면 관상용으로 좋다. 물이 잘 빠지는 곳에서는 어디서나 잘 자라는 편이다. 물은 2~3일에 한 번 정도 준다.

비슷한 식물들

- **금강제비꽃** : 고깔제비꽃과 비슷하지만 꽃이 폐쇄화이고 땅속줄기가 있는 것이 다르다.
- **아욱제비꽃** : 전체에 흰 털이 많이 나고, 잎은 뿌리에서 모여난다. 꽃이 필 때의 잎은 둥근 심장 모양이다. 울릉도와 북부지방에 분포한다.

▲ 금강제비꽃

맛난 김치로 담가 먹는

29 고들빼기

■ 학 명 : *Crepidiastrum sonchifolium* (Bunge) Pak & Kawano

■ 과 명 : 국화과

▲ 고들빼기 꽃

▲ 고들빼기 꽃(흰색)

고들빼기는 나물로 워낙 유명해 농가에서 많이 재배되는 품종이다. 맛이 쓰다고 해서 고채(苦菜) 또는 고다(苦茶)라고 하던 것이 '고독바기'로 바뀌었다가 '고들빼기'가 되었다고 한다.

▲ 고들빼기 무리

전국의 산과 들에서 자라는 두해살이풀로, 양지 혹은 반그늘에서 자라며 키는 20~80㎝이다. 줄기는 붉은 자줏빛을 띤다. 잎은 길이 2.5~5㎝, 너비 1.4~1.7㎝로 표면은 녹색, 뒷면은 회청색이고 끝은 빗살처럼 갈라진다.

고들빼기 꽃은 연황색으로 7~9월에 가지 끝에 흩어지듯 펼쳐져 달리고, 꽃줄기는 2~3개 정도로 길이 5~9㎜이다. 열매는 검은색으로 9~10월경에 맺으며 길이 2.5~3㎜ 정도로 편평한 원추형이다. 흰색으로 된 갓털은 길이 0.3㎝ 정도이다.

국화과에 속하며 참꼬들빽이, 빗치개씀바귀, 좀두메고들빼기, 애기벋줄씀바귀라고도 한다. 또한 쓴맛이 강해 씬나물이라고도 부른다. 어린순과 뿌리는 식용한다. 나물로도 무쳐 먹고 김치로도 담가 먹으며, 민간에서는 약재로도 쓰인다. 우리나라와 중국에 분포한다.

길러보기

10월경 종자를 받아 보관 후 이른 봄 화단에 뿌려서 번식한다. 어느 곳에서나 잘 자란다. 식용을 목적으로 재배할 경우는 토양이 비옥한 곳에 심고, 물은 2~3일 간격으로 준다.

비슷한 식물들

- **가는잎왕고들빼기** : 왕고들빼기와 비슷하나 잎이 갈라지지 않고 잎 끝은 뾰족한 모양이다.
- **용설채** : 왕고들빼기의 변종으로, 잎이 갈라지지 않고 크며, 주로 가축 등

의 먹이로 재배한다. 황무지나 들에서 자라며, 키는 1~2m이다.

- **지리고들빼기** : 지리산에 자라며, 키 40㎝ 정도이다. 긴 타원형의 잎이 새의 깃 모양으로 갈라지며 어긋난다.
- **씀바귀** : 쓴맛이 난다고 해서 씀바귀라고 한다. 우리나라 대표적인 나물로 키는 25~50㎝이다. 5~7월에 노란색 꽃이 핀다.
- **왕고들빼기** : 키가 1~2m로 아주 크다.
- **이고들빼기** : 산과 들의 건조한 곳에서 자라며, 키는 30~70㎝이다. 뿌리에 달린 주걱 모양의 잎은 꽃이 필 때 스러진다.
- **강화이고들빼기** : 이고들빼기와 비슷하나 잎이 깃 모양으로 갈라진다.
- **갯고들빼기** : 거제도와 거문도의 바닷가 바위틈에 자라며, 원줄기는 목질화하였고 짧으며 위쪽 끝에서 잎이 나온다.
- **까치고들빼기** : 깊은 산의 숲 가장자리에 자라며, 키 30~70㎝이다. 줄기 밑부분에서 가지를 치고 매우 연하다. 잎은 깃 모양으로 갈라진다.
- **두메고들빼기** : 깊은 산에 자라며, 키는 1m 정도이다. 잎은 어긋나고 심장형이거나 삼각형으로 고르지 못한 톱니가 있으며 끝은 뾰족하다.
- **산고들빼기** : 잎이 무 잎처럼 갈라지며 표면은 붉은빛이 도는 녹색으로 털이 약간 있다. 산씀바귀라고도 하며, 키는 65~150㎝이다.

▲ 지리고들빼기 ▲씀바귀 ▲ 왕고들빼기

▲ 이고들빼기 ▲ 갯고들빼기 ▲ 산고들빼기

백제 의자왕의 전설을 간직한

30 고란초

- 학 명 : *Crypsinus hastatus* (Thunb.) Copel.
- 과 명 : 고란초과

ㄱ

▲ 고란초 새순 올라오는 모습

▲ 고란초 잎

옛날 백제 의자왕이 어느 날 부여 낙화암 절벽 중간에 있는 고란사에 들렀다가 그곳의 약수를 마시게 되었다. 먹어 보니 물맛이 아주 좋았다. 그래서 신하에게 고란사의 약수를 매일 떠오라고 했다. 그런데 가만히 생각해 보니 아무 물이나 가져와서 약수라고 하면 되는 것이 아닌가. 그래서 다시 명령했다.

"꼭 고란초 한 잎을 띄워서 가져오게 하라."

고란사 근처 절벽에는 고란초가 많이 자라고 있었기 때문이다. 고란초라는 이름은 그때 생겼다고 전해진다.

▲ 고란초 포자낭

고란초는 나무가 아닌 식물로는 드물게 상록 식물이다. 겨울에도 푸른 잎을 간직하고 있는 강인한 식물이다. 또 꽃 대신 잎에 포자를 만들어서 번식을 하는 양치식물이라서 꽃이라고 하기에는 무리가 있을 것이다. 하지만 봄이면 새순이 돋아 봄철이 가장 예쁘니 봄의 야생화라고 해도 전혀 이상하지가 않을 듯하다.

고란초는 강원도 이남에서 자라는 여러해살이풀로, 그늘진 바위틈이나 낭떠러지에서 잘 자란다. 뿌리가 길게 뻗어 나가는데, 갈색으로 된 뿌리는 마치 불규칙한 톱니처럼 보인다.

키는 8~35㎝이며, 잎은 길이 5~15㎝, 너비 2~3㎝로 하나가 주종을 이루고 간혹 2~3장이 한꺼번에 나오기도 한다. 잎 모양은 길쭉하며 끝이 뾰족하

▲ 고란초 돌에 붙은 모습

고, 표면은 녹색이지만 뒤쪽은 흰빛이 돈다. 이 잎에 포자가 두 줄로 나란히 달린다. 비교적 기온이 따뜻한 곳에서 자라며, 돌 틈에서 발견되는 산일엽초나 일엽초와 혼동하기 쉽지만 잎맥을 보면 분명하게 구분된다.

고란초를 갖고 있으면 아들을 낳는다고 해서 고산사 주변의 고란초가 거의 사라진 적도 있었다고 한다. 하지만 요즘에는 다시 고란사 주위에도 고란초가 생겼다고 한다.

역사적인 유명세, 그리고 약재로도 쓰이는 까닭에 고란초는 멸종위기식물에 속했으나, 최근 전국 각지에서 군락이 발견되었다. 수락산 일대와 파주 민통선 안쪽, 그리고 춘천과 익산, 서산 태안반도, 울릉도 등지에서 군락지가 발견되었다. 포자를 이용해 증식할 수 있어서 대량 증식을 할 수도 있는데, 이는 연구 중이다.

고란초과에 속하며, 우리나라와 일본, 타이완, 중국 등지에 분포한다.

길러보기

포자를 따서 이끼에 뿌리면 이듬해 봄에 싹이 올라와 관상용으로 이용할 수 있다. 화분이나 화단 또는 돌 위나 마른 토양에 심어야 하는데, 그늘이 생길 수 있는 조건이 필요하다. 뿌리를 내리면 공중에 있는 수분만으로도 살아가는 강인한 생명력을 지닌 식물이다.

비슷한 식물들

고란초는 쉽게 발견되는 식물이 아니므로 가까운 식물도 많지 않은 편이다.

- **층층고란초** : 잎몸이 층층으로 갈라진다. 한라산에서 자라서 '두메고란초'라고도 한다. 잎자루 길이는 2~9㎝로 작다.
- **큰고란초** : 잎이 길이 약 30㎝까지 큰다. 포자의 표면은 밋밋하다.
- **일엽초** : 같은 과에 속하는 식물로, 잎에 잔구멍으로 된 점이 있고, 뒷면은 연한 녹색이며 잎맥이 도드라져 있다.

▲ 일엽초

ㄱ

구슬처럼 앙증맞은 봄꽃

31 고산구슬붕이

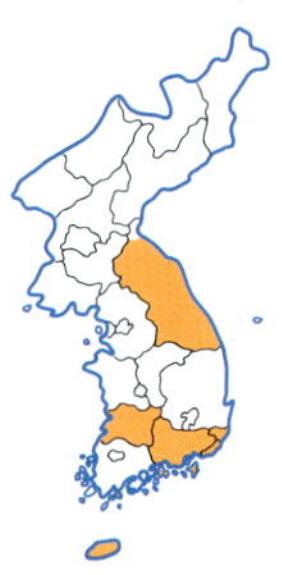

- 학 명 : *Gentiana wootchliana* W.K.Paik
- 과 명 : 용담과

▲ 고산구슬붕이 꽃

정말 구슬처럼 작은 들꽃이다. 사진으로 보면 꽃이 커 보이지만 실제로는 키가 5~10㎝밖에 안 된다. 이런 작은 식물체를 사진으로 찍기는 아주 어렵다. 사실 꽃들은 가만히 있는 것처럼 보이지만 항상 몸을 흔들고 있다. 사진은 그 미세한 바람이 멈출 때 찍어야 하기 때문에 사진 찍기가 쉽지 않다. 들꽃들이 가만히 있는 것 같아도 늘 춤을 추고 있다는 사실은 사진을 찍어 보면 금방 알 수 있다. 고산구슬붕이는 강원도와 경상남도, 제주도 등지에 분포하는 한해살이풀이다. 주로 물이 쏙쏙 잘 빠지는 양지에 자란다.

잎은 길이 0.6~2㎝, 너비 0.5~1㎝로 끝이 뾰족하게 뭉치는 것이 특징이다. 꽃은 하늘색이나 흰색으로 피는데, 꽃의 길이는 1.6~2㎝ 정도이다. 꽃의 모양이 꼭 깔때기처럼 생겼으며 짙은 자줏빛 줄이 있다. 열매는 6~7월경에 열리며, 씨앗은 타원형이다.

꽃의 모양이 용담과 비슷하여 용담과에 속하며, 흔히 소용담이라고 부른다. 고산구슬붕이의 종류는 몇 가지 있다. 그중 대표종인 구슬붕이는 꽃이 연한 자주색이며, 종자는 방추형으로 편평하고 매끄럽다. 고산구슬붕이는 흔히 고산구슬봉이라고도 하며, 잎과 줄기는 약용으로 사용된다. 관상용으로 키우면 앙증맞은 꽃을 구경할 수 있다.

길러보기

종자를 종이에 싸서 냉장 보관한 뒤 이듬해 2월에 뿌리면 봄에 꽃을 볼 수 있다. 그늘이 없는 양지에 심는 것이 요령이다. 주변에 나무가 있어서 햇볕을 조금 가려 주는 곳은 괜찮지만, 햇볕을 다 가리면 다른 곳에 심는 게 낫다.

비슷한 식물들

- **봄구슬붕이** : 꽃은 4~5월에 연한 자주색으로 피는데, 가지 끝에 1개씩 달리고 길이 2.5~3.5㎝이다.
- **큰구슬붕이** : 꽃은 자줏빛이 돌며, 뿌리에서 나온 잎이 방석처럼 퍼지지 않고 줄기에 달린 잎보다 작으며, 꽃받침조각이 뒤로 젖혀지지 않는다.
- **용담** : 키 20~60㎝로 크다. 꽃받침은 통 모양이고 끝이 뾰족하게 갈라진다.
- **구슬붕이** : 고산구슬붕이와 비슷하나 5~6월에 종 모양의 연한 자주색 꽃이 핀다.

▲ 봄구슬붕이 ▲ 큰구슬붕이

▲ 용담 ▲ 구슬붕이

옛 할머니의 손끝을 닮은 꽃

32 골무꽃

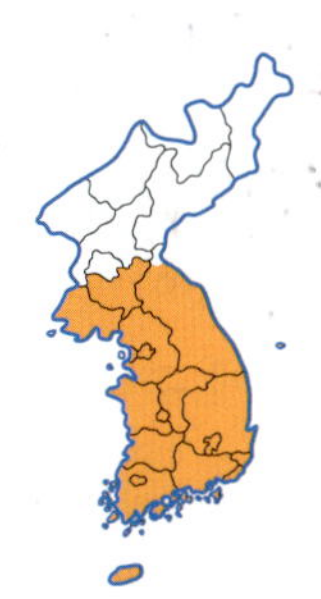

- 학 명 : *Scutellaria indica* L.
- 과 명 : 꿀풀과

▲ 골무꽃 꽃

▲ 골무꽃 꽃(뒷모습)

ㄱ

옛날 여인들이 바느질을 할 때 손가락에 끼고 바늘을 꾹꾹 누르던 것이 골무다. 골무꽃에는 그렇게 우리 아낙네들의 삶이 담겨 있다. 골무라는 이름은 꽃이 진 다음 열매를 감싸고 있는 꽃받침통의 모양이 골무를 닮아서 붙여진 것이다. 학명은 라틴어로 '작은 접시'를 뜻하는데, 꽃받침통에 둥근 접시 모양이 달리기 때문이다. 그래서 전문가가 아니라도 이 꽃을 비교적 쉽게 구분할 수가 있다.

▲ 골무꽃 새순 올라오는 모습

골무꽃은 키가 20~30㎝로 작은 편이라 눈에 잘 띄지는 않는다. 그러나 소박하고 은은한 멋으로 우리의 눈을 즐겁게 하는 꽃이다. 우리나라에서는 중부 이남의 산과 들에 자라는데, 거의 전세계에서 자라고 있는 들꽃이다.

잎은 넓은 달걀형이며, 길이 약 2㎝이다. 꽃은 자주색으로 피는데, 햇볕을 적게 받는 곳에서는 자주색이 연해진다. 꽃은 줄기 상단부에서 나온 꽃대에 아래에서 위쪽으로 올라가며 핀다. 꽃의 길이는 3~5㎝가량이며, 너비는 0.7~1㎝이다. 꽃 앞부분은 넓지만 뒤쪽으로 가면 좁아지는 특징이 있다.

▲ 골무꽃 잎

▲ 골무꽃 줄기

열매는 7~8월경에 작은 원추형으로 달리고 안에는 아주 작은 종자가 들어 있다. 비교적 줄기가 두꺼워 바람에 잘 흔들리지 않는 것이 장점이다. 또 햇볕을 좋아해 늘 해를 바라본다.

꿀풀과에 속하며, 어린순은 나물로 먹는다. 향기가 꽤 좋다. 전초는 약용으로 사용된다.

길러보기

종자를 9월경에 받아 화분이나 화단에 바로 뿌리거나 이듬해 봄에 뿌리면 관상용으로 기를 수 있다. 골무꽃을 화분에 키우려면 퇴비를 많이 주고 배수가 잘 되게 해야 한다. 또 공기가 잘 통하는 곳에 두고, 꽃이 지면 화분을 햇볕이 많이 드는 곳에 두는 것이 요령이다.

비슷한 식물들

- **광릉골무꽃** : 꽃은 5~6월에 연한 하늘색으로 핀다.
- **흰골무꽃** : 흰 꽃이 핀다.
- **그늘골무꽃** : 작은 꽃자루에 액을 분비하는 선모가 나고, 꽃턱잎은 위로 갈수록 작아진다.
- **다발골무꽃** : 잎 앞면은 녹색이고 거칠며, 뒷면은 연한 녹색이고 맥 위에 털이 있다.
- **좀골무꽃** : 키 5~20㎝에 잎 길이와 너비 모두 1㎝ 정도로 작다.
- **떡잎골무꽃** : 키는 10~30㎝, 잎 길이는 2~4㎝이다.

▲ 광릉골무꽃

▲ 흰골무꽃

▲ 떡잎골무꽃

약초로 사용하는 양치식물

관중

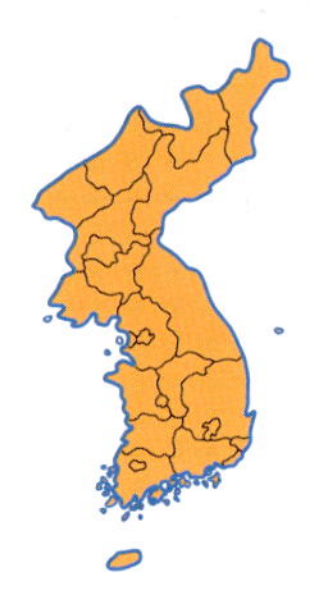

■ 학 명 : *Dryopteris crassirhizoma* Nakai

■ 과 명 : 면마과

▲ 관중 순 올라오는 모습

▲ 관중 안 모습

▲ 관중 비늘

관중은 고사리와 비슷하게 생겼다. 하지만 고사리가 양지에서 자라는 반면에 관중은 음습한 곳에서 자라는 것이 특징이다. 음습한 곳에 우산을 편 것처럼 자라는데, 잎을 활짝 편 모양이 마치 과녁에 꽂힌 화살같이 보여서 관중이라고 부른다.

관중은 우리나라 각처의 산지에서 자라는 여러해살이 양치류다. 습기가 많고 토양이 비옥한 곳에 잘 자란다. 주로 무리를 지어 자란다. 키는 50~100㎝이고, 잎은 길이 약 1m 내외, 너비 약 25㎝로 뿌리에서 바로 나온다. 줄기는 광택이 많이 나고 황갈색 혹은 흑갈색의 비늘 같은 것이 있다. 잎 조각은 약 20~30쌍이 달린다.

특이한 것은 전체 잎에서 중앙쯤에 있는 잎 조각이 가장 길다는 것이다. 밑부분으로 갈수록 잎 조각의 크기가 작고 달리는 간격도 넓어진다. 포자낭군은 잎 윗부분 가운데 가까이에 두 줄로 붙어 있다. 양치식물은 대부분 꽃을 피우지 못하고 잎에 있는 포자로 번식을 하는데, 관중 역시 포자로 번식한다. 관중은 전 세계에 약 150종이 자라고 우리나라에도 20여 종이 자란다. 양치식물 중에는 그 종류가 가장 많은 편이다. 관중의 원산지는 우리나라이다. 어린순은 나물로 먹는다. 새순을 따서 물에 충분하게 불린 뒤에 무쳐 먹으면 담백한 맛이 일품이다. 한편, 뿌리는 약재로 사용하며, 기생충을 제거하는 데에 좋은 효과가 있다고 알려져 있다. 고사리목 면마과에 속하며, 우리나라와 일본, 사할린, 쿠릴 열도, 중국 동북부 등지에 분포한다.

길러보기

포자로 번식한다. 관중은 음지에서 잘 자라지만 대개의 양치식물들이 그렇듯 키우기는 쉽지 않다.

비슷한 식물들

- **털개관중** : 섬 지방에 주로 나며, 잎자루는 길이 20~30㎝이고 아랫부분이 마른 잎으로 덮인다.
- **검정개관중** : 잎자루에 붙은 비늘조각이 줄 모양이고 검은빛이 도는 갈색 또는 검은색이다.

ㄱ

추위 속에서도 잎이 푸르른

34 광나무

■ 학 명 : *Ligustrum japonicum* Thunb.

■ 과 명 : 물푸레나무과

▲ 광나무 꽃

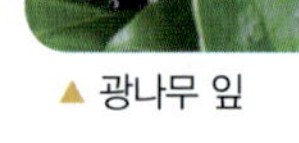

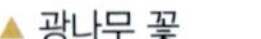

▲ 광나무 잎

추위 속에서도 잎이 푸르른 모습이 마치 정절을 지키는 여인처럼 고고한 자태를 지니고 있는 듯하다고 하여 여정목(女貞木)이라고도 불린다. 또 옛날에는 서리와 찬바람을 이겨내는 기질 때문에 선비들의 사랑을 받았다고 한다. 정목(貞木, 楨木), 서자(鼠子), 서시목(鼠矢木), 여정자(女貞子), 사절목(四節木), 정여(貞女) 등으로도 불린다. 또 토양으로부터 흡수한 암모니아가 내부에 많이 들어 있어 나무의 맛이 짭조름하여 소금나무라는 별칭도 있다.

상록활엽소교목으로 높이 3~5m 내외이며, 가지는 회색이다. 마주나는 잎은 혁질로 질기며 넓은 달걀 모양이거나 긴 타원상 원형으로 길이 3~10㎝, 너비 2.5~4.5㎝ 정도이다. 잎 끝은 뾰족하고 톱니는 나지 않는다. 잎 뒷면에 희미한 잔점이 있는 것이 특징이다.

7~8월에 흰색 꽃이 새 가지 끝에서 겹총상화서로 달린다. 꽃의 크기는 길이와 너비 모두 5~12㎝ 정도이다.

꽃은 깔때기처럼 생겼으며 향이 매우 뛰어나다. 열매는 작고 둥근 핵과로 열리는데, 10~11월에 자줏빛을 띤 검은색으로 익는다. 열매는 길이 8~10㎜이다.

우리나라, 일본 오키나와, 타이완 등지에 분포한다. 우리나라에는 전남과 경남지방의 바닷가와 낮은 산기슭에서 잘 자란다. 습기와 염분에 잘 견디며 비옥한 토양에서 잘 자란다. 가지에 잔털이 많이 나고 잎이 달걀 모양 원형으로 촘촘하게 달리는 것을 둥근잎광나무라고 부른다.

▲ 광나무 열매

▲ 광나무 수피

관상용으로 이용하며, 공해에 강하고 맹아력이 높아서 도심지 생울타리 조성으로 잘 어울리는 수종이다. 과실은 여정실(女貞實), 뿌리는 여정근(女貞根), 수피는 여정피(女貞皮), 잎은 여정엽(女貞葉)이라 하며 약용한다. 특히 과실로 만든 여정실주는 강장용으로 이용되며, 민간요법으로 잎을 삶아 종기에 바르기도 한다.

길러보기

가을에 종자를 채종하여 이듬해 봄에 파종하거나, 봄과 여름에 삽목하여 번식한다.

비슷한 식물들

- **둥근잎광나무** : 잎이 달걀 모양 타원형 또는 약간 원형이며, 잎자루가 짧다.
- **제주광나무** : 광나무보다 잎이 크고 잎 앞면의 맥이 뚜렷하다.

▲ 둥근잎광나무

▲ 제주광나무

알록달록 광대 옷 입은

35 광대나물

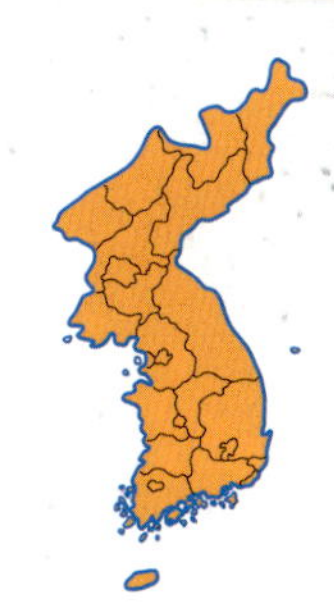

- 학 명 : *Lamium amplexicaule* L.
- 과 명 : 꿀풀과

▲ 광대나물 꽃

▲ 광대나물 줄기

ㄱ

▲ 광대나물 새순

일본에는 음력 1월 7일에 7가지 나물로 죽을 쑤어 먹는 풍습이 있다. 이 죽을 '칠초죽'이라고 하며, 나리, 냉이, 떡쑥, 별꽃, 무, 순무, 광대나물이 재료가 된다. 우리나라에도 대보름날 나물을 많이 먹는 것처럼, 한 해 동안의 건강을 기원하는 의미의 음식이다. 우리나라는 봄이면 쑥이나 냉이를 나물로 먹곤 한다. 향긋한 봄나물은 이른 봄 잃어버린 입맛을 돌아오게 하는 데에 그만이다. 그런데 우리가 잘 모르는 것 중에도 먹을 수 있는 풀이 굉장히 많다. 앞의 예를 든 것 중에 광대나물도 그중 하나이다. 이름이 낯설지 모르지만 이 들꽃은 우리 주위에서도 흔하게 볼 수 있다. 아직 음지에는 찬바람이 부는 봄날 양지바른 산길이나 길가에 잡초처럼 핀다. 그만큼 생명력이 강한 야생화라고 할 수 있다.

키는 10~30㎝가량이며, 줄기는 네모지고 자줏빛이 난다. 잎은 둥근 모양이고, 지름은 1~2㎝ 정도이다. 꽃은 홍자색으로 피는데, 잎겨드랑이에 여러 송이가 붙어 돌려난 것처럼 보인다. 꽃의 지름은 0.7~1.2㎝, 길이는 2~3㎝

▲ 광대나물 무리

정도이다. 광대나물의 꽃을 보면 꼭 입술 같아서 우리에게 '봄이 왔어요!'라고 고백하는 듯하다.

그런데 대체 광대나물이라는 이름은 왜 붙었을까? 이 꽃은 봄이 오는 길목에서 마치 우리를 환영하듯 피어나는데, 꽃을 잘 보면 광대들이 입는 옷을 연상케 한다. 목 주변에 주름이 많은 옷 말이다. 그래서 광대나물이라고 부른다. 열매는 7~8월경에 달걀 모양으로 달린다.

광대나물은 꿀풀과의 두해살이풀로 작은잎꽃수염풀, 긴잎광대수염, 접골초, 등롱초, 진주연, 연전초, 보개초, 코딱지나물 등 여러 가지 이름으로도 불린다. 어린순은 나물로 먹고, 전초는 약재로도 사용된다. 우리나라와 중국, 일본, 타이완, 북아메리카 등지에 분포한다.

길러보기

두해살이풀이기 때문에 종자로만 번식한다. 8월경에 종자를 받아 이듬해 봄에 화단에 뿌리면 쑥쑥 큰다. 음지나 양지 구분 없이 잘 자라지만, 햇볕이 잘 드는 곳에서 더 잘 자란다.

비슷한 식물들

- **흰꽃광대나물** : 6~7월에 흰색 꽃이 핀다.
- **자주광대나물** : 외국에서 귀화한 식물로, 잎이 자주색이며 하트 모양이다.

▲ 흰꽃광대나물

▲ 자주광대나물

꽃에 알록달록한 점이 있는

36 광대수염

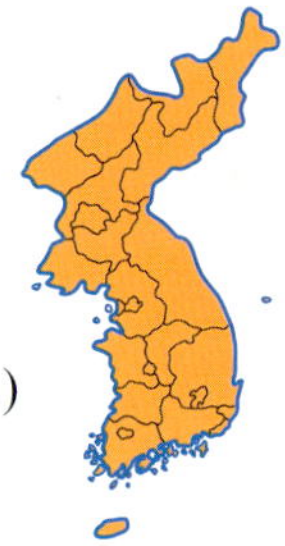

- 학 명 : *Lamium album* var. *barbatum* (Siebold & Zucc.) Franch. & Sav.
- 과 명 : 꿀풀과

▲ 광대수염 꽃봉오리

▲ 광대수염 꽃

▲ 광대수염 잎이 올라오는 모습

봄이면 산과 들에 꽃이 지천으로 핀다. 이름을 알 수 없는 꽃이 수도 없이 많지만, 꽃 중에는 이름이 없는 꽃은 하나도 없다고 봐도 좋다. 그 많은 꽃 이름을 누가 붙였는지 정말 신기할 따름이다. 광대수염도 그렇다. 앞에서 살펴본 광대나물처럼 목 주변에 주름이 많은 것이 꼭 광대 옷과 비슷하다. 또 꽃잎의 알록달록한 점은 더욱 더 광대의 옷을 연상시킨다. 게다가 이 식물에는 광대나물에는 없는 수염도 있다. 꽃잎 밑에 달린 꽃받침 끝이 수염처럼 뾰족하게 나왔는데, 이것이 꼭 광대의 수염같이 생겼다.

광대수염은 우리나라 산과 들에 자라는 여러해살이풀로, 어느 곳에서도 잘 자란다. 키는 약 30~60㎝ 정도이며, 줄기는 네모지고 잔털이 많이 나 있다. 잎은 달걀형이며 길이 5~10㎝, 너비 3~8㎝ 정도이다. 끝이 약간 뾰족하고 겉에는 톱니가 나 있다. 이 잎이 꽃을 가리는 경향이 있는데, 그래서 꽃이 마치 무대 뒤에 있는 피에로 같은 느낌도 든다.

꽃은 흰색이거나 연한 자주색으로 핀다. 잎이 전개되는 가운데에서 대여섯 송이가 뭉쳐서 피는 것이 특징이다

꽃을 앞에서 보면 잔털이 나 있으면서 잎을 벌리고 있는 모양이다. 또 무엇인가를 생각하는 것처럼 보이기도 한다. 꽃들도 저마다 다 독특한 표정이 있

▲ 광대수염 꽃(정면)

▲ 광대수염 종자 결실

▲ 광대수염 무리

는 것 같다. 열매는 7~8월경에 열린다.

꿀풀과에 속하며, 산광대 혹은 꽃수염풀이라고도 한다. 어린순은 나물로 먹으며, 풀 전체를 약재로도 사용한다. 원산지는 우리나라이고 일본, 만주 등지에도 분포한다.

길러보기

8월경에 열매를 따 종자를 바로 화분에 뿌리거나 신문지나 화장지 같은 종이에 싸서 보관하다 이듬해 2월경에 뿌린다. 이때 싹이 나면 화분이나 화단에 옮겨 심는다. 햇볕이 잘 드는 창가에 두는 것이 좋다. 온도가 따뜻하면 9월까지도 꽃을 감상할 수 있다.

비슷한 식물들

- **섬광대수염** : 울릉도에 자라며, 키는 1m 내외이고, 줄기는 곧게 서며 털이 없는 것이 다르다.
- **호광대수염** : 함경남도 부전고원에 분포하며, 꽃은 엷은 홍자색으로 7~8월에 핀다.

▲ 호광대수염

광릉에서 처음 발견된 골무꽃

37 광릉골무꽃

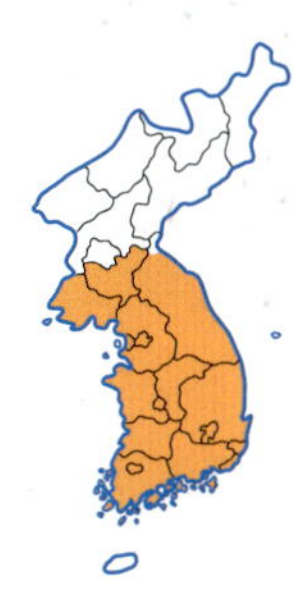

- 학 명 : *Scutellaria insignis* Nakai
- 과 명 : 꿀풀과

▲ 광릉골무꽃 꽃

▲ 광릉골무꽃 줄기

ㄱ

골무는 지난 날 여인들이 바느질할 때 손가락 끝에 끼우는 바느질 도구이다. 이러한 모양의 꽃받침을 달고 있어서 골무꽃이라고 불리는 식물은 상당히 많다. 그중 광릉골무꽃은 경기도 광릉에서 가장 먼저 발견된 골무꽃이라서 광릉이라는 이름이 붙여졌다.

광릉 하면 숲이 아주 울창하여 희귀조인 크낙새의 서식조로 유명한데, 요즘은 크낙새가 거의 발견되지 않는다. 이 숲에는 많은 동식물이 자라고 있어 '광릉'이라는 이름이 붙은 게 더러 있다. 예를 들면, 광릉갈퀴도 광릉에서 처음으로 발견된 식물이다.

광릉골무꽃은 우리나라 중부 이남의 산지에서 자라는 여러해살이풀로, 반그늘 혹은 양지의 물이 잘 빠지는 곳에서 잘 자란다. 키는 40~70㎝이고 잎은 길이 4~10㎝, 너비 1.2~4.5㎝이다. 잎의 표면에는 털이 있지만 뒷면에는 없으며, 가장자리에 굵은 톱니가 있고 마주난다. 꽃은 늦봄인 5~6월 연한 하늘색으로 피며 길이 약 3.5㎝이다. 꽃의 겉에 선모와 털이 있으며, 윗부분은 방패와 같은 모양인 것이 특이하다. 또 아래쪽에는 자주색 점이 있다. 열매는 9월경에 달리는데, 꽃받침에 둘러싸여 있다.

꿀풀과에 속하며, 숲골무꽃 또는 광릉골무라고도 한다. 어린순은 향기가 있어 나물로 먹으면 좋고, 뿌리는 약재로도 사용된다.

▲ 광릉골무꽃 줄기

▲ 광릉골무꽃 종자 결실

길러보기

열매를 받아 종자를 화분이나 화단에 뿌리거나, 이른 봄 새순이 올라오면 포기나누기를 해서 번식시킬 수 있다. 화분보다는 화단에 심는 것이 낫다. 햇빛을 직접 받지 않는 반그늘에 심고, 물은 새싹이 올라오면 2~3일 간격으로 주는 것이 좋다.

비슷한 식물들

- **호골무꽃** : 산골무꽃과 비슷하지만 마디에 털이 많고 다른 부분에는 적은 것이 다르다. 키는 15~30㎝이다.
- **산골무꽃** : 마디에 가느다란 털이 없으며, 키는 15~30㎝가량이다.
- **참골무꽃** : 밑부분에서 많은 가지가 갈라지고, 능선에 위를 향한 털이 있다. 잎은 타원형이다.
- **왜골무꽃** : 전체에 털이 적고 능선에만 털이 있으며, 잎은 달걀 모양이다.
- **애기골무꽃** : 참골무꽃과 비슷하나 크기가 작고 더욱 섬세한 편이다. 꽃은 7~8월에 흰색으로 핀다.

ㄱ

▲ 산골무꽃

▲ 참골무꽃

▲ 왜골무꽃

▲ 애기골무꽃

꽃 모양이 요강을 닮은 멸종위기식물

38 광릉요강꽃

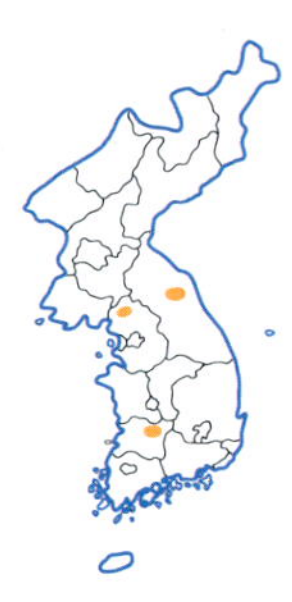

■ 학 명 : *Cypripedium japonicum* Thunb. ex Murray

■ 과 명 : 난초과

▲ 광릉요강꽃 꽃(정면)

▲ 광릉요강꽃 꽃(측면)

광릉요강꽃은 경기도 광릉의 죽엽산 및 경기 북쪽 지역에서 나는 여러해살이풀이다. 생육 환경은 반그늘이 진 곳이나 햇볕이 강하게 들어오지 않는 물 빠짐이 좋은 곳의 경사지와 수목이 우거지고 부엽이 많은 토양에서 자란다. 키는 20~40㎝이다. 잎은 부채꼴로 2장이 마주나는 것처럼 붙어 있고 잎맥은 꽃의 중심을 지나는 면에 대하여 좌우 대칭을 이루고 있으며 깊게 파여 있고 뒷면에는 털이 있다. 줄기는 밑부분이 3~4개의 칼집 모양으로 생긴 잎으로 싸여 있고, 윗부분은 큰 잎 2장이 마주난 것처럼 줄기를 감싸며 좌우로 펼쳐져 있다. 원줄기 끝에서 윗부분에 잎 같은 포가 1개 달리고 그 아래에 꽃이 아래를 향해 달린다. 꽃은 지름 약 8㎝ 정도로 연한 녹색이 도는 붉은색이다. 꽃받침조각 중 윗부분은 끝이 뾰족한 긴 타원형으로 길이 4~5.5㎝, 너비 1.2~2㎝이며, 옆 조각은 끝이 2갈래로 갈라진다. 꽃잎은 주머니 모양이며, 입술꽃잎은 흰색 바탕에 홍자색의 선명한 선이 있고 안쪽 밑부분에는 가는 털이 있다. 열매는 8~9월경에 달리며, 안에는 작고 미세한 종자들이 많이 들어 있다.

국내에서는 1931년 경기도 광릉 지역에서 처음으로 발견되었다. 국명은 1969년 이창복 박사에 의해 명명되었는데, 꽃 모양이 요강을 닮았으므로 처음으로 발견된 지명을 앞부분에 붙여 지은 이름이다.

2012년에 강원도의 한 농가에서 대량 증식이 이루어졌다는 보도를 접하였고, 산림청 추정 약 800여 개체가 우리나라에 자생하고 있다고 보고되고 있어 개체의 보호가 절실한 실정이다. 현재 이 품종의 자생지는 상당한 훼손으

▲ 광릉요강꽃 새순 올라오는 모습

▲ 광릉요강꽃 줄기

로 인하여 산림청에서 보호하고 있고, 일부 지역에서 새로운 자생지가 발견되고 있기도 하다. 대표적인 곳이 덕유산 일대인데, 이곳은 현재까지 발견된 자생지 중 가장 많은 개체가 서식하고 있는 것이 확인되었다. 다른 지역에서도 일부 자생지가 발견되고 있지만, 예전처럼 무분별한 채취가 이루어지면 얼마 남지 않은 자생지에서 그 자취를 보지 못할 수도 있다.

환경부에서는 특산식물로 분류하고 멸종위기식물 1급으로 지정, 보호하고 있다.

길러보기

7~8월경에 결실되는 종자로 번식하지만 종자발아율이 낮기 때문에 주로 포기나누기를 한다. 최근 농가에서는 자생지에서 묘종을 채취하여 이를 번식시키고 있다. 산림청의 엄격한 관리 아래 이루어지고 있고 이렇게 증식된 개체들은 자생지 복원에 사용되고 있다. 중국에서 수입되는 광릉요강꽃을 화분이나 노지에 심어 관리하는 동호인이 많아지면서 관리에 대한 부분이 조금씩 알려지고 있다. 물 빠짐이 좋은 화단을 이용하고 물을 많이 주면 알뿌리가 썩을 수도 있으므로 주의를 요한다. 봄에는 2일에 한 번 정도 물을 준다.

비슷한 식물들

- **복주머니란** : 키는 30~50㎝로, 5~6월에 붉은색으로 피고, 우리나라 전역의 숲 속 반그늘이나 양지의 낙엽수 아래에서 자란다.
- **털복주머리란** : 키는 20~30㎝로, 달걀 모양의 잎이 줄기를 감싸며 전체적으로 털이 많다. 붉은색에 흰 반점이 있는 꽃이 핀다.

▲ 복주머니란

▲털복주머니란

지천으로 피는 작은 들꽃

39 괭이밥

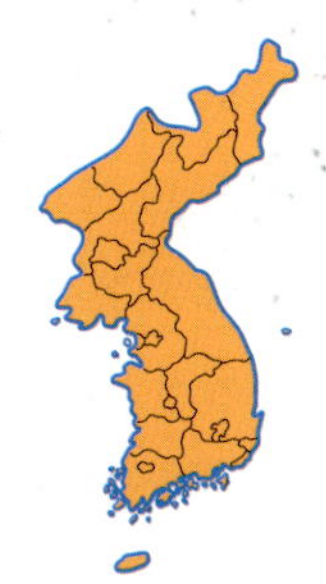

- 학 명 : *Oxalis corniculata* L.
- 과 명 : 괭이밥과

▲ 괭이밥 꽃

▲ 괭이밥 잎

ㄱ

꽃들은 다 저마다의 이름과 모양을 가지고 있고 향기도 다르고 자라는 과정도 다 특색이 있다. 마치 사람들이 개성을 갖고 살아가듯 꽃도 나름대로 자신을 표현하는 것 같다. 괭이밥은 고양이 밥이라는 뜻이다. 고양이가 소화가 잘되지 않을 때 이 풀을 뜯어먹는다고 해서 붙여졌다는 이야기가 전해진다.

옛날에는 어린이들이 이 잎을 먹기도 했는데, 신맛이 있어서 '시금초'라고 부르기도 했다. 그땐 먹을 것이 귀해서 먹었지만 요즘은 웰빙 식품으로 먹기도 한다. 괭이밥이 새싹요리에 들어가고 있는 것이다. 또 흥미로운 건 봉숭아물을 손톱에 들일 때 이 잎을 함께 썼으며, 황동 같은 것을 씻을 때에도 사용했다는 것이다. 특히 녹이 잘 닦여서 황동그릇은 반짝반짝하게 닦였다. 괭이밥은 우리나라 어느 곳에서나 볼 수 있는 아주 흔한 꽃 중 하나이다. 들이나 밭, 혹은 주택가 주변의 공터에서도 얼마든지 볼 수가 있다. 키는 10~30㎝로 작은 편이다. 그래서 멀리에서 보면 노란 꽃이 점을 찍은 듯 작아 보인다. 꽃은 잎겨드랑이에서 올라와 피는데, 키가 1㎝도 안 된다. 하지만 오래 피는 게 괭이밥의 특징으로, 여름에도 여전히 노란 꽃을 볼 수 있다.

잎은 마주나는데, 겉에서 보면 세 쪽으로 되어 있어 꼭 클로버 같지만 자세히 보면 잎 가장자리에 홈이 파여 있다. 그 파인 홈과 잎이 이루는 곡선이 참 멋지다. 잎의 길이와 너비는 1~2.5㎝이며, 가장자리와 뒷면에는 털이 약간 나 있고 햇볕이 부족할 때는 오그라든다. 열매는 9월경에 길이 1.5~2.5㎝가량으로 달리는데, 안에는 종자가 많이 들어 있다.

괭이밥과의 여러해살이풀로 초장초, 괴싱이, 시금초라고도 한다. 외국에

▲ 괭이밥 종자 결실

▲ 괭이밥 종자가 터진 모습

서는 괭이밥을 개량한 종류가 많은데, 꽃집에서 '사랑초'라는 이름으로 판매된다.

어린잎은 나물로 먹을 수 있고, 약재로도 사용된다. 우리나라와 일본, 타이완 등지에 분포한다. 꽃말은 '빛나는 마음'이다.

길러보기

씨를 받아 뿌리거나 보관했다가 이듬해 봄에 일찍 뿌리면 새싹이 난다. 어느 때나 뿌리를 나눠 심으면 번식시킬 수 있는데, 화분을 이용할 때에는 다른 식물들 주변에 심어 그 아래에서 꽃이 피게 하면 보기가 훨씬 좋다. 바깥에 심을 때는 처음에는 집단을 이루게 하고 다음 해에 솎아 주는 것이 좋다. 키가 작은 들꽃이라서 다른 잡초들과 생존경쟁을 하려면 처음에는 뭉쳐 있는 것이 좋기 때문이다. 물은 2~3일 간격으로 준다.

비슷한 식물들

- **붉은괭이밥** : 잎도 붉지만 꽃 안쪽에 붉은 테두리가 확실하게 구별된다.
- **자주괭이밥** : 남아메리카에서 귀화한 식물로, 연한 홍자색 꽃이 달린다.
- **큰괭이밥** : 괭이밥 중 꽃과 잎이 가장 크며, 꽃이 먼저 피고 잎이 난다. 잎의 크기는 길이 약 3㎝, 너비 4~6㎝이다.
- **애기괭이밥** : 깊은 산 계곡의 숲 속에서 자라며 흰색 꽃이 핀다. 꽃줄기는 길이 5~8㎝로 작은 편이다.
- **덩이괭이밥** : 덩이줄기로 번식한다고 해서 붙여진 이름이다.

▲ 자주괭이밥

▲ 큰괭이밥

▲ 애기괭이밥

ㄱ

열매가 구슬처럼 열리는

구슬댕댕이

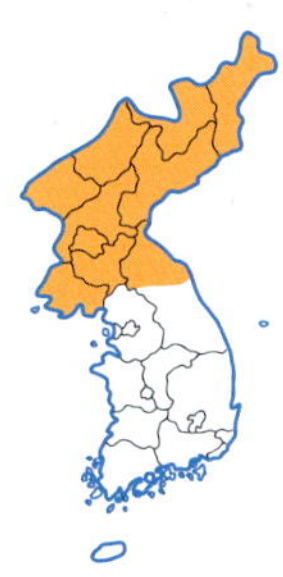

- 학 명 : *Lonicera vesicaria* kom.
- 과 명 : 인동과

▲ 구슬댕댕이 꽃

▲ 구슬댕댕이 잎

구슬댕댕이는 댕댕이나무와 비슷하면서 열매가 구슬처럼 동글동글하여 붙여진 이름이다. 댕댕이나무의 열매는 타원형으로 흰 가루에 덮여 있다. 또 구슬댕댕이는 댕댕이나무에 비해 포가 크며 열매가 둥글게 익는 점이 다르다.

키는 1.5m 정도이며, 줄기는 아래에서 여러 개가 올라가는데, 가지 속은 흰색으로 꽉 차 있고, 작은 가지는 적갈색으로 긴 털이 난다. 나무껍질은 회색으로 검은색의 돌기가 있다.

잎은 마주나고 길이 5~10㎝의 달걀 모양 또는 넓은 달걀 모양이다. 잎의 끝은 점차 뾰족해진다. 잎의 가장자리에는 가는 털이 나며, 잎자루의 길이는 잎의 길이와 비슷하다.

꽃은 5월에 잎겨드랑이에 연한 황색으로 달리며, 꽃자루는 길이 0.3~0.4㎝로 선모가 있다. 포는 크고 달걀 모양이며, 소포는 갈색 털이 있고 합쳐져서 꽃받침통을 완전히 둘러싼다. 열매는 둥글고 잔털이 나며 붉게 익는다.

인동과의 낙엽활엽관목으로 강원도와 이북 지방에 분포한다. 주로 골짜기나 물가에서 잘 자란다. 관상용으로 쓰이며 땔감으로도 쓰인다. 구슬댕댕이나무, 단간목, 파엽인동, 조선금은목이라고도 한다.

ㄱ

길러보기

5월과 9월에 새 가지나 2년생 가지를 이용하여 삽목하는 것이 좋다. 8월경에 받은 종자는 물에 넣어 냉장고에서 3~4일 정도 보관 후 뿌리거나, 땅속에 묻어 놓고 이듬해 봄이나 가을에 뿌린다.

비슷한 식물들

- **댕댕이나무** : 열매는 타원형의 장과로 가을에 검게 익으며 하얀 가루로 덮여 있다.
- **둥근잎댕댕이** : 털이 적고 잎이 넓은 달걀 모양 또는 넓은 타원형이며, 뒷면에 흰색이 돌고 그물맥이 두드러진다.
- **넓은잎댕댕이** : 잎이 긴 타원형 또는 타원형이고 길이 3~6㎝이다.
- **개들쭉** : 키가 작고 전체에 털이 적게 난다.

작은 요정 같은

41 구슬붕이

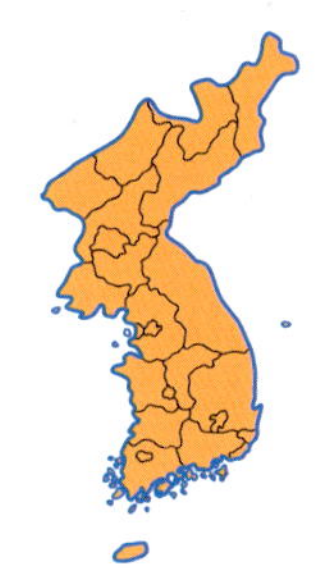

- 학 명 : *Gentiana squarrosa* Ledeb.
- 과 명 : 용담과

▲ 구슬붕이 꽃

▲ 구슬붕이 꽃(흰색)

마치 요정 이름 같다. 실제로 꽃은 숲의 요정이 아닐까. 저마다의 빛깔과 모습으로 우리에게 생명의 아름다움을 전해 주니까.

식물은 땅에 뿌리를 박고 사는 생명이라서 움직일 수 없지만 이사를 할 수 있다. 바로 씨를 통해서다.

구슬붕이는 매년 5~7월 우리나라 산과 들에 많이 자라는 두해살이풀이다. 양지바른 곳, 토양이 비옥한 곳에서 잘 자란다. 키는 아주 작아서 10㎝도 안 되는 것이 대부분이고, 잎도 1~4㎝, 너비는 0.5~1㎝ 정도이다. 이렇게 작으니 우리 눈에 쉽게 띄지 않는다. 몸을 최대한 수그리고 봐야 겨우 보인다.

꽃은 연한 보라색으로 크기는 대략 1㎝이다. 한 개의 줄기에 한 송이가 달리는데, 용담 꽃과 거의 흡사하다. 그래서 어린 용담이라고 해서 '애기용담'이라고도 부른다. 단지 용담보다는 잎이 좀 더 반짝이는 것이 특징이다. 열매는 8~9월경에 씨방이 여러 개로 나누어지는데, 안에는 아주 작은 씨앗이 잔뜩 들어 있다.

용담과에 속하며 인엽용담, 암용담, 자화지정, 구슬봉이라고도 한다. 이중 '자화지정'이란, 꽃 색깔이 자주색이며 땅에 꼿꼿이 서 있다고 해서 붙여진 이름으로, 제비꽃도 그렇게 부른다. 잎과 뿌리는 약초로 이용되는데, 한국, 일본, 동아시아에 분포한다.

ㄱ

길러보기

씨를 받아 뿌리면 이듬해 꽃이 핀다. 그러나 작은 식물이라서 옮겨심기가 거의 불가능해 집에서 기르기는 힘들다.

비슷한 식물들

- **봄구슬붕이** : 부화관에 작은 톱니가 있는데, 부화관이란 작은 꽃잎을 말한다.
- **좀구슬붕이** : 잎이 선형이고 구슬붕이보다 키가 작다.
- **큰구슬붕이** : 한 줄기에 꽃이 여러 개 달린다. 꽃받침이 뒤로 젖혀지지 않고 꽃줄기가 짧은 것이 구슬붕이와의 차이점이다.
- **백두산구슬붕이** : 아랫부분의 잎이 달걀 모양, 또는 주걱 모양이다.

생명력이 강한 늘푸른 풀

42 구실사리

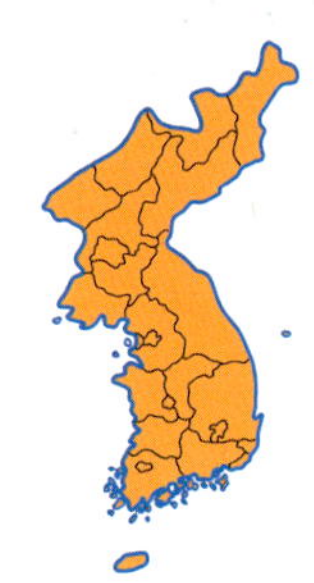

- 학 명 : *Selaginella rossii* (Baker) Warb.
- 과 명 : 부처손과

▲ 구실사리 잎

우리 들풀 중에는 정말 하찮아 보이는 것도 많다. 아무도 눈길을 주지 않을 것 같은 잡초들, 꽃 한 송이조차 피우지 못한 채 바닥을 기며 사는 이끼류들이다. 하지만 그런 식물에게도 다 어울리는 이름과 삶이 있다. 구실사리도 그 중 하나이다. 이 들풀은 우리나라 각처의 산지에서 나는 상록성 여러해살이풀이다. 작지만 겨울철에도 푸른빛을 유지할 만큼 생명력이 강한 들풀이다.

구실사리는 반그늘의 돌 틈에서 자라 바위에 붙어 바닥으로 기는데, 언뜻 보면 잎이 없는 듯하지만 길이 0.3㎝ 정도의 작은 잎들이 아주 많이 나 있다. 한 줄기에 네 줄로 쭉 나 있는데, 비늘조각처럼 된 이 잎은 겉은 녹색이고, 뒷면은 가지처럼 연한 녹색이다. 줄기는 불그스름한 빛이 있는데, 철사처럼 아주 단단한 것이 특징이다. 포자는 길이 1㎝, 지름 0.2㎝ 정도로 네모지며 작은 가지 끝에 1~2개씩 달린다.

구실사리는 부처손과에 속하는데, 대체 부처손이라는 이름은 어떻게 붙여졌을까? 부처님의 손이 아닐까 하는 생각도 들지만 '보처수'라는 한자가 변한 말이다. 부처손과는 전 세계에 700 종류나 있는데, 주로 더운 지방에서 많이 자라며, 우리나라에는 구실사리를 비롯해 실사리(왜실사리), 개실사리, 왜구실사리, 선비늘이끼, 비늘이끼, 바위손, 개부처손 등이 분포한다.

구실사리는 바위바늘이끼, 구슬사리, 구슬살이라고도 한다. 식물체는 약재로 사용된다. 우리나라와 중국 북동부에 분포한다.

▲ 구실사리 무리

길러보기

화분에 심어 기를 때는 돌을 놓고 흙은 약간만 넣는다. 그 위에 묘종을 옮겨 심으면 잘 자란다. 화단이나 정원에 심을 때는 주변에 나무가 있는 곳이 좋다. 본래 햇빛을 직접 받으면 말라 버리기 때문이다.

비슷한 식물들

- **선구실사리** : 줄기와 영양가지는 굵고 지름 4~6㎜이며, 윗부분에 달린 잎이 뾰족한 것이 특징이다.
- **왜구실사리** : 원줄기와 가지는 짧으며 옆으로 퍼지고 잎과 더불어 지름 2.5~3.5㎜이다.
- **실사리** : 잎은 바늘 모양의 선형으로 나선상으로 달리며 가장자리에 털이 있다.
- **개실사리** : 잎 길이가 1~2㎜이며 끝이 뾰족하고 줄기를 완전히 덮을 정도로 빽빽이 난다.

애기처럼 귀여운 꽃

43 금강애기나리

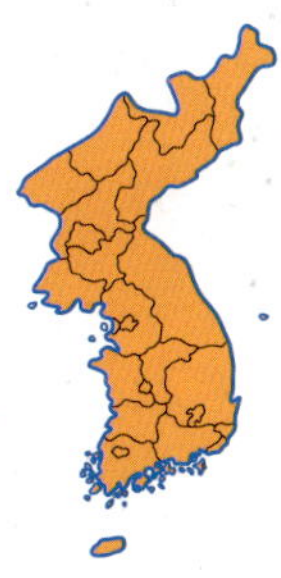

- 학 명 : *Streptopus ovalis* (Ohwi) F. T. Wang & Y. C. Tang
- 과 명 : 백합과

▲ 금강애기나리 꽃

▲ 금강애기나리 꽃봉오리

▲ 금강애기나리 잎

ㄱ

▲ 금강애기나리 꽃 변이체(붉은색 점이 없음)

꽃에 '애기'라는 이름이 붙으면 앙증맞은 경우가 많다. 금강애기나리도 꽃이 아주 앙증맞은데, 크기가 겨우 1㎝나 될까? 꽃은 작지만 자세히 보면 나리꽃처럼 꽃잎이 뒤로 젖혀져서 꽤나 아름답다.

금강애기나리는 지리산이나 태백산, 오대산, 덕유산, 소백산, 한라산 등 높은 지역에서 자라는 여러해살이풀이다. 주로 산등성이나 침엽수림 주변에서 자생하는데, 영양분이 많고 습기가 있는 곳을 좋아한다.

키는 10~30㎝ 정도이고, 잎은 길이 2~5㎝로 긴 달걀형이다. 잎만 보면 둥굴레나 애기나리와 유사하지만, 꽃이 피고 나면 이들과 확실하게 구분된다. 둥굴레는 6~7월에 길이 15~20㎜의 녹색 빛을 띤 흰색 꽃이 1~ 2개씩 잎겨드랑이에 달리는 반면, 금강애기나리 꽃은 연한 황백색으로 원줄기 윗부분의 가지 끝에서 대개 2~4 송이 정도가 달린다. 특히 금강애기나리 꽃에는 자주색 반점이 있는 게 특징이다. 열매는 7~8월경에 둥글고 붉게 달린다.

금강애기나리는 애기나리의 한 종류인데, 애기나리는 우리나라 곳곳에 아주 흔한 들꽃이다. 서울만 해도 4~6월에 남산에 가면 군락을 이루고 있는 애기나리들을 볼 수 있다. 키가 작고 꽃이 손톱만해서 그렇지 예쁜 꽃이다.

▲ 금강애기나리 무리

백합과에 속하며, 강원도 평창군 진부에서 처음으로 발견되어 '진부애기나리'라고도 부른다. 우리나라와 중국 동북부에 분포한다. 어린순은 나물로 먹으며, 한방에서는 뿌리줄기를 약재로 사용한다. 요즘에는 공원을 조성할 때 이 식물을 많이 심는 편이다. 또 작은 화분에 담아서 관상용으로도 널리 사용하고 있다.

길러보기

열매를 따 종자를 받아서 바로 뿌리거나, 가을에 뿌리를 포기나누기하여 번식한다.

비슷한 식물들

- **큰애기나리** : 애기나리 중에는 가장 커서 어른 무릎 높이까지 자란다. 키는 30~70㎝이며, 줄기가 갈라진다.
- **가지애기나리** : 연한 녹색 꽃이 가지 끝에 한 두 개씩 핀다.
- **애기나리** : 꽃은 흰색으로 4~5월에 줄기 끝에서 1~2개가 밑을 향해 달린다. 키는 15~40㎝이다.
- **흰금강애기나리** : 금강애기나리와 닮았으나 꽃이 희고 자주색 반점이 없는 점이 다르다.
- **죽대아재비** : 잎은 금강애기나리와 비슷하나 꽃이 넓은 종형이고 꽃줄기가 중간에서 한 번씩 꼬이며 마디가 있는 점이 다르다. 키도 50~100㎝로 크다.

▲ 큰애기나리

▲ 애기나리

▲ 흰금강애기나리

금강산에서 처음 발견된 제비꽃

금강제비꽃

- 학 명 : *Viola diamantica* Nakai
- 과 명 : 제비꽃과

제비꽃은 우리나라의 산과 들에 가장 흔하게 피는 봄꽃이다. 강남 갔던 제비가 돌아올 때쯤 핀다고 하여 제비꽃이라는 이름이 붙여졌는데, 꽃의 색깔과 잎의 모양 등에 따라 수십 가지 종류가 있다. 대략 60여 종이나 되는데, 그 중에는 남산제비꽃, 서울제비꽃, 광릉제비꽃, 태백제비꽃 등처럼 특정 지역에서 처음 발견된 것도 많다.

금강제비꽃 역시 금강산에서 처음으로 발견되어 '금강'이라는 이름이 붙었다. 태백산 북쪽의 산 숲 속에서 주로 발견된다. 형태상 고깔제비꽃과 닮았는데, 어린잎이 나올 때 고깔제비꽃은 고깔 모양으로 나오지만, 금강제비꽃은 잎 양쪽이 잎 표면 쪽으로 말린다. 또 꽃이 흰색으로 피는 것도 붉은 자주색으로 피는 고깔제비꽃과는 다른 점이다.

땅속줄기가 옆으로 벋으며 잎이 모여 나오는데, 잎은 줄기가 없이 모두 뿌리에서 나온다. 잎은 심장 모양이며, 크기는 잎자루를 포함하여 길이 6.5~10㎝, 너비 6~11㎝이다. 잎 끝은 점점 뾰족해지며 겉에 털이 나 있다.

꽃은 4~5월에 흰색으로 피며 땅속에서 피는 폐쇄화이다. 폐쇄화란 꽃받침조각과 꽃잎이 열리지 않고 자가수분이나 수정을 행하는 꽃을 말한다. 열매는 길이 약 1.3㎝로 속이 여러 칸으로 나뉘며, 각 칸 속에 많은 종자가 들어 있고 자주색 무늬가 나 있다.

제비꽃과의 여러해살이풀로 금강산과 오대산, 평안북도 등지에 분포하는 우리나라 특산종이다. 형태가 같으나 전체적인 모양이 작고 꽃잎 안쪽에 털이 없는 것은 애기금강제비꽃이다.

길러보기

7월에 종자를 받아 보관 후 9월에 뿌리거나, 이른 봄 새순이 올라올 때 포기나누기를 하여 번식한다.

비슷한 식물들

- **고깔제비꽃** : 금강제비꽃과 가장 흡사하다. 그러나 꽃이 잎 사이에서 올라온 꽃대 끝에 붉은 자주색으로 피는 것이 차이점이다.
- **애기금강제비꽃** : 금강제비꽃은 꽃의 좌우측 꽃잎 안쪽에 털이 있지만,

애기금강제비꽃은 털이 없고 전체적으로 작다.

- **남산제비꽃** : 흰색 꽃 안쪽에 자주색 줄이 나 있는 것이 특징이다.
- **서울제비꽃** : 잎이 긴 타원형이고 자줏빛이 돌지 않으며, 꽃은 보라색이다. 경기도에 분포한다.
- **태백제비꽃** : 잎 사이에서 나온 꽃자루에 흰 꽃이 1송이씩 달린다. 키는 약 25㎝이다.
- **광릉제비꽃** : 5~6월에 보라색 또는 연한 보라색 꽃이 잎 사이에서 나온 가는 꽃자루 끝에서 옆으로 한 송이씩 핀다.
- **장백제비꽃** : 7월에 노란 꽃이 핀다. 백두산에 많이 분포한다.

▲ 고깔제비꽃

▲ 남산제비꽃

▲ 서울제비꽃

▲ 태백제비꽃

▲ 장백제비꽃

꽃이 필 때 잎이 황금색으로 변하는

45 금괭이눈

- 학 명 : *Chrysosplenium pilosum* var. *sphaerospermum* (A.Terracc.) H.Hara
- 과 명 : 범의귀과

▲ 금괭이눈 꽃

▲ 금괭이눈 잎

ㄱ

▲ 금괭이눈 꽃봉오리

괭이눈은 열매의 모양이 마치 고양이의 동그란 눈을 닮았다 해서 붙여진 이름이다. 열매 속에 있는 종자의 모양이 햇빛 아래에서 보는 고양이의 눈과 닮았다.

꽃을 들여다보면 주변의 잎이 노랗게 물들어서 어디까지가 꽃인지 분간이 잘 되지 않는데, 이는 꽃이 워낙 작아서 곤충을 유인하기 위한 괭이눈의 생존 전략이다. 곤충은 노란색 부분이 꽃인 줄 알고 날아온다. 나비나 벌이 찾아와 꽃가루를 받아 종자가 결실되기 시작할 무렵부터 잎은 다시 초록으로 바뀐다.

괭이눈 종류는 상당히 많은데, 금괭이눈은 꽃 주변의 잎이 황금색으로 물들어서 붙여진 이름이다. 노란 부분이 다른 괭이눈 종류보다 더욱 넓어 보인다. 줄기는 땅 위로 벋고 마디에서 뿌리가 내린다. 꽃줄기는 곧게 서며 키는 5~15㎝로 매우 작다. 잎은 마주나며 위로 갈수록 더욱 커지며, 가운데 잎은 부채꼴인 반면, 위쪽의 잎은 반원형이거나 원형이다. 여름이 되면 전체적으로 털이 많아지는 것이 특징이다.

꽃은 4~5월에 노란색으로 피며, 2주 내로 수정을 마치면 녹색으로 바뀐다. 꽃의 크기는 2~2.5㎜로 매우 작아 여러 개가 모여서 달린다. 열매는 속이 여러 칸으로 나뉘고, 각 칸에 많은 종자가 들어 있으며 2개로 깊게 갈라지는데,

▲ 금괭이눈 무리

각각 크기가 다른 것이 특이하다.

범의귀과의 여러해살이풀로, 제주도를 제외한 전국 각지의 산지 중 습기가 많은 곳에 자란다. 경기도 천마산에서 자생하고 있는 것이 학계에 발표되어 천마괭이눈이라고도 한다. 또한 금요자라는 별칭도 있다. 어린 순을 나물로 먹고, 관상용으로도 심는다.

길러보기

새순이 올라올 때 포기나누기를 해서 화분에 심는다. 9월에 씨를 받아서 화분에 뿌리거나 이듬해 봄에 뿌려도 된다. 습한 곳을 좋아하므로 그늘진 곳에 심는 것이 좋다.

비슷한 식물들

- **괭이눈** : 잎은 달걀 모양이며, 수술은 4개이다.
- **애기괭이눈** : 키가 5~15㎝로 아주 작으며, 연한 황록색 꽃이 핀다.
- **흰괭이눈** : 잎의 가장자리에 털이 규칙적으로 나 있다.
- **털괭이눈** : 꽃이 필 때 꽃봉오리를 덮는 작은 잎은 녹색이다. 잎에 털이 보송보송 많이 나 있다.
- **바위괭이눈** : 줄기가 자줏빛이다.
- **오대산괭이눈** : 강원도 오대산 북대사 근처와 함경도의 습지에 자란다. 잎에는 얕게 파인 톱니가 많다.
- **산괭이눈** : 꽃은 연한 녹색이고, 잎은 하트 모양이다.
- **선괭이눈** : 꽃줄기가 뭉쳐나고 잎이 작다. 밑의 잎이 작고 위의 잎이 큰 것이 특이하다.

▲ 애기괭이눈

▲ 흰괭이눈

▲ 선괭이눈

금빛처럼 빛나는 야생 난

46 금난초

- 학 명 : *Cephalanthera falcata* (Thunb.) Blume
- 과 명 : 난초과

▲ 금난초 꽃봉오리

▲ 금난초 꽃(위에서 본 모습)

난초는 외떡잎식물 중에는 가장 발달한 식물이다. 특히 모양이 워낙 예뻐 관상용으로 인기가 높은데, 이는 옛날에도 마찬가지였다. 선비들이 사군자의 하나로 귀하게 여기고 서화 소재로 많이 이용하였던 것이다. 사군자는 매난국죽, 즉, 매화와 난초, 국화, 대나무인데, 각각 봄과 여름, 가을, 겨울 등 계절을 대표하는 식물이다.

난초만큼 종류가 다양한 것이 있을까? 전 세계에 450 속, 1만 5천 종이나 된다. 우리나라에 자생하는 것도 많고, 외국에서 들여온 양란은 더욱 많다. 양란은 대개 교배종으로, 1852년 영국의 도미니가 처음 교배에 성공했다고 전해진다. 꽃이 예쁘고 품위가 있어서 선물용, 특히 개업한 집에는 단골처럼 보내지는 꽃이다.

금난초는 우리나라 남부지방에 자생하는 여러해살이풀이다. 반그늘이나 혹은 양지에서 잘 자라는데, 요새는 중부지방에도 상당히 많아졌다. 아마도 지구온난화의 영향이 아닐까 하는 생각이 든다. 식물들은 발이 없지만 온도에 민감해서 씨를 알맞은 곳으로 퍼트려 가면서 이사를 가곤 한다.

키는 40~70㎝, 잎은 긴 타원형으로 길이 8~15㎝ 정도이다. 잎의 너비는 2~4㎝로 비교적 넓은 편이다. 꽃은 노란색으로 줄기 끝부분에 적게는 3개,

▲ 금난초 잎

많게는 12개까지 달리는데, 특이한 것은 보통 꽃들처럼 활짝 피지 않는다는 것이다. 부끄러움을 많이 타는지 한 절반쯤 핀다. 꽃잎은 꽃받침보다 짧고, 꽃받침은 달걀 모양 타원형이며 길이 1.4~1.7㎝로 끝이 둔하다. 입술꽃잎은 화피 조각에 싸여 있고 밑부분이 부풀며 갈라진다.

열매는 여름철인 7~8월경에 갈색으로 열리는데, 긴 타원형으로 먼지 같은 작은 종자가 열매 안에 가득 차 있다. 이처럼 작은 씨앗들이 어떻게 큰 식물이 되는지 신기하다.

금난초는 난초과에 속하며, 꽃이 마치 금처럼 빛난다고 해서 금난초인데, 이에 비해 은난초는 꽃이 흰색이다. 어린순은 나물로 식용하며, 관상용으로 키운다. 우리나라와 일본, 중국에 분포한다.

길러보기

여름에 종자를 받아서 이끼에 뿌려 수분을 충분히 유지시키면 싹이 날 확률이 높다. 키울 땐 반그늘이나 양지가 좋다.

비슷한 식물들

- **은난초** : 꽃이 흰색이며, 키는 40~60㎝이다.
- **은대난초** : 포기 전체에 털 같은 돌기가 나고, 밑의 포가 꽃차례보다 길다.
- **꼬마은난초** : 잎이 작거나 거의 없으며 꽃덮개조각이 서로 떨어져 있다. 키가 10~20㎝로 작다.

▲ 은난초

▲ 은대난초

뜨거운 심장을 가진 꽃

47 금낭화

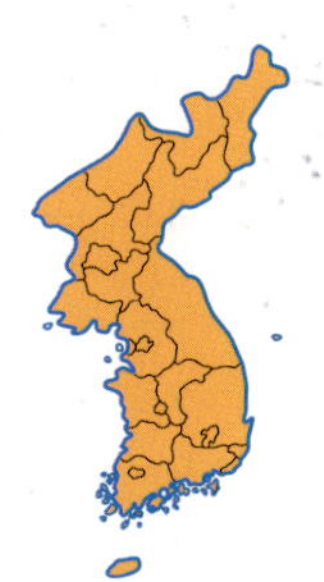

- 학 명 : *Dicentra spectabilis* (L.) Lem.
- 과 명 : 현호색과

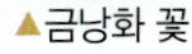

▲금낭화 꽃

▲금낭화 꽃(흰색)

▲ 금낭화 잎

▲ 금낭화 꽃(연분홍색)

우리 꽃은 대개 작은 편이다. 그에 비하자면 서양 꽃은 대개 큼지막하다. 그래서 눈길은 서양 꽃에 먼저 가곤 한다. 그러나 큰 만큼 금세 질리는 것도 또한 서양 꽃이다. 그에 비한다면 우리 꽃은 작지만 여간 귀여운 게 아니다. 모양도 아기자기하다.

금낭화 역시 아주 아름다운 꽃이다. 봄이 무르익은 4~5월 금낭화는 무릎 정도까지 키가 크고, 꽃대가 활처럼 휘면서 홍색 꽃이 여러 송이 피어난다. 꽃은 줄기를 따라 위로 올라가는데 크기는 작은 편이다. 하지만 자세히 들여다보면 끝이 양쪽으로 살짝 올라가 하트 모양을 이룬다. 영어로는 'bleeding heart'라고 하는데, 이는 '피가 흐르는 심장'이란 말이다.

이 하트 속에 하얀색이 붙어 있는데, 마치 작은 주머니처럼 생겼다고 해서 아름다운 주머니 꽃이라는 의미로 금낭화라는 이름이 붙었다. 이 하얀 주머니 속에 암술과 수술이 들어 있다. 지구상에는 참 많은 꽃이 있지만 모두 다 자기만의 빛깔과 모양을 가지고 있다는 것을 다시 한 번 확인할 수 있다.

한 가지 아쉬운 것은 금낭화는 비교적 일찍 지고 만다는 것이다. 4~6월에 꽃이 피었다가 6~7월에는 열매를 맺는다. 세상은 온갖 생명으로 가득 차 푸른빛을 한껏 자랑하고 있을 때, 금낭화는 서둘러 휴면에 들어가는 것이다. 한편, 열매는 긴 타원형으로 달리고 안에는 검고 빛이 나는 씨앗이 들어 있다. 금낭화는 등모란이나 덩굴모란이라고도 하는데, 모란처럼 아름답다고 해서 붙여진 이름이다. 또 옛날 여자들이 갖고 다니던 주머니와 비슷하다고 해서 '며느리주머니'라고도 하며, 입술에 밥풀이 붙어 있는 듯하다고 해서 '밥풀

▲ 금낭화 무리

꽃'이라고도 한다.

꽃말은 '당신을 따르겠습니다.'이다. 꽃의 모습이 마치 고개를 숙이고 사랑하는 사람에게 순종하는 듯한 모습이니 절묘하게 어울린다.

금낭화는 이른 봄 새순을 나물로 무쳐 먹기도 하지만 나물로 먹을 땐 삶은 뒤 며칠간 물에 우려내야 한다. 독성이 강하기 때문이다. 금낭화는 약재로도 사용된다.

금낭화는 현호색과에 속하며, 우리나라에서는 설악산의 봉정암 근처에서 처음으로 발견되었다. 그러나 요즘은 우리나라 곳곳의 산지에서 자라고 있다. 우리나라 이외에는 중국에 분포한다.

ㄱ

길러보기

씨앗을 받아 바로 뿌리는 것이 가장 좋다. 종이에 싸서 냉장 보관한 뒤 이듬해 봄에 뿌려도 된다. 늦가을에 덩이뿌리를 길이 3~4㎝ 정도로 잘라 꽃눈을 붙여 모래에 심으면 다음 해 봄에 싹이 나오고 꽃이 핀다.

비슷한 식물들

- **자주괴불주머니** : 산기슭 그늘진 곳에서 자라며, 키는 20~25㎝이다. 4~5월에 자주색 꽃이 핀다.

▲ 자주괴불주머니

매화를 닮은 노란 꽃

48 금매화

- 학 명 : *Trollius hondoensis* Rchb.
- 과 명 : 미나리아재비과

백두산은 1년의 절반 이상이 추운 겨울이지만 가히 야생화의 보고라고 할 만한 곳이다. 구름꽃다지, 돌꽃, 금매화, 개감채, 그리고 산미나리아재비 등이 봄부터 여름까지 지천으로 핀다. 이중 금매화는 꽃이 노란색이며 매화를 닮았다 하여 붙여진 야생화로 해발 1,800m 이상에서 가장 도드라지게 핀다.

키는 40~80㎝ 정도이며, 원줄기의 윗부분이 몇 개의 가지로 갈라지고 가지 끝마다 비교적 커다란 황금색 노란 꽃이 한 송이씩 달린다. 노란색이 너무나 강렬해서 황홀하기까지 하다.

잎은 둥근 심장형으로 어긋나게 달리는데, 길이와 너비는 각각 6~12㎝이다. 위로 갈수록 잎이 작아지고 잎자루도 짧아진다. 잎은 세 갈래로 완전히 갈라진 후 양쪽 갈래는 다시 두세 갈래로 갈라진다. 잎 가장자리에는 톱니가 있다. 꽃은 7~8월에 줄기와 가지 끝에 한 개씩 핀다. 꽃받침은 물론 꽃이 모두 황금색이라서 헷갈릴 수 있는데, 수술처럼 길게 올라온 것이 꽃잎이고, 꽃처럼 보이는 5~7개의 타원형은 사실 꽃받침잎이다. 수술은 꽃잎보다 작다. 열매는 단단하고 부리처럼 달리며 하나의 봉선을 따라 열매껍질이 벌어지고 익으면 수평으로 펼쳐져 세로로 갈라지면서 씨를 드러낸다.

▲ 금매화 꽃

미나리아재비과에 속하는 여러해살이풀로, 백두산을 비롯한 평안북도와 함경남북도 등 북한 지역에 분포한다. 꽃이 연꽃을 닮았다고 해서 금련화라고도 한다. 관상용으로 심기도 하며, 약용으로도 이용한다. 한방에서는 꽃잎을 따서 건조하여 보관했다가 편도선염이나 인후염, 결막염 등 각종 감염증에 사용한다.

ㄱ

길러보기

고산식물이라 가꾸기가 쉽지 않다. 그러나 큰금매화는 일부 식물원에서 기르고 있고, 유럽에서는 관상용으로 품종 개발을 하고 있다고 알려져 있다.

비슷한 식물들

- **큰금매화** : 키가 약 150㎝까지 자라며, 꽃잎이 수술보다 1㎝ 정도 길다. 주 서식처는 백두산 및 북한 고원 일대이다.
- **애기금매화** : 키는 20~65㎝가량이며, 꽃잎이 수술보다 짧거나 같다. 높은 산의 습기가 있는 풀밭에 자란다.

봄의 들에 물드는 금빛 물결

49 금붓꽃

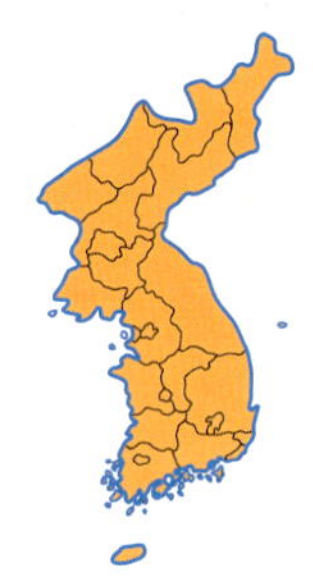

- 학 명 : *Iris minutiaurea* Makino
- 과 명 : 붓꽃과

▲ 금붓꽃 꽃

▲ 금붓꽃 잎

붓꽃은 꽃이 올라올 때 붓처럼 생겼다고 해서 붙여진 이름이다. 그 종류가 열댓 가지나 되는데, 금붓꽃은 꽃의 색이 금빛이다. 이른 봄 우리나라 각처의 산에서 볼 수 있는 이 꽃은 여러해살이풀로, 뿌리가 옆으로 퍼지면서 자라는 것이 특징이다. 뿌리와 줄기의 구분이 애매한 식물로, 이런 것을 흔히 덩이줄기라고 한다.

키는 약 20㎝이며, 잎은 길이 15~20㎝로 잎이 꽃보다 더 길다. 키가 작아서 애기노랑붓꽃이라고도 한다. 그러나 노랑붓꽃 자체도 키 15㎝ 정도로 작은 편이다. 꽃은 노란색으로 매우 화려한데, 그 크기는 지름 2㎝ 정도이고 줄기 끝에서 한 송이만 올라와 달린다. 그런데 자세히 보면 꽃잎마다 갈색의 무늬가 나 있고, 꽃잎은 세 장이지만 작은 꽃잎이 사이사이에 나 있는 것처럼 보이기도 한다. 이것은 꽃잎이 아니라 암술이며, 수술은 그 아래 숨어 있다.

여기에서 특이한 것이 갈색 무늬이다. 갈색은 꿀이 있는 곳으로 갈수록 진해지는데, 곤충들에게 꿀이 어디에 있는지 가르쳐 주는 역할을 한다. 이와 비슷한 것이 꽃에 나는 털로, 역시 털이 많아지는 쪽에 꿀이 숨어 있다. 열매는 6~7월경에 달리고, 종자는 광택이 나며 검다. 꽃은 한 두 송이 띄엄띄엄 피는 것이 특징인데, 가끔은 무리를 짓기도 한다. 그러나 무리를 짓더라도 20~30개체 정도이다.

▲ 금붓꽃 꽃봉오리

▲ 금붓꽃 지상부

붓꽃과에 속하며, 꽃이 아름다워 관상용으로 많이 이용되고, 공원에 가면 많이 심어져 있는 것을 볼 수 있다. 또 뿌리줄기는 약재로도 사용된다. 우리나라 전역에 분포하고, 만주에도 서식한다.

길러보기

초여름에 받은 종자를 바로 화단에 뿌리거나 종자를 종이에 싸서 냉장 보관한 뒤 이듬해 봄에 뿌린다. 이때 종자를 뿌리기 전에 물에 2~3일 정도 담근 뒤 화분에 뿌린다. 또한 늦가을과 이른 봄에 뿌리나누기를 해서 화분이나 화단에 옮겨 심는다. 금붓꽃은 양지나 반그늘에서 잘 자라며, 토양 윗부분이 약간 마를 듯할 때 물을 준다. 조그만 화분이나 화단에 심어도 보기에 좋다.

비슷한 식물들

- **붓꽃** : 붓꽃과를 대표하는 꽃으로 키는 60㎝가량이며, 꽃은 자주색이다.
- **노랑붓꽃** : 변산반도와 내장산에만 분포한다. 금붓꽃은 한 줄기에 꽃이 한 송이만 피는 반면, 한 줄기에 두 송이의 꽃을 피우는 게 특징이다. 키가 15㎝ 정도로 작은 편이다.
- **노랑무늬붓꽃** : 흰색 꽃잎에 노란 무늬가 있다. 오대산처럼 강원도 높은 산에만 자라며, 키는 9~13㎝로 아주 작은 편이다.

▲ 붓꽃

▲ 노랑무늬붓꽃

50 금새우난초

- 학 명 : *Calanthe Sieboldii* Decne. ex Regel
- 과 명 : 난초과

▲ 금새우난초 꽃

▲ 금새우난초 잎

ㄱ

금새우난초는 우리나라 남부 해안 지역과 제주도 서해안 일부 지역에서 자라는 여러해살이풀이다. 생육 환경은 햇볕이 많이 들지 않거나 반그늘지고 주변 습도가 높으며 물 빠짐이 좋은 경사지에서 자란다. 키는 약 40㎝ 정도이고, 잎은 길이 20~30㎝, 너비 5~10㎝로 주름이 많으며, 최초의 잎은 뿌리 부분에서 2~3개가 나와 칼집 모양으로 생긴 잎으로 싸여 있다 벌어지며 넓은 타원형이다. 또한 이듬해에는 잎이 옆으로 늘어지고 안에서는 새로운 잎이 나온다. 뿌리는 염주 모양이며 땅을 기고 수염뿌리가 많다.

꽃은 잎 사이에서 긴 꽃대에 꽃줄기가 있는 여러 개의 꽃이 어긋나게 붙어서 밑에서부터 피기 시작하며 10개 정도가 노란색으로 달린다. 꽃줄기는 짧은 털이 있고 비늘 같은 잎이 1~2개 있다. 꽃 밑부분에 있는 잎과 같은 부분은 가늘고 길며 끝이 뾰족하고 아래쪽이 약간 불룩한 형태로 길이 5~10㎝이고 얇은 종이처럼 반투명하다. 꽃받침조각은 길이 1.5~2㎝로 달걀 모양 긴 타원형이고, 꽃받침잎은 길이 2.3~3㎝, 너비 0.7~1.3㎝로 꽃잎이 꽃받침보다 다소 작다. 입술꽃잎은 노란색이며 삼각형의 부채 모양을 하고 3개로 깊게 갈라지고, 갈라진 조각 중 가운데 것은 끝이 오므라지고 안쪽에 3개의 능선이 있다. 꿀주머니는 길이 0.5~1㎝로 꽃잎보다 짧다. 열매는 7~8월경에 밑으로 처지며 달린다.

이 품종은 우리나라 멸종위기식물로 분류되어 있다. 앞으로 많은 부분의 연구가 이루어져야 할 품종 중 하나이고, 최근에는 금새우난초와 유사한 품종들에서 많은 변이가 일어나고 있으며, 이 품종 또한 책에 수록하였다. 이런 현상에서 알 수 있듯이, 아직까지 많은 종에서 자연교배가 잘 이루어지고 있고, 이들 중 다른 품종의 모본과 부본의 영향을 받은 품종들이 나타나고 있다.

길러보기

봄에 땅속에 있는 뿌리를 분리하거나, 여름에 덜 익은 씨를 받아 이끼와 같이 수분을 잘 가두어 놓을 수 있는 곳에 뿌린다. 완전하게 익은 종자는 발아율이 저조하기 때문에 덜 익은 종자를 택하는 것이다. 물을 많이 주면 뿌리 부분이 상하고 조금 주면 잘 자라지 않는 경향이 있으므로 윗부분의 수분이 마르면 그때마다 조금씩 주는 것이 좋다. 키우기 어려운 품종이라고 할 수 있다.

비슷한 식물들

- **여름새우난** : 한라산 숲 속에서 자라고, 꽃은 8월에 연한 홍자색으로 핀다. 키는 약 40㎝이다.
- **새우난초** : 제주도 및 남해안에서 자라며, 꽃은 4~5월에 흰색으로 핀다. 키는 약 40㎝이다.
- **신안새우난초** : 꽃은 5월에 피고 연한 홍색을 띤다. 흑산도에 분포한다.

▲ 여름새우난

▲ 새우난초

ㄱ

51 금자란

- 학 명 : *Saccolabium matsuran* (Makino) Schltr.
- 과 명 : 난초과

▲ 금자란 새순

▲ 금자란 잎

금자란과 민금자란은 경남 남해와 제주도에서 자라는 상록성 여러해살이풀로 착생 난이다. 생육 환경은 햇볕이 잘 들지 않는 곳의 소나무 껍질이나 비자나무에 붙어 자란다. 키는 10~15㎝이고, 잎은 길이 10~15㎝, 너비 약 0.4㎝ 정도로 뿌리에서 올라오며 2줄로 달리며 자줏빛 반점이 있고 어긋나며 긴 타원형으로 육질이 많은 다육식물 잎처럼 두껍다. 줄기는 마디가 많고 짧으며 마디 옆에서 백록색의 실 같은 뿌리인 백근이 나와 나무에 뿌리를 내리며 지탱한다. 꽃은 황록색이고 자줏빛 반점이 있으며 길이 1~2㎝, 너비 약 0.4㎝로 잎과 줄기 사이에 2~4개가 길이 약 0.9㎝로 빽빽하게 달리고, 둘러싸고 있는 꽃잎은 삼각형이고 끝이 뾰족하다. 입술꽃잎의 아랫부분에 꿀주머니가 있고, 안쪽으로 들어가 있는 수술과 약하게 밖으로 돌출된 암술은 짧다. 열매는 8~9월에 달리며 달걀을 거꾸로 세운 모양의 긴 타원형이다.

▲ 금자란 나무에 착생한 모습

이 품종은 대부분 열대지방과 같이 습기가 많고 더운 곳에서 자라며, 우리나라에서는 제주와 남도 쪽에서 자란다. 난에 대한 수요가 점차 늘어나면서 이를 상업화하는 사람들이 무분별한 채취를 함으로써 지금은 그 명맥을 찾기 어려울 정도로 개체가 줄었으며, 이에 산림청에서는 멸종위기식물로 분류하여 철저히 보호하고 있는 품종이다. 그러나 이러한 정부의 보호정책만으로 귀중한 자원을 보존하기란 쉽지 않은 일이다. 따라서 난을 사랑하고 좋아하는 사람이라면 오히려 자생지를 보호해서 자손만대에 이 아름다움을 물려주는 것이 좋은 일이라 생각한다. 다른 식물보다 특히 난이 많은 위험에 노출되어 있는 것도 안타까운 일이다.

길러보기

종자가 많지만 발아율이 낮아 일반인들이 번식시키기는 힘들다. 돌이나 나

ㄱ

무에 붙어 사는 착생 난이기 때문에 화분용으로 적합하다. 이끼와 시중에서 파는 수태(이끼를 말린 것)를 이용하여 돌에 붙여 재배한다. 관상 가치가 높은 종이기 때문에 묘종을 구입해 돌에 붙여도 좋다. 물은 1~2일 간격으로 주는데, 분무기를 이용하여 여러 번 준다.

비슷한 식물들

- **나도풍란** : 따뜻한 곳의 상록수의 나무줄기나 바닷가 바위에 붙어서 자란다. 꽃은 연한 녹백색이며, 잎은 길이 8~15㎝, 너비 1.5~2.5㎝이다.
- **풍란** : 남부지방의 따뜻한 곳에 자란다. 꽃은 순백색으로 여름에 핀다.
- **지네발란** : 잎이 지네발을 닮았고, 나무와 돌에 붙어 산다. 꽃은 연한 홍색이다.

▲ 나도풍란

▲ 풍란

땅꼬마 들꽃

52 금창초

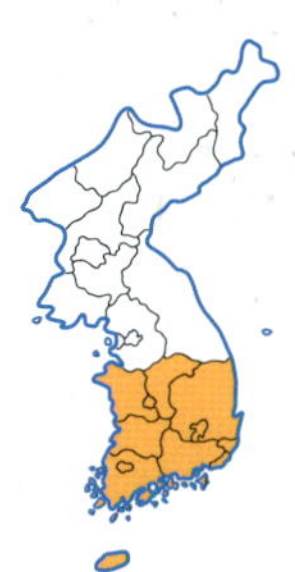

■ 학 명 : *Ajuga decumbens* Thunb.

■ 과 명 : 꿀풀과

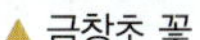

▲ 금창초 꽃

▲ 금창초 잎

ㄱ

▲ 금창초 지상부

봄의 들녘에서 몸을 낮추면 들꽃 세상이 보인다. 무심히 지나치면 평범한 들판이나 산에 지나지 않을 테지만, 자세히 들여다보면 그 속에는 정말이지 아름다운 세상이 있다. 금창초를 보려면 특히 몸을 더 낮춰야 한다. 키가 겨우 5~8㎝밖에 안 되기 때문이다. 서서 지나가다 간 그냥 지나칠 수 있을 정도로 꽃이 아주 작아 아예 땅바닥에 붙어 사는 들꽃이라고 해야 할 듯하다.

금창초는 습기가 많은 곳이나 양지에서 잘 자라는 여러해살이풀이다. 잎은 끝이 뾰족하게 갈라진 형태로 작은 톱니가 있고, 녹색 바탕에 자줏빛이 약간 섞여 있다. 줄기와 잎에는 작은 솜털이 많이 나 있고, 줄기는 누워 있다. 보랏빛 꽃은 5~6월에 피는데, 꿀풀과 꽃들이 그렇듯이 마치 입술을 벌리고 있는 것처럼 보인다. 꽃은 잎 옆에 몇 개씩 달리는데, 흥미로운 것은 꽃이 제법 오래간다는 것이다. 철쭉이 필 때쯤부터 여름이 시작될 때까지 핀다. 열매는 8~10월경에 달리는데, 그물 모

▲ 금창초 무리

양의 무늬가 있는 것이 독특하다. 금창초는 꿀풀과에 속하며 섬자란초, 금란초, 가지조개나물이라고도 한다. 비슷한 것으로 조개나물이 있는데, 조개나물은 키가 훨씬 커서 30㎝ 정도된다. 어린순은 나물로 무쳐 먹는데, 약간 쓴 맛이 나면 물에 헹구어 먹는다. 식물 전체는 약재로 쓰인다. 금창초라는 이름 자체가 약초의 의미를 지닌다. 우리나라 제주도와 전남지방, 울릉도 등지와 일본, 중국에 분포한다.

길러보기

열매를 따 종자를 화분이나 화단에 바로 뿌리면 번식시킬 수 있다. 반그늘이나 양지 어느 곳이든 잘 자라므로 수분만 유지해 주면 된다.

비슷한 식물들

- **자란초** : 자주색 꽃 모양은 비슷하나 키가 약 50㎝로 매우 크다. 큰잎조개나물이라고도 한다.
- **조개나물** : 자주색 꽃 모양이 흡사하나 키가 30㎝ 정도로 훨씬 크고 잎 모양이 달걀처럼 생겼다.

▲ 자란초

▲ 조개나물

ㄱ

만병통치약과 허브식물로 유명한

53 긴병꽃풀

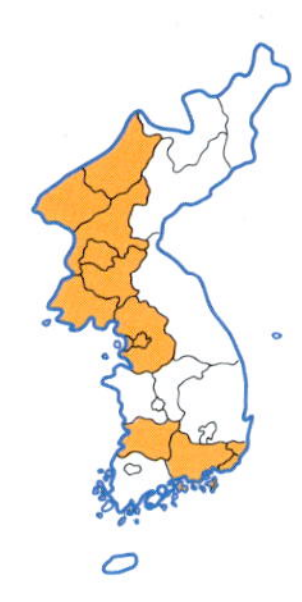

- 학 명 : *Glechoma grandis* (A.Gray) Kuprian.
- 과 명 : 꿀풀과

▲ 긴병꽃풀 꽃(정면)

▲ 긴병꽃풀 꽃(측면)

꽃 모양이 마치 광대수염처럼 생겨 조선광대수염 혹은 덩굴광대수염, 참덩굴광대수염이라고도 하는 들꽃이다. 물 빠짐이 좋고 토양이 비옥한 산지의 반그늘에서 잘 자라며, 키는 5~20㎝ 정도이다. 줄기는 곧게 올라오지만 자라면서 옆으로 길게 뻗는다. 잎은 마주나며 둥근 하트 모양이며 길이 1.5~2.5㎝, 너비 2~3㎝로 가장자리에 둔한 톱니가 나 있다. 꽃은 연한 자주색으로 잎 아래에서 1~3개씩 입술 모양으로 달리며, 꽃잎 속에 자주색 반점이 많이 나 있는 것이 상당히 매력적이다. 꽃의 길이는 1.5~2.5㎝ 정도이다. 열매는 6월경에 열리며 타원형이다.

이 식물에는 또 흥미로운 전설이 전해진다. 옛날에 금슬 좋은 부부가 살았는데, 남편이 옆구리가 아프다며 며칠 누워 있다가 죽고 말았다. 한의사가 해부해 보니 담석 때문이었다. 아내는 너무 슬픈 나머지 그 담석을 목걸이로 만들어서 걸고 늘 남편을 그리워했다.

어느 날 아내는 산에서 땔감용으로 풀을 잔뜩 베어 집으로 가져왔는데, 언뜻 보니 목에 걸어둔 담석들이 반쯤 사라지고 없는 것이 아닌가. 그것을 한의사에게 보여 줬더니, 한의사는 풀이 담석을 없애는 데 작용한 것으로 보고 풀을 벤 곳을 함께 갔다. 바로 그곳에 이 풀이 많이 자라고 있었으며, 한의사는 그 풀을 이용해 담석을 치료하게 되었다고 한다.

그때까지 이 풀은 이름이 없었는데, 모양이 마치 동전처럼 생겼다고 해서 금전초라고 부르기 시작했다. 한방에서는 활혈단, 연전초 등의 다른 이름으로도 불리는데, 약재로도 이용 가치가 많은 들풀이다.

▲ 긴병꽃풀 꽃봉오리

▲ 긴병꽃풀 잎

▲ 긴병꽃풀 무리

꿀풀과에 속하며, 경기도와 황해도, 평안남북도 등지에 분포한다. 이 식물은 꿀이 많아 허브식물로 유명하다. 강원도 농업기술원에서는 이 식물에서 정유를 짜내 비누와 향초, 방향제를 만들었는데, 앞으로 실용화될 것으로 기대된다.

길러보기

열매를 채취해 화단이나 화분에 뿌리면 가장 좋다. 또 가을이나 이듬해 봄에 포기나누기로 번식시켜도 된다. 번식이 잘되기 때문에 10~15㎝ 간격으로 심는다. 대량으로 재배하려면 처음에는 작은 면적에 심고 이듬해 포기나누기를 하면 4~5배 이상의 면적에 심을 수 있는 개체를 얻을 수 있다. 집 안에서 꽃을 감상하려면 햇볕을 많이 받는 곳에 심고, 물은 1~2일 간격으로 준다.

비슷한 식물들

- **광대수염** : 연한 붉은빛을 띤 자주색 또는 흰색 꽃이 마주난 잎겨드랑이에 5~6개씩 층층으로 달려 피는 것이 다른 점이다.

▲ 광대수염

강아지가 먹으면 깽깽거린다는

54 깽깽이풀

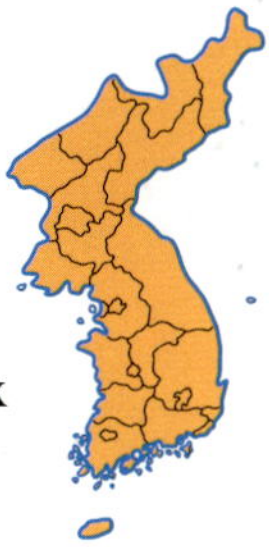

- 학 명 : *Jeffersonia dubia* (Maxim.) Benth. & Hook.f. ex Baker & S.Moore
- 과 명 : 매자나무과

▲ 깽깽이풀 꽃(정면)

▲ 깽깽이풀 꽃(측면)

▲ 깽깽이풀 새순

▲ 깽깽이풀 잎

왜 하필 깽깽이라는 이름이 붙었을까? 전해지는 이야기에 따르면, 이 풀을 강아지가 뜯어먹고 환각을 일으켜 '깽깽'거렸다고 해서 깽깽이풀이라고 불렀다고 한다. 실제로 강아지가 이 꽃을 잘 먹는다. 그런데 다른 이야기도 전해진다. 연한 보랏빛 꽃이 유난히 예쁜데, 이 꽃이 필 때는 농촌에서는 아주 바쁜 시기다. 농사를 준비하는 바쁜 철에 이렇게 아름답게 피어난 모습이 마치 일 안하고 깽깽이나 켜는 것 같다고 해서 깽깽이풀이라고 했다는 것이다. 어느 이야기나 정겨움이 가득하다.

이 꽃이 예쁘다고 집으로 가져다 심으려고 꽃줄기를 붙잡고 뽑으려고 하면 꽃만 따는 예가 많다. 뿌리가 땅속에 아주 강하게 박혀 있기 때문이다. 깽깽이풀은 전국 숲에서 자라는 여러해살이풀로, 숲 주변의 반그늘에서 가장 잘 자란다. 키는 20~30㎝ 정도이며, 잎은 둥근 하트 모양이다. 잎의 길이와 너비 각각 9㎝쯤 되니까 키에 비해 큰 편이며, 잎의 가장자리가 조금 들어가 있는 것이 특징이다. 또한 물에 젖지 않는 것도 이색적이다.

꽃은 홍자색인데, 줄기에 하나씩 피며 지름이 2㎝쯤 된다. 그런데 아쉽게도 꽃이 매우 약한 편이라 바람이 세게 불면 꺾이고 만다. 열매는 7월경에 넓은 타원형으로 달리며, 그 속에는 검은색 씨가 들어 있다. 봄나들이에서 이 꽃을 보았다면 나중에 여름에 다시 가서 까만 씨를 얻어 화분이나 화단에 뿌리면 좋다. 그러나 싹이 나더라도 꽃은 이듬해에 핀다. 깽깽이풀이 자생하는 곳에 가 보면 풀이 한 줄로 길게 자라고 있는 것을 흔히 발견할 수 있다. 이

▲ 깽깽이풀 무리

것은 아마 개미들이 땅에 떨어진 씨앗을 옮기는 과정에서 모두 옮기지 못하고 남은 씨앗이 싹을 틔운 게 아닌가 생각된다. 식물들도 다 사는 모습이 다르니 신기하기만 하다.

깽깽이풀은 매자나무과에 속하며, 뿌리가 노란색이라서 조황련 또는 선황련이라고도 부른다. 꽃이 하도 예뻐 관상용으로 많이 사용되며, 물론 약재로도 쓰인다. 우리나라와 중국에 분포한다.

ㄱ

길러보기

꽃이 활짝 피었을 경우에는 물을 주지 않는 것이 좋다. 꽃이 약해서 물에 손상을 입을 수도 있기 때문이다. 그리고 가을이 되면 잎이 말라서 없어지므로 물을 조금만 주도록 해야 한다.

비슷한 식물들

- **왜황련** : 일본산 깽깽이풀 종류로, 하나의 줄기에 1~3개의 흰색 꽃이 핀다. 키는 10~25㎝이다.
- **황련** : 줄기와 땅속줄기의 단면이 짙은 황색이다. 중국 원산으로, 키는 10~27㎝이다.

숲 속의 작은 꼬마

55 꼬마은난초

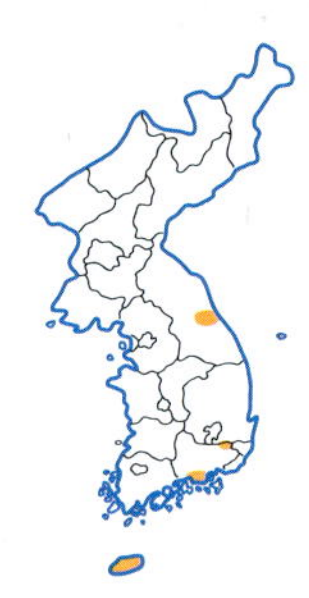

- 학 명 : *Cephalanthera erecta* var. *subaphylla* (Miyabe & Kudo) Ohwi
- 과 명 : 난초과

▲ 꼬마은난초 꽃봉오리

▲ 꼬마은난초 꽃

▲ 꼬마은난초 잎과 줄기

꼬마은난초는 우리나라 강원도, 경상남도, 경상북도, 제주도의 산지에서 나는 여러해살이풀이다. 생육 환경은 부엽질이 풍부한 비옥한 숲 속의 반그늘이나 햇볕이 많이 들지 않고 습도가 풍부한 곳에서 자란다. 키는 20~30㎝이고, 잎은 길이 3~8.5㎝, 너비 1~2.5㎝로 긴 타원형이고 끝이 뾰족하다. 잎은 줄기를 감싸고 어긋나며 작거나 거의 없다. 줄기는 곧게 자라고 밑부분은 흰색을 띠고 위로 갈수록 녹색이 된다. 꽃은 길이 0.6~1.2㎝, 너비 약 0.3㎝ 정도이며 흰색으로 원줄기 끝에 3~10개가 이삭과 같이 달리고 서로 떨어져 있는 것이 특징이다. 입술꽃잎은 길이 약 0.5㎝, 너비 0.8㎝이며 3갈래로 갈라지고 가운데에 능선이 3~4개 정도 세로로 나 있으며 가장자리는 잔돌기가 있다. 아래로 돌출된 부분은 약 0.2㎝ 정도이다. 열매는 7~8월경에 길이 약 2㎝ 정도로 달리고 안에는 작은 종자들이 많이 들어 있다. 이른 봄에 피는 은난초와 생김새가 유사하지만 키가 작아 꼬마은난초라고 부른다.

길러보기

종자로 발아시켜 번식하는 것은 힘들고 가을에 포기나누기를 하는 것이 좋다. 부엽질이 많은 흙을 선택하여 물 빠짐을 좋게 한 후 화분에 심어야 한다. 물은 3~4일 간격으로 준다.

비슷한 식물들

- **은난초** : 꽃이 흰색이며, 키는 40~60㎝이다.
- **은대난초** : 포기 전체에 털 같은 돌기가 나고, 화서 밑의 포가 화서보다 길다.
- **금난초** : 키 40~70㎝, 꽃받침 길이 1.4~1.7㎝이다. 은난초가 흰 꽃이 피는 반면, 금난초는 노란 꽃이 핀다.

▲ 은난초

▲ 은대난초

▲ 금난초

56 꽃꿩의다리

- 학 명 : *Thalictrum petaloideum* L.
- 과 명 : 미나리아재비과

▲ 꽃꿩의다리 꽃

▲ 꽃꿩의다리 잎

꿩의다리를 비롯해 금꿩의다리, 은꿩의다리, 산꿩의다리, 꿩의다리아재비 등등 꿩의다리라는 이름이 붙은 식물이 의외로 많다. 이들은 줄기가 마치 꿩의 다리처럼 길쭉하게 자라서 '꿩의다리'라는 명칭이 붙은 품종들이다.

대표종인 꿩의다리는 산기슭의 풀밭에 자라며, 꽃은 흰색 또는 보라색으로 피고, 키는 50~100㎝ 정도이다. 이 꿩의다리를 기준으로 조금씩 다른 것에 따라 이름을 붙이는데, 꽃꿩의다리는 꽃이 꿩의다리 꽃보다 예뻐서 붙여진 이름이다.

키는 큰꿩의다리와 비슷하게 자라며, 줄기는 곧게 뻗는다. 잎은 2~3회 작은 잎 여러 장이 잎자루 양쪽으로 나란히 줄지어 붙어 새의 깃털처럼 보이는 잎이거나 3장의 작은 잎이 나는데, 작은 잎의 모양은 타원형 또는 달걀 모양으로 2~3 갈래로 갈라진다.

꽃은 5~7월에 줄기 끝에 하얗게 축이 갈라져서 전체적으로 원뿔 모양의 화서를 이루며 핀다. 꽃받침은 4~5장이 있다. 열매는 9월에 익고 길이 0.5㎝ 정도의 씨가 1개로 모양이 작고 익어도 터지지 않는다.

미나리아재비과의 여러해살이풀로, 우리나라와 중앙아시아, 러시아, 몽골, 중국 등지에 자란다. 우리나라는 부산과 여수 등 주로 남도지방에 분포하는데, 산지 그늘에서 잘 자란다. 어린순은 식용하며 관상용으로 심는다.

▲ 꽃꿩의다리 꽃봉오리

▲ 꽃꿩의다리 줄기

길러보기

뿌리나누기나 종자 파종으로 번식한다.

비슷한 식물들

- **꿩의다리** : 줄기는 속이 비었고 곧으며 가지를 치고 높이 50~100㎝쯤 자란다. 털이 없고 분처럼 흰빛을 띠는 것이 특징이다.
- **그늘꿩의다리** : 작은 잎은 달걀을 거꾸로 세운 모양에 둔한 톱니가 있고 표면은 녹색, 뒷면은 잿빛을 띤 푸른 빛깔이다.
- **금꿩의다리** : 수술의 노란색이 강하기 때문에 금꿩의다리라고 한다.
- **은꿩의다리** : 7~8월에 홍백색 꽃이 핀다.
- **논잎꿩의다리** : 연잎꿩의다리에 비해 줄기는 가늘고 짧으며, 잎은 매우 작다. 잎은 홑잎으로 어긋나고 잎자루가 있으며 작은 잎이 3장씩 나온다.
- **발톱꿩의다리** : 열매 끝에 암술머리가 남아 있는 모양이 새의 발톱같이 보인다.
- **산꿩의다리** : 꽃은 7~8월에 흰 꽃이 원추화서로 달린다.
- **연잎꿩의다리** : 잎이 작지만 연잎하고 닮았다.
- **긴잎꿩의다리** : 옆으로 벋으면서 번식하는 땅속줄기가 있으며, 잎은 세 잎씩 어긋나고 두세 번 깃 모양으로 갈라진다.
- **자주꿩의다리** : 꽃은 6~7월에 피며, 흰빛이 도는 자주색이다.
- **좀꿩의다리** : 키는 40~120㎝이며, 꽃은 7~8월에 황록색으로 핀다.

▲ 꿩의다리

▲ 금꿩의다리

▲ 자주꿩의다리

이른 봄 들판을 노랗게 빛내는

57 꽃다지

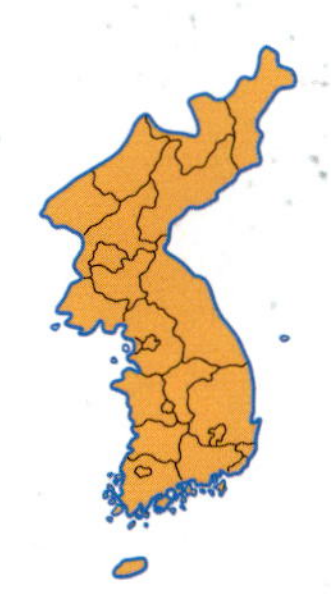

- 학 명 : *Draba nemorosa* L.
- 과 명 : 십자화과

▲ 꽃다지 꽃

▲ 꽃다지 새순 올라오는 모습

ㄱ

▲ 꽃다지 개화하는 모습

우리 꽃은 예쁜 이름이 참 많다. 붓꽃, 별꽃, 괭이눈, 노루귀, 지치, 바람꽃, 패랭이…. 이런 꽃 이름을 보면 우리말이 얼마나 아름다운지를 알 수 있을 정도이다. 꽃다지 역시 아주 고운 이름이다. 원래 '~아지'는 송아지나 망아지처럼 본래보다 작은 것에 붙여진다. 꽃다지도 다 자란 것이 키 20㎝ 밖에 안 되어 붙여졌다.

본래 다지는 오이나 가지 따위의 맨 처음 열린 열매를 말하므로, 꽃다지라는 이름 속에는 봄에 가장 먼저 꽃을 피운다는 뜻도 들어 있다. 아직 꽁꽁 언 땅에서 연둣빛 줄기가 나와 이른 봄에 성급할 정도로 빨리 꽃이 핀다. 생명의 놀라운 힘을 우리에게 알려 주기라도 하는 듯하다.

꽃다지는 우리나라 어느 곳에서든 들판에서 자라는 두해살이풀이다. 햇볕이 잘 드는 곳이면 흙의 조건에 관계없이 잘 자란다. 잎은 긴 타원형으로 길이 2~4㎝, 너비 0.8~1.5㎝이다. 전체적인 모양은 마치 방석처럼 퍼져 있다.

한편, 꽃은 열십(十)자 모양으로 노랗게 핀다. 이렇게 십자 모양을 이루는

▲ 꽃다지 무리

꽃들을 '십자화'라고 부른다. 꽃은 원줄기나 가지 끝에 여러 송이가 어긋나게 달리는데, 보통 작은 꽃줄기는 길이가 1~2㎝로 비스듬히 옆으로 퍼지는 경향이 있다. 열매는 7~8월경에 열리며 편평하고 긴 타원형으로 길이 0.5~0.8㎝ 정도이다.

꽃다지의 특징은 전체적으로 잔털이 수북하게 나 있는 것이다. 심지어는 열매에도 털이 송송 나 있다. 모양은 비슷하지만 열매에 털이 없는 것은 민꽃다지라고 한다.

꽃다지는 냉이와 함께 자라는 경우가 많아서 봄나물을 캐러 가면 냉이도 캐고 꽃다지도 캐곤 한다. 사실 꽃다지와 냉이는 비슷한 점이 많아 꽃도 노랗고, 꽃잎은 네 장이다. 그러나 열매를 보면 냉이가 세모진 반면에 꽃다지는 타원형이다.

십자화과에 속하며, 전체적으로 아주 작은 편이라서 '코딱지나물'이라고도 하는데, 아주 앙증맞은 이름이 아닐 수 없다. 이른 봄에 줄기와 잎을 따서 끓여 떫은맛을 없앤 다음 나물이나 국거리로 이용한다. 달래나 냉이에 버금가는 봄나물로, 약간 매운 맛이 있지만 강하진 않은 편이다. 한방에서는 풀 전체와 종자를 약재로 사용한다. 북반구 온대에서 난대에 걸쳐 분포한다.

ㄱ

길러보기

7~8월경에 달리는 종자를 받아 뿌리거나 상온에 보관하다가 이듬해 봄에 뿌리면 싹이 나온다. 두해살이 식물이므로 종자 발아 후 새순은 없어지고 이듬해 봄에 잎이 나오면서 꽃대가 나온다.

비슷한 식물들

- **민꽃다지** : 열매에 털이 나지 않는 것이 꽃다지와 다른 점이다. 키는 약 20㎝이다.
- **산꽃다지** : 뿌리잎은 모여나고 잎자루가 없는 피침형이다. 높은 산에 자란다.
- **구름꽃다지** : 아주 작고 흰색 꽃이 피며, 백두산에서 자란다.

중국댕강나무와 댕강나무의 교배종

58 꽃댕강나무

- 학 명 : *Abelia mosanensis* T.H.Chung
- 과 명 : 인동과

▲ 꽃댕강나무 꽃

▲ 꽃댕강나무 잎

아벨리아(Abelia)라고도 불리는 개량종 나무로, 1880년대 이전에 낙엽수인 중국댕강나무에 상록수인 댕강나무의 화분을 받아 만들어졌다고 한다.

▲ 꽃댕강나무 열매

높이는 1~2m로 작으며, 마주나는 잎은 달걀 모양으로 길이 2.5~4㎝ 정도이다. 잎의 끝은 무디거나 뾰족하고 잎 가장자리에는 뭉툭하게 톱니가 난다. 종 모양의 꽃은 여름에서 가을에 걸쳐 작은 가지 끝에 원추화서를 이룬다. 꽃받침은 2~5장으로 붉은 갈색이다. 열매는 4개의 날개가 달려 있고 대부분 성숙하지 않는다.

인동과의 관목으로, 동아시아에 집중 분포한다. 우리나라에서는 남부지방에 주로 분포하며, 겨울에도 견디지만 중부지방에서는 월동이 쉽지 않은 수종이다. 공원이나 정원수로 많이 심는다.

ㄱ

길러보기

삽목으로 번식한다. 포기나누기나 휘묻이로도 번식할 수 있다

비슷한 식물들

- **댕강나무** : 5월에 옅은 홍색 꽃이 잎겨드랑이 또는 가지 끝에 두상으로 달린다. 우리나라 특산종으로, 평남 맹산에 야생한다.

▲ 댕강나무

봄부터 가을까지 꽃이 피는

59 꽃마리

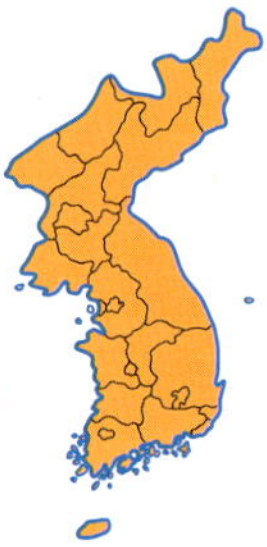

- 학 명 : *Trigonotis peduncularis* (Trevis.) Benth. ex Baker & S. Moor
- 과 명 : 지치과

▲ 꽃마리 꽃봉오리 전개되는 모습

▲ 꽃마리 꽃과 꽃봉오리

▲ 꽃마리 꽃 전개되는 모습

이 들꽃 이름도 참 예쁘다. 여기에서 마리는 '~말이'를 소리나는 대로 표기한 것으로, 김을 말면 김말이, 계란을 말면 계란말이라고 하듯, 꽃이 말려 있다는 뜻이 들어 있다. 꽃이 필 때 꽃차례가 말려 있어 꽃마리라고 하는 것이다.

꽃마리를 보면 저렇게 작은 꽃이 과연 나비나 벌과 같은 곤충을 부를 수 있을까 하는 생각도 든다. 그러나 자세히 들여다보면 조그만 개미나 벌레가 꽃을 이리저리 왔다 갔다 하는 것이 보인다. 작은 꽃은 작은 꽃대로 다 살아가는 방법이 있음을 알 수가 있다.

꽃마리는 우리나라 곳곳의 산과 들, 길가에 자라는 두해살이풀이로, 반그늘이나 양지에서 잘 자란다. 꽃은 4월부터 7월까지 계속 피고 진다. 날씨가 따뜻하면 가을에 들어서도 꽃이 피니까 꽤나 오랫동안 꽃이 피는 들꽃이다. 줄기나 가지의 끝부분에 피는데, 태엽처럼 말려 있다가 펼쳐지면서 꽃이 피는 모습이 독특하다.

키는 10~30㎝ 정도이며, 잎은 길이 1~3㎝, 너비 0.6~1㎝로 양면에는 짧으면서도 거센 털이 나 있다. 전체적인 형태는 타원형이며 어긋난다. 꽃은 연한 하늘색으로 줄기나 가지 끝에 달리는데, 꽃받침은 다섯 개로 갈라지고, 갈라진 조각은 세모꼴을 이룬다. 열매는 8월경에 달리는데, 4개의 분과로 갈라

▲ 꽃마리 무리

지고 매끄러우며 위로 뾰족하다.

꽃마리는 지치과에 속하며 꽃따지 또는 꽃말이, 잣냉이라고도 한다. 어린순을 따서 나물로 먹고, 관상용으로도 쓰인다. 또 예로부터 약재로도 많이 사용되었다. 우리나라 전역 및 아시아의 온대와 난대에 분포한다. 꽃말은 '나를 잊지 마세요' 또는 '나의 행복'이다.

길러보기

종자를 받아 화단이나 화분에 뿌리거나, 종이에 싸서 보관한 뒤 이듬해 봄에 뿌리면 싹이 난다.

비슷한 식물들

- **갈고리꽃마리** : 5~6월에 보랏빛을 띤 짙은 남색 꽃이 피며, 키는 30~60㎝이다.
- **덩굴꽃마리** : 옅은 남색 꽃이 가지 옆에서 대여섯 송이 피며, 키는 7~20㎝로 작은 편이다.
- **섬꽃마리** : 산지에서 자라며, 키는 40~100㎝로 가지가 많이 갈라지는 것이 특징이다.
- **좀꽃마리** : 밑에서 가지가 갈라져서 무더기로 자라며, 꽃은 연한 남자색으로 피고, 키는 12~28㎝이다.
- **참꽃마리** : 줄기 밑부분에 달린 잎은 뿌리에서 나온 잎과 함께 잎자루가 길지만 위로 올라갈수록 짧아진다. 키는 10~15㎝이다.

▲ 덩굴꽃마리

▲ 참꽃마리

늦가을 싹을 틔워 겨울을 지내는 한해살이풀

60 꽃바지

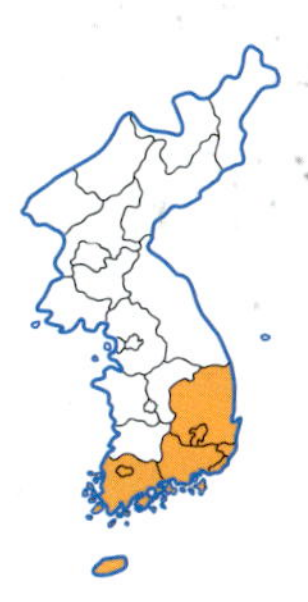

- 학 명 : *Bothriospermum tenellum* (Hornem.) Fisch. & C.A.Mey.
- 과 명 : 지치과

▲ 꽃바지 꽃

▲ 꽃바지 잎

ㄱ

▲ 꽃바지 꽃봉오리 개화

▲ 꽃바지 종자 결실

한해살이풀은 대부분 이른 봄에 싹을 틔우고 여름에 무성하게 자라다 가을이 되면 열매를 맺어 씨앗을 떨구고 시들어 죽는다. 그런데 일부 한해살이풀 중에는 가을에 싹을 틔운 뒤 겨울을 난 후 이듬해 가을 혹은 초겨울에 고사하는 경우도 있다. 그런 풀을 해넘이한해살이풀이 또 월년초라고 부르기도 하는데, 꽃바지가 대표적이다.

이름에 '바지'라는 말이 붙어 있는데, 이는 '받이'를 뜻하는 것으로, 꽃 한 송이 한 송이를 잎 한 장이 받쳐 주고 있어 꽃받이였다가 꽃바지로 부르게 된 것이다.

아주 작은 것은 키가 5㎝에 불과하며 30㎝까지 자라기도 한다. 밑부분이 비스듬하게 땅을 기듯 하면서 가지를 많이 치며, 전체에 누운 털이 난다. 뿌리에서 나는 잎은 주걱 모양으로 뭉쳐나고 줄기에서 나는 잎은 어긋난다. 줄기잎의 크기는 길이 2~3㎝, 너비 1~2㎝로 약간 긴 타원형이다.

꽃은 4~9월에 연한 하늘색으로 줄기 윗부분의 꽃대 밑이나 꽃자루의 밑을 받치고 있는 녹색 비늘 모양의 잎 겨드랑이마다 1개씩 달린다. 꽃만 보자면 꽃마리와 매우 흡사한데, 꽃마리의 경우는 꽃 한가운데에 황색이 있어 구분이 된다. 꽃마리는 꽃이 필 때 꽃차례가 말린다고 해서 꽃마리라고 부르는데, 식물체를 문지르면 오이 향이 나 꽃바지와 구분되기도 한다. 꽃받침은 5개로 깊게 갈라지고, 그 조각은 창처럼 끝이 뾰족하게 생겼다. 열매는 4개의 분과로 이루어지며 표면에 돌기가 있다.

지치과의 여러해살이풀로, 우리나라와 일본, 만주 등 동아시아의 온대 및

▲ 꽃바지 무리

열대 지역에 분포한다. 우리나라에서는 겨울철에 너무 춥지 않은 제주도와 경남, 경북 등지에 분포한다. 특히 밭과 과수원, 길가, 제방 등에 잘 자란다.

길러보기

종자를 받아 화단이나 화분에 뿌린다.

비슷한 식물들

- **꽃마리** : 키는 10~30㎝ 정도이며, 잎은 길이 1~3㎝, 너비 0.6~1㎝로 양면에는 짧으면서도 거센 털이 나 있다.
- **꽃다지** : 십자화과의 두해살이풀로, 봄에 여러 송이의 작은 황색 꽃이 어긋나게 달린다.

▲ 꽃마리

▲ 꽃다지

꿩의 다리와 비슷한 봄꽃

61 꿩의다리아재비

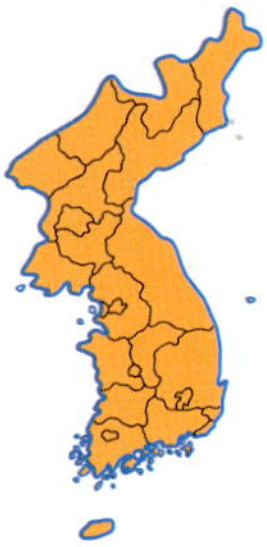

■ 학 명 : *Caulophyllum robustum* Maxim.

■ 과 명 : 매자나무과

▲ 꿩의다리아재비 꽃봉오리

▲ 꿩의다리아재비 꽃

식물 이름에 아재비가 붙으면 비슷하다는 뜻이다. 갈퀴아재비, 골풀아재비, 김의털아재비, 맥문아재비 등등 매우 많다. 또 아재비는 동물에도 붙여지는데, 게아재비, 범아재비 등이 있다. 이는 본래보다 약간 무섭다는 의미를 지닌다. 또 재미있는 것은 사촌이 붙는 것도 많다. 검둥오리사촌, 매사촌 등이 바로 본래 동물과 사촌처럼 가깝다는 뜻이다. 꿩의다리아재비는 꿩의다리와 잎과 줄기, 크기 등이 비슷하다. 특히 자줏빛 줄기에 드문드문 있는 마디가 마치 꿩의 다리를 연상시킨다. 다만 꿩의다리는 꽃이 흰색 또는 연분홍이지만, 꿩의다리아재비는 녹황색이며, 잎도 약간 다르다. 그리고 꿩의다리보다 꿩의다리아재비가 키도 작다. 꿩의다리아재비는 우리나라 중부 이북의 깊은 산에서 자라는 여러해살이풀로, 주변습도가 높고 햇볕이 많이 들지 않으며 유기질이 풍부한 흙에서 잘 자란다. 키는 40~80㎝이고, 잎은 뿌리줄기 윗부분에서 두 개의 잎이 마주 나고, 작은 잎은 긴 타원형으로 길이 4~8㎝, 너비 2~4㎝로 끝이 뾰족하다. 꽃은 녹황색으로 앙증맞게 피는데, 5~6월에 원줄기 끝에 작은 가지에서 꽃들이 나와 원뿔 형태를 이룬다. 꽃의 크기는 1㎝ 정도밖에 안 된다. 열매는 7~8월경에 하늘색으로 달리며, 길이 0.4~0.6㎝, 지름 0.6~0.7㎝로 종자가 노출된 상태로 성장하기 때문에 마치 씨가 열매처럼 보인다.

꿩의다리아재비는 매자나무과에 속하며, 꽃은 작지만 아름다워서 관상용으로 재배되고, 뿌리와 뿌리줄기는 약재로 사용된다. 우리나라와 일본, 사할린, 만주, 우수리 강 등지에 분포한다.

▲ 꿩의다리아재비 새순 올라오는 모습

▲ 꿩의다리아재비 잎

길러보기

열매를 받아 화장지나 천에 분무기로 물을 뿌린 뒤 종자를 올리고 냉장 보관한 뒤 9월경에 뿌리면 싹이 난다. 싹이 나면 주변을 서늘하게 해 주어야 한다. 위에 차광막을 덮어 서늘하게 해 주면 좋다.

비슷한 식물들

- **꿩의다리** : 산기슭의 풀밭에 난다. 줄기는 속이 비고 곧으며 가지를 치고 키 50~100㎝쯤 자란다. 털이 없고 분처럼 흰빛을 띤다.
- **그늘꿩의다리** : 작은 잎은 달걀을 거꾸로 세운 모양에 둔한 톱니가 있고 표면은 녹색, 뒷면은 잿빛을 띤 푸른 빛깔이다.
- **금꿩의다리** : 수술의 노란색이 강하기 때문에 금꿩의다리라고 한다.
- **은꿩의다리** : 7~8월에 홍백색 꽃이 핀다.
- **꽃꿩의다리** : 5~7월에 흰색 꽃이 줄기 끝에 원추화서로 달린다. 우리나라 부산과 여수에 서식한다.
- **돈잎꿩의다리** : 연잎꿩의다리에 비해 줄기는 가늘고 짧다. 잎은 매우 작고 홑잎으로 어긋나고 잎자루가 있으며 작은 잎이 3장씩 나온다.
- **발톱꿩의다리** : 열매 끝에 암술머리가 남아 있는 모양이 새의 발톱같이 보인다.
- **산꿩의다리** : 꽃은 7~8월에 피고 흰색이며 원추화서로 달린다.
- **연잎꿩의다리** : 잎이 작지만 연잎과 닮았다.
- **긴잎꿩의다리** : 옆으로 벋으면서 번식하는 땅속줄기가 있으며, 잎은 세 잎씩 어긋나고 두세 번 깃 모양으로 갈라진다.
- **자주꿩의다리** : 꽃은 6~7월에 피며, 흰빛이 도는 자주색이다.

▲ 꿩의다리

▲ 금꿩의다리

▲ 연잎꿩의다리

플로라의 하녀 아네모네

62 꿩의바람꽃

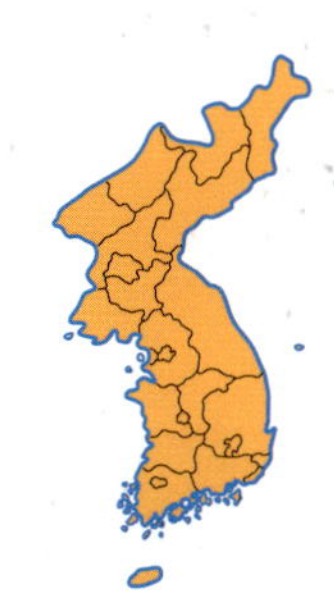

- 학 명 : *Anemone raddeana* Regel
- 과 명 : 미나리아재비과

▲ 꿩의바람꽃 꽃

▲ 꿩의바람꽃 잎 올라오는 모습

ㄱ

▲ 꿩의바람꽃 수분 부족 현상

꽃에는 전설이 많이 전해진다. 꿩의바람꽃은 바람의 신과 아네모네에 관한 전설이 있다. 본래 아네모네는 꽃의 여신인 플로라의 시녀였다. 플로라의 연인인 바람의 신이 아네모네를 사랑하자 플로라는 질투를 느끼고 아네모네를 먼 곳으로 쫓아버렸다.

바람의 신은 아네모네가 너무 보고 싶어 아네모네를 찾아나섰는데, 긴 방황 끝에 어느 황량한 언덕에서 추위에 떨고 있는 아네모네를 찾았다. 그 모습을 본 플로라는 질투를 참지 못하고 아네모네를 한 송이 꽃으로 만들었고, 바람의 신은 너무 안타까운 나머지 아네모네를 어루만지며 그 자리를 떠나지 못했다. 바로 이 꽃이 꿩의바람꽃으로 영어로는 윈드플라워(wind flower)라고 한다. 또한 이러한 슬픈 전설 때문인지 꽃말은 '덧없는 사랑', '금지된 사랑', '사랑의 괴로움' 등 여러 가지이다.

꿩의바람꽃은 우리나라 여러 곳의 산지에서 자라는 여러해살이풀로, 숲 속의 나무 아래 주로 양지와 반그늘에서 볼 수 있다. 키는 10~15㎝로 아주 작은 편이지만, 꽃은 그래도 지름이 3~4㎝ 정도되어 눈에 잘 띄는 편이다. 잎은 한 줄기에서 세 갈래로 갈라지고, 꽃은 4~5월에 흰색으로 하나의 줄기 위에 한 송이만 자란다. 꽃에는 꽃잎이 없고 꽃받침이 꽃잎처럼 보인다.

이 꽃은 주변에 수분이 어느 정도 있는지 판단할 수 있는 꽃이기도 하다. 잎 이 활짝 펴져 있으면 주변에 수분이 충분하다는 것이며, 잎이 말려 있으면 수분이 부족하거나 주변이 매우 춥다는 증거이다. 뿌리는 하나의 덩이뿌리처럼 형성되는데, 약 10㎝가량 묻혀 아래로 길게 뻗어 있다. 열매는 6~7월경에 달린다.

꿩의바람꽃은 미나리아재비과에 속하며, 뿌리를 약용으로 사용하는데, 여름에 채취한 뿌리를 건조시킨 것을 '죽절향부'라고 한다. 우리나라와 중국, 러시아 등지에 분포한다.

길러보기

종자를 채종한 뒤 바로 화단이나 화분에 뿌리면 싹이 날 확률이 높다. 뿌리가 길게 연결되어 있으니까 나누어 심는 것은 좋지 않다. 꿩의바람꽃은 햇볕이 많이 들지 않는 곳을 좋아한다. 꽃이 흰색이라서 햇볕이 너무 강하면 쉽게 탈색이 되기 때문이다. 화단이나 화분에 키울 때는 봄에는 하루에 한 번 정도 물을 주고, 여름에는 2~3일 간격으로, 가을과 겨울에는 5~7일에 한 번 정도 물을 주는 것이 좋다.

비슷한 식물들

- **바람꽃** : 바람이 잘 부는 높은 지대에서 자라며, 꽃은 7~8월에 흰색으로 핀다. 꽃잎이 없으나 꽃잎 같은 꽃받침조각이 5개 또는 7개 있다.
- **홀아비바람꽃** : 꽃대가 1개씩 자라므로 홀아비바람꽃이라고 한다.
- **세바람꽃** : 잎처럼 생긴 3개의 포에 1~3개의 꽃줄기가 자라서 끝에 1개씩 꽃이 달린다.
- **국화바람꽃** : 4~5월에 연한 보라색 또는 흰색 꽃이 핀다.
- **나도바람꽃** : 꽃은 5~6월에 흰색으로 피는데, 줄기 끝에 길이 약 3㎝의 작은 꽃자루들이 우산 모양으로 달리고 그 끝에 한 송이씩 달린다.
- **갈래바람꽃** : 7~8월에 흰색 꽃이 피는데, 꽃대 길이는 3~7㎝이고, 꽃받침조각은 5개이며 넓은 타원형으로 겉에 털이 있다.
- **회리바람꽃** : 꽃은 5월에 피고 흰색이며 꽃자루 끝에 한 송이가 달린다. 5개의 꽃받침조각은 선형이고 밑으로 젖혀진다.

▲ 바람꽃

▲ 홀아비바람꽃

▲ 나도바람꽃

잎으로 벌레를 잡아먹는 식충식물

63 끈끈이귀개

■ 학 명 : *Drosera peltata* var. *nipponica* (Masam.) Ohwi ex E.Walker

■ 과 명 : 끈끈이귀개과

▲ 끈끈이귀개 꽃

▲ 끈끈이귀개 잎

우리나라에 몇 종 안 되는 식충식물이다. 초승달처럼 생긴 잎에 촉촉한 선모가 있는데, 이것이 햇빛을 받아 반짝이며 벌레를 유인한다. 여기에 벌레가 붙으면 떨어지지 않으므로 서서히 잎을 오므린 뒤 소화액을 내어 식물체에 흡수한다.

끈끈이귀개라는 이름은 귀이개처럼 생긴 잎이 끈적끈적하여 붙은 것이다. 이와 비슷한 식충식물로 끈끈이주걱이 있는데, 끈끈이귀개가 끈끈이주걱보다는 좀 더 큰 벌레들을 잡아먹는다. 파리는 물론 간혹 벌도 붙잡혀 있는 것을 볼 수가 있다.

키는 10~30㎝, 줄기는 윗부분에서 가지를 친다. 뿌리에서 나온 잎이 꽃이 필 때 없어지고, 줄기에서 나오는 잎은 어긋난다. 잎은 초승달 모양으로 가늘고 길다. 잎의 앞면에 긴 가는 실 모양이 있는데, 여기에 점액을 분비하여 벌레를 잡는다.

꽃은 6월에 흰색으로 달리며, 꽃대축이 길게 자라고 꽃자루도 발달하지만 가지가 갈라지지 않는다. 꽃차례는 대략 2~6㎝ 정도의 길이이다. 열매는 속이 여러 칸으로 나뉘고, 각 칸 속에 많은 종자가 들어 있으며 둥글고 3개로 갈라진다. 씨앗은 타원형으로 양 끝이 좁아진다.

끈끈이귀개과의 여러해살이풀로, 오스트레일리아, 뉴질랜드, 동남아시아, 중국, 일본 등 세계적으로 널리 분포하며, 우리나라에서는 전라남도 진도, 해

▲ 끈끈이귀개 무리

ㄱ

남, 완도, 신안 일대에서만 드물게 자란다. 2015년 6월에 전남 신안군 하의도에서 대규모 자생지가 발견되어 학계에 보고된 바 있다. 바닷가 인근의 풀밭에서 자라 주변에는 민가가 많이 있어 자생지가 훼손당할 위험이 큰 식물이다. 따라서 환경부는 멸종위기야생식물 Ⅱ급으로 지정하여 보호하고 있다. 자라는 환경이 독특한 습성을 가진 품종이어서 각별한 주의가 필요하다. 무분별한 난개발로 인한 자생지 훼손은 원래대로의 환경 복원이 거의 불가능하다. 따라서 자생지 환경을 잘 보존하는 것이 중요하다.

길러보기

직사광선을 충분히 받게 하고 주변습도 및 공중습도를 높게 하되, 식물체 주변 통풍도 잘 되게 해야 한다. 주 서식처가 남도지방이므로 겨울에는 얼지 않게 해 주는 것이 필요하다. 또한 이 품종은 환경부 멸종위기식물로 보호하고 있으므로 자생지 훼손 및 인위적인 재배는 엄격히 통제된다.

비슷한 식물들

- **끈끈이주걱** : 숙근성 여러해살이풀로, 주걱처럼 생긴 잎에 붙은 섬모로 벌레를 잡는다. 키는 6~30㎝이다.
- **땅귀개** : 실같이 가는 흰색의 땅속줄기가 땅속을 기면서 번고 벌레잡이주머니가 군데군데 달린다. 꽃은 여름에 노란색으로 핀다.
- **이삭귀개** : 뿌리에 벌레잡이주머니가 달려 벌레를 잡는다. 꽃은 여름에 자주색으로 핀다. 키는 1~3㎝에 불과하다.

▲ 끈끈이주걱

▲ 땅귀개

▲ 이삭귀개

64 나도개감채

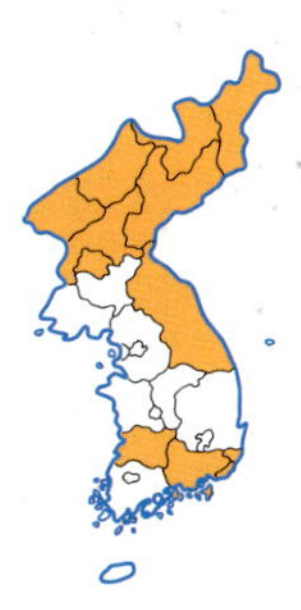

- 학 명 : *Lloydia triflora* (Ledeb.) Baker
- 과 명 : 백합과

▲ 나도개감채 꽃

▲ 나도개감채 잎 올라오는 모습

ㄴ

나도밤나무, 나도풍란, 너도바람꽃, 너도골무꽃 등 식물 이름에는 '나도'나 '너도'가 붙은 것이 많다. 너도나 나도는 본래 다른 분류에 속하지만 비슷하게 생겼다는 뜻이다. 예를 들면, 나도밤나무는 나도밤나무과에 속하고, 밤나무는 참나무과에 속하므로 서로 다른 과이지만 잎이 비슷해서 나도가 붙은 것이다. 물론 열매도 전혀 다르다. 한편, 울릉도 특산종으로 너도밤나무가 있는데, 이는 밤나무처럼 참나무과에 속한다. 물론 밤이 열리는 게 아니라 세모꼴의 도토리와 비슷한 열매가 열린다. 나도나 너도와는 달리, 진짜라는 의미 또는 기본종이라는 뜻으로 붙이는 말로는 '참'이라는 게 있다. 예를 들면, 참개별꽃, 참나리, 참개암 등이 있다.

개감채는 높은 산의 바위가 많은 곳에서 자라는 여러해살이풀이다. 7~8월에 넓은 종 모양의 흰색 꽃이 줄기 끝에 1개 달리는데, 지름 1.5㎝, 길이 1~1.3㎝이다. 이에 비해 나도개감채는 같은 백합과의 여러해살이풀이지만 4~5월에 꽃이 피고, 꽃은 흰색 바탕에 녹색 줄이 나 있다. 여러 송이 꽃이 한 줄기에 한꺼번에 달리는 것이 다르다. 나도개감채는 키가 10~25㎝이며, 잎은 길이 10~20㎝, 너비 1.2~2.5㎝로 가늘고 길게 자라 마치 파 잎처럼 보이기도 한다. 열매는 6~7월경에 달걀과 비슷한 모양으로 달린다. 백합과에 속하며 산무릇, 꽃개감채, 가는잎두메무릇, 와판화라고도 한다. 강원도, 함경북도, 평안북도 등 우리나라 중북부 이북의 깊은 산에서 많이 자란다.

▲ 나도개감채 꽃봉오리

▲ 나도개감채 꽃(확대)

▲ 나도개감채 무리

ㄴ

길러보기

열매를 받아 화단에 뿌리거나 종이에 싸서 냉장 보관한 뒤 이듬해 봄에 파종한다. 종자를 발아시킬 때는 공기 중의 습도를 높게 해야 한다. 그러나 종자에 싹이 났다고 해서 바로 그해에 꽃이 피진 않는다. 꽃이 피려면 2~3년 정도 기다려야 한다. 한편, 둥근 뿌리를 잘라서 심어도 번식시킬 수 있다. 꽃이 아름다워 관상용으로 좋지만, 서늘한 곳을 좋아하는 습성 때문에 집에서 키우기는 쉽지 않은 편이다.

비슷한 식물들

- **개감채** : 7~8월에 넓은 종 모양의 흰색 꽃이 줄기 끝에 1개 달린다. 높은 산의 암석 지대에서 자라며, 키는 약 15㎝이다.

▲ 개감채

너만 바람꽃이냐?

65 나도바람꽃

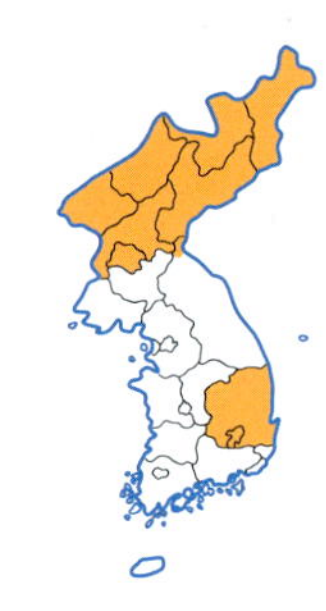

■ 학 명 : *Enemion raddeanum* Regel

■ 과 명 : 미나리아재비과

▲ 나도바람꽃 꽃봉오리 맺힌 모습

▲ 나도바람꽃 꽃

▲ 나도바람꽃 종자 결실

바람꽃은 원산지가 영국으로, 오늘날에는 전 세계로 퍼져 종류가 아주 많아졌다. 대부분 눈이 채 녹기도 전인 이른 봄에 연둣빛 줄기를 키워내는 부지런한 봄꽃이지만 정작 대표종인 바람꽃은 여름에 꽃을 피운다.

너도바람꽃도 비교적 늦봄에 꽃이 핀다. 주로 산지에서 자라기 때문이다. 햇볕이 잘 들지 않는 음습한 곳이면서도 땅이 비옥한 곳에서 잘 자란다. 키는 20~30㎝ 정도이며, 잎은 뿌리에서 나와 뭉친다. 잎의 겉은 녹색이나 뒷면은 분백색으로 짧은 털이 나 있으며, 전체적인 잎의 형태는 달걀 모양이다.

꽃은 위를 향해서 흰색으로 피는데, 줄기 끝에 길이 3㎝가량의 작은 꽃자루들이 우산 모양으로 달리고 그 끝에 1송이씩 달리며, 꽃잎이 5장인 것이 특징이다. 꽃잎 속에는 가늘고 많은 수술이 있으며, 암술대는 윗부분이 굵다. 열매는 6~7월경에 3~5개의 방으로 달린다.

대부분의 바람꽃은 '아네모놀'이라는 독성을 함유하고 있어 마법의 약초로도 불린다. 이 독성은 장염을 일으키는데, 염소만은 장염을 일으키지 않는다고 해서 스위스에서는 바람꽃을 '염소의 꽃다발'이라고도 한다.

▲ 나도바람꽃 무리

나도바람꽃은 미나리아재비과에 속하며 향수꽃이라고도 불린다. 꽃이 많이 피고 오래 피기 때문에 잘 키우면 보기에 아주 좋다. 우리나라 북부지방과 일본, 만주, 우수리 강 등지에 분포한다.

길러보기

열매를 받아 화장지나 종이에 물을 약간 적신 후 수분기가 있게 한 뒤 종자를 올려 냉장 보관 후 9월에 뿌린다. 종자를 뿌리기 전에는 반드시 물에 3~4일 정도 담가두는 것이 좋다. 그렇게 해야 싹이 쉽게 나오기 때문이다. 하지만 종자에서 싹이 나오는 확률은 다른 품종에 비해 낮은 편이다. 특히 이 식물은 강원도 이북의 산지에서 많이 자라므로 집에서 기르려면 서늘하고 주변 습도를 높여 줘야 하며, 햇볕은 별로 들지 않는 곳에 심어야 한다. 퇴비는 많이 필요하지는 않으며, 물은 1~2일에 한 번씩 준다.

비슷한 식물들

- **너도바람꽃** : 아주 이른 봄에 핀다. 옛날 사람들은 이 꽃이 피면 봄이 왔음을 알았다고 해서 절기를 구분해 주는 꽃이라는 의미로 '절분초'라고도 했다.
- **만주바람꽃** : 한 꽃대에 두 송이씩 피는 것이 특징이다.
- **변산바람꽃** : 2월에서 3월 사이에 꽃망울을 터뜨리기 때문에 쉽게 보기 어렵다. 가장 먼저 피는 바람꽃이라고 할 수 있다.

▲ 너도바람꽃

▲ 만주바람꽃

▲ 변산바람꽃

범의귀와는 생김새가 너무도 다른 별난 꽃

66 나도범위귀

- 학 명 : *Mitella nuda* L.
- 과 명 : 범의귀과

▲ 나도범의귀 꽃

▲ 나도범의귀 잎

밤나무와 비슷하게 생긴 것으로 나도밤나무와 너도밤나무가 있다. 나무의 형태, 특히 잎이 서로 비슷하게 생겼지만 열매는 너무도 다르다. 이렇게 식물 이름에 '너도'나 '나도'가 들어가면 본종과 비슷하다는 뜻이다. 특히 너도가 붙은 종이 나도가 붙은 종보다 본래 종에 더 가깝다.

그러나 범의귀와 나도범의귀는 서로 비슷한 점을 찾을 수가 없을 정도로 다르다. 범의귀는 잎이 호랑이의 귀를 닮아 붙은 이름인데, 나도범의귀는 잎은 물론 꽃이나 열매, 씨, 줄기와 뿌리 등 어느 것도 범의귀의 것과 닮지 않은 것이다. 그럼에도 '나도'를 붙였으니 희한한 품종이다.

키는 15~25㎝로 실처럼 가는 기는줄기를 벋는다. 잎은 둥근 심장 모양으로 길이 1.5~3.5㎝, 너비 역시 1.5~3.5㎝이다.

꽃은 6~7월에 뿌리에서 길이 15~25㎝의 꽃대가 올라와 여러 개의 꽃이 드문드문 어긋나며 핀다. 꽃받침은 종 모양으로 끝이 5개로 갈라지는데, 보통 이 꽃받침을 꽃잎으로 착각하곤 한다. 이 꽃받침에 붙은 연한 노란색 줄이 꽃으로 마치 안테나를 세운 것처럼 희한한 모습을 하고 있다.

열매 역시 특이하여 익지도 않은 상태에서 위 가운데 껍질이 갈라지며 벌어진다. 즉 꽃잎이 달려 있는데도 열매가 익은 것처럼 보인다. 열매는 종 모양이나 씨앗은 긴 타원형으로 초기에는 녹색이나 점차 검은색을 띤다.

▲ 나도범의귀 새순 올라오는 모습

범의귀과의 여러해살이풀로 우리나라와 일본, 중국, 러시아 등지에 분포하며, 우리나라에는 함경도의 부전고원과 최가령, 두만강 유역의 산에 자란다.

우리나라의 자생지는 몇 군데 알려져 있지 않을 정도로 드물게 분포하고 있다. 가장 쉽게 접근하면서 갈 수 있는 곳에는 많은 사람들이 다녀가면서 그 좁은 자생지가 군데군데 파여져 있는 모습을 관찰할 수 있다. 또한 그곳을 감시하는 인원도 충분히 있기는 하지만, 해마다 조금씩 자생지가 훼손되는 것을 관찰하면서 머지않아 그곳에 있는 이 품종이 없어지지 않을까 하는 걱정이 앞선다.

약 5년 전까지는 자생지가 완전히 훼손되었으나, 그 후 산림청에서 특별한 관심을 가지고 주변을 통제하고 있어 그나마 현재는 그 수가 늘어나고 있는 실정이기는 하다.

이런 품종은 더 많은 보호와 관심이 필요하다.

길러보기

습기가 많은 지역의 이끼나 바위 위에서 자생하고, 직접 햇빛을 받는 시간은 아침에 드는 짧은 순간이어서 재배하는 것은 불가능하다.

비슷한 식물들

- **범의귀** : 꽃은 7~8월에 흰색으로 핀다. 꽃이 예뻐 관상용으로 많이 재배된다. 키는 약 20㎝이다.
- **구름범의귀** : 구름이 지나가는 높은 산 고지대에 자라며, 뿌리에서 나온 잎이 방석처럼 퍼진다.
- **노랑범의귀** : 꽃이 노란색이다. 키는 2~10㎝로 땅속줄기와 원줄기 하단이 기면서 군집을 이룬다.
- **다발범의귀** : 키는 4~10㎝이며, 꽃은 흰색 또는 흐릿한 노란색이다.

▲ 구름범의귀

버섯처럼 피어 오르는 숲 속의 요정

67 나도수정초

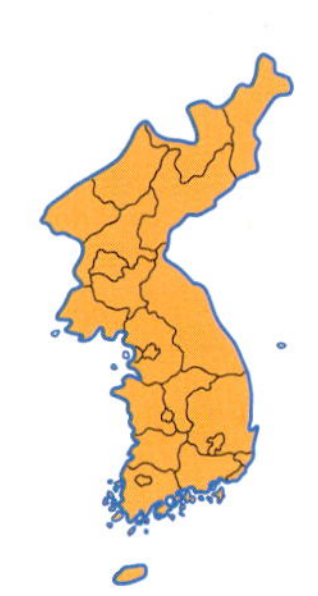

- 학 명 : *Monotropastrum humile* (D. Don) H. Hara
- 과 명 : 수정난풀과

▲ 나도수정초 꽃봉오리

▲ 나도수정초 꽃

나도수정초는 수정초와 비슷해서 붙여진 이름이다. 수정초란 전초가 수정처럼 투명하여 붙여진 이름이다. 즉, 광합성을 하지 않아 녹색이 전혀 없는데, 식물의 사체에서 영양분을 공급받아 살아간다. 구상나무 숲 속에서 자라는 풀이라고 해서 구상난풀이라고도 한다.

▲ 나도수정초 꽃 절단 모습

나도수정초는 언뜻 보면 버섯처럼 보이지만 양분을 스스로 만들어내지 못할 뿐 꽃도 피고 수술과 암술도 있다. 전체적인 모습이 수정난풀과 흡사하나 꽃잎의 끝부분이 뒤로 많이 젖혀지는 것이 차이점이다. 또 나도수정초의 암술은 푸른빛을 띠나 수정난풀의 암술은 옅은 노란색을 띠고, 나도수정초는 봄에 꽃이 피는 반면, 수정난풀은 여름에 꽃이 핀다.

나도수정초의 키는 10~30㎝이고 줄기는 기둥 모양으로 곧추선다. 잎은 비늘 모양이며 빽빽하게 어긋난다. 잎의 끝은 육질로 둥글다.

꽃은 4~8월에 줄기 끝에 1개가 종 모양으로 밑을 향해 흰색으로 달리며, 열매가 익을 때 곧추선다. 꽃의 길이는 1~1.5㎝, 너비는 0.5~0.7㎝이다. 꽃받침조각은 일찍 떨어지며, 꽃잎은 5장이다. 수술대에는 노란색 꽃밥이 있

▲ 나도수정초 무리

ㄴ

고, 암술대는 푸른빛을 띤다. 햇볕을 받으면 꽃 부분이 검게 변한다. 열매는 타원상 구형으로 장과다.

수정난풀과의 여러해살이풀로, 우리나라와 러시아, 일본, 중국, 인도차이나, 히말라야 등지에 분포한다. 우리나라에서는 중부 이남의 숲 속 토양이 비옥한 곳에 자생한다. 관상용으로 쓰인다. 꽃말은 '숲 속의 요정'이다.

길러보기

종자를 낙엽수 아래에 바로 뿌리는 것이 좋다. 부생 식물이기 때문에 가정에서 키우기는 불가능하며, 외부에서 키울 때는 햇볕이 강하게 들지 않는 낙엽수 아래에 심어야 한다.

비슷한 식물들

- **수정난풀** : 키는 8~15㎝이며, 꽃은 8~10월에 핀다.
- **너도수정초** : 꽃 안쪽에 털이 없고 짧고 굵은 암술대를 가지고 있다.
- **구상난풀** : 꽃은 6~7월에 줄기 끝에 연한 황백색으로 핀다. 한 줄기에 여러 송이가 달린다.

▲ 수정난풀

▲ 구상난풀

양지에 피는 노란 꽃

68 나도양지꽃

- 학 명 : *Waldsteinia ternata* (Stephan) Fritsch
- 과 명 : 장미과

▲ 나도양지꽃 꽃

▲ 나도양지꽃 잎

ㄴ

양지꽃은 양지에 잘 자란다고 해서 붙은 이름인데, 비슷한 종류가 꽤 많다. 솜털이 보송보송하게 나는 솜양지꽃, 돌이나 바위틈에서 잘 자라는 돌양지꽃, 물가에서 자라는 물양지꽃, 가지가 누워서 기듯 자라는 누운양지꽃 등등 20여 종이나 된다. 이들은 대부분 꽃이 비슷하여 잎의 모양이나 털의 유무, 형태에 따라 구분을 한다.

나도양지꽃의 잎과 꽃은 양지꽃의 잎과 꽃과 너무도 흡사하여 구분이 되지 않는다. 단지 나도양지꽃의 꽃잎 모양이 달걀 모양이고 끝이 오목하지 않으며 수술이 긴 것으로 구분이 가능하다.

키는 10~20㎝로 양지꽃에 비하여 작은 편이다. 뿌리줄기는 가늘며 옆으로 길게 벋고, 전체에 털이 많이 난다. 잎은 달걀을 거꾸로 세운 모양으로 윗부분 가장자리에 깊이 패어 들어간 톱니가 있고 아랫부분은 밋밋하다.

꽃은 양지꽃보다 약간 늦은 5~6월에 황색으로 피며 길이 10~15㎝의 꽃줄기 끝에 1~3송이가 달리는데, 지름은 약 2㎝이다. 꽃잎은 다섯 개로 타원형이며 수술은 많은 편이다. 열매는 타원형, 씨는 하나로 모양이 작고 익어도 터지지 않으며 흰색 털이 많이 나 있다.

장미과의 여러해살이풀로 금강금매화라고도 한다. 우리나라 특산종으로 경북과 강원도, 이북지방에 분포한다.

▲ 나도양지꽃 무리

길러보기

10~11월에 씨앗을 받아 뿌리거나 이식한다. 고산 식물이므로 여름철에 주변 온도가 너무 올라가지 않도록 해야 하므로 음지 또는 반그늘진 곳에 심는다.

비슷한 식물들

- **양지꽃** : 줄기는 옆으로 비스듬히 자라고, 잎은 길이 1.5~5㎝, 너비 1~3㎝로 여러 개가 나와 사방으로 퍼진다.
- **너도양지꽃** : 깊은 산의 나무 밑에서 자란다. 뿌리줄기는 길고, 작은 잎은 쐐기 모양으로 이빨 모양의 톱니가 나 있다.
- **돌양지꽃** : 돌이나 바위틈에서 잘 자라고 잎 가장자리의 톱니가 크다.
- **물양지꽃** : 뿌리에서 나온 잎은 꽃이 필 때 말라 없어진다. 깊은 산 냇가에서 자라며, 꽃은 7~8월에 황색으로 핀다.
- **세잎양지꽃** : 키는 15~30㎝이며, 잎은 길이 2~5㎝, 너비 1~3㎝의 긴 타원 또는 달걀 모양이다. 양지꽃과 비슷하지만 작은 잎이 세 개로 이루어진다.
- **민눈양지꽃** : 세잎양지꽃과 잎이 비슷하지만 잎의 가장자리에 흰색의 누운 털이 난다. 깊은 산에서 자란다.
- **누운양지꽃** : 가지가 누워서 기듯 자란다.

▲ 양지꽃

▲ 너도양지꽃

▲ 돌양지꽃

너만 제비란이냐?

69 나도제비란

- 학 명 : *Orchis cyclochila* (Franch. & Sav.) Maxim.
- 과 명 : 난초과

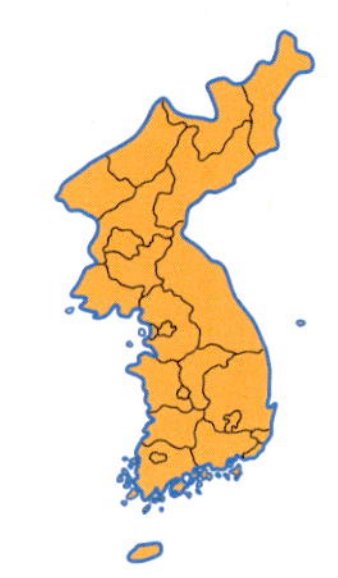

▲ 나도제비란 꽃

▲ 나도제비란 잎

우리나라에 자생하는 야생 난으로 지리산과 한라산, 함경도의 높은 산에서 자라는 여러해살이풀이다. 나도제비란은 제비란과 비슷하다고 해서 붙여진 이름이지만 꽃은 완전히 다르다. 제비란은 7~8월에 흰색 꽃이 피는데, 여러 송이가 잔뜩 달린다. 이에 비해 나도제비란은 5~6월에 꽃이 피며, 연한 홍색 꽃이 줄기 끝에 2개씩 달린다. 꽃에 보랏빛 반점이 많은 것도 나도제비란의 특징이다.

나도제비란은 고산 지역의 습도가 높고 양지바른 곳에 잘 자란다. 키는 10~15㎝로 아주 작은 편이며, 잎은 길이 4.5~7㎝, 너비 3~5㎝ 정도이다. 꽃받침잎은 길이 0.8~1㎝로 넓고 뾰족하다. 열매는 7~8월경에 달리는데, 타원형이다.

나도제비란은 보통 난보다 키우기가 어려운 편이다. 높은 산지에 자라며 습도도 높아야 하므로 조건을 맞추기가 매우 힘들기 때문이다. 식물 중에는 이렇게 까다로운 생활 습성을 가진 식물도 꽤 되는데, 그런 종류 중에는 희귀종이 많다.

한편, 너도제비란이라는 식물도 있는데, 이것 역시 높은 산 중턱에서 자라는 고원식물이다. 나도제비란보다는 조금 커서 키가 15~30㎝까지 자란다. 너도제비란은 본종이 나비난초로, 나비난초보다 잎이 좁은 긴 타원형 또는 피침형이며 꽃받침조각에는 3맥이 있는 것이 특징이다. 꽃은 여름철에 자줏빛이나 드물게 흰색으로 핀다. 나도제비란은 난초과에 속하며, 차일봉무엽란, 방울난초, 오리난초, 큰홀잎난초라고도 부른다. 우리나라와 일본, 우수리 강 등지에 분포한다.

▲ 나도제비란 꽃봉오리

▲ 나도제비란 줄기

▲ 나도제비란 무리

길러보기

난초류라서 관상용으로 매우 좋다. 열매를 따내어 습기가 많은 조건을 만들어 준 뒤 바로 파종한다. 또 가을에 알뿌리를 분리하여 심어도 되나 키우기는 상당히 어렵다.

비슷한 식물들

- **제비란** : 7~8월에 흰색 꽃이 피는데, 여러 송이가 잔뜩 달리는 것이 특징이다.
- **너도제비란** : 여름에 자줏빛이나 흰색 꽃이 핀다.
- **주름제비란** : 잎은 긴 타원형이고 세로로 주름이 있다. 꽃은 연한 홍색을 띤다. 북방계 식물로, 우리나라에서는 울릉도에만 자생한다.
- **흰꽃주름제비란** : 흰색 꽃이 피는 주름제비란으로, 역시 우리나라에서는 울릉도에만 분포한다.

▲ 제비란

▲ 주름제비란

꽃봉오리를 덮는 작은 잎이 낚시 미늘을 닮은 제비꽃

70 낚시제비꽃

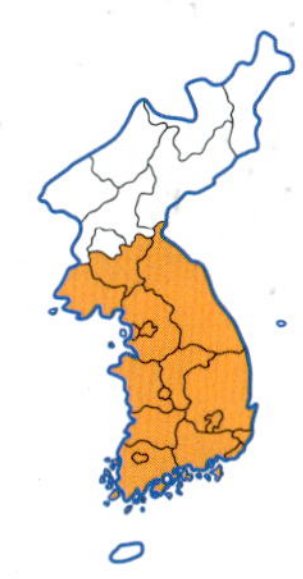

- 학 명 : *Viola grypoceras* A.Gray
- 과 명 : 제비꽃과

제비꽃만큼 다양하게 분화된 식물도 드물다. 잎이나 꽃, 털의 유무는 물론 서식처에 따라서 여러 이름이 붙는데, 그만큼 제비꽃은 우리나라 각지에서 현장에 잘 적응하며 살고 있다고 해도 될 것이다.

▲낚시제비꽃 꽃

낚시제비꽃은 꽃을 안고 있으면서 보호하는 꽃봉오리를 덮는 작은 잎이 꼭 낚시 미늘을 닮았다 해서 붙여진 이름이다. 미늘이란 물고기가 낚시 바늘을 물었을 때 다시 빠지지 않도록 달린 작은 돌기를 말한다.

뿌리줄기는 마디가 밀접하며, 원줄기는 다소 눕는 경향이 있다. 따라서 키는 작은 편이다. 단, 꽃이 필 때는 길이가 20㎝로 쭉 올라오며, 열매가 맺히면 10~30㎝가 되기도 한다. 뿌리잎은 심장형으로 길이 1.5~2.5㎝, 너비 2~3㎝가량이다. 줄기잎도 이와 비슷하나 뿌리잎에 비하면 잎자루가 짧다.

꽃은 4~5월에 옅은 자주색으로 피는데, 꽃줄기는 뿌리나 줄기의 잎겨드랑이에서 나온다. 꽃잎의 크기는 1.2~1.5㎝로 털은 없다.

비슷한 종류로는 애기낚시제비꽃과 흰낚시제비꽃이 있는데, 애기낚시제비꽃은 낚시제비꽃보다 작은 편이나 실제로 구분하기란 쉽지가 않다. 흰낚시제비꽃은 꽃 색상이 희어서 구분이 가능하다. 또 털낚시제비꽃이라고 해서 전체에 흰 털이 빽빽하게 난 낚시제비꽃도 있다. 털낚시제비꽃은 2007년 제주도에서 처음 발견되어 원로 식물학자인 이영노 박사의 이름을 딴 학명이 붙여졌다.

제비꽃과에 속하는 여러해살이풀로, 우리나라와 일본, 중국 등지에 분포한다. 우리나라에서는 주로 전남과 충남, 경북 등의 들에 서식하는데, 어린잎은 식용한다. 또 전초를 지황과라 하여 약용한다.

길러보기

제비꽃 종류는 전부가 종자 발아를 잘 하는 품종이어서 여름이나 가을에 종자를 받아 냉장고에 보관하거나, 혹은 7월에 종자를 받아 신문지에 싸서 종자의 건조를 막고 9월에 뿌리거나 이른 봄 새순이 올라올 때 포기나누기를 한다.

비슷한 식물들

- **애기낚시제비꽃** : 낚시제비꽃보다 작은 편이나 실제로 구분하기란 쉽지가 않다. 잎의 길이는 1~2㎝로 작다.
- **흰낚시제비꽃** : 꽃이 흰색으로 핀다.
- **선제비꽃** : 꽃이 연한 자주색으로 비슷하다. 하지만 꽃잎 측판에는 자주색 줄이 있으며 잔털이 난다.
- **왕제비꽃** : 줄기가 곧게 서 키가 40~90㎝에 달한다. 꽃은 봄에 흰색 바탕에 자주색으로 핀다.
- **털낚시제비꽃** : 낚시제비꽃과 거의 같으나 전체에 흰 털이 난다. 2007년 제주도에서 처음으로 발견된 품종이다.

ㄴ

멸종위기에 몰린 예쁜 붓꽃

71 난장이붓꽃

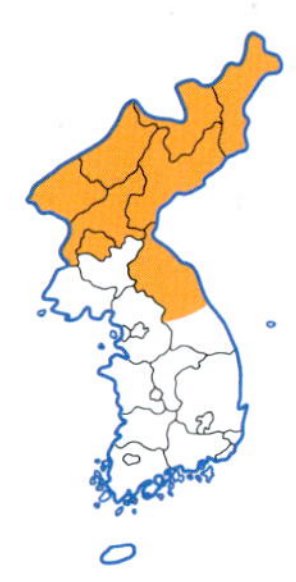

■ 학 명 : *Iris uniflora* var. *caricina* Kitag.

■ 과 명 : 붓꽃과

▲ 난장이붓꽃 꽃(위에서 본 모습)

▲ 난장이붓꽃 꽃(측면)

붓꽃보다 키가 유난히 작아 난장이붓꽃이라고 한다. 키는 5~8㎝로, 보통 붓꽃의 60㎝에 비하면 거의 10분의 1 정도밖에 안 된다. 붓꽃은 꽃봉오리가 마치 붓 같은데, 이 품종 역시 꽃봉오리가 붓을 닮았다. 키가 워낙 작은 여름꽃이라서 꽃을 보기가 쉽지는 않다.

난장이붓꽃은 주로 강원도 고성과 속초, 인제 등 우리나라 중부 이북지방에서 자라는 여러해살이풀로, 주변 공중습도가 높고 반그늘 혹은 그늘진 바위 틈이나 부엽질이 풍부하며 물 빠짐이 좋은 곳에서 잘 자란다.

뿌리는 가늘고 군집을 이루며, 줄기 밑부분에 있는 잎에 갈색 섬유가 있다. 뿌리줄기는 옆으로 벋고 딱딱하며 가는 줄기가 있다. 잎은 길이 10~25㎝, 너비 약 0.5㎝로 줄기의 작년도 잎과 엉겨 있다. 꽃은 5~6월에 연한 보라색으로 피는데, 꽃줄기 끝에 1개가 달린다. 2개의 타원형 포는 길이 1.5~2.5㎝로 약간 두껍고 딱딱하며 황록색이다. 꽃잎 윗부분의 가장자리는 자홍색이며 밋밋하고 흐릿한 줄 맥이 있다. 수술은 3개로 갈라진 암술과 씨방 사이의 뒷면에 있다. 열매는 지름 약 0.7㎝ 정도로 8~9월경에 둥글게 달린다.

붓꽃과에 속하며, 난쟁이붓꽃 또는 용골단화연미라고도 한다. 우리나라 특산식물로 멸종위기로 보호받는 야생화이다.

ㄴ

길러보기

9월에 달리는 종자를 받아 물에 2~3일 불린 후 뿌리거나, 종이에 싸서 냉장고에 보관한 후 이듬해 봄에 일찍 뿌린다. 자생지에서 관찰해 본 바에 의하면, 종자 발아가 이루어진 곳은 마사토가 많은 곳, 물기가 잘 빠지는 곳이었다. 특산 식물이므로 재배도 어렵고 판매도 금지되어 있다.

비슷한 식물들

- **붓꽃** : 산기슭 건조한 곳에서 자라며, 키는 약 60㎝이다. 꽃은 연한 자주색으로 핀다.
- **솔붓꽃** : 잎 길이 약 15㎝, 너비 약 4㎜이다. 무명을 짜던 솔을 이 품종의 뿌리로 만들었다고 해서 솔붓꽃이라고 한다.

- **각시붓꽃** : 4~5월에 지름 4㎝ 정도의 자주색 꽃이 핀다. 키는 30㎝ 정도이다.
- **금붓꽃** : 진노랑 꽃이 핀다.
- **노랑붓꽃** : 변산반도와 내장산에만 자란다.
- **노랑무늬붓꽃** : 흰색 꽃잎에 노란 무늬가 있다. 강원도 높은 산에만 자란다.
- **등심붓꽃** : 제주도에서 자란다.
- **부채붓꽃** : 여름에 꽃이 피며, 습지에서 자란다.

▲ 붓꽃 ▲ 솔붓꽃 ▲ 각시붓꽃

▲ 금붓꽃 ▲ 등심붓꽃 ▲ 부채붓꽃

2004년 처음 발견된 신종 현호색

72 남도현호색

- 학 명 : *Corydalis namdoensis* B.U.Oh & J.G.Kim
- 과 명 : 현호색과

▲ 남도현호색 꽃(정면)

▲ 남도현호색 꽃(측면)

ㄴ

현호색(玄胡索)은 씨앗이 검다고 해서 붙여진 이름이다. 하지만 씨앗보다는 역시 꽃이 매우 독특하다. 꽃 모양이 마치 새처럼 보이기도 한다. 그래서 서양에서는 속명을 그리스 어로 종달새를 뜻하는 코리달리스(*Corydalis*)로 지었다.

현호색은 우리나라에 여러 종류가 자라는데, 잎이나 꽃의 크기와 색상 등은 달라도 꽃의 형태는 비슷하다. 남도현호색은 여러 현호색 중 가장 늦게 이름 붙여진 것으로, 2004년 충북대학교 오병운 교수가 처음으로 발견하였다. 당시 발표한 자료에 따르면, '남도현호색은 잎의 모양이 매우 다양하며 넓고 편평한 방추형 열매를 가졌고, 열매 속이 여러 칸으로 나뉘고 각 칸 속에 많은 종자가 들어 있으며 종자가 거의 2열로 배열하고, 안쪽 꽃잎의 꼭대기에 V자 홈을 가지고 있어 이와 유사한 흰현호색과 뚜렷이 구별되었다.'라 하여 흰현호색과 비슷함을 알 수 있다.

키는 12~20㎝로 현호색보다 작으며, 잎은 길이 0.6~1㎝, 너비 0.2~0.5㎝의 타원형으로 끝이 매끈하거나 갈라진다. 꽃은 4~5월에 흰색으로 피나 파란색이 감도는 입술 모양의 꽃잎을 가진 것이 특징이다. 꽃의 크기는 1.4~1.5㎝로 하나의 꽃자루에 2~15개가 달리며, 꽃대축이 길게 자라고 꽃자루도 발달하지만 가지가 갈라지지 않는다.

남도현호색의 *namdoensis*라는 종소명은, 남부의 영남 지방에서 최초로 발견되어 이름 붙었다고 할 수 있다. 하지만 최근 아마추어 야생화 탐사원들에 의해 강원도 오대산과 설악산 일대에서 갈퀴현호색과 혼생하는 것으로 확인되었다.

▲ 남도현호색 무리

길러보기

번식 방법 중 종자 번식은 5월과 6월에 종자를 받아 바로 파종한다. 이는 종자를 저장하여 이듬해 봄에 뿌리면 종자발아율이 현저히 떨어지기 때문이다. 또한 덩이줄기를 이용한 번식 방법은 덩이줄기의 일부를 세로로 잘라 심어도 싹이 튼다. 물 빠짐이 좋고 사질 양토로 햇볕이 잘 드는 곳에서 잘 자란다.

비슷한 식물들

- **현호색** : 산록의 습기 있는 곳에 자라며, 키는 약 20㎝, 꽃은 봄에 홍자색으로 핀다.
- **빗살현호색** : 잎에 빗살 모양이 있다.
- **댓잎현호색** : 잎이 대나무 잎처럼 가늘고 길다. 다른 현호색에 비해 개체 수가 많지 않다.
- **왜현호색** : 꽃이 자줏빛이 도는 하늘색이다.
- **점현호색** : 잎에 흰색 반점이 있다.
- **애기현호색** : 산지에서 자라며, 키는 약 25㎝이다. 잎이 잘게 갈라진다.
- **좀현호색** : 꽃은 홍자색으로 피며, 잎이 작다. 한라산에 분포한다.
- **갈퀴현호색** : 꽃 바로 아래에 있는 잎 모양이 갈퀴처럼 생겼다. 꽃은 진한 청색으로 5~10개 정도 모여 핀다.
- **쇠뿔현호색** : 2007년 경북에서 발견된 신종으로, 자주색을 띤 흰 꽃이 쇠뿔을 닮았다.

▲ 현호색

▲ 왜현호색

▲ 점현호색

천진난만한 남도의 여인

73 남바람꽃

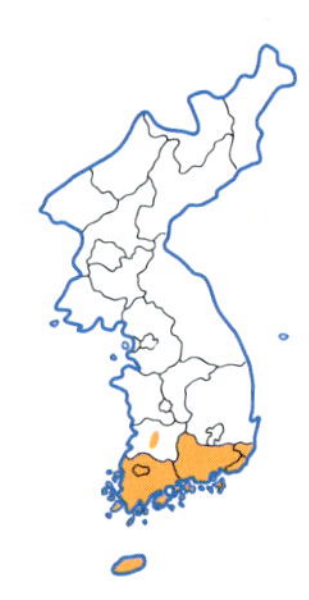

- 학 명 : *Anemone flaccida* F. Schmit
- 과 명 : 미나리아재비과

▲ 남바람꽃 꽃봉오리

▲ 남바람꽃 꽃

꽃샘추위가 지나가는 이른 봄, 산이나 들에는 누가 먼저 피나 시합이라도 하는 듯 많은 풀꽃들이 피어난다. 그중 한 무리가 바람꽃들이다. 변산바람꽃은 복수초보다 성급하게 2월 중순부터 모습을 드러내고, 너도바람꽃은 예로부터 사람들에게 봄이 왔다는 것을 알렸다. 그러나 대표종인 바람꽃은 여름이 다 되어서야 꽃을 피운다.

우리나라에 바람꽃은 10여 종이 분포하는데, 그중 남바람꽃은 제주도에 자생하는 멸종위기종이다. 남방바람꽃, 봉성바람꽃, 한라바람꽃(2006년 한라산연구소에서 한라산 550m 고지에서 발견되었다고 하여 제주일보에서 미기록종으로 기록하면서 붙여진 이름임.) 등 달리 불리기도 하는데, 본래 처음 발견된 곳은 전남 구례였다. 식물학자 박만규 박사가 1942년 발견하였는데, 광복 후 낸『우리나라 식물명고』라는 책에는 '봉성바람꽃'으로, 그리고 1974년 발간된『한국쌍자엽식물지』에는 남방바람꽃으로 표기되어 궁금증을 준다. 맨 처음 불린 남바람꽃으로 표기하는 것이 가장 적합할 것이다.

그렇지만 바람꽃 종류가 대부분 그렇듯 남바람꽃도 북방계 식물이다. 그리하여 추운 날씨에도 부랴부랴 싹을 틔우고 남보다 일찍 꽃을 피울 수 있는 것이다.

키는 20㎝ 정도이며, 잎은 전체적으로 둥근 심장 모양으로 세 갈래로 깊게 갈라진다. 뿌리에서 올라온 잎은 잎자루가 길고, 줄기에서 나온 잎은 잎자루가 없다. 잎 앞면에 희미한 흰 무늬가 보이는 것이 특징이다.

꽃은 4월 초순부터 피는데, 무리를 지어 5월 초까지 피고 진다. 꽃잎은 다

▲ 남바람꽃 새순 올라오는 모습

▲ 남바람꽃 잎

른 바람꽃과 같이 퇴화되어 없어지고 꽃받침잎이 그 역할을 대신한다. 꽃받침잎은 뒷면에 붉은빛이 도는데, 그래서 들꽃 애호가들로부터 뒤태가 아름답다는 찬사를 듣고 있다. 또 '천진난만한 여인'이라는 꽃말도 생겼다. 아마도 곤충들을 유인하기 위한 변신술이 아닐까 한다.

미나리아재비과의 여러해살이풀로, 우리나라와 일본, 중국, 러시아 등에 분포한다. 우리나라에서는 제주도와 전남, 경남 등 남부지방에 분포한다.

길러보기

열매를 따 종이에 싸서 냉장 보관하였다가 가을에 뿌리면 싹이 난다.

비슷한 식물들

- **바람꽃** : 키는 20~40㎝이고, 꽃은 여름에 흰색으로 핀다.
- **나도바람꽃** : 꽃이 줄기 끝에 달린 길이 3㎝가량 되는 우산 모양의 작은 꽃자루들 끝에 한 송이씩 달리는 것이 특징이다.
- **너도바람꽃** : 옛날 사람들은 이 꽃이 피면 봄이 왔음을 알았다고 해서 절기를 구분해 주는 꽃이라는 의미로 '절분초'라고도 했다.
- **만주바람꽃** : 한 꽃대에 두 송이씩 피는 것이 특징이다.
- **변산바람꽃** : 2월에서 3월 사이에 꽃망울을 터뜨리기 때문에 쉽게 보기 어렵다. 가장 먼저 피는 바람꽃이라고 할 수 있다.
- **홀아비바람꽃** : 꽃대가 한 개씩 자라는 것이 특징이다. 꽃은 4월에 흰색으로 핀다.
- **꿩의바람꽃** : 꽃을 달고 있는 가늘고 긴 꽃줄기가 꿩의 다리와 같이 연약해 보여 붙여진 명칭이다.

▲ 나도바람꽃

▲ 너도바람꽃

▲ 변산바람꽃

남산에서 처음 발견된 흰색 제비꽃

74 남산제비꽃

- 학 명 : *Viola albida* var. *chaerophylloides* (Regel) F.Maek. ex Hara
- 과 명 : 제비꽃과

▲ 남산제비꽃 꽃

▲ 남산제비꽃 잎

ㄴ

▲ 남산제비꽃 무리

제비꽃은 우리나라에만도 60여 종이나 있다. 그만큼 생명력이 강하다고 할 수 있겠다. 어느 환경에서든지 그곳에 맞춰 자라니까 그만큼 종류가 다양해진 것이다. 남산제비꽃은 서울 남산에서 처음 발견되었기 때문에 붙여진 이름이다. 우리나라 산과 들에 자라는데, 특히 산지에 잘 자라고 양지나 반음지의 물 빠짐이 좋은 흙에서 자란다.

키는 10~15㎝쯤이며, 잎은 뿌리에서 나와 세 개로 완전히 갈라지고, 옆 잎은 다시 두 개로 갈라져 새의 발 같은 모양이 된다. 잎이 코스모스 잎처럼 가늘게 갈라지는 것이 특징이다.

보통 제비꽃은 꽃 색깔이 자주색과 흰색으로 많이 피는데, 남산제비꽃은 흰 꽃이고 아주 드물게 자주색이 보이기도 한다. 꽃은 잎 사이에서 꽃줄기가 나와 한 송이씩 달리는데, 꽃잎 안쪽에 자주색 줄이 나 있는 것이 특징이다. 열매는 7~8월경에 타원형으로 달린다.

제비꽃과에 속하며, 세엽근채 또는 남산오랑캐꽃이라고도 부른다. 꽃이 예뻐 관상용으로 많이 이용되며, 다른 제비꽃처럼 봄에 어린순을 삶아 나물로 먹기도 한다. 또한 예전에는 약재로도 많이 사용되었다. 우리나라는 물론 일본에도 서식하며, 꽃말은 '소박함', '순진무구한 사랑'이다.

길러보기

열매를 받아 보관하다 9월에 뿌리거나 이른 봄에 새순이 올라올 때 포기나누기를 한다. 화단이나 화분에 심는데, 물이 잘 빠지도록 하는 것이 좋다. 물은 보통 2~3일에 한 번씩 준다.

비슷한 식물들

- **태백제비꽃** : 남산제비꽃과 함께 흰색 꽃이 피는 종이다.
- **왜제비꽃** : 자주색 꽃이 피며, 잎 가장자리에 둔한 톱니가 있는 둥근잎이 특이하다.
- **노랑제비꽃** : 노란색 꽃이 핀다.
- **흰젖제비꽃** : 꽃 색깔이 흰색이고 다섯 개의 꽃잎 중에서 아래의 중앙 부분에만 보라색 그물무늬가 있다. 꽃잎은 삼각형으로 끝으로 갈수록 좁아지는 것이 특징이다.
- **흰제비꽃** : 아래 3개의 꽃잎에 보라색 그물무늬가 있다.
- **단풍제비꽃** : 흰색 꽃이 피며, 잎이 단풍잎을 닮았다.
- **삼색제비꽃** : 흔히 팬지라고 부르며 북유럽 원산으로, 우리나라에는 1920년대에 소개되었다. 꽃은 흰색, 노란색, 자주색의 3색으로 피나, 원예 품종은 단색 또는 오렌지색, 갈청색, 적색, 청색 등 다양하다.

▲ 태백제비꽃

▲ 노랑제비꽃

▲ 단풍제비꽃

▲ 삼색제비꽃

밀랍으로 만든 듯한 매화

75 납매

- 학 명 : *Chimonanthus praecox* L.
- 과 명 : 받침꽃과

▲ 납매 꽃

▲ 납매 잎

추운 겨울에 노란색의 아름다운 꽃을 피우고, 옆을 지나가기만 해도 기분 좋은 꽃 향기를 느낄 수 있는 나무이다. 겨울의 긴 추위를 뚫고 가장 먼저 봄 소식을 전하는 '납매(臘梅)'.

아직 봄이 먼 음력 선달, 엄동설한에도 주위를 잘 살피면 꽃을 볼 수 있다. 그중 하나가 납매라는 것인데, 약 2㎝ 정도의 황색 꽃이 짙은 향을 풍긴다. 여기에서 납은 섣달(음력 12월)을 뜻하는 '랍(臘)', 매는 매화의 '매(梅)'로 섣달에 피는 매화라는 뜻이다. 꽃의 향이 짙고 예뻐서 붙은 이름이다.

또 꽃 색깔이 노란 밀랍 같아서 밀랍 납(蠟) 자를 써서 납매라고도 하는데, 이는 송나라 시인 소식과 황정견이 붙인 이름이라고 전해진다. 『화경(花經)』에 '납매의 본래 이름은 황매인데, 소식과 황정견 등이 납매라 이름을 붙였다.'는 기록이 나온다.

조선 후기 실학자 이덕무는 손재주가 좋아 밀랍으로 매화를 만들어서 즐겼는데, 이를 납매로 부르면 실제 납매와 혼동이 될 수 있어 윤회매로 불렀다고 한다. 꽃이 꿀을 만들고 그 꿀로 다시 꽃을 만들었으니 윤회된 것이 아닌가. 옛 사람들의 이름 짓는 솜씨는 실로 감탄스럽다.

키는 3~4m, 줄기는 회갈색을 띤다. 잎은 달걀 모양으로 마주나며 길이 7~10㎝이다. 잎 표면은 꺼칠꺼칠하고 잎 끝은 뾰족하며 딱딱한 편이다.

꽃은 1~2월 잎이 나기 전에 옆을 향해 핀다. 꽃잎의 가운데 것은 대형으로 노란색이고, 속의 잎은 암자색으로 작다. 꽃받침이 자라 긴 모양의 열매처럼 되는데, 이처럼 가짜 열매를 위과라고 한다. 그 안에 여러 개의 종자가

▲ 납매 열매

▲ 납매 수피

들어 있다.

중국 원산의 낙엽관목으로 당매라고도 하며, 한겨울 추위 속에 찾아오는 반가운 손님이라고 하여 한객이라고도 한다. 관상수로 많이 심는다. 받침꽃과에 속하여, 장미과에 속하는 매화나무와는 다르다. 원예 품종이 많이 개발되어 있는데, 산납매는 가을에 연미색 꽃이 핀다. 꽃 전체가 진노랑색이며, 12월 중순부터 개화하는 만월도 있다. 꽃말은 '자애'이다.

길러보기

접목, 실생, 포기나누기, 삽목, 휘묻이 등으로 번식한다.

비슷한 식물들

- **산납매** : 가을에 연미색 꽃이 핀다. 가을납매라고도 부른다.
- **풍년화** : 이른 봄 노란색 꽃이 피는 것이 납매와 비슷하다. 그러나 꽃잎이 선형으로 가는 것이 차이가 난다.

▲ 풍년화

내장산에서 처음 발견된 분홍색 금란초

76 내장금란초

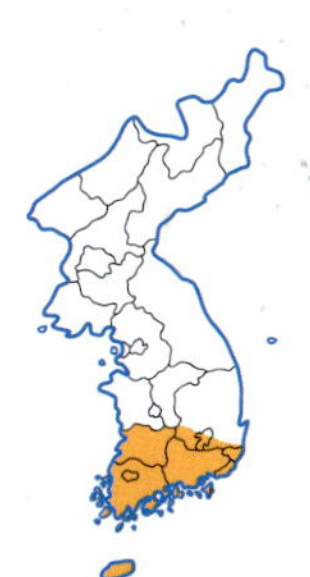

■ 학 명 : *Ajuga decumbens* var. *rosa* Y.N.Lee

■ 과 명 : 꿀풀과

ㄴ

▲ 내장금란초 꽃

▲ 내장금란초 잎

금창초는 봄 들녘에서 흔하게 피는 꽃이나 키가 5~8㎝밖에 안 되어 자세히 봐야 발견할 수 있다. 자잘한 자주색 꽃이 조개나물과 비슷해 자주조개나물이라고도 부르지만, 조개나물은 키가 약 30㎝까지 크므로 쉽게 구분된다.

▲ 내장금란초 꽃봉오리

금창(金瘡)이란 칼이나 화살 따위의 쇠 끝에 다친 상처 또는 상처가 덧나서 헌데라는 뜻을 가지고 있다. 그래서 예전부터 이 품종은 전장에서 생긴 상처를 치료하는 데 사용되었던 약초로 추정할 수 있다.

이 금창초와 같은 식구 중에 내장금란초가 있다. 내장산에서 처음 발견되어 원로 식물학자인 이영노 박사가 붙인 이름으로, 모든 점이 금창초와 같지만 꽃이 분홍색인 점이 다르다.

잎은 방사상으로 퍼지며 거꾸로 선 피침형이다. 잎의 길이는 4~6㎝, 너비 1~2㎝로 끝이 뾰족하게 갈라진 형태이며 작은 톱니가 있다. 잎은 자줏빛이 약간 섞여 있으며 솜털이 난다. 줄기잎은 마주나고 긴 타원형 또는 달걀 모양이다.

꽃은 5~6월에 피는데, 입술을 벌리고 있는 듯 귀엽다. 봄에 피는 꽃이지만 여름까지 지속된다. 열매는 8~10월에 달리며 그물 모양 무늬가 있다.

▲ 내장금란초 지상부

꿀풀과의 여러해살이풀로, 어린순은 나물로 먹고 전초는 약재로 쓰인다. 우리나라 남부지방인 제주도, 전라남 · 북도, 경상남 · 북도 및 울릉도에 분포하며 산기슭, 들, 구릉지 등에서 잘 자란다. 꽃이 흰 금란초도 있으므로 분홍금란초라는 이름도 잘 어울린다.

길러보기

열매를 따 종자를 화분이나 화단에 바로 뿌리면 번식시킬 수 있다. 반그늘이나 양지 어느 곳이든 잘 자라므로 수분만 유지해 주면 된다.

비슷한 식물들

- **금창초** : 5~6월에 보랏빛 꽃이 핀다. 키는 5~8㎝이다.
- **자란초** : 자주색 꽃 모양은 비슷하나 키가 50㎝가량으로 매우 크다. 큰잎조개나물이라고도 한다.
- **조개나물** : 자주색 꽃 모양이 흡사하나 키가 30㎝ 정도로 훨씬 크고, 잎이 달걀 모양이다.

▲ 금창초

▲ 자란초

▲ 조개나물

밭에서 캔 봄철 보약

77 냉이

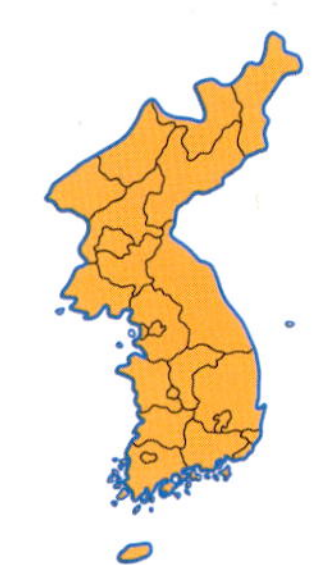

■ 학 명 : *Capsella bursa-pastoris* (L.) Medik.

■ 과 명 : 십자화과

▲ 냉이 꽃 피기 전

▲ 냉이 꽃

냉이는 봄철 입맛이 없을 때 미각을 돋워 주는 봄나물이다. 여러 종류가 있지만 대부분 들녘에 자라 따스한 봄날 냉이를 캐는 아낙네의 모습을 볼 수 있다.

냉이 하면 예로부터 우리 민족이 즐겨 먹던 봄나물이다. 이른 봄 들녘에 지천으로 자라 냉이 캐는 재미도 쏠쏠한데, 어린순이 나올 때 뿌리째 캐서 국으로 끓여 먹거나 나물로 무쳐 먹는다.

냉이는 철분과 비타민 A가 많이 함유되어 있어 이른 봄 된장을 넣고 끓여 먹으면 어떤 봄나물보다 맛이 좋다.

우리 들꽃 중에는 냉이라는 이름이 붙은 것들이 상당히 많은데, 대부분 냉이와 비슷해서 붙은 이름이거나 냉이처럼 나물로 먹는다 해서 붙여진 것이다.

전국의 들에 자라는 두해살이풀로, 우리나라 전역에 넓게 분포한다. 뿌리는 곧고 흰색이다. 줄기는 전체에 털이 있고 곧추서며 높이 10~50㎝로 가지가 많이 갈라진다. 뿌리에서 나는 잎은 여러 장이 모여나며 땅 위로 퍼지고 새의 깃털처럼 갈라진다. 줄기에 나는 잎은 어긋나며 뾰족하고 밑이 귓불 모양으로 되어 줄기를 반쯤 감싼다. 줄기잎의 가장자리는 새의 깃털처럼 갈라지지만 위로 갈수록 크고 날카로운 이 모양으로 된다. 꽃은 줄기와 가지 끝에 꽃대축이 길게 자라고 꽃자루도 발달하지만 가지가 갈라지지 않고 달리며 흰색이다. 꽃받침잎은 4장이며 타원형이고, 꽃잎은 4장이며 주걱 모양이다. 열매는 삼각형이며 끝이 오목하다.

십자화과에 속하는 여러해살이풀로, 우리나라와 일본, 중국, 인도 등지에

▲ 냉이 새순

▲ 냉이 잎

분포한다. 우리나라에서는 중부 이남의 낮은 지대나 밭과 들에 잘 자란다. 냉이는 어린순을 나물로 먹으며, 민간에서는 전초를 한채라 하여 감기와 기관지염, 간염 등에 약재로 쓰거나 풀 전체를 짓찧어 상처에 붙이기도 한다.

길러보기

종자를 받아 바로 뿌리면 거의 100%에 달하는 높은 발아율을 나타내므로 상온 보관 후 10일 이내에 뿌리는 것이 좋다. 씨앗을 상온에서 장기간 보관하면 쉽게 건조하여 발아율이 떨어진다. 포기나누기도 번식률이 높다.

비슷한 식물들

- **큰는쟁이냉이** : 전체가 대형이고, 잎과 줄기에 깊은 결각상 톱니가 있다.
- **미나리냉이** : 잎은 5~7장의 작은 잎으로 된 새의 깃 모양으로, 가장자리에 불규칙한 톱니가 있다.
- **왜갓냉이** : 기는줄기가 있으며, 키는 30~50㎝이다. 잎은 길이 1~4㎝, 너비 0.7~1.5㎝이다.
- **노란냉이** : 키는 20~50㎝이며, 노란색 꽃이 핀다.
- **황새냉이** : 논밭 근처와 습지에서 자란다. 밑에서부터 가지가 갈라져서 퍼지고 밑부분은 털이 있고 검은 자주색이다. 키는 10~30㎝이다.

▲ 미나리냉이

▲ 노란냉이

▲ 황새냉이

나만 바람꽃인 줄 알았더니

78 너도바람꽃

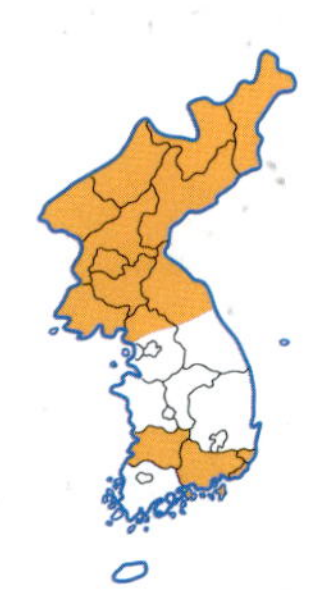

- 학 명 : *Eranthis stellata* Maxim.
- 과 명 : 미나리아재비과

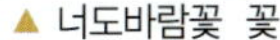

▲ 너도바람꽃 꽃

▲ 너도바람꽃 잎

▲ 너도바람꽃 종자 결실

바람꽃도 제비꽃 못지않게 종류가 많다. 바람꽃은 바람을 좋아하는 높은 지대에서 자라기 때문에 붙여진 이름인데, 여러 바람꽃 중에서 너도바람꽃은 아주 이른 봄에 핀다. 아직 녹지 않은 눈 속에서 줄기가 삐죽 나오기도 하니 정말 강인한 생명력을 지닌 식물임을 알 수가 있다. 그래서 옛날 사람들은 이 꽃이 피면 봄이 왔음을 알았다고 한다. 겨우내 얼어붙은 계곡에서 졸졸졸 물소리가 들리기 시작하면 어느새 너도바람꽃은 얼음장 같이 차가운 대지를 뚫고 싹이 올라온다. 흔히 복수초가 얼음을 뚫고 올라와 피는 최초의 봄꽃이라고 알려져 있지만 그보다도 일찍 피는 꽃으로 유명하다. 그런데 사실 얼음을 뚫고 식물이 올라오는 것은 아니다. 먼저 줄기가 올라온 뒤 나중에 눈이 내리면 그런 모습이 보이는 것이다. 특히 너도바람꽃은 입춘 즈음에 피기도 하는데, 절기를 구분해 주는 꽃이라고 해서 '절분초'라고도 한다.

너도바람꽃은 우리나라 북부와 지리산, 덕유산 등 높은 지역에서 자라는 여러해살이풀로, 주로 산지의 반그늘에서 잘 자란다. 키는 15㎝ 정도이며, 잎은 길이 약 3.5~4.5㎝, 너비 4~5㎝이다. 잎이 길게 세 갈래로 나누어지며,

▲ 너도바람꽃 변이체

▲ 너도바람꽃 설중에 핀 꽃

양쪽 갈래는 깃 모양으로 다시 세 갈래로 갈라지는 것이 특징이다.

꽃은 흰색으로 꽃자루 끝에 한 송이가 피는데, 지름 약 2㎝ 정도이다. 꽃이 필 때는 꽃자루에 꽃과 자줏빛 잎만 보이다가 꽃이 질 때쯤에 녹색으로 바뀌는 것이 특이하다. 꽃잎은 2개로 갈라진 노란색 꿀샘으로 이루어져 있고 수술이 많은데, 바로 이 부분이 너도바람꽃의 가장 두드러진 특징이다.

열매는 6~7월경에 달리며, 꽃이 예뻐서 관상용으로 많이 이용한다.

길러보기

열매를 따 종이에 싸서 냉장 보관하였다가 가을에 뿌리면 싹이 난다. 이듬해 봄까지 보관할 경우는 발아율이 낮아지므로 가을에 뿌리는 것이 낫다. 또 큰 알뿌리 옆에 해마다 작은 알뿌리들이 생기는데, 이것을 나누어 늦여름에 심어도 된다. 물이 잘 빠지는 곳에 심어야 하며 반그늘을 만들어 주는 것이 중요하다. 물 빠짐이 좋지 않으면 알뿌리가 썩을 수 있기 때문이다.

비슷한 식물들

- **나도바람꽃** : 줄기 끝에 길이 3㎝ 정도의 작은 꽃자루들이 우산 모양으로 달리고, 그 끝에 꽃이 한 송이씩 달리는 것이 특징이다.
- **변산바람꽃** : 너도바람꽃의 한 종류로, 변산반도에서 처음 발견하였다고 하여 붙여진 이름이다. 최근에는 풍도에 많이 자생하여 변산바람꽃과 유사한 '풍도바람꽃'도 식물사전에 새로 등재되었다

▲ 나도바람꽃

▲ 변산바람꽃

잎이 각시붓꽃보다 두 배 넓은

79 넓은잎각시붓꽃

- 학 명 : *Iris rossii* var. *latifolia* J.K.Sim & Y.S.Kim
- 과 명 : 붓꽃과

각시붓꽃은 붓꽃 중에서도 키가 유난히 작아서 붙은 이름이다. 붓꽃은 키가 60㎝가 넘지만, 각시붓꽃은 10~20㎝밖에 안 된다. 그래서 애기붓꽃이라고도 한다. 쌀쌀한 봄날 뒷동산을 걷다 보면 비교적 쉽게 볼 수 있는데, 각시붓꽃을 보면 이제 봄이로구나 하는 마음이 든다.

▲ 넓은잎각시붓꽃 꽃

이 각시붓꽃도 잎의 모양에 따라 몇 종류로 나뉘는데, 잎이 좁으면 가는잎각시붓꽃, 넓으면 넓은잎각시붓꽃이라고 한다. 각시붓꽃의 잎은 길이 13~29㎝, 너비 0.2~0.6㎝에 이르는 반면, 넓은잎각시붓꽃의 잎은 길이 8~20㎝, 너비 0.6~1.3㎝이다. 즉, 넓은잎각시붓꽃이 각시붓꽃보다 잎의 길이는 짧고 너비는 두 배나 넓다. 또 상하 표면에 3개의 가는 맥이 뚜렷하고, 맥 위에만 작은 톱니가 있으며 밑부분은 갑자기 좁아져서 둥근 원통 모양이 된다.

키는 30㎝ 정도이며, 꽃은 각시붓꽃처럼 봄에 연보라색으로 핀다. 꽃의 크기는 3~4㎝, 꽃잎 안쪽에 수술과 암술이 들어 있다. 꽃이 지면 갈색의 열매가 긴 타원형으로 달리고, 그 속에 약간 반짝거리는 검은색 씨가 들어 있다.

붓꽃과의 여러해살이풀로, 충남 공주시 수원동에서 처음 채집되어 식물학자 심정기 교수에 의하여 넓은잎각시붓꽃이라고 명명되었다. 우리나라 특산식물로 충남과 전라남·북도에 걸쳐 분포한다.

길러보기

관상용으로 많이 재배된다. 서늘하면서도 습기가 충분한 곳에 심어야 하기 때문에 관리하기가 어렵다.

비슷한 식물들

- **각시붓꽃** : 잎은 길이 13~29㎝, 너비 0.2~0.6㎝에 이른다.

흰각시붓꽃 : 흰 꽃이 핀다. 잎은 길이 약 30cm, 너비 0.2~0.5cm이다.

붓꽃 : 붓꽃과를 대표하는 꽃이다. 꽃이 피기 전의 모습이 붓처럼 생겨서 붓꽃이라고 부른다.

솔붓꽃 : 무명을 짤 때 풀칠하던 솔을 이 식물의 뿌리로 만들었다고 해서 솔붓꽃이라고 한다. 잎의 길이는 약 15cm이다.

난장이붓꽃 : 꽃자루가 아주 짧아서 목 짧은 미인 같다. 키가 5~8cm로 붓꽃 종류 중 가장 작다.

금붓꽃 : 진노랑 꽃이 핀다.

노랑붓꽃 : 1998년 전라북도 부안군 변산반도에 200여 포기가 군락을 이루고 있는 것이 처음 발견되었다. 키는 약 15cm이며, 한국 특산식물이다.

부채붓꽃 : 여름에 자줏빛 꽃이 피며, 백두산의 습지에서 자란다. 키는 30~70cm이다.

▲ 각시붓꽃

▲ 솔붓꽃

▲ 금붓꽃

▲ 부채붓꽃

꽃이 노랗게 피는 냉이

80 노란냉이

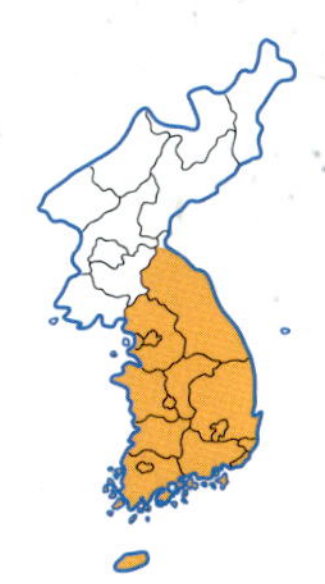

- 학 명 : *Rorippa indica*
- 과 명 : 십자화과

ㄴ

▲ 노란냉이 꽃

냉이 하면 예로부터 우리 민족이 즐겨 먹던 봄나물이다. 이른 봄 들녘에 지천으로 자라 냉이 캐는 재미도 쏠쏠한데, 어린순이 나올 때 뿌리째 캐서 국으로 끓여 먹거나 나물로 무쳐 먹는다.

우리 들꽃 중에는 냉이라는 이름이 붙은 것들이 상당히 많은데, 대부분 냉이와 비슷해서 붙은 이름이거나 냉이처럼 나물로 먹는다 해서 붙여진 것이다.

노란냉이도 그중 하나로 냉이가 흰색 꽃을 피우는 반면, 꽃이 노랗다고 해서 노란냉이로 불린다. 하지만 개갓냉이로 더 많이 불리며, 갓처럼 톡 쏘는 맛이 나 들갓, 속속이풀과 닮아 좀속속이풀이라고도 한다. 속속이풀은 잎이 깃털 모양으로 깊게 갈라지나, 노란냉이 잎은 창처럼 끝이 뾰족하게 생긴 점이 다르다.

키는 20~50㎝이며, 곧게 서는 줄기에서 가지가 많이 난다. 뿌리에서 나는 잎은 뭉쳐나고 가장자리에 불규칙한 톱니가 난다. 줄기잎은 어긋나며 창처럼 끝이 뾰족하게 생겼고 끝이 갈라지지 않고 가장자리에 톱니가 난다.

꽃은 5~6월에 가지와 줄기 끝에 달리며 꽃대축이 길게 자라고 꽃자루도 발달하지만 가지가 갈라지지 않는다. 꽃받침은 긴 타원형, 꽃잎은 주걱 모양이다. 열매는 길이 1.5~2㎝로 7월에 맺는다. 종자는 노란색이다.

십자화과에 속하는 여러해살이풀로, 우리나라와 일본, 중국, 인도 등지에 분포한다. 우리나라에서는 중부 이남의 낮은 지대나 밭과 들에 잘 자란다. 냉이처럼 어린순을 나물로 먹으며, 민간에서는 전초를 한채라 하여 감기와 기관지염, 간염 등에 약재로 쓰기도 한다. 또 풀 전체를 짓찧어 상처에 붙이기도 한다.

길러보기

8월에 종자를 받아 화단이나 화분에 바로 뿌리거나, 가을이나 이른 봄 새순이 올라오면 포기나누기로 번식한다.

비슷한 식물들

- **왜갓냉이** : 기는줄기가 있으며, 키는 30~50㎝이다. 잎은 길이 1~4㎝, 너비 0.7~1.5㎝이다.
- **속속이풀** : 줄기가 곧게 서며, 윗부분에 가지가 갈라진다. 잎은 길이 15㎝ 가량이고 깃털 모양으로 깊게 갈라진다.
- **냉이** : 전체에 털이 있고, 줄기는 곧게 서며 가지를 친다. 키는 10~50㎝인데, 어린순이 나올 때 뿌리째 캐서 나물로 먹는다.
- **는쟁이냉이** : 깊은 산 그늘진 냇가에서 자란다. 뿌리에서 나온 잎은 뭉쳐나고 길이 8㎝가량이며 긴 잎자루가 있고 깃 모양으로 갈라지기도 한다.
- **황새냉이** : 논밭 근처와 습지에서 자란다. 밑에서부터 가지가 갈라져서 퍼지고, 밑부분은 털이 있고 검은 자주색이다. 키는 10~30㎝이다.

ㄴ

▲ 왜갓냉이

▲ 냉이

▲ 는냉이쟁이

70여 년 만에 다시 빛난 황금별

81 노란별수선

■ 학 명 : *Hypoxis aurea* Lour

■ 과 명 : 노란별수선과

▲ 노란별수선 꽃(정면)

▲ 노란별수선 꽃(측면)

우리나라 꽃 중에는 일본인들이 처음으로 학계에 보고한 것이 많다. 일제 강점기 때 일본 식물학자들이 우리나라에서 활동했기 때문이다. 그중 꽃이 노란별을 닮았고 뿌리는 알뿌리로 수선화 같다 하여 노란별수선이라는 이름이 지어졌다.

1935년경 제주에서 일본인 식물학자 大井 次三郎(오이지사부로)가 채집하여 일본 도쿄대학에 표본 1점이 보관되어 있는 것을 1985년 국내 식물학자 이우철 박사가 한국식물분류학회지에 발표한 희귀식물이다. 국내에서는 2003년 5월 서귀포 남원읍 신례리 일대에서 처음 발견해 관찰해 오던 식물을 한라산연구소에 분류학적 동정을 의뢰, 1년 여 동안의 관찰 및 분류학적 검토를 실시한 결과, 지난 1935년 이후 70여 년 동안 우리나라에서 확인되지 않았던 식물 종인 것으로 확인되었다. 이후 전남지방에서도 몇 차례 더 발견되었다. 아직도 한국표준식물 목록에는 명명되어 있지 않은 소중한 품종이기도 하다.

중국이나 일본에서는 오래 전부터 알려졌는데, 꽃이 매화꽃을 닮았다 해서 소금매화라고도 한다. 영어명으로는 황금별꽃이라는 뜻으로, '골든 스타 글라스(Golden Star Glass)'라 한다.

이 꽃이 쉽게 발견되지 않은 이유는 무엇일까. 아마도 꽃을 피우는 시간이 짧기 때문이 아닌가 한다. 맑은 날 아침에 피었다가 오전 12시 이전에 꽃잎을 닫는 경향이 있는데, 이렇게 꽃잎을 오므리면 사초과 식물과 다름없어 눈에

▲ 노란별수선 꽃봉오리

▲ 노란별수선 잎

띄지가 않는다. 야생화를 찾아다니는 애호가들이 발견한 것을 볼 때 충분히 설득력이 있다.

▲ 노란별수선 종자 결실

땅속줄기는 길이 1㎝가량의 알뿌리이며, 잎은 길이 7~30㎝, 너비 0.2~0.6㎝로 잎자루는 없으며 전체에 긴 흰 털이 난다.

꽃은 6월에 잎겨드랑이에서 길이 5~10㎝의 꽃자루가 나와 그 끝에 노랗게 1~2개가 달린다. 꽃잎은 길이 0.5㎝, 너비 0.2㎝ 정도이며, 꽃받침은 6장이다. 종자는 검은색으로 익는데, 꽃과 열매를 같이 볼 수 있는 품종이다.

노란별수선과의 여러해살이풀로, 우리나라와 중국, 일본, 인도 등지에 분포한다. 우리나라에서는 제주도와 전남 등지에 분포하는데, 햇빛이 잘 드는 저지대 풀밭이나 숲가에서 자란다. 꽃말은 '햇빛을 찾는'이다.

길러보기

미기록종이므로 직접 가꾸기는 어렵다.

비슷한 식물들

- **수선화** : 꽃은 12~3월에 핀다. 꽃덮개조각은 6개로 흰색, 꽃부리는 노란색이다. 다양한 원예종이 개발되어 있다.

▲ 수선화

노란 꽃을 피우는 약초 진달래

82 노랑만병초

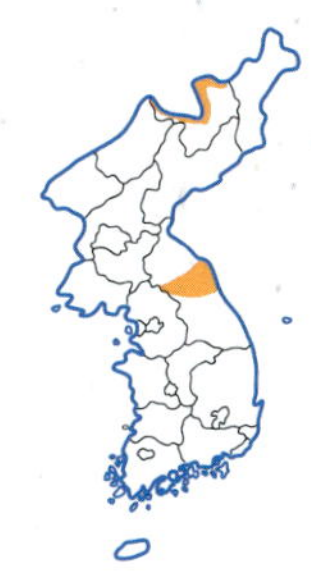

- 학 명 : *Rhododendron aureum* Georgi
- 과 명 : 진달래과

ㄴ

만병초는 풀을 뜻하는 '초(草)' 자가 붙었지만 진달래과의 작은 나무이다. 만 가지 병에 약재로 쓴다고 해서 이름이 붙여졌듯 여러 질환에 이용되는데, 잎을 차로 마시면 피가 맑아져 정신 건강에 좋고 불감증도 치료하며, 무좀이나 습진과 같은 피부병에도 좋다고 한다.

만병초는 높은 산에 자라는데, 꽃은 7월에 흰색으로 핀다. 꽃이 노랗게 피는 것을 노랑만병초라고 한다. 이 역시 약재로 많이 쓰인다.

노랑만병초의 키는 1m 내외이며, 줄기는 아랫부분이 땅으로 눕고 가지는 많이 나와 위로 올라간다. 잎은 어긋나고 가죽처럼 두꺼우며 길이 3~10㎝, 너비 1~3㎝로 타원형 또는 긴 타원형이다. 잎 가장자리는 밋밋하고 뒤로 다소 말리며 양면에 털이 없다.

꽃은 연한 노란색으로 5~6월에 가지 끝에 5~8개씩 우산 모양을 이루며 달린다. 꽃의 지름은 1.5~3㎝이고, 꽃자루의 길이는 2.5~3.5㎝이다. 10개의 수술과 1개의 암술이 있다. 열매는 삭과로 타원형이며 담갈색의 털이 있고 끝에 긴 암술대가 남는다.

진달래과의 상록낙엽소관목으로 우리나라와 일본, 캄차카반도, 중국, 우수리, 시베리아 서부 등지에 분포한다. 우리나라에서는 설악산 이북의 고산지대에 자란다. 관상용으로도 쓰며, 잎을 고혈압, 두통, 요통, 유선암, 대장염, 설사, 감기 등에 약재로 사용한다. 꽃말은 '위엄', '존엄'이다.

길러보기

고산 식물로, 여름 더위에 약하므로 봄에 햇볕이 잘 드는 곳에 놓았다가 여름에는 반그늘에서 키워야 한다. 땅 겉이 마르면 물을 준다.

비슷한 식물들

- **만병초** : 꽃은 6~7월에 10~20개씩 가지 끝에 총상화서로 달린다.
- **홍만병초** : 꽃이 진홍색으로 핀다.
- **무늬만병초** : 꽃의 겉은 선홍색, 안쪽은 흰색으로 '루즈벨트만병초'라고도 한다. 영국에서는 '윈스턴 처칠'로 불린다.

▲ 만병초

줄기를 자르면 붉은 피를 흘리는

83 노랑매미꽃

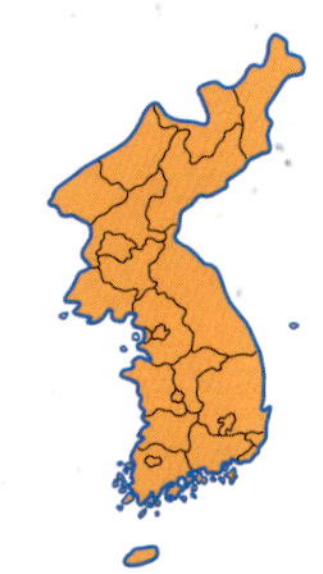

- 학 명 : *Hylomecon vernalis* Maxim.
- 과 명 : 양귀비과

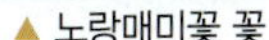

▲ 노랑매미꽃 꽃

▲ 노랑매미꽃 잎

꽃의 색깔은 왜 제각각 다를까? 똑같이 물을 먹고 햇빛을 받으며 사는데 말이다. 이것은 꽃 속에 들어 있는 색소 때문이다. 식물에 들어 있는 색소는 초록색으로 보이게 하는 엽록소, 붉은색과 푸른색을 내는 안토시아닌, 노란색과 주황색의 특징을 보이는 카로티노이드가 대표적이다. 이 세 가지의 색소를 어느 비율로 가지고 있느냐에 따라 꽃은 각각 독특한 색상을 낸다.

▲ 노랑매미꽃 종자 결실

예를 들면, 개나리는 카로티노이드가 많이 함유되어 있어서 노란색 꽃을 피운다. 한편, 흰색 꽃은 색소가 별로 없어서 흰색이 되는 것이다. 꽃의 색은 크게 노란색과 흰색, 파란색, 빨간색 계통으로 나눌 수 있는데, 이중 가장 많은 꽃 색깔은 노란색이다. 한 조사에 의하면, 노란색 꽃과 흰색 꽃이 각각 32%와 28%로 나타났다.

노란색 꽃은 특히 봄철에 많이 핀다. 노랑매미꽃 역시 4~5월에 피는 여러해살이풀이다. 우리나라 중부 이북의 숲에서 많이 자라는데, 주변에 습기가 많은 반그늘에서 무리지어 피어 있는 것을 볼 수 있다.

키는 약 30㎝ 정도이며, 잎은 줄기 아래 난 것은 깃 모양이고, 윗부분에 난

▲ 노랑매미꽃 무리

잎은 작은 잎이 3~5장 달린다. 이 잎의 둘레에는 불규칙한 톱니가 나 있다. 꽃은 원줄기 끝의 잎겨드랑이에서 1~3개 정도 긴 꽃줄기가 나오고 그 끝에 한 송이씩 매달린다. 열매는 6~7월경에 길이 3~5㎝, 너비 0.3㎝ 정도로 뾰족한 모양으로 달리는데, 안에는 많은 씨앗이 들어 있다. 이 꽃은 줄기를 자르면 마치 피를 흘리듯 붉은색 액체가 나온다. 그래서 흔히 '피나물'이라고도 부르며, 이 밖에도 매미꽃, 봄매미꽃, 선매미꽃이라고도 한다.

양귀비과에 속하며, 꽃이 예뻐서 관상용으로 많이 이용된다. 서너 개체씩 심거나 화단에 줄지어 심는다. 또 풀 전체를 약재로도 사용하며, 이른 봄 새순은 나물로 먹기도 하지만 독성이 강한 식물이므로 먹지 않는 것이 좋다. 우리나라 경기 이북과 중국 만주, 헤이룽 강, 우수리 강 등지에 분포한다.

길러보기

종자를 바로 화분이나 화단에 뿌리거나 냉장 보관한 후 가을이나 봄에 뿌려 번식시킨다. 가을이나 이른 봄에 뿌리를 잘라 포기나누기를 한 뒤 뿌리가 발달하면 옮겨 심어도 된다. 노랑매미꽃은 습기를 좋아하므로 물기가 많아야 한다.

비슷한 식물들

- **매미꽃** : 노랑매미꽃과 같이 노란색 꽃이 피는데, 단지 6~7월 초여름에 피는 것이 다르다. 또 땅에서 꽃줄기와 잎이 따로 나오지만, 노랑매미꽃은 줄기에서 잎과 꽃이 나온다.

매미꽃

연노랑 꽃이 피는 매발톱꽃

84 노랑매발톱

- 학 명 : *Aquilegia buergeriana* var. *oxysepala* f. *pallidiflora* (Nakai) M.K.Park
- 과 명 : 미나리아재비과

▲ 노랑매발톱 꽃봉오리

▲ 노랑매발톱 꽃

매발톱꽃은 꽃잎 끝부분이 다섯 개로 갈라지고 마치 날카로운 매의 발톱처럼 꼬부라져 있어서 붙은 이름이다. 비록 사나운 이름이지만 꽃은 매우 예쁘고 멋있어서 관상용으로 인기 있는 품종이다.

꽃의 색깔이나 잎 등에 따라 여러 종류로 나뉘는데, 노랑매발톱은 꽃이 연한 노란색으로 핀다고 하여 붙여진 이름이다. 매발톱꽃은 자주색 꽃이 핀다.

키는 50~100㎝이고, 줄기는 곧게 서고 윗부분에서 가지를 낸다. 잎은 뿌리에서 나는데, 2회 3장의 작은 잎이 난다. 작은 잎은 2~3 갈래로 갈라지고 갈래 조각은 다시 얕게 갈라진다. 줄기에 난 잎은 3개로 위로 갈수록 잎자루가 짧다.

꽃은 6~8월에 가지 끝에 한 송이씩 피며, 지름 3㎝ 정도이다. 꽃받침은 5장이다. 꿀주머니는 약간 자줏빛을 띠며 안쪽으로 젖혀진다. 열매는 하나의 봉선을 따라 열매껍질이 벌어지고 단단하며 10월에 익는다.

미나리아재비과에 속하며, 우리나라 북부지방과 한라산에 분포한다. 한라산의 경우 해발 1,800~1,900m에 분포한다. 매발톱은 유사종끼리의 수분이 잘 일어나 다양한 꽃 색깔을 개발하기 쉬워 많은 원예종이 개발되어 있다. 꽃말은 '우둔함', '어리석음'이다.

길러보기

고산 지역에서 자라는 품종이어서 번식법이 정확히 알려져 있지는 않다. 하지만 하늘매발톱과 유사한 품종이고 자생지도 유사해서 하늘매발톱의 번식방법에 준한다. 종자가 익는 7월에는 뿌리지 말고, 종자를 종이에 싸서 냉장보관한 후 8월 말 화분이나 화단에 뿌리거나 이듬해 봄에 뿌린다. 새싹이 올라와 본잎이 전개되면 바로 옮겨 심어야 한다. 그렇지 않으면 어린 싹이 바람이 잘 통하지 않아 상하기 때문이다. 물 빠짐이 좋은 곳이면 어디서나 잘 자라며, 물은 2~3일 간격으로 준다.

비슷한 식물들

- **하늘매발톱** : 꽃은 흰색과 연분홍색 등이 있는데, 4~6월에 가지 끝에서 아래를 향해 달린다.
- **매발톱꽃** : 산골짜기 양지에서 자라며, 키 50~100㎝이다. 꽃은 자주색을 띤 갈색이다.
- **서양매발톱꽃** : 꽃은 5~7월에 황색으로 피고 가지 끝에 달린다. 미국 원산으로, 속명 그대로 아퀼레기아라고도 한다.

▲ 하늘매발톱

멸종위기에 몰린 한국 특산종

85 노랑무늬붓꽃

- 학 명 : *Iris odaesanensis* Y. N. Lee
- 과 명 : 붓꽃과

▲ 노랑무늬붓꽃 꽃

▲ 노랑무늬붓꽃 잎

붓꽃은 꽃망울이 달렸을 때 마치 붓처럼 생겼다고 해서 붙여진 이름이다. 꽃이 대개 크고 예쁘게 피기 때문에 관상용으로 많이 사용된다. 붓꽃은 종류가 많은데, 노랑무늬붓꽃은 꽃은 흰색이지만 꽃잎에 노란색 무늬가 있어서 붙여진 명칭이다. 오대산과 대관령, 태백산 등 강원도의 깊은 산과 경상북도의 산에 자라는 우리나라 특산 식물이다. 습기가 있으면서도 토양이 비옥한 곳에 잘 자란다.

▲ 노랑무늬붓꽃 새순 올라오는 모습

키는 20㎝ 정도로 그리 크지는 않다. 잎은 칼 모양으로 아랫부분은 가늘고 중간 부위는 넓었다가 다시 위로 올라갈수록 좁아지는 것이 특징이다. 잎은 길이 12~35㎝, 너비 약 1.2㎝이다.

꽃은 꽃줄기에 두 송이씩 달리는데, 지름 약 3.5㎝이다. 우리나라 봄꽃치고 작은 편은 아니다. 꽃잎은 큰 것이 세 개 바깥으로 젖혀져 있는데, 이들 꽃잎에는 노란 줄무늬가 나 있다. 안쪽의 좁은 꽃잎은 희고 비스듬히 선다. 수술은 3개가 있으며, 꽃밥은 분홍빛을 띤 녹색이고, 암술은 끝이 세 갈래로 갈라

▲ 노랑무늬붓꽃 무리

지고 혀 모양이다. 열매는 6~8월경에 삼각형으로 달린다.

이 노랑무늬붓꽃은 화분보다는 정원과 같은 외부에 심는 것이 훨씬 낫다. 본래가 바람이 잘 통하고 기후가 서늘한 곳에서 잘 자라기 때문이다. 화분에 심어 집 안에서 키우면 잎이 고사하지 않아 다음 해에 꽃을 피우지 않을 확률이 높다. 생명이란 이렇게 신비롭다. 식물은 겨울이 되면 잎의 양분을 뿌리로 보내고 다음 해에 꽃을 피울 수 있도록 튼튼하게 준비를 해야 하는데, 그것을 임의로 막으니까 꽃이 피지 않는 것이다.

노랑무늬붓꽃의 꽃말은 비온 뒤에 나타나는 무지개처럼 '기쁜 소식'이다. 1970년대에 오대산에서 처음 발견되었으며, 현재 개체 수가 적어 멸종위기 2급으로 지정된 보호 식물이나, 최근 경북 청도 운문산 등지에서 대량으로 자생하는 것이 발견되었다.

길러보기

포기나누기가 잘되므로 쉽게 옮겨 심을 수 있다. 정원이나 외부에 심을 때에는 바람이 잘 통하는 곳과 나뭇잎이 많이 떨어지는 곳이 좋다. 나뭇잎이 좋은 거름이 된다. 물은 2~3일에 한 번 준다.

열매를 받아 물에 담근 뒤 냉장고에서 4~5일 정도 불린 다음에 뿌리는 것이 좋다. 그렇게 하는 이유는 붓꽃의 종자가 딱딱한 편이기 때문이다. 일종의 씨앗이 잠자고 있는 상태를 깨우는 것이라고 보면 된다. 한편, 뿌리나누기는 가을에 뿌리를 캐서 잎이 나오는 부분만 나누어서 심으면 된다.

비슷한 식물들

- **노랑붓꽃** : 4~5월에 노란색 꽃이 긴 꽃대 끝에 2송이씩 핀다. 잎은 노랑무늬붓꽃에 비해 약간 좁다.
- **보라노랑무늬붓꽃** : 연한 보라색 꽃이 피며, 꽃잎에 노란색 무늬가 있다.
- **금붓꽃** : 노란색 꽃이 피며, 꽃잎에 노란색 무늬가 있다.

▲ 금붓꽃

수줍은 봄의 사랑이 피어난

86 노랑제비꽃

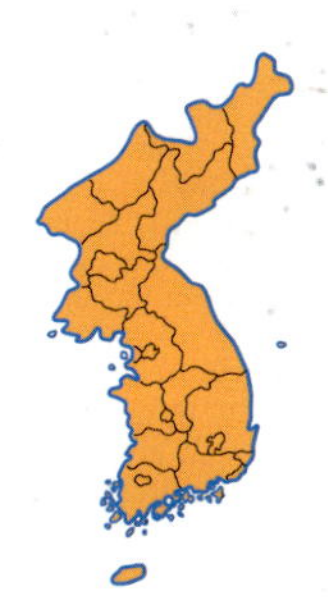

- 학 명 : *Viola orientalis* (Maxim.) W. Becker
- 과 명 : 제비꽃과

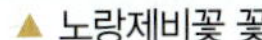
▲ 노랑제비꽃 꽃

▲ 노랑제비꽃 잎

▲ 노랑제비꽃 꽃(뒷면)

▲ 노랑제비꽃 종자 결실

제비꽃은 강남 갔던 제비가 돌아올 때쯤 꽃이 피어서 붙여진 명칭인데, 실제 그 모양도 제비와 비슷하긴 하다. 꽃으로 반지를 만들 수가 있어서 흔히 '반지꽃'이라고도 한다. 제비꽃은 그리스의 국화로도 유명한데, 여기에는 그리스 신화 이야기가 전해진다. 제우스가 이오라는 소녀를 사랑했는데, 그만 아내인 헤라에게 들키고 말았다. 그래서 제우스는 재빨리 이오를 하얀 소로 만들었지만 소로 만들고 나니 너무 불쌍했다. 그래서 제우스는 이오의 눈을 닮은 꽃을 피게 했으니 이것이 바로 제비꽃이다. 그리스 어로 제비꽃을 '이온'이라고 하는 것은 바로 '이오'에서 비롯된 말이다.

제비꽃은 그 종류가 상당히 많은데, 그중 노랑제비꽃은 우리나라 곳곳에서 자라는 여러해살이풀이다. 곳곳에서 자란다고는 하지만 그렇게 흔하지는 않다. 다른 제비꽃과 마찬가지로 반그늘과 양지에서 잘 자라며, 특히 높은 산에서는 바위틈이나 양지에 많이 자란다. 키는 10~18㎝ 정도이며, 잎은 달걀형을 띤 하트 모양이다. 잎의 가장자리에는 톱니가 있으며 길이 7~12㎝가량이고, 표면에는 윤기가 있고, 뒷면은 갈색을 띤다. 열매는 8~9월경에 타원형으로 달린다.

노란 꽃이 줄기 끝의 두꺼운 잎 사이로 두세 송이 올라와 달린다. 그런데 꽃잎 뒷면에는 연한 자줏빛이 있다. 꽃잎 안쪽을 보면 갈색의 줄무늬가 나 있는데, 이것은 곤충이 꿀을 따러 들어가는 통로가 된다. 식물의 놀라운 생존 전략을 엿볼 수가 있다.

노랑제비꽃은 제비꽃과에 속하며, 제비꽃을 오랑캐꽃이라고 하듯, 노랑제비꽃은 노랑오랑캐 또는 노랑오랑캐꽃이라고도 한다. 관상용으로 이용되며, 어린순은 나물로도 먹고, 또한 향기가 좋아 화장품의 향기를 내는 데에도 쓰인다. 우리나라와 일본, 중국, 헤이룽 강 등지에 분포하며, 꽃말은 '수줍은 사랑'이다.

길러보기

8~9월이면 종자가 익는데, 이때 씨를 받아 뿌리면 이듬해 봄에 꽃을 볼 수 있다. 포기나누기는 가을에 하는 것이 좋다. 씨가 발아되면 뿌리가 많이 발달한 상태에서 화분이나 화단에 옮겨 심는다. 본래 햇볕을 좋아해 햇볕이 잘 드는 곳에 심는 것이 좋다. 잎은 가을까지 가는데, 날씨가 따뜻하면 가을에도 개화하기 때문에 물 관리를 잘하는 것이 중요하다.

비슷한 식물들

- **왕제비꽃** : 흰색 꽃이 피며, 꽃잎 안쪽에 자주색 줄이 있다. 백두산 등지에 자라는 한국 특산종이다.
- **고깔제비꽃** : 4~5월에 붉은 자주색 꽃이 잎 사이에서 나온 가는 꽃대 끝에 달린다.
- **태백제비꽃** : 남산제비꽃과 함께 흰색 꽃이 핀다.
- **흰젖제비꽃** : 꽃 색깔이 흰색이고, 다섯 개의 꽃잎 중에서 아래의 중앙 부분에만 보라색 그물무늬가 있다.
- **흰제비꽃** : 아래 3개의 꽃잎에 보라색 그물무늬가 있다.
- **단풍제비꽃** : 흰색 꽃이 피며, 잎이 단풍잎을 닮았다.

▲ 태백제비꽃

▲ 흰젖제비꽃

▲ 단풍제비꽃

노란색 꽃이 피는

87 노랑할미꽃

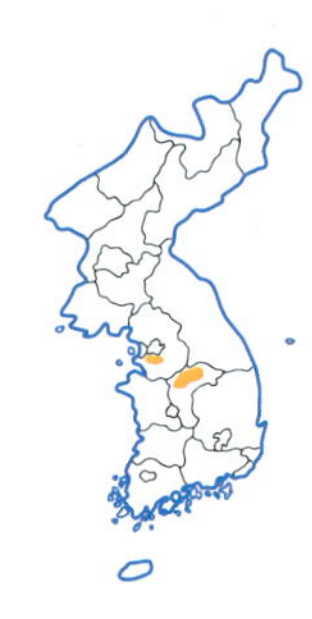

- 학 명 : *Pulsatilla koreana* f. *flava* (Y.N.Lee) W.T.Lee
- 과 명 : 미나리아재비과

▲ 노랑할미꽃 지상부(측면)

▲ 노랑할미꽃 잎

뒷동산의 할미꽃, 꼬부라진 할미꽃
젊어서도 할미꽃, 늙어서도 할미꽃
하하하하 우습다, 꼬부라진 할미꽃

초등학교 때 부르던 '할미꽃'이라는 동요의 일부분이다. 할미꽃 하면 정겨운 이름의 꽃이지만 할머니의 슬픈 전설이 들어 있다. 손녀 셋을 키워 시집을 보낸 할머니가 있었는데, 어느 날 손녀들이 보고 싶어 길을 떠났다. 부잣집으로 시집을 간 첫째는 밥 한 그릇 주고 얼른 가라고 쫓아냈고, 양반집으로 시집을 간 둘째는 말도 없이 문밖으로 할머니를 몰아냈다. 할머니는 하는 수 없이 셋째 손녀한테 가던 중 지쳐서 죽고 말았는데, 다음해 봄 할머니가 쓰러졌던 곳에 할머니의 꼬부라진 허리처럼 꽃대가 구부러진 꽃이 피니 사람들은 이 꽃을 할미꽃이라고 불렀다고 한다.

할미꽃은 우리나라 전역에 잘 자라는 들꽃으로 몇 가지 종류가 있다. 꽃이 붉게 피는 본종에 비하여 노랗게 피는 것이 노랑할미꽃이다.

할미꽃의 변이종인 노랑할미꽃은 우리나라 고유 자생종으로, 1965년 도봉산에서 관찰된 이후로 자취를 감췄으며, 야생화 동호인이 늘어나면서 2008년 야생화 탐사 중 월악산에서 몇 포기가 발견됐다는 보고가 있을 정도로 우리나라에서는 희귀한 꽃이다. 최근에는 외국에서 들여온 노랑할미꽃을 화원과 식물원에서 재배, 판매하고 있다.

2010년경에 충북 지역에서 제법 많은 개체가 발견되었다. 자생지 환경은

▲ 노랑할미꽃 무리

할미꽃과 동일하며 같은 공간에서 자생하고 있었다. 하지만 현재는 그 개체 중 1~2개만 남아 있고 나머지는 모두 훼손된 상태다. 이렇듯 오랜 기간을 기다려 발견된 종을 몇몇 사람들의 무분별한 채취로 인해 자생지가 없어지는 것은 매우 안타까운 현실이다.

번식력이 좋고, 꽃이 오래가는 것이 특징이다. 작은 돌 틈이나 계단 틈에서도 잘 자란다. 키는 30~40㎝로 뿌리는 굵다. 잎은 길이 30~40㎝로 새의 깃처럼 깊게 2~5 갈래로 갈라지며, 전체에 긴 하얀 털이 빽빽하게 자란다. 꽃은 4~5월에 노란색으로 피며 길이 약 3㎝ 정도이다. 잎 끝에서 줄기가 올라오며 줄기 끝에 1개의 꽃이 긴 종처럼 달린다. 미나리아재비과의 여러해살이풀로, 관상용으로 심고, 뿌리는 약용으로도 쓰인다.

길러보기

종자를 이용하는 것이 번식시키기에 가장 좋다. 화분이나 화단에 심는데, 모래가 많고 물 빠짐이 좋은 땅의 햇볕이 잘 드는 곳에 심는 것이 요령이다.

비슷한 식물들

- **할미꽃** : 꽃은 4~5월에 붉은색으로 피며, 길이 약 3㎝ 정도이다.
- **동강할미꽃** : 동강의 바위틈에서 자라는 한국 특산식물로, 꽃이 필 때 하늘을 보고 피며, 갖가지 다양한 색깔을 갖는 것이 독특하다.
- **가는잎할미꽃** : 잎이 할미꽃 잎보다 가늘다.
- **산할미꽃** : 높은 산에 자라는 할미꽃으로, 꽃은 6~7월에 자주색으로 핀다. 함경북도 관모봉에 서식한다.
- **분홍할미꽃** : 꽃은 4~5월에 피고, 할미꽃처럼 생겼으나 색이 연한 분홍색이다. 할미꽃보다 잎의 갈래 조각이 가늘고 길며, 전체 크기가 작다.

▲ 할미꽃

▲ 동강할미꽃

▲ 가는잎할미꽃

새 잎이 노루귀를 닮은

88 노루귀

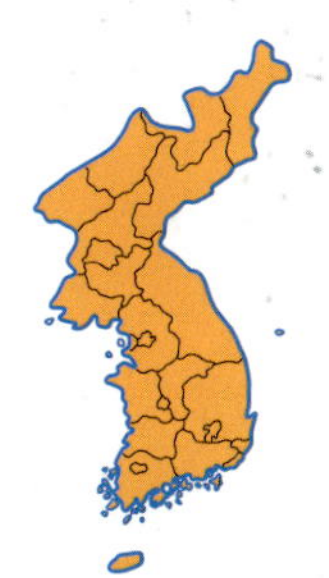

- 학 명 : *Hepatica asiatica* Nakai
- 과 명 : 미나리아재비과

▲ 노루귀 꽃(청색)

▲ 노루귀 꽃(흰색)

▲ 노루귀 꽃(분홍색)

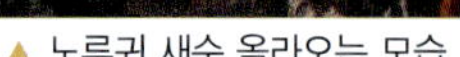
▲ 노루귀 새순 올라오는 모습

▲ 노루귀 잎

식물 이름을 동물에서 따온 경우는 그 동물의 특징을 보여 주는데, 노루귀는 잎이 나오는 모습이 마치 노루의 귀를 닮아서 붙여진 것이다. 옛 사람들의 상상력을 엿볼 수가 있다.

노루귀는 산에 많이 자라는 여러해살이풀로 나무 밑에서 잘 자라는데, 비교적 토양이 비옥한 곳을 좋아한다. 뿌리는 옆으로 자라며 마디에서 잔뿌리가 나온다. 키는 9~14㎝ 정도이며, 잎은 길이 약 5㎝이다. 잎은 세 갈래로 갈라진 형태인데, 난형이며 끝이 둔하고 솜털이 많이 나 있다.

꽃은 흰색, 분홍색, 청색 등 여러 가지가 있다. 꽃줄기 위로 한 송이가 달리며, 지름 약 1.5㎝이다. 꽃이 피고 난 뒤에 이파리가 나오기 시작하는데, 세 갈래로 갈라진 부분이 쫑긋하게 올라간 것이 진짜 노루의 귀를 닮았다. 마치 멀리서 들리는 발자국 소리라도 들으려는 듯이 긴장한 모습처럼 보인다. 열매는 6월에 달린다.

노루귀는 뾰족노루귀라고도 부르는데, 눈과 얼음을 뚫고 나오는 풀이라 하여 '파설초'라는 별명도 있다. 노루귀에는 섬노루귀와 새끼노루귀와 같은 종류가 있다. 노루귀는 중북부 지방에 자라고, 섬노루귀는 울릉도, 새끼노루귀는 제주도와 남부지방에서 자란다. 노루귀는 이른 봄에 꽃이 피는데다 꽃 색깔도 흰색과 분홍색, 보라색 등이 있고, 자연 상태에서 연분홍이나 진분홍, 청보라, 남색 등으로 피기도 한다. 특히 털이 난 노루의 귀를 닮은 잎 때문에 아주 사랑스러운 식물이다.

미나리아재비과에 속하며, 관상용으로 이용된다. 식물 전체는 '장이세신'이라고 부르는 약재로도 사용되며, 또 어린순은 나물로 먹기도 한다. 쓴맛에 독

▲ 노루귀 무리

성이 있으므로 뿌리를 제거하고 살짝 데친 다음 물에 담가 우려내서 먹어야 한다. 우리나라와 중국, 헤이룽 강 등지에 분포하며, 꽃말은 '눈 속의 어린 사슴', '봄의 소식'이다.

길러보기

열매를 받아 종자를 바로 뿌리고, 종자에서 싹이 나면 20~30일 후에 옮겨 심어야 한다. 화단이나 화분에 심는데, 양지바른 곳에 두는 것이 중요하다. 물은 별로 주지 않아도 되므로 2~3일에 한 번 정도 준다.

비슷한 식물들

- **섬노루귀** : 앞에 섬이 붙으면 육지가 아니라 섬에 자라는 식물을 뜻하는데, 특히 울릉도를 의미하는 경우가 많다. 잎과 꽃이 큰 편이라서 흔히 큰노루귀라고도 한다.
- **새끼노루귀** : 잎과 꽃이 동시에 피며, 잎에는 무늬가 선명하다. 애기노루귀라고도 한다.

▲ 섬노루귀

▲ 새끼노루귀

노루가 잘 다니는 길목을 지키는

89 노루발

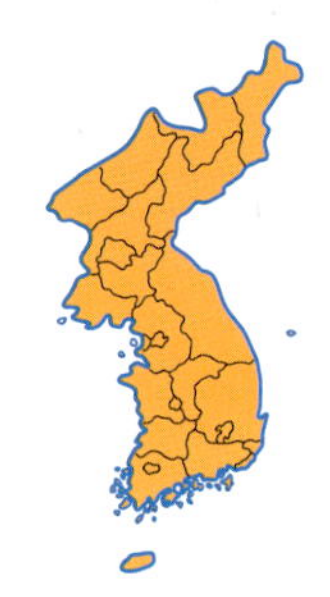

■ 학 명 : *Pyrola japonica* Klenze ex Alef.

■ 과 명 : 노루발과

▲ 노루발 꽃

▲ 노루발 잎

노루라는 말이 들어가는 식물이 몇 개 있는데, 노루오줌은 꽃의 뿌리에서 오줌 같은 지린내가 풍겨서 붙여진 이름이다. 이 밖에도 노루삼, 노루참나물이 있는데, 식물명에 노루가 들어간 식물들은 노루가 잘 다니는 곳에 자라는 특징이 있다.

노루발은 우리나라 전국 어느 산에나 자라는 꽃이다. 봄부터 꽃망울을 달고 있지만 정작 꽃은 늦게 펴서 6~7월이 되어야 한다. 한겨울에도 푸른 잎을 간직하고 있는 상록 식물이라서 더욱 강인한 생명력이 느껴진다.

반그늘의 낙엽이 깔린 곳에 잘 자라는 노루발은 키는 25㎝ 내외로 작은 편이다. 잎은 넓은 타원형으로 밑동에서 뭉쳐나며 길이 5~7㎝, 너비 3~5㎝이다.

꽃은 흰색이며 지름은 1㎝가 약간 넘는다. 하나의 줄기 위에 최소 두 개에서 열두어 개 정도가 무리지어 달리는데, 모두 고개를 약간 숙이고 있다. 각 꽃에는 한두 개의 비늘과 같은 잎이 있다. 열매는 9~10월경에 달리는데, 흑갈색으로 다음해까지 붙어 있는 것이 독특하다.

관상용으로 이용되고, 한방에서는 약재로도 사용한다. 노루발과의 상록 여러해살이풀로, 흔히 노루발풀이라고 부른다. 우리나라 원산으로, 우리나라, 중국, 일본 등지에 분포한다. 꽃말은 '소녀의 기도'이다.

▲ 노루발 꽃 피기 전

▲ 노루발 씨방

길러보기

종자를 따서 바로 뿌리거나 이른 봄 싹이 올라올 때 그 부분의 뿌리를 같이 붙여 포기를 나누면 번식할 수 있다. 씨가 싹이 나면 뿌리가 더 나올 때까지 기다린 뒤 옮겨 심는다. 햇볕이 많이 들고 통풍이 잘 되는 곳에 심는 것이 요령이다. 특히 산성 토양을 좋아하는 습성이 있으므로 토질을 약산성인 pH 5.8~6.2 정도로 맞춰 주는 것이 좋다.

비슷한 식물들

- **매화노루발** : 흰색 꽃이 마치 작은 매화 같으며, 키는 5~10㎝이다.
- **새끼노루발** : 고산지대의 침엽수림 밑에서 자라며, 꽃은 녹색이 도는 흰색이다. 키가 7~ 15㎝로 작다.
- **애기노루발** : 키 약 20㎝로, 황백색 꽃이 핀다.
- **분홍노루발** : 깊은 산속 나무 밑에서 자라며, 꽃은 7~8월에 분홍색으로 핀다.
- **콩팥노루발** : 잎은 1~3개가 밑부분에서 어긋나며 둥근 신장 모양이다. 6~7월에 노란색을 띤 흰색 꽃이 핀다.
- **홀꽃노루발** : 키 약 10㎝로 아주 작고, 7월에 줄기 끝에 흰색 꽃이 하나씩 달린다. 백두산에 서식한다.

▲ 매화노루발

▲ 홀꽃노루발

잎이 인삼 잎을 닮은

90 노루삼

- 학 명 : *Actaea asiatica* H. Hara
- 과 명 : 미나리아재비과

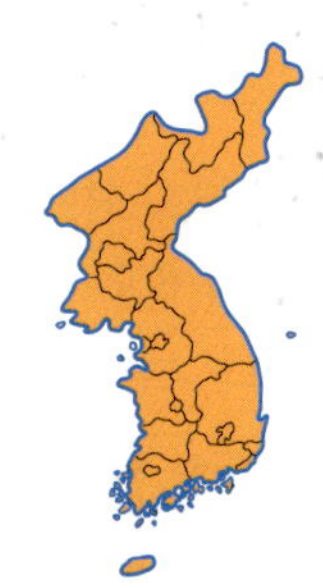

▲ 노루삼 꽃

▲ 노루삼 잎

노루삼은 산에서 자라는 여러해살이풀로, 약간 습하고 그늘진 곳을 좋아한다. 키는 약 60㎝ 내외이며, 잎은 길이 4~10㎝이다. 작은 잎은 달걀 모양으로 둘레에는 뾰족한 톱니가 나 있으며, 잎 끝은 뾰족하다. 줄기 아래의 잎은 비늘조각처럼 생겼고 잎 모양이 꼭 인삼 잎을 닮았다.

▲ 노루삼 줄기

5~6월에 피는 꽃은 흰색이며 줄기 윗부분에 뭉쳐 달리고 길이 3~5㎝이다. 작은 꽃의 길이는 1~1.5㎝, 지름은 1㎜ 정도이다. 삐쭉 올라온 꽃대는 마치 노루꼬리처럼 느껴지기도 한다. 꽃이 시들 때에는 암적색으로 변한다. 꽃받침조각은 4개이며 일찍 떨어지고, 수술은 여러 개인데, 길이 0.6㎝ 정도이다. 암술은 1개이다.

열매는 검고 7~8월경에 열린다. 이 검은색이 종자인데, 열매가 붉은빛 또는 흰빛인 것을 붉은노루삼이라고 한다. 노루삼과 붉은노루삼은 또 열매가 만들어지기 전의 상태에서도 구분이 된다. 노루삼은 꽃자루의 굵기가 1㎜가량이지만, 붉은노루삼은 열매가 생겨도 굵기가 1㎜도 안 될 정도로 아주 가

▲ 노루삼 열매

▲ 노루삼 종자 결실

▲ 노루삼 지상부(확대)

늘다. 한편, 열매가 하얗게 맺히는 것은 변종으로 취급해 흰노루삼이라고도 한다.

미나리아재비과에 속하며, 관상용으로 쓰이고, 뿌리는 약재로 사용된다. 약재로 쓸 때 뿌리는 녹두승마라고 부른다. 제주도를 제외한 우리나라와 일본, 중국, 헤이룽 강 등지에 분포하며, 꽃말은 '신중', '허세 부리지 않음'이다.

ㄴ

길러보기

종자를 종이에 싸서 냉장 보관하거나 바로 뿌려도 된다. 또 큰 뿌리를 가을에 나눠 심어도 된다.

비슷한 식물들

- **붉은노루삼** : 열매가 붉은빛 또는 흰빛이다. 본래 노루삼의 열매는 검다. 백두산에 분포한다.
- **촛대승마** : 줄기 끝에 달리는 꽃의 모양이 비슷하나, 노루삼보다 꽃들이 길게 달린다. 키도 1m가 넘는다.

▲ 촛대승마

냄새가 고약한

91 누리장나무

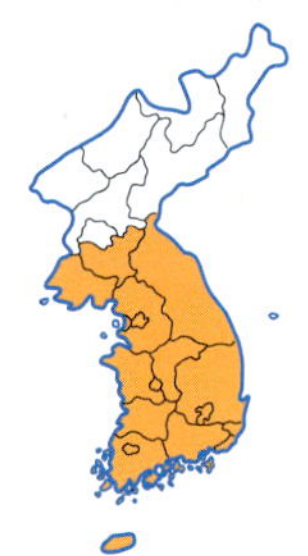

- 학 명 : *Clerodendrum trichotomum* Thunb.
- 과 명 : 마편초과

▲ 누리장나무 꽃

▲ 누리장나무 잎

▲ 누리장나무 꽃봉오리

나무가 냄새를 뿜어내는 까닭은 생존을 위해서이다. 향기로 벌을 유인하기도 하고, 가지가 꺾일 때 역겨운 냄새를 풍겨 더 이상 훼손하지 못하도록 하기도 한다. 누리장나무는 어린 싹부터 누린내를 풍겨 자신의 존재를 알리는 나무이다.

누리장나무가 누린내를 풍기게 된 전설이 전해진다. 옛날 백정의 아들이 옆 마을 양가집 규수를 흠모하였다. 그러나 당시는 신분상 도저히 이루어질 수 없던 때라 총각은 그저 처녀의 얼굴을 보기 위해 집 주위를 서성거리곤 했다. 그러다 어느 날 관가에 끌려가 곤장을 맞고 총각은 죽고 말았다.

백정 부부는 불쌍한 아들을 처녀의 집이 바라보이는 양지바른 곳에 묻었는데, 몇 달이 지난 뒤 처녀가 무덤을 지나다가 발이 얼어붙어 죽었다. 이에 처녀와 총각은 합장을 하였고, 이듬해 냄새가 나는 나무 한 그루가 무덤 위에 자라나니 사람들은 이 나무를 백정의 나무라 부르다 누린내가 나는 나무라고 한 것이 훗날 누리장나무로 바뀌었다고 한다. 냄새가 역해 구린내나무라고도 하며 개똥나무, 개나무, 노나무, 누룬나무라고도 한다. 또한 오동나무와 비슷하고 냄새가 난다 하여 취오동(臭梧桐)이라고도 부른다. 꽃말은 '깨

▲ 누리장나무 열매

▲ 누리장나무 수피

ㄴ

끗한 사랑'이다.

마편초과의 낙엽활엽관목 또는 소교목으로 높이는 약 2~5m이다. 잎은 마주나고 달걀 모양이며 끝이 뾰족하다. 잎 양면에 털이 나며 길이 8~20㎝, 너비 5~10㎝이다. 잎자루는 3~10㎝이다.

꽃은 옅은 붉은색이며 암수한그루로 7~8월에 새 가지 끝에 취산화서로 달리며 강한 냄새가 난다. 열매는 9~10월에 짙은 파란빛으로 익으며, 지름 6~8㎜로 둥글게 달린다.

어린잎은 나물로 먹고, 꽃과 열매가 아름다워 관상용으로 심는다. 산기슭이나 골짜기의 기름진 땅에서 자란다. 잔가지와 뿌리는 한방에서 기침이나 감창(疳瘡)에 사용한다. 또 옛날에는 파란색 열매로 염료를 만들거나 먹물이나 천연물감으로 사용하기도 했다. 우리나라와 일본, 타이완, 중국 등지에 분포한다.

【NOTE】 **누린내풀**
마편초과의 여러해살이풀로, 노린재풀이라고도 한다. 높이는 1m 정도이다. 꽃은 여름에 자주색으로 피는데, 꽃이 필 때 냄새가 고약하다.

길러보기

이른 봄이나 가을에 새 가지를 이용하여 화분에 삽목하여 뿌리가 내리면 꽃밭에 옮겨 심는다. 또 가을에 수확한 씨앗을 모래와 섞어 땅속에 묻어두었다 이듬해 봄에 파종해도 된다.

비슷한 식물들

- **털누리장나무** : 가지와 잎에 갈색 털이 빽빽이 나 있다.
- **거문누리장나무** : 잎 밑이 심장 모양이고 끝이 뾰족하며, 꽃받침조각이 좁고 길다.

나는 너를 잊지 않는다, 주름잎

92 누운주름잎

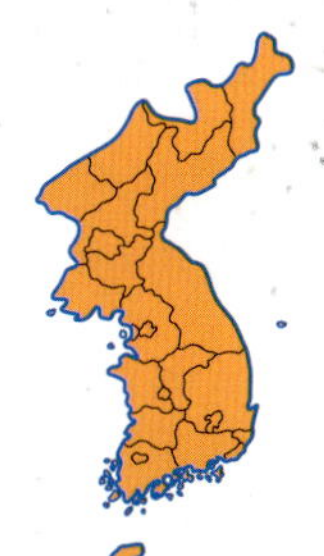

- 학 명 : *Mazus miquelii* Makino
- 과 명 : 현삼과

주름잎은 논밭이나 길가의 그늘진 곳에 흔하게 자라는 들꽃이다. 키는 5~20㎝, 잎은 길이 2~6㎝, 너비 0.8~1.5㎝로 작다. 잎에 주름살이 있기 때문에 주름잎이라고 한다. 꽃은 5~8월에 연한 자주색으로 피며 가장자리는 흰색이다. 꽃 모양이 납작한 입술 모양이라 특이하다.

주름잎과 비슷한 것으로는 누운주름잎과 선주름잎이 있다. 선주름잎은 줄기가 곧게 서고, 누운주름잎은 꽃이 진 다음 기는가지가 사방으로 벋으며 번식한다.

누운주름잎의 키는 5~15㎝이다. 잎은 길이 4~7㎝, 너비 1~1.5㎝로 주름잎의 잎보다 약간 크다. 잎 모양은 달걀을 거꾸로 세운 모양 혹은 타원형이며 끝이 둔하고 가장자리에 물결 모양의 톱니가 난다. 뿌리잎은 모여 나고 줄기잎은 마주난다. 꽃은 5~8월에 자주색으로 피는데, 꽃의 가장자리는 희지 않아 주름잎과는 차이가 난다. 꽃의 길이는 약 1㎝이고 줄기 끝에 입술 모양으로 몇 개씩 뭉쳐 달린다. 꽃 한가운데 연보라색 반점과 노란색 줄무늬가 있다. 수술은 4개로 그 중 2개가 길며, 암술대는 끝이 아래위 2개로 갈라진다. 열매는 둥글고 지름 약 0.4㎝이다.

▲ 누운주름잎 꽃

현삼과에 속하는 여러해살이풀로, 우리나라와 일본에 분포한다. 주로 습기가 있는 밭둑에서 잘 자란다. 드물게 관상용으로 쓰인다. 누운담배풀이라고도 하며, 꽃말은 '나는 너를 잊지 않는다.'이다. 한방에서 전초를 포경통요초라 하여 요로감염이나 황달에 약재로 쓴다.

길러보기

포기나누기와 종자로 번식한다. 토양은 특별히 가리지 않으며 얕은 분에 심어 가꾸고, 거름은 물거름으로 가끔 준다. 흙이 약간 마른 상태로 관리하면 키가 작고 꽃 색깔도 선명해진다.

비슷한 식물들

- **주름잎** : 꽃 중앙부는 연한 자주색이고 주변은 흰색이다.
- **선주름잎** : 줄기는 곧게 서며 키 30㎝ 정도이고 가지는 없다.
- **애기누운주름잎** : 잎은 넓은 하트 모양이다. 꽃잎은 세 갈래로 갈라지는데, 위의 잎 2개는 토끼의 귀처럼 쫑긋 서 있다.

갓 맛이 나는 소중한 봄나물

93 는쟁이냉이

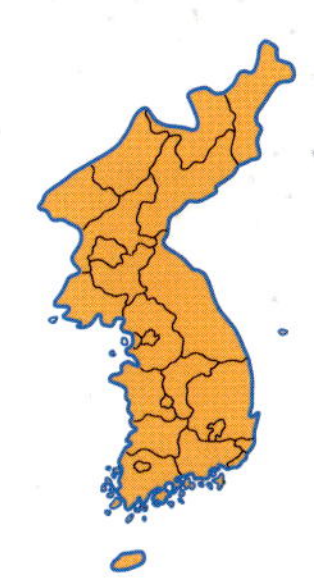

■ 학 명 : *Cardamine komarovi* Nakai

■ 과 명 : 십자화과

▲ 는쟁이냉이 꽃

▲ 는쟁이냉이 잎

봄나물로 널리 알려진 냉이는 종류가 꽤 여럿이다. 본래 냉이는 꽃이 흰색이나 노랗게 피면 노란냉이라 하고, 밑에서부터 검은 자주색 가지가 갈라져 퍼져 자라는 것은 황새냉이라고 한다.

는쟁이냉이는 톡 쏘는 매운맛과 쌉싸래한 쓴맛, 그리고 단맛이 잘 어우러진 자생 산나물로 유명하다. 갓과 같은 맛을 내 흔히 산갓으로 불리고, 잎이 주걱처럼 생겨서 주걱냉이라고도 한다. 우리나라에서는 중북부 산간 지방의 그늘진 냇가에서 자라며, 싱싱한 채소가 부족했던 이른 봄철의 비타민 보충을 위한 옛날 선조들의 귀한 나물이었다.

키는 20~50㎝로 전체에 털이 없고, 줄기는 곧게 서며 위쪽에서 가지를 친다. 뿌리잎은 뭉쳐나고 길이 8㎝ 정도로 긴 잎자루가 있고 새의 깃 모양으로 갈라지기도 한다. 잎은 어긋나며 길이 2~8㎝, 너비 1~6㎝로 둥글거나 달걀 모양 원형이다. 잎의 밑부분은 심장 모양이며 끝이 둔하거나 뾰족하며, 가장자리에 깊이 패어 들어간 모양의 톱니와 불규칙한 톱니가 있다.

꽃은 6~8월에 흰색으로 가지나 줄기 끝에 달리며, 꽃대축이 길게 자라고 꽃자루도 발달하지만 가지가 갈라지지 않는다. 꽃의 지름은 1㎝가량이고, 꽃잎과 꽃받침조각은 4개이다. 열매는 단단한 껍데기와 깍정이에 싸여 한 개의 씨만이 들어 있고 크기는 2~3㎝이며, 종자는 검은색이다.

어린잎은 생채나 나물로 해 먹는다. 우리나라 전역과 만주 등지에 분포한다. 비슷한 것으로 큰는쟁이냉이가 있는데, 는쟁이냉이보다 키도 크고 잎도

▲ 는쟁이냉이 무리

약간 더 크다. 특히 잎 가장자리가 불규칙하게 날카롭고 깊게 갈라진 점이 구별된다.

길러보기

종자를 받아 바로 뿌리면 거의 100%에 달하는 높은 발아율을 나타내므로 상온 보관 후 10일 이내에 뿌리는 것이 좋고, 씨앗을 상온에서 장기간 보관하면 쉽게 건조하여 발아율이 떨어진다. 잎이나 줄기 삽목이 가능하고 포기 나누기도 번식률이 높다.

비슷한 식물들

- **큰는쟁이냉이** : 전체가 대형이고, 잎과 줄기에 깊은 결각상 톱니가 있다.
- **미나리냉이** : 잎은 5~7장의 작은 잎으로 된 새의 깃 모양으로 가장자리에 불규칙한 톱니가 있다.
- **왜갓냉이** : 기는줄기가 있으며, 키는 30~50㎝이다. 잎은 길이 1~4㎝, 너비 0.7~1.5㎝이다.
- **냉이** : 전체에 털이 있고, 줄기는 곧게 서며 가지를 친다. 키는 10~50㎝인데, 어린순이 나올 때 뿌리째 캐서 나물로 먹는다.
- **노란냉이** : 키는 20~50㎝이며, 노란색 꽃이 핀다.
- **황새냉이** : 논밭 근처와 습지에서 자란다. 밑에서부터 가지가 갈라져서 퍼지고, 밑부분은 털이 있고 검은 자주색이다. 키는 10~30㎝이다.

▲ 미나리냉이

▲ 냉이

▲ 노란냉이

하나의 꽃자루에 여러 개의 꽃이 달리는

94 다화개별꽃

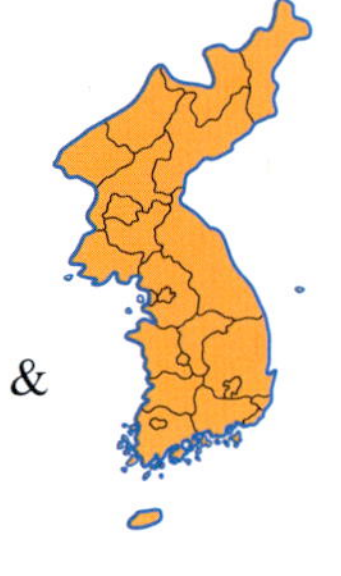

- 학 명 : *Pseudostellaria heterophylla* (Miq.) Pax ex Pax & Hoffm.
- 과 명 : 석죽과

별꽃은 꽃이 별처럼 아름답다고 해서 붙은 이름이다. 봄날 밭이나 길가 등 어느 곳이든 피어 있는데, 키가 작고 꽃도 작아서 눈에 잘 띄지는 않으나 자세히 들여다보면 꽃이 별처럼 아름답다.

▲ 다화개별꽃 꽃(측면)

식물 이름 앞에 '개' 자를 붙이면 보통 본종보다 못하다고 하나 개별꽃만큼은 예외이다. 별꽃보다 꽃의 크기도 크고 꽃밥이 예쁘게 올라와 훨씬 아름답다. 이러한 개별꽃에도 여러 종류가 있는데, 다화개별꽃은 하나의 꽃대에 여러 송이의 꽃을 피운다 하여 붙은 이름이다.

키는 10~15㎝로 매우 작고, 뿌리는 1~2개의 방추형의 덩이뿌리로 되어 있다. 줄기는 곧게 서고 흰 털이 나 있으며 가지는 갈라지지 않는다. 잎은 마주나며 길이 1~4㎝, 너비 0.2~0.4㎝의 주걱 모양으로 끝이 뾰족하다. 맨 위에 나는 두 쌍의 잎은 사이가 좁아서 마치 꽃을 받치고 있는 것처럼 보인다.

꽃은 4~5월에 하나의 꽃자루에 2~5개씩 흰색으로 달린다. 꽃잎은 다섯 장으로 끝이 약간 갈라져 있으며, 열매는 속이 여러 칸으로 나뉘고, 각 칸 속에 많은 종자가 들어 있으며 6~7월에 익는다. 씨앗은 편평하며 갈색이다.

석죽과에 속하는 여러해살이풀로, 우리나라와 중국, 일본에 분포한다. 어린순은 나물로 먹는다. 방추형 뿌리줄기의 약초 이름은 '태자삼(太子蔘)'이라고 하는데, 명나라 주원장의 태자 묘지에서 자라났다 하여 이름 붙여졌다.

이 약초를 『본초강목』에 넣으려 했으나, 그럴 경우에 사람들이 태자 묘지로 몰릴 것이고, 그렇게 되면 왕법(王法)을 범하면서까지 왕족 묘를 훼손할 것이 뻔하여 이시진은 이 약초를 『본초강목』에 써 넣지 않았다. 당시의 법으로는 태자 묘에 일반 사람들이 들어갈 수 없으므로, 이시진은 사람들이 약초를 캐러 태자 묘로 들어갔다가 화를 당할까를 염려하였던 것이다. 기를 보호해 준다고 한다.

길러보기

종자를 보관 후 이듬해 봄 화단에 뿌린다. 어느 곳에서나 잘 자라서 비교적 키우기는 쉬운 편이다.

비슷한 식물들

- **개별꽃** : 키 8~20㎝, 줄기는 곧추서며 털이 두 줄로 난다.
- **가는잎개별꽃** : 개별꽃에 비해 잎이 가늘다.
- **덩굴개별꽃** : 꽃이 진 다음 줄기가 계속 자라 바위나 언덕을 덩굴처럼 타고 오른다. 덩굴 끝은 실처럼 가늘어져서 땅에 닿으면 뿌리가 내린다.
- **숲개별꽃** : 고원의 숲에 자라며 수술은 10개, 암술대는 2~3개이다.
- **참개별꽃** : 작은 꽃자루에 줄을 이루며 돋은 털이 있고, 꽃밥이 붉은빛이 강한 자주색이다.
- **큰개별꽃** : 꽃잎은 5개이고 길이 0.6~0.8㎝로 넓은 거꾸로 된 피침형이며 끝이 둔하다. 잎이 개별꽃보다 크다.

▲ 개별꽃

▲ 덩굴개별꽃

▲ 숲개별꽃

▲ 큰개별꽃

잎이 단풍잎을 닮은 흰색 제비꽃

95 단풍제비꽃

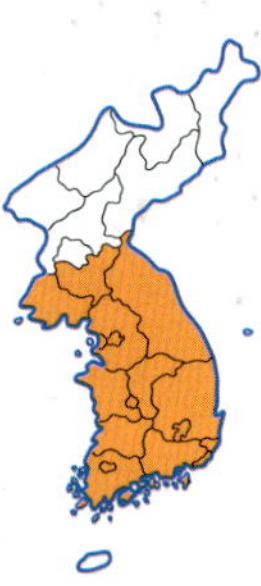

■ 학 명 : *Viola albida* f. *takahashii* (Makino) W.T.Lee

■ 과 명 : 제비꽃과

▲ 단풍제비꽃 꽃

▲ 단풍제비꽃 잎

제비꽃은 강남에 갔던 제비가 돌아올 때쯤 핀다고 해서 붙여진 이름인데, 그 종류가 수십 가지나 된다. 종류가 다양하다는 것은 그만큼 우리나라 환경에 잘 적응한 풀꽃이라는 것을 의미한다.

단풍제비꽃은 잎이 꼭 단풍잎을 닮아서 붙은 이름이다. 줄기는 없이 잎은 뿌리에서 뭉쳐나며 달걀 모양 또는 긴 달걀 모양이다. 잎 끝은 뾰족하며 가장자리는 얕게 갈라진다. 또는 깊게 팬 톱니가 있다.

꽃은 4~5월에 잎 사이로 길게 올라온 꽃대 끝에 흰색으로 달린다. 꽃받침 조각은 길이 0.7㎝ 정도로 끝이 뾰족한 모양이다. 꽃잎의 모양은 거꾸로 세운 달걀 모양으로 길이 1㎝ 정도이다. 열매는 속이 여러 칸으로 나뉘고, 각 칸 속에 많은 종자가 들어 있으며 6~7월에 타원형으로 익는다.

전체적으로 태백제비꽃의 변종이지만, 꽃이 흰색이면서 잎이 갈라지는 것은 제비꽃 중에서는 이 꽃과 남산제비꽃뿐이라서 구분이 간다. 잎의 모양은 거의 같으나 단풍제비꽃의 잎은 잎자루에 하나 달리지만, 남산제비꽃은 여러 개가 달리는 점이 다르다.

제비꽃과의 여러해살이풀로, 우리나라 특산식물이다. 1996년 산림청과 임업연구원이 희귀 및 멸종위기식물로 지정해 보호하고 있다. 전남과 경북, 경기 등지에 분포한다. 어린잎은 식용한다.

길러보기

7월에 종자를 받아 보관 후 9월에 뿌리거나, 이른 봄 새순이 올라올 때 포기나누기를 한다.

비슷한 식물들

- **남산제비꽃** : 흰색 꽃 안쪽에 자주색 줄이 나 있는 것이 특징이다. 잎이 여러 개로 나뉘는 점이 다르다.
- **흰젖제비꽃** : 꽃이 젖처럼 흰색으로 핀다. 꽃잎에는 자주색 줄이 없다. 뿌리도 흰색이며, 잎자루에 날개가 없다.
- **태백제비꽃** : 잎 사이에서 나온 꽃자루에 흰 꽃이 한 송이씩 달린다. 잎 뒷면이 희다.

민둥뫼제비꽃 : 태백제비꽃과 비슷하나 꽃이 상아색을 약간 띠며, 잎 뒷면은 자주색이다.

알록제비꽃 : 잎 앞면에 얼룩 반점이 있다. 꽃은 4~5월에 진한 붉은 보라색으로 핀다.

갑산제비꽃 : 키는 4~10㎝ 정도이며, 꽃은 연보라색이지만 흰색도 있다. 흰색의 경우 흰갑산제비꽃이라고도 한다.

금강제비꽃 : 금강산에서 처음 발견된 제비꽃 종류로, 꽃은 4~5월에 흰색으로 피는데, 땅속에서 피는 폐쇄화이다.

▲ 남산제비꽃 ▲ 흰젖제비꽃 ▲ 태백제비꽃

▲ 민둥뫼제비꽃 ▲ 알록제비꽃 ▲ 갑산제비꽃

봄철 잃어버린 미각을 달래는

96 달래

- 학 명 : *Allium monanthum* Maxim.
- 과 명 : 백합과

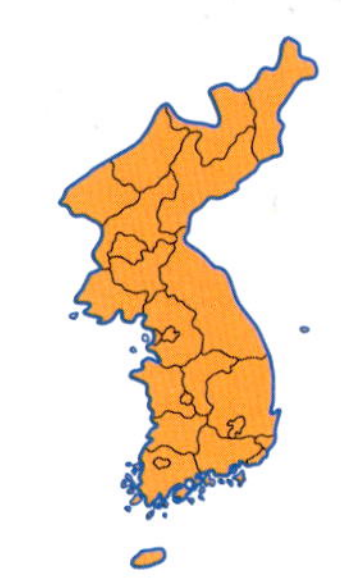

▲ 달래 꽃

▲ 달래 잎

달래는 냉이와 함께 봄철에 우리가 많이 먹는 나물이다. 특히 톡 쏘는 매운 맛이 일품이다. 달래는 중부 이남의 산이나 들에 많이 자라는 여러해살이풀로, 이른 봄부터 풀이 우거진 반그늘의 비옥한 땅에 자란다. 키는 5~12㎝로 작은 편이며, 잎은 길이 10~20㎝, 너비 0.3~0.8㎝ 정도이다. 잎은 뿌리에서 한두 개가 나오는데, 부채꼴이다. 꽃은 흰색 또는 붉은색이 도는 흰색으로 꽃줄기 끝에 한두 송이가 달린다. 꽃이 피기 전에는 비늘과 같은 것이 꽃을 감싸고 있으며, 열매는 6~7월경에 달리는데, 검으면서도 둥글다. 달래는 약용으로도 뛰어나다. 전설적인 명의 화타가 달래로 죽어 가는 환자를 치료했다는 이야기도 있다. 어느 날 화타가 길을 가다가 한 주막에서 쉬는데, 만성 소화불량으로 거의 죽을 지경에 이른 사람을 만나 달래를 캐서 즙을 낸 뒤에 환자에게 두 되를 먹이자 병이 씻은 듯이 나았다고 한다.

또 이연수라는 사람이 지은 『남사』라는 책에도 달래의 약효가 나온다. 이도념이라는 이가 5년 동안이나 영문 모를 병으로 누워 있었는데, 저징이라는 사람이 보니까 좋아하는 삶은 달걀을 평소에 너무 과식해서 생긴 병이어서 달래즙 한 되를 먹였다. 그랬더니 병아리 모양의 이물질을 열두 개나 토해내고는 병이 나았다는 것이다.

옛날부터 우리 조상들은 저주로 얻은 병을 가장 두려워했는데, 저주에 의한 질병을 치료하는 데에는 달래밖에 없다고 한다.

▲ 달래 꽃봉오리

▲ 달래 꽃 피기 전

▲ 달래 줄기

달래는 요즘에는 하우스에서도 많이 재배된다. 그러나 이른 봄 들에서 나는 것이 매운맛도 강하고 향도 더 좋다. 알뿌리가 큰 것이 좋지만 너무 커도 맛이 덜하다. 주로 매콤하게 무쳐 먹거나 된장찌개에 넣어 먹으며, 간장에 넣어 달래 간장양념을 만들어 먹기도 한다. 칼슘이 풍부해 돼지고기와 같은 육류와 함께 먹으면 콜레스테롤을 저하시킬 수 있는 것으로 알려져 있다. 달래는 또한 비타민 C가 풍부해 봄철 나른해질 때 먹으면 기운이 나고, 식욕도 나아진다고 한다.

백합과에 속하며, 소산, 야산, 산산이라고도 한다. 우리나라와 일본, 중국 동북부, 우수리 강 유역 등지에 분포한다.

길러보기

이른 봄에 뿌리나누기를 하거나 열매에서 종자를 거둬 화단에 뿌린다. 달래는 잎이 작기 때문에 물은 2~3일에 한 번씩만 줘야 한다.

비슷한 식물들

- **산달래** : 돌달래, 큰달래라고도 하며, 늦가을에 잎이 나와서 겨울을 난다. 주로 들판이나 오래된 밭 혹은 인가 근처 야산에서 많이 자란다.

▲ 산달래

여름 백두산을 수놓는 키 작은 꽃나무

97 담자리꽃나무

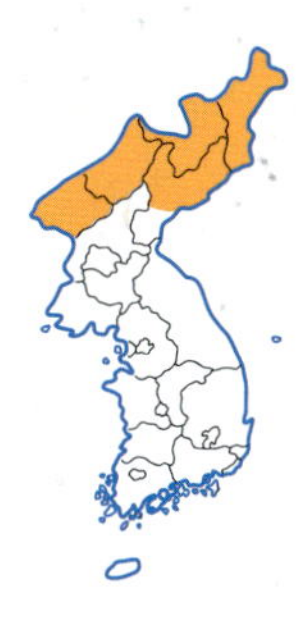

- 학 명 : *Dryas octopetala* var. *asiatica* (Nakai) Nakai
- 과 명 : 장미과

▲ 담자리꽃나무 꽃

▲ 담자리꽃나무 잎

ㄷ

식물 중에는 풀인지 나무인지 헷갈리는 것이 꽤 된다. 특히 나무이면서도 키가 매우 작을 경우 풀로 착각하기가 쉽다. 그런 종류는 대개 추운 지방의 고원지대에 자라는데, 담자리꽃나무 역시 백두산 등 고원지대에 자라는 상록성 관목이다. 백두산 야생화 사진에서 꼭 모델로 등장하는 식물로, 북한 천연기념물로 지정되어 있다.

▲ 담자리꽃나무 열매

키는 3~10㎝ 정도로 매우 작고, 줄기가 가지를 치며 옆으로 벋는다. 잎은 어긋나나 워낙 납작 엎드려 자라는 까닭에 뭉쳐난 것처럼 보인다. 잎은 길이 1~2㎝, 너비 0.6~1.5㎝로 넓은 타원형이다. 잎맥 부분이 오목하여 주름이 지고, 뒷면에 하얀 솜털이 빽빽하게 난다. 잎의 가장자리에는 톱니가 있다.

꽃은 6~7월에 길이 3~10㎝의 꽃자루 끝에 흰색으로 1개씩 달린다. 꽃의 지름은 2㎝가량이고, 꽃받침조각과 꽃잎은 각각 8개이다. 9~10월에 익는 열매는 길이 약 3㎝로 씨는 하나며 모양이 작고 익어도 터지지 않고 흰 털이 있다. 꽃이 진 다음 암술대가 길이 약 3㎝로 자라서 할미꽃의 열매와 같은 열매

▲ 담자리꽃나무 무리

▲ 담자리꽃나무 무리(백두산 천지)

가 되는데, 열매는 외부에서 보는 모습은 씨가 하나로 된 모양으로 작고 익어도 터지지 않으며 흰 털이 있고 9~10월에 익는다.

장미과에 속하며, 모전화수(毛氈花樹), 다변목(多辨木) 또는 선녀목(仙女木)이라고도 한다. 우리나라와 일본, 중국 만주, 우수리 강, 사할린 등지에 분포한다. 관상용으로 심으며, 꽃말은 '그 사랑에 눈을 떼지 마'이다.

ㄷ

길러보기

키가 작은 관목류여서 작은 소품이나 목부작, 석부작에 어울리는 품종이다. 하지만 아직 정확한 번식 방법이 알려져 있지 않아 번식이 힘들다. 백두산 현지에서 8~9월경에 종자를 채취하여 뿌리면 싹이 트나, 북반구의 추운 지역에 자라므로 키우기 어려운 편이다.

비슷한 식물들

- **북극담자리꽃나무** : 키가 작은 상록성 관목으로 편평한 방석 모양으로 모여 자란다. 꽃이 흰색으로 큰 편이며, 잎은 참나무 잎을 닮았다. 소빙하기 시절 번성했던 식물로 아이슬란드, 그린란드, 알래스카, 캐나다 북부 등지에 분포한다.

보랏빛 꽃이 예쁜

98 당개지치

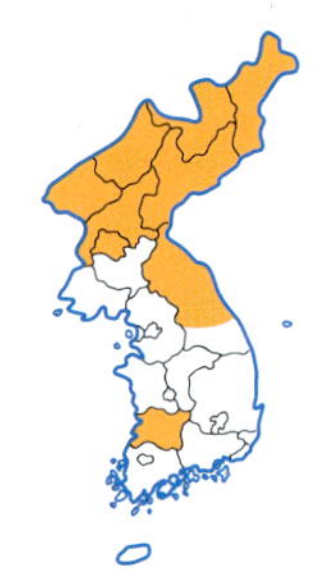

- 학 명 : *Brachybotrys paridiformis* Maxim. ex Oliv.
- 과 명 : 지치과

▲ 당개지치 꽃

▲ 당개지치 잎

지치과는 전 세계에 약 100속 2,000종이 있으며, 우리나라에는 13속 22종이 자라고 있다. 줄기는 거센 털로 덮여 있고, 잎은 보통 어긋나며 홑잎이고 턱잎이 없는 것이 지치과의 특징이다.

▲ 당개지치 새순

당개지치는 개지치에 '당'자를 붙인 것으로, 당이 붙은 것은 대부분 중국산을 의미한다. 개지치는 지치와 비슷하나 뿌리에 지치와 같은 자주색 색소가 없는 것이 다르다.

당개지치는 우리나라 중부 이북의 산지에서 자라는 여러해살이풀로, 주변 습도가 높고 물이 잘 빠지며 유기질이 풍부한 땅에서 잘 자란다. 키는 40㎝ 가량으로 크며, 잎은 마주난다. 잎에는 겉과 가장자리에 긴 흰 털이 덮여 있는데, 위로 올라가며 잎몸이 자라 원줄기를 감싸고, 끝에서는 5~7개의 잎이 돌려가며 난 것처럼 보인다.

꽃은 5~6월에 아주 작은 꽃들이 5~7개 정도 피는데, 꽃 색깔은 자주색이며, 꽃잎은 다섯 장이다. 잎 사이 줄기에서 뻗어나온다. 수술은 5개로 짧으며, 암술대는 1개로 길게 밖으로 빠져나와 있다. 열매는 8~9월경에 검은색으로 달리는데, 짧은 털이 있고 아래로 처진다. 지치과의 여러해살이풀로, 어린순은 나물로 데쳐 먹을 수 있으며, 뿌리는 약용한다. 우리나라와 중국 동북부, 동시베리아 등지에 분포한다.

▲ 당개지치 꽃봉오리

▲ 당개지치 개화 직전

길러보기

열매를 받아 종자를 채취해 바로 뿌리거나 종이에 싸서 냉장고에 보관하다 이듬해 봄에 뿌린다. 뿌리나누기는 가을에 하는 것이 좋은데, 잎이 모두 고사하고 없을 때가 적기이다. 따라서 이른 봄에 해도 괜찮다. 습기가 많은 개울가 근처나 연못 주변에 심는 것이 바람직하다. 서늘한 기후 조건과 유기질이 풍부한 곳에 심고, 특히 반그늘을 유지할 수 있도록 해 줘야 한다.

비슷한 식물들

- **지치** : 5~6월에 흰색 꽃이 핀다. 뿌리는 자주색으로 염료로 많이 사용된다. 키는 30~70㎝이다.
- **개지치** : 지치와 비슷하지만 뿌리에 지치와 같은 색소가 없다. 꽃은 5~6월에 흰색으로 피며, 키는 20~40㎝이다.
- **모래지치** : 바닷가의 모래땅에서 자라며, 키는 20~30㎝이다. 5~7월에 흰색 꽃이 핀다.
- **산지치** : 산지에서 자라며, 5월에 파란빛을 띤 자주색 꽃이 핀다. 키는 약 30㎝이다.
- **돌지치** : 산야에서 자라며, 6월에 백자색 꽃이 핀다. 키는 약 30㎝이다.
- **들지치** : 산과 들에서 자라며, 꽃은 8월에 하늘색으로 핀다. 키는 20~50㎝이다.
- **반디지치** : 풀밭 양지나 바닷가 모래땅에서 잘 자라며, 꽃이 반디풀을 닮았다. 꽃은 5~6월에 푸른 자주색으로 피며, 키는 15~25㎝이다.

▲ 지치

▲ 모래지치

▲ 반디지치

긴 창으로 목구멍을 찌르는 듯 자극적인

99 대극

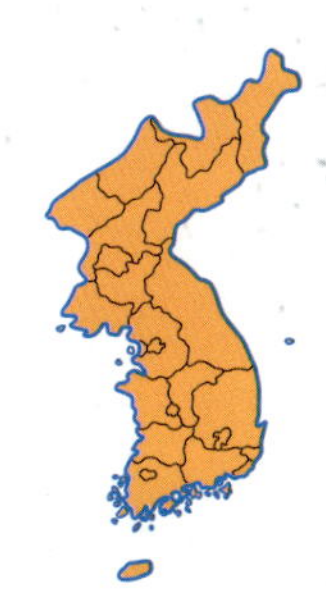

- 학 명 : *Euphorbia pekinensis* Rupr.
- 과 명 : 대극과

▲ 대극 꽃

▲ 대극 잎

▲ 대극 꽃봉오리

▲ 대극 줄기

대극(大戟)이라는 이름은 큰 창을 한자로 쓴 것이다. 풀 이름이 대극이니 커다란 창처럼 생겼겠다 싶지만 외관상으로는 창과는 다르다. 유독 식물이나 약재로 이용하는데, 뿌리가 워낙 맵고 써서 마치 목구멍을 크게 찌르는 것 같다고 해서 붙은 이름이다. 겉으로 봐서는 왜 대극이라고 이름을 붙였는지 모를 수밖에 없다.

흔히 대극은 버들옻이라고도 하는데, 이는 대극의 잎을 자르면 옻나무처럼 하얀 수액이 흐르며, 잎의 모양이 꼭 버드나무 잎처럼 생겼기 때문이다. 대극에는 민대극, 암대극, 지리대극 등 10여 종이 있다.

키는 80㎝가량이며, 뿌리는 굵고 실하다. 줄기는 곧게 자라고 밑부분에서 가지를 친다. 잎은 어긋나고 피침형이다. 잎 뒷면에 짧은 털이 나며 가장자리에는 톱니가 있다. 꽃대의 끝에서 꽃의 밑동을 싸고 있는 비늘 모양 조각 잎은 길이 0.5~1.2㎝이다.

▲ 대극 무리

꽃은 6월에 황록색으로 피는데, 1개의 수술로 된 몇 개의 수꽃과 암꽃 1개가 꽃대의 끝에서 꽃의 밑동을 싸고 있는 비늘 모양 조각 잎 안에 들어 있다. 꽃은 지름 약 1.5㎝이다. 열매는 속이 여러 칸으로 나뉘고, 각 칸 속에 많은 종자가 들어 있으며 겉에 돌기가 나 있다. 종자는 약간 둥근 편이다.

대극과의 여러해살이풀로, 우리나라와 일본, 중국 등지에 분포한다. 주로 산과 들의 양지바른 풀밭에서 자란다. 어린잎은 식용하며, 뿌리는 약재로 이용된다. 줄기를 자르면 우윳빛의 흰 액이 나오고, 뿌리 부분을 자르면 초록빛이 도는 노란 형광색 액이 나온다. 피부에 닿으면 알레르기를 일으킬 수도 있다.

길러보기

정원에 심어 가꾸는 것이 좋으며, 집단적으로 심는 것이 운치가 있다. 이식하고 뿌리를 내린 후 계분을 비료로 준다.

비슷한 식물들

- **두메대극** : 줄기는 뭉쳐나며 길이 10~15㎝로 아주 작다. 매우 유독한 식물로 제주도에 분포하며, 제주대극이라고도 한다.
- **민대극** : 암꽃과 수꽃에 작은 꽃봉오리를 덮는 작은 잎이 없어 민대극이라고 한다. 또 새순이 꽃게의 다리처럼 붉은색을 띠므로 붉은대극이라고도 한다.
- **암대극** : 바닷가 바위틈에 자라며, 꽃이 필 때 꽃대 끝에서 꽃의 밑동을 싸고 있는 비늘 모양 조각이 노란색을 띤다.
- **흰대극** : 꽃봉오리를 덮는 작은 잎이 둥그렇다.
- **지리대극** : 지리산에 자라며, 키 50~100㎝로 큰 편이다. 잎은 길이 6~14㎝, 너비 1~2.3㎝로 분백색을 띤 녹색이다.

▲ 두메대극

▲ 민대극

▲ 지리대극

100 대반하

- 학 명 : *Pinellia tripartita* (Blume) Schott
- 과 명 : 천남성과

▲ 대반하 꽃봉오리 올라오는 모습

▲ 대반하 꽃

반하(半夏)는 여름의 중간에 꽃을 피운다고 하여 붙여진 이름으로, 예로부터 덩이줄기를 약재로 널리 사용해 온 들풀이다. 특히 『동의보감』에는 반하사심탕이라고 하여 반하를 다른 약재와 넣고 탕으로 달이는데, 위의 팽만감과 딸꾹질, 메스꺼움, 구토나 설사 등을 치료하는 데 처방한다고 기재되어 있다.

▲ 대반하 꽃 시드는 모습

반하의 키는 20~40㎝이다. 잎은 작은 잎이 세 장 달리는데, 길이 3~12㎝, 너비 1~5㎝이며 가장자리는 밋밋한 긴 타원형이다. 꽃은 녹색으로 핀다.

반하 중에서도 대반하는 큰 반하라는 뜻이다. 알뿌리도 반하의 알뿌리보다 훨씬 크고 포기와 잎, 꽃 모두 반하보다 훨씬 크다. 특히 잎자루에 달린 구슬눈으로 번식을 하는 점이 반하와는 큰 차이점이다. 키는 약 60㎝이며, 전초는 반질반질하게 윤이 난다. 덩이줄기는 지름 3㎝ 정도의 둥근 공 모양이며 실뿌리가 붙는다. 잎은 깊게 세 갈래로 갈라지는 심장 모양으로 천남성의 잎과 비슷하다.

꽃은 4~7월에 길이 50㎝ 정도의 긴 꽃줄기가 나와 녹색으로 달리는데, 가운데쯤에 횃불 모양으로 꽃을 싸는 잎이 붙는다. 열매는 장과로 9~10월에

▲ 대반하 새순 올라오는 모습

▲ 대반하 잎

ㄷ

녹색으로 익는다.

천남성과의 여러해살이풀로, 경남 거제도 등 남부지방에 분포한다. 덩이줄기를 약으로 쓰지만 독이 강해 나물로 먹으면 절대 안 된다. 큰반하라고도 한다.

길러보기

종자로도 번식하고 구슬눈에서 싹이 나 번식하기도 한다. 10월에 받은 종자를 바로 뿌리거나 종이에 싸서 냉장고에 보관 후 이듬해 봄에 뿌린다. 종자가 딱딱하기 때문에 물에 2~3일 정도 불린 후 뿌리면 발아율을 높일 수 있다. 가을에 알뿌리를 떼어내 화분에 심어도 된다.

비슷한 식물들

- **반하** : 키 20~40㎝. 잎은 길이 3~12㎝, 너비 1~5㎝이다. 잎자루에 구슬눈이 달리지 않는다.
- **천남성** : 잎이 비슷하나 열매가 붉게 익는다. 옛날에는 사약으로 사용되었다.
- **큰천남성** : 다른 천남성에 비해 잎과 줄기, 꽃이 모두 크다.

▲ 반하

▲ 천남성

▲ 큰천남성

강원도 대성산에서 발견된 쓴풀

101 대성쓴풀

- 학 명 : *Anagallidium dichotomum* (L.) Griseb.
- 과 명 : 용담과

▲ 대성쓴풀 꽃

▲ 대성쓴풀 잎

쓴풀은 풀 전체에서 쓴맛이 나서 붙여진 이름이다. 도대체 얼마나 쓰기에 그런 이름이 붙었을까 궁금한데, 먹지 못할 정도는 아닌 듯하다. 쓴풀이라는 명칭이 붙은 것은 아무래도 약재로 이용되었기 때문일 것이다. 예로부터 소화불량이나 그로 인한 식욕부진에 전초가 약재로 사용되었다. 이러한 쓴풀에는 개쓴풀, 자주쓴풀, 대성쓴풀 등 몇 가지 비슷한 종이 있다.

▲ 대성쓴풀 꽃봉오리

이중 대성쓴풀은 1984년 강원도 대성산에서 이우철 교수(당시 강원대 생물학과)가 우리나라에서는 처음 발견하였다고 하여 대성이라는 이름이 붙었다. 다른 쓴풀과 달리 작고 연약한 줄기가 두 갈래로 연속적으로 갈라지는 것이 구분점이다.

키는 10㎝ 내외로 작으며, 줄기는 비스듬히 서는데 네모지며 황록색을 띤다. 잎은 마주나며 3~5개의 맥이 있다. 뿌리잎은 주걱 모양으로 길이 2~3㎝, 너비 0.6~1㎝이다. 잎 끝은 둔하며 밑은 가늘고 길다. 줄기잎은 달걀 모양 또는 달걀 모양 피침형으로 길이 0.5~2㎝, 너비 0.5~1㎝이다.

꽃은 5~6월에 가지와 줄기 끝에 달린다. 꽃줄기는 가늘며 길이 1~4㎝이

▲ 대성쓴풀 새순 올라오는 모습

고 밑으로 드리운다. 열매는 속이 여러 칸으로 나뉘고, 각 칸 속에 많은 종자가 들어 있으며 둥글다.

용담과의 여러해살이풀로, 우리나라와 러시아, 몽골, 중앙아시아 등지에 분포한다. 우리나라에서는 강원도의 깊은 산에 서식한다. 선인초라 하여 약재로 이용되었으나, 분포지가 제한되어 있어 환경부 보호종으로 지정되었다.

길러보기

환경부 보호종으로서, 가꾸기는 어렵다.

비슷한 식물들

- **쓴풀** : 꽃의 지름은 1.5~2㎝이며, 흰 바탕에 자주색 줄이 나 있기 때문에 연보랏빛으로 보인다.
- **자주쓴풀** : 꽃은 가을에 자주색으로 핀다. 뿌리가 여러 갈래로 갈라진다.
- **개쓴풀** : 다른 쓴풀과는 달리 쓴맛이 나지 않는다. 꽃잎 안에는 흰 털이 수북이 나 있고, 그 털 속에는 두 개의 선체가 숨겨져 있다.
- **큰잎쓴풀** : 잎이 네귀쓴풀보다 넓은 달걀 모양이고, 꽃도 크다. 꽃잎에 맥이 있다. 꽃은 8~9월에 자주색으로 핀다.
- **네귀쓴풀** : 꽃은 7~8월에 흰색으로 피며, 꽃잎이 네 개로 갈라진다. 꽃잎 위에는 파란색 무늬가 나 있다.
- **흰자주쓴풀** : 자주쓴풀과 비슷하나 꽃이 흰색이다.

▲ 쓴풀

▲ 자주쓴풀

▲ 네귀쓴풀

잎이 대나무 잎처럼 긴

102 댓잎현호색

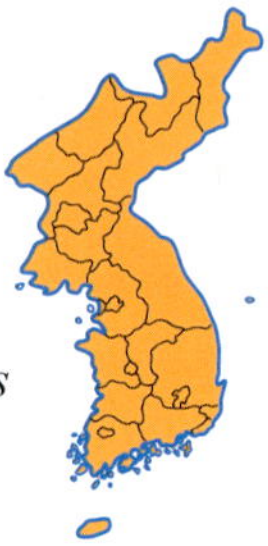

- 학 명 : *Corydalis remota* Fisch. ex Maxim. f. *linearis* (Regel) Nakai
- 과 명 : 현호색과

▲ 댓잎현호색 꽃

▲ 댓잎현호색 잎

우리 주변에는 산이 많아서 언제든 야생화를 관찰할 수 있다. 서울만 해도 북한산과 관악산, 청계산, 대모산 등에 사시사철 다양한 야생화가 피어난다. 야생화 감상을 취미로 갖는다면 자연스레 산책도 하고 맑은 공기도 마실 수가 있다. 또 꽃을 바라보면서 감성도 예쁘게 가꿀 수 있으니 일석삼조라고 할 수 있을 것이다.

현호색 종류는 봄철이면 우리나라 산과 들에 흔하게 피는 꽃이다. 잎이나 꽃 색깔에 따라 여러 가지로 분류되는데, 댓잎현호색은 이파리가 길고 가늘어서 댓잎처럼 생겼다고 붙은 이름이다. 산에 나는 여러해살이풀로, 다른 현호색들처럼 반그늘이나 양지의 물 빠짐이 좋은 땅에서 잘 자란다. 키는 약 20㎝ 정도이다.

잎은 1~2회 갈라진 깃 모양으로 끝이 뾰족하다. 꽃은 4~5월에 피며, 연한 자주색이거나 보라색으로 길이 약 2㎝이다. 원줄기 끝에서 5~10여 개의 꽃이 뭉쳐서 달리는데, 한쪽 옆을 향하며 입술 모양으로 퍼진다. 열매는 6~7월경에 긴 타원형으로 달리며, 종자는 검은색으로 광택이 난다. 현호색이라는 이름은 알뿌리가 거무튀튀해서 붙여진 이름이다. 현호색과는 전 세계에 142종이 분포하는데, 우리나라에는 15종이 서식한다. 댓잎현호색은 기본 종인 현호색의 변종으로 다루기도 하나, 양자 간에는 중간형도 있어 뚜렷하게 구별되지 않는다.

현호색과에 속하며, 유독성 식물이지만 어린순은 나물로 먹기도 한다. 이때는 데친 뒤 물에 충분히 우려내어 독성을 제거할 필요가 있다. 덩이줄기는 약재로 사용된다. 우리나라 경상남도와 경기도, 황해도, 함경남·북도 등지에 분포한다.

길러보기

7월에 채취한 씨앗을 냉장 보관하다가 가을에 뿌리거나 이듬 해 봄에 뿌린다. 또 가을에 뿌리를 캐서 새로 생긴 작은 뿌리를 나눠 심어도 된다. 양지의 물이 잘 빠지는 곳에 심는 것이 중요하며, 물은 2~3일에 한 번씩 준다.

비슷한 식물들

- **빗살현호색** : 잎이 빗살 모양이다. 산지 숲 속에 자라며, 키는 20~30㎝이다.
- **왜현호색** : 꽃이 자줏빛이 도는 하늘색이다.
- **들현호색** : 키는 약 15㎝로 작지만 잎이 크고 넓다. 우리나라 남부, 중부 전역과 광릉 등지에 분포한다.
- **점현호색** : 키 약 40㎝이다. 잎에 흰색 반점이 있다.
- **애기현호색** : 키 약 25㎝이다. 잎이 잘게 갈라져 있다.
- **난장이현호색** : 전체 크기가 작아서 난장이라고 부르는데, 키가 10㎝도 안 되는 게 많다.
- **섬현호색** : 잎이 깊게 갈라져 있다. 꽃은 5월에 자주색으로 피며, 키는 약 50㎝이다. 울릉도에 자란다.
- **좀현호색** : 잎이 작다. 제주도에 자란다.

▲ 빗살현호색

▲ 왜현호색

▲ 들현호색

▲ 점현호색

약재로 사용되는 미러클 베리

103 댕댕이나무

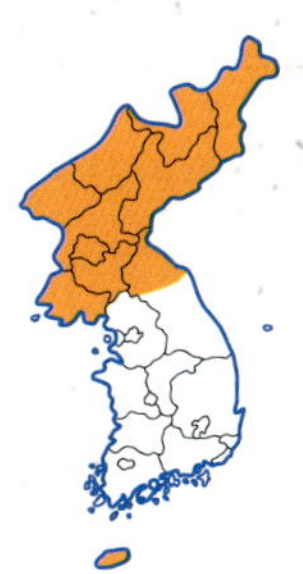

- 학 명 : *Lonicera caerulea* var. *edulis* Turcz. ex Herder
- 과 명 : 인동과

최근 들어 소득이 증가하고 건강에 대한 관심이 커지면서 외국에서 수입되는 건강에 좋은 과실과 과일들을 많이 찾고 있다. 그중 항산화 효과가 뛰어나다고 알려진 열대과일인 블루베리 종류가 단연 인기다. 블루베리 하면 건강식품을 떠올린다. 열매가 짙은 푸른색인데, 특히 눈 건강에 매우 좋다고 알려져 있다. 블루베리는 그 열매를 말하지만 나무 이름이기도 한데, 북아메리카 원산으로 약 20여 종이 있다고 알려져 있다.

그런데 우리나라에도 옛날부터 블루베리라고 할 만한 나무들이 있었으니 정금나무나 들쭉나무, 모새나무가 그것이다. 이 세 나무는 흔히 토종 블루베리 3형제라 하는데, 이외에도 산앵도나무, 월귤나무 등이 토종 블루베리에 속한다고 하겠다.

댕댕이나무도 그중 하나로 흔히 '허니베리(Honey berry)'라고 하여 재배된다. 최근 연구된 바로는 항산화 효과가 있으며, 간 기능을 회복하는 데 도움을 주고 치매 예방에도 좋다고 한다. 이런 까닭에 미러클 베리 또는 불로장생의 명약이라고도 한다.

댕댕이나무의 키는 1.5m 정도이다. 속이 꽉 찬 나무로, 작은 가지에 털이 많다. 잎은 마주나며 창처럼 끝이 뾰족하거나 거꾸로 된 피침형이다. 잎은 길이 1~4㎝, 너비 1㎝ 정도이다. 잎 앞면에는 털이 있거나 없고 뒷면에는 털이 있다.

꽃은 5~6월에 잎겨드랑이에 황백색으로 달리고, 꽃받침은 톱니처럼 5개로 갈라진다. 열매는 타원형의 장과로 가을에 검게 익으며 하얀 가루로 덮여 있다. 열매는 생으로 먹고, 과즙은 청량음료를 만들어 먹는다. 또한 열매를 남정과라 하여 약재로 사용한다.

인동과의 낙엽활엽관목으로 우리나라와 일본, 사할린, 동시베리아, 캄차카 반도 등지에 분포한다. 우리나라에서는 설악산과 한라산 해발 고도 700m 이상의 습지에서 자란다.

길러보기

가을에 종자를 받아 심는다. 농원이나 나무시장에서 삽목된 것을 구입, 재배해도 된다. 내한성이 강해 어디에서도 잘 자라는 편이다.

비슷한 식물들

- **넓은잎댕댕이** : 잎이 긴 타원형 또는 타원형이고 길이 3~6㎝이다.
- **둥근잎댕댕이** : 전체에 털이 적고, 잎이 넓은 달걀 모양 또는 넓은 타원형이며 뒷면에 흰빛이 돌고 그물맥이 두드러진다.
- **개들쭉** : 키가 작고 전체에 털이 적다.
- **구슬댕댕이** : 7~8월에 둥글고 잔털이 있는 열매가 붉은색으로 익는다.

▲ 구슬댕댕이

들판에서 하얀 별처럼 반짝이는

104 덩굴개별꽃

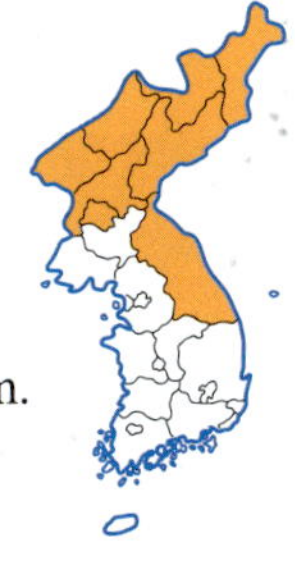

■ 학 명 : *Pseudostellaria davidii* (Franch.) Pax ex Pax & Hoffm.

■ 과 명 : 석죽과

▲ 덩굴개별꽃 꽃

▲ 덩굴개별꽃 잎

ㄷ

꽃의 모양을 보면 참 경이롭기도 하다. 대부분 멋진 조화를 이루는데, 좌우 대칭도 알맞고, 특히 꽃 속에 있는 수술이나 암술은 꽃을 더욱 아름답게 해준다. 덩굴개별꽃은 개별꽃 중에서 가지가 옆으로 뻗으면서 덩굴처럼 변해서 붙여진 이름으로 개별꽃 못지않게 꽃이 별처럼 멋지다. 하얀 꽃은 꽃잎이 다섯 개라 마치 흰 별이 반짝이는 듯하다.

덩굴개별꽃은 산과 들에 자라는 여러해살이풀로, 다른 개별꽃들처럼 반그늘에서 잘 자라는데, 특히 비옥한 땅에 적합하다. 키는 15㎝ 정도이고, 잎은 타원형 또는 난형으로 끝은 가시처럼 뾰족한 것이 특징이다. 꽃은 5~6월에 피고 잎겨드랑이에서 실처럼 가늘고 긴 꽃줄기가 나오며 한 송이씩 달린다. 열매는 6~7월경에 달린다.

개별꽃은 별꽃에 '개'자를 붙인 것으로, 만일 '개'라는 접두어를 사람에게 붙이면 나쁜 뜻이 되지만 식물에는 야생이라는 의미가 강하며, 보통 꽃이 본종보다 작은 경우가 많다. 그러나 개별꽃만은 예외로 꽃이 본종보다 크고 잎이 단정하다. 별꽃과 개별꽃은 같은 석죽과로 잎과 꽃에 약간의 차이가 있다. 먼저 꽃을 보면, 별꽃은 꽃잎이 다섯 장이지만 각각 두 개로 갈라져서 꼭 10장처럼 보인다. 이에 비해 개별꽃은 꽃잎이 5장에서 7장까지 다양하다. 그런데 개별꽃이 왠지 별꽃보다 더 예쁘기만 하다. 꽃도 더 크고, 꽃잎 속에 숨어 있는 수술이 더욱 매력적이다.

약간의 차이는 있지만 세상에 예쁘지 않은 꽃은 없다고 생각한다. 어떤 꽃

▲ 덩굴개별꽃 무리

이든 자기만의 매력이 있다. 처음에는 별 볼일 없는 꽃처럼 보여 그냥 지나치다가도 나중에 다시 보면 소박하면서도 다소곳한 매력을 느낄 수 있는 들꽃이 참 많다. 덩굴개별꽃은 개별꽃에 비해 꽃잎의 모양이 둥글다. 개별꽃은 잎 끝이 움푹 패어 있어서 구분하기가 쉬운 편이다. 석죽과에 속하며, 덩굴미치광이 또는 둥근잎미치광이라는 희한한 이름으로도 불린다. 작은 인삼뿌리와도 닮은 뿌리는 약재로도 사용되는데, 태자삼과 비슷한 효능이 있다고 한다. 어린순을 나물로 먹는다. 주로 중부 이북과 높은 산, 평안북도, 함경북도 등지에 분포한다.

길러보기

7월에 받은 종자를 냉장 보관하다가 가을이나 이듬해 봄에 뿌리면 싹이 나온다. 또 포기나누기는 이른 봄 새순이 올라올 때 하는 것이 좋 다. 화분에 심을 때는 물이 잘 빠지도록 해야 하며, 퇴비를 많이 하는 것이 좋다. 물은 2~3일에 한 번 정도 주는 것이 적당하다.

비슷한 식물들

- **별꽃** : 꽃은 5~6월에 피고 흰색이며 취산화서를 이룬다. 꽃잎은 다섯 개이나 각각 끝이 갈라져 10개처럼 보인다.
- **개별꽃** : 5월에 잎겨드랑이에서 꽃대가 나와 1개의 흰색 꽃이 달린다. 수술은 10개이고, 꽃밥은 노란색이며, 암술대는 3갈래로 갈라지는 게 특징이다.
- **덩굴별꽃** : 7~8월에 흰색 꽃이 가지 끝에 1개씩 옆을 향해 핀다.
- **자주덩굴별꽃** : 덩굴별꽃과 거의 흡사하나 줄기와 잎이 자줏빛이다.

▲ 별꽃

▲ 개별꽃

줄기가 덩굴처럼 벋는

105 덩굴꽃마리

- 학 명 : *Trigonotis icumae* (Maxim.) Makino
- 과 명 : 지치과

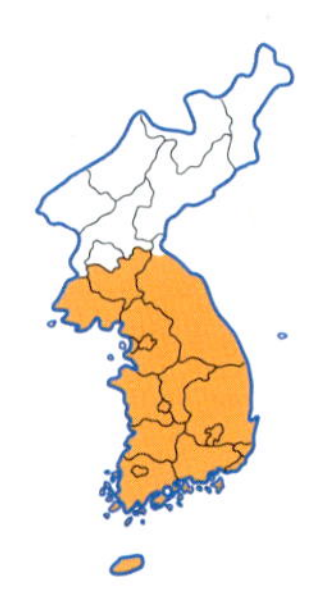

▲ 덩굴꽃마리 꽃

▲ 덩굴꽃마리 잎

우리 식물 이름에 앞과 뒤에 '덩굴'이란 말이 있으면 덩굴처럼 옆으로 뻗어나가는 특징이 있는 식물을 뜻한다. 덩굴꽃마리도 줄기가 옆으로 눕고 잎겨드랑이에서 나온 가지가 길게 자라는데, 덩굴 형태가 된다. 여기에서 꽃마리라는 뜻은 꽃이 필 때 마치 말려 있던 것이 펴지는 듯해서 붙여진 것이다. 꽃차례 윗부분이 말려 있는데, 태엽처럼 풀리면서 아래쪽에서부터 차례로 꽃이 핀다.

▲ 덩굴꽃마리 꽃봉오리

덩굴꽃마리는 중부 이남의 산과 들에 자라는 여러해살이풀로, 햇볕이 잘 들고 물이 잘 빠지는 곳이라면 어느 곳이든 잘 자라는 특성이 있다. 키는 7~20㎝이다. 잎은 마주나며 잎의 둘레는 밋밋하고, 밑부분의 잎은 잎자루가 길지만 위로 올라갈수록 짧아진다. 잎 길이는 3~5㎝, 너비는 1.5~2.5㎝이다. 줄기는 덩굴성으로 자라는데, 전체에 두꺼운 털이 나 있다. 꽃은 5~6월에 여러 개가 어긋나게 붙는데, 아래에서부터 피기 시작해서 위까지 올라온다. 열매는 9월경에 달리는데, 끝이 뾰족하고 삼각형을 이룬다. 잔털이 달려 있다.

지치과에 속하며, 덩굴꽃말이, 만부지채라고도 한다. 키우기가 쉬워 관상

▲ 덩굴꽃마리 무리

용으로 많이 재배되며, 어린순은 나물로 먹기도 한다. 작은 꽃들이 여러 송이 달리고, 꽃도 오래 피어 있는 편이어서 더욱 사랑을 받고 있다. 우리나라 중부, 남부지방에 분포한다.

길러보기

열매를 받아 종자를 보관하다가 이른 봄에 뿌리면 싹을 틔울 수 있다. 또 이른 봄 새순이 올라올 때 뿌리를 캐어 포기나누기를 해도 된다. 줄기가 옆으로 뻗으면서 자라므로 한 개체에서 많은 개체를 만들 수 있다. 화분을 이용한 실내나 야외 어느 곳이든지 키우기가 쉽다. 토양은 물 빠짐을 좋게 하고 퇴비는 약간만 줘도 된다. 물 빠짐을 좋게 하기 위해 화분에는 아래에 굵은 돌을 넣기도 한다.

비슷한 식물들

- **꽃마리** : 꽃은 4~7월에 연한 하늘색으로 피고 줄기 끝에 총상화서를 이룬다. 잣냉이라고도 하며, 키는 10~30㎝이다.
- **갈고리꽃마리** : 산지의 나무 밑에 자라며, 5~6월에 보랏빛을 띤 짙은 남색 꽃이 핀다. 키는 30~60㎝이다.
- **섬꽃마리** : 산지에서 자라며, 키는 40~100㎝로서 가지가 많이 갈라진다. 꽃은 8월에 하늘색으로 핀다.
- **좀꽃마리** : 밑에서 가지가 갈라져서 무더기로 자란다. 꽃은 5월에 연한 남자색으로 핀다. 키는 12~28㎝이다.
- **참꽃마리** : 줄기 밑부분에 달린 잎은 뿌리에서 나온 잎과 함께 잎자루가 길지만 위로 올라갈수록 짧아진다. 키는 10~15㎝이다.

▲ 꽃마리

▲ 참꽃마리

잎이 매우 억센 양치식물

106 도깨비쇠고비

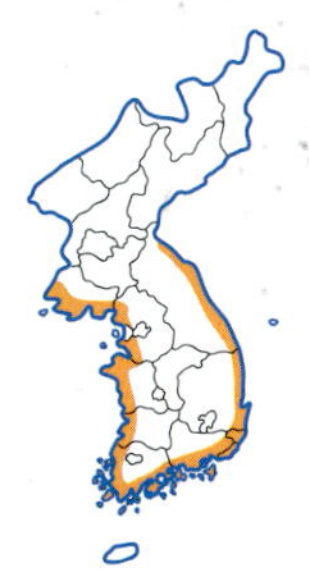

■ 학 명 : *Cyrtomium falcatum* (L.f.) C.Pres

■ 과 명 : 면마과

ㄷ

사람도 세련되지 못한 사람이 있듯, 식물도 고도로 발달한 것이 있는 반면에 원시적인 것도 많다. 꽃을 피우지 않는 양치식물은 바로 원시적인 식물이라고 볼 수 있을 것이다. 양치식물이 번성한 것은 중생대로, 공룡이 살던 그때에는 양치식물도 키가 어마어마하게 큰 것이 많았다. 오늘날 석탄은 모두 양치식물이 묻혀 이루어진 것이다. 양치식물은 오늘날에도 매우 많이 남아 있는데, 전 세계에 2만 종이나 된다.

도깨비쇠고비는 양치식물로, 바닷가와 섬의 바위틈에서 자라는 것이 특징이다. 제주도와 울릉도, 남부, 중부 지방의 해안가에 많이 자라는데, 상록성 식물이다. 양지바른 곳이나 반그늘의 돌 틈에서 삐죽삐죽 솟아 있는 모습을 보면 참 생명력이 대단하다. 키는 20~40㎝이며, 잎은 새의 깃 모양으로 매우 억세어 마치 가죽 같은 느낌이 들기도 하고 암녹색의 광택이 나며 뿌리에서 뭉쳐서 올라온다. 뿌리줄기는 굵고 짧으며 옆으로 뻗으며, 잎자루는 길이 15~40㎝이다. 갈색 또는 흑갈색의 비늘조각이 있다.

양치식물은 포자를 통해 번식하는데, 도깨비쇠고비의 포자낭군은 잎 뒷면에 많이 나 있다. 보통 양치식물의 포자는 한 줄 또는 두 줄로 길게 나란히 배열되는데, 이 식물은 그냥 뒷면에 흩어져 있다. 이것이 익으면 중앙부가 검은 갈색으로 변한다. 도깨비쇠고비는 쇠고비에서 비롯된 이름이다. 바닷가의 숲속에서 자라는 쇠고비는 뿌리줄기가 덩어리처럼 짧고 많은 잎이 한 군데에서 나와 젖혀지는 것이 특징이다. 그런데 쇠고비는 또 고비에서 갈라져 나온 이름으로 '쇠'자 가 들어가면 매우 억세 보인다.

한편, 도깨비라는 명칭은 왜 붙었을까? 식물에 더러 도깨비라는 명칭이 붙은 게 있는데, 도깨비가지와 도깨비바늘, 도깨비부채 등이 대표적이다. 그만큼 이상하게 생겼다는 뜻이 아닐까 생각된다. 면마과에 속하며, 도깨비고비라고도 한다. 관상용으로 심는다. 우리나라와 일본, 타이완, 중국, 인도, 남아프리카, 말레이시아, 하와이 등지에 걸쳐 넓게 분포한다.

길러보기

큰 식물들과 함께 심는 것이 좋다. 이른 봄에 새순이 올라올 때 포기나누기로 번식시킨다. 화분이나 화단에 심는데, 심을 때에는 다른 식물과 곁들여서 심는 것이 좋다. 물은 2~3일 간격으로 준다.

비슷한 식물들

- **고비** : 포자낭이 포도송이처럼 입체적으로 빽빽이 달린다. 키는 60~100㎝ 정도이다.
- **쇠고비** : 뿌리줄기가 덩어리처럼 짧고 많은 잎이 한 군데에서 나와 젖혀진다.
- **참쇠고비** : 포자낭군은 뒷면 전체에 흩어지고, 포막은 거의 둥글며 가장자리가 불규칙한 물결 모양이고 성숙하면 중앙이 갈색으로 된다. 섬에 자라는 한국 특산종이다.
- **고비고사리** : 잎은 뿌리줄기에 드문드문 달리고 키가 1m에 달할 정도로 무성해진다.

▲ 고비

ㄷ

꽃과 열매가 찔레꽃을 닮은

107 돌가시나무

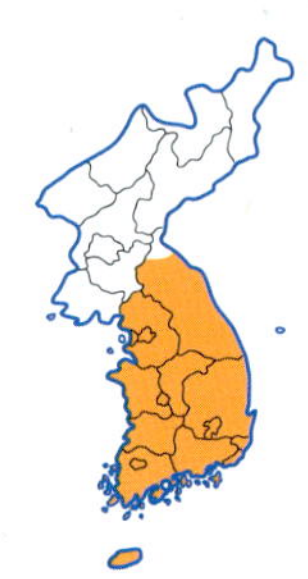

- 학 명 : *Rosa wichuraiana* Crep. ex Franch. & Sav.
- 과 명 : 장미과

▲ 돌가시나무 꽃봉오리

▲ 돌가시나무 꽃

꽃을 보면 꼭 찔레꽃이다. 하얀 꽃도 그렇지만 열매도 흡사하다. 그러나 찔레꽃이 땅 위에 꼿꼿하게 서서 2m가량 자라는 반면, 돌가시나무는 땅 위를 기듯 자라는 점이 크게 다르다.

▲ 돌가시나무 열매

반들가시나무, 대도가시나무, 붉은돌가시나무, 대마도가시나무, 긴돌가시나무, 홍돌가시나무, 땅가시나무, 땅찔레나무, 용가시나무 등 다양한 이명이 있다. 가시나무라는 이름은 붙었으나, 장미과에 속하며 도토리가 열리는 참나무과의 가시나무와는 종이 다르다.

전체에 가시가 많은 반면에 털은 없다. 잎은 어긋나고 7~8개의 작은 잎으로 구성된 깃꼴 겹잎이다. 작은 잎은 달걀을 거꾸로 세운 모양이거나 넓은 달걀 모양이다. 잎 끝이 뭉뚝하고 밑부분은 둥글며, 잎 가장자리에 굵은 톱니가 있는 것이 특징이다. 흰색 꽃은 지름 약 4㎝이며 가지 끝에 1~5개 정도 달린다. 꽃잎은 잎과 비슷한 모양으로 끝이 오목하며, 꽃받침조각은 끝이 뾰족하다. 열매는 가을에 붉게 익고 모양은 둥글다.

반상록활엽 포복성 관목으로, 바닷가에서 잘 자란다. 우리나라와 일본, 타이완, 중국 등지에 분포한다. 꽃 향기가 좋아 관상용으로 심는다. 특히 햇볕만 좋으면 꽃이 계속 피며, 열매도 여름까지 계속 열리므로 관상 가치가 높은 수종으로 여겨진다. 뿌리는 약재로 이용된다.

길러보기

가지를 이용한 삽목과 뿌리나누기로 번식한다. 종자는 9월경에 받아 바로 뿌리거나 종이에 싸서 냉장고에 보관 후 이듬해 봄에 뿌린다.

비슷한 식물들

- **긴돌가시나무** : 열매가 타원형이다.
- **홍돌가시나무** : 꽃이 붉은색으로 핀다.

봄철 입맛을 돋우는 새콤한 나물

108 돌나물

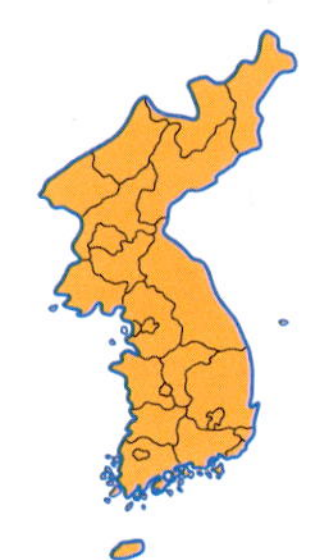

- 학 명 : *Sedum satrmentosum* Bunge
- 과 명 : 돌나물과

▲ 돌나물 꽃

▲ 돌나물 잎

봄이 되면 겨우내 움츠렸던 몸도 펴지면서 온몸이 나른해지곤 한다. 또한 유난히 식욕이 떨어지는데, 다행인 것은 산과 들에 미각을 돋우는 나물이 지천으로 난다는 것이다. 봄나물 중에서도 돌나물은 초고추장과 함께 밥에 비벼서 먹으면 아주 맛이 좋으며, 생채로도 먹고 김치로도 담고 다른 것과 곁들여서도 먹는다. 섬유질이 적고 비타민 C가 풍부하며 인산이 많이 들어 있어서 콜레스테롤 수치를 낮춰 주는 다이어트 식품으로도 알려져 있다. 특히 새콤한 맛은 잃어버린 입맛을 돌아오게 해 주기에 충분하다.

돌나물은 우리나라 어느 곳에서나 산과 들에 자라는 여러해살이풀로, 주변에 돌이 많고 양지가 바른 곳에서 자란다. 키는 약 15㎝이고, 잎의 길이는 1.5~2㎝로 보통 세 장씩 돌아가며 올라가고 달걀 모양이다. 꽃은 황색으로 1㎝가 채 안 되며 줄기 윗부분에 달린다. 꽃받침잎은 뾰족하고 황색이며, 수술은 10개가 들어 있다. 열매는 7~8월경에 달리는데, 흑갈색 씨방에 작은 씨앗이 많이 들어 있다. 돌나물은 돌 위에서 자라므로 잎과 줄기에 수분을 많이 갖고 있는 다육식물이다.

돌나물은 주로 나물로 먹지만 관상용으로도 아주 좋은 품종이다. 자잘한 이파리들이 돌 위에 이리저리 자라는 모습이 앙증맞다. 특히 아무 데나 잘라서 심어도 뿌리가 나오므로 키우기도 쉬운 편이다.

돌나물과에 속하며, 돈나물이라고도 부르고 줄기가 자라는 모습이 마치 낙지다리 같다고 해서 낙지다리과라고도 한다. 또 돌 위를 기어가듯 자란다고 해서 한자로는 '석상채'라고 한다. 곧 '돌 위에 있는 채소'라는 뜻이다. 조선시

▲ 돌나물 새순 올라오는 모습

▲ 돌나물 새순

▲ 돌나물 무리

대에 불교 배척 운동이 일어났을 때 많은 불상이 목이 잘린 채 버려졌는데, 그때 이 돌나물이 불상을 덮어 준 까닭에 '불갑초'라는 특이한 이름도 얻었다. 우리나라 전역, 일본, 중국 등지에 분포한다.

길러보기

씨앗을 받아서 바로 뿌리거나 이듬해 봄에 포기나누기를 한다. 뿌리는 줄기 어디를 잘라도 잘 내리므로 따로 옮겨 심을 필요는 없다. 돌이나 흙 어디서든 잘 자라므로 화분에 돌을 올려놓거나 화단 주변에 돌이 있는 곳에 심으면 좋다. 습도가 높으면 물은 많이 줄 필요가 없고, 습도가 없는 곳에서는 조금 주면 된다.

비슷한 식물들

- **대구돌나물** : 꽃은 잎겨드랑이에서 1개씩 좌우 교대로 달리며 꽃대가 없는 것이 특징이며, 우리나라 경북지방에 분포한다.

돌 위에서 화려한 가을을 꿈꾸는

109 돌단풍

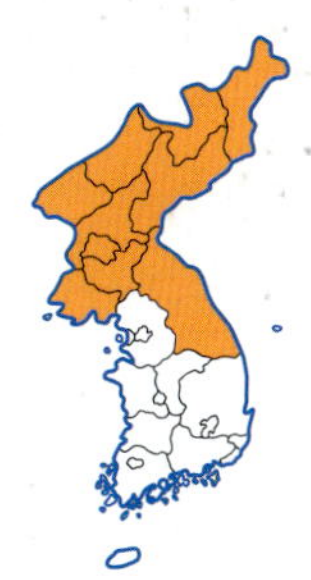

- 학 명 : *Mukdenia rossii* (Oliv.) Koidz.
- 과 명 : 범의귀과

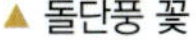

▲ 돌단풍 꽃

▲ 돌단풍 잎

초등학교나 공원 등지에 가 보면 꽃이 많이 심어져 있다. 이름표를 달고 있고, 더러는 설명도 씌어 있어 어린이들에게는 저절로 자연학습이 된다. 돌단풍은 학교나 공원에 많이 심어져 있는 들꽃으로, 잎이 꼭 단풍잎을 닮았는데 가을이면 단풍잎처럼 물이 든다. 돌이 있는 곳에서 잘 자라 돌단풍이라는 이름을 얻었듯, 돌 위에서 화려한 가을을 꿈꾸는 것 같다. 돌단풍은 충북 이북지방에 많이 자라는 여러해살이풀로, 돌이 많은 곳에 자라지만 흙도 약간은 있어야 한다.

▲ 돌단풍 꽃봉오리

햇볕이 강한 곳보다는 반그늘에서 자란다. 다른 식물들이 다 좋아하는 비옥 한 대지가 아니라 험난한 바위틈에 뿌리를 내리는 돌단풍을 보면 왠지 강한 느낌이 들기도 한다. 키는 약 30㎝ 정도이며, 잎은 황록색 또는 연녹색으로 크기는 20㎝ 정도이다. 뿌리줄기의 끝이나 그 근처에서 1~2개씩 잎이 나오는데, 긴 달걀 모양이다. 잎은 5~7개로 깊게 갈라지고, 꽃줄기는 잎이 없으며 비스듬히 자란다. 높이는 약 30㎝ 정도이며, 흰색 바탕에 연한 붉은빛

▲ 돌단풍 무리

이 돈다. 열매는 7~8월경에 달걀 모양으로 달린다. 열매가 익으면 2개로 갈라지고 안에는 많은 씨앗이 들어 있다.

우리나라 곳곳에 자라는 식물이지만, 도로건설을 자주 하면서 돌단풍을 비롯한 귀한 야생식물의 자생지가 많이 훼손되고 있어 안타깝다. 공원과 학교는 물론 주변 곳곳에 실내 조경으로 돌단풍이 많이 심어지고 있는 것은 그나마 다행이다. 범의귀과에 속하며, 돌나리라고도 부르며, 부처손, 장장포라고도 한다. 돌단풍은 관상용으로 많이 이용되는데, 요즘은 중국에서 많이 수입되는 품종의 하나이다. 어린잎은 나물로도 이용되며, 또 최근에는 약재로도 연구되고 있다. 우리나라와 만주 등지에 분포한다. 꽃말은 '생명력', '희망'이다.

길러보기

씨앗을 받아 바로 뿌리거나 가을에 뿌리나누기를 한다. 화분에 돌을 올려 이끼를 붙여 놓고 뿌리가 자리를 잡을 때까지 분무기로 물을 뿌리며 습도를 맞춰 주어야 한다. 화단에는 반그늘에 심는 것이 좋은데, 키가 큰 식물 옆에 심으면 적당하다.

비슷한 식물들

- **큰돌단풍** : 잎이 12개 내외로 갈라진다.
- **돌부채손** : 가새잎돌단풍이라고도 하며, 석회암 동굴의 벽에서 자란다. 잎이 갈라지지 않은 점이 다르다.
- **돌부채** : 높은 산에 자라며, 꽃대의 길이는 25㎝ 정도이다. 북한에 분포한다.

세계적인 희귀종

110 동강할미꽃

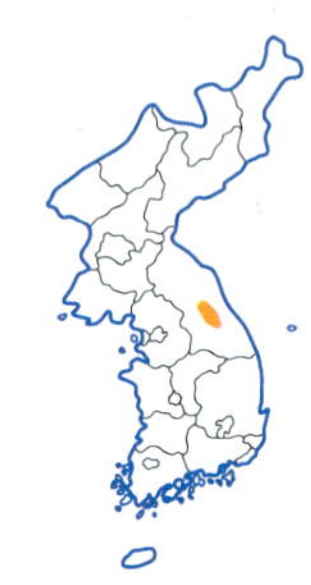

- 학 명 : *Pulsatilla tongkangensis* Y.N.Lee & T.C.Lee
- 과 명 : 미나리아재비과

▲ 흰동강할미꽃

▲ 긴동강할미꽃

▲ 분홍동강할미꽃

동강은 강원도 내륙을 흐르는 강으로, 물이 맑고 주변 경치가 매우 아름답다. 한 여름이면 많은 사람들이 피서를 즐기러 오는 곳이기도 하며, 특히 스릴 넘치는 래프팅을 즐길 수 있는 곳으로 유명하다. 특히 오랫동안 비경을 간직한 채 숨어 있었던 곳으로 생태계의 보고로서 곳곳에는 특이한 식물과 동물이 많이 서식한다. 수달, 어름치와 쉬리, 버들치, 원앙과 황조롱이, 솔부엉이, 소쩍새, 비오리, 흰꼬리독수리, 총채날개나방과 노란누에나방, 백부자, 꼬리겨우살이 등 미기록종을 포함해 많은 천연기념물과 희귀 동식물이 동강 유역에서 살아가고 있다. 동강할미꽃도 바로 동강 유역의 산 바위틈에서 자라는 여러해살이풀이다. 일반 할미꽃보다 잔털이 많으며, 키에 비해 꽃의 크기가 큰 편이다. 세계에서 유일하게 동강 유역에서만 볼 수 있는 할미꽃으로, 한때 무분별한 채취로 자취를 감췄으나 최근 지역 주민들의 노력으로 개체 수가 많이 늘어났다. 정선군 귤암리에서는 증식장까지 만들어서 동강할미꽃 보호에 최선을 다하고 있다.

키는 약 15㎝이고, 잎은 7~8장의 작은 잎으로 이루어져 있다. 잎 윗면은 광채가 있으며, 아랫면은 진한 녹색이다. 꽃은 4월 이른 봄에 연분홍이나 붉은 자주색 또는 청보라색으로 핀다. 처음에는 꽃이 위를 향해 피다가 꽃자루가 길어지면 고개가 무거워져 옆으로 향하게 된다. 보통 할미꽃은 꽃이 진짜 할머니 머리처럼 하얀 털이 많이 나지만, 동강할미꽃은 할머니 머리라고 하기에는 꽃이 너무 예쁘다. 열매는 6~7월경에 열리고 가는 흰 털이 많이 달린

▲ 동강할미꽃 무리

다. 다른 할미꽃처럼 미나리아재비과에 속하는데, 할미꽃은 꽃이 고개를 숙인 상태이나 동강할미꽃만 유일하게 고개를 쳐들고 있는 것이 특징이라고 할 수 있다. 할미꽃류는 유독 식물이지만 뿌리를 백두옹, 노고초라고 해서 약재로도 이용한다.

길러보기

7월에 열매를 받아 종자를 화분에 뿌리면 좋다. 본래 동강할미꽃은 종자를 보관했다가 뿌리면 발아율이 낮아지므로 바로 뿌리는 게 낫 다. 가을에는 포기나누기를 하는데, 뿌리에 약간 상처를 내 분리하면 상처 난 곳에서 이듬해 봄에 새로운 순이 돋는다. 동강할미꽃은 석회암이 많은 곳을 좋아해서 키울 때에는 석회암이 있는 바위에 붙이는 것이 좋다. 따라서 가정에서 키우기는 매우 까다롭다. 게다가 동강할미꽃은 1년에 10일 정도밖에 꽃을 피우지 않는다.

비슷한 식물들

- **할미꽃** : 4월에 꽃줄기 끝에 1개의 종 모양의 꽃이 대개 아래를 보고 핀다. 꽃잎처럼 보이는 꽃받침잎은 붉은 자주색이며, 키는 30~40㎝이다.
- **분홍할미꽃** : 꽃이 연한 분홍색이다. 할미꽃보다 잎의 갈래조각이 가늘고 길며 끝이 뾰족하다.
- **가는잎할미꽃** : 3~4 갈래로 갈라진 잎조각은 다시 줄 모양으로 갈라지며, 키는 10~30㎝이다.

▲ 할미꽃

▲ 가는잎할미꽃

꽃이 통째로 떨어지는

111 동백나무

- 학 명 : *Camellia japonica* L.
- 과 명 : 차나무과

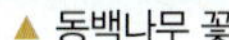

▲ 동백나무 꽃

▲ 동백나무 잎

바람이 차가운 이른 봄 가장 먼저 꽃 소식을 전하는 꽃이 바로 동백이다. 오죽하면 겨울 동 자를 써서 동백(冬柏)이라고 할까. 붉은 동백을 보면 이제 봄이 곧 온다는 생각을 갖게 된다.

여기에서 백(柏) 자는 흰(白) 눈 속에서도 자라는 나무(木)라는 뜻으로, 겨울에도 잎이 푸르고 꽃이 피는 상록수임을 나타낸다.

보통 진한 붉은색의 동백꽃만을 생각하는데, 재배 품종은 꽃 모양이나 빛깔이 다양하며 꽃이 활짝 만개하거나 반쯤 피는 등 품종이 아주 다양하다. 그러나 품종 대부분은 하늘을 쳐다보는 꽃은 없고 옆이나 아래를 보고 피어난다. 통꽃이기 때문에 꽃이 질 때 한 잎 한 잎 떨어지지 않고 꽃잎 하나 상하지 않은 꽃송이가 통째로 떨어진다. 제주도에서는 그런 동백꽃의 모습이 마치 머리가 잘려 나가는 것과 비슷하다고 해서 춘사(椿事) 또는 춘수락(春首落)이라고 표현한다. 그래서 '동백은 나무 위에서 100일 피고, 땅 위에서 100일 핀다'라는 말이 생겨났다. 땅에 떨어진 꽃도 오래도록 남아 처연한 아름다움을 주곤 한다.

동백, 뜰동백나무, 뜰동백으로도 불리며, 한자로는 홍산차(紅山茶), 동백목(冬柏木), 동백(冬柏)으로 쓴다. 특이한 것은 이름에 차를 뜻하는 차(茶) 자를 붙인 것인데, 이는 이 동백나무가 차나무과이기 때문이다.

상록활엽소교목으로 높이는 7m 정도이고 작은 가지는 홍갈색이다. 잎은 어긋나고 타원형 및 긴 타원형으로 예저이며 물결 모양의 잔톱니가 있다. 꽃은 양성화로 12~4월에 가지 끝에 1개씩 피는데 핀다. 꽃잎은 5~7장이다.

▲ 동백나무 열매

▲ 동백나무 씨앗

열매는 구형의 삭과로 9~10월에 익고 3개로 갈라지며, 씨는 암갈색이다.

동백꽃은 벌과 나비의 힘을 빌리지 않고 꽃가루 수정을 한다. 꽃에 화밀(花蜜)이 많아 동박새라는 새의 힘으로 수정을 한다. 동백꽃은 동박새에게 꿀을 먹이고 동박새는 동백꽃의 꽃가루를 날라다 주어 꽃가루받이를 시켜 주는 공생 관계이다. 이렇게 새를 이용해 수분하는 꽃을 조매화(鳥媒花)라고 한다.

황해도의 대청도가 북방한계로 주로 남쪽 해안가에 자란다. 습기가 있는 비옥한 땅을 좋아하고, 추위에 약하여 추운 지방에서는 잘 자라지 못하나 해풍과 내염에 강해 따뜻한 남쪽 섬 지방이나 바닷가에서 잘 자란다. 대청도의 동백나무는 자생북한지에 자라고 있는 것으로 천연기념물 제66호로 지정되어 있으며, 충남 서천의 마량리 동백나무 숲은 천연기념물 제169호로 지정되어 보호되고 있다.

동백나무 숲은 유명한 곳이 꽤 많은데, 고창 선운사 동백나무 숲은 천연기념물 제184호, 강진 백련사 동백나무 숲은 천연기념물 제151호로 지정되어 있으며, 통영 충렬사 동백나무, 부산 가덕도 자생동백나무 군락, 제주도 위미 동백나무 군락 등도 잘 알려진 동백나무 숲이다.

상록수로 공해에도 강하여 생울타리용으로 심기에 적합한 나무이며 방화용이나 방풍용으로도 좋다. 목재는 황갈색으로 공예품, 가구재, 공업유지용, 신탄재로 쓰인다. 열매에서 짠 동백유는 부인들의 머릿기름, 등잔불, 식용유, 화장품의 원료, 기계의 윤활유 등 다용도로 사용된다. 꽃은 지혈, 소종, 장염, 어혈 등에 약으로 쓴다. 꽃말은 '신중', '허세부리지 않음'이다.

길러보기

삽목과 실생으로 번식한다.

비슷한 식물들

- **흰동백나무** : 흰색 꽃이 피는 동백 종류로, 거문도와 홍도에서 자란다.
- **애기동백나무** : 어린 가지와 잎 뒷면의 맥 위와 씨방에 털이 있는 것으로, 동백나무에 비해 소형이다.

112 동의나물

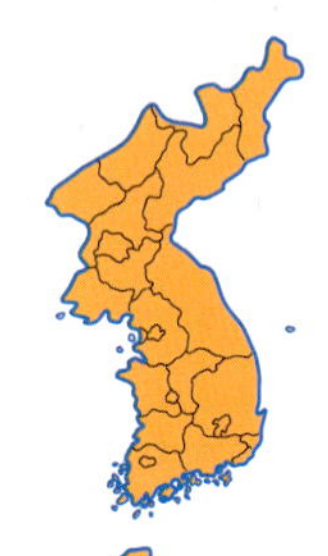

- 학 명 : *Caltha palustris* L.
- 과 명 : 미나리아재비과

▲ 동의나물 꽃

▲ 동의나물 잎

동의나물은 우리나라 각처의 산에 자라는 여러해살이풀로, 그늘이 지고 습기가 많은 곳에서 잘 자란다. 4~5월에 꽃이 피는데, 다른 꽃보다는 비교적 일찍 피어 봄을 알리는 편이다. 물가에서도 잘 사는 품종인데, 수분기가 없으면 말라 죽기 때문에 주로 수생식물과 같이 사는 것을 볼 수 있으며, 습한 곳을 좋아하는 노루오줌이나 박새와 같이 섞여서 자란다. 키는 약 50㎝ 정도이며, 잎은 둥근 심장형으로 길이 5~10㎝이다. 잎 가장자리에는 둔한 톱니가 나 있다. 봄풀이라 꽃이 먼저 피는데, 동의나물은 꽃이 시들고 종자가 익을 무렵에야 잎이 비로소 넓어지기 시작하는 것이 특징이다. 줄기 끝에 대개 2개의 노란색 꽃이 달리는데, 특이하게도 꽃잎은 없고 꽃잎처럼 보이는 노란색 꽃받침잎이 5~7장이 나온다. 열매는 6~7월경에 달리고 갈색으로 된 씨방에는 많은 종자가 들어 있다. 잎 모양이 곰취와 비슷하다. 두 식물은 꽃의 색깔이 노란색인데, 피는 시기가 서로 다르다. 동의나물은 이른 봄에 피는 반면, 곰취는 여름에 핀다. 또 곰취는 잎이 상당히 커서 7~9월에 길이 60~80㎝까지 크게 자라는 반면, 동의나물은 잎이 작아 길이 5~10㎝ 정도밖에 안 된다. 그리고 곰취는 산기슭, 동의나물은 물가에서 주로 자라는 것도 다른 점이다. 하지만 잎을 보고 구분하려면 잎의 톱니가 깊게 불규칙적으로 갈라지면 곰취, 규칙적으로 얇게 갈라지면 동의나물이다. 잎으로 구분하는 것이 가장 바람직한 방법이라고 할 것이다. 미나리아재비과에 속하며, 원숭이나물, 입금화, 노제초, 수호려라고도 한다. 곰취와는 달리 동의나물을 나물로 먹으려면 어린잎을 삶아서 잘 우려내어 독성을 제거해야 한다. 날것으로 먹을 경우 배탈이 나거나 설사를 하기 때문이다. 뿌리를 포함한 모든 부분을 약재로 쓰는데, 노제초나 수호려는 약재에서 비롯된 이름이다. 꽃말은 '산속의 보물'이다.

▲ 동의나물 종자 결실

▲ 동의나물 무리

길러보기

6월에 종자가 익기 시작해 7~8월에는 완숙되는데, 이 종자를 받아 보관하다 이른 봄에 뿌린다. 또한 가을에 포기나누기를 하기도 한다. 화단의 물이 있는 곳에 심어야 한다. 집 안에 있는 큰 수반을 이용해 안에 뿌리가 내릴 수 있는 양의 흙을 넣는다. 늦가을에도 날이 따뜻하면 꽃이 한 번 더 피기 때문에 물 관리를 잘하면 뜻밖의 행운도 얻을 수 있다. 물은 교환해 주지 말고 일주일에 한 번 정도 넘치게 해서 새로운 물을 공급해 줘야 한다.

비슷한 식물들

- **눈동의나물** : 옆으로 비스듬히 서는 특징이 있다.
- **곰취** : 산의 습기가 있는 곳에 자란다. 잎이 동의나물과 비슷하나 국화과로, 잎의 길이가 60~80㎝나 된다.

▲ 곰취

두루미의 고고한 자태를 닮은

113 두루미꽃

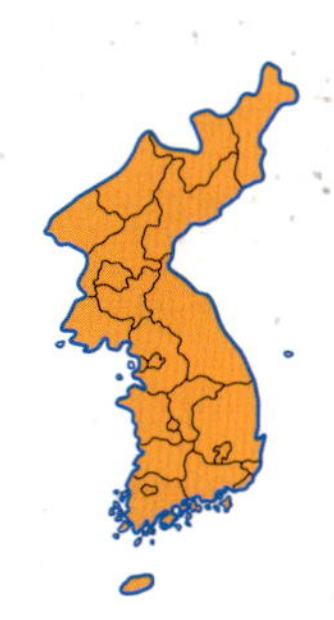

■ 학 명 : *Maianthemum bifolium* (L.) F. W. Schmidt

■ 과 명 : 백합과

▲ 두루미꽃 꽃

▲ 두루미꽃 꽃봉오리와 잎

ㄷ

꽃을 보면 때론 아무렇게나 핀 듯해서 정겨운 것도 많지만 고고한 품위가 느껴지는 것도 있다. 마치 귀한 공주나 왕자처럼 피어 있는 꽃을 보면 꽃에도 귀한 것이 따로 있는 것 같다. 하지만 꽃은 어느 것이나 소중하다. 두루미꽃은 마치 두루미의 고고한 자태를 보는 듯 품위가 느껴지는 야생화다. 두루미꽃은 빽빽한 군락을 이루며 자라는 경우가 많은데, 이는 뿌리줄기가 옆으로 자라면서 크기 때문이다.

키도 작고 꽃도 작은 것이 무리지어 피지만 가는 줄기와 두툼한 이파리가 멋진 조화를 이룬다. 키는 8~15㎝ 내외로 작은 편이며, 5~7월에 꽃 역시 아주 작게 피지만 자세히 들여다보면 두루미의 머리를 닮았다. 그러나 잎과 잎맥 모양이 두루미가 날개를 넓게 펼친 것과 비슷해서 두루미꽃이라고 부른다.

잎은 길이 2~5㎝, 너비 1.5~4㎝로 하트 모양이며 줄기에서 2~3장이 나온다. 잎의 끝은 뾰족하고 뒷면에는 돌기 모양의 털이 난다. 꽃은 흰색으로 줄기 끝에 5~20 송이 정도가 무리지어 달린다. 잎과 잎 사이에서 줄기가 올라오고 꽃이 필 무렵에 잎이 두 장이 더 나와 그 사이에서 꽃이 피는 특성이 있다. 열매는 8~9월경에 붉은색으로 달린다.

백합과의 여러해살이풀로, 한방에서는 뿌리를 제외한 식물체 전체를 무학초라는 약재로 사용한다. 우리나라는 물론 시베리아, 유럽, 캄차카 반도 등지에 분포한다.

▲ 두루미꽃 새순 올라오는 모습

▲ 두루미꽃 무리

길러보기

열매가 붉은색으로 익으면 종자를 채취해 이른 봄에 뿌리거나 가을이나 이른 봄에 뿌리나누기로 번식시킨다. 다른 식물보다 습기가 많은 곳에서 자라기 때문에 주변의 습도가 높아야 한다. 따라서 물을 줄 때는 식물에 직접 주는 것뿐만 아니라 분무기로 공중에도 뿌려 주어야 한다.

ㄷ

비슷한 식물들

- **큰두루미꽃** : 잎 모양은 비슷하지만 길이 3~10㎝, 너비 2.5~8㎝로 두루미꽃보다 훨씬 커서 구분이 된다. 꽃은 5~6월에 흰색으로 핀다. 울릉도에 서식하는 우리나라 특산 종이다.

▲ 큰두루미꽃

두루미가 날개를 편 듯한

114 두루미천남성

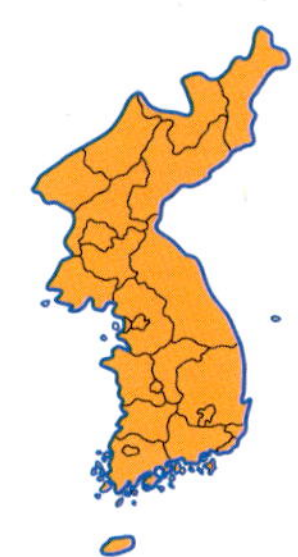

- 학 명 : *Arisaema heterophyllum* Blume
- 과 명 : 천남성과

▲ 두루미천남성 꽃

▲ 두루미천남성 잎

두루미천남성은 독특한 이름만큼이나 꽃도 특이하고 열매도 독특하다. 두루미를 닮은 천남성이라서 그런 이름이 붙여졌는데, 식물체를 보면 마치 두루미처럼 날개를 펴고 긴 목을 올리고 고고하게 서 있는 모습을 떠올리게 한다. 대표 종인 천남성 역시 아주 독특한 야생화다. 꽃이 녹색으로 삐죽 나는데, 끝부분이 'ㄱ'자로 굽어진다. 녹색이라서 언뜻 보면 잎이 아닌가 하는 착각을 하게 만든다. 여기에 열매가 달리면 더욱 기이해진다. 빨갛게 익은 열매들이 마치 곤봉처럼 끝부분에 뭉치는 것이다.

▲ 두루미천남성 뿌리

천남성은 본래 약재 이름으로, 천남성의 알줄기를 늦은 가을에 채취하여 말린 것을 말하며, 혹은 남성이라고도 한다. 토양의 비옥도가 좋고 습기가 많지 않은 곳에서 서식한다. 두루미천남성도 꽃이나 열매, 잎이 천남성과 비슷하나 단지 천남성이 키가 15~50㎝ 정도인데, 두루미천남성은 50~70㎝로 큰 편이다. 또 천남성의 줄기에는 녹색이나 자주색 반점이 있는 것이 두루미천남성과 다른 점이다.

두루미천남성의 꽃은 5~6월에 핀다. 꽃은 길이 7~12㎝, 너비 3~6㎝로 달걀 모양이다. 잎은 길이 10~20㎝, 너비 2~6㎝ 정도이고 1개가 나와 7~11장 정도로 새의 발 모양으로 갈라지고 끝은 뾰족하고 긴 타원형이다. 열매는 9월경에 붉은색으로 익으며, 옥수수 알처럼 빽빽하게 달린 종자들이 긴 타원형을 이룬다.

천남성과에 속하는 여러해살이풀로, 우리나라와 일본, 타이완, 만주 등지에 분포한다. 알뿌리는 독성이 강하며 약재로 쓰인다.

길러보기

종자와 뿌리에서 발생하는 작은 알뿌리로 번식시킬 수 있다. 토양이 비옥한 화단에 심으며, 물은 2~3일 간격으로 줘야 한다.

비슷한 식물들

- **천남성** : 산지의 습지에서 자라며, 키는 15~50㎝이다.
- **남산천남성** : 포가 자주색 또는 보라색이고 세로로 흰 줄이 있다.
- **넓은잎천남성** : 잎은 1개씩 달리고 길이 10~25㎝의 잎자루가 있다.
- **둥근잎천남성** : 작은 잎에 톱니가 없고 포가 녹색이다.
- **큰천남성** : 잎은 연한 녹색으로서 잎자루가 있으며, 2개씩 뿌리에서 나와 얼싸안고 줄기와 비슷해지며 3장의 작은 잎으로 된다.
- **섬천남성** : 포는 길이 15㎝ 내외로 백록색이다. 경상남도 거제에 분포한다
- **무늬천남성** : 꽃차례는 포 안에서 현부 위로 나와서 채찍처럼 밑으로 처지며, 밑부분은 방추상으로 굵어지면서 주름살이 생긴다.
- **점박이천남성** : 포는 녹색이고 위 가장자리에 자줏빛이 돈다. 제주도에 분포한다.

▲ 천남성

▲ 큰천남성

▲ 점박이천남성

산에 자라는 갈퀴나물

115 두메갈퀴

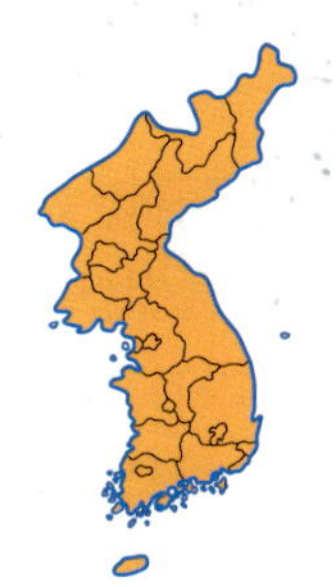

- 학 명 : *Galium paradoxum* Maxim.
- 과 명 : 꼭두서니과

갈퀴나물은 들에서 흔하게 볼 수 있는 품종이다. 덩굴을 이루며 옆으로 벋어 가는데, 덩굴손을 자세히 보면 갈퀴처럼 생겨 갈퀴나물이라고 한다. 물론 나물이므로 이른 봄 어린순과 줄기를 식용한다.

이런 갈퀴나물은 종류가 꽤 많은데, 두메갈퀴는 산에서 자라는 갈퀴나물이라고 해서 붙여진 이름이다. 연약한 1개의 줄기는 키 10~25㎝로 자라며, 가지를 거의 치지 않고 가늘며 긴 땅속줄기를 뻗는다. 잎은 아래쪽에서는 마주나나 가운데부터는 네 개씩 돌려난다. 잎은 길이 1~4㎝, 너비 1~2㎝로 달걀 모양이며, 끝이 뾰족하고 밑은 둥글거나 좁다. 잎 가장자리에 위로 향한 털이 있다. 꽃은 6~7월에 꽃 밑에서 또 각각 한 쌍씩의 작은 꽃자루가 나와 그 끝에 꽃이 한 송이씩 달리며 하얗게 피는데, 꽃부리는 4개로 갈라지고 그

ㄷ

갈래는 긴 달걀 모양이다. 열매는 8~9월에 익는데, 구형으로 2개씩 합쳐지고 분과는 둥글며 긴 갈고리 같은 털이 빽빽하게 나 있다.

꼭두서니과의 여러해살이풀로, 우리나라와 러시아, 일본, 중국 등지에 분포한다. 우리나라에서는 전국 각지의 깊은 산 그늘진 곳에서 잘 자란다. 나물 이외에도 한방에서는 약재로도 쓰이고 가축 사료로도 이용된다.

길러보기

9월에 받은 종자를 바로 뿌리거나 종이에 싸서 냉장고에 보관한 후 이듬해 봄에 뿌린다. 햇볕이 잘 들고 물 빠짐이 좋고 토양이 비옥한 곳에 심는다.

비슷한 식물들

- **갈퀴나물** : 꽃은 홍자색으로 한쪽으로 치우치며 피고, 길이는 1.2~1.5㎝이다.
- **가는갈퀴** : 작은 잎이 길이 1~2㎝의 긴 타원형 또는 줄 모양이고 끝이 뾰족하다.
- **살갈퀴** : 작은 잎은 길이 2~3㎝의 달걀을 거꾸로 세운 모양 또는 넓은 달걀 모양이며 끝이 약간 패어 있고 가장자리가 밋밋하다.
- **가는살갈퀴** : 살갈퀴에 비하여 작은 잎이 좁고 끝이 오목하지 않으며, 꽃이 약간 작다. 꽃은 홍자색으로 핀다.
- **노랑갈퀴** : 꽃이 자줏빛을 띤 노란색이다.
- **큰등갈퀴** : 작은 잎이 4~10개이고, 건조하면 황갈색을 띠고 하부의 잎은 덩굴손이 없다.
- **등갈퀴나물** : 작은 잎은 바늘 모양 또는 줄 모양이고, 잎은 길이 1.5~3㎝, 너비 0.2~0.6㎝이며 양 끝이 좁다.

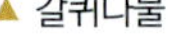

▲ 갈퀴나물

▲ 살갈퀴

높은 산의 꼭대기에 자라는 냉이

116 두메냉이

- 학 명 : *Cardamine changbaiana* Al-Shehbaz
- 과 명 : 십자화과

ㄷ

냉이는 봄철 입맛이 없을 때 미각을 돋워 주는 봄나물이다. 여러 종류가 있지만 대부분 들녘에 자라 따스한 봄날 냉이를 캐는 아낙네의 모습을 볼 수 있다. 하지만 높은 산꼭대기에 자라는 냉이도 있으니 두메냉이가 그것이다. 높은 산에 자란다고 해서 두메라는 이름이 붙었다.

▲ 두메냉이 꽃대축이 자란 모습

키는 6~8㎝로 아주 작다. 뿌리는 굵고 땅속 깊이 들어간다. 줄기는 뭉쳐나며 곧게 서고 가지를 친다. 잎은 줄기 밑부분에서 빽빽하게 뭉쳐난다. 뿌리에서 나온 잎은 긴 타원상 달걀 모양으로 밑쪽이 톱니처럼 갈라지고, 줄기에서 나는 잎은 새의 깃 모양으로 갈라지고 갈라진 가운데 조각이 가장 크다.

꽃은 7~8월에 줄기 끝에 달리며 꽃대축이 길게 자라고 꽃자루도 발달하지만 가지가 갈라지지 않고 흰색으로 핀다. 꽃받침은 길이 0.2㎝ 정도로 긴 타원형이고, 꽃잎은 달걀을 거꾸로 세운 모양이다. 열매는 단단한 껍데기와 깍정이에 싸여 한 개의 씨만이 들어 있으며 길이 2.5㎝, 너비 0.1~0.2㎝이다.

십자화과의 두해살이풀로, 우리나라와 만주 등지에 분포한다. 우리나라에

▲ 두메냉이 무리

서는 백두산에 자라는데, 북한에서 천연기념물로 지정하고 있다. 높은산냉이라고도 한다.

길러보기

고산 식물로, 키우기가 어렵다.

비슷한 식물들

- **냉이** : 전체에 털이 있고 줄기는 곧게 서며 가지를 친다. 키는 10~50㎝인데, 어린순이 나올 때 뿌리째 캐서 나물로 먹는다.
- **미나리냉이** : 잎은 5~7장의 작은 잎으로 된 새의 깃 모양으로, 가장자리에 불규칙한 톱니가 있다.
- **왜갓냉이** : 기는줄기가 있으며, 키는 30~50㎝이다. 잎은 길이 1~4㎝, 너비 0.7~1.5㎝이다.
- **노란냉이** : 키는 20~50㎝이며, 노란색 꽃이 핀다.
- **황새냉이** : 논밭 근처와 습지에서 자란다. 밑에서부터 가지가 갈라져서 퍼지고, 밑부분은 털이 있고 검은 자주색이다. 키는 10~30㎝이다.
- **구슬냉이** : 두메냉이에 비해 잎이 달걀 모양 또는 달걀 모양 타원형이고 새의 깃 모양으로 갈라지지 않는다.

▲ 미나리냉이

▲ 왜갓냉이

▲ 황새냉이

높은 산에 자라는 키 작은 닥나무

117 두메닥나무

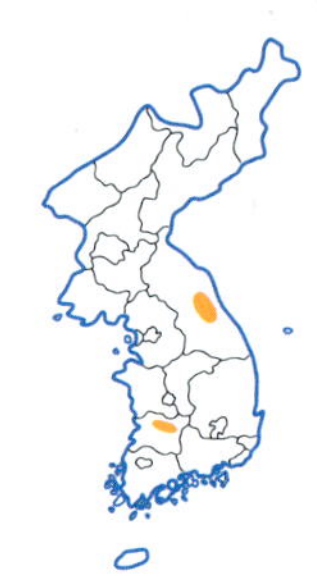

■ 학 명 : *Daphne ezerepseudomum* var. *koreana* (Nakai) Hamaya

■ 과 명 : 팥꽃나무과

▲ 두메닥나무 꽃봉오리

▲ 두메닥나무 꽃

닥나무는 줄기를 꺾으면 '딱' 하는 소리가 난다고 해서 이름 붙여졌다. 주지하다시피 종이를 만드는 원료로 사용되는데, 고려 때부터 재배되어 조선시대에는 국가에서 적극적으로 닥나무 재배를 장려하였다고 한다.

▲ 두메닥나무 새순

닥나무를 이용해 종이를 만들려면 줄기를 1~2m 길이로 잘라서 솥에 넣어 증기로 쪄낸 후 껍질을 벗긴다. 이것을 그대로 말린 것을 흑피라 하여 하급 종이 원료로 쓰는데, 흑피를 다시 물에 불려 검은 부분들을 제거하면 고급 종이 원료인 백피가 된다. 우리가 잘 아는 창호지를 비롯하여 서류 용지나 지폐 등은 백피로 만든다.

닥나무에는 몇 가지 종류가 있는데, 두메닥나무는 깊은 산에서 자라는 닥나무이다. 삼지닥나무는 가지가 세 갈래로 갈라지는 품종이고, 산닥나무는 작은 가지가 털이 없고 붉은 갈색이라서 구분이 된다.

키는 30~50㎝로 나무치고는 매우 작으며, 줄기는 곧게 자라고 가지를 친다. 가지는 황갈색을 띠나 털은 나지 않는다. 잎은 어긋나며 표면은 청록색을 띠나 뒷면은 분백색이 돌고 길이 3~9㎝, 너비 0.8~1.8㎝이며, 잎 끝은 둥글거나 뾰족하고 밑부분은 쐐기 모양이다.

꽃은 4~6월경 작년도 가지의 끝 잎겨드랑이에서 노란색으로 2~5개가 달리며, 꽃대축이 길게 자라고 꽃자루도 발달하지만 가지가 갈라지지 않는다. 열매는 10월경에 타원형으로 붉게 달린다.

팥꽃나무과의 낙엽활엽관목으로 우리나라와 일본, 사할린, 캄차카, 아무르와 우수리 등지에 분포한다. 우리나라에서는 한라산, 지리산, 태백산, 발왕산, 오대산 등 고도가 높은 산지에서 잘 자란다. 관상용으로 쓰이며, 나무껍질은 제지용 또는 밧줄의 대용품으로 쓰인다.

길러보기

10월경에 받은 종자를 땅속에 묻어 이듬해 봄에 뿌리거나 3~4일 정도 물에 불린 후 뿌린다. 삽목은 쉽지 않은 편이다. 재배하기 까다롭다.

비슷한 식물들

- **닥나무** : 꽃은 암수한그루이고 봄에 잎과 같이 핀다. 뽕나무과에 속하며, 키는 약 3m이다. 줄기를 꺾으면 '딱' 하는 소리가 나 닥나무라고 한다.
- **삼지닥나무** : 가지가 세 갈래로 갈라진다. 키는 1~2m이다.
- **산닥나무** : 산지에서 자라며, 키는 약 1m이다. 작은 가지가 털이 없고 붉은 갈색인 것이 특징이다.
- **강화산닥나무** : 산닥나무에 비해 꽃이삭이 길다. 강화도에 자라는 한국 특산종이다.
- **애기닥나무** : 줄기가 덩굴성으로 키 1m 정도 자란다.

▲ 닥나무

▲ 삼지닥나무

애기처럼 귀여운 반관목

118 두메애기풀

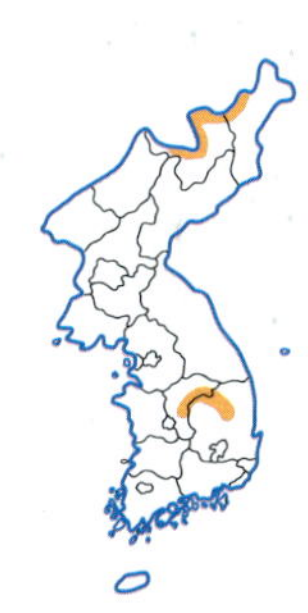

■ 학 명 : *Polygala sibirica* L.

■ 과 명 : 원지과

▲ 두메애기풀 꽃

▲ 두메애기풀 새순

ㄷ

▲ 두메애기풀 종자 결실

식물 중에는 겉으로 보기에는 풀이지만 줄기가 아주 단단하여 나무로 분류하는 것들이 꽤 있다. 이를 초본성 반관목이라고 하는데, 애기풀도 그에 속한다. 키가 작고 꽃도 작아 귀여운 모습이다.

두메애기풀은 전체적으로 애기풀과 비슷하고 높은 산에서 자란다고 해서 붙여진 명칭이다. 특히 애기풀보다 잎이 긴 것이 차이가 난다. 또 원지라는 풀과도 비슷하게 생겼는데, 두메애기풀은 봄에 꽃이 피는 반면, 원지는 7~8월에 피는 점이 다르다.

키는 20~30㎝로 전체에 가는 털이 빽빽하다. 뿌리는 가늘고 길지만 대단히 단단하고 줄기는 곧게 자란다. 잎은 어긋나며 달걀 모양 타원형이다. 잎 끝이 뾰족하고 밑은 뭉뚝하여 톱니가 없다.

▲ 두메애기풀 지상부(측면)

꽃은 봄에 자줏빛으로 달리며 꽃대축이 길게 자라고 꽃자루도 발달하지만 가지가 갈라지지 않으며 핀다. 꽃대에 꼬부라진 털이 있으며 꽃부리는 나비 모양이다. 꽃받침조각은 5개인데, 양쪽 두 조각은 커서 꽃잎 모양을 이루는 것이 특이하다. 열매는 속이 여러 칸으로 나뉘고 각 칸 속에 많은 종자가 들어 있으며, 편평하고 가장자리에 좁은 날개가 있다.

현재 국명은 1949년 정태현에 의해 지어진 것이며, 속명인 *Polygala*는 그리스 어의 polys(많다)와 gala(젖)의 합성어로, 고대 의학자 Dioscorides가 젖의 분비를 잘한다고 생각되는 낮은 관목의 종류에 붙인 이름이다. 종명인 *sibirica*는 시베리아라는 뜻으로, 최초 발견지 또는 원산지를 나타낸다.

원지과에 속하는 여러해살이풀로, 우리나라와 중국 북동부, 시베리아 등지에 분포한다. 우리나라에서는 함경남도 부전고원 이북의 고산과 강원도 일원에 분포한다. 뿌리는 원지, 싹은 소초라고 하여 약용한다.

길러보기

종자나 포기나누기로 번식한다.

비슷한 식물들

- **애기풀** : 키는 약 20㎝로 4~5월에 나비처럼 생긴 연한 홍색 꽃이 핀다.
- **원지** : 꽃은 7~8월에 자줏빛으로 피며, 꽃대축이 길게 자라고 꽃자루도 발달하지만 가지가 갈라지지 않고 드문드문 달린다. 애기풀에 비해 잎이 가늘고 뿌리가 굵다.

▲ 애기풀

백두산에 펼쳐진 자주색 구름

119 두메자운

- 학 명 : *Oxytropis anertii* Nakai ex Kitag.
- 과 명 : 콩과

▲ 두메자운 꽃

▲ 두메자운 잎

백두산의 높은 지대에는 교목은 물론 관목도 살기 어렵다. 겨울철이 유난히 춥고 바람이 세기 때문이다. 나무라고 해야 대부분 소관목이 사는데, 이들 소관목 사이에는 키 낮은 야생화가 지천으로 자란다.

두메자운도 그런 야생화 중 하나로, 빛을 받으면 보랏빛 꽃이 형광색으로 반짝여 매우 아름답다. 자주색 구름이라는 자운(紫雲)이 딱 들어맞는 광경이다. 하지만 두메자운은 두메에 사는 자운영을 닮았다 하여 붙여진 이름이다. 백두산에 자란다고 해서 장백극두, 두메돔부, 묏돔부라고도 한다. 여기에서 돔부란 덩굴팥을 이른다.

키는 12㎝ 정도이며 전체에 비단과 같은 털이 난다. 키에 비해 뿌리가 매우 굵다. 잎은 뿌리에서 뭉쳐나는데, 작은 잎은 10~20쌍이 양쪽으로 나란히 난다. 작은 잎의 모양은 창처럼 끝이 뾰족하게 생겼으며 가장자리가 뒤로 말린다. 잎 끝은 뾰족하고 밑은 뭉뚝하며 톱니가 없다.

6~8월에 홍자색 꽃이 1~5송이로 달리며, 꽃대축이 길게 자라고 꽃자루도 발달하지만 가지가 갈라지지 않으며 달린다. 드물게 흰 꽃도 핀다. 꽃대 밑이나 꽃자루의 밑을 받치고 있는 녹색 비늘 모양의 잎은 끝이 뾰족한 창처럼 생겼으며 길이 약 1.5㎝이다. 꽃받침은 종 모양인데 5개로 갈라진다. 열매는 꼬투리로 크게 부풀며 긴 타원형이다. 열매의 겉에 긴 털이 있고 안에 5개의 종자가 들어 있다.

콩과의 여러해살이풀로, 우리나라와 중국 동북부에 분포한다. 우리나라에

▲ 두메자운 열매

▲ 두메자운 종자 결실

▲ 두메자운 무리

서는 낭림산, 부전고원과 백두산, 관모봉 등 평안도와 함경도의 높은 산에 자란다. 관상용이나 밀원보조용으로 사용된다.

길러보기

고산 식물이라서 키우기가 어렵다.

비슷한 식물들

- **털두메자운** : 전체에 갈색 털이 빽빽하며, 작은 잎이 4~5개 돌려난다.
- **애기자운** : 키가 5~6㎝로 매우 작다. 양지바른 풀밭에 나며, 꽃은 4월에 분홍색으로 핀다.
- **팥애기자운** : 5월에 꽃줄기 끝에 노란 꽃이 핀다. 꼬투리로 맺히는 열매는 가늘고 길어 애기자운과 비교된다.
- **자운영** : 키는 10~25㎝이며, 꽃은 4~5월에 홍색을 띤 자주색으로 핀다.

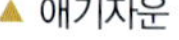

▲ 애기자운

▲ 자운영

잎이 둥글고 전체에 털이 많은

120 둥근털제비꽃

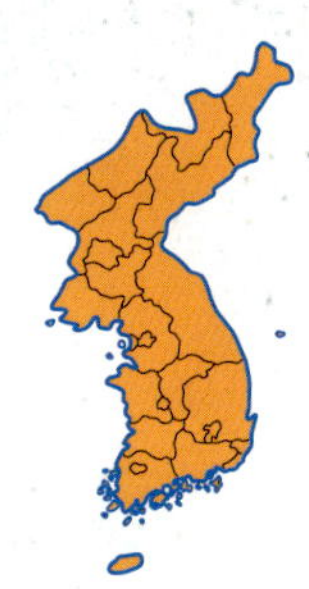

- 학 명 : *Viola collina* Besser
- 과 명 : 제비꽃과

▲ 둥근털제비꽃 꽃

▲ 둥근털제비꽃 잎

ㄷ

▲ 둥근털제비꽃 새순

▲ 둥근털제비꽃 꽃봉오리

제비꽃은 우리나라에서 가장 흔하면서도 다양한 종이 있는 들꽃으로, 대략 60가지가 넘는다. 잎의 모양이나 꽃의 색깔, 처음 발견된 지역 등에 따라 이름을 다르게 붙인 것이 많다. 곧 제비꽃 앞에 붙는 것이 무엇이냐에 따라 그 꽃의 특징을 엿볼 수 있다. 둥근털제비꽃은 잎이 둥글고 전체에 털이 많아서 붙여진 이름이다. 제비꽃 가운데서는 가장 먼저 피는 종이고, 겨우내 얼었던 대지가 녹으면 그곳에서 가장 먼저 꽃을 피운다. 우리나라 전역의 산과 들에 자라는 여러해살이풀로, 양지 혹은 반음지의 물 빠짐이 좋은 곳에 자란다.

키는 아주 작아서 3~8㎝밖에 안 된다. 잎은 길이 2~3.5㎝, 너비 2~3㎝로 전체에 잔털이 많이 나 있고 열매가 익을 때는 길이가 약 6㎝에 달한다. 꽃은 4~5월에 피는데, 제비꽃 종류들 가운데서 아주 일찍 피는 편이다. 꽃은 연

▲ 둥근털제비꽃 무리

한 자주색이며 여러 줄기의 꽃줄기가 나와 끝에 1개의 작은 꽃이 한쪽을 향하여 핀다. 열매는 6~7월경에 달리고 둥글고 짧은 털이 많다. 제비꽃과에 속하며, 둥근털오랑캐, 둥글제비꽃이라고도 하며, 주로 관상용으로 쓰인다. 한국과 일본, 중국 동북부 등지에 분포한다.

길러보기

7월에 종자를 받아 보관 후 9월에 뿌리거나 이른 봄 새순이 올라올 때 포기 나누기를 한다. 화단이나 화분에 심는데, 물 빠짐이 좋은 곳이면 어디서나 잘 자란다. 물은 2~3일 간격으로 준다.

비슷한 식물들

- **잔털제비꽃** : 둥근털제비꽃과 비슷하나 흰 꽃이 핀다.
- **구름털제비꽃** : 잎은 두껍고 맥이 뚜렷하며 심장 모양이다. 7월에 피는 꽃의 아래 입술꽃잎에는 자주색 줄이 있다. 주로 높은 산에 자란다.
- **털제비꽃** : 뿌리줄기는 짧고 전체에 잔털이 난다. 잎은 무더기로 나고 퍼진 털이 나며 긴 달걀 모양이다. 열매에도 털이 많이 난다.
- **성긴털제비꽃** : 잎자루 등에 약간의 털이 난다.

▲ 잔털제비꽃

▲ 털제비꽃

꽃을 피우고 바람처럼 사라지는

121 들바람꽃

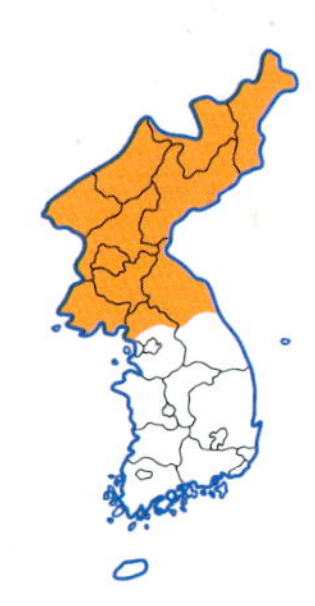

- 학 명 : *Anemone amurensis* (Korsh.) Kom.
- 과 명 : 미나리아재비과

▲ 들바람꽃 꽃

▲ 들바람꽃 잎

사람도 그렇지만 식물도 성격이 꽤 까다로운 종이 많다. 들바람꽃도 그중 하나이다. 바람꽃의 일종이니까 당연히 바람을 좋아하지만, 계절에 따라 햇빛 조절이 잘되어야 한다. 봄에는 나뭇가지 사이로 밝은 햇볕이 많이 들고, 여름이 되면 햇볕이 가려지는 곳이 최적지다. 즉, 햇빛이 드는 반그늘 쪽, 그리고 습도가 높으면서도 토양이 비옥한 곳이어야 잘 자란다.

▲ 들바람꽃 꽃봉오리

그런데 이 꽃은 성격도 매우 급해 이른 봄에 꽃을 피우고 번식한 뒤 6~7월이면 고사한다. 그러므로 정원에서 키운다면 앞부분에 심는 것이 좋으며, 가을에는 다른 야생화를 혼식하는 것도 한 방법이다.

이 꽃이 널리 알려진 것은 야생화 동호인들 덕분이다. 야생화 동호인들이 전국 구석구석을 누비며 찾아내어 부각된 것이다. 그러나 그 반면에 곳곳에서 훼손되는 예가 많아진 점은 아쉽다.

들바람꽃은 미나리아재비과에 속하며, 강원도 이북 지방과 경기도 일원의 높은 산에서 자란다. 키는 약 15㎝이고, 뿌리줄기는 굵고 옆으로 뻗으며 끝에서 잎과 꽃줄기가 나온다. 잎은 길이와 너비가 각각 약 5㎝이고 뿌리에서 나오며 1~2개 정도이다.

▲ 들바람꽃 무리

꽃은 4월 중순에 흰색으로 피는데, 지름 약 2㎝의 꽃이 줄기 끝에 한 송이씩 달린다. 꽃자루에는 털이 많고, 꽃받침은 5장으로 수평으로 펼쳐지며, 꽃잎은 없고 길이 약 0.2㎝의 암술과 수술이 많다. 열매는 7~8월경에 씨방에 붙은 종자가 달린다.

길러보기

8월경에 받은 종자는 바로 뿌리거나 종이와 솜에 싸서 냉장고에 보관한 후 이듬해 2월경에 뿌린다. 종자를 받아 바로 뿌린 개체는 이듬해 꽃이 필 수도 있지만 당년에 발아한 개체는 꽃을 피우지 못한다. 자생지에서 관찰해 본 결과, 종자 발아에서 꽃이 필 수 있는 개체까지 소요되는 시간은 약 2~3년 정도 되었다.

비슷한 식물들

- **바람꽃** : 높은 지대에 분포하며, 7~8월에 흰색 꽃이 핀다. 키는 10~15㎝로 꽃잎은 없다.
- **세바람꽃** : 바람꽃과 비슷하게 생겼고 꽃이 3개씩이다. 한라산 산정 근처에 분포한다.
- **가래바람꽃** : 키 약 50㎝로, 전체적으로 잔털이 난다.
- **나도바람꽃** : 북부지방의 그늘진 숲에 자란다. 키는 20~30㎝, 5~6월에 흰색 꽃이 핀다.
- **너도바람꽃** : 산지의 반그늘에 자라며, 키는 15㎝가량이다. 4월에 길이 1㎝ 정도의 꽃대가 나와 그 위에 흰색 꽃이 핀다.

▲ 바람꽃

▲ 세바람꽃

▲ 너도바람꽃

들에 피는 현호색

122 들현호색

- 학 명 : *Corydalis ternata* Nakai
- 과 명 : 양귀비과

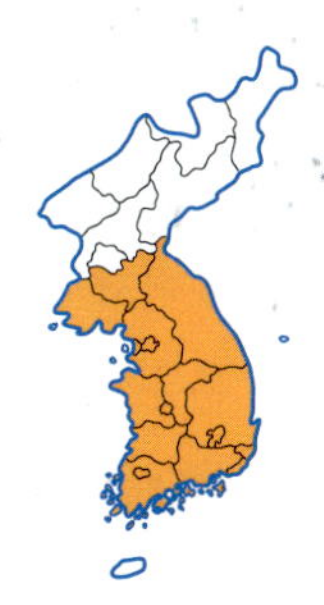

▲ 들현호색 꽃봉오리

▲ 들현호색 꽃

ㄷ

봄이 되면 지천으로 피는 들꽃들 중에는 서로 비슷한 것이 많다. 그런 것을 묶어서 같은 과로 삼는데, 과는 식물 분류에서 가장 가까운 것들을 묶는 기본 단위이다. 현호색은 특히 과가 많아 전 세계에 142종이 있으며, 주로 북반구의 온대와 아프리카에 많이 분포한다. 우리나라에는 3속 15종이 자란다. 현호색은 알뿌리가 거무튀튀해서 붙여진 이름이다. 새싹이 돋아날 때 매듭이 생긴다는 것이 공통적인 특징이다. 여러 현호색 중 들현호색은 주로 들에서 잘자라서 붙여진 이름으로, 우리나라 중부 이남의 논과 밭에 많이 자란다. 양귀비과의 여러해살이풀로, 양지나 반음지에서 잘 자라며 키는 약 15㎝ 정도이다.

▲ 들현호색 새순 올라오는 모습

잎은 길이 0.8~2㎝, 너비 0.3~1.6㎝로 어긋난다. 잎의 표면은 녹색이고 뒷면은 회청색이다. 꽃은 홍자색으로 4~5월에 피는데, 꽃의 길이는 1.5~1.8㎝이며 원줄기 끝에 뭉쳐서 달린다. 열매는 6~7월경에 길이 1.2~1.8㎝ 정도의 끝이 뾰족한 배 모양으로 달리고, 종자는 둥글고 광택이 난다.

▲ 들현호색 무리

들호현색은 남부, 중부 및 경기도 광릉 등지에 분포하며, 뿌리는 약용으로 쓰인다.

길러보기

7월에 받은 종자를 종이에 싸서 냉장 보관한 후 가을에 뿌리거나 이듬해 봄에 뿌린다. 가을에는 뿌리를 캐서 새로 생긴 작은 뿌리를 나누어 심어도 된다. 양지에 물 빠짐이 좋은 곳을 선정하여 화분이나 화단에 심으면 좋다. 물은 2~3일 간격으로 준다.

비슷한 식물들

- **빗살현호색** : 잎이 빗살 모양이다. 산지 숲 속에 자라며, 키는 20~30㎝이다.
- **댓잎현호색** : 잎이 대나무 잎처럼 가늘고 길다.
- **왜현호색** : 꽃이 자줏빛이 도는 하늘색이다.
- **점현호색** : 잎에 흰색 반점이 있으며, 키는 약 40㎝이다.
- **애기현호색** : 잎이 잘게 갈라져 있고, 키는 약 25㎝이다.
- **난장이현호색** : 전체 크기가 작아서 난장이라고 부른다. 키가 10㎝도 안 되는 게 많다.
- **섬현호색** : 잎이 깊게 갈라진다. 꽃은 5월에 자주색으로 피고, 키는 약 50㎝이다. 울릉도에 자란다.
- **좀현호색** : 잎이 작고, 제주도에 자란다.

▲ 댓잎현호색

▲ 점현호색

▲ 애기현호색

보랏빛 꽃을 피우는 용사의 모자

123 등갈퀴나물

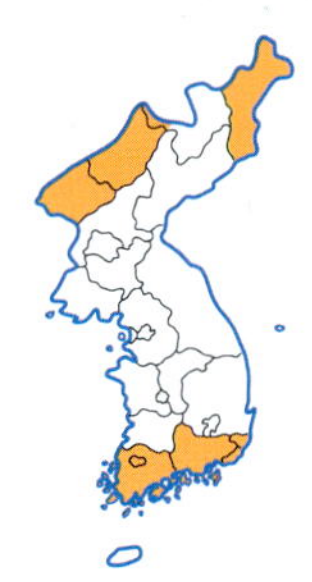

- 학 명 : *Vieia cracca* L.
- 과 명 : 콩과

▲ 등갈퀴나물 꽃

▲ 등갈퀴나물 잎

따뜻한 봄날 들에 가면 아카시아 꽃을 축소한 듯한 보랏빛 꽃이 피는 덩굴식물을 볼 수 있는데, 덩굴손을 자세히 보면 갈퀴가 있다. 이를 갈퀴나물이라고 해서 어린순과 줄기를 나물로 해 먹고 가축 사료로도 쓰인다.

갈퀴나물에는 여러 가지 종류가 있는데, 등갈퀴나물은 주위의 나무 등을 타고 올라가며 자라는 품종이다. 작은 잎이 8～12쌍으로 갈퀴나물의 5~8쌍보다 많으며, 꽃의 지름은 갈퀴나물보다 작아 구분이 된다.

키는 80～150㎝로 뿌리가 길게 벋으면서 번식하며, 줄기에는 능선과 더불어 잔털이 있다. 잎은 어긋나고 8～12쌍의 작은 잎으로 이루어지며 길이 8～15㎝로 끝에 여러 갈래의 덩굴손이 난다. 작은 잎은 줄 모양으로 길이 1.5～3㎝, 너비 0.2～0.6㎝이며 양 끝이 좁다.

꽃은 남자색으로 4~6월에 잎겨드랑이에서 7~40개 정도가 달리며, 꽃대축이 길게 자라고 꽃자루도 발달하지만 가지가 갈라지지 않으며 피고 자라면서 한쪽으로 치우친다. 꽃말은 '용사의 모자'이다. 열매는 길이 2~3㎝, 너비 0.5~0.6㎝로 털이 없고 5개의 종자가 들어 있다.

콩과의 여러해살이풀로, 우리나라와 일본, 북아메리카, 유럽, 아프리카 등지에 분포한다. 우리나라에서는 전남과 경남, 평북, 함북 등지에서 자란다. 어린순은 식용하고, 종자는 볶아서 먹는다.

▲ 등갈퀴나물 무리

길러보기

비료용 식물인 녹비식물로 심는다. 물 빠짐이 좋으면 어디서든 잘 자란다. 여름에 씨를 맺고 죽으면 밭을 덮어 잡초를 제압할 수 있다.

비슷한 식물들

- **갈퀴나물** : 꽃은 홍자색으로 한쪽으로 치우치며 피고, 길이는 1.2~1.5㎝이다.
- **가는갈퀴** : 작은 잎은 길이 1~2㎝의 긴 타원형 또는 줄 모양이고 끝이 뾰족하다.
- **살갈퀴** : 작은 잎은 길이 2~3㎝로 달걀을 거꾸로 세운 모양 또는 넓은 달걀 모양이며 끝이 약간 파여 있고 가장자리가 밋밋하다.
- **가는살갈퀴** : 살갈퀴에 비하여 작은 잎이 좁고 끝이 오목하지 않으며 꽃이 약간 작다. 꽃은 홍자색으로 핀다.
- **노랑갈퀴** : 꽃이 자줏빛을 띤 노란색이다.
- **큰등갈퀴** : 작은 잎은 4~10개이며 건조하면 황갈색을 띠고, 아랫부분의 잎은 덩굴손이 없다.
- **두메갈퀴나물** : 잎은 길이 1~4㎝, 너비 1~2㎝로 달걀 모양이며, 잎 가장자리에 위로 향한 털이 있다.

▲ 갈퀴나물

▲ 살갈퀴

▲ 두메갈퀴나물

등대를 닮은 야생화

124 등대풀

- 학 명 : *Euphorbia helioscopia* L.
- 과 명 : 대극과

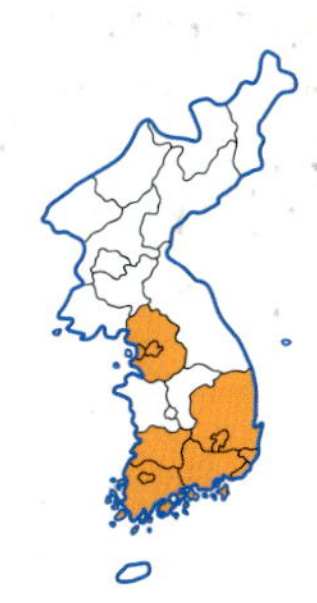

▲ 등대풀 꽃

▲ 등대풀 잎(뒷면)

등대풀은 참 희한한 이름이다. 키가 30㎝ 정도밖에 안 되는데 등대라는 이름을 갖고 있다. 꽃이 필 때는 줄기 윗부분에 여러 개의 황색 꽃이 뭉쳐서 피는데, 그 모습이 마치 등대를 연상하게 해서 붙여진 것이다. 꽃이 작은 등잔을 여러 개 올려놓은 것 같다. 가만히 들여다보면 정말 그 꽃에서는 봄빛이 나올 듯하다. 식물들은 이렇게 자기만의 특징이 있는데, 모두 종자를 번식시키거나 살아남기 위한 방법이라고 할 수 있다.

등대풀은 경기도 이남의 들에서 자라는 두해살이풀로, 햇볕이 잘 들고 물 빠짐이 좋으며 부엽질이 풍부한 곳에서 자란다. 키는 30㎝가량이고, 잎은 길이 1~3㎝, 너비 0.6~2㎝ 정도로 마주나고 가장자리에 잔톱니가 있으며 가지가 갈라지는 끝부분 밑에서 5개의 잎이 돌려가면서 달린다. 불그스름한 줄기는 원기둥 모양으로, 가을에 나와 다음 해에 무성해진다. 이 줄기를 자르면 유액이 나오는데, 흰색으로 유독 성분이 들어 있다. 이것이 피부에 닿으면 두드러기가 나거나 가렵다.

꽃은 5월에 황록색으로 피며 지름 0.2㎝ 정도로 잎이 단지처럼 감싸고 있는 부위에서 여러 개가 달린다. 언뜻 보면 꼭 하나의 꽃처럼 보이지만 여러 개의 꽃이 뭉쳐 있는 것을 알 수 있다. 그러한 꽃을 흔히 거짓말 꽃이라고 해서 '위화' 라고 한다. 꽃 안에는 암꽃 1개와 여러 개의 수꽃이 있다. 열매는 9~10월경에 달리며 길이 약 0.3㎝이고, 종자는 갈색으로 겉에 그물무늬가 있다. 등대꽃이라는 식물도 있는데, 등대풀과는 전혀 상관이 없다. 등대꽃은 일본 원산으로, 진달래과에 속하며 키도 4~5m나 되는 낙엽교목이다. 등대꽃은 나무, 등대풀은 풀이라고 기억하면 쉽게 구분할 수 있다.

▲ 등대풀 뿌리

등대풀은 대극과에 속하며, 등대대극, 등대초라고도 한다. 전초는 택칠 또는 오풍초라고 해서 약용으로 쓰이고, 일부 지방에서는 어린순을 나물로도 먹는다. 유독성 식물이므로 식용할 때에는 물에 충분히 불려서 독성을 제거해야 한다. 제주도와 경상남북도, 경기도 등지에 분포한다.

▲ 등대풀 무리

길러보기

10월경에 채취한 종자를 바로 뿌리거나 종이에 싸서 냉장고에 보관 후 이듬해 봄에 일찍 뿌린다. 종자발아율이 좋아서 금세 자라는 걸 확인할 수 있다.

작은 화분이나 정원 풀밭에 심는다. 화분에 심을 때는 물 빠짐을 좋게 하고 햇볕이 잘 드는 곳에 두어야 한다. 정원에 심을 때도 햇볕이 잘 들면 어느 곳이든지 상관없다.

ㄷ

비슷한 식물들

- **민대극** : 어린 잎은 붉은색을 띠며, 키는 40~50㎝이다. 뿌리는 직근성이며 통통하고, 잔가지가 옆으로 뻗어 나간다. 꽃은 연녹색으로 줄기 끝의 잎겨드랑이에서 옆가지가 나와 달린다.
- **등대꽃** : 진달래과의 낙엽관목으로, 일본 원산이다. 가지가 돌려나며 비스듬히 퍼지고, 키는 4~5m이다.

▲ 민대극

하루 만에 피고 지는 1일화

125 등심붓꽃

- 학 명 : *Sisyrinchium angustifolium* Mill.
- 과 명 : 붓꽃과

▲ 등심붓꽃 꽃

▲ 등심붓꽃 열매

붓꽃은 꽃이 피기 전의 모습이 마치 붓처럼 생겨서 붙여진 이름으로, 종류도 많고 꽃도 예쁘다. 그중 등심붓꽃은 북아메리카에서 우리나라에 들어와 정착한 귀화식물로, 본래 관상용으로 들어온 것이 야생으로 퍼진 것이다. 귀화식물은 대개 강인한 생명력을 지닌다. 새로운 환경에 적응해 야생으로 살아가는 것을 볼 수 있다. 우리 주변에서 흔히 볼 수 있는 나팔꽃이나 망초, 토끼풀, 달맞이꽃 등의 풀과 아카시나무, 가죽나무, 족제비싸리 등의 나무도 귀화식물이다.

등심붓꽃은 제주도에 많이 분포하는데, 햇볕이 잘 들고 물 빠짐이 좋은 곳에서 잘 자란다. 키는 10~20㎝ 정도이고, 잎은 밑부분에 많이 달린다. 줄기에서 나는 잎은 원줄기를 감싸고 양쪽 가장자리가 원줄기로 흐르며 자란다. 잎은 길이 4~10㎝, 너비 약 0.3㎝로, 윗부분은 뾰족하며 녹색이고 가장자리에 잔톱니가 있다.

꽃은 5~6월에 원줄기 끝에 달린 길이 2~3㎝의 포 사이에서 2~5개가 나오며 청자색으로 핀다. 그런데 이 꽃은 단 하루 만에 시들고 만다. 마치 하루살이처럼 꽃이 단 하루만 피고 지는 것이다. 꽃을 보면 오래 피어 있는 것 같지만 이렇게 매일 새로 피어나고 시드는 것도 꽤 많다. 무궁화, 배롱나무도 마찬가지로 1일화다. 열매는 6~7월경에 자갈색으로 익으며 둥글고 광택이 있다. 붓꽃과에 속하며, 골붓꽃이라고도 한다. 주로 관상용으로 쓰인다.

▲ 등심붓꽃 꽃(분홍색)

길러보기

뿌리 번식보다는 종자 번식이 좋으며, 8월경에 받은 종자는 바로 뿌려야 발아율이 높기 때문에 따로 저장하는 것은 바람직하지 않다. 종자발아율은 좋기 때문에 흩어 뿌린 후 하나하나 싹을 분리하여 작은 화분에 옮겨 심고 이를 이른 봄에 정식하면 된다. 구근으로 된 식물이기 때문에 물 빠짐이 좋은 곳을 선정해서 심어야 한다. 화분에 심을 때는 이 품종만을 심는 것이 좋다. 온도가 높으면 7~8월까지도 꽃을 피운다. 외부에 심을 때는 풀밭에 심는다. 물은 3~4일 간격으로 준다.

비슷한 식물들

- **붓꽃** : 붓꽃과를 대표하는 꽃으로, 꽃이 피기 전의 모습이 붓처럼 생겨서 붓꽃이라고 한다. 꽃은 청보라색으로 피며, 키는 약 60㎝이다.
- **중국붓꽃** : 꽃은 지름 10㎝ 정도로 매우 크다. 3개의 외화피는 넓은 원형이며 자주색 반점이 있고 밑부분에 자주색 반점이 있는 닭의 볏 같은 것이 있다.
- **프리지어** : 남아프리카가 원산으로 붓꽃과이다. 본래 꽃은 노란빛을 띤 흰색이지만 다양한 색상으로 개량되어 관상용으로 이용되고 있다.
- **글라디올러스** : 역시 남아프리카 원산의 붓꽃 일종이다. 꽃은 줄기 끝에 여러 송이가 한쪽을 향해 피는데, 여러 가지 색깔이다.

▲ 붓꽃

126 딱지꽃

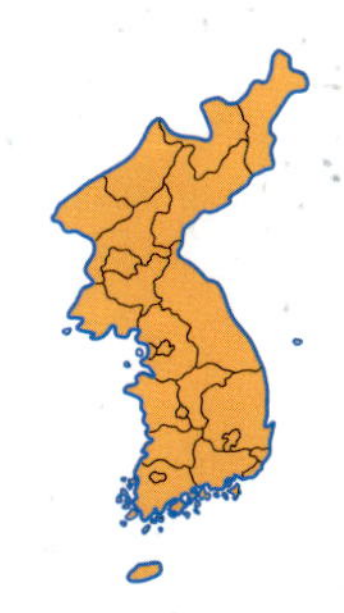

- 학 명 : *Potentilla chinensis* Ser.
- 과 명 : 장미과

▲ 딱지꽃 꽃

▲ 딱지꽃 잎

ㄷ

▲ 딱지꽃 새순 올라오는 모습

▲ 딱지꽃 꽃봉오리

잎들이 바닥에 붙어 퍼져 자라는 것이 딱지처럼 보이기 때문에 딱지꽃이라고 하는 것 같지만, 정확한 유래는 알 수 없다. 들과 개울가, 바닷가에 나는 여러해살이풀로, 햇볕이 많이 드는 곳에서 잘 자라며, 키는 30~60㎝이다.

잎은 길이 2~5㎝, 너비 0.8~1.5㎝로 긴 타원형이고 표면에는 털이 없으나 뒷면에는 흰 털이 많이 있다. 꽃은 지름 1~2㎝로 6~7월에 노란색 꽃이 줄기 끝에서 피며, 꽃잎은 5장이다. 7~8월경에 넓은 달걀 모양의 열매가 달린다.

꽃 모양이 양지꽃, 가락지나물, 뱀무와 비슷해서 서로 구분하기 어려운데, 이때는 잎을 보고 구분해야 한다. 딱지꽃의 잎을 보면 꼭 지네처럼 생기기도 해서 지네풀, 오공초라고도 한다.

▲ 딱지꽃 무리

딱지꽃은 밥을 잘 먹지 않는 어린이에게 먹이면 좋은 효과가 있다고 알려져 있다. 뿌리까지 함께 조리해 먹으면 밥맛이 좋아지고 위장도 튼튼해져서 밥을 잘먹게 된다는 것이다.

▲ 딱지꽃 시든 모습

장미과에 속하며 갯딱지, 딱지, 당딱지꽃이라고도 한다. 어린순은 나물로 먹거나 국거리로 쓰이며, 말려서 차로 달여 마시기도 한다.

뿌리를 포함한 전초는 위릉채(萎陵菜)라고 해서 약재로 사용된다. 싹이 올라올 때 모습은 잔털이 많은 것이 꼭 할미꽃을 닮아 교육용으로 적합하다. 또 관상용으로도 좋다.

우리나라와 일본, 만주, 러시아 아무르, 중국, 타이완 등지에 분포한다.

길러보기

8월에 받은 종자를 냉장고에 보관한 후 9~10월경에 뿌린다. 종이에 싸서 보관했다가 이듬해 봄에 일찍 뿌려도 된다. 뿌리가 밑으로 깊게 자라는 직근성이기 때문에, 새싹이 올라오고 본잎이 전개되기 시작하면 바로 작은 화분이나 화단에 옮겨 심는 것이 좋다.

햇볕이 잘 드는 양지에 심는다. 개화기가 길어 꽃이 계속 피고 지기 때문에 화단의 잘 보이는 곳에 심는 것이 좋다. 물은 2~3일 간격으로 준다.

비슷한 식물들

- **원산딱지꽃** : 작은 잎이 7~13개인 것이 다르다. 북한지방에 분포한다.
- **끈끈이딱지** : 줄기 윗부분에서 가지를 내며 끈끈한 털이 빽빽이 난다. 함경도에 분포한다.

빗자루 만들던

127 땅비싸리

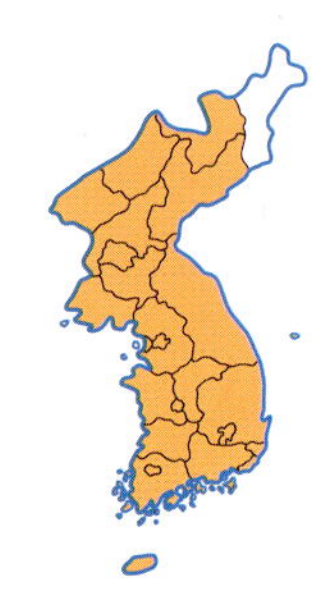

- 학 명 : *Indigofera kirilowii* Maxim. ex Palib.
- 과 명 : 콩과

▲ 땅비싸리 꽃

▲ 땅비싸리 잎

요즘은 플라스틱 빗자루가 대세지만 수십 년 전만 해도 시골에서는 땅비싸리로 빗자루를 만들곤 했다. 땅비싸리는 빗자루로 사용하는 나무라는 뜻이다. 땅을 덮을 만큼 무성하게 자라 '땅'이 앞에 붙었다. 지역에 따라 부르는 이름이 많아서 젓밤나무, 땅비수리, 논싸리, 고려땅비사리, 완도당비사리, 좀땅비싸리, 민땅비싸리, 땅비수리, 민땅비수리라고도 한다. 또 한자명은 조선정등(朝鮮庭藤), 화귀람(花鬼藍)이다.

낙엽활엽관목으로 높이 1m 정도이고, 잎은 어긋나며 7~11개의 작은 잎으로 된 홀수 1회 깃꼴 겹잎이며 작은 잎은 난상 타원형 및 타원형이다. 양면에 약간의 겹털이 누워 있다. 꽃은 잎겨드랑이에 총상화서로 달리며 5~6월에 보라색으로 피기 시작해 6월까지 계속하여 핀다. 열매는 원주형의 협과로 10월에 황갈색 또는 적갈색으로 익는다.

우리나라와 일본, 중국, 만주 등지에 분포한다. 우리나라에서는 함북을 제외한 전국의 해발 50~700m의 산기슭 이하 양지바른 곳에 자생한다. 햇볕이 잘 드는 곳에서 잘 자라고 척박한 땅에서도 잘 자란다. 맹아력이 강해 뿌리에서도 맹아가 많이 생겨 숲 속의 도로변이나 숲 가장자리에 군락을 이루며 자란다. 그러나 이식에는 약해 옮겨 심는 것은 좋지 않다.

꽃이 아름다워 관상용으로 심으며, 농어촌에서 각종 생활도구들을 만드는데 요긴하게 쓰인다. 비록 꽃은 작지만 무성하게 피어 밀원식물로 이용되기도 한다. 새순이나 어린 꽃은 나물로도 해 먹고, 뿌리는 생약으로 사용한다. 뿌리를 한방에서는 산두근, 고두근이라 하는데, 성질은 차고 쓰며 독은 없

▲ 땅비싸리 꽃봉오리

▲ 땅비싸리 꽃 개화

▲ 땅비싸리 잎(단풍)

▲ 땅비싸리 열매

으며 해독, 소종, 기침, 구내염, 각종 종기에 사용하며 개나 뱀에 물렸을 때도 사용한다.

길러보기

실생이나 뿌리나누기로 번식한다.

비슷한 식물들

- **큰땅비싸리** : 화서가 잎보다 2배 정도 크기이며 갈라진 조각이 좁다.
- **민땅비싸리** : 땅비싸리에 비해 잎 뒤에 털이 전혀 없다.
- **싸리** : 높이 2~3m이며, 줄기는 곧게 서고 가지가 많이 갈라진다

▲ 싸리

줄기에 때가 많은 듯한

128 때죽나무

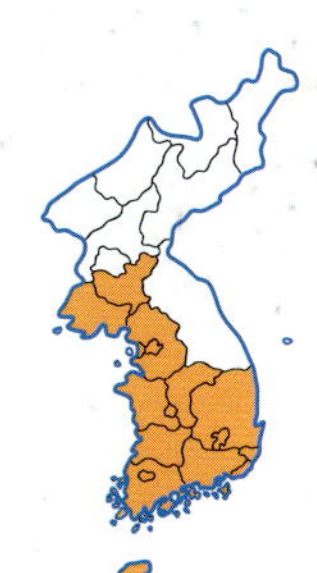

- 학 명 : *Styrax japonicus* Siebold & Zucc.
- 과 명 : 때죽나무과

▲ 때죽나무 꽃

▲ 때죽나무 잎

▲ 때죽나무 꽃

▲ 때죽나무 열매

때죽나무는 열매껍질에 독성이 있어 옛날에 열매를 찧어 물에 풀어 물고기를 잡았는데, 물고기가 떼로 죽는다고 해서 떼죽나무라 하던 것이 때죽나무로 바뀌었다는 유래가 있다. 또 사포닌 성분이 들어 있어서 비누로도 썼는데, 기름때를 쭉 빼다고 하여 때죽나무라고 했다는 설도 있고, 다갈색의 줄기가 마치 때가 많은 것처럼 보여 때죽나무라고 했다는 설도 있다. 열매가 회색으로 반질반질해서 마치 스님이 떼로 몰려 있는 것 같다 하여 떼죽나무라고 불렀다는 설도 있다. 노가나무, 족나무, 왕때죽나무, 때쭉나무라고도 하며, 한자명은 제돈과(齊墩果), 야말리(野茉莉)이다. 종처럼 생긴 흰 꽃이 아래를 보고 피어 영어로는 'snowbell'로 불린다.

낙엽활엽소교목으로 높이는 10m 정도이다. 밑에서 많은 줄기를 내는데, 줄기는 흑갈색으로 세로줄이 나 있으며, 어린 줄기에는 수피가 세로로 일어난다. 잎은 어긋나고 좁은 달걀 모양이다. 꽃은 양성화로 2~5개가 잎겨드랑이에 총상화서로 달리는데, 종처럼 생긴 흰 꽃이 아래를 보고 5~6월에 일제히 핀다. 열매는 달걀 모양 원형의 핵과로 긴 자루에 주렁주렁 매달리며 9~10월에 회녹색으로 익는다. 씨는 갈색으로 1~2개가 들어 있다.

우리나라와 일본, 중국, 필리핀 등지에 분포한다. 우리나라에는 황해도 이남의 해발 100~1,600m 사이의 산 중턱 이하 양지에서 자란다. 땅이 깊은 사질 양토에서 잘 자라며 추위와 공해에 강하다.

여름철 가지 끝에 작은 바나나처럼 생긴 것을 볼 수 있는데, 이것은 열매가 아니라 때죽납작진딧물의 충영이라고 하는 진딧물집이다. 벌레가 벌레처럼 보이면 살아남기 어려워 열매 모양을 하고 있는 것으로, 이 벌레의 생존 전략이다. 『동의보감』에 따르면, 때죽나무에 달리는 진딧물집을 화상에 붙이면 즉효가 있다고 한다.

▲ 때죽나무 종자 결실

종 모양의 흰 꽃과 향기 좋은 열매가 아름다워 조경수로 심는다. 목재는 세공품, 기구재, 장기 알, 지팡이, 양산자루, 목기를 만드는 데 사용된다. 예전에는 열매를 기름을 짜서 등잔불 기름과 머릿기름으로 사용하였으며, 꽃은 향기가 좋아 향수의 원료로 사용하였다. 줄기에 흠집을 내어 흘러나오는 유액은 처음에는 우윳빛이지만 차츰 황색의 덩어리로 변한다. 이 유액에는 안식향산과 바닐린이 함유되어 있어 달콤한 향기를 내는데, 예로부터 향료로 널리 쓰였다. 가지는 빗물을 정수하는 데 쓰기도 했는데, 특히 물이 귀한 제주도에서 많이 썼다.

한편, 약재로도 훌륭한 수종으로 『본초강목』에 의하면, 악한 것을 없애고 요사한 기운을 잠재운다는 뜻으로 안식향(安息香)이란 이름을 붙였다고 하며, 『동의보감』에는 악기(惡氣)를 쫓는 데 쓴다고 적혀 있다. 종교 의식에서 훈향으로도 쓰였고 화장품 등의 방부제로 이용되었으며, 거담제, 진통제, 궤양 등을 치료하는 약재로도 썼다. 꽃은 매마등(買麻藤)이라 하는데, 화를 풀어 주고 풍을 몰아내며 습한 것을 없애고 생리작용을 활성화 시켜 준다고 한다. 한편, 민간에서는 꽃은 인후통이나 치통에, 잎과 열매는 풍습에 썼다. 그러나 약한 독성이 있기 때문에 다량 복용하면 목과 위장 장애를 일으킨다고 한다.

길러보기

삽목이나 실생으로 번식한다.

비슷한 식물들

- **쪽동백나무** : 길이 0.8~1㎝의 꽃자루에 20개 정도의 꽃이 달린다. 이에 비해 때죽나무는 길이 1~3㎝의 꽃자루에 2~5개의 꽃이 달린다.

쑥처럼 떡을 해 먹는 두해살이풀

129 떡쑥

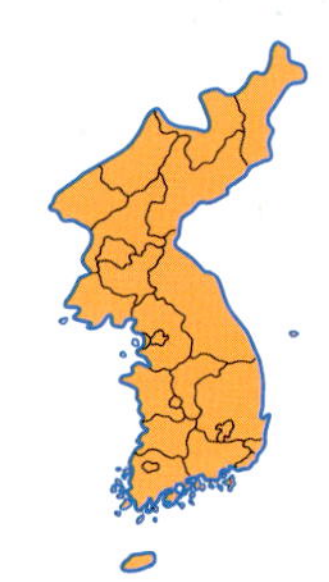

- 학 명 : *Gnaphalium affine* D.Don
- 과 명 : 국화과

▲ 떡숙 꽃봉오리

▲ 떡숙 꽃

쑥은 단군신화에도 나올 정도로 우리 민족이 즐겨 먹는 나물 중 하나이다. 지천에 널려 있어 별것 아닌 것으로 여기지만 음식 재료로는 말할 것도 없고 약용으로도 대단하다. 복통, 토사, 지혈제로 쓰며, 냉으로 인한 생리불순이나 자궁출혈에도 효과가 있다. 또 쑥뜸으로도 이용된다. 천연 염료로도 쓰이고, 모기를 쫓는 방향제와 여성들의 목욕제, 화장품으로도 쓰인다.

▲ 떡숙 꽃(시드는 모습)

이런 쑥 못지않은 것이 떡쑥이다. 잎이나 줄기는 쑥처럼 떡을 해 먹고, 어린잎을 나물처럼 먹기도 한다. 특히 강남 갔던 제비가 돌아오는 삼월삼짇날(음력 3월 3일)에 쑥을 대신하여 떡을 해 먹었다고 한다. 또 뿌리를 제외한 전초는 서국초(鼠麴草)라 하여 약재로 사용된다. 가래와 천식, 기관지염, 감기몸살에 효능이 있으며 혈압을 떨어뜨리는 작용도 한다.

이렇게 볼 때 쑥과 비슷하다고 여겨지나 모양은 상당히 다른 편이다. 쑥잎은 깃처럼 갈라지며 갈래 조각이 2~4쌍인 반면, 떡쑥의 잎은 주걱형 또는 거꾸로 된 피침형으로 전혀 다른 모양이다.

떡쑥의 키는 15~40㎝로 줄기는 밑동에서 갈라져 곧게 선다. 전체에 흰 털이 덮여 있어 흰빛이 돈다. 뿌리에서 나온 잎은 꽃이 필 때 죽고, 줄기에서 나온 잎은 어긋난다. 잎은 길이 2~6㎝, 너비 0.4~1.2㎝로 가장자리는 밋밋하다.

꽃은 5~7월에 노란색으로 줄기 끝에 위쪽의 꽃자루가 아직 짧아 정상부가 편평해진 꽃차례를 이루며 피는데, 두상화를 이룬다. 두상화 가운데에 통 모양의 양성화가 있다. 열매는 외부로 나타난 모습은 씨가 하나로 된 모양이고 익어도 터지지 않으며 황백색이 돈다.

국화과의 두해살이풀로, 우리나라를 비롯한 동아시아에 분포한다. 괴쑥, 솜쑥이라고도 하며, 한자로는 불이초(佛耳草) 또는 무심초향모(無心草香茅)라고도 한다. 불이초란, 잎이 부처님 귀를 닮아 붙은 이름이고, 무심초향모는 꽃을 말려서 향으로 사용하여 붙여진 듯하다. 꽃말은 '순수'이다.

길러보기

산과 들에 저절로 나 있는 것을 채집해서 이식하는 것이 가장 빠르며, 종묘상에서 구하기도 한다. 햇볕이 좋고 배수가 잘되는 곳에 심는다.

비슷한 식물들

- **쑥** : 꽃은 7~9월에 연한 붉은 자주색으로 핀다. 잎은 깃 모양으로 갈라지며, 갈래 조각은 2~4쌍이다.
- **금떡쑥** : 8~10월에 금색 두상화가 줄기와 가지 끝에 핀다. 잎 표면에 흰색 솜털이 없으며, 줄기는 윗부분에서 갈라진다.
- **들떡쑥** : 꽃은 7~8월에 피며, 줄기 끝에서 흰색의 두상화 1~4개가 둥글게 모여 달린다.
- **구름떡쑥** : 구름이 떠도는 높은 곳에 자라는 떡쑥으로, 한라산에 분포한다.
- **다북떡쑥** : 꽃은 7~8월에 연분홍색으로 피는데, 많은 작은 꽃이 모여 위쪽의 꽃자루가 아직 짧아 정상부가 편평해진 꽃차례를 이룬다.
- **산떡쑥** : 다북떡쑥에 비해 꽃대의 끝에서 꽃의 밑동을 싸고 있는 비늘 모양의 조각은 6개로 배열되고 잎의 기부가 줄기에 거의 흐르지 않는다.
- **왜떡쑥** : 5~7월에 갈색 꽃이 피는데, 가지 끝과 원줄기 끝에 다닥다닥 붙어 둥글게 된다.

▲ 쑥

▲ 구름떡쑥

잎이 굴곡이 많은 골무꽃

130 떡잎골무꽃

- 학 명 : *Scutellaria indica* var. *tsusimensis* (H.Hara) Ohwi
- 과 명 : 꿀풀과

▲ 떡잎골무꽃 꽃

▲ 떡잎골무꽃 잎

ㄷ

▲ 떡잎골무꽃 꽃봉오리

▲ 떡잎골무꽃 줄기

골무는 옛날 여인들이 바느질할 때 손가락에 끼고 바늘을 꾹꾹 누르던 바느질 도구이다. 골무꽃은 꽃이 진 다음 열매를 감싸고 있는 꽃받침통의 모양이 골무를 닮아서 붙여진 것이다. 골무꽃은 여러 종류가 있는데, 떡잎골무꽃은 잎이 골무꽃보다 더 두꺼운 삼각상이며 잎맥의 함몰이 뚜렷하고 줄기 상부의 잎이 하부의 잎보다 크다.

키는 10~30㎝로 골무꽃보다 약간 작다. 전체에 털이 많이 나며 줄기는 모나고 곧게 자란다. 잎은 마주나며 심장 모양 또는 원형으로 가장자리에 둔한 톱니가 있다. 잎은 길이와 너비가 각각 1~2.5㎝이다.

꽃은 5~6월에 연한 자주색으로 달리는데, 꽃대축이 길게 자라고 꽃자루도 발달하지만 가지가 갈라지지 않으며 피고, 꼭대기에서 한쪽으로 치우치며 두 줄로 빽빽하게 달린다. 열매는 하나의 봉선을 따라 과피가 벌어지며 꽃받침에 싸여 있고 7월에 익는다.

꿀풀과에 속하며, 우리나라 남부지방과 서해안 바닷가에 자란다. 어린순은 나물로 먹는다. 민간에서는 전초를 위장염이나 해열, 폐렴 등의 약재로 사용한다.

길러보기

종자를 9월경에 받아 화분이나 화단에 바로 뿌리거나 이듬해 봄에 뿌리면 관상용으로 기를 수 있다.

비슷한 식물들

- **골무꽃** : 키는 20~30㎝이며, 잎은 넓은 달걀 모양으로 길이 약 2㎝이다. 꽃은 자주색으로 핀다.
- **가는골무꽃** : 골무꽃에 비해 잎이 가늘고 좁으며 잎사귀 가장자리에 톱니가 약간 있다. 잎은 길이 2~4㎝, 너비 3~10㎝이다.
- **광릉골무꽃** : 꽃은 5~6월에 연한 하늘색으로 핀다.
- **그늘골무꽃** : 작은 꽃자루에 액을 분비하는 선모가 나고, 꽃대 밑이나 꽃자루 밑을 받치고 있는 녹색 비늘 모양의 잎은 위로 갈수록 작아진다.
- **다발골무꽃** : 잎 앞면은 녹색이고 거칠며, 뒷면은 연한 녹색이고 맥 위에 털이 있다.
- **산골무꽃** : 잎겨드랑이에서 두 개씩 비스듬히 꽃이 핀다.
- **애기골무꽃** : 꽃은 흰색으로 7~8월에 줄기 윗부분의 잎겨드랑이에 1개씩 달린다. 크기가 작아 애기골무꽃이라는 이름이 붙었다.
- **참골무꽃** : 바닷가 모래땅에 자라며, 잎은 작아서 길이 1.5~2㎝, 너비 0.4~0.7㎝이다.
- **호골무꽃** : 산골무꽃에 비해 잎이 엷고 마디에 종종 털이 있을 뿐 거의 털이 없다.
- **흰골무꽃** : 흰 꽃이 핀다.

▲ 골무꽃

▲ 광릉골무꽃

▲ 애기골무꽃

▲ 참골무꽃

▲ 호골무꽃

▲ 흰골무꽃

ㄷ

린네가 사랑한 작은 꽃

131 린네풀

- 학 명 : *Linnaea borealis* L.
- 과 명 : 인동과

'신은 창조했고 린네는 정리한다.' 식물분류학의 아버지 스웨덴의 린네(1707~1778)가 한 말이다. 오늘날 국제적으로 통용되는 '국제식물명명규약'은 바로 린네가 만든 이명법에 기초한다. 이명법은 대문자로 시작하는 속명과 소문자로 시작하는 종소명으로 식물을 명명하는 법이다.

그는 살아생전 이명법으로 6000여 종의 이름을 붙였다. 대부분 모양이나 특징을 기준으로 이름을 붙이지만 어떤 것들은 전혀 상관없이 사람의 이름을 붙이기도 하였다. 요즘 조경용으로 많이 심어지는 루드베키아(우리말로는 천인국)는 자신의 스승인 루드베크를 기리며 지은 이름이다.

그런데 자신의 이름을 식물명에 넣은 것도 있으니 바로 린네풀이다. 서늘한 고산지대에 자라는 반관목의 작은 식물에 자신의 이름을 넣은 것은 의외다. 키는 고작 5~10㎝, 꽃도 지름이 0.5㎝ 정도에 불과하여 눈에 잘 띄지 않으니 말이다. 린네는 이 꽃을 특별히 사랑했던 것일까?

린네풀은 영어로는 트윈 플라워(Twin flower), 즉 쌍둥이꽃이다. 꽃이 꽃대 끝에 두 개가 쌍둥이처럼 나란히 피기 때문에 붙여진 것이다.

린네풀은 원줄기가 옆으로 벋고 가지가 갈라지는데, 가지에 잔털이 난다. 잎은 마주나고 둥글거나 달걀을 거꾸로 세운 모양이며 길이와 너비가 각각 1㎝ 정도로서 톱니가 다소 있다. 잎 표면에 잎맥이 있고 양면에 털이 드문드문 있다.

꽃은 6~7월에 흰색 또는 연홍색으로 가지 끝에서 나온 길이 5~10㎝의 꽃자루 끝에 2개씩 아래를 향하여 달린다. 꽃의 지름은 0.5㎝ 정도로 매우 작다. 꽃받침은 5개로 깊게 갈라지며 가장자리에 털이 있다. 갈라진 조각은 넓은 달걀 모양이다. 열매는 10월에 노랗게 익는데 둥글고 딱딱하다.

인동과의 상록반관목으로, 우리나라 북부와 중국, 일본, 북반구의 냉대에 걸쳐 분포한다. 북반구 특산종으로, 우리나라에서는 평안도와 함경도의 고산지대에 자란다.

길러보기

고산식물이므로 재배하기가 어렵다. 화분에 기른다면 반그늘진 바람이 잘 통하는 곳에 기른다. 줄기가 뻗어 가는 것을 잘라 나누어 심어 번식한다.

비슷한 식물들

1속 1종으로 희귀식물이다. 린네풀은 인동과에 속하나, 학자에 따라서는 린네풀과로 보기도 한다. 린네풀과는 동남아시아와 중국, 북아메리카 지역에 5속 36종이 분포하고 있다.

꽃이 바람개비를 연상케 하는

132 마삭줄

- 학 명 : *Trachelospermum asiaticum* (Siebold & Zucc.) Nakai
- 과 명 : 협죽도과

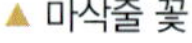

▲ 마삭줄 꽃

▲ 마삭줄 잎

상록 식물은 잎이 사철 내내 푸른 식물을 말한다. 하지만 상록 식물 중에도 단풍이 드는 것이 꽤 된다. 단지 낙엽이 되어 떨어지지 않을 뿐이다. 활엽식물인데, 겨울이 되면 조건에 따라서 붉은 빛깔이나 노란빛, 갈색으로 적절하게 바뀐다. 이 잎은 떨어지지 않고 겨울을 지내고 봄이 되면 다른 새순이 연하게 나온다.

마삭줄은 협죽도과의 덩굴성 식물로서 삼으로 꼰 밧줄 같다고 해서 마삭(麻索)줄이라고 한다. 마삭나무, 겨우사리덩굴, 마삭덩굴, 마살풀이라고도 한다. 전체 길이가 5m 정도까지 벋는데, 재미있는 것은 줄기가 땅에 닿으면 그곳에 뿌리를 내리며, 다른 물체에 닿으면 그 물체에 붙어 위로 올라간다. 잎은 타원형 또는 달걀 모양으로 마주나며, 잎의 표면은 짙은 녹색으로 윤기가 흐르고 뒷면은 털이 있기도 하고 없기도 하다.

꽃은 6~7월에 하얗게 피어서 점점 노란빛으로 바뀌어 간다. 다섯 장의 꽃잎이 마치 바람개비처럼 돌려나는 모습이 재미있어 입가에 웃음이 지어진다. 꽃말이 '바람개비', '하얀 웃음'이라니 실로 적절한 표현이다.

꽃은 지름 2~3㎝ 내외이며 열매는 10~11월에 길이 1.2~2.2㎝로 2개씩 달린다. 꼬투리처럼 생긴 긴 열매가 활처럼 굽어 달리는데, 바람개비처럼 생긴 꽃에서 활 같은 모양의 열매를 맺다니 신기하고 재미나다.

돌과 바위를 휘감는다고 해서 낙석등(絡石藤)이라는 생약명을 가지고 있는데, 여름에 잎이 붙은 줄기를 베어 햇빛에 말려서 해열, 강장, 진통 및 통경에 사용한다. 꽃과 열매를 감상할 수 있어 관상용으로 키우기도 한다. 원산지는

▲ 마삭줄 열매

▲ 마삭줄 수피

▲ 마삭줄 잎(단풍)

우리나라로, 우리나라 전역과 일본 등지에 분포한다.

길러보기

삽목이나 휘묻이로 번식시키는데, 봄이나 여름철에 아주 잘되는 편이다. 물에 꽂아 뿌리를 내릴 경우 물을 자주 갈아 주는 것이 좋다. 흙에 바로 삽목할 경우 비료 성분이 없는 흙을 사용하는 것이 좋다.

비슷한 식물들

- **털마삭줄** : 줄기와 잎에 털이 있으며, 잎은 길이 4~8㎝, 너비 2~5㎝로 마삭줄 잎보다 약간 크고 통통해 보인다. 이에 비해 털이 없는 마삭줄은 민마삭줄이라고도 부른다.
- **백화등** : 잎이나 꽃의 크기는 마삭줄과 비슷하나 꽃이 여러 겹을 이룬다. 가지에 털이 난 점도 구별점이다. 남부지방 특히 전남 여수 오동도에 많이 자란다.

▲ 백화등

만병을 고치는 약초

133 만병초

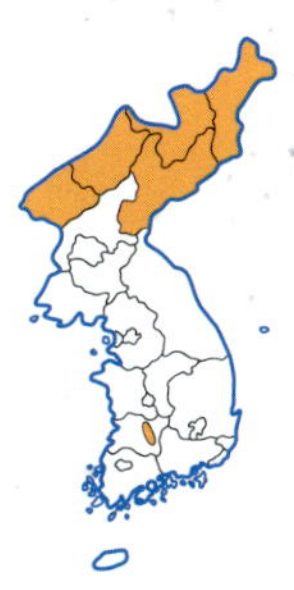

- 학 명 : *Rhododendron brachycarpum* D. Don ex G. Don
- 과 명 : 진달래과

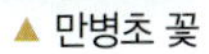

▲ 만병초 꽃

▲ 만병초 잎

만병초는 이름 그대로 만병에 효과가 있는 풀이라는 뜻이다. 민간에서는 만병통치약처럼 쓰고 있는데, 고혈압이나 저혈압, 신경통, 당뇨, 두통, 관절염 등등 갖가지 질병에 사용하고 효과도 있다고 한다.

만병초라는 이름은 백두산에 전해지는 전설에 기인한다. 옛날 백두산 산골짜기에 며느리와 시어머니가 사이좋게 살았다. 어느 날 호랑이가 나타나자 며느리가 넙죽 엎드리며 '배가 고프거든 나를 잡아먹고 시어머니는 해치지 말라'고 하였는데, 시어머니 역시 며느리를 살려주고 자신을 잡아먹으라고 하였다.

그러나 호랑이는 입만 크게 벌릴 뿐 잡아먹을 기세가 아니었다. 자세히 보니 호랑이 입 속에 헝겊 뭉치가 꽉 막혀 있는 것이었다. 며느리는 얼른 손으로 헝겊 뭉치를 빼내어 멀리 던져 버렸다.

호랑이는 고개를 숙이며 고맙다는 뜻을 전하고 그 헝겊 뭉치를 물어다 다시 며느리 앞에 놓는 것이었다. 며느리가 그것을 풀어 보니 씨앗이 들어 있었고, 후에 씨앗을 심었더니 나무가 자랐다. 그 잎을 차로 끓여 마셨더니 온갖 병이 없어지고 오래오래 살았다고 한다. 그리고 두견새가 울 때 꽃이 피어 두견화라고 하였다고 한다. 이 두견화가 바로 만병초라는 것이다.

키는 1~4m이며, 나무껍질은 잿빛이 섞인 흰색이다. 잎은 어긋나며 타원형이거나 타원 모양 피침형이다. 잎은 길이 8~20㎝, 너비 2~5㎝이고, 잎 뒷면에는 연한 갈색 털이 빽빽이 나 있다.

꽃은 6~7월에 10~20개씩 가지 끝에 흰색으로 피는데, 꽃대축이 길게 자라고 꽃자루도 발달하지만 가지가 갈라지지 않으며 달린다. 꽃부리는 깔때기

▲ 만병초 열매

▲ 만병초 수형

▲ 만병초 무리

모양으로 흰색 또는 연한 노란색이고 안쪽에 녹색 반점이 있다. 꽃말은 '위엄', '존엄'이다. 열매는 속이 여러 칸으로 나뉘고, 각 칸 속에 많은 종자가 들어 있으며 타원형이고 9월에 갈색으로 익는다.

진달래과에 속하는 상록활엽관목으로, 원산지는 우리나라이다. 지리산과 울릉도, 북부지방 등에 분포하며, 주로 고산지대에 자란다. 관상용으로 쓰이고, 잎은 만병엽이라 하여 이뇨제와 강장제 등으로 이용한다. 또 잎으로 차나 술을 담가 먹기도 한다.

길러보기

실생과 삽목으로 번식한다. 반그늘진 곳 또는 그늘진 곳, 특히 공기 중에 습기가 많은 곳에서 잘 자란다. 추위에 잘 견디지만 생장 속도가 느리고 공해에 약하다.

비슷한 식물들

- **노랑만병초** : 노란 꽃이 핀다. 키는 1m가량이며 하부가 땅에 눕고, 가지는 상향하며 비스듬히 자란다.
- **홍만병초** : 진홍색 꽃이 핀다. 키는 4m에 달하고, 한해살이풀 가지에 회색 털이 빽빽이 나지만 곧 사라지며 갈색으로 변한다.

▲ 노랑만병초

바람으로 씨를 뿌리는

134 만주바람꽃

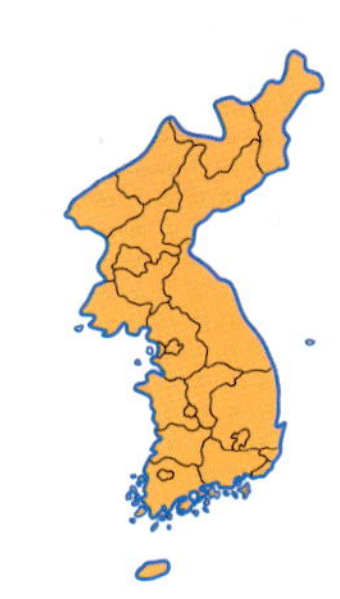

- 학 명 : *Isopyrum manshuricum* (Kom.) Kom.
- 과 명 : 미나리아재비과

▲ 만주바람꽃 꽃봉오리

▲ 만주바람꽃 꽃

식물 이름 앞에 지명이 들어가면 대부분 그 지역에서 가장 먼저 발견된 식물을 의미한다. 그런 종류는 대개 특산종으로 취급되며, 다른 곳에서는 생육이 잘 안 되는 것도 많아 보호식물로 지정받은 게 많다. 만주바람꽃은 만주에 많이 자라서 붙여진 이름이지만 우리나라 중부 이북에서도 볼 수 있는 여러해살이풀로, 토양에 부엽질이 많은 양지에서 자란다. 바람꽃은 바람을 유난히 좋아해서 붙여진 이름이다. 대표종인 바람꽃은 꽃이 7~8월에 흰색으로 피는 여름꽃이지만, 만주바람꽃은 4~5월에 피는 봄꽃으로 꽃샘추위가 끝날 때쯤이면 꽃을 피우는 강인한 들꽃이다. 키는 15~20㎝이고, 뿌리 부분은 마치 고구마 줄기처럼 많은 덩이뿌리가 달려 있는 것이 특이하다. 어린 싹이 올라올 때는 마치 개구리 발톱과 같은 모양으로 올라온다.

잎은 한 잎에서 3갈래로 갈라지고 다시 잎은 2~3개로 갈라지는 것이 특징이다. 꽃은 옅은 노란색과 흰색으로 잎 사이에서 한 송이씩 달리며 지름 약 1.5㎝이고 긴 꽃자루가 있다. 열매는 6~7월경에 달리고 종자는 검은색이다. 대개의 바람꽃 학명에는 '아네모네'라는 것이 붙는다. 이 학명은 그리스 어로 바람을 뜻하는 '아네모스'에서 유래한다. 아네모네라는 꽃도 물론 있다. 바람꽃과 비슷한데, 알뿌리에서 7~8개의 꽃줄기가 자라서 끝에 꽃이 1개씩 달린다. 4~5월에 피는 꽃은 간색 · 흰색 · 분홍색 · 하늘색 · 노란색 · 자주색 등 아주 다양한 색상이 있다. 이들 바람꽃에는 그리스 신화가 숨어 있다. 미소년 아도니스가 죽을 때 흘린 피가 바로 바람꽃이 되었다고 한다. 미나리아재비과에 속하며, 주로 관상용으로 쓰인다. 우리나라와 중국 동북부인 만주, 우수리 강 등지에 분포한다.

▲ 만주바람꽃 새순 올라오는 모습

▲ 만주바람꽃 무리

길러보기

땅 밑에 있는 뿌리를 늦여름이나 가을에 나누거나, 6월에 결실되는 종자를 바로 화단에 뿌리는 것이 좋다. 반그늘에서 잘 자라고 물 빠짐이 좋은 화단에 심는 것이 요령이다.

비슷한 식물들

- **아네모네** : 꽃은 지름 6~7㎝이고 홑꽃과 여러 겹꽃이 있다. 꽃말은 '사랑의 괴로움'이다.
- **바이칼바람꽃** : 잎자루에 세 갈래로 갈라진 잎이 1~2개 난다. 6월에 흰 꽃이 피며, 만주 등지의 북부지방에 분포한다.
- **변산바람꽃** : 2월에서 3월 사이에 꽃망울을 터뜨리기 때문에 쉽게 보기 어렵다. 1993년 변산에서 처음 발견되었고, 마이산과 지리산, 한라산, 설악산 등지에 자생한다.
- **회리바람꽃** : 5월에 연노랑색 꽃이 피며 꽃받침이 뒤로 젖혀진다. 대관령과 설악산 등지에 분포한다.

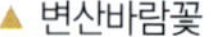

▲ 변산바람꽃

▲ 회리바람꽃

열매의 모양이 말발굽의 편자 모양인

135 말발도리

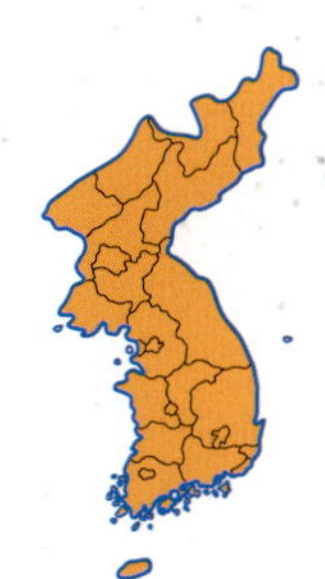

- 학 명 : *Deutzia parviflora* Bunge
- 과 명 : 범의귀과

▲ 말발도리 꽃

▲ 말발도리 잎

▲ 말발도리 줄기

▲ 말발도리 열매

산골짜기 척박한 돌무더기에 하얀 꽃이 마치 쟁반처럼 무리지어 피는 말발도리는 열매의 모양이 말발굽의 편자를 닮았다 하여 붙여진 이름이다. 민간에서는 이 열매를 가을에 따서 햇빛에 말린 뒤 약으로 썼는데, 달인 물을 피부염이나 가려움증에 바르면 효과가 있다고 알려져 있다.

키는 약 2m이다. 가지가 위로 뻗어 위쪽이 둥그렇게 퍼진다. 어린 가지에는 여러 갈래로 갈라진 별 모양의 털인 성모가 난다. 잎은 마주나고 달걀 모양, 달걀 모양 타원형이며 길이 3~6㎝이다. 가장자리에 가는 톱니가 있고 뒷면에는 성모가 난다.

꽃은 5~6월에 흰색으로 위쪽의 꽃자루가 아직 짧아 정상부가 편평해진 꽃차례로 달린다. 꽃대가 쟁반처럼 퍼져 나와 그 끝마다 지름 약 1.2㎝의 꽃이 달린다. 꽃잎과 꽃받침조각은 5개씩이고 꽃턱에 성모가 난다. 열매는 속이 여러 칸으로 나뉘고 각 칸 속에 많은 종자가 들어 있으며 종 모양이고 9월에 익는다. 열매껍질이 5갈래로 갈라져 씨앗이 나온다.

범의귀과의 낙엽관목으로 우리나라와 중국, 동부 시베리아 등지에 분포한다. 주로 산골짜기 돌 틈에서 자란다. 꽃이 아름다워 관상수나 밀원식물로 많이 재배하고 있다. 열매는 수소라 하여 약재로 이용된다.

 길러보기

주로 삽목과 실생으로 번식하나 포기나누기와 휘문이도 가능하다. 삽목은 봄이나 여름에 작년에 자란 가지를 10㎝ 정도 잘라 꽂는다. 햇볕을 좋아하고 척박한 환경에도 잘 적응하므로 잔디밭 가장자리에 심기 좋다.

비슷한 식물들

- **매화말발도리** : 노란 꽃이 핀다. 키는 1m가량이며, 아랫부분이 땅에 눕고 가지는 상향하며 비스듬히 자란다.
- **가냘픈말발도리** : 진홍색 꽃이 핀다. 키는 4m에 달하고, 일년생 가지에 회색 털이 빽빽이 나지만 곧 사라진다.
- **태백말발도리** : 잎 뒷면 맥 위에 털이 빽빽이 난다.
- **털말발도리** : 잎 뒷면에 성모와 단모가 난다.
- **속리말발도리** : 성모가 빽빽이 나서 흰빛을 띤다.
- **꼬리말발도리** : 꽃은 4~5월에 새로 나는 햇가지 끝에 흰색으로 핀다. 이 꽃이 꼬리처럼 길게 핀다고 해서 꼬리라는 명칭이 붙었다.
- **애기말발도리** : 꽃이 원추화서로 달리며, 꽃잎의 길이가 1㎝ 정도로 크다.
- **바위말발도리** : 키는 1m가량, 바위틈에 서식한다. 꽃은 4~5월에 길이 2㎝의 흰 꽃이 새 가지 끝에 1~3개씩 달린다.
- **둥근잎말발도리** : 잎은 마주나고 달걀 모양 또는 넓은 달걀 모양으로 끝이 뾰족하며 밑은 둔하다.
- **둥근말발도리** : 잎이 말발도리 잎보다 둥글다.
- **일본말발도리** : 꽃은 6월에 흰색으로 피고 가지 끝에 총상화서로 달린다. 어린 가지에 별 모양의 털이 있고, 잎 뒷면에도 약간 빽빽한 별 모양의 털이 있다.

▲ 바위말발도리

▲ 매화말발도리

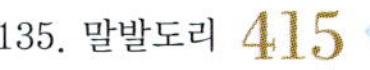

매의 발톱처럼 예리한 가시를 지닌

136 매발톱나무

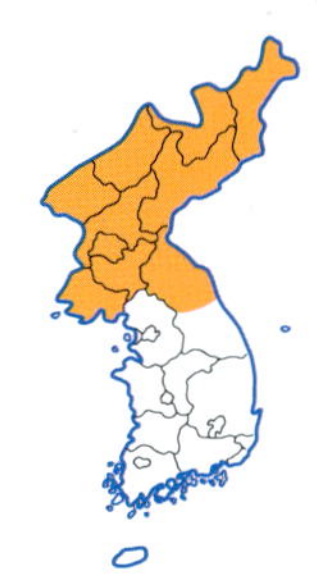

- 학 명 : *Berberis amurensis* Rupr.
- 과 명 : 매자나무과

▲ 매발톱나무 꽃

▲ 매발톱나무 잎

▲ 매발톱나무 가시

줄기와 잎에 매의 발톱처럼 날카로운 가시가 3개씩 달려 있어서 매발톱나무라고 한다. 미나리아재비과의 여러해살이풀인 매발톱꽃도 있지만 전혀 다른 종이다.

낙엽활엽관목으로 높이는 2m 정도이고, 수피는 회색으로 표면이 세로로 갈라지며 밑에서 많은 줄기가 올라온다. 작은 가지는 황회색으로 길이 1~3㎝의 잎 같은 가시가 나 있다. 잎은 어긋나며 거꾸로 세운 달걀 모양 타원형으로 잎 가장자리에 불규칙한 잔톱니가 있다. 꽃은 담황색이고 4~5월에 밑으로 처지는 총상화서로 달린다. 열매는 타원형의 장과로 9~10월에 붉은색으로 익는다.

우리나라와 일본, 중국, 만주, 우수리 등지에 분포한다. 우리나라에는 중부 이북의 해발 100~1,900m 산지에 자생한다. 습기가 있는 사질 양토를 좋아하고 양지와 음지를 가리지 않고 잘 자라며, 추위에는 강하나 공해에는 약하다.

열매와 뿌리껍질을 채취하여 그늘에 말렸다가 달여 복용하면 염증, 건위, 간질환 등에 좋으며 베르베린, 옥시칸틴 등의 성분이 있어 항암 효과도 있

▲ 매발톱나무 열매(미성숙)

▲ 매발톱나무 열매(성숙)

▲ 매발톱나무 수피

다. 열매에는 비타민 C가 많이 들어 있어 잼을 만들거나 즙을 내어 먹을 수 있다. 한편, 속껍질은 노란색 염료로 사용한다. 꽃과 열매가 아름다워 조경용으로 심으며, 가시가 나 있어 생울타리용으로 심기에 적합하다. 꽃말은 '승리의 맹세'이다.

길러보기

실생으로 번식한다.

비슷한 식물들

- **섬매발톱나무** : 잎이 거꾸로 된 피침형이며 가시가 크게 세 개로 갈라지고 긴 타원형이다. 제주도 한라산에 자란다.
- **왕매발톱나무** : 잎이 원형 또는 난상 원형으로, 울릉도와 강원도에 자란다.
- **일본매자나무** : 잎에 거치가 없으며, 꽃이 산형으로 모여 핀다.

▲ 섬매발톱나무

▲ 왕매발톱나무

오랜 기다림 끝에 피는 꽃

137 매화노루발

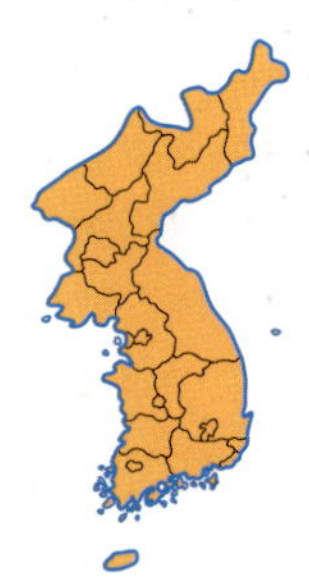

- 학 명 : *Chimaphila japonica* Miq.
- 과 명 : 노루발과

▲ 매화노루발 꽃

▲ 매화노루발 암술

ㅁ

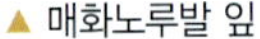
▲ 매화노루발 잎

▲ 매화노루발 종자 결실

노루가 들어가는 들꽃은 노루귀, 노루발, 노루삼, 노루오줌 등 여러 개가 있는데, 매화노루발 역시 그중 하나다. 대표종인 노루발은 꽃이 흰색이며 크기는 지름이 1㎝가 약간 넘는다. 이에 비해 매화노루발은 꽃이 매화처럼 아름답다고 해서 '매화'가 붙여진 이름으로, 지름은 1㎝ 정도이다. 원줄기 끝에서 자라는 꽃자루 끝에 1~2개의 꽃이 마치 작은 종처럼 아래를 향해 달린다.

그런데 꽃망울은 일찍 맺지만 한 달 정도 견디다가 5~6월에 이르러서야 비로소 꽃을 피우는 것이 큰 특징이다. 오랜 기다림 끝에 꽃이 피어서 그럴까? 꽃을 보면 매우 고고하게 보이기도 한다.

▲ 매화노루발 여러 개체

매화노루발은 우리나라 각처에서 자라는데, 특히 바닷가의 숲 속 반 그늘의 토양이 비옥한 곳에서 잘 자란다. 키는 5~10㎝이고, 잎은 넓고 뾰족하며 가장자리에 날카로운 낮은 톱니가 있다. 두꺼운 각질을 가지고 있는 것이 특이해 마치 작은 나무처럼 강인해 보이기도 한다.

꽃이 진 뒤 열매는 8~9월경에 달

리는데, 이 열매는 지름이 5㎜ 정도로 작으며 암술머리가 붙어 있다. 상록성이기 때문에 쉽게 이 품종을 발견할 수 있지만, 잎이 너무 작아 막상 찾기가 쉽지 않다.

노루발과에 속하는 상록 여러해살이풀로, 흔히 매화노루발 또는 풀차라고도 하며, 주로 관상용으로 쓰인다. 우리나라와 일본, 타이완, 중국, 사할린섬 등지에 분포한다.

길러보기

8~9월에 채취한 종자를 이른 봄에 뿌리거나 가을과 봄에 뿌리를 포기나누기 할 수 있다. 뿌리는 길게 옆으로 뻗는 성질이 있어 원줄기를 찾아 옆으로 가면 새싹이 돋는 줄기를 찾을 수 있다. 화분이나 화단에 심는데, 내부 온도가 따뜻한 곳에서는 잎이 항상 푸르기 때문에 겨울에는 내부로 들여와도 좋다.

비슷한 식물들

- **노루발** : 숲 속에서 자라며, 꽃은 6~7월에 흰색 또는 노란색을 띤 흰색으로 핀다. 키는 26㎝가량이다.
- **호노루발** : 백두산, 함경남도 부전고원의 산지에 자라며, 꽃은 흰색으로 피고, 키는 23㎝가량이다.
- **주걱노루발** : 잎 가장자리에 톱니가 없다. 깊은 산에서 자라며, 키는 20㎝가량이다.

▲ 노루발

▲ 호노루발

물에 핀 작은 매화

138 매화마름

- 학 명 : *Ranunculus kazusensis* Makino
- 과 명 : 미나리아재비과

▲ 매화마름 꽃

▲ 매화마름 새순 올라오는 모습

봄이 되면 물가에도 연둣빛 새순이 올라온다. 아직 물은 차갑지만 4월 초가 되면 어느새 꽃까지 피우는 것도 있다. 마름 종류도 대표적인 수생식물로, 특히 잎몸이 마름모꼴이므로 이름을 외우기가 수월하다. 매화마름은 우리나라 각처의 늪이나 연못에서 자라는 여러해살이 수초로, 수심이 낮고 물 흐름이 빠르지 않으며 햇볕을 잘 받는 곳에서 자란다. 꽃은 매화와 비슷하고 잎은 붕어마름을 닮아서 매화마름이라는 이름을 얻었다. 사실 매화마름과 물매화는 전혀 다른 종이다. 물매화는 범의귀과에 속하는 여러해살이풀로 주로 산지의 습지에 자라며, 꽃은 7~9월에 흰색으로 핀다. 꽃 크기가 매화마름 꽃보다 약간 크다. 한편, 붕어마름은 붕어마름과에 속하며, 잎은 길이 1.5~2.5㎝ 정도로 5~12개가 돌려난다. 또 2~4회 새의 깃 모양으로 갈라지며 바늘 모양이다.

▲ 매화마름 종자 결실

매화마름은 본래 흔한 수생식물이었는데, 최근에 그 개체 수가 많이 줄어들어 현재는 멸종위기 야생식물로 지정되어 있다. 다행스럽게도 강화도의 초지리와 당산리에서 군락지가 발견되어 현재 보호되고 있다. 특히 초지리 매화마름 군락지는 2008년 10월 13일 람사르 습지로 지정, 등록되었으며, 여기에서 매화마름의 생존 습성이 확인되었다. 이에 따르면, 매화마름은 다른 식물들이 한창 자랄 여름에 얼른 종자로 결실을 맺고 9~10월에 발아해 겨울을 난 뒤 이듬해 봄에 다시 소생한다. 다른 풀에 비해 경쟁력이 약해 그런 생존 방법을 택한 것으로 보인다.

키는 약 50㎝ 정도이고, 잎은 마주난다. 짧은 잎집 위에 잔털이 돋은 짧은 잎자루가 있고 3~4회 갈라져서 실같이 낱낱이 찢어져 있는 것이 특이하다. 줄기는 속이 비어 있고 마디에서 뿌리가 내린다. 어긋난 꽃줄기는 길이 3~7㎝로 물 위로 올라와서 끝부분에 1개의 잎과 1개의 꽃이 달린다.

꽃은 4~5월에 피는데, 지름 약 1㎝ 정도로 흰색이다. 꽃잎과 꽃받침은 각각 다섯 개이며, 열매는 7~8월경에 둥글게 달리고 길이 약 0.2㎝ 정도로 긴 털이 있다.

미나리아재비과에 속하며, 미나리마름, 미나리말이라고도 한다. 주로 관상용으로 쓰이며, 우리나라와 일본에 분포한다.

길러보기

이른 봄이나 가을에 뿌리나누기를 하거나 8월경에 달리는 종자를 받아 바로 뿌리는 방법이 좋다. 습지나 개울에 심어야 하며, 만일 실내에서 키울 때는 물이 빠지지 않는 화분을 이용하여 안에 심는다. 외부에 심을 때는 작은 웅덩이에 창포와 부처꽃 등을 함께 심어 여러 계절 볼 수 있게 하는 것도 좋다.

비슷한 식물들

- **붕어마름** : 꽃은 단성화이며 8~9월에 잎겨드랑이에 1개씩 달린다.
- **마름** : 잎몸은 마름모꼴 비슷한 삼각형이며 잔톱니가 있다.
- **애기마름** : 잎은 줄기의 꼭대기에 모여나고 갸름한 마름모꼴로 지름 1~2㎝이다.
- **어항마름** : 북아메리카 동부 원산이며, 흔히 어항에서 기른다. 꽃은 7~9월에 잎겨드랑이에서 나온 꽃자루에 달린다.
- **수염마름** : 꽃은 6~7월에 연한 홍색으로 잎겨드랑이에 달리며 대가 길다. 참깨과에 속한다.

▲ 마름

▲ 애기마름

▲ 수염마름

매화꽃 닮은 댕강목

139 매화말발도리

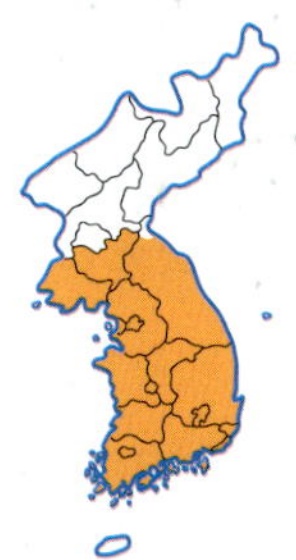

■ 학 명 : *Deutzia uniflora* Shirai

■ 과 명 : 범의귀과

ㅁ

▲ 매화말발도리 꽃

▲ 매화말발도리 잎

말발도리는 주로 바위틈에서 자라는데, 따라서 자생지에서는 키가 작게 자라고 있는 것을 볼 수 있다. 열매의 모양이 말발굽의 편자를 닮았다 하여 붙여진 이름으로, 꽃의 색상이나 잎의 형태 등에 따라 여러 종류로 나뉜다.

매화말발도리는 꽃이 매화꽃을 닮아 붙여진 이름으로, 흔히 댕강목으로도 불리는 품종이다. 댕강목이란 나무를 분지르면 '댕강' 하는 소리가 난다고 해서 붙여진 것인데, 인동과의 댕강나무와는 전혀 다른 식물이다.

키는 약 1m이며 비스듬히 자란다. 가지가 옆으로 퍼지며 엉성하게 타원형을 이루곤 한다. 나무껍질은 잿빛이고 불규칙하게 벗겨진다. 잎은 마주나고 타원형이며 가장자리에 잔톱니가 있다. 잎은 길이 4~6㎝이며, 양면에 4~6개로 갈라진 성모가 난다.

꽃은 흰색으로 5월에 묵은 가지에 1~3개씩 달린다. 다른 말발도리들은 대부분 새로 나는 햇가지에 꽃이 피는 점이 다르다. 꽃의 지름은 5㎝ 정도이며, 꽃자루에는 성모가 빽빽이 난다. 꽃받침조각과 꽃잎은 5개씩이다. 열매는 종 모양으로 속이 여러 칸으로 나뉘고 각 칸 속에 많은 종자가 들어 있으며 3개의 홈이 있고 9월에 익는다.

범의귀과의 낙엽관목으로 우리나라와 일본 등지에 분포한다. 우리나라에서는 중부 이남의 산지 바위틈에 자란다. 꽃이 아름다워 관상수나 밀원식물로 많이 재배하고 있다. 비슷한 종으로 잎이 가늘고 길며 톱니가 나는 좁은잎매화말발도리가 있는데, 우리나라 특산종으로 경기도 양평의 용문산에 자란다.

길러보기

주로 삽목과 실생으로 번식하나 포기나누기와 휘묻이도 가능하다. 삽목은 봄이나 여름에 작년에 자란 가지를 길이 10㎝ 정도 잘라 꽂는다. 햇볕을 좋아하고 척박한 환경에도 잘 적응하므로 잔디밭 가장자리에 심기 좋다.

비슷한 식물들

- **말발도리** : 꽃은 5~6월에 흰색으로 위쪽의 꽃자루가 아직 짧아 정상부가 편평해진 꽃차례로 달린다. 꽃대가 쟁반처럼 퍼져 나와 그 끝마다 지름 약 1.2㎝의 꽃이 달린다.

해남말발도리 : 잎에 톱니가 있고 1년생 가지에 대가 있는 성모가 나며, 작은 꽃자루에 털이 많이 나나 잎의 겉면에는 털이 없다.

지리말발도리 : 잎에 3개로 갈라진 성모가 난다.

은잎매화말발도리 : 잎이 좁고 긴 모양이고 날카로운 톱니가 있다. 경기도 양평의 용문산에 자란다.

태백말발도리 : 잎 뒷면 맥 위에 털이 빽빽이 난다.

털말발도리 : 잎 뒷면에 성모와 단모(單毛)가 난다.

속리말발도리 : 성모가 빽빽이 나서 흰빛을 띤다.

▲ 말발도리

ㅁ

향긋한 봄나물

140 머위

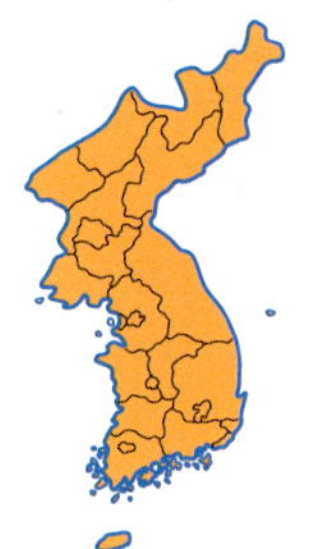

- 학 명 : *Petasites japonicus* (Siebold & Zucc.) Maxim.
- 과 명 : 국화과

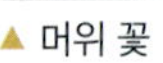

▲ 머위 꽃

▲ 머위 잎

봄철 향긋한 나물은 자연이 주는 혜택이 아닐 수 없다. 쑥이나 냉이, 달래, 씀바귀 등등 나물로 먹을 수 있는 식물이 아주 많은데, 머위도 대표적인 봄나물이다. 무침으로 먹어도 되고, 볶아 먹어도 되며, 살짝 익혀서 쌈으로 싸 먹어도 좋다.

머위는 이른 봄부터 싹이 올라와 자란다. 얼음을 가르고 잔설을 뚫고 나오는 생명초라고 하여 겨울을 금강석처럼 또는 송곳처럼 뚫는다는 뜻으로 찬동, 겨울을 두드려 나오는 꽃이라 하여 관동화라고도 불릴 정도로 생명력이 강한 품종이다.

우리나라 산야에 습기가 많은 곳이면 어디서나 잘 자라는 여러해살이풀로, 물론 나물로도 많이 재배되고 있다. 반그늘이나 양지의 습기가 많은 곳에서 잘 자란다. 키는 5~45㎝이고, 잎은 지름 15~30㎝로 표면에 구부러진 털이 있으나 자라면서 없어진다. 잎 모양은 둥근 하트형으로, 잎 가장자리에는 불규칙한 치아 모양의 톱니가 있다.

꽃은 3~4월에 피는데, 지름 0.7~1㎝로 여러 개가 뭉쳐서 달리고 포가 밑부분을 둘러싸고 있다. 6월경에 길이 약 0.3㎝, 지름 0.5㎜ 정도의 열매가 달리는데, 원통형이며 흰 털이 달린다.

머위는 국화과에 속하며, 흔히 머구라고도 한다. 잎자루와 어린순은 나물로 먹을 수 있다. 잎은 양념무침이나 쌈으로 먹고, 잎줄기는 살짝 데친 뒤 껍질 을 벗긴 다음 양념에 무치거나 볶아서 먹는다. 줄기는 탕으로도 먹고, 장아찌를 만들어 먹기도 한다. 뿌리 부분은 약재로도 이용된다. 약간 쓴맛이 있으면서도 향이 독특해 흔히 토종

▲ 머위 꽃대 자란 모습

▲ 머위 꽃이 활짝 핀 지상부

허브라고도 한다. 우리나라와 일본에 분포한다.

길러보기

가을에 포기나누기를 하며, 이른 봄에는 6월에 받은 종자를 화단에 뿌린다. 반그늘이 가장 좋으므로 빛이 직접 닿지 않는 곳에 심는 것이 요령이다. 농촌에 가면 집 근처에 많이 심어져 있는 것을 볼 수 있다.

비슷한 식물들

- **개머위** : 5~7월에 흰색과 백황색 꽃이 핀다. 강원도의 산에서 자라서 흔히 산머위라고도 한다.
- **털머위** : 꽃은 9~10월에 노란색으로 핀다. 울릉도 및 제주도 등 남해안 섬 지방에 주로 분포한다.
- **물머위** : 들판의 습지나 도랑에서 자란다. 꽃은 흰색으로 9~10월에 피는데, 가지와 줄기 끝에 잔뜩 모여 피는 것이 특징이다.

▲ 털머위

우리나라 특산식물

141 모데미풀

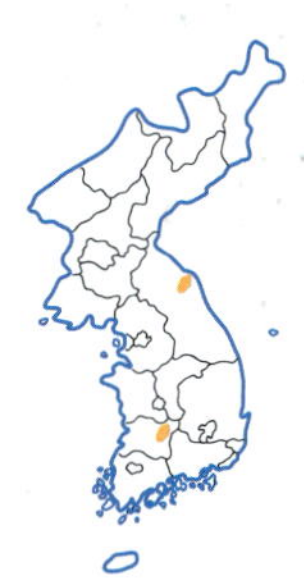

■ 학 명 : *Megaleranthis saniculifolia* Ohwi

■ 과 명 : 미나리아재비과

ㅁ

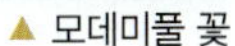

▲ 모데미풀 꽃

▲ 모데미풀 잎

모데미풀은 지리산 이북 높은 산에 자라는 여러해살이풀이다. 처음 발견된 곳은 지리산에 인접한 전북 남원의 운봉인데, 운봉읍의 모데기라는 곳에서 처음 발견되어 모데미풀이라고 한다. 구룡폭포 인근의 '시무락다무락'을 지나면 마을 사람들이 오래 전부터 '모데기'라고 부르는 곳이 있다. 일본 학자가 처음 발견했는데, 혹시 무덤을 '모데미'라고 잘못 발음해서 붙여진 명칭이 아닌가 추측한다.

상대습도가 높은 곳이나 습도가 높은 곳에서 잘 자라며, 키는 20~40㎝ 정도이다. 잎은 긴 잎자루에서 3개로 갈라지며 잎자루가 짧고 2~3개로 깊게 갈라진 다음 톱니가 생기거나 다시 2~3개로 갈라지는 특징이 있다. 잎의 양 면에 털이 없고 톱니 끝이 뾰족한 것도 특이하다. 꽃은 흰색으로 지름 2㎝ 정도이며, 5월에 꽃줄기가 1개 나와 상층부에 1개가 달린다. 열매는 7월경에 달리고 길이 약 1.2㎝이다. 미나리아재비과에 속하며, 운봉금매화 또는 금매화아재비라고도 한다. 우리나라에만 있는 특산 속이므로 특산 종보다 더욱 귀한 품종이다. 이 외에도 우리나라 특산 속은 5종류가 더 있다. 개느삼과 미선나무, 금강인가목, 금강초롱, 제주고사리가 그것이다.

모데미풀은 높은 산지에 자라는 까닭에 생명력도 매우 강하다. 혹독한 추위에도 뿌리가 얼어 죽지 않고 눈이 아직 쌓인 속에서도 꽃이 핀다. 최근 소백산에서 자생지가 발견되었는데, 우리나라에서 사라지면 지구상에서 영원히 사라지는 식물이므로 꼭 보존해야 한다. 이밖에도 덕유산과 설악산에도 자란다.

▲ 모데미풀 꽃 지는 모습

▲ 모데미풀 종자 결실

▲ 모데미풀 무리

길러보기

7~8월경에 종자가 익으면 바로 뿌려 묘종을 얻을 수 있고, 이 종자를 종이에 싸서 냉장 보관하여 이듬해 봄에 뿌리는 방법이 있다. 종자 파종을 8~9월에 할 때에는 내부 온도를 높게 하면 안 된다. 이 시기는 종자발아율은 높지만 어린 묘가 고온에 의해 상할 수도 있기 때문이다. 묘는 가을에 잎이 마른 다음 포기나누기로 하는 것이 좋다. 주의할 점은 습도다. 공기 중의 습도가 많은 곳을 좋아하는 식물이기 때문에 공중습도를 높게 해 주고 토양의 습도도 높여 줘야 한다.

비슷한 식물들

비슷한 식물은 없다. 지구상에 우리나라에만 있는 유일한 식물이다.

142 목련

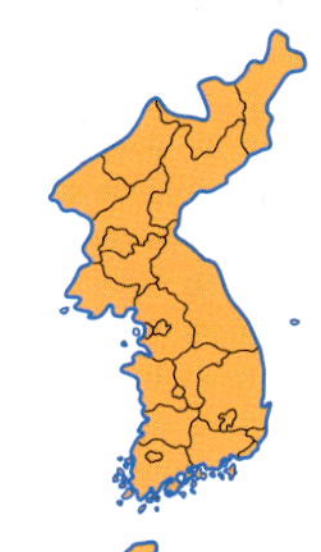

- 학 명 : *Magnolia kobus* DC.
- 과 명 : 목련과

▲ 목련 꽃

▲ 목련 잎

목련(木蓮)은 나무에 피는 연꽃이라 하여 붙여진 이름이다. 연꽃은 불교를 상징하는데, 목련 역시 불교에서 많이 쓰인다. 사찰 문에 창살로 표현된 여섯 장 꽃잎의 무늬는 바로 목련을 형상화한 것이다. 서양에서도 목련은 여러 상징물로 쓰이는데, 흔히 팝콘에 비유하기도 한다. 목련을 흔히 봄을 맞이하는 꽃이라 하여 영춘화(迎春花)라고 부르는데, 물푸레나무과의 영춘화하고는 다르니 혼동하지 말아야 한다.

목련은 종류가 매우 많다. 제주도에만 자생하는 목련, 흰 꽃이 피는 백목련 등이 있다. 이 밖에도 자주색 꽃이 피는 자목련은 봄이 끝나 가는 시기에 핀다고 하여 망춘화(忘春花)라고 부르기도 한다. 산목련인 함박꽃나무, 일본목련, 꽃이 크고 상록성인 태산목도 목련의 일종으로, 이들은 잎이 난 뒤에 꽃이 피는 특징을 가졌다.

위의 여러 목련 중에서 목련과 함박꽃나무만이 우리나라에 자생한다. 그런데 우리가 흔히 볼 수 있는 목련은 중국이 원산지인 백목련을 말한다. 우리나라의 자생 목련은 제주도 한라산에 자라며, 꽃잎 안쪽이 붉은색을 띠는 것이 특징이다. 꽃잎은 6~9장으로 향기가 매우 진하다. 3~4월에 흰 꽃이 피며, 열매는 9~10월에 익는다.

낙엽활엽교목으로 높이는 약 20m이고 지름 1m 정도로 수피는 회백색이다. 수피는 조밀하게 갈라지고 작은 가지는 연한 녹색이다. 잎은 거꾸로 세운 달걀 모양으로 잎자루에 흰 털이 있다. 꽃은 잎보다 먼저 3~4월에 흰색으로 피지만 기부는 연한 홍색이다. 열매는 골돌과로 원추형이며 씨는 타원형으로 하얀 실 같은 것이 붙어 있는데, 9~10월에 익는다.

▲ 목련 열매

▲ 목련 수피

우리나라와 일본에 분포하며, 우리나라에서는 전역에 자란다. 습기가 있는 땅을 좋아하는데, 그늘에서는 꽃이 잘 피지 못하나 추위와 공해에는 강하다.

목련은 북쪽을 향해 꽃을 피우는 성질이 있는데, 그래서 예로부터 임금을 향한 충절을 상징하기도 했다. 이렇게 꽃이 북향이 되는 것은 햇볕을 많이 받은 남쪽 꽃덮개 껍데기의 세포가 북쪽보다 빨리 자라 꽃이 북쪽으로 기울기 때문이라는 설이 있다. 또 꽃이 상당히 매혹적이지만 진화가 덜 된 원시적인 상태로 겉씨식물과 같은 완벽한 씨방은 없다. 그래서 열매가 씨를 완전히 감싸지 못해 씨앗이 일부 밖으로 드러나기도 한다.

한방에서는 꽃봉오리를 신이(辛夷), 꽃을 옥란화(玉蘭花)라 하는데, 콧병과 축농증에 특효약이라고 한다. 꽃봉오리와 수피와 잎에는 정유 외에도 여러 가지 성분이 들어 있어 기침, 이뇨, 고혈압, 염증, 가래, 두통, 치통, 생리통 등에 사용한다. 줄기의 수피에는 유독 성분이 함유되어 있으므로 적당량만을 먹어야 하며, 또한 기력이 없고 땀을 많이 흘리는 사람이나 빈혈이 있는 사람은 먹지 말아야 한다. 꽃말은 '고귀함'이다.

길러보기

실생으로 번식한다.

비슷한 식물들

- **백목련** : 꽃이 목련과 비슷하나 흰색이다.
- **자주목련** : 꽃잎 겉이 연한 붉은빛을 띤 자주색이고 안쪽이 흰색이다.
- **자목련** : 꽃이 검은 자주색으로 핀다.
- **일본목련** : 높이 20m 정도로, 꽃은 5~6월에 흰색으로 핀다.
- **별목련** : 꽃잎이 흰색이며 별 모양으로 핀다.

▲ 자목련

▲ 일본목련

▲ 별목련

깊은 산에서 연한 자주색으로 피는 제비꽃

143 뫼제비꽃

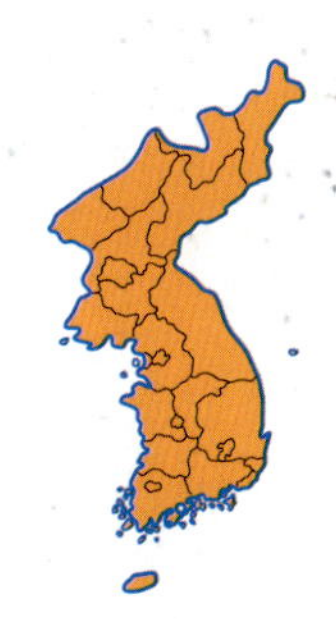

- 학 명 : *Viola selkirkii* Pursh ex Goldie
- 과 명 : 제비꽃과

▲ 뫼제비꽃 꽃(정면)

▲ 뫼제비꽃 꽃(측면)

ㅁ

▲ 뫼제비꽃 무리

제비꽃은 우리나라 전역에 가장 흔하게 피는 봄꽃으로 그 종류만도 60여 종에 달한다. 제비꽃들은 구분하기 쉽지 않으므로 나올 때마다 유심히 봐두는 것이 가장 좋다. 특히 서로 비교해 볼 수 있도록 사진이 함께 있으면 꼼꼼히 살펴보면 좋을 것이다.

뫼제비꽃은 보통 제비꽃에 비하여 해발 800m 이상 높은 산에서 자라서 붙여진 이름이다. 뿌리줄기는 짧다. 잎은 뿌리에서 두세 장이 모여 나는데, 달걀 모양 심장형으로 가장자리에 톱니가 나 있다. 길이와 너비는 2~3㎝이나 열매가 커져 가면 5㎝까지 자란다. 잎 양면에 털이 약간 난다.

꽃은 4~5월에 연한 자주색으로 핀다. 꽃잎은 길이 1.5~1.7㎝이며, 입술꽃잎에 자주색 줄이 있다. 열매는 속이 여러 칸으로 나뉘고, 각 칸 속에 많은 종자가 들어 있으며 달걀 모양이다. 꽃말은 '성실', '고상'이다.

제비꽃과의 여러해살이풀로, 메제비꽃이라고도 한다. 우리나라를 비롯한 아시아와 유럽, 아메리카 대륙의 북부 온대지역에 분포한다.

길러보기

통풍이 잘되고 반그늘진 곳에 심는다. 개체가 아주 작은 식물이므로 주변의 잡초를 철저히 제거해야 한다. 봄철에 새싹이 돋을 때 약간의 시비를 해 주면 생육이 좋게 나타나며 개화 상태도 좋아진다.

비슷한 식물들

- **민둥뫼제비꽃** : 4~5월에 연한 홍자색 꽃이 피고 길이 0.5~0.7㎝이다. 잎 뒷면이 자줏빛이 돈다.
- **줄민둥뫼제비꽃** : 거의 민둥뫼제비꽃과 같으나 잎에 보랏빛 줄이 있다.
- **민둥제비꽃** : 4~5월에 붉은 자주색 꽃이 핀다. 풀 전체에 털이 전혀 없는 것이 특징이다. 키는 약 15㎝이다.
- **털제비꽃** : 꽃 색깔이나 키가 거의 민둥제비꽃과 같다. 단지 털이 아주 많다.
- **알록제비꽃** : 산지의 숲 속이나 숲 가장자리에 자라며, 4~5월에 진한 붉은 보라색 꽃이 핀다. 잎 앞면에 얼룩 반점이 있다.

▲ 민둥뫼제비꽃

▲ 털제비꽃

▲ 알록제비꽃

긴 방망이처럼 생긴

144 물솜방망이

■ 학 명 : *Tephroseris pseudosonchus* (Vaniot) C. Jeffrey & Y. L. Chen

■ 과 명 : 국화과

▲ 물솜방망이 꽃

▲ 물솜방망이 잎

물방망이나 솜방망이는 방망이 중에서도 별 볼일 없는 방망이를 말한다. 습기가 많은 곳에 자라고 흰 털이 솜처럼 많이 나 있어서 물솜방망이라는 이름을 얻은 이 꽃은 그 두 가지가 다 들어 있으니 맞아도 전혀 아플 것 같지가 않다. 하지만 긴 꽃가지 끝에 여러 개의 꽃이 달린 것을 보면 영락없이 노란 방망이다.

물솜방망이는 지리산 및 한라산과 같은 높은 지대에서 자라는 여러해살이풀로 키는 55~65㎝ 정도이다. 잎은 양면에 거미줄 같은 털이 있으며 가장자리가 밋밋하거나 불규칙한 톱니가 있다. 뿌리에서 생긴 잎은 꽃이 필 때까지 남아 있고 길이 8~17㎝, 너비 0.6~1.8㎝로 피침형이다. 줄기에는 거미줄 같은 털이 나 있다.

꽃은 5~6월에 피는데, 꽃가지가 아래에서 위로 차례대로 달리며 머리 부분의 꽃은 7~30개 정도로 무리지어 달린다. 꽃 색깔은 황색이며, 열매는 7~8월경에 원추형으로 달린다.

국화과에 속하며 물방망이, 솜쑥방망이, 쑥방망이라고도 한다. 방망이가 붙는 식물에는 '세네시오'라는 학명이 붙는데, 이것은 라틴 어로 노인을 뜻하는 세넥스에서 온 말이다. 아마도 하얀 털이 많이 나는 풀이라서 서양 사람들에게는 노인처럼 보이는 모양이다. 약재로도 이용되는데, 이때는 구설초라고 한다. 우리나라와 일본에 분포한다.

▲ 물솜방망이 줄기

▲ 물솜방망이 종자 결실

길러보기

이른 봄이나 가을에 뿌리나누기를 하거나 9월경에 받은 종자를 손으로 약간 비빈 후 뿌려야 한다. 종자에 붙은 갓털을 제거하고 마찰로 껍질을 약하게 하는데, 이는 싹이 쉽게 나올 수 있게 하기 위해서이다. 자생지에서는 간혹 낮은 곳에서도 살아가는 품종이어서 공기가 잘 통하는 곳에 심어 관리하면 좋다. 꽃이 핀 상태에서 계속 꽃대가 커 올라가기 때문에 외부에는 뒤쪽에 심는 것이 보기에 좋다. 잎이 많지 않기 때문에 3~4일 간격으로 물을 주면 된다.

비슷한 식물들

- **산솜방망이** : 강원도와 한라산의 높은 산 양지바른 곳에서 자라며, 키 15~45㎝이다. 두메솜방망이라고 하며, 꽃은 7~8월에 붉은빛을 띤 노란색으로 핀다.
- **솜방망이** : 이른 봄에 흰 솜털이 다북하게 자란 노란 꽃이 핀다. 키는 20~65㎝이다.
- **쑥방망이** : 초가을에 노란 꽃이 피며, 키는 65~160㎝로 큰 편이다.
- **금방망이** : 7~8월에 노란 꽃이 많이 달리고, 키는 45~100㎝이다.
- **자주꽃방망이** : 7~8월에 자줏빛 꽃이 피며, 키는 2~3㎝이다.
- **국화방망이** : 전체에 거미줄 같은 털이 있고, 줄기는 곧게 서며 자줏빛이 돈다. 6~8월에 지름 2㎝ 정도의 노란색 꽃이 핀다.
- **가는솜방망이** : 잎이 솜방망이보다 가늘고 길다.
- **민솜방망이** : 줄기는 곧게 서고 털이 없거나 위쪽에만 약간 있다. 꽃은 7~9월에 적황색으로 핀다.

▲ 삼솜방망이

▲ 자주꽃방망이

▲ 국화방망이

깊은 산 물가에 핀 노란 꽃

145 물양지꽃

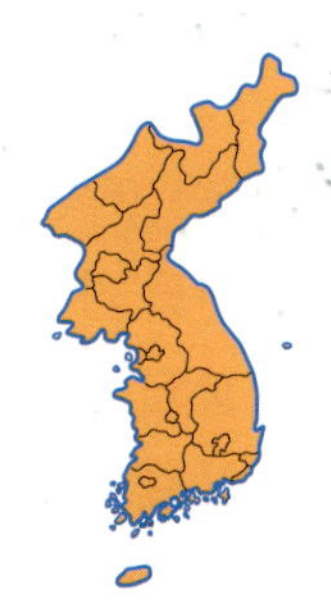

- 학 명 : *Potentilla cryptotaeniae* Maxim.
- 과 명 : 장미과

▲ 물양지꽃 꽃봉오리

▲ 물양지꽃 꽃

▲ 물양지꽃 잎

봄날 따스한 양지에는 야생화들이 앞다퉈 피기 시작한다. 그중에서도 양지꽃은 햇빛을 유난히 좋아해서 붙여진 이름이다. 줄기는 붉은색으로 옆으로 기듯 자라는데, 중간에 잘리더라도 금세 뿌리를 내리고 새순이 돋는다. 또 꽃도 봄부터 여름까지 피어 있어 어느 식물보다도 생명력이 강인한 꽃임을 알 수 있다.

양지꽃은 종류가 매우 많은데, 물양지꽃은 깊은 산속의 물이 있는 곳 가까이에서 자란다고 해서 붙여진 이름이다. 양지꽃과는 달리 키가 커서 1m 정도의 높이로 자란다. 줄기는 전체에 털이 있고 옆으로 벋으며 자란다.

잎은 어긋나고 세 장의 작은 잎이 나온다. 작은 잎은 길이 4~7㎝의 타원형이고 양 끝이 좁으며 끝이 뾰족하고 가장자리에 둔한 겹톱니가 있다.

양지꽃의 꽃은 빨간 열매를 맺는 6~8월에 황색으로 피고 가지 끝의 잎겨드랑이에 한 송이씩 달린다. 꽃의 지름은 약 1㎝이고, 꽃받침조각은 달걀 모양이며 창처럼 끝이 뾰족하다. 노란 꽃잎 한가운데에 많은 수술과 암술이 있고 꽃받침에는 잔털이 나 있다. 열매의 씨는 1개로 작고 익어도 터지지 않으며 길이 0.1㎝가량의 달걀 모양이며 털이 없고 주름이 있다.

장미과에 속하는 여러해살이풀로, 우리나라와 중국 동북부, 일본, 우수리강, 아무르 강 등지에 분포한다. 우리나라에서는 전국의 깊은 산속 약간 그늘진 습한 땅에 난다.

어린순은 나물로 먹으며, 봄에 뿌리를 캐어 날것을 먹으면 날밤과 비슷한

▲ 물양지꽃 무리

맛이 난다. 또 한방에서는 뿌리를 제외한 식물체 전부를 지봉자(地蜂子)라는 약재로 쓰는데, 만성기침이나 복통, 설사, 이질 등에 효과가 있다.

길러보기

종자를 바로 화분이나 화단에 뿌리거나 보관 후 가을에 뿌린다. 포기나누기는 가을에 하는 것이 좋다. 화분이나 화단에 심고 햇볕이 많이 드는 곳에서 재배하는 것이 좋다. 물은 1~2일 간격으로 준다.

비슷한 식물들

- **양지꽃** : 줄기는 옆으로 비스듬히 자라고, 키는 30~50㎝이다.
- **돌양지꽃** : 바위틈에서 자라고, 잎 가장자리의 톱니가 크다.
- **눈양지꽃** : 바닷가 습지에서 자라며, 전체적으로 옆으로 누워 있다.
- **세잎양지꽃** : 양지꽃과 비슷하지만 작은 잎이 세 개로 구성되어 있다. 키는 15~30㎝이다.
- **민눈양지꽃** : 세잎양지꽃과 잎이 비슷하지만 잎 가장자리에 흰색의 누운 털이 난다. 깊은 산에서 자란다.
- **나도양지꽃** : 꽃은 5~6월에 노란색으로 피는데, 잎과 잎 사이에서 나온 길이 10~15㎝의 꽃줄기 끝에 1~3송이가 달린다.
- **뱀딸기** : 꽃이 비슷하나 덩굴이 옆으로 벋으며 마디에서 뿌리를 내린다. 열매는 붉게 익으며 먹을 수 있다.

▲ 양지꽃

▲ 돌양지꽃

▲ 나도양지꽃

계곡에 진한 향기를 뿜어내는 봄꽃

146 물참대

- 학 명 : *Deutzia glabrata* Kom.
- 과 명 : 범의귀과

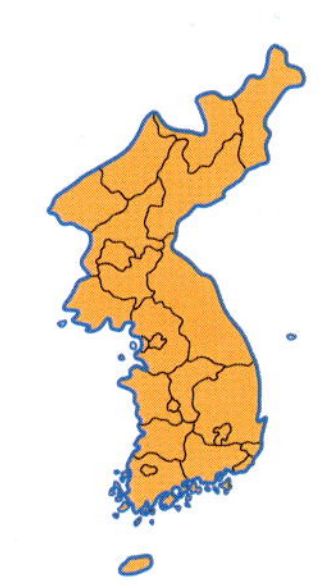

▲ 물참대 꽃

물참대는 말발도리와 비슷한 나무로 앞에 '물'이라는 접두어가 붙었듯, 숲의 물가 근처에서 잘 자라는 품종이다. 늦은 봄 물참대가 핀 계곡으로 들어서면 꽃 향기가 진하게 퍼진다. 말발도리와 잎과 꽃이 매우 비슷하지만 꽃을 자세히 보면 구분할 수 있다. 말발도리의 꽃은 수술의 꽃밥이 노란색인 반면, 물참대 수술의 꽃밥은 흰색이다. 물참대를 말발도리 대용으로 약용되기도 하는데, 그래서 댕강말발도리라고도 한다.

키는 2m가량이며, 나무껍질은 회색 또는 어두운 회색으로 불규칙하게 벗겨져 너덜거린다. 줄기의 속은 노란빛이 도는 연한 갈색으로 가운데에 하얀색의 작고 무른 속심이 있다. 어린 가지는 붉은빛이 돌고 털이 없으며, 가지는 위로 뻗어서 위쪽이 평평한 역삼각형의 수형을 이룬다.

잎은 마주나고 길이 2~14㎝, 너비 1~4.5㎝로 끝이 뾰족한 긴 타원형이다. 잎 가장자리에는 가는 톱니가 있고, 잎 앞면은 3~4개로 갈라진 별 모양 털이 있으며 뒷면에는 털이 없다.

꽃은 흰색으로 5~6월에 산방화서로 달린다. 꽃의 지름은 0.8~1.2㎝이고, 꽃받침조각과 꽃잎은 각각 5개이다. 수술은 10개, 암술대는 2~3개이다. 수술의 꽃밥은 흰색이다. 열매는 삭과이고 지름 0.4㎝가량이며 종 모양으로 9월에 갈색으로 여문다. 열매껍질이 터지면 많은 종자가 나온다.

범의귀과의 낙엽관목으로 우리나라와 중국, 시베리아 동부 등지에 분포한다. 산골짜기 바위틈이나 숲 가장자리 응달에서 잘 자란다. 조선매수소, 광엽수소라고도 하며 약재로 사용한다. 피부염과 아토피, 가려움증 치료에 효과가 있다. 꽃말은 '화려한 매력'이다.

길러보기

실생과 삽목으로 번식한다. 종자가 매우 작으므로 채집할 때 주의해야 한다. 1년생 가지로 삽목해도 좋다. 건조한 곳에서도 잘 견디고 오염에 대한 저항도 강하나 그늘진 곳에서 보습 상태가 적절한 조건에서 재배하는 것이 좋다.

비슷한 식물들

- **말발도리** : 꽃은 너비 1.2㎝가량으로 흰색이고 산방화서로 달린다. 꽃이 물참대 꽃과 비슷하나 수술의 꽃밥이 노란색이다.

▲ 말발도리

ㅁ

잎이 미나리를 닮은 냉이

147 미나리냉이

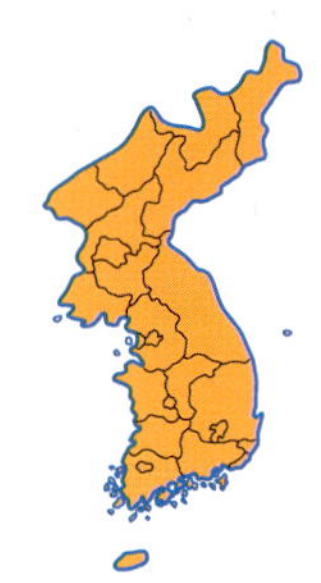

■ 학 명 : *Cardamine leucantha* (Tausch) O.E.Schulz

■ 과 명 : 십자화과

▲ 미나리냉이 꽃

▲ 미나리냉이 잎

꽃 중에 꽃잎 네 개가 십자 모양으로 피는 종류를 십자화라고 한다. 꽃다지와 냉이류, 갈래꽃이 십자화과에 속하는 식물들이며 미나리냉이도 이에 속한다. 미나리도 냉이도 모두 나물로 먹는 것인데, 두 가지 이름이 함께 붙었으니 당연히 이 식물도 식용이다. 이른 봄에 새순을 따서 나물로 무쳐 먹는다.

▲ 미나리냉이 종자 결실

냉이라는 이름이 뒤에 붙은 것을 보면 확실히 냉이 쪽에 더 가깝다. 말냉이, 다닥냉이, 콩다닥냉이, 싸리냉이, 황새냉이, 좁쌀냉이, 는쟁이냉이, 나도냉이, 개갓냉이 등처럼 냉이가 뒤에 붙은 것들은 대부분 나물로 먹을 수 있다. 미나리냉이는 잎이 미나리와 비슷하지만 꽃은 냉이를 닮아서 미나리냉이라고 부른다. 미나리와 달리 속이 차 있고 줄기도 그렇게 연약하지 않다. 또 미나리냉이는 냉이 친구들 중에서 가장 돋보인다. 키도 어른 무릎까지 올라오고, 하얀 꽃들이 무리지어 핀 것이 나물이 아니라 감상하는 꽃으로도 충분하다.

미나리냉이는 산골짜기에서 자라는 여러해살이풀로, 그늘진 골짜기의 물기가 많은 곳에서 자라며, 키는 약 50㎝ 내외이고, 전체적으로 부드러운 털이 있다. 잎은 길이 약 15㎝ 정도이고, 5~7장의 작은 잎으로 된 새의 깃 모양이다. 잎의 가장자리에는 불규칙한 톱니가 있다.

꽃은 비교적 늦봄인 5~7월에 흰색으로 핀다. 괭이밥이나 제비꽃 식구들은 이미 열매를 맺을 때다. 꽃은 지름 0.5~0.8㎝로 원줄기 끝과 가지 끝에 뭉쳐 달린다. 열매는 8~9월경에 달리고 길이 2~3㎝, 너비 1~1.5㎜이며 옆으로 약간 퍼져 있다. 종자는 암갈색이고 달걀 모양으로 길이 2㎜가량이다. 승마냉이, 미나리황새냉이라고도 한다. 어린순은 식용으로 쓰이며, 뿌리는 채자칠이라는 약재로도 사용된다. 한국과 일본, 중국 북부, 시베리아 동부 등지에 분포한다.

▲ 미나리냉이 무리

길러보기

이른 봄에 포기나누기를 하고 8~9월에 익은 종자를 이른 봄에 화단에 뿌린다. 화단의 마른 곳이나 습기가 많은 곳 어디에서도 잘 자라므로 관리하기는 쉽다.

비슷한 식물들

- **고추냉이** : 땅속줄기에서 나온 잎은 심장 모양이다. 매운맛이 난다고 해서 고추라는 이름이 붙었으며, 울릉도에 많이 자란다.
- **냉이** : 전체에 털이 있고 줄기는 곧추서며 가지를 친다. 뿌리잎은 뭉쳐나고 긴 잎자루가 있다.
- **싸리냉이** : 뿌리에 달린 잎은 어긋나며 1회 깃꼴 겹잎이고 길이 약 10㎝ 정도이다. 키가 약 50㎝로 큰 편이다.
- **꽃황새냉이** : 뿌리에서 난 잎은 뭉쳐나고 깃 모양으로 갈라지며, 갈라진 조각은 2~3쌍이다. 이 잎에는 큰 톱니가 나 있다.
- **황새냉이** : 밑에서부터 가지가 갈라져서 퍼진다. 밑부분은 털이 있고 검은 자주색을 띤다. 키는 20㎝ 정도이다.

▲ 황새냉이

미나리의 아저씨뻘 되는

148 미나리아재비

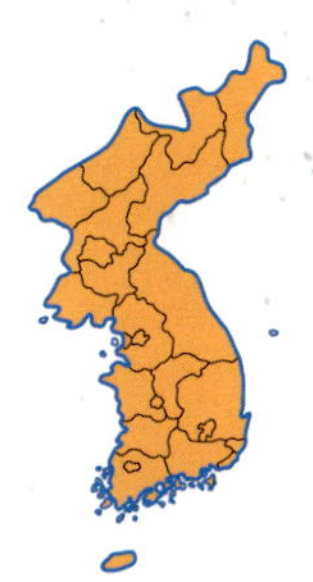

■ 학 명 : *Ranunculus japonicus* Thunb.

■ 과 명 : 미나리아재비과

▲ 미나리아재비 꽃봉오리

▲ 미나리아재비 꽃

▲ 미나리아재비 종자 결실

할미와 각시, 애기, 아재비, 사촌, 며느리 등 식물 이름에 사람이 붙은 것이 더러 있다. 이렇게 식물에 사람을 뜻하는 명칭이 붙는 것은 그 식물의 특징을 나타낸다. 이중 아재비는 본래와 비슷하지만 좀 더 큰 경우에 붙여지는 명칭이다. 그래서 동물 이름에 아재비가 붙으면 좀 무섭기도 하다.

미나리아재비 역시 미나리보다는 커서 키가 50~70㎝이다. 미나리는 키가 20~50㎝이다. 그리고 무엇보다 꽃 색깔이 다른데, 미나리아재비는 노랗지만 미나리는 흰색이다. 또 미나리아재비는 흰색 털이 많이 나 있지만 미나리는 털이 없는 것도 다른 점이다.

미나리아재비는 우리나라 산이나 들에서 자라는 여러해살이풀로, 햇볕이 잘 드는 곳의 약간 건조한 땅에서 자란다. 특히 논둑이나 밭둑에 잘 자란다. 잎은 길이 2.5~7㎝, 너비 3~10㎝로 뭉쳐서 난다. 잎자루는 길고 오각상 둥근 심장형으로 3개로 갈라지고 가장자리에는 톱니가 없다. 꽃은 6~7월에 짙은 노란색으로 줄기 끝에 여러 송이가 붙는다. 열매는 8~9월경에 길이 2~2.5㎝ 정도로 달리는데, 약간 편평하며 끝에 짧은 돌기가 있다. 특이한 것은 꽃이 마치 유화로 그린 그림처럼 반짝거린다. 미나리아재비과는 전 세계에 1,500종이 분포하는데, 우리나라에도 106종이나 살고 있을 정도로 대가족을 이루고 있다. 잎은 어긋나거나 마주나며 흔히 갈라지는 것이 특징이다.

미나리아재비과의 대표 종으로 놋동이, 자래초, 바구지, 참바구지라고도 한다. 줄기는 식용, 전초는 약용으로 쓰인다. 미나리아재비는 우리나라와 일

본에 분포한다. 꽃말은 '천진난만'이다.

길러보기

9월경에 익은 종자를 보관하여 이듬해 봄에 화단에 뿌리거나 포기나누기를 한다. 햇볕이 많이 드는 양지의 화단에 심어야 하므로 실내에서 키우기는 어려운 식물이다.

비슷한 식물들

- **개구리미나리** : 뿌리에 달린 잎과 줄기 밑에 달린 잎은 잎자루가 길지만 위로 올라가면서 짧아지다가 없어진다. 잎은 3개씩 2회 갈라지고 길이 3~6㎝, 너비 7~12㎜이다.
- **젓가락나물** : 줄기가 가늘고 억세며 젓가락같이 길다.
- **바위미나리아재비** : 키는 10㎝ 내외로 아주 작고 전체를 갈색 털이 빽빽이 덮고 있다.
- **왜미나리아재비** : 키는 15~20㎝이며, 곧게 서지만 연약한 편이다.
- **구름미나리아재비** : 풀 전체에 털이 있고 줄기는 곧게 선다. 키는 10~15㎝로 작고 산에서 주로 자란다.
- **기는미나리아재비** : 옆으로 뻗는 가지가 마치 기어가는 듯하다. 키는 40㎝ 정도이며 털이 있다.
- **누운미나리아재비** : 줄기는 키 40㎝ 정도이며, 7월에 노란 꽃이 핀다. 가지가 기다 못해 누운 것 같다.
- **산미나리아재비** : 백두산 등 깊은 산에 자라며, 키는 40㎝ 정도이다.

▲ 왜미나리아재비

▲ 구름미나리아재비

▲ 산미나리아재비

열매가 부채처럼 생긴

149 미선나무

■ 학 명 : *Abeliophyllum distichum* Nakai

■ 과 명 : 물푸레나무과

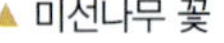
▲ 미선나무 꽃

▲ 미선나무 잎

미선나무는 우리나라 특산종으로 환경부 멸종위기 야생식물 2급으로 지정되어 보호되는 희귀식물이다. 전 세계에서 우리나라 충북 괴산군, 진천군, 영동군 등에서만 자라는 나무이지만 학명, 영어명, 한자명 모두 우리나라의 국명, 지명이 표기되어 있지 않다.

열매 모양이 부채처럼 생겨 꼬리 미(尾) 자와 부채 선(扇) 자를 붙여 미선나무라고 하며, 한자명은 씨의 모양이 둥근 부채 같다 하여 단선(團扇)이라고 붙였다.

낙엽활엽관목이며 높이 1m 정도이다. 가지는 끝이 처지며 자줏빛이 돌고 골속은 계단상이며 작은 가지는 사각형이다. 잎은 마주나며 2줄로 달린다. 잎 모양은 난형 및 타원상 난형이고 가장자리는 밋밋하다.

꽃은 총상화서로 달리며 흰색 혹은 분홍색으로 3~4월에 잎보다 먼저 핀다. 꽃이 개나리꽃과 비슷하나 개나리꽃에는 향기가 없는 반면, 미선나무 꽃은 향기가 뛰어나다. 열매는 시과로 둥근 타원형으로 부채처럼 생겼으며 끝이 오목하고 9~10월에 익는다.

우리나라에서만 자라는 특산종으로 꽃이 무척 아름다운데 분홍색, 상아색, 푸른색의 품종이 있다. 습기가 있는 비옥한 땅에서 잘 자라지만 건조한 땅에서는 잘 자라지 못하며 추위에는 강하다. 자생지는 대부분 천연기념물로 지정되어 있다. 괴산군 송덕리 미선나무 자생지는 제147호, 괴산군 추점리 미선나무 자생지는 제220호, 괴산군 율지리 미선나무 자생지는 제221호로 지정되었으며, 영동군 매천리 미선나무 자생지는 제364호로, 전북 부안 미선나

▲ 미선나무 열매(미성숙)

▲ 미선나무 열매(성숙)

▲ 미선나무 꽃가지

▲ 미선나무 수피

무 자생지는 제370호로 지정, 보호되고 있다.

꽃과 열매가 아름다운데다 세계적으로 희귀 수종이어서 관상용으로 심으며, 또한 관목이어서 생울타리용으로 심기에 좋다.

길러보기

삽목과 실생으로 번식한다.

비슷한 식물들

- **분홍미선나무** : 꽃이 분홍색이다.
- **상아미선나무** : 꽃이 상아색이다.
- **푸른미선나무** : 꽃받침이 녹색이어서 꽃에 푸른빛이 돈다.
- **둥근미선나무** : 꽃이 흰색 또는 도홍색이다.

소가 먹으면 미친 듯 날뛰는

150 미치광이풀

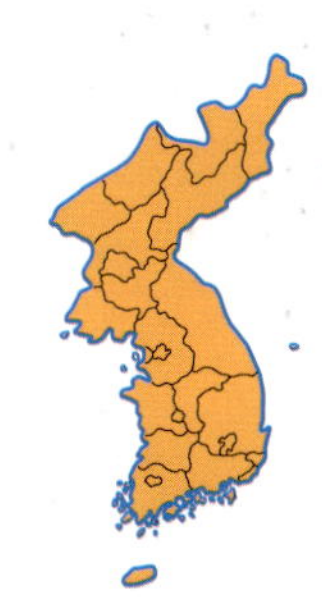

■ 학 명 : *Scopolia japonica* Maxim.

■ 과 명 : 가지과

▲ 미치광이풀 꽃봉오리

▲ 미치광이풀 꽃

▲ 미치광이풀 새순

▲ 미치광이풀 잎 올라오는 모습

식물의 생애는 참 독특하다. 한 해만 사는 한해살이가 있고, 2년 사는 두해살이가 있으며, 뿌리를 박고 계속 살아가는 여러해살이도 있다. 한두 해 사는 경우 종자를 퍼뜨리려면 아주 부지런해야 할 것이다. 미치광이풀은 깊은 산 숲에서 자라는 여러해살이풀이다. 대체 왜 미치광이라는 이름이 붙었을까? 식물 자체가 꼭 미친 것처럼 생긴 것 같기도 하다. 꽃 색깔도 검은 자주색이다. 그러나 형태보다 이 풀이 갖고 있는 성분 때문에 붙여진 이름으로, 소가 뜯어 먹으면 미친 듯이 날뛴다고 해서 미치광이풀이라고 한다. 사람도 이 풀을 잘못 먹으면 미치광이가 된다고 한다. 이런 성분을 잘 다스리면 오히려 약이 되어 약재로 많이 사용되었는데, 낭탕이니 초우성이니 하는 이름으로 불리기도 한다. 하지만 약재로 많이 쓰이는 바람에 보기가 어려워져 현재는 산림청에서 희귀식물로 지정했다. 요즘에 다시 여기저기 지천으로 피어나고 있어 다행이다.

미치광이풀은 배수가 잘되는 곳을 좋아해 주로 돌이 많은 반그늘 혹은 양지에서 자란다. 처음에 싹이 나올 땐 콩나물처럼 노랗다가 햇빛을 많이 받으면 초록색으로 바뀐다. 키는 30~60㎝ 정도이며, 잎은 길이 10~20㎝, 너비 3~7㎝이다. 잎은 마주나며 잎자루가 있고 타원상 달걀 모양을 이룬다. 또 잎의 양 끝이 좁고 연한 것이 특징이다.

꽃은 4~5월에 피며 검은 자주색으로 잎 중간에 1개씩 펴서 아래로 향한다. 작은 꽃줄기는 길이 3~5㎝ 정도이다. 열매는 7~8월경에 달리고 지름 1㎝ 정도의 원형이다. 열매 속에 들어 있는 종자는 지름 약 2.5㎜ 정도이며

▲ 미치광이풀 잎 자라는 모습

▲ 미치광이풀 종자 결실

그물 모양의 무늬가 있다.

가지과에 속하며, 미치광이, 미친풀, 광대작약, 초우성, 낭탕, 독뿌리풀이라고도 한다. 관상용으로 쓰이며, 뿌리와 잎은 약재로 사용된다. 또 어린순을 먹기도 하는데, 이때는 잘 데쳐서 독성을 우려내야 한다. 우리나라와 일본에 분포한다.

길러보기

6~7월경에 열리는 종자를 바로 화단에 뿌리거나 종자를 종이에 싸서 냉장 보관 후 이듬해 이른 봄 화단에 뿌린다. 또한 가을에 뿌리를 캐서 눈이 있는 것을 붙여 포기나누기도 한다. 하지만 종자 번식이 가장 좋다. 반그늘의 돌이 많이 있는 화단에서 재배하면 더욱 좋다. 이렇게 하는 이유는 이 식물이 습기는 좋아하지만 물 빠짐이 좋지 않으면 뿌리가 썩는 특징을 지니고 있기 때문이다.

비슷한 식물들

- **노랑미치광이풀** : 노란색 꽃이 핀다. 경기도 수원의 광덕산에서 처음 발견된 한국 특산종이다.
- **미치광이버섯** : 미치광이풀과는 상관이 없지만 이 버섯 역시 잘못 먹으면 미치광이가 된다. 중독되면 괜히 웃거나 노래하며 춤추고 돌아다닌다.

낮은 포복으로 기는 양지꽃

151 민눈양지꽃

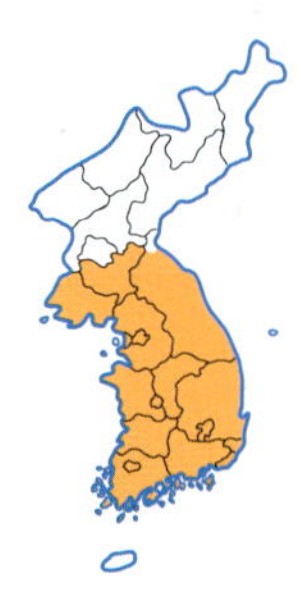

■ 학 명 : *Potentilla yokusaina* Makino

■ 과 명 : 장미과

▲ 민눈양지꽃 꽃봉오리

▲ 민눈양지꽃 꽃

▲ 민눈양지꽃 꽃(꽃잎 4장)

관상용 꽃은 심는 곳이 중요하다. 언제 어느 곳에 심을 것인가, 또 앞에 심을 것인가 뒤에 심을 것인가 등등 그 식물에 가장 알맞은 곳을 알면 훨씬 좋은 상태를 유지할 수가 있는 것이다. 민눈양지꽃의 경우 정원에 심을 때는 앞부분에 심는 것이 좋다. 본래 키도 10~20㎝로 작아서 뒤에 심으면 눈에 잘 띄지도 않지만, 이 꽃은 개화 기간이 다른 종보다 길어 오랫동안 꽃을 감상할 수 있기 때문이다. 또 양지꽃 종류의 특성상 햇볕이 잘 드는 양지에서 잘 자란다.

▲ 민눈양지꽃 잎

이른 봄에 심으면 라이프사이클을 비교적 쉽게 파악할 수가 있다. 민눈양지꽃은 양지꽃의 일종으로 줄기가 포복형으로 눕기 때문에 민눈이라는 이름이 붙여졌다. 잎 끝이 세 갈래로 갈라지므로 큰세잎양지꽃이라고도 한다.

중부 이남의 산지에서 자라는 여러해살이풀이다. 햇볕이 잘 드는 곳이거나 반그늘진 곳의 경사지에서 자라며, 토양 조건은 유기질이 많은 곳이나 혹은 약간 척박한 곳에서도 자란다.

키는 10~20㎝이고, 줄기는 포복형으로 옆으로 길게 나온다. 줄기에는 많은 털이 나 있다. 잎은 뿌리에서 발달한 것은 뭉쳐나고, 줄기에서 나온 것은

▲ 민눈양지꽃 여러 개체

어긋나며 털이 많다. 잎은 길이 1.5~4㎝, 너비 1.2~3㎝로 잎 끝이 3 갈래로 갈라지며 가장자리에는 뾰족한 톱니가 있다.

꽃은 5~6월에 2~3 갈래로 갈라진 길이 10~20㎝의 꽃줄기 끝에서 한 송이씩 황색으로 핀다. 꽃의 지름은 약 2㎝ 정도이며, 꽃잎은 5장이다. 꽃받침은 삼각형이며 끝이 뾰족하다. 열매는 수과로 8~9월경에 달린다.

길러보기

원뿌리에서 옆으로 뻗어 나가는 포복지가 많으므로 이른 봄이나 늦가을에 포기나누기를 하는 것이 좋다. 종자 번식은 9월에 받은 종자를 바로 뿌리거나 상온 또는 냉장 보관한 후 이듬해 봄에 뿌린다. 종자발아율은 매우 높은 편이다.

물은 2~3일 간격으로 주되 뿌리가 내리고 난 후에는 자연적으로 내리는 비에 의존해 살아가게 해야 한다.

비슷한 식물들

- **양지꽃** : 이른 봄 들판에서 쉽게 볼 수 있다. 키는 30~50㎝로 민눈양지꽃보다 약간 크다.
- **눈양지꽃** : 바닷가 습지에서 자라며, 꽃은 8월에 노란색으로 핀다.
- **세잎양지꽃** : 양지꽃과 비슷하지만 작은 잎이 세 개 있다.
- **솜양지꽃** : 잎 표면을 제외한 전체에 솜 같은 털이 빽빽이 난다. 꽃은 봄부터 여름까지 계속 핀다.

▲ 양지꽃

▲ 눈양지꽃

▲ 솜양지꽃

털이 나지 않는 뫼제비꽃

152 민둥뫼제비꽃

■ 학 명 : *Viola tokubuchiana* var. *takedana* (Makino) F.Maek.

■ 과 명 : 제비꽃과

▲ 민둥뫼제비꽃 꽃(정면)

▲ 민둥뫼제비꽃 꽃(측면)

▲ 민둥뫼제비꽃 잎

ㅁ

▲ 민둥뫼제비꽃 무리

제비꽃만큼 다양한 종류가 있는 야생화도 드문 것 같다. 우리나라에만도 수십 종이나 자란다. 민둥뫼제비꽃도 그중 하나인데, 뫼는 산을 뜻하므로 민둥뫼란 민둥산이니 민둥산에 피는 제비꽃이라는 것일까 궁금해진다. 뫼제비꽃이 털이 있는데 비해 털이 나지 않아 민둥뫼라는 이름이 붙었다고 한다. 조선씨름꽃, 양지제비꽃, 양지오랑캐라고도 한다.

키는 5~8㎝이며, 줄기는 없고 뿌리에서 잎이 모여난다. 잎은 길이 3~6㎝, 너비 2~4.5㎝로 삼각형 달걀 모양이다. 잎의 앞면은 녹색이고 때때로 흰색 무늬가 있으며, 뒷면은 자줏빛이 돈다. 잎 가장자리에 물결 모양의 톱니가 있다.

꽃은 4~5월에 연한 홍자색으로 피고 잎겨드랑이에서 나온 길이 5~8㎝의 꽃대에 1개씩 달린다. 꽃의 지름은 0.5~0.7㎝이며, 꽃대에는 자줏빛 점이 있다. 열매는 길이 0.6~0.8㎝로 6~7월에 타원형으로 달린다.

제비꽃과에 속하는 여러해살이풀로, 우리나라와 일본, 중국 북동부에 분포한다. 우리나라에서는 경기도 광릉과 지리산 일대에 분포한다. 약재로도 이용되는데, 해독과 소염, 소종, 이뇨 등에 효능이 있다고 한다. 꽃말은 '순진무구한 사랑', '겸양'이다.

길러보기

7월에 종자를 받아 보관 후 9월에 뿌리거나 이른 봄 새순이 올라올 때 포기 나누기를 한다. 양지 혹은 반음지의 물 빠짐이 좋은 곳에 심는다. 물은 2~3일 간격으로 준다.

비슷한 식물들

- **뫼제비꽃** : 높은 산에 자라며, 꽃은 4~5월에 연한 자주색으로 핀다. 곁꽃잎 안쪽에 털이 없고 잎이 달걀 모양 심장형인 점이 다르다.
- **줄민둥뫼제비꽃** : 거의 민둥뫼제비꽃과 같으나 잎에 보랏빛 줄이 있다.
- **민둥제비꽃** : 꽃은 4~5월에 붉은 자주색으로 핀다. 풀 전체에 털이 전혀 없는 것이 특징이다. 키는 15㎝ 정도이다.
- **흰민둥뫼제비꽃** : 거의 민둥뫼제비꽃과 같으나 꽃이 흰색이다.
- **털제비꽃** : 꽃 색깔이나 키가 거의 민둥제비꽃과 같다. 단지 털이 아주 많다.
- **알록제비꽃** : 산지의 숲 속이나 숲 가장자리에 자라며, 4~5월에 진한 붉은 보라색 꽃이 핀다. 잎 앞면에 얼룩 반점이 있다.
- **태백제비꽃** : 민둥뫼제비꽃의 꽃받침은 갈색이나, 태백제비꽃의 꽃받침은 녹색이다.
- **자주잎제비꽃** : 민둥뫼제비꽃에 비해 때로 잎 표면에 잔털이 있고 뒷면이 자주색을 띠며 홍자색 꽃이 핀다.

▲ 털제비꽃

▲ 알록제비꽃

▲ 태백제비꽃

이른 봄 들판을 노랗게 물들이는

153 민들레

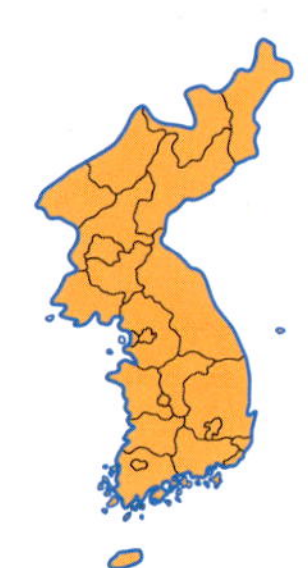

- 학 명 : *Taraxacum platycarpum* Dahlst.
- 과 명 : 국화과

▲ 민들레 꽃 피기 전

▲ 민들레 꽃

봄은 노란색에서 먼저 오는 것 같다. 개나리는 물론 제주도 유채 꽃을 보면 봄이로구나 하는 생각이 드는 것이다. 민들레 역시 언제 봐도 정겨운 우리의 봄꽃으로, 우리나라 산과 들 어느 곳에서나 흔하게 노란 꽃을 피운다. 양지 또는 반그늘에서 잘 자라는데, 특별히 땅이 비옥하지 않아도 잘 크는 생명력이 강한 들꽃이다.

▲ 민들레 홀씨

민들레에는 안타까운 전설이 전해진다. 옛날 노아의 대홍수 때 온 천지에 물이 차오르자 모두들 도망을 갔는데, 민들레만은 발이 빠지지 않아 도망을 가지 못했다. 사나운 물결이 목까지 차오자 민들레는 두려움에 떨다가 그만 머리가 하얗게 다 세어 버렸다. 민들레가 마지막으로 '살려달라'고 기도했더니, 하느님은 가엾게 여겨 그 씨앗을 바람에 날려 멀리 산 중턱 양지바른 곳에 피어나게 해 주었다. 그리하여 민들레는 하느님의 은혜에 감사하며 얼굴을 들어 하늘을 우러러보며 살게 되었다고 한다.

키는 10~30㎝로 작은 편이지만 잎은 길이 20~30㎝로 긴 편이다. 잎은 너비 2.5~5㎝로, 뿌리에서 나와 옆으로 퍼지며 뾰족하고, 잎몸은 깊게 갈라지는데 갈래는 6~8쌍이며 가장자리에 톱니가 있다.

▲ 민들레 지상부 압화

꽃은 4~5월에 피는데, 노란색으로 지름 3~7㎝ 정도이며 잎과 같은 길이의 꽃줄기 위에 달린다. 열매는 6~7월경에 익으며 검은색 종자에 은색 갓털이 붙어 있다. 이 갓털은 혹시 하느님이 만들어 주신 것은 아닐까? 민들레 씨가 바람을 타고 날아가면 멀리는 40㎞까지 날아간다고 한다. 민들레는 서양에도 많은데, 우리나라에 자생하는 민들레와 서양민들레는 약간 차이가 있다. 우리 민들레는 꽃받침이 꼿꼿하지만 서양민들레는 꽃받침이 아래로 처져 있어서 쉽게 구분이 간다. 그러나 현재 우리나라 들판에서 쉽게 볼 수 있는 것은 서양민들레라는 사실! 길가에서 민들레를 보면 우선 꽃을 받치고 있는 부분이 아래로 처졌나 반듯한가부터 보면 된다. 민들레는 국화과로 안질방이라고도 한다. 어린잎은 식용하고, 뿌리를 포함한 전초는 약재로 쓰인다. 김치나 생채를 담가 먹기도 하고, 술로 만들기도 한다. 잎이나 뿌리를 식용 혹은 약용으로 사용할 경우는 주변 오염도가 낮은 곳에서 서식하는 것을 이용해야 한다. 우리나라와 일본, 중국에 분포하며, 꽃말은 '감사의 마음'이다.

길러보기

종자가 익어 날리기 전에 언제든지 뿌려도 된다. 어떤 환경에서도 살아가는 식물이니까 관리는 크게 신경 쓰지 않아도 된다.

비슷한 식물들

- **흰민들레** : 꽃이 흰색이고, 잎이 서는 것이 많다. 키는 약 30㎝이다.
- **좀민들레** : 산록에서 자라며, 꽃의 크기가 작다.
- **서양민들레** : 꽃받침이 밑으로 처졌으며, 꽃의 지름은 2~5㎝이다.
- **산민들레** : 산지의 습한 곳에서 자란다. 원줄기가 없고 뿌리에서 곧바로 잎이 나온다.
- **털민들레** : 흰민들레에 비하여 화관이 흰 색이고 총포가 길며 털이 적은 편이다.

▲ 흰민들레

▲ 좀민들레

▲ 서양민들레

순백색 꽃이 아름다운

154 민백미꽃

- 학 명 : *Cynanchum ascyrifolium* (Franch. & Sav.) Matsum.
- 과 명 : 박주가리과

▲ 민백미꽃 꽃봉오리

▲ 민백미꽃 꽃

ㅁ

▲ 민백미꽃 꽃(확대)

▲ 민백미꽃 종자 결실

꽃 이름 앞에 '개'나 '민'자가 들어가는 것들은 본래의 종보다 다소 못하다는 뜻을 지닌다. 예를 들어, 살구보다 개살구는 맛이 덜하다. 민백미꽃은 백미 꽃에 비해 꽃이 약간 뒤처진다. 백미꽃은 짙은 자주색 빛깔이 아름다운데, 민백미꽃은 그냥 흰색이다. 보기에 따라서는 흰색이 더 예쁘지만 백미꽃처럼 빛깔이 없으니 민백미꽃이다. 하지만 그것은 오로지 보는 사람의 입장일 뿐 꽃 자체는 비교하기 어려운 자신만의 아름다움을 갖고 있기 마련이다. 민백미꽃은 산과 들에서 자라는 여러해살이풀로, 주로 반그늘이고 물 빠짐이 좋은 비옥한 토양에서 자라며, 키는 30~60㎝이다. 줄기를 자르면 우유 같은 유액이 나오는 것이 특징이다. 잎은 길이 8~15㎝, 너비 4~8㎝로 양면에 잔털이 있으며 타원형이고 마주난다.

꽃은 5~7월에 피는데, 지름 약 2㎝로 원줄기 끝과 윗부분의 잎겨드랑이에서 나오고 펼쳐지듯 달리는 것이 특징이다. 꽃 안에 들어 있는 흰색은 삼각형이고 5개로 갈라진다. 열매는 8~9월경에 달리고, 종자는 익으면 흰색 털이 달린다. 민백미꽃은 박주가리과에 속하며, 그냥 민백미 혹은 개백미, 흰백미라고도 부른다. 박주가리과는 전 세계에 100속 1,700종이 있는데, 대부분 열대 지방에서 자라며, 우리나라에는 5속 10종이 자란다. 관상용으로 쓰이며, 뿌리는 약재로 쓰인다. 우리나라와 일본, 중국 북동부 등지에 분포한다.

길러보기

9월에 받은 종자를 바로 화분에 뿌리거나 종자를 종이에 싸서 냉장 보관한

▲ 민백미꽃 무리

후 이듬해 봄에 뿌린다. 포기나누기는 가을이나 이듬해 봄에 하는 것이 좋다. 화단이나 화분에 심으면 좋다. 꽃이 순백색으로 피기 때문에 아름답고 키가 작아서 화분에도 어울린다. 물은 2~3일 간격으로 준다.

비슷한 식물들

- **백미꽃** : 꽃은 5~7월에 검은 자주색으로 핀다.
- **박주가리** : 땅속줄기가 길게 벋어 가고, 여기서 자란 덩굴이 길이 3m 정도로 자란다.
- **푸른백미꽃** : 꽃이 초록빛을 띤다.
- **선백미꽃** : 꽃은 7~8월에 노란색으로 잎겨드랑이에 모여 핀다.
- **덩굴민백미꽃** : 줄기는 뭉쳐나며 곧게 서지만 위쪽이 흔히 덩굴로 된다.
- **가는털백미** : 좀박주가리라고도 하는데, 박주가리보다는 백미꽃 종류에 속하는 식물이다.

▲ 백미꽃

▲ 박주가리

▲ 선백미꽃

지장보살의 덕을 지닌 나물

155 민솜대

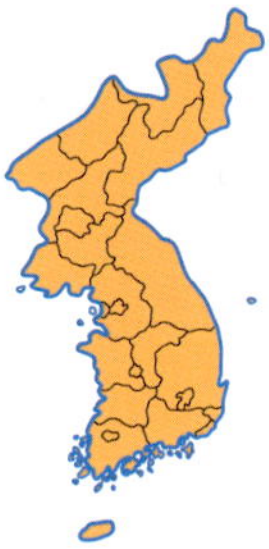

■ 학 명 : *Smilacina dahurica* Turcz. ex Fisch. & C.A.Mey.

■ 과 명 : 백합과

▲ 민솜대 꽃

▲ 민솜대 잎

민솜대는 전국의 높은 산에서 자라는 여러해살이풀로, 습기가 많고 반그늘 혹은 양지에서 자란다. 키는 약 40~45㎝이고, 잎은 길이 10㎝, 너비 2.5~6㎝로 4~6개가 두 줄로 달리며 타원형이다. 꽃은 늦봄과 초여름에 연녹색으로 원줄기 끝에 뭉쳐서 피며, 열매는 9~10월에 짙은 자줏빛이 도는 홍색으로 달린다.

▲ 민솜대 새순 올라오는 모습

민솜대는 솜대의 일종처럼 보이지만 전혀 다른 식물이다. 솜대는 대나무의 일종으로, 솜털이 많이 나 있어서 솜대라고 한다. 대신 대나무인 솜대와 구별해 풀솜대라는 것이 있는데, 이 풀솜대도 그냥 솜대라고 부르기도 한다. 풀솜대에 비해 털이 거의 없어서 민솜대라는 이름이 생겼다.

민솜대는 민지장보살이라고도 한다. 풀솜대를 지장보살이라고 부르니까 민솜대는 민지장보살이라고 부르는 것이다. 지장보살이란 본래 불교에서 보살 중 하나인데, 식물 이름에 붙인 이유가 특이하다. 풀솜대는 봄나물로 맛도 좋고 영양도 좋아 가난하던 옛날 늦은 봄 보릿고개 시절에 나물로 많이 이용되었다. 삶을 연명하게 해 주는 것이 꼭 지장보살 같은 덕을 가진 나물이라 해서

▲ 민솜대 무리

지장보살이라고 불렸다고 한다.

백합과에 속하며, 가는잎솜죽대, 민솜때라고도 한다. 관상용으로 쓰이며, 어린순은 식용, 뿌리는 약용으로 쓰인다. 우리나라와 중국 북동부, 시베리아 동부, 일본 북부 등지에 분포한다.

▲ 민솜대 종자 결실

길러보기

10월경 익은 종자를 화분이나 화단에 바로 뿌리거나 저장 후 이듬해 봄에 뿌리는데, 가을에는 뿌리를 나누어 번식하는 게 좋다. 화단에 심으면 좋다. 잎이 많은 봄에는 물을 1~2일에 한 번씩 주고, 잎이 떨어지고 없는 가을에는 4~6일에 한 번 주면 알맞다.

비슷한 식물들

- **풀솜대** : 꽃은 5~7월에 흰색으로 핀다. 잎은 길이 6~15㎝ 정도이다.
- **왕솜대** : 잎이 풀솜대보다 커서 길이 15㎝, 너비 6~10㎝ 정도이다.
- **자주솜대** : 꽃은 6~7월에 다갈색으로 핀다. 풀솜대에 비해 털이 거의 없다.
- **세잎솜대** : 잎은 거꾸로 된 피침형으로 세 개가 어긋난다. 압록강 상류 습지에 분포한다.

▲ 풀솜대

▲ 자주솜대

얼룩무늬가 없는 알록제비꽃

156 민알록제비꽃

- 학 명 : *Viola yedoensis* Makino
- 과 명 : 제비꽃과

▲ 민알록제비꽃 꽃

▲ 민알록제비꽃 잎

▲ 민알록제비꽃 새순 올라오는 모습

제비꽃 중 잎 앞면에 얼룩얼룩한 반점이 나는 종류를 알록제비꽃이라 한다. 알록제비꽃은 산지의 숲 속이나 숲 가장자리에 자라며, 4~5월에 진한 붉은 보라색 꽃이 피는데, 이와 비슷하나 얼룩무늬가 없는 것을 민알록제비꽃이라 한다. 얼마 전 민알록제비꽃도 알록제비꽃으로 통합되었다고 하나 차이점이 있으므로 별도로 소개할 필요가 있다.

키는 5~10㎝이며, 줄기는 없고 뿌리에서 잎이 모여난다. 잎은 길이와 너비가 2.5~5㎝로 표면은 짙은 녹색이지만 잎 뒷면은 자주색이다. 꽃은 자주색으로 잎 속에서 나온 꽃줄기 끝에 1개가 달린다. 열매는 8~9월에 자주색으로 달린다.

제비꽃과의 여러해살이풀로, 우리나라와 중국, 일본, 러시아 등지에 분포한다. 우리나라에서는 중부와 북부의 산에서 자란다. 꽃이 옅은 자주색인 것은 자주알록제비꽃이라 한다. 어린순은 식용하며, 관상용으로 쓰인다. 약재로도 쓰여 부인병, 발육부진에 사용된다.

길러보기

종자를 받아 보관 후 9월에 뿌리거나 이른 봄 새순이 올라올 때 포기나누기를 한다. 물 빠짐이 좋은 곳이면 어디서나 잘 자란다. 물은 2~3일 간격으로 준다.

비슷한 식물들

- **알록제비꽃** : 산지의 숲 속이나 숲 가장자리에 자라며, 4~5월에 진한 붉은 보라색 꽃이 핀다. 잎 앞면에 얼룩 반점이 있다.
- **자주알록제비꽃** : 옅은 자주색 꽃이 핀다.
- **흰알록제비꽃** : 흰색 꽃이 핀다.
- **뫼제비꽃** : 높은 산에 자라며, 꽃은 4~5월에 연한 자주색으로 핀다. 곁꽃잎 안쪽에 털이 없고 잎이 달걀 모양 심장형인 점이 다르다.
- **줄민둥뫼제비꽃** : 거의 민둥뫼제비꽃과 같으나 잎에 보랏빛 줄이 있다.
- **민둥뫼제비꽃** : 꽃은 4~5월에 붉은 자주색으로 핀다. 풀 전체에 털이 전혀 없는 것이 특징이다. 키는 15㎝ 정도이다.
- **흰민둥뫼제비꽃** : 거의 민둥뫼제비꽃과 같으나 꽃이 흰색이다.
- **털제비꽃** : 꽃 색깔이나 키가 민둥제비꽃과 같다. 단지 털이 아주 많다.
- **태백제비꽃** : 민둥뫼제비꽃의 꽃받침은 갈색이나 태백제비꽃의 꽃받침은 녹색이다.
- **자주잎제비꽃** : 민둥뫼제비꽃에 비해 때로 잎 표면에 잔털이 있고 뒷면은 자주색을 띠며, 꽃은 홍자색으로 핀다.

ㅁ

▲ 알록제비꽃

▲ 민둥뫼제비꽃

▲ 태백제비꽃

▲ 털제비꽃

한라산 고산지대에 피는 은은한 꽃

157 바위장대

- 학 명 : *Arabis serrata* Franch. & Sav.
- 과 명 : 십자화과

장대는 긴 막대기를 이르는 말이지만, 식물 이름에서는 손바닥을 크게 편 상태를 뜻하는 경우가 많다. 제주도 한라산 정상 부근에서 자라는 바위장대나 울릉도 바닷가 산기슭에 자생하는 섬장대, 바닷가 모래땅에 자라는 갯장대, 그리고 섬갯장대의 모습을 보면 뿌리에서 나온 잎들이 손바닥을 크게 펼친 듯한 모습이다.

이중 바위장대는 제주도에 자라 제주장대, 섬바위장대, 한라산장대 또는 한라산바위장대로도 불린다.

해발 1,700m대의 고산지대에 자라는 까닭에 키는 10~20㎝로 작은 편이다. 줄기는 전체에 별 모양의 털이 있다. 또한 Y자형으로 두 갈래로 갈라지는 털이 있으며 밑에서 짧게 뻗는 가지가 나온다.

잎은 뿌리에서 나온 것은 뭉쳐나며 꽃이 진 후에도 주걱 모양으로 이듬해까지 남는다. 잎은 길이 0.5~3.3㎝, 너비 약 0.5㎝이며, 잎 표면에 별 모양의 털이 있다. 줄기에서 나온 잎은 뾰족하고 톱니가 있다.

꽃은 흰색으로 5~6월에 원줄기 끝에 달린다. 십자화과 중에는 꽃이 큰 편에 속한다. 꽃잎의 길이는 약 0.6㎝이다. 작은 꽃줄기는 길이 약 0.3㎝로 별 모양의 털이 있으며, 꽃받침잎도 작은 꽃줄기와 길이가 비슷하다.

요즘 원예종으로 개발된 것이 많아 키우는 가정이 늘어났다. 특히 잎에 알록달록한 무늬가 들어 있는 무늬바위장대가 인기가 많다. 흰 꽃에서 풍겨 나오는 향은 달콤하면서도 은은하다.

길러보기

줄기를 뻗어 뿌리를 내려 번식한다. 척박한 환경에서도 자라는데, 반그늘을 만들어 주면 잎이 커지고 녹색이 짙어지나, 햇빛을 받으면 오히려 잎이 작아지고 무늬는 선명해진다.

비슷한 식물들

- **가는장대** : 꽃이 분홍색을 띠어 꽃장대라고도 한다.
- **장대냉이** : 6~7월에 가지 끝이나 원줄기 끝에 자주색 십자화가 총상화서로 달린다.

- **산장대** : 양지꽃과 비슷하지만 작은 잎이 3장이다.
- **장대나물** : 2년생으로, 꽃은 흰색의 십자화 모양이다.
- **섬장대** : 울릉도의 바닷가 산기슭에 자생한다.
- **갯장대** : 바닷가 모래땅에 자라며, 키는 30㎝ 정도이다. 4~5월에 흰색 꽃이 핀다.
- **섬갯장대** : 바닷가 모래땅이나 바위틈에서 곧게 또는 비스듬히 자란다. 키는 20~40㎝이고, 2~3개로 갈라진 털이 있다.
- **애기장대** : 뿌리잎은 모여나고 거꾸로 된 피침형이다. 발아에서 씨가 맺히는 기간이 워낙 짧아 유전자 연구에 많이 사용된다.

▲ 가는장대

▲ 장대나물

소외와 은거의 나무

158 박쥐나무

- 학 명 : *Alangium platanifolium* var. *trilobum* (Miq.) Ohwi
- 과 명 : 박쥐나무과

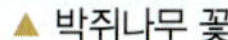

▲ 박쥐나무 꽃

▲ 박쥐나무 잎

▲ 박쥐나무 새잎(앞면)

▲ 박쥐나무 새잎(뒷면)

박쥐나무는 넓고 큰 잎 모양이 박쥐가 날개를 편 것 같아 붙여진 이름이다. 경상도에서는 셔츠의 깃과 비슷하다고 해서 남방잎이라고도 부른다. 누른대나무, 털박쥐나무, 과목(瓜木), 팔각풍(八角楓)이라고도 한다. 옛날 선비들이 은거하거나 유배 생활을 하는 곳에 많이 심어졌는데, 그래서 소외와 은둔의 나무라 할 만하다.

▲ 박쥐나무 수형

낙엽활엽관목으로, 높이는 3~4m 정도이다. 줄기는 밑에서 여러 개가 올라와 수형을 만들며, 수피는 심회색으로 수피가 벗겨진다. 잎은 어긋나며 사각상 원형으로 길이와 너비가 각각 8~18㎝이며 윗부분이 3~5개로 얕게 갈라지고 양면에 짧은 털이 있다. 꽃은 1~4개씩 잎겨드랑이에 취산화서로 달리며 8개의 꽃잎은 선형으로 뒤로 말린다. 꽃은 5~7월에 피는데, 꽃잎이 용수철처럼 말린 모습이 매우 독특하다. 열매는 핵과로 달걀 모양 원형이고 9월에 짙은 흰색으로 익는다.

우리나라와 중국, 일본 홋카이도

▲ 박쥐나무 열매

▲ 박쥐나무 수피

등지에 분포한다. 우리나라에서는 전국의 해발 1,200m 이하의 산야에 자생한다. 습기가 있는 땅을 좋아하는데, 주로 숲의 돌 지대에서 야생으로 자라는 나무이다.

꽃과 잎이 관상 가치가 있어 관상용, 조경용으로 심는다. 새순은 나물로 해 먹으며 수피는 섬유 자원으로 이용된다. 한방에서는 뿌리를 팔각풍근(八角楓根)이라고 하며 중풍의 예방, 중풍 때문에 생긴 몸의 마비, 어혈, 통증, 요통 등에 사용한다. 열매는 사지마비, 타박상에 사용한다.

ㅂ

길러보기

실생으로 번식한다. 또는 가을에 새로 나온 가지를 이용하여 삽목한다.

비슷한 식물들

- **누른대나무** : 잎의 뒷면과 잎자루에 갈색 털이 빽빽하게 나 있다.
- **단풍박쥐나무** : 잎이 단풍잎처럼 생겼다.

꽃은 반디, 뿌리는 지치를 닮은

159 반디지치

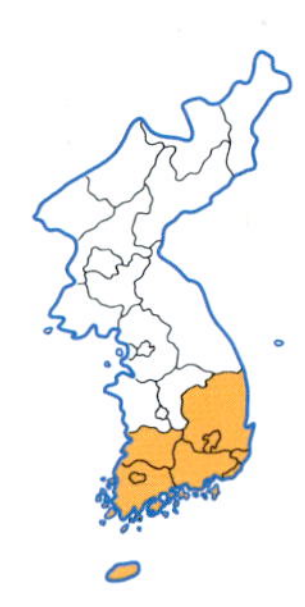

- 학 명 : *Lithospermum zollingeri* A. DC.
- 과 명 : 지치과

▲ 반디지치 꽃봉오리

▲ 반디지치 꽃

우리의 들꽃 중에는 외국에서 들어온 식물이 아닐까 하는 것들이 꽤 있다. 반디지치도 그중 하나로 이름이 외래어처럼 느껴진다. 일본어로 된 것을 번역한 것이지만 순우리말로, 꽃은 반디, 뿌리는 지치의 색과 같은 데서 붙여졌다. 반디지치는 제주도와 영호남 지방의 산이나 들, 건조한 풀밭 혹은 모래땅에서 자라는 여러해살이풀로, 햇볕이 잘 드는 곳이나 반음지에서 자란다. 특히 토양이 비옥하거나 모래 혹은 황토가 많은 땅에서 잘 자란다.

키는 15~25㎝ 정도이고, 잎은 양면에 거센 털이 나 있어 껄끄럽다. 잎은 마주나고 긴 타원형이며 길이 2.5~6㎝, 너비 1~2㎝이다. 원줄기에 퍼진 털이 있고 다른 부분에는 비스듬히 선 털이 있다. 5~6월에 꽃이 핀 후 옆으로 뻗는 가지가 자라서 뿌리가 내리고 다음 해에 싹이 돋는다.

꽃은 길이 0.5~0.6㎝ 정도로 벽자색이며 줄기 윗부분의 잎겨드랑이에서 1개씩 달리고, 꽃잎 중앙부에는 꽃잎보다 높게 돌출된 흰색 선이 있다. 열매는 흰색으로 지름 약 0.3㎝가량이며 7~8월경에 달린다.

지치과에 속하며, 센털개지치, 깔깔이풀이라고도 한다. 지치는 뿌리가 굵고 자주색인 것이 특징인데, 서양에서는 '보리지'라고 한다. 고대 그리스와 로마시대부터 술 등에 넣어 마시면 기분이 좋아진다고 해서 '쾌활초'라고도 한다. 오늘날에는 꽃과 잎이 허브차로 이용되며, 요리용 오일로도 사용된다. 또 약재로도 쓰이는데, 약재로 쓰일 때는 지선도라고 한다. 우리나라와 일본, 타이완 등지에 분포한다.

▲ 반디지치 잎 올라오는 모습

▲ 반디지치 종자 결실

길러보기

뿌리나누기나 종자를 이용해 번식할 수 있다. 뿌리나누기는 이른 봄과 가을에 잎을 붙인 상태로 하는 것이 좋다. 저장 후 종자를 뿌리면 종자발아율이 낮기 때문에 8월경에 받은 종자는 바로 뿌리는 것이 좋다. 햇볕이 많이 드는 곳에서 잘 자라는 식물이므로 나무나 그늘이 없는 곳에 심는 것이 좋다. 물빠짐은 좋아야 하고, 주변에 할미꽃과 같은 양지 식물을 같이 심는 것도 좋은 방법이다. 하지만 실내에서는 키우기가 어려운 식물이다.

비슷한 식물들

- **개지치** : 전체에 흰색의 짧고 센 털이 있으며, 높이는 20~40㎝이다. 지치와 비슷하지만 뿌리에 지치와 같은 색소가 없다. 꽃은 흰색이다.
- **갯지치** : 주로 바닷가에 분포하며, 7~8월에 남자색 꽃이 핀다.
- **거센털개지치** : 개지치보다 털이 거세고, 꽃은 하늘색이다.
- **당개지치** : 뿌리줄기가 옆으로 길게 벋고 군데군데에서 새싹이 나오며, 꽃은 5~6월에 자줏빛으로 핀다.
- **돌지치** : 잎은 피침형이며, 꽃은 6월에 백자색으로 핀다.
- **들지치** : 잎은 어긋나고 대가 거의 없으며 피침형 또는 넓은 줄 모양이다. 꽃은 8월에 하늘색으로 핀다. 다른 지치와는 달리 한해살이풀이다.
- **둑지치** : 북쪽 지방에 분포하며, 높이는 80㎝ 정도로 큰 편이다.
- **모래지치** : 겉으로 보기에는 지치같이 생겼으나 모래땅에서 자라며, 꽃은 5~6월에 흰색으로 핀다.
- **보리지** : 서양 지치 종류로, 꽃은 푸른색으로 별 모양이며 마치 고개를 숙인 듯 청초해 보인다. 흔히 지치과를 통칭해서 부르기도 하는 명칭이다.

▲ 당개지치

▲ 모래지치

여름이 되면 잎이 말라 죽는

160 반하

- 학 명 : *Pinellia ternata* (Thunb.) Breitenb.
- 과 명 : 천남성과

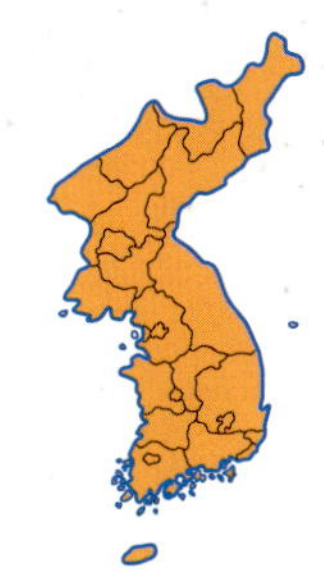

▲ 반하 꽃(정면)

▲ 반하 꽃(측면)

ㅂ

▲ 반하 새순

▲ 반하 잎

반하(半夏)라는 이름은 절반의 여름이라는 뜻이다. 여름에 온도가 높아지면 잎이 말라 죽으므로 여름의 절반밖에 살지 않아 그런 이름을 얻었다. 우리나라 각처의 밭에서 나는 여러해살이풀로, 풀이 많고 물 빠짐이 좋은 반그늘 혹은 양지에서 자라며, 키는 20~40㎝이다. 뿌리는 땅속에 지름 1㎝의 알뿌리가 있고 여기에서 1~2개의 잎이 나온다. 생명력이 강한 식물이지만 잎이 나올 때는 주변의 식물에 영향을 많이 받는다. 만일 재배한다면 김매기를 많이 해 줘야 한다. 잎은 작은 잎이 3개이고 길이 3~12㎝, 너비 1~5㎝이다. 잎 가장자리는 밋밋한 긴 타원형이고, 잎자루는 길이가 10~20㎝이다. 잎의 밑부분 안쪽에 1개의 눈이 달리는데, 위 끝에 달리기도 한다. 5~7월에 녹색 꽃이 피며, 꽃의 길이는 6~7㎝이고, 통부는 길이 1.5~2㎝이다. 꽃줄기 밑부분에 암꽃이 달리며 윗부분에는 약 1㎝ 정도의 수꽃이 달리는데, 수꽃은 대가 없는 꽃밥만으로 구성되며 연한 황백색이다. 8~10월경에 녹색 열매가 달린다.

반하는 천남성과에 속한다. 대개 천남성과 식물들은 뿌리줄기와 알줄기, 땅위줄기가 있다. 전 세계에 1,500종이 있으며, 우리나라에는 14종이 분포한다. 지문, 치모읍, 끼물웃, 끼무릇, 법반하라고도 한다. 덩이줄기는 약으로 쓰인다. 한방에서는 이 덩이줄기를 '수전(守田)'이라고도 하는데, 이는 이를 약재로 이용하면 단전에 기를 모을 수 있다는 의미이다. 우리나라와 일본, 중국 등지에 분포한다.

▲ 반하 꽃봉오리

▲ 반하 종자 결실

길러보기

10월에 받은 종자를 바로 뿌리거나 종이에 싸서 그것을 떼어 내 화분으로 옮겨 심어도 된다. 화분이나 화단에 심으면 좋다. 화분에 심을 때는 물 빠짐을 좋게 하기 위해 아래에 큰 돌을 넣고 그 위에 작은 돌들을 넣은 후 흙을 채운다. 화단에 심을 때는 물 빠짐이 좋은 곳을 택하고 퇴비를 조금 넣으며 대개 앞 줄에 심는다. 물은 2~3일 간격으로 준다.

ㅂ

비슷한 식물들

- **대반하** : 키는 60㎝이며, 덩이줄기는 지름 3㎝ 정도의 둥근 공 모양이다. 잎이 깊게 세 갈래로 갈라지고, 꽃은 4~7월에 길이 50㎝ 정도로 달린다.
- **천남성** : 키는 20~50㎝, 잎은 길이 10~20㎝이고 5~10갈래로 갈라지며 긴 타원형이다. 작은 잎은 양 끝이 뾰족하고 톱니가 있다.
- **큰천남성** : 다른 천남성에 비해 잎과 줄기, 꽃이 모두 크다.
- **두루미천남성** : 줄기가 유난히 길쭉하고 꽃대가 올라온 모습이 꼭 두루미 머리 같아서 붙여진 이름이다.

▲ 대반하

▲ 천남성

▲ 두루미천남성

161 방가지똥

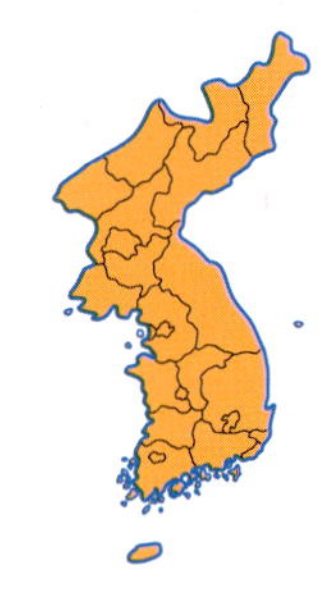

- 학 명 : *Sonchus oleraceus* L.
- 과 명 : 국화과

▲ 방가지똥 꽃봉오리

▲ 방가지똥 꽃

우리 주변의 야생화 중에는 외국에서 귀화한 품종도 꽤 된다. 방가지똥도 이름만 보면 정겨운 우리 토종 야생화 같으나, 유럽 원산으로 아메리카에서 들어온 귀화식물이다. 꽃은 민들레를 닮았고, 실제로 민들레처럼 풀밭과 길가의 틈새, 빈터에서 잘 자란다. 그러나 잎은 엉겅퀴의 잎처럼 날카로운 창처럼 생겼다.

방가지란 방아깨비의 사투리이며, 똥이라는 이름이 붙은 이유는 줄기나 잎을 자르면 흰 유액이 나오는데, 이것이 좀 있으면 끈적끈적하게 갈색으로 바뀌기 때문이다. 결국 방가지똥이란 방아깨비의 똥이라는 뜻이다.

키는 30~100㎝로 줄기는 곧게 서고 속이 비어 있다. 뿌리에 달리는 잎은 작으며 긴 타원형의 넓은 창처럼 생겼고, 줄기에 달린 잎은 어긋나며 원줄기를 둘러싸고 깃처럼 갈라진다. 잎 가장자리에 불규칙한 톱니가 있고, 톱니 끝이 가시같이 뾰족하여 만지면 찔릴 것 같다.

꽃은 지름 2㎝ 정도로 5~9월에 길이 1.5~5.5㎝의 꽃대에 노란색이나 흰색으로 피는데, 민들레꽃과 닮았다. 열매는 10월에 갈색으로 익으며 가로로 주름이 진다.

방가지똥이 자라는 밭은 토양이 좋아져 당근이나 무 등 뿌리식물이 잘 자라므로 잡초라고 해서 베어 버릴 필요는 없다. 게다가 어린순은 나물로 먹고 약재로도 쓰며 사료로도 훌륭하다. 약재로 쓰일 경우에는 전초를 고초라 하며 유방암과 간암, 간경화증에 좋다고 하고 피를 맑게 해 준다고 알려져 있다. 사료의 경우는 단백질이 풍부하여 암탉과 젖소에게 좋다고 한다.

▲ 방가지똥 잎 가장자리 가시

▲ 방가지똥 종자 결실

국화과의 한해살이 또는 두해살이풀로 우리나라와 일본, 중국, 사할린, 시베리아, 유럽, 아메리카 등지에 널리 분포한다. 방가지풀이라고도 한다.

길러보기

일부러 재배하지는 않는다. 풀밭과 길가의 틈새, 빈터에서 잘 자란다. 밭에 자랄 땐 제거하지 않는 것이 낫다. 땅을 더 좋게 하여 뿌리작물을 기르는데 도움이 된다.

비슷한 식물들

- **큰방가지똥** : 잎에 광택이 나며 잎 가장자리에 가시와 같은 점이 있다. 도심에서 자주 볼 수 있는 품종으로 가시가 매우 억세다.
- **사데풀** : 방가지똥과 키도 비슷하고 꽃도 비슷하다. 그러나 잎은 긴 타원형으로 끝이 둔하며, 꽃도 8~10월에 핀다.

열매가 방패를 닮은 꽃

162 방패꽃

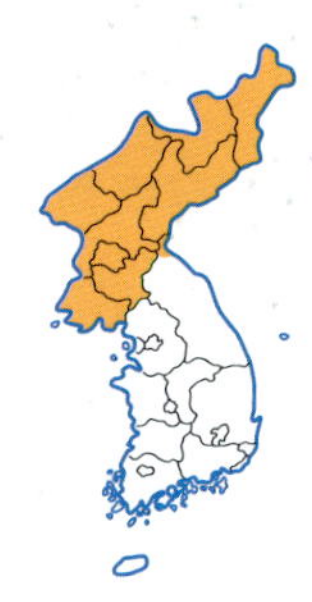

- 학 명 : *Veronica tenella* All.
- 과 명 : 현삼과

꽃이나 잎이 방패를 닮았을까? 방패꽃이라는 이름을 들으면 먼저 그런 생각을 하기 마련이다. 꽃은 꽃잎이 네 장이어서 방패의 모양과는 전혀 관련이 없고, 잎은 달걀 모양이니 약간은 방패 같기는 하다. 꽃이 진 후 맺히는 열매가 꼭 방패를 닮아서 방패꽃이라고 부른다.

▲ 방패꽃 꽃

북부지방의 고산지역에서 분포하고, 다소 습한 곳에서 자라며 키는 10~25㎝이다. 줄기가 옆으로 벋으면서 가지가 갈라지고 잔털이 드문드문 난다. 잎은 마주나고 길이 0.6~2㎝, 너비 약 1㎝로 달걀 모양이며 양 끝이 둔하고 가장자리에 희미한 톱니가 있다.

꽃은 지름 0.6㎝가량으로 6~8월에 가지 끝에 흰색으로 피는데, 꽃잎에 자주색의 맥이 있다. 꽃받침은 네 갈래로 갈라지며, 갈라진 조각은 긴 타원형이

▲ 방패꽃 무리

다. 꽃줄기가 비스듬히 선다. 방패처럼 생긴 열매는 꽃받침보다 길다.

현삼과에 속하며, 우리나라와 일본, 사할린, 시베리아, 유럽과 북아메리카 등지에 분포한다. 개투구꽃이라도 하며, 꽃이 두메투구꽃이나 개불알풀을 닮았다.

길러보기

고산지역에서 자라는 품종이어서 가꾸기 힘들다. 하지만 고산지역 자생지에서 이 품종들의 번식 방법을 살펴본 바로는, 군집 생활을 하는 품종이어서 자생지에서의 종자발아율은 매우 높은 편이었다. 또한 옆으로 기면서 가는 줄기를 따라 뻗어 가는 번식력은 다른 품종들과 견줄 만한 것이었다. 아쉽게도 이런 품종을 집에서 키울 수는 없고 고산지역에서 보는 것이 제일이다.

비슷한 식물들

- **두메투구꽃** : 방패꽃에 비해 줄기는 곧추서고, 잎은 두꺼우며 톱니가 뚜렷하고, 전체에 털이 많다.
- **개불알풀** : 꽃이 홍자색이며, 잎은 달걀 모양이나 가장자리에 2~3쌍의 톱니가 있다.

▲ 두메투구꽃

▲ 개불알풀

ㅂ

백두산에 사는 요정

백두산구슬붕이

- 학 명 : *Gentiana takahashii* T.Mori
- 과 명 : 용담과

구슬붕이 하면 매우 귀엽고 정감이 가는 이름이다. 실제로 키가 작음에도 자주색 꽃이 크게 피면 상당히 아름답다. 우리나라 산과 들에 많이 자라므로 야외활동을 많이 하는 사람이라면 봤을 것이다.

구슬붕이는 종류도 꽤 된다. 키가 작은 좀구슬붕이, 꽃줄기가 큰 큰구슬붕이, 작은 꽃잎에 톱니가 나 있는 봄구슬붕이 등이 대표적이다. 백두산구슬붕이는 백두산에 자란다고 하여 붙여진 이름이다.

키는 5㎝ 정도로 매우 작으며, 줄기는 가늘고 털이 없으며 뿌리에서 나뉘고 원기둥처럼 생겼다. 뿌리에서 난 잎은 달걀 모양 또는 주걱 모양이고, 줄기의 잎은 부채꼴이다. 꽃은 줄기 끝에 황백색으로 달리는데, 깔때기 모양으로 핀다. 꽃받침은 다섯 개로 꽃받침이 꽃받침통보다 길며 부채꼴이다.

▲ 백두산구슬붕이 꽃(암술과 잎선이 나온 모습)

용담과에 속하는 한해살이풀로, 우리나라 백두산이 원산지이다. 북한에만 분포한다.

길러보기

씨를 받아 뿌리면 이듬해에 꽃이 핀다. 그러나 집에서 기르기는 힘들다.

비슷한 식물들

- **구슬붕이** : 꽃은 연한 보라색으로 길이 1㎝가량이다. 한 개의 줄기에 한 송이가 달리는데, 용담 꽃과 거의 흡사하다.
- **봄구슬붕이** : 작은 꽃잎에 작은 톱니가 있다.
- **좀구슬붕이** : 잎이 선형이고 구슬붕이보다 키가 작다.
- **큰구슬붕이** : 한 줄기에 꽃이 여러 개 달린다. 꽃받침이 뒤로 젖혀지지 않고 꽃줄기가 짧은 것이 구슬붕이와의 차이점이다.
- **고산구슬붕이** : 꽃은 하늘색이나 흰색으로 피는데, 길이는 1.6~2㎝ 정도이다.

▲ 구슬붕이

▲ 큰구슬붕이

▲ 고산구슬붕이

흑자색의 특이한 꽃을 피우는

164 백미꽃

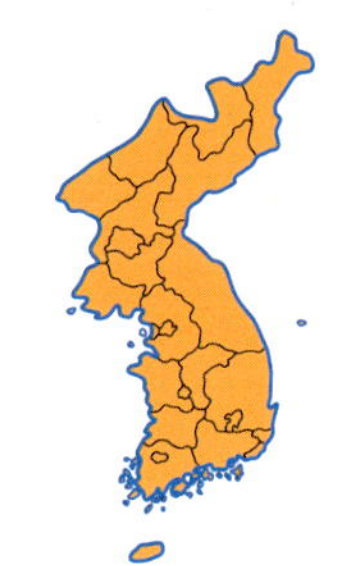

- 학 명 : *Cynanchum atratum* Bunge
- 과 명 : 박주가리과

▲ 백미꽃 꽃

백미꽃은 우리나라 각처의 산지에서 나는 여러해살이풀로, 토양이 비옥한 반그늘에서 자란다. 꽃이 다른 야생화들과 달리 강한 색을 띠고 아름답다. 꽃 중의 꽃, 그래서 '백미'라고 했는지도 모른다. 백미라는 이름 때문에 꽃이 흰색일 것 같지만 검은색에 가까운 자주색이다. 민백미꽃이 오히려 흰색이다. 그런데 백미라는 이름이 붙은 식물들의 뿌리를 통칭해서 백미라고도 한다.

백미꽃의 키는 약 50㎝이고, 잎은 길이 6~15㎝, 너비 3~10㎝로 타원형이며 마주난다. 가지가 없으며 전체에 잎과 털이 빽빽이 나고 줄기는 곧게 서는 것이 특징이다. 이 줄기에 상처가 나면 흰 물이 뚝뚝 떨어진다.

꽃은 5~7월에 꼭대기 잎겨드랑이마다 모여 달린다. 안쪽은 짙은 자주색으로서 작은 꽃부리는 5개로 갈라지며 끝은 젖혀진다. 열매는 9~10월경에 길이 7~8㎝, 너비 1.5㎝로 달리는데, 잔털이 많으며 종자에는 긴 흰색 털이 나 있다.

백미꽃은 박주가리과에 속하며, 아마존, 백미, 털백미, 털개백미라고도 한다. 관상용으로 쓰이며, 뿌리는 약재로 쓰인다. 한국과 일본, 중국, 우수리 강과 헤이룽 강, 몽골 등지에 분포한다.

길러보기

9월에 받은 종자를 바로 화분에 뿌리거나, 종자를 종이에 싸서 냉장 보관한 후 이듬해 봄에 뿌린다. 포기나누기는 가을이나 이듬해 봄에 한다. 화단이나 화분에 심으면 좋다. 꽃이 아름답고 키가 작아서 화분에 어울린다. 물 관리는 2~3일 간격으로 한다.

비슷한 식물들

- **민백미꽃** : 산과 들에 자라며, 키는 30~60㎝이다. 꽃은 흰색이다.
- **푸른백미꽃** : 꽃이 초록빛을 띤다.
- **선백미꽃** : 꽃은 7~8월에 노란색으로 잎겨드랑이에 모여 피며, 키는 30~60㎝이다.
- **덩굴민백미꽃** : 줄기는 뭉쳐나며 곧게 서지만 위쪽이 흔히 덩굴로 된다. 키는 30~80㎝이다.
- **가는털백미** : 좀박주가리라고도 하는데, 박주가리보다는 백미꽃 중류에 속하는 식물이다. 북쪽지방에 자라므로 주목받지 못하다가 2006년 강화도에서 발견되었다.

▲ 민백미꽃

▲ 선백미꽃

향기가 뛰어나고 꽃도 예쁜

165 백선

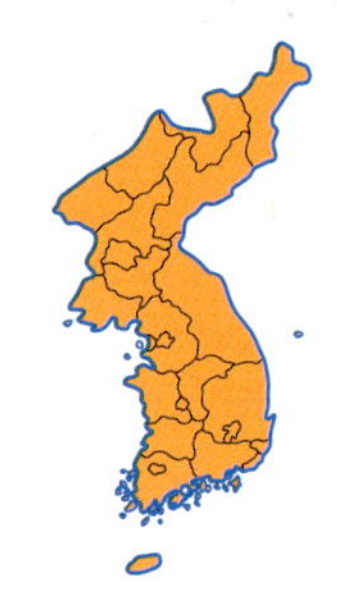

- 학 명 : *Dictamnus dasycarpus* Turcz.
- 과 명 : 운향과

▲ 백선 꽃

▲ 백선 잎

백선은 우리나라 각처의 산록에서 자라는 여러해살이풀로, 반그늘 혹은 햇볕이 잘 드는 습기가 많은 곳에서 잘 자란다. 키는 60~80㎝가량이고, 잎은 깃꼴 겹잎으로 타원형이다. 깃꼴 겹잎이란 잎자루의 양쪽에 작은 잎이 새의 깃 모양을 이룬 겹잎을 말한다. 잎의 가장자리에는 톱니가 있고 표면에 투명한 선점이 있다.

꽃은 5~6월에 피는데, 흰색 바탕에 엷은 홍색의 줄무늬가 있는 것이 특징이다. 꽃은 줄기 끝에 달리고 꽃자루와 포에서 강한 냄새가 나는 선점이 있다. 꽃 수술 안쪽을 유심히 살펴보면 작고 검은 돌기들로 이루어져 있는 것이 보이는데, 이는 다른 식물에서는 찾아보기 힘든 것이다. 열매는 8월경에 갈색으로 된 껍질 안에 검고 광택이 나는 종자가 들어 있다.

운향과에 속하며, 자래초, 검화라고도 한다. 운향과는 보통 나무가 많은데, 전 세계에 1,300종이 자라며, 우리나라에는 20종이 분포한다. 레몬이나 오렌지, 라임 등의 과수와 약용작물 등 경제적으로 가치 있는 유용 식물이 많은 편이다.

백선은 꽃송이도 많고 향기도 짙어 절화식물로도 개발이 가능한 품종으로, 백선이라는 이름은 '희고 선명하다'는 뜻이다. 백선의 뿌리껍질은 백선피라고 하며 약용으로 쓰인다. 특히 뿌리를 봉삼 또는 봉황삼으로도 부른다. 우리나라와 일본, 중국 북동부, 시베리아 동부 등지에 분포한다.

▲ 백선 종자 결실

▲ 백선 종자

▲ 백선 무리

길러보기

가을에 포기나누기를 하고, 8월에 결실되는 종자는 그해 뿌리지 말고 다음 해 봄에 화단이나 화분에 뿌려야 한다. 종자 보관 방법은 냉장 보관이나 땅에 묻어 놓는 노천매장법이 좋다. 껍질에 있는 검은 물질이 종자 발아를 억제하기 때문에 이를 없애 줘야 한다. 화분이나 화단에 심을 수 있는데, 물을 좋아하는 습성을 가지고 있으므로 봄에 물이 부족하면 잎이 아래로 처진다. 이때부터는 물의 양을 하루에 한 번 정도 흡족히 줘야 한다.

비슷한 식물들

- **털백선** : 잎에 털이 많다. 함경북도 청진에 분포한다.

쑥 뿌리에 기생하는

166 백양더부살이

- 학 명 : *Orobanche filicicola* Nakai
- 과 명 : 열당과

▲ 백양더부살이 꽃 피기 전

▲ 백양더부살이 꽃

ㅂ

식물의 삶도 어찌 보면 우리네 삶과도 비슷한 게 많은 것 같다. 자생적으로 혼자 크는 식물이 있는 반면, 다른 식물의 도움이 있어야 자라는 식물도 있고, 또 어느 환경에서든지 살아가는 생명력이 강인한 식물이 있듯이, 온실에서 자란 화초마냥 주변 환경이 바뀌면 쉽게 죽고 마는 식물도 있다. 백양더부살이에서 더부살이는 셋방살이를 한다는 것이다. 즉, 다른 식물이 이미 자리 잡고 있는 곳에 들어가 그 식물이 마련해 놓은 보금자리에서 함께 자란다. 이 식물은 전라북도 정읍의 내장산에 분포하는데, 쑥이 있는 곳에서 자라므로 흔히 쑥더부사리라고도 한다. 쑥 뿌리 속에서 기생을 하며 양분을 공급받는다.

▲ 백양더부살이 꽃대 올라오는 모습

백양더부살이는 일제강점기 때 일본인 학자가 처음으로 발견했지만, 이후 멸종되었다가 2003년에 다시 생존이 확인되어 세계 식물학계에 보고되었다. 기생식물이라서 멸종위기에 몰려 있으나, 2007년에 제주도에서 1,000여 개체가 발견되어 그나마 다행이다.

▲ 백양더부살이 무리

키는 10~30㎝이며, 잎은 비늘조각 같은 것이 많이 붙어 있고 길쭉한 삼각형으로 어긋나게 달린다. 잎에는 잔털이 빽빽이 나 있다. 꽃은 보라색 바탕에 흰 줄무늬가 있는 통꽃으로, 늦은 봄인 5~6월에 줄기 밑에서 윗부분까지 길이 1~2㎝ 정도의 꽃들이 모여 달린다. 열매는 6월경에 갈색으로 열린다. 열당과에 속하는데, 열당과는 엽록체가 없고 다른 식물의 뿌리에 기생하는 식물들의 부류다. 전 세계에 150종이 있는데, 우리나라에는 백양더부살이말고도 억새에 기생하는 야고 등 8종이 있다.

길러보기

6월에 받은 종자를 종이에 싸서 냉장 보관한 후 이듬해 봄에 국화과 식물이 있는 곳에 뿌리는 것이 요령이다. 관상용으로도 쓰이지만 재배하기는 매우 까다로운 편이다.

비슷한 식물들

- **초종용** : 바닷가 모래땅에서 사철쑥, 개사철쑥에 기생한다. 꽃은 5~6월에 연한 자줏빛으로 핀다.
- **가지더부살이** : 높은 산의 숲 속에서 자라며, 키는 5~10㎝이다. 뿌리줄기는 여러 개로 갈라지며 작은 비늘조각으로 덮여 있다.
- **오리나무더부살이** : 오리나무에 기생하는 식물로, 육종용이라고 한다.
- **개종용** : 산지의 나무 밑에서 기생하며, 꽃은 흰색이다.
- **야고** : 억새에 기생한다. 흔히 담배대더부살이라고도 부르며, 꽃은 8~9월에 붉은빛이 강한 연한 자주색으로 핀다. 제주도에 분포한다.

▲ 초종용

▲ 가지더부살이

▲ 오리나무더부살이

흰 꽃이 바람개비처럼 피는 덩굴식물

167 백화등

- 학 명 : *Trachelospermum asiaticum* var. *majus* (Nakai) Ohwi
- 과 명 : 협죽도과

▲ 백화등 꽃

▲ 백화등 잎

백화등은 칡넝쿨처럼 바위나 나무에 붙어 올라가며 자라는 덩굴성 나무로, 흰 꽃이 핀다고 해서 붙은 이름이다. 줄기에서 뿌리가 나와 다른 물체에 잘 붙어 자란다. 백화마삭줄이라고도 하는데, 이는 마삭줄 중 흰 꽃이 핀다는 뜻이다. 마삭줄에 비해 전체적으로 크고 잎이 둥근 것이 특징이다.

줄기는 적갈색이며 털이 나 있다. 잎은 마주나며 둥글고 가장자리가 밋밋하다. 잎 표면은 짙은 녹색이고 광택이 나고 길이 2~5㎝, 너비 1~3㎝이다.

꽃은 5~6월에 길이 0.5~1㎝가량으로 흰색으로 피어나 점차 황색으로 변한다. 꽃잎이 마치 바람개비 모양으로 달리는 것이 특징이다. 열매는 9월에 달리고 흰 털이 있다.

협죽도과의 상록활엽 덩굴식물로 우리나라와 일본 등지에 분포한다. 우리나라에서는 남부지방의 해발 고도 50~1,100m 산지의 고목이나 바위에 붙어 자란다. 주로 부엽질이 풍부하고 물 빠짐이 좋으며 햇볕이 많이 드는 곳에서 자란다. 관상용으로 쓰이며, 줄기와 잎은 낙석등이라고 해서 약용으로 쓰인다.

ㅂ

길러보기

줄기를 이용한 삽목이 좋다. 기근이 많이 나오기 때문에 줄기를 여러 개로 나누어 잎을 1~2장 붙여 뿌리 부분을 같이 심으면 뿌리가 잘 내린다. 낙엽수나 소나무와 같은 나무 아래 심어 타고 올라갈 수 있게 해 준다.

비슷한 식물들

- **마삭줄** : 꽃은 연한 살구색을 띤다. 잎은 진녹색으로 광택이 난다.
- **털마삭줄** : 꽃은 우윳빛이 도는 흰색으로 핀다. 잎은 녹회색으로 광택은 없다.

▲ 마삭줄

바닷가에 자라는 위장병의 묘약

168 번행초

■ 학 명 : *Tetragonia tetragonoides* (Pall.) Kuntze

■ 과 명 : 석류풀과

▲ 번행초 꽃받침

▲ 번행초 꽃(꽃잎처럼 보이는 꽃받침)

바닷가 모래밭이나 바위틈에는 바닷바람과 겨울 추위를 견디며 강인하게 살아가는 식물들이 많다. 이들의 특징은 대개 키가 작으면서도 잎이 두툼한데, 번행초도 그중 하나이다. 줄기가 땅에 엎드렸다가 점차 일어서며 자라는데, 키는 50㎝ 정도까지 큰다.

번행초라는 이름은 '우거진 살구나무 풀'이라는 뜻이다. 가지가 늘어져 우거진 것처럼 보이기도 한다. 갯상추 또는 뉴질랜드 시금치(Newzealand spinach)라고도 하는데, 시금치처럼 채소로 이용되어 붙은 이름이다. 국이나 나물로 먹어도 좋고 김치를 담가 먹기도 한다.

뉴질랜드라는 명칭이 붙은 것은 이 식물이 뉴질랜드에서 처음 발견되었기 때문이다. 1772년 영국의 탐험가인 쿡 선장이 그 지역 탐험 동안 선박에서 괴혈병을 치료하기 위해 먹었고, 이 품종의 표본과 씨앗을 영국 식물원으로 보내어 재배되기 시작하였다고 한다.

줄기에는 작은 점이 빽빽하게 나고 약간의 가지가 나온다. 잎은 다육식물처럼 두툼하게 생겼는데, 달걀 모양 삼각형을 이루며, 길이 4~6㎝, 너비 3~4.5㎝이다. 잎의 끝이 둔하고 두꺼우며 가장자리는 밋밋하다.

꽃은 노란색으로 봄부터 가을까지 잎겨드랑이에 1~2개씩 달린다. 꽃잎은 없고 대신 다섯 갈래로 갈라진 종 모양의 꽃받침이 꽃잎처럼 보인다. 열매는 핵과로서 달걀 모양이며 겉에 돌기가 있다.

석류풀과의 여러해살이풀로, 우리나라와 중국, 일본, 남부아시아, 오스트레일리아 및 남아메리카 등지에 분포한다. 우리나라에서는 제주도와 다도해

▲ 번행초 새순 올라오는 모습

▲ 번행초 잎

▲ 번행초 종자 결실

의 여러 섬에 분포하며, 해변의 모래땅이나 바위틈에 난다. 꽃말은 '망부석'이다.

어린순은 나물로 먹으며, 민간에서는 포기 전체를 위장약으로 쓴다. 새싹이 나오면 뜯어 식용할 수 있는데, 계속 다시 싹이 나오므로 가을까지 수확한다. 또 한방에서도 번행이라는 약재로 사용되는데, 해열과 해독, 소종의 효능이 있고, 위암과 자궁암, 부스럼, 장 질환, 심장병에도 효과가 있다고 한다.

길러보기

가을철에 씨앗을 받아 두었다 노지에서 서리가 끝나는 4월경에 바로 뿌리거나, 종자상을 만들어 파종 후 어린묘가 자라기를 기다린 후 서리가 끝나기 2~3주 전에 외부에 심거나 실내에 더 두고 있다 5월경에 외부에 심어도 좋다. 종묘 이식이나 포기나누기, 삽목도 좋다. 바닷가 식물이나 들에서도 잘 자란다.

비슷한 식물들

- **시금치** : 시금치가 작을 때의 모습이 비슷하다. 꽃은 5월에 연한 노란색으로 핀다.

벌이 모여 깨가 쏟아지게 꿀을 빠는

169 벌깨덩굴

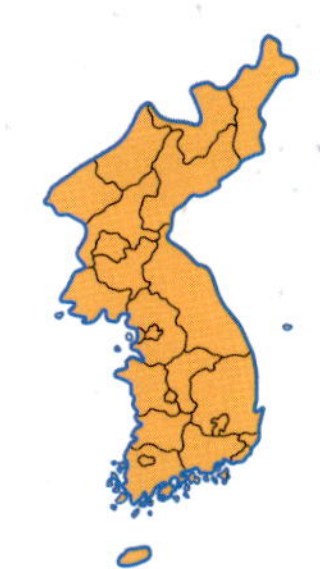

- 학 명 : *Meehania urticifolia* (Miq.) Makino
- 과 명 : 꿀풀과

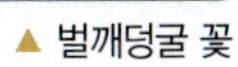

▲ 벌깨덩굴 꽃

▲ 벌깨덩굴 잎

꽃은 서로 비슷한 것은 많아도 똑같은 것은 없는 것 같다. 우리 얼굴이 다르듯 꽃들도 다 저마다의 빛깔과 멋을 가지고 있는 것이다. 어떻게 이렇게 다양한 꽃들이 생겨났는지 신비로운데, 벌깨덩굴 꽃도 참 희한하다. 색은 보라색인데, 한 쪽 부분은 하얗다. 마치 잉어가 입을 벌리고 있는 모양처럼 생겼다. 그리고 붉은 점이 있고 수염 같은 털이 송송 나 있다.

▲ 벌깨덩굴 종자 결실

벌깨덩굴은 처음에 자랄 때와 자란 뒤가 상당히 다른 모습이다. 처음에는 곧게 자라지만, 꽃이 지고 종자가 결실된 뒤부터는 곧게 서는 게 아니라 다른 식물을 감기 시작한다. 덩굴식물의 본색이 드러나기 시작하는 것이다. 그래서 철 지난 후 자생지에 가면 원래의 모습은 없고 덩굴만 있어서 다른 식물로 오인하기도 한다.

벌깨는 그럼 무슨 뜻일까? 먼저 뒷글자 '깨'는 잎이 마치 깻잎을 닮아서 붙여졌고, 앞의 벌은 벌이 이 식물에 많이 날아와서 붙여진 것 같다. 깨 향이 많이 나는데, 벌들이 깨가 쏟아지도록 즐겁게 꿀을 먹을 수 있는 식물로 볼 수 있다. 이런 까닭에 민가에서는 양봉을 위한 밀원식물로도 활용된다. 벌깨덩굴은 산지에서 자라는 여러해살이풀로, 숲 속의 약간 습기가 있는 그늘진

▲ 벌깨덩굴 무리

곳에서 잘 자라며 길이 15~30㎝로 줄기가 특이하게도 사각형이다. 잎은 길이 2~5㎝, 너비 2~3.5㎝이다. 약간 세모형이지만 하트 형태를 이룬다. 잎의 가장자리에는 둔한 톱니가 있다. 열매는 7~8월경에 달걀 모양으로 달린다. 벌깨덩굴은 꿀풀과에 속하며 주로 관상용으로 쓰이고, 어린잎은 식용으로 쓰인다. 또 민간에서는 약재로도 쓰인다. 우리나라와 일본, 중국 북부 등지에 분포한다.

길러보기

이른 봄에 포기나누기를 하고 7~8월에 익는 종자를 바로 화분에 뿌리거나 이듬해 봄에 뿌린다. 화분에 심을 때는 좌우에 철사 같은 것을 놓아두는 게 좋다. 종자가 맺힌 뒤에는 무엇인가를 감고 자라는 특징이 있기 때문이다. 꽃이 피기 전에는 실내에서 키우는 것이 가능하지만, 꽃이 지고 나면 외부에 내어 놓아야 덩굴처럼 잎이 나오며 종자를 얻을 수 있다. 잎이 많기 때문에 여름까지는 물을 많이 줘야 한다.

비슷한 식물들

- **붉은벌깨덩굴** : 꽃에 붉은 보랏빛 기운이 돈다. 오대산과 설악산에 분포한다.
- **흰벌깨덩굴** : 전체적으로 거의 흰색이 주류를 이룬다.
- **벌깨냉이** : 겨자과로 다른 과에 속하는 식물이지만 잎이 벌깨덩굴을 닮아서 붙여진 명칭으로, 꽃은 논냉이류와 비슷하다.
- **벌깨풀** : 잎이 벌깨덩굴과 비슷하다. 밑동에서 여러 대가 함께 나와서 자라는 식물로, 압록강 상류에 분포한다.

▲ 붉은벌깨덩굴

▲ 흰벌깨덩굴

나비를 닮은 노란색 꽃을 피우는

170 벌노랑이

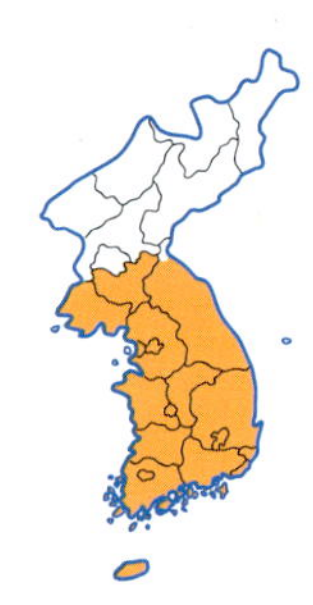

- 학 명 : *Lotus corniculatus* var. *japonica* Regel
- 과 명 : 콩과

▲ 벌노랑이 꽃봉오리

▲ 벌노랑이 꽃

식물은 우리에게 정말 고마운 존재이다. 광합성으로 산소를 만들어 내고, 먹을거리도 많이 제공해 준다. 또 과일도 많으며 약재도 상당하다. 기름도 뽑고 천연 향도 추출하며, 석탄이나 석유 등의 지하자원도 식물 덕분이다.

지구상에는 모두 35만 종이 분포하는데, 그 많은 것들이 제각기 서로 다른 모양을 갖고 있으니 놀라운 일이다. 그 많은 종이 또한 모두 이름을 갖고 있다. 어떤 식물이든 새로운 종이 발견되면 바로 이름을 얻는데, 요즘은 발견한 사람의 이름이 붙는 경우가 흔하다. 한편, 꽃은 얼마나 많을까? 식물은 모두 꽃을 피우는 게 아니고, 식물 중 가장 발달한 종자식물들이 꽃을 피운다. 종자식물이 식물 중 가장 많아서 20만 종이나 된다.

콩과의 여러해살이풀인 벌노랑이는 대체 어떻게 이름이 붙은 걸까? 우선 노랑이라는 이름이 붙은 걸 보면 꽃이 노랗다는 걸 생각해 볼 수 있고, 벌은 꽃이 벌을 닮지 않았을까 하는 생각을 하게 한다. 하지만 꽃은 꼭 나비를 닮았다. 나비처럼 생겼는데, 벌을 붙이다니 희한하기만 하다.

벌노랑이는 중부 이남의 숲이나 풀밭에서 나는 여러해살이풀로, 반그늘 혹은 양지에서 자란다. 키는 약 30㎝이고, 잎은 길이 0.7~1.5㎝로 5개의 작은 잎으로 되어 있다. 꽃은 5~8월에 황색으로 피며 길이 약 1.5㎝로 잎겨드랑이의 꽃자루 끝에 달린다. 열매는 8~9월경에 달리고 종자는 검은색이다.

콩과 식물로 노랑돌콩이라고도 하며, 꽃을 포함한 모든 부위가 약용으로 쓰

▲ 벌노랑이 잎

▲ 벌노랑이 종자 결실

▲ 벌노랑이 무리

인다. 포기채 사료로도 사용된다. 우리나라와 일본, 중국, 타이완, 히말라야 산맥 등지에 분포한다.

길러보기

9월에 받은 종자를 바로 화분에 뿌리거나 종자를 종이에 싸서 냉장 보관한 후 이른 봄에 뿌린다. 이른 봄 포기나누기를 하거나 새순을 이용하여 줄기를 잘라 삽목해도 된다. 화분이나 화단에 심어도 좋다. 키가 작고 땅에 거의 붙어 자라기 때문에 물 빠짐이 좋게 한 후 심어야 한다. 물 관리는 2~3일 간격으로 한다.

비슷한 식물들

- **서양벌노랑이** : 꽃이 3~7개 정도로 많이 달린다.

봄을 수놓는 꽃나무

171 벚나무

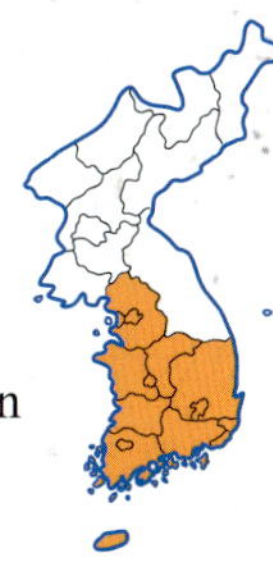

- 학 명 : *Prunus serrulata* var. *spontanea* (Maxim.) E.H.Wilson
- 과 명 : 장미과

▲ 벚나무 꽃

▲ 벚나무 열매

▲ 벚나무 수피

ㅂ

현재 창경궁은 한때 동물원과 식물원이 있던 곳으로 창경원이라고 불렸다. 일제강점기 때 일본인들이 우리나라 궁궐을 격하시키기 위해 일반인들을 위한 시설을 만들었던 것이다. 그리고 그때 심은 것이 일본 국화인 벚나무이다. 창경원은 1970년대까지 서울의 중요 관광지로 손꼽혔고, 1980년대에 동물원이 과천으로 이전하고 나서야 창경궁으로 본래의 모습을 되찾았다. 그리고 이때 일제강점기 때 심었던 벚나무를 모두 베어 버렸다.

▲ 벚나무 잎

당시만 해도 벚나무 하면 일본 꽃이라 모두 싫어했지만 요즘엔 다르다. 이미 1908년 프랑스 타케(taquet) 신부가 한라산 북쪽 관음사 부근의 숲 속에서 왕벚나무를 발견함으로써 제주도가 자생지임이 처음으로 알려졌고, 이후에도 지리산 화엄사 근처에서도 자생지가 발견되었다. 이에 비해 일본에서는 아직 자생지가 발견되지 않았으니 일본 꽃이라고 하기에는 무리가 있겠다. 전국 곳곳에 벚나무가 많이 심어져 해마다 봄이면 벚꽃 축제를 여는 곳이 한두 곳이 아니다.

벚나무 이름의 유래는 미상이나 벚나무의 열매 버찌를 줄여서 부른 데에서 비롯된 것으로 추정된다. 산벚나무, 참벚나무 등으로도 불리며, 한자로는 산앵화(山櫻花)라고도 한다.

우리나라와 일본, 중국에 분포한다. 우리나라에는 전 지역의 산지에 자라며 주로 전남, 경남, 함북에 많이 분포한다.

낙엽활엽교목으로 높이는 약 20m이고 수피는 암자색이다. 꽃은 2~3개가 산방상 총상 및 산형상으로 달리며 연분홍이나 흰빛으로 핀다. 꽃잎은 도란형이며 끝부분이 凹형으로 4~5월에 피어 있다가 바람이 부는 봄, 마치 흰 눈이 내리듯 후두두둑 떨어져 내린다. 열매는 둥글며 6~7월에 흑자색으로 익는데 버찌라 하여 생으로 따 먹는다. 열매를 이용하기 위한 원예 품종이 많이 개발되고 있다.

나무껍질이 암자색을 띠며 매우 반질거리고 피목(皮目)이 가로로 줄을 그은 듯 죽죽 나 있다.

양지를 좋아하며 한지에서도 잘 견딘다. 벚나무 중 산벚나무는 공기 정화력은 강하나 공해에 약하며, 왕벚나무와 올벚나무도 공해에 약하다.

버찌는 한자로 흑앵(黑櫻)이라 하는데, 차로 만들어 마시기도 하며 양주에 버찌를 곁들여 마시면 풍미가 있어 좋다. 또 버찌소주라 하여 버찌의 즙을 소주에 타서 마시면 소주의 독한 맛을 부드럽게 하며 버찌 향도 은은히 난다. 이렇게 하면 버찌에 있는 비타민도 같이 마시게 되어 건강에도 이롭다. 한편, 버찌편은 버찌를 체에 걸러 냄비에 담고 꿀과 녹말을 타서 뭉근한 불에 조려 굳힌 음식으로 앵병(櫻餅)이라고도 한다.

꽃이 아름다워 가로수, 관상용으로 심는다. 특히 가로수로 많이 심어져 있다. 열매는 식용, 약용으로 쓰인다. 목재는 가구재를 만드는 데 사용된다. 줄기 속껍질은 앵피(櫻皮)라 하여 진해, 기침, 두드러기 등에 약으로 쓰며, 열매는 식용하거나 술을 담가 먹는다. 꽃말은 '결박', '정신의 아름다움'이다.

길러보기

실생과 접목으로 번식한다.

비슷한 식물들

- **올벚나무** : 가지가 늘어지며, 벚나무 중에서 꽃이 가장 먼저 핀다.
- **산벚나무** : 꽃과 잎이 같이 나오는데, 꽃은 산형상으로 흰색 또는 연한 홍색으로 5월에 핀다.
- **잔털벚나무** : 꽃가지와 작은 꽃가지 및 잎 뒷면과 잎자루에 잔털이 있다.
- **만첩개벚나무** : 꽃이 여러 겹이다.
- **왕벚나무** : 일본 국화로, 우리나라에는 한라산에 자생한다. 꽃잎은 끝이 오목하며 암술대에 퍼진 털이 있다.
- **분홍벚나무** : 꽃은 산형화서를 이루며 잎자루, 꽃자루에 털이 많다.

▲ 왕벚나무

꽃과 잎이 벼룩처럼 작은 들풀

172 벼룩나물

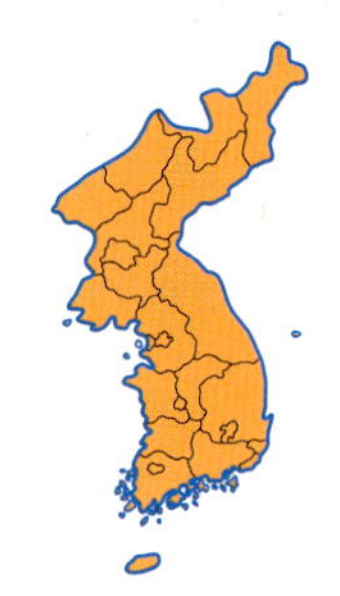

- 학 명 : *Stellaria alsine* var. *undulata* (Thunb.) Ohwi
- 과 명 : 석죽과

▲ 벼룩나물 꽃

▲ 벼룩나물 잎

들에 피는 꽃의 이름을 보면 작다는 뜻으로 왜, 좀, 벼룩, 개미 등의 접두어를 붙이는 것이 많다. 어느 것이 가장 작은지, 그리고 어느 때 어떤 접두어를 붙이는지는 알 수 없으나 대부분 일반적으로 작은 품종임에는 틀림없다.

▲ 벼룩나물 종자

벼룩나물도 그 중 하나이다. 키도 한 뼘밖에 안 될 정도로 작고 잎이나 꽃도 자그마하여 벼룩이라는 접두어가 붙었다. 논둑이나 밭에서 쉽게 볼 수 있는 풀로 나물이라고 하였으니 어린순은 식용한다. 하지만 이것도 나물인가 싶을 정도로 풀 모양은 나지 않고 손질하기도 쉽지 않다.

키는 15~25㎝로 털이 없고 밑에서 가지가 많이 갈라져서 퍼지기 때문에 포기가 커다랗게 자라는 것처럼 보인다. 가는 실처럼 생긴 줄기가 뿌리 근처에서 갈라져 땅위를 긴다. 잎은 마주나는데 잎자루가 없는 것이 특징이다. 잎 모양은 긴 타원형 또는 달걀 모양으로 창처럼 끝이 뾰족하다.

꽃은 4~5월에 흰색으로 꽃 밑에서 또 각각 한 쌍씩의 작은 꽃자루가 나와 그 끝에 한 송이씩 달린다. 꽃받침조각은 5개이고 창처럼 끝이 뾰족하며 끝이 둔하다. 꽃잎은 5개로 꽃받침과 길이가 같고 2개로 깊게 갈라진다. 이러한 꽃의 모습이 별꽃 종류와 비슷하여 벼룩별꽃, 애기별꽃, 들별꽃이라고도 한다. 열매는 속이 여러 칸으로 나뉘고 각 칸 속에 많은 종자가 들어 있으며 타원형

▲ 벼룩나물 무리

이고 꽃받침과 길이가 비슷하며 6개로 갈라진다.

석죽과의 두해살이풀로, 동아시아 온대를 중심으로 분포한다. 우리나라에 자생하는 것은 유럽벼룩나물의 변종으로 보인다. 벼를 벤 후 논바닥에서 발아하여 이듬해 벼 모내기할 때 고사한다.

나물로는 발금자리라고 해서 생으로 무쳐 먹기도 하고 된장찌개에 넣어 먹기도 한다. 또 옛날에는 국수청이라고 하여 차로도 마셨다.

길러보기

밭에서 나는 풀이므로 따로 번식을 시키기 위해 노력하지 않아도 된다. 씨앗을 뿌리려면 5월에 꽃이 지고 난 다음 말라 가는 줄기를 베어 원하는 곳에 던져두면 된다.

비슷한 식물들

- **벼룩이자리** : 벼룩나물은 전초에 털이 없으나, 벼룩이자리는 털이 있다. 꽃잎 5장은 갈라지지 않고 꽃받침보다 짧다.
- **벼룩이울타리** : 꽃은 7~8월에 흰색으로 피며, 줄기 끝과 위쪽의 잎겨드랑이에서 나는 꽃 밑에서 또 각각 한 쌍씩의 작은 꽃자루가 나와 그 끝에 한 송이씩 달린다.
- **유럽벼룩나물** : 꽃잎이 꽃받침보다 짧다.
- **별꽃** : 꽃은 흰색이며, 작은 꽃줄기는 길이 0.5~4㎝로 한쪽에 털이 있으며 꽃이 핀 다음 밑으로 처졌다가 열매가 익으면 다시 위로 향한다.
- **점나도나물** : 가지가 비스듬히 자라고 검은 자주색이 돌며, 식물 전체에 털이 있으며, 잎은 톱니가 없다.

▲ 벼룩이자리

▲ 별꽃

▲ 점나도나물

너무 작아서 쉽게 보이지 않는 들풀

173 벼룩이자리

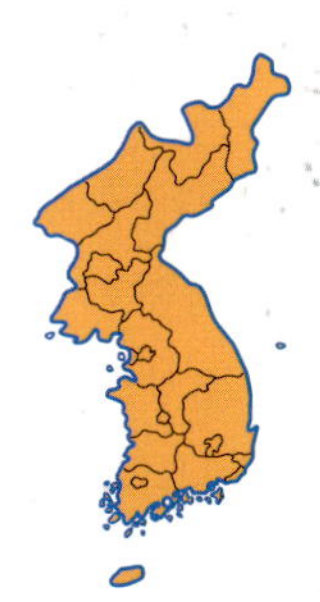

- 학 명 : *Arenaria serpyllifolia* L.
- 과 명 : 석죽과

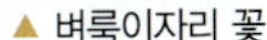

▲ 벼룩이자리 꽃

▲ 벼룩이자리 잎

ㅂ

벼룩이자리는 벼룩나물과 비슷하게 생겼으나 전초에 털이 많이 나는 것이 큰 차이점이다. 또 꽃도 비슷하나 벼룩나물은 꽃잎이 갈라지는 반면, 벼룩이자리는 갈라지지 않는다. 벼룩이라는 이름은 꽃과 잎이 여느 식물의 그것보다 작아서 붙여진 명칭이다. 이와 같이 작다는 뜻으로 붙는 접두어로는 왜나좀, 개미 등이 있다.

▲ 벼룩이자리 꽃봉오리

키는 15~25㎝이며, 줄기와 잎에 털이 많이 나 있다. 땅에 가까운 줄기는 땅 위를 긴다. 잎은 마주나며 잎자루가 없이 줄기에 바로 붙어 있다. 잎이 벼룩나물 잎에 비하여 둥글고 털이 난 점이 다르다.

꽃은 4~5월에 흰색으로 잎겨드랑이에 한 송이씩 달린다. 꽃잎은 다섯 장으로 끝이 갈라지지 않는다. 종자는 콩팥처럼 생겼고, 표면에 그물망처럼 문양이 생긴다.

석죽과의 두해살이풀로 냉온대~난온대, 중국, 일본 등 전 세계에 분포한다. 빈터나 논밭에 자란다. 아주 작고 연약한 품종이라서 다른 식물들이 나오기 전인 이른 봄에 주로 보인다. 어린잎은 데쳐서 나물로 먹으며, 소독하는 데

▲ 벼룩이자리 무리

세제로도 썼다. 중국에서는 무심채라고 하여 약초로 이용한다.

길러보기

밭에서 나는 풀이므로 따로 번식을 시키기 위해 노력하지 않아도 된다. 나물로 이용되나 털이 많아 벼룩나물보다 식감은 떨어진다.

비슷한 식물들

- **벼룩나물** : 전초에 털이 없으며, 꽃잎 5장은 갈라진다.
- **벼룩이울타리** : 꽃은 7~8월에 흰색으로 피며, 줄기 끝과 위쪽의 잎겨드랑이에서 나는 꽃 밑에서 또 각각 한 쌍씩의 작은 꽃자루가 나와 그 끝에 한 송이씩 달린다.
- **유럽벼룩나물** : 꽃잎이 꽃받침보다 짧다.
- **별꽃** : 꽃은 흰색이며, 작은 꽃줄기는 길이 0.5~4㎝로 한쪽에 털이 있으며 꽃이 핀 다음 밑으로 처졌다가 열매가 익으면 다시 위로 향한다.
- **점나도나물** : 가지가 비스듬히 자라고 검은 자주색이 돌며, 식물 전체에 털이 있으며, 잎은 톱니가 없다.

▲ 벼룩나물

▲ 별꽃

▲ 점나도나물

ㅂ

174 변산바람꽃

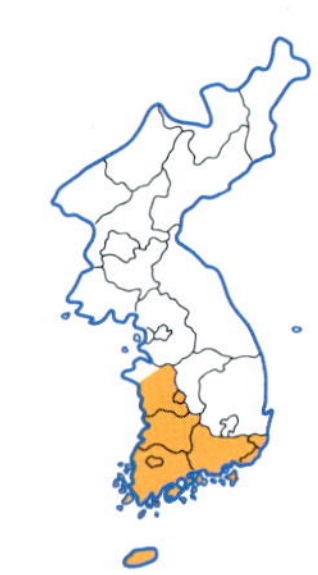

- 학 명 : *Eranthis byunsanensis* B. Y. Sun
- 과 명 : 미나리아재비과

▲ 변산바람꽃 꽃

▲ 변산바람꽃 잎

바람꽃은 바람이 잘 부는 곳에 자라는 들풀이라서 주로 산이나 숲에 많이 자란다. 변산바람꽃은 변산에서 처음 발견되어 붙은 이름인데, 변산 이외에도 지리산과 마이산, 한라산에도 자라고 있다. 최근에는 일부 내륙 지방에서도 발견되었다는 보고가 있었지만 개체수는 적다. 낙엽수림의 가장자리에 나는 여러해살이풀로, 습한 지역과 반그늘 또는 양지에서 자란다. 키는 5~8㎝ 가량이고, 잎은 길이와 너비가 약 3~5㎝이다. 잎은 5갈래의 둥근 모양이며, 새의 깃처럼 갈라진다.

▲ 변산바람꽃 꽃봉오리

바람꽃은 대개 이른 봄에 피는데, 변산바람꽃 역시 복수초와 함께 봄을 부르는 대표적인 꽃이다. 일부 지방에서는 2월에도 핀다는데, 너무 일찍 피어서 벌써 봄인가 하는 생각이 들 때도 있을 정도이다. 아직 겨울이 한창인 숲에서 누구보다도 먼저 꽃을 피우므로 생명력이 강하다는 것을 알 수 있다. 꽃의 크기는 약 10㎝가량이고 흰색이며 꽃자루는 길이 약 1㎝이다. 꽃받침이 꽃잎처럼 보이는데, 보통 우산처럼 생긴 꽃받침 5장이 꽃잎과 수술을 떠받들 듯 받치고 있다. 꽃자루 안에는 가운데 암술과 연녹색을 띤 노란색 꽃

▲ 변산바람꽃 무리

이 있다. 열매는 4~5월경 갈색으로 달리고, 씨방에는 검고 광택이 나는 종자가 많이 들어 있다.

길러보기

5~6월에 결실되는 종자를 바로 화단에 뿌리거나 종자를 종 이에 싸서 냉장 보관하여 이듬해 봄에 뿌린다. 또 해마다 큰 알뿌리 옆에 붙는 어린 알뿌리를 초여름과 이른 봄 새싹이 올라오기 전에 나누어 심어도 좋다. 그러나 키우기는 쉽지 않다. 햇볕이 잘 드는 곳에서 키워야 하고, 잎이 작기 때문에 다른 식물보다 물을 조금 줘도 된다. 여름이면 잎이 지상부에서 없어지지만 죽은 것이 아니므로 이후에도 물 관리는 계속해 줘야 한다. 일부 산에서 채취하여 심는 경우가 있는데, 이런 경우는 십중팔구 해를 넘기지 못하므로 어린 묘종부터 집에서 키워야 한다.

비슷한 식물들

- **바이칼바람꽃** : 잎자루에 세 갈래로 갈라진 잎이 1~2개 난다. 6월에 흰 꽃이 피며, 만주 등지의 북부지방에 분포한다.
- **회리바람꽃** : 5월에 연노랑색 꽃이 피며 꽃받침이 뒤로 젖혀진다. 대관령과 설악산 등에 분포한다.
- **만주바람꽃** : 키는 15~20㎝이고, 뿌리 부분은 마치 고구마 줄기처럼 많은 덩이뿌리가 달려 있는 것이 특이하다.

▲ 회리바람꽃

▲ 만주바람꽃

별처럼 아름다운 작은 꽃

175 별꽃

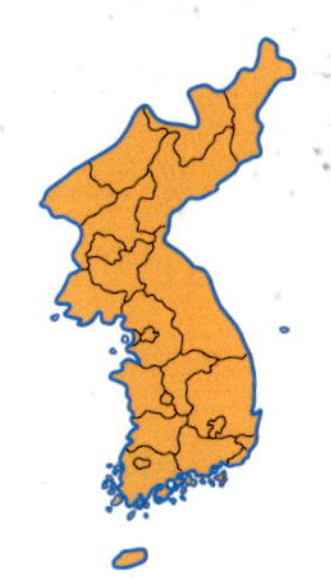

- 학 명 : *Stellaria media* (L.) Vill
- 과 명 : 석죽과

▲ 별꽃 꽃

▲ 별꽃 잎

식물의 세계를 들여다보면 작은 우주 같기도 하다. 별(별꽃)도 있고, 달(달맞이꽃)도 있고 해(해바라기)도 있으며, 바람(바람꽃)도 불고, 구름(구름꽃)도 떠다닌다. 노루나 범, 곰, 두루미, 개구리 등 동물도 많고, 각시와 할미, 아재비, 애기 등 사람도 많다. 별꽃은 5~6월 우리나라 어디서든 밭이나 길가에 피어나는 두해살이풀로, 양지 혹은 반그늘 어디서나 잘 자란다. 키는 10~20㎝로 작아 그냥 지나치기 쉬운 품종이다. 허리를 굽히고 봐야 잘 보인다. 잎은 길이 1~2㎝, 너비 0.8~1.5㎝로 잎 양면에 털이 없고 하반부 가장자리에 털이 약간 있는 것도 있다. 잎은 달걀 모양으로 마주나고, 꽃잎은 다섯 개가 각각 끝이 갈라져 10개처럼 보인다.

별꽃은 대체 왜 이런 장치를 한 걸까? 그냥 다섯 장으로 보이면 더 별 같은데 말이다. 여기에는 놀랍게도 비밀이 숨어 있다. 꽃잎 수를 두 배로 보이도록 하여 곤충을 불러들이려는 것이다. 작은 꽃이지만 조금이라도 잘 보여서 꽃가루를 수정시켜 종자를 퍼뜨리려는 것이다. 식물은 한 곳에 뿌리박고 살기 때문에 움직일 수는 없지만 이와 같이 조금이라도 더 씨를 퍼뜨리려고 노력한다.

꽃은 5~6월에 흰색으로 되며, 작은 꽃줄기는 길이가 0.5~4㎝이다. 꽃줄기는 한 쪽에 털이 있으며 꽃이 핀 다음 밑으로 처졌다가 열매가 익으면 다시 위로 향하는 것이 독특하다. 열매는 8~9월경에 달린다.

별꽃은 석죽과에 속하며, 어린 식물은 전초를 약용한다.

▲ 별꽃 무리

길러보기

9월에 받은 종자를 보관했다가 이듬해 봄 화단에 뿌린다. 어느 곳에서나 잘 자라서 비교적 키우기는 쉬운 편이다.

비슷한 식물들

- **왕별꽃** : 별꽃 종류 중에서 꽃이 가장 크다. 꽃은 7월에 흰색으로 피며, 키는 50~80㎝이다.
- **긴잎별꽃** : 잎이 유난히 길다. 키는 20~40㎝이다.
- **실별꽃** : 잎이 실처럼 가늘다. 키는 약 30㎝이다.
- **쇠별꽃** : 보통 별꽃들은 암술대와 삭과가 각각 5개로 갈라지지만 쇠별꽃은 각각 6개로 갈라진다. 삭과란 속이 여러 칸으로 나뉘고 각 칸 속에 많은 종자가 들어 있는 열매를 말한다.
- **숲개별꽃** : 고원의 숲에 자라며, 수술은 10개, 암술대는 2~3개이다.
- **가는잎개별꽃** : 개별꽃에 비해 잎이 가늘다.
- **개별꽃** : 키는 10㎝ 내외로 작지만, 자줏빛에 가까운 5개의 꽃술이 하얀 꽃잎에 하나씩 놓이면 산과 들에 마치 별이 솟은 것처럼 앙증맞은 모습이다.
- **애기별꽃** : 꽃은 3~6월에 펴 개화기가 길고, 꽃은 흰색과 보라색 두 종류가 있다. 외래종이다.
- **가지별꽃** : 잎겨드랑이에서 잎이 있는 작은 가지가 난다.
- **참개별꽃** : 작은 꽃자루에 줄을 이루며 돋은 털이 있고, 꽃밥이 붉은빛이 강한 자주색이다.

▲ 왕별꽃

▲ 쇠별꽃

▲ 개별꽃

ㅂ

꽃 색깔이 바뀌는

176 병꽃나무

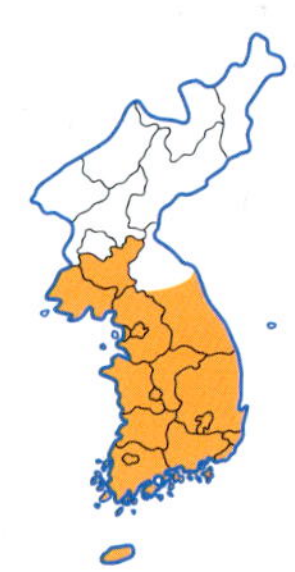

- 학 명 : *Weigela subsessilis* (Nakai) L.H.Bailey
- 과 명 : 인동과

▲ 병꽃나무 꽃

▲ 병꽃나무 수피

우리나라 특산종 중에는 희귀식물도 많지만 어디서나 잘 자라는 흔한 식물도 많다. 어느 산에 가도 볼 수 있는 병꽃나무도 우리나라 특산종으로 세계에서 우리나라에만 자생한다.

낙엽활엽관목으로 높이는 3m 정도이다. 연한 잿빛을 띠는 줄기에 얼룩무늬가 있는 점이 독특하다. 잎은 마주나고 잎자루는 거의 없으며 달걀을 거꾸로 세운 모양의 타원형 또는 넓은 달걀 모양으로 끝이 뾰족하다. 잎 양면에는 털이 있고 뒷면 맥 위에는 퍼진 털이 있다. 잎 가장자리에는 작은 톱니가 난다.

꽃은 4~5월에 노랗게 피며 점점 붉어진다. 잎겨드랑이에 한두 개씩 달리는데, 꽃의 모양이 병처럼 생겨서 병꽃나무라는 이름을 얻었다. 꽃받침은 5개로 갈라지며 털이 나 있다. 열매는 바나나처럼 길게 구부러지며 길이 1~1.5㎝로서 9~10월에 성숙하여 2개로 갈라지고 종자에 날개가 있다.

주로 산지의 중턱 아래에서 서식하나 내한성과 내염성, 내공해성, 내음성을 갖춰 어디서든 잘 자라 관상용으로도 좋은 수종이다. 생약명은 고려양로(高麗楊櫨)로 반그늘에 말리거나 생것을 약으로 쓴다. 간염으로 인한 황달과 소화불량, 식중독에 효과가 있다고 한다. 꽃말은 '전설'이다.

▲ 병꽃나무 수형

▲ 병꽃나무 열매

▲ 병꽃나무 종자 결실

길러보기

삽목 또는 포기나누기, 실생으로 번식한다. 삽목은 봄부터 여름 사이에 나온 새 가지를 이용한다.

비슷한 식물들

- **붉은병꽃나무** : 꽃이 처음부터 붉은색으로 핀다.
- **흰병꽃나무** : 꽃이 흰색이다.
- **삼색병꽃나무** : 꽃부리가 흰빛을 띤 녹색이고, 통부 겉은 붉은빛이 돌며 안쪽에는 노란색이 돈다.
- **골병꽃나무** : 잎 뒷면에 흰색의 연한 털이 빽빽하며, 꽃은 홍색이다.

▲ 붉은병꽃나무

▲ 흰병꽃나무

▲ 삼색병꽃나무

봄을 알리는 야생 난초

177 보춘화

- 학 명 : *Cymbidium goeringii* (Rchb.f.) Rchb. f.
- 과 명 : 난초과

▲ 보춘화 꽃

▲ 보춘화 종자 결실

보춘화는 우리나라에 자생하는 야생 난으로, 남부와 중남부 해안의 삼림 내에서 자란다. 해안의 소나무가 많은 곳에서 모여 자라는데, 최근에는 내륙에서도 자생지가 발견되었다. 봄을 알리는 꽃이라는 이름 그대로 봄에 아름다운 꽃을 피우는 난초이다.

보통 야생 난을 키우다 보면 꽃이 잘 피지 않는데, 대개 식물이 너무 잘 자라는 환경을 만들어 주었기 때문인 경우가 많다. 잘 크게 해 주면 꽃도 피어야 하지만 난은 다르다. 난들은 뿌리에 물을 저장하고 있어서 특히 물 관리를 잘해야 한다. 좋은 꽃을 구경하려면 식물체를 튼튼하게 하는 것이 우선이다. 보춘화의 꽃대 길이는 10~25㎝, 잎 길이는 20~50㎝ 정도이다. 잎은 끝이 뾰족하고 가장자리에 미세한 톱니가 있는데, 가죽처럼 질기며 진녹색을 띠는 것이 특징이다. 잎 길이는 20~50㎝, 너비는 0.6~1㎝로 뿌리에서 나온다. 꽃은 이른 봄에 피는데, 흰색 바탕에 짙은 홍자색 반점이 있다. 꽃의 안쪽은 울퉁불퉁하고 중앙에 홈이 있어 아기자기한 맛이 있다. 또 끝은 3개로 갈라지고, 전체 길이는 3~3.5㎝가량이다. 뿌리 하나에 꽃이 하나씩 달리는 1경 1화다. 열매는 6~7월경에 길이 약 5㎝ 정도로 달리는데, 열매 안에는 종자가 미세한 먼지처럼 무수히 많이 들어 있다.

▲ 보춘화 무리

보춘화는 자라는 환경이나 조건에 따라 잎과 꽃의 변이가 많이 일어나는 품종으로, 이러한 변종은 매우 희귀해 가격도 상당히 비싸며 관상용으로 인기다. 하지만 종자를 발아시키기는 쉽지 않다.

난초과에 속하며, 춘란, 보춘란이라고도 한다. 관상용으로 남획이 많이 되고 있어 환경부가 특정 야생식물로 지정해 보호하고 있다. 예전에는 약재로도 사용되었다. 전남·북과 경남, 제주도, 울릉도 등지에 분포한다.

길러보기

이른 봄이나 가을에 옆에 붙어 있는 벌브(bulb)를 분리하여 뿌리나누기를 한다. 종자는 잘 맺히지만 발아를 시키는 것은 매우 어렵다. 물 빠짐을 좋게 한 후 심는 것이 한 가지 요령이다.

비슷한 식물들

- **복주머니란** : 야생 난 중 꽃이 가장 크고 화려하다. 고산지대에 자라며, 키는 30~50㎝이다.
- **자란** : 목포 유달산의 바다로 향한 바위틈에서 자라는 난으로, 자주색 꽃이 핀다. 양지에 자라며, 키는 40㎝가량이다.
- **새우난초** : 4~5월경 8~15개 정도 꽃이 피며 꽃 색의 변이가 심한 편이다. 꽃잎은 흰색, 연한 자줏빛 또는 적자색이다.
- **타래난초** : 여름에 꽃줄기에 작은 꽃이 나선상으로 꼬이면서 달린다. 잔디밭이나 논둑에서 자라며, 키는 10~30㎝이다.
- **은난초** : 꽃은 5월에 피고 흰색이며 3~10송이가 달리는데, 활짝 벌어지지 않는다. 산과 들의 그늘진 곳에 자라며, 키는 40~60㎝이다.
- **은대난초** : 은난초와 비슷하나 털이 있다. 산과 들에서 자라며, 키는 30~50㎝이다.
- **금난초** : 노란색 꽃이 핀다. 산지의 나무 그늘에서 자라며, 키는 40~70㎝이다.

▲ 복주머니란 ▲ 새우난초 ▲ 타래난초

▲ 은난초 ▲ 은대난초 ▲ 금난초

빨간 수술이 유난히 아름다운

178 보현개별꽃

- 학 명 : *Pseudostellaria davidii* x *palibiniana* K.Choi & J.H.Pak
- 과 명 : 석죽과

▲ 보현개별꽃 꽃

▲ 보현개별꽃 잎

흔히 꽃에 '개' 자가 붙으면 본래의 꽃보다 못할 때 붙여지곤 하는데, 개별꽃은 별꽃에 그다지 뒤지지 않는다. 단지 다섯 장으로 된 꽃잎은 같지만 별꽃의 꽃잎은 V자로 갈라져 모두 10장으로 보인다는 점이 다르다. 특히 개별꽃은 자줏빛에 가까운 5개의 꽃술이 하얀 꽃잎에 하나씩 놓이면 환상적인 조화를 이루곤 한다.

▲ 보현개별꽃 시든 모습

개별꽃도 여러 종이 있는데, 보현개별꽃은 경북 보현산에서 처음 발견되어 보현이라는 이름이 붙었다. 특산식물, 멸종위기식물로 분류되어 있는 귀한 품종이다.

현재 국명은 2001년 최경, 김정성, 박재홍이 발표하였다.

줄기는 어릴 때는 곧게 자라나 성숙해지면서 덩굴성으로 변해 간다. 뿌리는 짧은 방추형으로 1~3개가 있으며, 뿌리가 옆으로 벋으며 번식한다. 잎은 거꾸로 세운 달걀 모양으로 끝부분이 약간 패어 있다.

꽃은 4월에 흰색으로 잎겨드랑이에 피며, 꽃잎은 5장이다. 꽃자루와 줄기에 잔털이 있으며, 꽃술이 유난히 빨간 것이 특징이다. 수술은 10개이며, 암술은 3~4개이다. 덩굴개별꽃과 큰개별꽃의 교잡종으로, 열매는 맺지 않는다. 석죽과의 여러해살이풀로, 경북 영천의 보현산 등지에 분포한다.

길러보기

포기나누기는 이른 봄 새순이 올라올 때 한다. 햇빛을 직접적으로 받지 않는 반그늘에 심는다.

비슷한 식물들

- **개별꽃** : 4~5월에 흰색 꽃이 피는데, 5장의 꽃잎이 별 모양이다. 자주색에 가까운 꽃술 5개가 멋있게 난다.
- **별꽃** : 꽃잎이 V자로 갈라져서 10장처럼 보인다. 수술이 7개, 암술이 1개

있다. 키는 약 20㎝이다.

- **긴개별꽃** : 숲 속에서 자라며, 키 15~30㎝로 개별꽃보다 크다.
- **나도개별꽃** : 꽃잎 끝이 파이지 않은 점이 다르다. 흔히 일기예보 꽃으로 통한다. 아침에 웅크리고 있으면 흐리거나 비가 오고, 활짝 피어 있으면 맑은 날이 된다. 그래서 서양에서는 '가난한 사람들의 날씨 거울'이라는 별명도 있다. 키는 10~15㎝이다.
- **덩굴개별꽃** : 꽃이 핀 다음에 가지가 옆으로 길게 벋으면서 덩굴처럼 변한다. 꽃자루에 털이 한 줄로 난다. 수술은 10개, 암술은 2개이다.
- **큰개별꽃** : 개별꽃하고 거의 같지만 키가 10~20㎝로 약간 크다. 산지의 응달에서 자란다.

▲ 개별꽃

▲ 별꽃

▲ 덩굴개별꽃

재미있는 전설이 전하는

179 복분자딸기

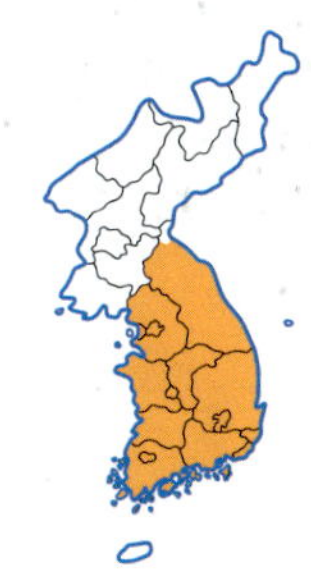

- 학 명 : *Rubus coreanus* Miq.
- 과 명 : 장미과

ㅂ

▲ 복분자딸기 꽃봉오리

▲ 복분자딸기 꽃

▲ 복분자딸기 잎

▲ 복분자딸기 열매

복분자(覆盆子)는 말 그대로 소변 줄기가 요강을 뒤집는다고 해서 붙여진 이름이다. 여기에는 전설이 하나 전해진다. 옛날 신혼부부가 있었는데, 남편이 이웃마을에 갔다 오다 길을 잃고 산을 헤맸다. 그는 하도 배가 고파 우연히 덜 익은 산딸기를 따 먹고 허기를 달랬다. 겨우 길을 찾아 집에 돌아왔는데, 다음 날 일어나 소변을 보다가 깜짝 놀라고 말았다. 요강단지가 뒤집어졌던 것이다. 그래서 남편이 먹은 그 산딸기를 복분자라고 했다는 것이다.

낙엽활엽관목으로 높이는 3m 정도이고 줄기는 아래로 뻗는다. 작은 가지는 적갈색이고 백분으로 덮여 있다. 잎 끝은 뾰족하고 큰 잎자루에는 가시가 있다. 잎은 깃꼴 겹잎으로 어긋나고, 작은 잎은 난형 및 타원형이다. 꽃은 5~6월에 가지 끝에 산방화서로 달리는데 연한 붉은빛으로 핀다. 열매는 난형의 취합과로 7~8월에 홍흑색으로 익는다.

▲ 복분자딸기 수피

우리나라와 중국에 분포한다. 일본에서도 재배는 하나 공식적인 약재로는 우리나라와 중국에서만 취급한다. 우리나라에서는 황해도 이남의 해발

50~1,000m 사이의 계곡과 산기슭에 자란다. 건조하거나 습한 조건에 관계없이 햇볕이 잘 드는 곳에서는 잘 자라는데, 주로 산기슭, 폐경지, 화전지 주변 등의 양지에서 잘 자란다.

열매는 항산화 물질인 폴리페놀 함량이 높아 노화 방지, 간기능 향상, 여성 불임증, 신장기능 개선, 피를 맑게 해 주는 효능이 있다. 한방에서는 덜 익은 푸른색의 열매를 말려 사용하는데 유정(遺精), 자양강장. 신체허약, 피로회복, 발기부전에 특효가 있다. 특히 술로 많이 만들어 먹는데, 피로회복이나 식욕증진에도 효과가 있다.

식용 및 약용으로 재배하며 생울타리용으로도 심는다. 특히 고창 복분자주는 지역 특산물로 이름 높다. 이곳의 복분자딸기는 1960년대 선운산 부근에 사는 주민들이 선운산에 자생하던 야생 복분자딸기를 밭에 옮겨 심은 뒤 6~9월경 열매를 따 술을 담가 먹으면서 알려졌고, 1990년대 중반에 전국적으로 유명해졌다.

【NOTE】 **딸기의 종류**

복분자딸기는 산딸기의 한 종류이다. 딸기는 약 20 종류가 있는데, 크게 산야에 나는 것과 남부지방, 특히 섬 등에 나는 것으로 대별된다. 산야에 나는 것으로는 산딸기, 멍덕딸기, 줄딸기(덩굴딸기, 덤불딸기), 멍석딸기(번둥딸기, 멍딸기)와 그 변종인 청멍석딸기, 복분자딸기 등이 있다. 섬 등지에 나는 것으로는 겨울딸기(땅줄딸기, 왕딸기, 늘푸른줄딸기), 수리딸기, 장딸기(땃딸기), 가시딸기(섬가시딸기), 맥도딸기와 그 변종인 거제딸기, 곰딸기(붉은가시딸기, 수리딸기), 섬딸기, 거문딸기(꾸지딸기, 왕갯딸기)가 있다.

길러보기

실생 또는 삽목하거나 포복경(기는줄기)을 이용한 포기나누기로 번식한다.

비슷한 식물들

- **청복분자딸기** : 잎 뒷면에 털이 전혀 없다.

눈 속에 피는 봄의 여신

180 복수초

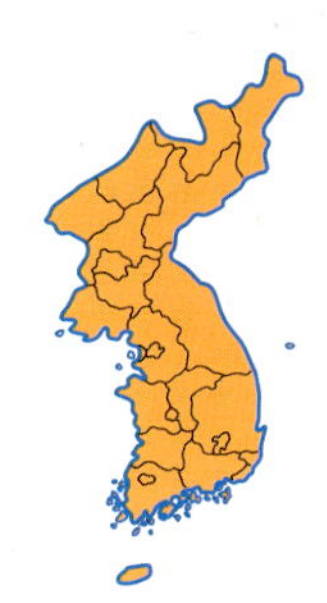

- 학 명 : *Adonis amurensis* Regel & Radde
- 과 명 : 미나리아재비과

▲ 복수초 꽃봉오리

▲ 복수초 꽃

이른 봄 눈 속에서도 피는 꽃 중 하나가 복수초다. 주변에는 아직 눈이 쌓여 있지만 복수초는 키 작은 가지 위에 노란 꽃을 피우곤 한다. 그런데 이것은 눈 속에서 올라와 핀 것이 아니라 먼저 꽃이 핀 상태에서 눈이 내린 것이다.

복수초는 복을 받으며 장수하라는 뜻이 담겨 있는데, 우리나라는 물론 일본과 중국에서도 그렇게 부른다. 특히 일본에서는 새해가 되면 복수초를 선물하는 풍습이 남아 있다. 또 일본에는 복수초에 대한 전설이 전해지고 있다. 오랜 옛날 안개의 성에 아름다운 여신 구노가 살고 있었는데, 아버지는 구노를 토룡의 신에게 시집보내려고 했다. 토룡의 신을 좋아하지 않았던 구노는 결혼식 날 어디론가 자취를 감추고 말았다. 아버지와 토룡의 신은 사방으로 찾아 헤매다가 며칠 만에 구노를 발견했다. 화가 난 아버지는 구노를 한 포기 풀로 만들어 버렸는데, 이듬해 이 풀에서 구노와 같이 아름답고 가녀린 노란 꽃이 피어났고, 이 꽃이 바로 복수초이다. 복수초는 숲 속에서 자라는 여러해살이풀로, 햇볕이 잘 드는 양지와 습기가 약간 있는 곳에서 자란다. 키는 10~15㎝이고, 잎은 3갈래로 갈라지며 끝이 둔하고 털이 없다. 꽃대가 올라와 꽃이 피면 꽃 뒤쪽으로 잎이 전개되기 시작한다.

꽃은 4~5월에 피며, 크기는 4~6㎝로 줄기 끝에 한 송이가 달린다. 꽃잎이 아주 많은 것이 특징이다. 꽃 한 가운데는 노란색 수술이 가득 모여 있고, 그 수술 속에 돌기가 여러 개 난 연둣빛 암술이 들어 있다. 열매는 6~7월경에 별사탕처럼 울퉁불퉁하게 달린다.

복수초는 우리나라에는 최근 3종류가 보고되어 있다. 제주도에서 자라는

▲ 복수초 잎

▲ 복수초 종자 결실

세복수초와 개복수초, 그리고 복수초가 바로 그것이다. 여름이 되면 온도가 올라가 말라죽고 자취를 감추고 마는 것이 이들 복수초들의 특징이다. 미나리아재비과에 속하며, 가지복수초, 가지복소초, 눈색이꽃, 복풀이라고도 하고 또 지방에 따라 얼음새꽃, 원단화라고도 한다. 눈 속에 피는 연꽃 같다고 해서 '설연'이라는 이름도 있다. 관상용으로 쓰이며, 뿌리를 포함한 전초는 약용으로 쓰인다. 우리나라와 일본, 중국에 분포한다. 꽃말은 '영원한 행복'이다.

길러보기

6~7월에 결실되는 종자를 화분에 바로 뿌리거나 가을에 포기를 나눈다. 화분이나 화단에 심는데, 양지바른 곳과 물 빠짐이 좋게 해야 한다. 화분에 심은 꽃은 그 해에는 꽃이 탐스럽게 피지만 다음 해부터는 꽃이 작게 피는 게 특이하다. 생육 때문이므로 퇴비를 추가로 줘야 본래 크기의 꽃을 감상할 수 있다. 그러나 물은 자주 주지 않아도 된다. 또 유기질이 많은 흙을 사용하는 것이 좋다.

비슷한 식물들

- **세복수초** : 꽃송이가 크고 꽃이 필 때 잎이 같이 올라온다. 봄날 한라산에 눈이 내리면 세복수초 꽃은 마치 눈 속에 피어난 것처럼 된다.
- **개복수초** : 가지가 갈라져 꽃이 세 개까지 달린다. 덕적도와 백아도 등지에 분포한다.
- **가지복수초** : 복수초에 비해 가지가 더 잘게 갈라지며 갈라진 잎 조각이 가늘다. 경기도 광릉에 분포한다.

▲ 세복수초

꽃이 개의 불알을 닮은

181 복주머니란

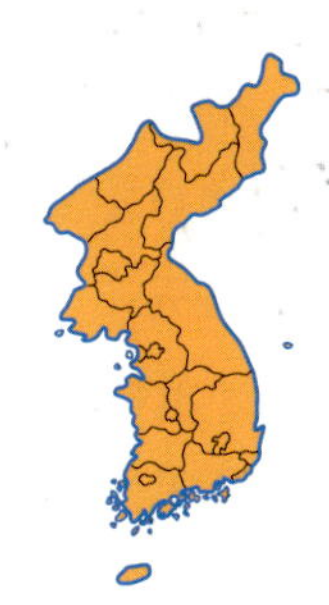

- 학 명 : *Cypripedium macranthum* Sw.
- 과 명 : 난초과

▲ 복주머니란 꽃봉오리

▲ 복주머니란 꽃(정면)

▲ 복주머니란 꽃(측면)

ㅂ

복주머니란은 전에 개불알란이라고 부르던 품종이다. 핏줄 같은 맥이 그물 형태를 이루고 있는 입술꽃잎 모양이 개의 불알처럼 생겼기 때문에 그렇게 불렀다. 영어 명칭도 불알이라는 뜻이며, 속명 '시프리페디움'은 '비너스의 샌들'이라는 뜻이다. 1753년 스웨덴의 식물학자 린네가 설판의 모양을 보고 붙인 이름이다. 산지에서 자라는 여러해살이풀로, 숲 속의 반그늘이나 양지의 낙엽수 아래에서 자란다. 키는 30~50㎝가량이다. 잎은 3~4장이 나며 길이 15~27㎝, 너비 11~17㎝이다. 꽃은 5~6월에 붉은색으로 피는데, 백두산에 서식하는 것은 흰색 꽃도 핀다. 꽃은 항아리와 같은 모양으로 달리고, 위에 1개의 잎이, 옆에는 2개의 잎이 있다. 열매는 7~8월경에 달린다.

자생지 근처에 가면 소변 냄새와 같은 악취가 진동하기 때문에 까마귀오줌통이라고도 하고, 둥글고 가운데에 구멍이 뚫려 있어 요강꽃이라고도 한다. 이 밖에도 복주머니꽃, 개불알꽃, 작란화, 포대작란화, 복주머니 등 다양한 이름으로 불린다.

복주머니란은 몇 가지 종류가 있는데, 전체적으로 털이 많은 털복주머니란이 대표적이다. 이 종은 본래 백두산 등 북한 고산 지대에 자라는데, 남한에서는 설악산과 태백, 정선 등지의 고산 지대에만 분포하며, 그 개체 수도 몇십 개에 지나지 않는 희귀종이다. 그러나 최근 국립수목원과 태백에 있는 절인 정암사와 공동으로 현지 내 자생지를 보호하는 등 노력을 기울인 결과 개체 수가 늘어나고 있다.

▲ 복주머니란 무리

난초과에 속하며, 풀 전체는 약재로도 사용된다. 꽃이 예뻐 사람들이 마구 캐 가는 바람에 요즘은 야생에서 보기가 아주 힘들어졌다. 산림청에서 희귀식물로 지정한 보호대상종이다. 우리나라와 일본, 중국, 헤이룽 강, 사할린 섬, 시베리아 등지에 분포한다.

길러보기

7~8월에 결실되는 종자로 번식하지만 종자발아율이 낮기 때문에 주로 포기나누기를 한다. 최근에는 씨를 조직 배양하여 대량으로 번식시키기도 한다. 물 빠짐이 좋은 화단을 이용하고, 물을 많이 주면 알뿌리가 썩을 수도 있으므로 주의를 요한다. 봄에는 2일에 한 번 정도 물을 준다.

비슷한 식물들

- **광릉요강꽃** : 4~5월에 연한 녹색이 도는 붉은 꽃이 줄기 끝에서 아래를 향해 핀다. 흔히 큰복주머니란이라고 한다. 키는 20~40㎝이다.
- **털복주머니란** : 키는 20~30㎝로, 달걀 모양의 잎이 줄기를 감싸며 전체적으로 털이 많다. 붉은색에 흰 반점이 있는 꽃이 된다.

▲ 광릉요강꽃

▲ 털복주머니란

구슬처럼 아름답게 핀

182 봄구슬붕이

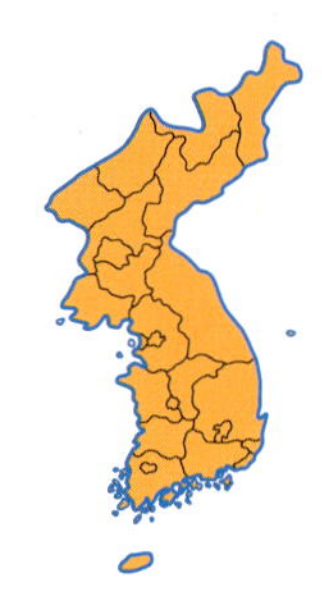

■ 학 명 : *Gentiana thunbergii* (G. Don) Griseb.

■ 과 명 : 용담과

▲ 봄구슬붕이 꽃(정면)

▲ 봄구슬붕이 꽃(측면)

이른 봄 아직 쌓여 있는 낙엽 더미에서 마치 구슬처럼 빛나며 피는 봄구슬붕이는 산과 들에서 자라는 두해살이풀로, 비탈지고 양지바른 곳의 비옥한 토양에서 자란다. 키는 5~15㎝로 아주 작은 편이나 봄에 핀 꽃이 여름까지 가는 경우가 많아 꽃을 오래 관찰할 수 있다. 뿌리에서 생긴 잎은 길이 1~3㎝, 너비 0.7~3㎝가량 되는데, 질긴 편이다. 그러나 줄기에서 생긴 잎은 길이 0.5~1.2㎝, 너비 0.2~0.8㎝로 밑이 합쳐져 짧은 엽초로 된다.

꽃은 4~5월에 가지 끝에 연한 자주색으로 한 송이씩 달리며 길이는 2.5~3.5㎝ 정도이다. 꽃잎은 큰 것이 다섯 개, 그 주위로 작은 것이 다섯 개 있는데, 작은 꽃잎은 부화관이라고 한다. 꽃받침통은 길이 0.8~1㎝로 5개의 능선이 있고 5개로 갈라지며 끝이 뾰족하다. 열매는 6~7월경에 달리며 2개로 갈라진다. 구슬붕이와 다른 점은 부화관에 작은 톱니가 있다는 점이다. 봄구슬붕이는 용담과에 속하며, 긴구실봉이, 봄구실봉이라고도 한다. 관상용으로 쓰이며 약재로도 사용된다. 우리나라와 일본, 중국에 분포하며, 꽃말은 '기쁜 소식'이다.

ㅂ

길러보기

두해살이 식물이기 때문에 종자로만 번식이 된다. 7월에 받은 종자를 바로 뿌려 수분을 유지할 수 있는 환경을 만들어 주고 이듬해 이른 봄에 옮겨 심으

▲ 봄구슬붕이 무리

면 된다. 햇볕이 많이 드는 풀밭에 심는 것이 좋다. 무리를 지을 수 있도록 해줘야 꽃이 피었을 때 볼 수 있다. 그러나 실내에서 키우기는 어려운 품종이다.

비슷한 식물들

- **흰그늘용담** : 봄구슬붕이와 비슷하나 고산 지역에 서식한다는 것과 꽃이 희다는 것이 다른 점이다.
- **큰구슬붕이** : 꽃이 구슬붕이보다 크다. 꽃받침조각이 뒤로 젖혀지지 않고, 한 줄기에 꽃이 여러 송이가 핀다. 뿌리에서 나온 잎은 줄기에서 나온 것보다 짧다.
- **구슬붕이** : 줄기는 밑에서 갈라지며, 뿌리에서 나온 잎이 줄기에서 나온 것보다 길다. 꽃받침조각도 뒤로 젖혀진다.
- **고산구슬붕이** : 제주도 한라산의 해발 1,400m 고지 및 평북, 강원도, 경상남도의 높은 산에서 자라며, 화관 내부에 짧고 짙은 자주색 줄이 나 있다.

▲ 큰구슬붕이

▲ 구슬붕이

▲ 고산구슬붕이

봄을 맞이하는 작은 동전초

183 봄맞이

- 학 명 : *Androsace umbellata* (Lour.) Merr.
- 과 명 : 앵초과

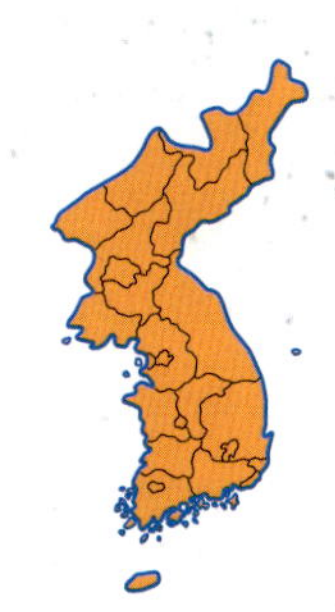

▲ 봄맞이 꽃봉오리

▲ 봄맞이 꽃

ㅂ

붉고 둥근 풀잎들 사이에서 아주 작은 꽃들이 피어나는 모습이 마치 봄을 재촉하기라도 하는 걸까? 봄맞이는 이른 봄에 봄을 알린다고 해서 보춘화라고도 하지만 엄연히 보춘화라는 식물은 별도로 있다. 또 잎이 둥글고 동전만해서 동전초라고도 부르고, 하얀 꽃이 땅에 점점이 뿌려진 듯해서 점지매라는 귀여운 이름도 있다.

▲ 봄맞이 종자 결실

봄맞이는 들에 자라는 두해살이풀로 햇볕이 좋은 건조한 땅에서 자란다. 키는 10㎝ 내외이고, 뿌리잎은 사방으로 퍼져나간다. 잎은 길이 0.4~1.5㎝ 정도의 아주 작은 봄꽃으로 심장형이고 연한 녹색이며 가장자리에는 둔한 이 모양의 톱니가 있다.

꽃은 4~5월에 흰색으로 피는데, 가운데는 노란색이 들어 있다. 꽃이 5갈래로 갈라지는 것이 특징이다. 꽃줄기 끝에 약 4~10 송이가량의 꽃이 달리며, 열매는 7~8월경에 둥글게 맺는다.

봄맞이속의 식물에는 별봄맞이, 금강봄맞이, 애기봄맞이, 백두산봄맞이, 명천봄맞이 등이 있는데, 키가 작다는 것이 특징이다. 이중 금강봄맞이는 금강산에서 처음 발견된 종으로 5~6월에 하얀 꽃이 피는데, 봄맞이 중에서도

가장 크고 예쁘다.

봄맞이는 앵초과에 속하며, 주로 관상용으로 쓰이고, 봄에 어린순은 나물로 먹는다. 4월에 채취한 풀 전체와 열매는 약재로 이용된다. 우리나라와 일본 등지에 분포한다.

길러보기

7~8월경에 익은 종자를 보관했다가 이른 봄 화분에 뿌린다. 화분에 심어 관리하면 봄이 지나고 가을에 따뜻해지면 다시 꽃을 피운다. 이 식물은 양지와 반그늘에서 재배하면 좋다. 특히 실내에서 키울 경우는 키가 너무 커지기 때문에 윗부분을 잘라 줘야 한다.

비슷한 식물들

- **고산봄맞이** : 줄기가 갈라진 끝에 잎이 돌려나며, 어릴 때는 풀 전체에 흰 털이 난다. 키는 7㎝ 정도로 백두산에 자란다.
- **금강봄맞이** : 응달의 암벽에서 자라며, 키는 8㎝ 정도이다. 금강산과 설악산에 분포한다.
- **갯봄맞이** : 북부 바닷가 습지에 자라며 전체에 털이 없고, 잎은 다소 분백색이 도는 녹색으로 윤이 난다.
- **별봄맞이** : 제주도에 분포하는 외래종이다.
- **애기봄맞이** : 습지에서 자라며, 키는 15㎝ 정도이다. 전체에 털이 거의 없다.
- **명천봄맞이** : 애기봄맞이와 비슷하나 털이 많다.

▲ 고산봄맞이

▲ 애기봄맞이

▲ 갯봄맞이

부처님의 손을 닮은

184 부처손

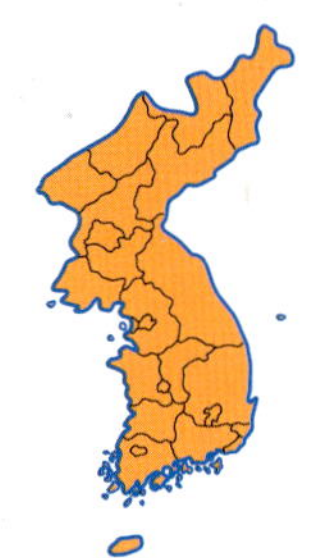

- 학 명 : *Selaginella tamariscina* (P.Beauv.) Spring
- 과 명 : 부처손과

▲ 부처손 잎 올라 오는 모습

▲ 부처손 잎(확대)

부처손은 부처님의 손이라는 뜻이다. 잎이 오므라졌을 때 그 모습이 주먹을 쥔 손 모양과 비슷해서 붙여졌다. 그런데 왜 하필 부처라는 이름을 붙였을까? 이 식물이 약재로 쓰이면 나쁜 것을 없애고 좋은 것을 북돋워 주는 작용을 한다는데, 그래서 붙여진 걸까? 그게 아니라 부처손이란 한자명인 '보처수(補處手)'에서 온 이름이다. 호랑이 발처럼 생겼다고 하여 한자로 '표족'이라고도 한다.

부처손은 상록여러해살이풀로, 겨울철에는 성장 활동을 거의 하지 않아 꼭 얼어 죽은 듯 보인다. 그러나 봄에 기온이 점점 올라가면 새파랗게 바뀐다. 그래서 만년초, 불사초, 장생불사초, 회양초라고도 한다. 또 잎이 붙은 모양이 주먹을 쥔 것 같고 잣나무잎 같다고 하여 권백(卷柏)이라고도 한다.

부처손은 제주도와 울릉도, 남부 · 중부 · 북부 지방의 돌 틈에서 자라며, 키는 약 20㎝ 정도이고, 잎은 길이 1.5~2㎜이다. 잎 끝이 실 같은 돌기로 되어 있고 4줄로 빽빽하며 달걀 모양이다.

가지는 평면으로 갈라져 퍼지고, 표면은 짙은 녹색이며 뒷면은 흰빛이 도는 녹색이다. 습기가 많을 때는 가지가 사방으로 퍼지고 건조할 때는 안으로 말려서 공처럼 되는 것이 특징이다. 포자는 길이 0.5~1.5㎝, 지름 2㎜가량으로 잔가지 끝에 1개씩 달리며 네모진 모양이다.

바위손이라고도 하나 바위손은 따로 있다. 사실 이 두 식물을 구분하는 것이 쉽지 않은데, 식물도감마다 조금씩 다르다. 바위손은 부처손보다 뿌리가 적어 엉키지 않고 원줄기라 해서 뿌리에서 나온 줄기가 곧게 뻗으면서 양 옆 잔가지가 뻗는다. 그러나 부처손은 뿌리가 엉키고, 곧게 뻗는 원줄기가 없이 뿌리에서 바로 잔가지처럼 나와 잎들이 속생하는 것처럼 빽빽하게 난다.

▲ 부처손 수분이 충분한 상태

▲ 부처손 무리

부처손과에 속하며, 바위손이라고도 한다. 관상용으로 쓰이며 잎과 줄기, 뿌리는 약용으로 쓰인다. 우리나라와 중국, 일본, 타이완, 필리핀, 북인도 등지에 분포하며, 꽃말은 '비련', '슬픈 사랑'이다.

길러보기

가을이나 이듬해 봄에 포기나누기를 한다. 화분이나 화단에 심는다. 물이 마르면 잎이 오므라들고 물이 풍부하면 잎을 펼치기 때문에 물 주기가 편리한 편이다. 화분에 돌을 올려놓고 그 위에 흙과 같이 심어도 좋다.

비슷한 식물들

- **비늘이끼** : 줄기가 길게 뻗으면서 잎이 드문드문 달리고, 포자이삭이 달리는 가지는 갈라지지 않는다.
- **바위손** : 부처손과는 달리 줄기가 곧게 뻗고 뿌리가 적어 엉키지 않는다. 땅속줄기의 길이는 15~40㎝이다.
- **개부처손** : 키 10~25㎝로 산지의 바위 위에서 자란다. 부처손보다 줄기가 짧고 통통하다.

꽃이 분꽃을 닮은

185 분꽃나무

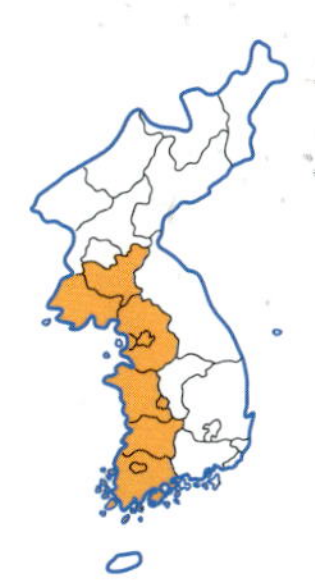

- 학 명 : *Viburnum carlesii* Hemsl.
- 과 명 : 인동과

ㅂ

▲ 분꽃나무 잎

▲ 분꽃나무 잎차례와 수피

꽃부리 바깥은 붉고 안쪽은 흰 것이 분꽃을 닮았다고 하여 분꽃나무라고 하며, 한자로 분화목(粉花木)이라고 한다. 하지만 잎과 꽃이 분꽃가루를 바른 것처럼 부드럽고, 꽃향기가 여인들의 분 향기와 비슷하다고 해서 붙여진 이름인 듯하기도 하다. 분꽃나무의 향을 맡으면 여인의 향기가 느껴진다고 하여 여자화(女子花)라고도 한다.

낙엽활엽관목으로 높이는 2m 정도이다. 새로 난 가지는 붉은 녹색이었다가 점차 붉은 갈색으로 바뀌며 나중에는 회갈색으로 된다. 작은 가지와 겨울눈에는 털이 빽빽이 난다. 잎은 마주나고 달걀 모양 또는 원형이며 길이 3~10㎝이고 양면에 별 모양으로 갈라진 털이 나며 뒷면에는 털이 빽빽하다. 잎의 가장자리에는 불규칙한 톱니가 있다.

꽃은 4~5월에 잎과 동시에 피며 연분홍색으로 취산화서를 이룬다. 꽃은 지름 1~1.4㎝로 향기가 강한 편이고, 꽃받침은 5개로 갈라진다. 열매는 10~11월에 검은색으로 익으며 식용하고 지름 1㎝가량이며 타원형이다.

우리나라, 일본 등지에 분포한다. 산기슭 양지에서 자란다. 관상용으로 심

▲ 분꽃나무 어린 열매

▲ 분꽃나무 열매

▲ 분꽃나무 수피

으며 내한성과 내염성이 강해 도시나 해안가에서도 잘 자라며, 특히 도시에서는 공원수로 잘 어울리는 품종이다.

【NOTE】 분꽃

한해살이풀로, 여름철에 흔하게 볼 수 있다. 꽃 색깔이 노란색, 분홍색, 흰색 등 다양한데, 까만 씨앗 속에 든 흰 가루는 옛날에 화장용으로 얼굴에 발랐다고 하여 분꽃이라는 이름이 붙었다.

길러보기

종자 및 삽목, 포기나누기로 번식한다. 가을에 채취한 종자를 2년간 노천 매장하였다가 이른 봄에 뿌린다. 좋은 품종을 증식하려면 봄에 삽목하는 것이 낫다.

비슷한 식물들

- **산분꽃나무** : 높이 5m까지 자라며, 꽃부리는 길고 가늘다. 열매에 광채가 난다.

입술 모양의 꽃을 피우는

186 붉은벌깨덩굴

- 학 명 : *Meehania urticifolia* f. *rubra* T. B. Lee
- 과 명 : 꿀풀과

벌깨덩굴의 한 종류로, 잎이 깨의 잎을 닮았다. 벌깨덩굴의 꽃은 자주색인데, 붉은벌깨덩굴의 꽃은 같은 자주색이라도 붉은빛이 많이 돌아 분홍색에 가까운 것이 다르다. 처음에는 곧게 자라다가 꽃이 피고 지면 덩굴성 식물로 변신하는 것은 같다. 식물마다 저마다의 사는 모습이 다른데, 참 신기한 생명의 세계다. 붉은벌깨덩굴은 산지에서 자라는 여러해살이풀로, 숲 속의 약간 습기가 있는 그늘진 곳에서 자란다. 키는 15~30㎝가량이며, 줄기는 사각형이다.

잎은 길이 2~5㎝, 너비 2~3.5㎝이고 신장형으로 약간 세모지며 가장자리에 둔한 톱니가 있다. 꽃은 5월에 붉은색으로 4~8송이 정도가 윗부분과 줄기의 위쪽 잎 사이에서 커다란 입술 모양을 한 채 한쪽을 향해 핀다. 열매는 7~8월경에 달걀 모양으로 달린다.

꿀풀과에 속하며, 관상용으로 쓰이고, 어린잎은 식용한다. 또 꿀이 많아 양봉 농가에서 밀원식물로 이용하는 품종이다. 오대산과 설악산에 분포한다.

길러보기

이른 봄에 포기나누기를 하고 7~8월에 익는 종자를 바로 화분에 뿌리거나 이듬해 봄에 뿌린다. 화분에 심을 때는 좌우에 철사 같은 것을 놓아두면 꽃이 진 후 감고 올라가는 것을 볼 수 있다. 꽃이 피기 전에는 실내에서 키우는 것이 가능하지만, 꽃이 지고 나면 외부에 내놓아야 덩굴처럼 잎이 나오며 종자를 얻을 수 있다. 잎이 많기 때문에 여름까지 물을 많이 줘야 한다.

비슷한 식물들

- **흰벌깨덩굴** : 전체적으로 거의 흰색이 주류를 이룬다.
- **벌깨냉이** : 겨자과로, 다른 과에 속하는 식물이지만 잎이 벌깨덩굴을 닮아서 붙여진 명칭이다. 꽃은 논냉이류와 비슷하다.
- **벌깨풀** : 잎이 벌깨덩굴과 비슷하다. 밑동에서 여러 대가 함께 나와서 자라는 식물로, 압록강 상류에 분포한다.
- **벌깨덩굴** : 산지의 그늘진 곳에서 자라며, 키는 15~30㎝가량이다.

▲ 흰벌깨덩굴

▲ 벌깨덩굴

수꽃과 양성화가 함께 피는

187 붉은참반디

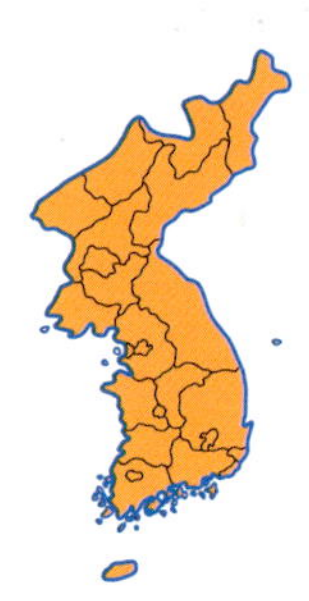

■ 학 명 : *Sanicula rubriflora* F. Schmidt ex Maxim.

■ 과 명 : 산형과

▲ 붉은참반디 꽃봉오리

▲ 붉은참반디 꽃

꽃 중에는 암꽃이 있고 수꽃이 있다. 만일 어떤 꽃이 수꽃만 있으면 벌이나 나비가 수꽃과 암꽃을 왔다 갔다 해야 수정이 되어 씨앗이 만들어진다. 그런데 희한하게 한 뿌리에서 난 꽃에 수꽃만 따로 있는 것이 있고 양성화, 즉 암꽃과 수꽃이 함께 있는 경우도 있다. 가장자리에 수꽃이 달리고 가운데 양성화가 달리는 게 보통인데, 이와 비슷한 경우는 촛대승마와 침엽수, 좁은단풍 등에서 볼 수 있다. 참반디 종류들도 그런 특성을 지닌다. 참반디 꽃들 중에서 붉은참반디는 꽃과 잎이 비교적 크고, 꽃의 색도 붉은빛이 도는 갈색을 띤다.

산지 깊은 숲에서 자라는 여러해살이풀로, 주변에 습기가 많거나 물이 많이 고이지 않는 곳의 부엽질이 풍부한 곳에서 잘 자란다. 키는 20~50㎝ 정도이다.

잎은 뿌리에서 나온 것은 둥근 하트 형으로 양쪽이 잘게 갈라지고 다시 2개로 갈라지며 지름은 6~20㎝이다. 줄기에서 나온 잎은 2개가 어긋나고 다시 3갈래로 갈라진다. 이 잎은 투구꽃과도 비슷하다.

꽃은 5~6월에 줄기 끝에 흑자색으로 촘촘히 달리는데, 새싹이 나오면서 꽃봉오리도 같이 나오는 것이 특징이다.

수꽃은 15개 정도이며 길이 약 0.2㎝로 꽃받침보다 1~2배 길다. 수술과 암술이 같이 있는 꽃은 4~7개이고, 수정한 뒤 씨가 되는 부분에는 갈고리 털이 있다. 열매는 6~7월경에 달리는데, 길이 약 0.2㎝ 정도의 가시가 비스듬히 달린다.

산형과에 속하며, 붉은참바디, 붉은참반듸라고도 한다. 관상용으로 화단에

▲ 붉은참반디 잎 올라오는 모습

▲ 붉은참반디 잎

심기도 하고 어린순은 식용으로 사용된다. 또 약재로도 쓰인다. 그러나 참반디에 비해 미나리 냄새가 많이 난다. 우리나라와 중국 북동부, 우수리 강, 헤이룽 강 등지에 분포한다.

길러보기

7월경에 받은 종자를 냉장 보관한 후 9월에 뿌린다. 종자를 오래 보관해 뿌려 본 결과 거의 발아하지 않았기 때문이다. 물기가 많은 곳에 심는 것이 좋다. 그러나 키우기가 쉽지 않은 품종이다.

비슷한 식물들

- **참반디** : 깊은 숲 속에서 자라며, 키는 15~100㎝로 곧추선다.
- **애기참반디** : 잎은 손바닥 모양이고, 5월에 줄기 끝에서 흰 꽃이 핀다. 참반디와 닮았지만 키가 8~20㎝로 작고 잎도 작다.
- **부전반디** : 꽃은 8월에 홍백색으로 핀다. 북한의 부전고원에서 백두산 지역까지 분포한다.

▲ 부전반디

붓처럼 꽃봉오리가 맺히는

188 붓꽃

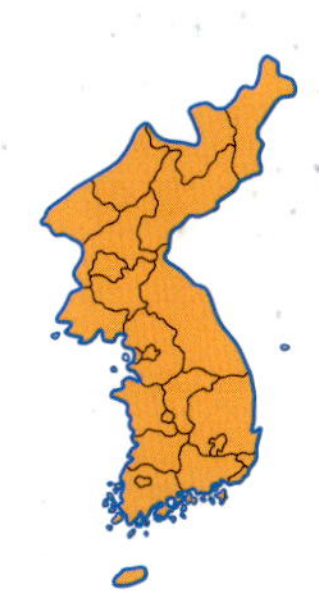

- 학 명 : *Iris sanguinea* Donn ex Horn
- 과 명 : 붓꽃과

▲ 붓꽃 꽃봉오리(붓을 닮은 모습)

▲ 붓꽃 꽃(정면)

ㅂ

우리나라에는 어딜 가나 지천으로 피는 꽃이 참 많다. 개나리와 진달래는 물론, 민들레, 엉겅퀴, 구절초 등은 어느 곳에서든지 쉽게 볼 수 있는 꽃이다. 우리가 많이 보아 온 꽃, 대개는 이름을 알고 있는 꽃을 만나면 마치 오래된 친구라도 만난 기분이 들곤 한다.

▲ 붓꽃 종자 결실

붓꽃도 그런 꽃이다. 언제나 정겹게 우리 주변에 피어 있다. 학교 화단에도 있고, 공원이나 웬만한 놀이동산에 가도 한 곁에 보랏빛 꽃을 피운 붓꽃을 만날 수가 있다. 붓꽃은 조경식물로 어울리기 때문이다.

붓꽃은 산과 들에 자라는 여러해살이풀로, 양지바른 곳의 습기가 많은 곳이나 메마른 땅에서 자란다. 키는 30~60㎝ 정도이다. 잎은 길이 30~50㎝,너비 0.5~1㎝로 줄기에 2줄로 붙어 올라간다. 꽃은 5~6월 자주색으로 피는데, 꽃줄기 끝에 2~3개 정도 달린다. 봉오리일 때는 붓을 닮았지만 점차 꽃봉오리가 열리면 붓하고는 전혀 상관없이 화려해진다. 특히 밖으로 나가 있는 꽃잎은 안쪽에 노란색과 검은 자주색의 선이 있어서 매우 아름답다.

▲ 붓꽃 무리

이곳이 바로 곤충을 유인하는 장치이다. 이 부분이 꼭 암벌처럼 생겨서 벌들이 날아드는 것이다. 하지만 이 꽃에는 꿀이 없다는 사실! 단지 곤충을 유인하기 위한 붓꽃의 속임수로 볼 수 있다. 열매는 8~9월경에 결실되며 갈색으로 길이 3~4㎝이고 끝이 갈라지며 검고 광채가 나는 종자가 많이 들어 있다.

붓꽃의 속명은 '아이리스'인데, 그리스 신화에서 아이리스는 헤라의 시녀였다. 제우스가 자꾸 자신을 유혹하자 헤라에게 그 사실을 고했고, 헤라는 유혹을 뿌리치고 순결을 지킨 아이리스에게 무지개 목걸이를 만들어 주고 향기로운 입김을 세 번 불어 주었다. 그때 물방울 하나가 떨어져서 꽃이 피어나 붓꽃이 되었다고 한다.

붓꽃과에 속하며, 흔히 계손, 수창포, 창포붓꽃이라고도 한다. 관상용으로 쓰이며, 뿌리는 약용으로 쓰인다. 우리나라와 일본, 중국 북동부, 시베리아 동부 등지에 분포한다. 꽃말은 '이별', '사랑의 사자', '기쁜 소식', '신비로운 사람', '기별', '존경' 등 여러 가지가 있다.

길러보기

9월경에 받은 종자는 냉장 보관을 하는 것이 좋지만 상온에서 보관해도 괜찮다. 종자를 파종하기 전에 반드시 물에 2~3일간 담가야 한다. 이는 종자 껍질이 두꺼워 수분 흡수가 잘되지 않기 때문에 수분을 충분히 흡수시키기 위해서이다. 뿌리나누기는 봄이나 가을에 한다. 화단에 심되 햇볕이 잘 드는 곳에 두어야 한다. 물 관리는 자주 하지 않아도 된다.

비슷한 식물들

난초와 붓꽃은 잎이 가늘고 긴 것이 비슷하고, 또 꽃 모양도 흡사하다. 꽃은 꽃잎과 꽃받침의 구별 없이 6장이다. 붓꽃의 꽃잎과 꽃받침은 방사대칭으로 늘어서 있으나, 난초는 좌우대칭이다. 붓꽃의 암술머리는 3갈래이며 수술이 3개로 뚜렷이 나타나는데, 난초는 보통 1개의 암술과 1개의 수술이 서로 붙어 한 몸으로 되어 있다. 또 난초는 미세한 종자가 잔뜩 들어 있지만, 붓꽃은 종자가 크다는 것도 차이점이다. 참고로, 화투에 있는 5월 초단은 사실 붓꽃이다.

줄기가 뽀얀

189 비목나무

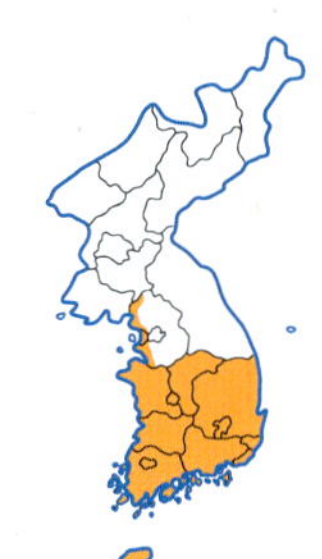

- 학 명 : *Lindera erythrocarpa* Makino
- 과 명 : 녹나무과

▲ 비목나무 암꽃

▲ 비목나무 수꽃

비목나무는 줄기가 뽀얗다고 하여 뽀얀나무 또는 백목(白木)이라고 부르다가 비목나무로 바뀌었다고 한다. 보얀목, 윤여리나무 등으로도 불리고 홍과산호초(紅果山胡椒), 홍과조장(紅果約樟)이라고도 한다.

낙엽활엽교목으로 높이는 15m 정도이다. 수피는 황백색이고 노목의 수피는 작은 조각으로 떨어진다. 작은 가지는 담황갈색으로 피목이 뚜렷하다. 잎은 어긋나고 거꾸로 된 피침형 및 거꾸로 세운 달걀 모양 피침형이다. 잎의 밑부분이 쐐기 모양으로 점점 좁아져 뾰족하게 된다. 암수딴그루로 꽃은 잎겨드랑이에 산형화서로 달리는데, 타원형의 연한 노란색으로 4~5월에 핀다. 열매는 붉은색의 구형으로 9~10월에 익는다.

우리나라와 중국, 일본, 타이완 등지에 분포한다. 우리나라는 황해도 이남의 해발 150~1,200m의 양지바른 산기슭에 자생한다. 추위에 약하고 건조한 땅에서는 잘 자라지 못하며 공해에 약하다.

이 나무의 가지를 꺾으면 방향성의 한약 같은 냄새가 나 약재로 사용되는 것을 짐작할 수 있는데, 한방에서 가지와 잎은 해열, 거풍, 지혈, 염증, 타박상, 중풍, 관절통에 사용한다. 민간요법으로 중풍, 관절, 근육통, 소화불량, 산후조리 등에 열매를 달여 마시면 좋다고 하며, 봄에 나오는 어린잎을 데쳐 물에 담갔다가 떫은맛을 우려낸 뒤 나물로 해 먹기도 한다. 또 최근 연구한 바에 의하면, 한라산 비목나무 껍질에서 분리한 성분이 항암 효과가 있는 것으로 밝혀져 관심을 끌고 있으며, 약품으로서는 물론 미백 효과가 뛰어나 화장품 소재로도 좋은 것으로 밝혀졌다.

▲ 비목나무 새순

▲ 비목나무 잎

▲ 비목나무 열매

▲ 비목나무 수피

목재는 재질이 단단하고 치밀하며 갈라지지 않아 기구재, 나무못, 가구재 등의 용도로 사용한다. 꽃과 열매가 아름다워 관상수나 정원수로 심는다.

길러보기

실생으로 번식한다.

비슷한 식물들

- **생달나무** : 상록활엽교목으로, 잎 뒷맥 근처에 샘이 없으며, 꽃차례에 털이 있다.

▲ 생달나무

뻐꾸기 울면 꽃 피는

190 뻐꾹채

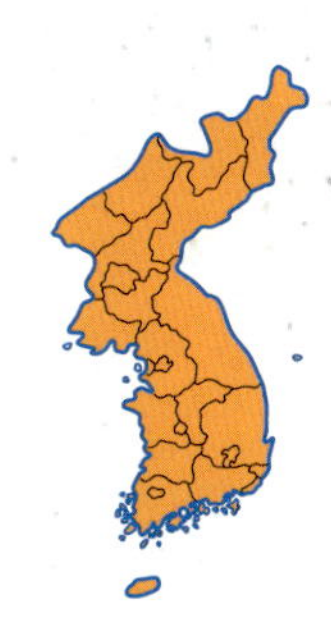

- 학 명 : *Rhaponticum uniflorum* (L.) DC.
- 과 명 : 국화과

▲ 뻐꾹채 꽃봉오리

▲ 뻐꾹채 꽃

▲ 뻐꾹채 잎

▲ 뻐꾹채 종자 결실

봄이면 산과 들에는 생명력이 충만해져서 꽃이 앞다투어 피어나고 새들은 아름다운 봄을 노래한다. 뻐꾹채는 뻐꾸기가 노래하는 5월에 피는 꽃이라고 해서 붙은 이름이다. 산에 사는 사람들은 뻐꾸기가 피우는 꽃이라고 믿고 있다. 실제로 뻐꾸기는 5월에서 8월까지 울기 때문이다. 그런데 꽃봉오리에 붙은 비늘잎이 뻐꾸기 가슴 털 색깔처럼 보인다고 해서 뻐꾹채라고 했다고도 하며, 한방에서는 뻐꾹채 뿌리 말린 것을 '비가 새는 뗏잡이'라며 '누로'라 했는데, 깊이 갈라진 잎을 표현한 모양이다.

뻐꾹채는 한때 카네이션을 대신하기도 했다. 어버이날과 스승의 날에 카네이션 대신에 뻐꾹채를 가슴에 달자고 했던 것이다. 그러나 아쉽게도 그 운동이 수그러들고 말았다.

뻐꾹채는 산과 들에서 자라는 여러해살이풀로, 햇볕이 잘 들고 물 빠짐이 좋은 비탈이나 산소 주변과 같이 마른 땅에서 잘 자란다. 키는 30~70㎝ 정도이다. 잎은 흰색 털이 빽빽이 나며 가장자리에 불규칙한 톱니가 있다. 뿌리에서 생긴 잎은 꽃이 필 때까지 남아 있으며 길이 15~20㎝가량이고, 줄기에서 생긴 잎은 마주나고 위로 올라갈수록 점차 작아진다. 줄기는 흰색 털로 덮여 있으며 가지가 없고 곧게 자란다.

꽃은 5~7월에 원줄기 끝에 한 송이씩 홍자색으로 달린다. 원통 모양의 꽃부리는 길이가 약 3㎝이며 통 모양으로 이루어진 부분이 다른 부분보다 짧다. 열매는 9~10월경에 달리는데, 길이 2㎝가량의 관모(씨방 끝에 붙은 솜털)가 여러 줄이 있으며 긴 타원형이다.

국화과에 속하며, 대화계, 뻐꾹나물, 뻑국채라고도 한다. 봄철에 어린잎을 나물로 먹고, 꽃줄기와 잎자루는 껍질을 벗겨 삶아먹기도 한다. 원산지는 한국으로 중국, 몽골, 동부 시베리아 등지에 분포하며, 꽃말은 '봄 나그네'이다.

길러보기

종자 번식이 가장 좋다. 뿌리는 너무 깊게 들어가 있기 때문에 캐서 나누기가 힘들다. 종자는 꽃이 지고 난 후 바로 받아 꽃대를 물속에 담그면 계속 수분이 공급되므로 종자를 얻을 수 있다. 종자가 완전히 익은 10월경에는 윗부분에 붙은 관모를 제거하고 손으로 약하게 비빈 후 바로 뿌리는 게 좋다. 바로 뿌리지 않고 상온이나 냉장고에 보관하면 발아율이 낮아진다. 햇볕이 잘 드는 양지나 물 빠짐이 좋은 비탈진 곳에 심으면 좋다. 재배하고자 할 때는 유기질 퇴비를 많이 넣고 두둑을 높게 하여 심어야 한다. 물 관리는 2~3일 간격으로 한다.

비슷한 식물들

- **엉겅퀴** : 꽃 모양은 비슷하지만 가시나 끈끈한 것이 있다. 산이나 들에 자라며, 키는 50~100㎝이다.
- **지칭개** : 꽃대가 여러 갈래로 갈라져 작은 꽃이 모여 피지만, 뻐꾹채는 꽃대 하나에 한 개만 핀다. 따라서 꽃 크기가 뻐꾹채보다 작다.

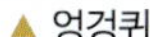

▲ 엉겅퀴

▲ 지칭개

ㅂ

기는줄기를 벋으며 자라는 씀바귀

뻗음씀바귀

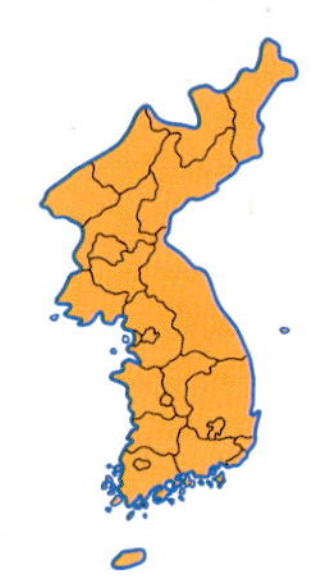

- 학 명 : *Ixeris debilis* (Thunb.) A. Gray
- 과 명 : 국화과

쓴바귀는 씁쓰레한 맛이 나는 봄나물이다. 무쳐 먹기도 하고 겉절이나 물김치로 담가 먹기도 한다. 예전에는 이른 봄 씀바귀나물을 먹으면 그해 여름에 더위를 타지 않는다 하였다. 씀바귀에는 여러 종류가 있는데, 뻗음씀바귀는 줄기가 땅 위를 벋어 가며 자라는 씀바귀이다.

키는 10㎝ 정도이며, 기는줄기가 사방으로 퍼지며 마디에서 뿌리가 내린다. 줄기에서 1~2개의 가지가 나오기도 한다. 잎과 줄기를 자르면 흰 즙이 나온다. 뿌리잎은 길이 10~20㎝, 너비 1.5~3㎝의 피침 모양 또는 주걱 모양으로 중간 아래쪽은 깃털 모양으로 찢어지거나 물결무늬로 패어 있다. 위쪽은 가장자리가 밋밋하고 긴 잎자루가 있다.

꽃은 4~7월에 꽃줄기 끝에 노랗게 1~6개가 달리는데, 지름 2.5~3㎝의 두상화를 이룬다. 꽃줄기는 키가 10~30㎝로 길쭉한데, 잎이 없거나 1장이 달린다. 꽃받침은 길이 1.2㎝가량의 통 모양이다. 열매는 익어도 껍질이 갈라지지 않으며 길이 0.7~0.8㎝이고 깊은 홈이 있으며, 관모는 흰색이다.

국화과에 속하는 여러해살이풀로, 우리나라와 일본, 중국, 타이완 등지에 분포한다. 전국의 저지대 양지에서 잘 자란다. 뿌리와 어린순을 식용한다. 꽃을 포함한 잎과 줄기 모두를 전도고라고 하여 약재로 쓴다.

ㅂ

길러보기

종자를 바로 화단에 뿌리거나 이듬해 봄에 뿌린다. 포기나누기는 이른 봄 새순이 올라올 때 한다. 어느 곳에서나 잘 자란다.

비슷한 식물들

- **씀바귀** : 꽃은 5~7월에 황색으로 피며 지름 약 1.5㎝ 정도로 원줄기 끝에 달린다. 키는 25~50㎝이다.
- **흰씀바귀** : 흰색 꽃이 핀다.
- **꽃씀바귀** : 설상화가 8~10개이며, 노란색 꽃이 핀다.
- **갯씀바귀** : 잎은 하트 모양으로 두껍다. 바닷가의 모래땅에서 자란다.
- **냇씀바귀** : 줄기잎은 가는 피침형 또는 줄 모양이다. 냇가에 자란다.

벌씀바귀 : 줄기는 곧게 자라지만 밑에서 가지가 갈라지기도 하고 털이 없다.

불꽃씀바귀 : 인도 원산이며, 관상용으로 재배된다. 꽃이 붉은색 또는 노란빛을 띤 붉은색으로 불꽃같이 보인다.

선씀바귀 : 꽃은 5~6월에 연한 자주색으로 핀다.

산씀바귀 : 줄기에 달린 잎은 어긋나고 달걀 모양 삼각형이다.

좀씀바귀 : 키가 10㎝가량으로 작으며, 노란 꽃이 1~3송이가 달린다.

▲ 씀바귀

▲ 선씀바귀

▲ 좀씀바귀

보리밭에 잘 자라는 키다리 꽃

192 뽀리뱅이

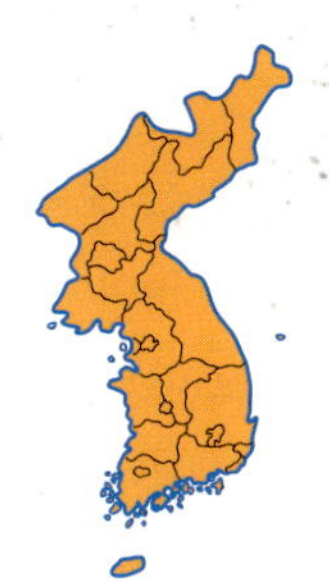

- 학 명 : *Youngia japonica* (L.) DC.
- 과 명 : 국화과

▲ 뽀리뱅이 꽃

▲ 뽀리뱅이 시든 모습

꽃이 화려하고 큰 식물이 있는 반면, 소박하면서도 작은 식물도 많다. 큰 것은 큰 것 나름대로의 아름다움과 멋이 있듯, 작은 것도 나름대로의 아름다움과 멋이 있다.

뽀리뱅이도 작은 꽃이지만 자신만의 독특한 멋을 지닌 풀이다. 곧게 자란 줄기 끝에 노란 꽃이 몇 개 달린 모습은 꺾어서 장식하고 싶은 마음이 생긴다. 뽀리뱅이라는 이름은 보리밭에서 잘 자란다고 해서 붙여진 듯하다. 또 뽀리의 뽀는 길다는 뜻, 뱅이는 줄기 끝에 꽃이 달리는 풀을 의미한다.

키는 약 1m까지 자라며 줄기에 가지가 나지 않고, 속은 비어 있다. 전체에 부드러운 흰색 털이 난다. 잎은 뿌리에서 난 것은 로제트 모양으로 약간 붉은색을 띠고, 줄기에서 나는 잎은 서너 개다.

꽃은 4~10월에 노란색으로 피는데, 처음에는 꽃대가 한 포기에 하나씩 돋지만 조금 지나면 여러 개가 솟아나 우산처럼 핀다. 특히 봄부터 가을까지 피어 눈길을 끈다. 열매는 옅은 황색이다. 씨에는 털이 붙어 있어 바람에 날린다.

국화과에 속하는 두해살이풀이나 한해살이로 마감하는 경우도 흔하다. 아열대와 냉온대, 중국과 일본, 동남아, 인도, 오스트레일리아 등지에 분포하며, 주로 길가와 밭 언저리, 잔디밭, 정원 등지에 자란다. 박조가리나물이라

▲ 뽀리뱅이 잎

▲ 뽀리뱅이 줄기

고도 불리며, 어린잎은 데쳐서 나물로 먹는다. 또 가을철에 뿌리를 채취하여 햇볕에 말린 것을 약재로도 이용한다.

길러보기

잡초로, 특별히 키우지는 않는다.

비슷한 식물들

- **그늘보리뺑이** : 응달에 자라며, 키는 20~50㎝, 잎은 무 잎처럼 깊게 갈라진다.
- **개보리뺑이** : 키가 4~20㎝로 작으며, 잎은 길이 4~10㎝, 너비 1~2㎝로 위쪽으로 갈수록 점차 작아진다.
- **조뱅이** : 밭 가장자리에 잘 자란다. 꽃은 5~8월에 자주색으로 핀다.

정확한 이름이 없는 소중한 우리 꽃

193 뿔족도리풀

■ 학 명 : *Asarum sieboldii* var. *cornutum*

■ 과 명 : 쥐방울덩굴과

▲ 뿔족도리풀 꽃

▲ 뿔족도리풀 잎

족도리풀은 작고 동그란 꽃이 마치 족두리를 닮아서 붙여진 이름이다. 이 꽃에는 어머니와 딸의 슬픈 전설이 전해진다. 경기도 포천에 모녀가 살고 있었는데, 딸은 꽃처럼 아름다워 꽃아가씨로 불렸다. 얼굴이 하도 예뻐 궁녀로 뽑혔으나 어떤 일로 중국에 팔려가 이리저리 떠돌아다니다 죽고 말았다. 그 사이 어머니도 죽었는데, 이듬해 그 집 뒷마당에 족두리 같은 꽃을 피우는 식물이 자라 사람들은 이를 족도리풀이라 불렀다고 한다. 이런 전설 때문인지 꽃말은 '모녀의 정'이다.

족도리풀은 몇 가지 종류가 있는데, 자주족도리풀은 잎이 자주색을 띠어 붙여진 이름이다. 꽃은 다른 종들도 자줏빛을 띤다. 족도리풀에 비해 꽃이 크고 짙은 흑자색인 점이 다르다. 한때 족도리풀의 변형으로 취급하기도 했으나, 매우 특징적인 종이므로 별개의 종으로 취급한다.

뿔족도리풀은 강원도 산지의 숲 속에서 자라는 여러해살이풀로, 키는 10~20㎝ 정도이다. 잎은 심장 모양이며 표면에는 털이 거의 없다. 꽃은 봄에 흑자색으로 피고, 족도리풀에 비해 큰 편이고 황록색 계열의 색깔이 나타나기도 한다. 꽃잎은 없고 꽃받침통의 위쪽이 3개로 갈라지고, 갈래 조각의 끝은 앞쪽으로 휘어져 뿔 모양이 되는 것이 이 품종의 특징이다. 흔히 갈래 조각의 안쪽에 짙은 색깔의 무늬가 나타나기도 한다.

뿔이란 이름이 붙여진 이유는 족도리풀에 비해 꽃받침통의 갈래 조각이 뿔처럼 앞으로 휘어진 모양 때문이다. 강원도의 깊은 산에서 발견되는 종인데, 족도리풀과 비슷한 경향이 나타나기도 하므로 같은 것으로 보기도 하나, 족도리풀에 비해 대형이고 특징적인 면모가 강하다.

발견된 지는 오래되었으나 아직도 국가표준식물 목록에는 없는 우리의 소중한 자원이다.

쥐방울덩굴과의 여러해살이풀로, 우리나라와 일본, 중국에 분포한다. 한국 특산종으로, 산지의 숲 속에서 드물게 자란다. 관상용으로 쓰이며, 뿌리는 약용으로 쓰이는데, 약재용 이름은 세신이라고도 한다.

길러보기

늦가을이나 이른 봄에 포기나누기로 하거나 9월경에 받은 종자를 바로 뿌린다. 화분이나 화단에 심는데, 토양이 비옥한 반그늘에 심고, 물 관리는 2~3일 간격으로 한다.

비슷한 식물들

- **개족도리** : 잎 표면은 짙은 녹색이고 흰색 무늬가 불규칙하게 있다.
- **구족도리풀**: 꽃에 통처럼 생긴 부분이 없다. 꽃 색깔은 검은색이다.
- **민족도리풀** : 족도리풀에 비해 잎이 약간 크고, 잎 뒷면에 털이 약간 있다. 털족도리풀, 서울족도리풀, 영종족도리풀이라고도 한다.
- **족도리풀** : 꽃은 5~6월에 자줏빛으로 피는데, 끝이 3갈래로 갈라지고 항아리 모양이다.
- **각시족도리풀** : 꽃받침이 뒤로 젖혀진다.
- **무늬족도리풀** : 잎 앞면에 흰색 무늬가 있다.
- **금오족도리풀** : 잎 양면에 털이 있고 특히 뒷면에 많다.

▲ 개족도리

▲ 족도리풀

▲ 금오족도리풀

산에 피는 작은 개나리

194 산개나리

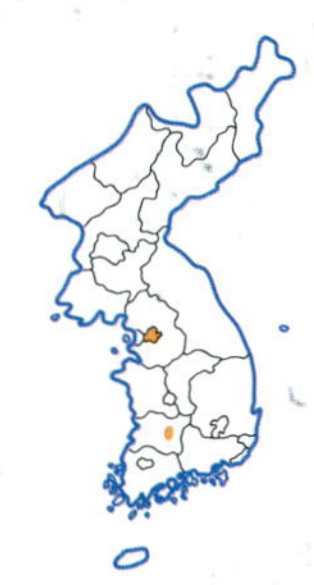

- 학 명 : *Forsythia saxatilis* (Nakai) Nakai
- 과 명 : 물푸레나무과

ㅅ

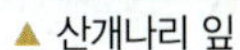
▲ 산개나리 잎

▲ 산개나리 꽃

▲ 산개나리 수피

▲ 산개나리 씨앗

산개나리는 바위 곁에 자라는 개나리라는 뜻의 학명(*saxatilis*는 '바위틈에서 사는'이라는 뜻)에서 유래된 이름이다. 우리나라 특산종으로 현재는 찾아보기 힘들 정도로 극소수만 남아 있다. 북한산에 자생한다고 해서 북한산개나리라고 부르기도 했으나 나중에 산개나리로 바뀌었다.

낙엽활엽관목으로 높이는 1m 정도로 개나리에 비해 작은 편이다. 작은 가지는 자줏빛이 돌며 2년생 가지는 회갈색이다. 개나리에 비해 원줄기가 곧게 자라며 암술머리에 털이 있고 잎자루와 잎 뒷면 맥 위에도 털이 있다. 4월에 잎이 나기 전에 노란 꽃이 피며, 열매는 시과로 9월에 익는다.

경기도 일원의 산기슭 양지바른 곳에 자생하는데, 주로 북한산, 관악산, 수원 화산에 자생한다. 희귀종이라서 국가와 지방자치단체에서 나서서 심고 있는데, 산림청에서는 북한산, 서울시에서는 관악산에 많이 심었다. 얼마 전 북한산국립공원 원각사 근처에서 자생지가 발견되어 화제가 된 바 있다. 현재 전북 임실 덕천리에 군락이 있는데, 이곳은 남방한계선으로 학술적인 가치가 커서 천연기념물 제388호로 지정, 보호하고 있다.

꽃이 아름다운데다 우리나라 특산종 및 희귀종이어서 관상용으로 심는다. 꽃과 열매는 술로 담가 먹는다. 한방에서 뿌리는 연교근(連翹根), 줄기와 잎은 연교지엽(連翹枝葉), 열매 말린 것을 연교(連翹)라고 하여 약재로 사용하는데, 한열, 발열, 화농성 질환, 림프샘염, 종기, 신장염, 습진 등에 효과가 있다고 한다.

길러보기

삽목으로 번식한다.

비슷한 식물들

- **만리화** : 잎이 넓은 달걀 모양으로, 갈라지지 않고 가장자리에 톱니가 있거나 거의 없다. 강원도 금강산, 설악산, 경북 등지의 산골짜기에 드물게 자생한다.
- **장수만리화** : 잎에 윤채가 없고 작은 가지 기부에 융모가 있으며 줄기가 곧게 자란다. 황해도 장수산에 나는 만리화라고 해서 장수만리화라고 한다.

▲ 장수만리화

산에 사는 골무꽃

195 산골무꽃

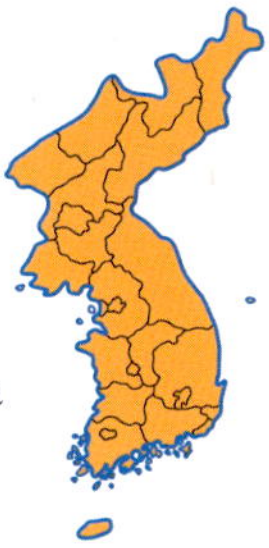

- 학 명 : *Scutellaria pekinensis* var. *transitra* (Makino) Hara
- 과 명 : 꿀풀과

▲ 산골무꽃 꽃

▲ 산골무꽃 잎

골무는 옛날 여자들이 바느질할 때 사용하는 도구이다. 꽃의 모양이 꼭 골무처럼 생긴 것이 골무꽃인데, 골무꽃은 주로 들에서 많이 자라지만 산골무꽃은 산지 숲 속에서 자란다고 해서 앞에 '산'자를 붙였다.

▲ 산골무꽃 종자 결실

산골무꽃은 꿀풀과에 속하는 여러해살이풀로, 토양의 유기질 함량이 높고 햇볕이 잘 드는 양지 혹은 반양지에서 잘 자란다. 키는 15~30㎝가량이다. 잎은 양면에 털이 있고 가장자리에 톱니가 있으며 길이 2~4㎝, 너비 1.5~2.5㎝로 어긋난다.

꽃은 줄기 윗부분에 1개씩 달려 모두 한쪽 방향을 향한다. 화서의 길이는 3~6㎝이고 입술 모양으로 끝이 갈라지는 것이 특징이다. 윗입술 모양은 아랫입술 모양 길이의 1/2 정도이며, 아랫입술은 3갈래로 갈라지고 연한 자주색으로 달린다. 열매는 7~8월경에 열리는데, 종자는 둥근 통 같은 곳 안에 들어 있다.

산골무꽃은 각시골무꽃, 광릉골무꽃, 그늘골무꽃이라고도 한다. 어린순은 식용으로 사용되며, 우리나라와 일본 등지에 분포한다.

길러보기

9월경에 종자를 받아 화분이나 화단에 바로 뿌리거나 남은 종자를 종이에 싸서 냉장 보관하여 이듬해 봄에 뿌린다. 화분에 심을 때는 퇴비를 많이 넣고 배수가 잘되게 심는 것이 좋다. 또 공기가 잘 통하는 곳에 두고, 꽃이 지면 화분을 화단이나 햇볕이 많이 드는 곳에 두는 것이 좋다.

비슷한 식물들

- **가는골무꽃** : 잎이 가늘어서 가는잎골무꽃이라고도 하며, 여름에 푸른색 꽃이 핀다. 백두산 등 깊은 산에서 자란다.

- **구슬골무꽃** : 뿌리줄기는 염주 모양이고, 줄기에 털이 거의 없으며 예리 한 능선이 있다. 여름에 홍자색 꽃이 피며, 백두산에 분포한다. 키는 25㎝가량이다.
- **떡잎골무꽃** : 골무꽃에 비해 털이 아주 많다.
- **비바리골무꽃** : 잎과 줄기가 붉은색과 함께 연한 녹색을 띠고 있어 청순한 제주도 처녀를 연상케 한다.

▲ 떡잎골무꽃

봄을 만끽하는 고양이의 눈을 닮은

196 산괭이눈

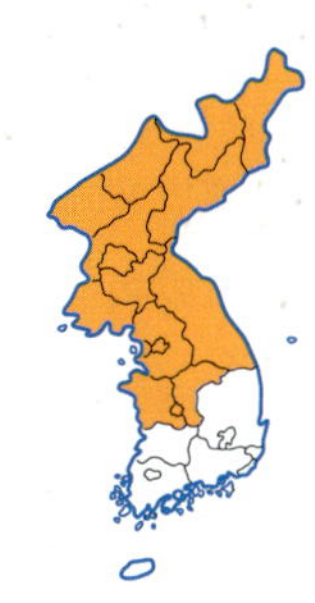

- 학 명 : *Chrysosplenium japonicum* (Maxim.) Makino
- 과 명 : 범의귀과

▲ 산괭이눈 새순

▲ 산괭이눈 꽃

▲ 산괭이눈 잎

ㅅ

괭이눈은 고양이의 눈을 말한다. 열매가 익을 무렵이면 그 모양이 고양이가 햇볕을 받으며 눈을 지그시 감고 있는 모습과 비슷하다. 괭이눈은 잎이 달걀 모양이고, 줄기는 옆으로 뻗으며 마디에서 뿌리가 나오는 것이 특징이다. 줄기 끝에서 여러 개의 작은 가지가 나오는데, 꽃줄기가 곧게 자라 4~5월이 되면 그 끝에 작은 꽃이 노랗게 핀다.

그런데 꽃이 워낙 작아서 눈에 잘 안 띄니까 벌과 나비가 제대로 볼 수 없어서 꽃받침과 그 주변의 잎까지 노란색으로 물들인다. 그 부분도 꽃처럼 보이게 해서 벌이나 나비를 유인하는 것이다.

다른 괭이눈 종류들이 대부분 개울이나 습지에서 자라는 반면, 산괭이눈은 약간 마른 땅에서 자라는 특성을 가지고 있다. 특히 우리나라 중북부 이북의 응달이나 고목 주변에서 잘 자란다.

키는 약 10~15㎝ 정도이며, 잎은 길이 0.5~2㎝, 너비 0.8~2.5㎝이다. 잎 모양은 둥근 하트형이며, 잎 주변의 줄기에는 잔털이 나 있다. 달걀 모양인 괭이눈 잎과 약간 다른 점이다. 꽃은 지름 약 1~2㎝ 내외이고 연한 녹색인데 가운데는 노란색으로 상단부에서만 꽃이 뭉쳐 달린다. 꽃이 필 때 주변의 녹색 잎들은 꽃처럼 노란색으로 변하지만, 종자를 맺으면 다시 녹색으로 돌아온다. 열매는 6~7월경에 달리고 넓은 달걀 모양이다.

범의귀과에 속하며, 주로 관상용으로 쓰이고 어린순은 식용한다. 우리나라 경기 북부 지방과 일본에 분포한다.

▲ 산괭이눈 무리

길러보기

6~7월경에 익는 종자를 종이에 싸서 냉장 보관한 후 가을에 실내에 있는 화분에 뿌리거나, 가을과 이른 봄에 포기를 나누어 화분에 옮겨 심는다. 토양을 비옥하게 하고 햇볕이 많이 드는 화단에 심어야 한다.

비슷한 식물들

괭이눈 종류는 가지괭이눈에서 알아보았다. 우리나라의 괭이눈은 오대산괭이눈, 흰괭이눈, 가지괭이눈, 털괭이눈, 산괭이눈, 선괭이눈 등 10여 종이 있다. 크게 괭이눈처럼 잎이 마주나는 것과 애기괭이눈처럼 잎이 어긋나는 무리로 나누기도 하고, 또 괭이눈처럼 수술의 개수가 4개인 경우와 흰털괭이눈처럼 수술의 개수가 8개인 경우로 나누기도 한다.

▲ 흰괭이눈

▲ 선괭이눈

▲ 금괭이눈

괴불주머니를 닮은

197 산괴불주머니

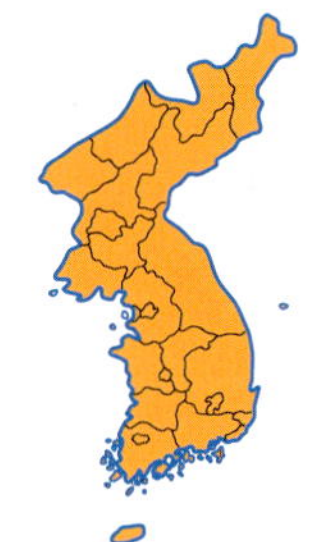

- 학 명 : *Corydalis speciosa* Maxim.
- 과 명 : 양귀비과

▲ 산괴불주머니 꽃

▲ 산괴불주머니 잎

괴불주머니는 옛날에 어린이들이 허리춤에 차고 다니던 조그만 주머니로, 색 헝겊에 솜을 넣고 수를 놓아 예쁘게 만든 것이다. 안에는 엽전을 넣어두었다가 엿장수가 오면 꺼내서 엿을 사먹기도 했다. 이 괴불주머니를 닮은 것이 괴불주머니이며, 산괴불주머니란 산에 사는 괴불주머니를 말한다. 그런데 꽃을 보고 그런 명칭을 붙인 건지 열매를 보고 붙였는지 알 수가 없다. 단지 꽃말이 '보물 주머니'라서 붙은 게 아닐까 생각된다.

산괴불주머니는 산이나 들에서 자라는 두해살이풀로, 습기가 많은 반그늘에서 잘 자란다. 키는 약 40㎝이고, 잎은 작은 잎 여러 장이 잎자루 양쪽으로 줄지어 새의 깃처럼 되어 있고 길이 10~15㎝로 끝이 뾰족하다. 줄기 속은 비어 있다. 꽃은 4~6월에 노란색으로 줄기를 따라 올라가며 달린다. 아직 얼음이 채 풀리기 전에 새싹이 돋아나 이른 봄부터 핀 꽃이 초여름까지 피어 있어 오랫동안 꽃을 볼 수가 있는 품종이다.

열매는 7~8월경에 배 모양으로 달리고, 종자는 검은색으로 작다. 그해에 떨어진 종자는 가을에 발아하며, 겨울이 되면 잎이 고사하고 이듬해에 다시 싹이 나 꽃을 피운다. 전체적인 형태가 현호색과 비슷한데, 현호색보다 꽃이 가늘고 꿀주머니가 위쪽으로 조금 휘어진 점이 다르다.

산괴불주머니는 양귀비과에 속하며 암괴불주머니라고도 한다. 또 산뿔꽃, 마씨자근, 주과황근, 국화황련이라고도 부른다. 꽃이 특이해서 화단이나 도로 가장자리에 관상용으로 많이 심는 품종이다. 또 풀 전체나 뿌리는 약재로도 사용된다. 우리나라와 일본, 중국 동북부, 헤이룽 강, 우수리 강 등지

▲ 산괴불주머니 무리

에 분포한다.

길러보기

7~8월에 결실되는 종자로 번식시킬 수 있다. 여름이나 늦가을 혹은 초겨울에 싹이 올라왔다 한겨울에는 없어지고, 이른 봄 그 자리에서 싹이 올라온다. 식물 근처에 씨를 뿌려 주면 자연적으로 키울 수 있다. 잎이 많아 하루에 한 번 물을 줘야 한다. 다른 식물들과 섞어 심지 않는 것이 좋은데, 이유는 여름과 가을에 싹이 올라와 다른 식물들의 생육에 지장을 주기 때문이다.

비슷한 식물들

- **큰괴불주머니** : 키가 약 1.5m로 아주 크다. 함경남도 부전고원 이북에서 자란다.
- **자주괴불주머니** : 4~6월경에 여러 개의 홍자색 꽃이 줄기 끝에 달린다.
- **눈괴불주머니** : 전체가 흰빛을 띠고, 가지가 많이 갈라져서 덩굴식물처럼 엉키며 자란다. 꽃은 7~9월에 피고 노란색이며 길이 1.5~2㎝이다. 맨 마지막으로 꽃을 피우는 종류이다.
- **염주괴불주머니** : 열매가 염주처럼 잘록잘록하다.
- **가는괴불주머니** : 가지가 많고 전체적으로 흰빛이 돈다. 열매의 크기가 2~2.5㎜로 아주 작다.
- **갯괴불주머니** : 울릉도의 바닷가 모래땅에서 자란다. 다른 괴불주머니와는 달리 열매가 염주처럼 생기지 않는다.

▲ 눈괴불주머니

▲ 염주괴불주머니

▲ 자주괴불주머니

새콤달콤 맛 좋은

198 산딸기

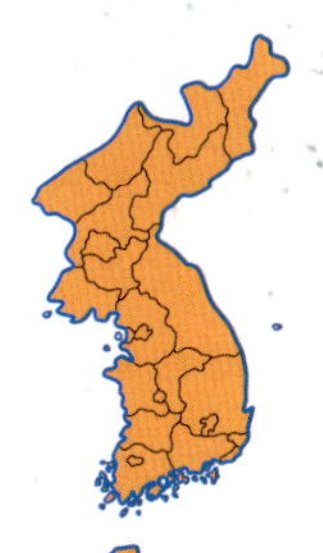

- 학 명 : *Rubus crataegifolius* Bunge
- 과 명 : 장미과

▲ 산딸기 꽃

▲ 산딸기 잎

산딸기는 정감 어린 과일이다. 우리가 흔히 먹는 딸기와는 달리 나무에서 열매가 달리므로 나무딸기라고도 하며 흰딸, 참딸이라는 이름도 있다. 산딸기가 달콤새콤해 맛도 있지만 약용으로도 많이 사용되므로 일석이조의 식물이라고 할 만하다. 산딸기를 으깨어 멥쌀가루에 섞어 떡을 해 먹기도 하고, 화채로 만들어 먹기도 한다.

낙엽활엽관목으로 높이는 2m 정도이다. 줄기는 적갈색이며 뿌리에서 싹이 나와 군집을 형성하는 전형적인 관목의 형태로 자란다. 잎은 달걀 모양 및 타원형으로 3~5개로 갈라져 있으며 표면에는 털이 없으나 뒷면의 맥 위에는 털이 있다. 잎자루에는 갈퀴 같은 가시가 나 있다. 꽃은 5월에 흰색으로 가지 끝에 복산방화서를 이루며 2~3개가 모여 달린다. 열매는 구형으로 한여름인 6~7월에 황록색으로 익는데, 그냥 먹기도 하고 잼이나 파이 등을 만들어 먹기도 한다.

우리나라와 일본, 중국, 우수리 강 등지에 분포한다. 우리나라 전국 산야 또는 화전(火田) 지대나 황폐한 곳에 자생하는데, 그늘에서는 잘 자라지 못한다. 개방된 곳에서 대군집을 형성하며 자라며 주로 쑥, 닭의장풀, 싸리 등과 함께 나타나는 특징이 있다. 햇빛을 좋아하여 주로 숲 가장자리 쪽에 자라고 있어 산길을 지나다보면 자주 볼 수 있다.

열매는 따서 바로 먹거나 설탕에 버무려 먹거나 술을 담가 마신다. 유기산, 비타민 C가 풍부해 맛이 달고 새콤하다. 냉장실에 하루 정도 넣어두었다가 설탕에 버무려 먹으면 더욱 맛있다. 열매는 그늘에, 뿌리와 줄기는 햇빛에 말

▲ 산딸기 열매 맺기 전

▲ 산딸기 열매

려 사용한다. 특히 한방에서는 덜 익은 열매 말린 것을 현구자(懸鉤子)라고 하는데, 눈이 밝아지고 가래를 삭이며 술독을 풀어 주는 효능이 있다. 갱년기 장애, 술을 깰 때, 가래가 나올 때에도 약으로 쓰며, 검은색으로 익는 복분자처럼 자양강장제로 사용하기도 한다.

길러보기

실생, 삽목, 포기나누기로 번식한다.

비슷한 식물들

- **섬딸기** : 줄기에 보통 가시가 없고, 꽃은 아래로 향해 피고, 열매는 등황색으로 익는다. 경남 · 전남 바닷가에서 자란다.
- **거문딸기** : 줄기는 굵고 가시가 없으며, 꽃은 위로 향해 핀다. 제주도, 전남 남해안 바닷가에서 자란다.

▲ 섬딸기

▲ 거문딸기

ㅅ

열매가 딸기처럼 붉은

199 산딸나무

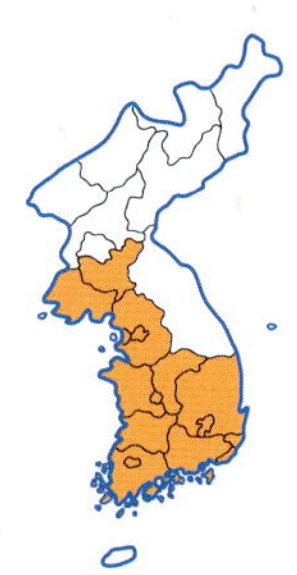

- 학 명 : *Cornus kousa* Buerg.
- 과 명 : 층층나무과

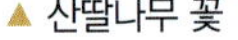

▲ 산딸나무 꽃

▲ 산딸나무 잎

▲ 산딸나무 종자 결실

산딸나무는 열매가 딸기처럼 붉은색으로 익는다고 하여 붙여진 이름이다. 동그랗게 만들어진 꽃차례에 4장의 꽃잎처럼 생긴 흰색의 포가 꽃차례 바로 밑에 십자 형태로 달린 것이 특징인데, 이는 마치 하나의 큰 꽃처럼 보이게 하여 나비나 벌 등을 유혹하려는 이 식물만의 독특한 생존법임을 엿볼 수 있다. 꽃 모양이 십자형인데다가 예수가 이 나무로 만든 십자가에 못 박혀 운명하였다고 하여 기독교에서는 성스러운 나무로 취급한다. 들메나무, 박달나무, 쇠박달나무, 미영꽃나무, 준딸나무, 소리딸나무, 애기산딸나무, 굳은산딸나무 등 다른 이름도 많으며, 한자명은 사조화(四照花)이다.

낙엽활엽소교목으로 높이는 6~10m 정도이고, 가지는 층을 이루며 수평으로 퍼진다. 잎은 마주나며 달걀 모양 및 타원상 달걀 모양이다. 잎 뒷면은 회녹색으로 복모가 빽빽이 나며, 맥 사이에는 갈색 밀모가 나 있고 잎맥은 4~5쌍이다.

6월에 피는 꽃은 지난 해 자란 가지 끝에서 두상화서를 이루며, 총포편은 꽃잎처럼 4개가 사방으로 퍼져 달리며 좁은 달걀 모양이다. 열매는 취과로 둥글며 10월에 붉은색으로 익는다.

▲ 산딸나무 열매

▲ 산딸나무 수피

▲ 산딸나무 수형(여름)

▲ 산딸나무 수형(가을)

우리나라와 중국, 일본, 유럽 등지에 분포한다. 우리나라에서는 중부 이남에 자생한다. 습기가 있고 비옥한 땅에서 잘 자라며 추위에 강하다.

붉은 열매가 아름답고 흰색 포가 독특하여 관상수, 가로수로 심으며, 목재는 결이 아름다워 조각재, 가구재, 기구재 등을 만드는 데 사용된다. 생장이 느려 목재가 단단하고 나이테가 촘촘해 악기를 만드는 데 최고로 치기도 한다. 씨를 감싸는 꽃받침이 과육으로 자라는데 맛이 감미로워 날것으로 먹는다.

길러보기

실생으로 번식한다.

비슷한 식물들

▲ 미국산딸나무

- **미국산딸나무** : 북아메리카 원산으로, 꽃잎 모양의 포가 약간 파이고 밑쪽이 좁다. 각각의 열매가 서로 떨어지는 특징이 있다.

불로초로 유명한

200 산마늘

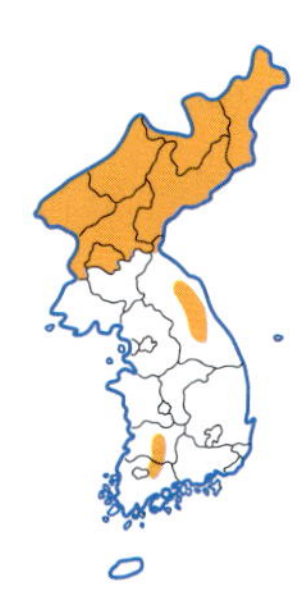

- 학 명 : *Allium microdictyon* Prokh.
- 과 명 : 백합과

▲ 산마늘 꽃

▲ 산마늘 잎

ㅅ

산마늘은 말 그대로 산에 자연적으로 나는 마늘을 말하지만 뿌리가 마늘처럼 되어 있는 것은 아니고, 잎이나 전체 풀에서 마늘 냄새가 나서 붙여진 이름이다. 산마늘의 뿌리는 한 줄기로 되어 있어 마늘과 구분하기가 쉽다. 또 꽃의 경우 마늘이 자줏빛이 도는 반면, 산마늘은 흰색이다.

예로부터 우리나라에는 마늘이 있었지만 오늘날 많이 식용되는 것은 중국을 통해 서역에서 들어온 것이다. 옛 한의학 서적인 『본초강목』에는 마늘을 '산'이라고 부르는데, 산에서 나는 것은 산산, 들에 나는 것은 야산이라고 하고, 산 하면 보통 재배하는 것을 이른다고 기록되어 있다. 또 서역에서 뿌리가 굵은 마늘이 들어온 뒤로는 우리 것을 소산, 외래종을 대산이라고 했다.

산마늘은 지리산, 설악산, 울릉도의 숲 속이나 우리나라 북부에서 자라는 여러해살이풀로, 토양의 부엽질이 풍부하고 약간 습기가 있는 반그늘에서 자란다. 키는 25~40㎝이고, 잎은 2~3장이 줄기 밑에 붙어서 난다. 잎은 약간 흰빛을 띤 녹색으로, 길이 20~30㎝, 너비 3~10㎝가량이다. 꽃은 5~7월에 줄기 꼭대기에서 흰색으로 뭉쳐서 피며 둥글다. 열매는 9월경에 심장형으로 달린다.

백합과에 속하며, 망부추, 멩이풀, 서수레, 얼룩산마늘, 명이나물이라고도 한다. 관상용으로 쓰이며, 전초는 식용, 알뿌리는 약용으로 쓰인다. 울릉도에 대규모 자생지가 있는데, 울릉도 사람들은 떡으로 해 먹기도 한다. 이른 봄에 꽃이 피기 전 잎을 나물로 식용한다. 김치를 담가 먹기도 하고, 장아찌로도 해 먹으며, 쌈으로 먹기도 한다. 그러나 꽃이 피면 맛이 쓰고 독성이 있기

▲ 산마늘 무리

때문에 5월 이후에는 먹지 않는다. 우리나라와 일본, 중국 북부, 시베리아 동부, 캄차카 반도 등지에 분포한다.

길러보기

이른 봄에 알뿌리를 분리시키는 방법과 8~9월에 종자를 물에 1~2일 정도 담근 후 바로 화분이나 화단에 뿌리는 방법이 있다. 종자가 발아하는 기간이 1~2개월 걸리기 때문에 새싹이 올라오는 기간까지 물 관리가 매우 중요하다. 화단에 키우려면 반그늘이며 비옥도가 높은 토양에 물 빠짐이 좋아야 한다. 실내에서 키우고자 할 때는 화분 밑에 굵은 자갈을 넣고 퇴비를 많이 넣은 흙에 심는 것이 좋다. 잎이 올라오는 봄에는 물을 2~3일 간격으로, 잎이 완전히 전개되었을 때는 1~2일 간격으로 주는 것이 요령이다.

비슷한 식물들

- **은방울꽃** : 잎은 비슷하나 꽃은 5~6월에 흰색으로 피며, 길이 6~8㎜이고 종 모양이다.
- **박새** : 역시 잎은 비슷하나 꽃은 7~8월에 피고 연한 노란빛을 띤 흰색이다.
- **마늘** : 꽃줄기 높이가 60㎝ 정도이다. 서역에서 들어온 외래종이다.
- **자봉마늘** : 인도네시아에서 재배되는 마늘 품종을 도입해 국내에서 품종화한 마늘로, 겨울이나 봄에 수확하는 품종이다.
- **의성마늘** : 의성 지역에서 옛날부터 재배해 온 한지형 마늘로 쪽수가 6~8쪽이다. 매운맛이 아주 강하다.
- **서산마늘** : 삼국시대부터 재배했다고 전해지며, 6쪽마늘로도 유명하다.

▲ 은방울꽃

▲ 박새

산에 핀 노란 민들레

201 산민들레

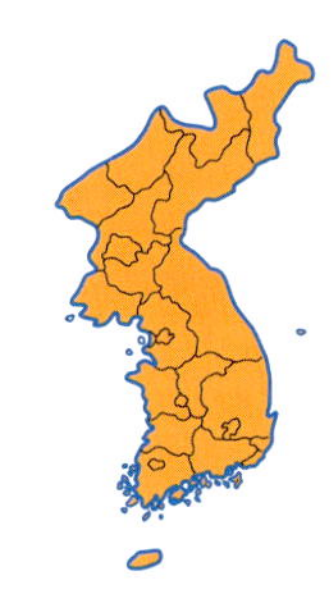

- 학 명 : *Taraxacum ohwianum* Kitam.
- 과 명 : 국화과

▲ 산민들레 꽃

▲ 산민들레 잎

민들레만큼 정겨운 꽃 이름도 드물 것이다. 노랗게 봄 들판을 수놓는데 여름에 가까워지면 많은 씨앗을 봉우리에 달고 있는 모습이 여간 귀여운 게 아니다. 그런데 현재 우리나라 들판에서 흔하게 보이는 건 서양민들레라는 종이다. 유럽이 원산지인 이 민들레는 뿌리가 땅속 깊이 들어가고 줄기는 없다. 가끔 여름에도 민들레를 볼 수 있는데, 대개 서양민들레일 가능성이 높다.

민들레 중 산민들레는 산지에서 자란다. 민들레와 거의 구분이 가지 않지만 자세히 보면 꽃받침잎이 약간 다르다. 민들레에는 꽃받침잎에 작은 돌기가 나 있지만, 산민들레의 꽃받침잎은 돌기 없이 그냥 쭉 뻗어 있다. 또 산민들레의 꽃받침잎이 덜 갈라지는 것으로도 구분할 수 있다.

산민들레는 어떤 환경에서도 살아가는 생명력이 강한 식물이다. 약간 습한 산지에서 나는 여러해살이풀로, 강가에서도 흔하게 발견된다. 특히 주변 습도가 높거나 물 빠짐이 좋지 않은 곳에서 잘 자라며, 키는 10~20㎝가량이다.

잎은 뿌리에서 나와 사방으로 퍼진다. 잎의 양면에는 털이 있으며, 가장자리가 밑을 향해 4~5쌍으로 갈라지는 게 특징이다. 잎의 길이는 9~20㎝, 너비는 2~5㎝이다. 꽃은 5~6월 황색으로 핀다. 꽃이 핀 다음 꽃줄기가 더 길어지는데, 꽃 밑에는 촘촘한 털이 나 있다. 열매는 6~7월경에 달리는데, 길이 약 0.3㎝, 지름 약 0.1㎝이다. 열매의 색깔은 갈색이 돌고 긴 타원형이다. 국화과에 속하며, 노랑민들레라고도 한다. 어린잎은 식용, 뿌리는 약용으로 쓰인다. 요즘에는 민들레를 샐러드로 먹기도 하고, 김치도 담가 먹는다. 또 꽃

▲ 산민들레 씨앗

▲ 산민들레 종자 날아간 모습

의 향을 이용한 허브차도 만든다. 민들레를 재배하는 농가가 많아진 것은 그만큼 쓰임새가 많아졌기 때문이다. 우리나라와 만주에 분포한다.

길러보기

종자가 익어 날리기 전에 언제든지 뿌려도 된다. 잎이나 뿌리를 식용 혹은 약용으로 사용하려면 주변 오염도가 낮은 곳을 택해야 한다.

비슷한 식물들

- **민들레** : 꽃받침잎에 작은 돌기가 나 있으며, 잎 길이는 6~15㎝이다.
- **흰민들레** : 꽃이 흰색이고 꽃받침이 위로 치켜 올라가 있고, 꽃줄기는 길이 30㎝가량이다.
- **미늘창민들레** : 잎의 조각 사이에 작은 조각이 있고, 가장 끝부분의 조각이 삼지창처럼 생겼다.
- **서양민들레** : 꽃은 지름 2~5㎝로 3~9월에 황색으로 피는데, 잎이 없는 꽃대 끝에 한 개가 핀다. 유럽 원산의 귀화식물이다.
- **고무민들레** : 중앙아시아 원산으로, 유액에 고무질이 함유되어 있어 고무 원료로 이용된다.

▲ 민들레

▲ 흰민들레

▲ 서양민들레

잎보다 꽃이 먼저 피는

202 산수유

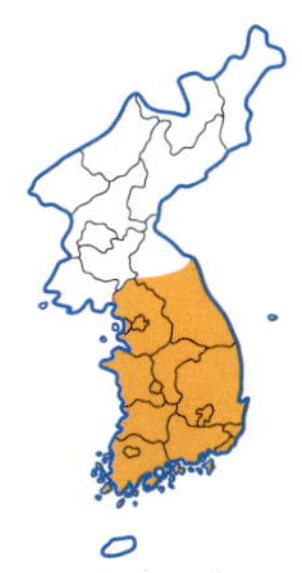

- 학 명 : *Cornus officinalis* Siebold & Zucc.
- 과 명 : 층층나무과

▲ 산수유 꽃

▲ 산수유 잎

▲ 산수유 열매

▲ 산수유 열매(건조)

산수유란 이름은 산에 나는 수유라는 뜻이다. 층층나무과에 속하며 개나리, 생강나무와 함께 노란 꽃을 피워 봄을 알리는 봄의 전령수(傳令樹)로 이른 봄에 잎보다 먼저 꽃을 피운다. 대개 잎이 나기 전 꽃이 먼저 피는 나무들은 무엇보다도 열매를 먼저 맺겠다는 의지를 나타낸 것이다.

식물들이 꽃을 피워 종자를 맺는 일은 많은 에너지와 영양분을 투자하는 작업이다. 그래서 꽃이 필 때 가지나 잎은 생장하지 못한다. 잎이나 가지를 만들 영양분들이 꽃을 만드는 데 소모되기 때문인데, 그래서 열매를 맺는 나무나 유실수들은 해거리를 한다.

산시유나무, 석조, 육조, 양주, 계족, 초산조 등 다른 이름도 많다. 한자명은 실조아수(實棗兒樹), 홍조피(紅棗皮) 등이다.

낙엽활엽소교목으로 높이 7m 정도이고 지름 40㎝로 수피는 벗겨지며 연한 갈색이다. 잎은 마주나며 달걀 모양 피침형 및 타원형이다. 잎의 표면에는 털이 약간 있으나 뒷면에는 털이 많고 특히 맥 사이에 갈색 밀모가 있다. 꽃은 양성화로 20~30개의 산형화서를 이루며 황색으로 잎보다 먼저 핀다. 열매는 붉은색의 긴 타원형의 핵과로 9~10월에 익는다.

▲ 산수유 수피

중국에도 분포하지만 1970년 우리나라의 광릉에서 자생지가 발견되었다. 또 전남의 구례산과 경북의 고하양(古河陽) 산에도 분포하는 것으로 알려졌다. 습기가 있고 비옥한 땅을 좋아하고 추위에 강하며 이식력도 좋다.

완숙된 열매의 씨를 빼서 육질을 말린 것을 약용으로 사용하는데, 맛은 시고 약간 달며 약성은 평범하고 독이 없다. 노인들의 허리나 무릎 등에 찬바람이 날 때나 통증이 있을 때 효과가 좋으며 여성의 월경과다, 월경불순, 유정 그리고 젖먹이의 발육부전이나 지능발달에 좋다.

강장용으로 술을 담가 먹는데, 완숙 열매의 씨를 뺀 후 반 정도 말린 것 300g에 소주 한 되와 설탕 300g을 넣은 후 밀봉한다. 이후 3개월 정도 지난 후에 마시는데, 주로 저녁에 마시면 정력, 강장에 좋다 한다. 이 외에도 빈혈, 이명, 월경출혈, 야뇨증, 자양강장, 해열, 해수 등에 좋아 만병통치약으로도 불린다. 차와 유정과, 물김치로도 먹는다.

약용 외에도 꽃과 열매가 아름다워 아파트 단지에 관상수나 정원수로 많이 심는다. 특히 지리산 자락에 많이 심으며, 이 나무를 심어 자식들 대학까지 보냈다는 '대학나무'로 유명하다. 한 그루에서 120kg이나 되는 열매가 나온다고 한다. 경기도 광주의 곤지암리 신립장군 묘역 근처에 있는 산수유는 수령 약 200년으로 경기도 보호수로 지정되어 있다. 우리나라에서는 전남 구례 산동면과 경기도 이천의 백사면, 경북 의성군 일대에서 많이 재배되고 있다. 구례와 이천에서는 매년 봄 산수유 축제를 열기도 한다.

길러보기

삽목과 실생(2년 발아)으로 번식한다.

비슷한 식물들

- **생강나무** : 노란 꽃이 산수유 꽃과 흡사하나 녹나무과에 속하며, 잎은 어긋나고 달걀 모양 또는 달걀 모양 원형이다.

▲ 생강나무

시어머니의 자비로움이 담긴

203 산자고

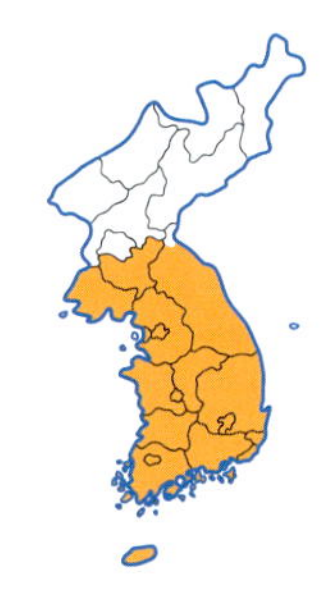

- 학 명 : *Tulipa edulis* (Miq.) Baker
- 과 명 : 백합과

▲ 산자고 꽃

▲ 산자고 잎

산자고에서 자고(慈姑)는 자비로운 시어머니라는 말이다. 이 식물이 산자고라 불리게 된 데에는 아주 흥미로운 이야기가 전해진다. 옛날 홀로 삼남매를 키운 여인이 있었는데, 딸 두 명을 시집보내고 막내아들만 남았지만 하도 가난해 아무도 시집을 오지 않았다. 그러던 어느 해 봄날 한 처녀가 보따리를 들고 나타났다. 물어보니 홀아버지를 모시고 살다가 아버지가 죽자 유언에 따라 그곳으로 왔다는 것이다. 그래서 어머니는 그 처녀를 며느리로 삼았다.

▲ 산자고 종자 결실

그들은 아주 행복했지만 사람들이 부러워했기 때문일까? 그만 며느리가 등창이 나고 말았다. 날로 고름이 심해졌으나 돈도 별로 없고 마땅히 의원을 찾아갈 수도 없이 보내다가 어머니가 우연히 산에서 이 꽃을 발견해 며느리의 등창이 난 곳에 발랐더니 병이 나았다고 한다. 그래서 그 뒤로 이 작은 꽃을 산자고라 부르게 되었다.

산자고는 중부 이남의 산과 들에 자라는 여러해살이풀로, 양지의 토양이 비옥한 곳에서 잘 자란다. 키는 약 20㎝이다. 잎은 회녹색으로 길이 15~30㎝, 너비 0.4~0.5㎝이다. 2장의 잎이 뿌리에서 나오며 끝이 날카롭다.

꽃은 4~5월에 흰색으로 핀다. 그러나 일부 지역에서는 아주 이른 봄인 3월 초에 꽃이 피기도 한다. 꽃의 지름은 1㎝ 내외이고 넓은 종 모양으로 줄기 끝

▲ 산자고 무리

에 한 송이가 달린다. 꽃잎 뒷부분은 자주색 선이 선명하고 개화하기 전에는 붉은색이 강한 것이 특징이다. 열매는 7~8월경에 삼각형으로 달린다. 일반적으로 다른 식물들은 곧추서서 자라지만 대체적으로 산자고는 비스듬히 옆으로 누워 있는 모습이다.

백합과에 속하며, 물구, 물굿이라고도 한다. 잎의 모양이 무릇과 아주 흡사하고 꽃이 알록달록해서 흔히 까치무릇이라고도 부른다. 어린잎은 식용하고, 뿌리는 약용으로 쓰인다. 우리나라와 일본, 중국 등지에 분포한다.

길러보기

가을과 이른 봄에 알뿌리를 자르거나 7~8월에 익는 종자를 받아 화분이나 화단에 바로 뿌리면 된다. 또는 종자를 냉장 보관한 후 가을이나 이른 봄에 뿌린다. 열매 형태가 아래는 둥글지만 윗부분은 뾰족한 형태로, 꽃이 피어 있을 때와는 상당히 다르기 때문에 미리 장소를 알아두고 씨앗을 받아야만 한다.

물 빠짐이 좋은 곳을 선정하여 심고, 화분에 심을 때는 아래에 돌과 같이 물 빠짐이 좋은 것을 넣고 심는 것이 좋다. 물 관리는 2~3일에 한 번씩 한다.

비슷한 식물들

- **자고** : 산자고와는 달리 물속에서 자라는 택사과의 풀이다. 흔히 소귀나물이라고도 하며, 재배되기도 한다.
- **무릇** : 잎과 줄기가 산자고와 아주 비슷하지만, 꽃은 7~9월에 홍자색으로 핀다. 비늘줄기와 어린잎을 엿처럼 오랫동안 조려서 먹던 구황식물이며, 키는 20~50㎝이다.
- **흰무릇** : 무릇과 비슷하나 꽃의 색깔이 하얗다.

▲ 무릇

▲ 흰무릇

약효가 뛰어난

204 산작약

- 학 명 : *Paeonia obovata* Maxim.
- 과 명 : 미나리아재비과

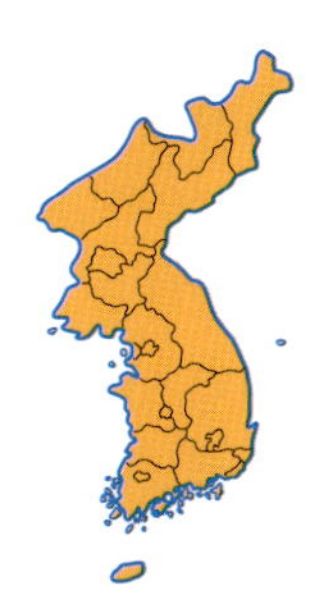

▲ 산작약 꽃

▲ 산작약 잎

ㅅ

산작약은 멸종위기에 몰린 식물 중 하나이다. 하도 귀해서 어떤 분들은 산삼보다 보기 어렵다고도 한다. 그런데 다행스럽게도 강원도 홍천 구만리에 대규모 자생지가 발견되었다. 본래 그 지역은 골프장을 건설할 계획인데, 우리의 귀한 식물이 보호되었으면 하는 바람이다.

▲ 산작약 새순 올라오는 모습

산작약은 우리나라 각처의 산지에서 나는 여러해살이풀이다. 작약의 한 종류로, 작약은 옛날부터 재배되어 온 꽃이다. 중국에서는 모란보다도 먼저 재배되기 시작했다. 꽃이 워낙 크고 아름다운데, 재배종은 붉은색, 흰색 등 다양한 품종이 개량되어 있다.

산작약은 토양 비옥도가 높고 반그늘이며 물 빠짐이 좋은 산지에서 잘 자라며 키는 40~50㎝이다. 꽃이 흰색인 것을 작약이라고 따로 부르고 있다.

잎은 길이 5~12㎝, 너비 3~7㎝로 앞면은 녹색이지만 뒷면은 흰빛이 돈다. 잎은 3~4개가 어긋나게 달리고 긴 타원형이다. 꽃은 6월에 붉은색으로 피며 지름 4~5㎝로 원줄기 끝에 한 송이씩 달린다. 열매는 8월경에 길이 2~3㎝ 정도의 긴 타원형으로 달리고 종자는 검은색이다. 미나리아재비과에 속하며 적작약이라고도 한다. 관상용으로 쓰이며, 뿌리는 약용으로 쓰인다. 산작약이 귀해진 건 바로 뛰어난 약효 때문에 무분별하게 채취했기 때문이다. 우리나라와 일본, 중국, 헤이룽 강과 우수리 강 등지에 분포한다.

길러보기

8월에 채취한 종자를 바로 뿌리는 것이 가장 좋고 나머지 종자를 종이에 싸서 냉장 보관한 후 이른 봄에 뿌려도 된다. 가을에 뿌리를 캐어 포기나누기를 하는 것도 괜찮다. 종자는 깊게 넣은 후 흙을 잘 덮어 줘야 새들이 종자를 쪼아 먹지 못한다. 물 빠짐이 좋고 거름기가 많은 화분이나 화단에 심는다. 빛을 직접 받으면 잎 끝이 타는 현상이 생기기 때문에 주의해야 한다. 물 관리는 2~3일 간격으로 한다.

비슷한 식물들

- **민산작약** : 산지 숲 속에서 자라며, 높이 50㎝ 이상으로 밑동이 비늘잎으로 싸인다.
- **털백작약** : 잎 뒷면은 흰빛을 띠며 털이 난다. 꽃은 5~6월에 흰빛으로 핀다.
- **작약** : 꽃은 5~6월에 줄기 끝에 1개가 피는데, 크고 아름다우며 재배한 것은 지름이 약 10㎝나 된다.
- **참작약** : 뿌리는 곧고 길며 양 끝이 뾰족한 원기둥 모양으로 길이 30㎝ 내외이고, 잘린 면은 붉은색을 띤다.

▲ 작약

산기슭과 들에서 덩굴지어 자라는 갈퀴나물

205 살갈퀴

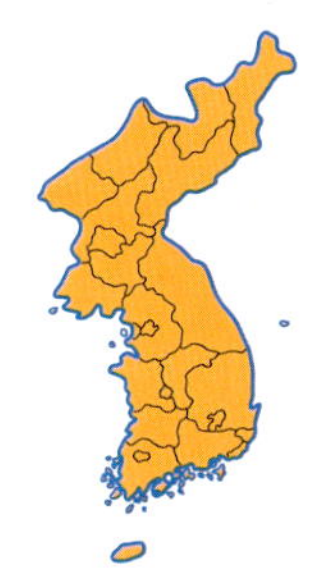

- 학 명 : *Vicia angustifolia* var. *segetilis* (Thuill.) Arcang.
- 과 명 : 콩과

▲ 살갈퀴 꽃

▲ 살갈퀴 잎

▲ 살갈퀴 덩굴손

▲ 살갈퀴 열매

갈퀴나물은 아카시아 꽃의 축소판처럼 생긴 보랏빛 꽃이 피는 덩굴식물로, 덩굴손을 자세히 보면 갈퀴가 있다. 어린순과 줄기를 나물로 해 먹고 가축 사료로도 쓰인다.

갈퀴나물에는 여러 가지 종류가 있는데, 살갈퀴는 꽃이 잎겨드랑이에 한두 개씩 달리는 것이 다른 갈퀴나물들과 차이점이다. 줄기는 사각형으로 아래 부분에서 가지가 많이 갈라진다.

키는 60~150㎝이고 옆으로 자란다. 잎은 어긋나고 짝수 작은 잎 여러 장이 잎자루 양쪽으로 나란히 줄지어 붙어 새의 깃처럼 보이고, 작은 잎은 3~7쌍이다. 작은 잎은 달걀을 거꾸로 세운 모양으로 길이 2~3㎝이다. 잎 끝이 약간 파여 있고 가장자리가 밋밋하다. 잎자루 끝의 덩굴손은 3갈래로 갈라진다.

꽃은 5월에 붉은빛이 강한 자주색으로 피고 잎겨드랑이에 달린다. 꽃받침은 5개로 갈라지고, 갈라진 조각은 끝이 뾰족하다. 열매는 납작하고 길이 3~4㎝이며 안에는 검은색 종자가 10개 들어 있다.

콩과의 두해살이풀로 산기슭이나 들판의 풀밭에 잘 자란다. 식물체 전체를 사료로 사용하고, 열매를 식용한다. 어린순은 식용하고, 종자는 볶아서 먹는다. 비료가 되는 식물이라서 과수원 등에는 일부러 심기도 한다. 꽃말은 '사랑의 아름다움'이다.

길러보기

비료용 식물인 녹비식물로 심는다. 물 빠짐이 좋으면 어디서든 잘 자란다. 여름에 씨를 맺고 죽으면 밭을 덮어 잡초를 제압할 수 있다.

비슷한 식물들

- **갈퀴나물** : 꽃은 홍자색으로 한쪽으로 치우쳐 피고, 길이 1.2~1.5㎝이다.
- **두메갈퀴나물** : 잎은 길이 1~4㎝, 너비 1~2㎝로 달걀 모양이며, 잎 가장자리에 위로 향한 털이 있다.
- **등갈퀴나물** : 작은 잎이 8~12쌍으로 갈퀴나물의 5~8쌍보다 많으며, 꽃의 지름은 갈퀴나물보다 작아 구분이 된다.
- **가는갈퀴** : 작은 잎이 길이 1~2㎝의 긴 타원형 또는 줄 모양이고 끝이 뾰족하다.
- **가는살갈퀴** : 살갈퀴에 비하여 작은 잎이 좁고 끝이 오목하지 않으며 꽃이 약간 작다. 꽃은 홍자색으로 핀다.
- **노랑갈퀴** : 꽃이 자줏빛을 띤 노란색이다.
- **큰등갈퀴** : 작은 잎이 4~10개이고, 건조하면 황갈색을 띠고, 하부의 잎은 덩굴손이 없다.

▲ 갈퀴나물

▲ 두메갈퀴나물

잎이 삼삼은 구, 아홉 장

206 삼지구엽초

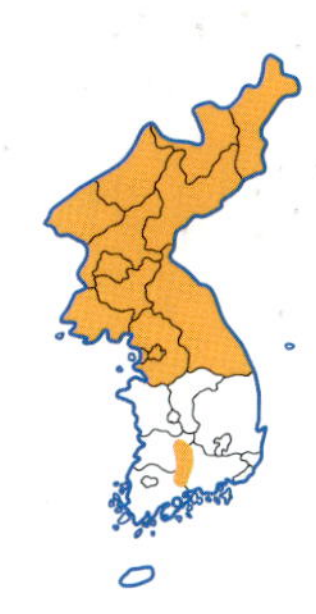

- 학 명 : *Epimedium koreanum* Nakai
- 과 명 : 매자나무과

▲ 삼지구엽초 꽃봉오리

▲ 삼지구엽초 꽃

ㅅ

삼지구엽초는 원가지에서 가지가 다시 세 갈래로 갈라지고, 또 각각이 세 갈래로 갈라져서 붙은 이름으로, 특히 약용으로 활용되는 품종이다. 이 식물에는 재미난 이야기가 전해진다.

옛날 중국의 어느 목장에 양치기를 하는 팔순 노인이 있었는데, 노인은 양을 돌보다가 한 마리의 숫양에 관심을 갖게 되었다. 그 양은 하루에 백 마리도 넘는 암양과 교미를 하고 있었다. 이상한 것은 수십 마리의 암양과 교접을 한 숫양이 기진맥진하여 쓰러질 듯 비틀거리면서 산으로 기어 올라가는데, 얼마 후 내려올 때에는 어떻게 원기를 회복했는지 힘차게 달려오는 것이었다. 이를 본 양치기 노인은 산으로 올라가는 숫양의 뒤를 따라갔다. 그랬더니 숫양은 숲 속 깊이 들어가 어느 나무 아래에서 풀을 정신없이 뜯어먹는 것이었다. 풀을 다 뜯어먹은 숫양은 바로 원기를 회복하고 다시 내려가 암양과 교접을 즐기는 것이었다.

노인도 궁금증이 생겨 그 풀을 뜯어 먹어 보았다. 그런데 그 뒤 산에 오를 때는 지팡이를 짚고 간신히 올라갔는데, 풀을 먹고 난 후로는 원기가 왕성해져 지팡이를 팽개치고 뛰어내려 올 수 있었다. 노인은 다시 청춘을 찾았으며, 결혼을 해 아들까지 낳았다고 한다. 바로 그 풀이 삼지구엽초다. 삼지구엽초는 중북부 이북 지방에 주로 자생하는 여러해살이풀로, 지리산 일대에서도 많지는 않지만 드문드문 발견되기도 한다. 비교적 온도가 낮은 고산 지역을 좋아하며, 부엽질이 풍부한 토양에서 잘 자란다. 키는 약 30㎝이다.

잎은 길이 5~13.5㎝, 너비 1.5~7.2㎝ 정도이며, 가장자리에 잔톱니가

▲ 삼지구엽초 잎 전개되기 전

▲ 삼지구엽초 잎

규칙적으로 배열되어 있다. 원줄기에서 1~2개의 잎이 어긋나고 3개씩 2회 갈라지는 것이 특징이다. 꽃은 4~5월 황백색으로 피며, 지름 2㎝ 내외이다. 꽃자루는 길며 약간 아래를 보면서 갈라진 형태로 달린다. 열매는 8월경에 달리며 길이 1.0~1.3㎝, 지름 0.5~0.6㎝로 길고 딱딱하다.

▲ 삼지구엽초 종자 결실

매자나무과에 속하며, 음양곽이라고도 한다. 어릴 때는 잎이 마치 꿩의다리나 승마 같은 종들과 유사하게 닮았지만, 삼지구엽초의 경우는 잎이 하트 모양이고 끝이 톱니와 같이 패어 들어가 있기 때문에 쉽게 구분할 수 있다. 꽃은 식용하고, 잎과 줄기, 뿌리는 약용으로 쓰인다. 특히 술로 담가 먹어도 약효가 좋다. 우리나라와 중국 동북부 등지에 분포한다.

ㅅ

길러보기

8월에 익은 종자를 화단에 바로 뿌리거나 가을과 이듬해 봄에 포기나누기를 한다. 화단의 서늘한 곳에 두며, 잎이 올라와 전개한 후부터는 물을 하루에 한 번 준다. 꽃이 지고 잎만 남아 있을 경우도 지속적으로 물을 주는 것이 좋다.

비슷한 식물들

- **산꿩의다리** : 어린잎은 비슷하다. 특히 줄기에 달리는 잎이 9장이다. 하지만 꽃은 7~8월에 흰색으로 핀다.

▲ 산꿩의다리

가지가 세 갈래인

207 삼지닥나무

■ 학 명 : *Edgeworthia chrysantha* Lindl.

■ 과 명 : 팥꽃나무과

▲ 삼지닥나무 꽃봉오리

▲ 삼지닥나무 꽃

닥나무처럼 종이 원료로 쓰고 가지가 세 갈래라서 삼지닥나무라고 부른다. 서향처럼 향기가 좋으나 꽃이 노랗다고 하여 황서향나무라고도 하며, 삼아나무, 매듭삼지나무라고도 한다. 한자명은 삼아목(三椏木), 결향(結香), 삼지목(三枝木) 등이다. 종이 원료가 되므로 영어 이름도 'paper bush'이다.

낙엽활엽관목으로 높이는 1~2m이고, 가지는 굵고 황갈색으로 흔히 3개로 갈라지며 작은 가지에 털이 있다. 잎은 어긋나며 넓은 피침형으로 뒷면에 털이 있다. 꽃은 가지 끝에 산형화서로 밑으로 처져 달리며 황색으로 3~4월에 잎보다 먼저 핀다. 열매는 1개의 방에 1개의 씨가 들어 있고 열매껍질에 싸여 있는 수과로, 6~7월에 익는다.

중국 원산으로 우리나라에는 전남, 경남 및 제주도에서 제지 원료로 심어 기른다. 습기가 있는 비옥한 땅을 좋아하며, 건조한 땅이나 추운 지방에서는 잘 자라지 못하나, 그늘진 곳에서는 잘 자라고 맹아력도 강하며 생장도 빠르다.

▲ 삼지닥나무 잎

▲ 삼지닥나무 열매

▲ 삼지닥나무 줄기

▲ 삼지닥나무 수피

▲ 삼지닥나무 수형

제지 원료 이외에도 정원수 등의 용도로 심는다. 봄에 꽃이 필 때는 꽃꽂이용으로 쓴다. 지폐용지, 증권용지, 지도용지, 사전용지, 등사원지 등의 원료로 쓰는데, 닥나무보다 고급 용지를 만든다. 한방에서는 어린 가지와 잎을 구피마(構皮麻)라 하여 풍습으로 인한 사지마비 통증, 타박상에 사용한다. 또한 신체가 허약해서 생기는 피부염에도 처방한다.

【NOTE】 종이 원료로 쓰이는 나무

뽕나무과의 나무들이 종이 원료로 쓰인다. 닥나무, 꾸지나무, 꾸지뽕나무들이 바로 그것으로, 팥꽃나무과의 삼지닥나무도 제지용 나무이다.

닥나무로 만든 한지는 창호지, 화선지, 삼첩지, 생록지 등 종류가 많다. 빛이 희며 너비가 좁고 두꺼우며 결이 고운 서화용 종이는 화선지, 한지 중 저급으로 문을 바를 때 쓰는 창호지, 닥나무 겉껍질을 벗겨 표백하여 만든 백지, 백지보다 길이와 너비가 크고 비교적 품질이 낮은 누르께한 삼첩지, 닥나무 겉껍질로 뜬 검은 종이는 생록지이다.

길러보기

포기나누기와 실생으로 번식한다.

비슷한 식물들

- **닥나무** : 삼지닥나무와 이름은 비슷하나 전혀 다른 수종으로, 뽕나무과에 속한다.
- **두메닥나무** : 우리나라에서는 강원도, 경상북도 등에서 자라며, 열매는 둥글고 붉은색으로 익는다.
- **산닥나무** : 우리나라에서는 경남, 전남 등 바닷가 근처에 자생하며, 꽃은 총상화서로 7~8월에 노란색으로 핀다.

▲ 닥나무

▲ 두메닥나무

ㅅ

슬픈 전설을 가진

208 삿갓나물

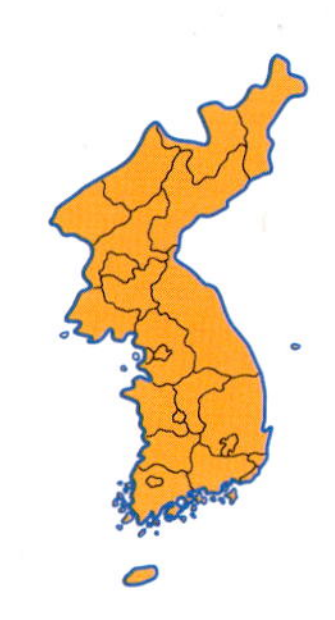

- 학 명 : *Paris verticillata* M. Bieb.
- 과 명 : 백합과

▲ 삿갓나물 꽃(정면)

▲ 삿갓나물 꽃(측면)

삿갓나물은 우리나라 전역의 산에서 자라는 여러해살이풀로, 잎이 돌아난 모양이 꼭 삿갓처럼 생겨서 붙여진 이름이다. 자세히 보면 잎이 7개 정도이고 꽃줄기가 하나 올라온다. 그래서 '칠엽일지화'라고도 부른다. 여기에는 슬픈 전설이 전해진다. 옛날 어느 집에 일곱 아들과 딸 한 명이 있었는데, 그 마을에 이무기가 내려와 가축을 잡아먹기 시작했다. 아들들은 이무기를 죽이려고 싸웠지만 모두 죽고 말았다. 막내딸은 오빠들의 원수를 갚기 위해 날마다 무예를 연습하고 갑옷도 만들었다. 마침내 49일간 준비한 뒤 이무기와 싸웠지만 막내딸도 역시 이무기에게 먹히고 말았다. 그런데 이무기 역시 고통스러워하며 뒹굴다가 죽고 말았다. 바로 막내딸이 입고 있던 갑옷 때문이었다. 얼마 후 이무기가 죽었던 자리에 풀이 돋아났는데, 일곱 개의 잎과 한 송이 꽃을 가진 풀이었다. 꽃 속에는 특히 금빛 바늘 같은 것이 돋아 있었다. 사람들은 이것이 바로 팔남매의 넋이라며 '칠엽일지화'라고 불렀다.

삿갓나물은 반그늘을 좋아하며 토양에 수분이 많은 곳에서 잘 자란다. 키는 30~50㎝ 정도이고, 잎은 길이 3~10㎝, 너비 1.5~4㎝로 뾰족하며 좁고 긴 타원형이다. 꽃은 늦은 봄인 5~6월에 둥글게 핀다. 꽃 색상은 녹색이나 한가운데는 노란색이며, 잎 중앙에서 1개의 꽃자루가 길게 나와 1개의 꽃이 하늘을 향해 핀다. 수술은 8~10개로 길이 0.5~0.7㎝, 꽃밥은 길이 0.5~0.8㎝이며, 씨방은 검은 자갈색이다. 열매는 9~10월경에 달리고 둥글며 자줏빛이 도는 검은색이다.

농촌에서는 삿갓나물을 우산나물이라고도 부르는데, 우산나물과 삿갓나물

ㅅ

▲ 삿갓나물 잎

▲ 삿갓나물 종자

은 약간 다르다. 우산나물은 식용이지만 삿갓나물은 독성이 있기 때문에 식용해서는 안 된다. 우산나물의 잎 끝은 V자 모양으로 갈라져 있지만, 삿갓나물은 본잎에서 갈라질 뿐 1개의 잎은 길게 나와 있는 것으로 구분할 수가 있다.

삿갓나물은 백합과에 속하며 삿갓풀, 자주삿갓나물, 자루삿갓풀이라고도 한다. 어린순은 식용하고, 뿌리는 약용한다. 식용할 때는 물에 잘 우려내서 독성을 제거해야 하는데, 맛은 참나물과 비슷하다. 우리나라와 일본, 중국, 사할린, 시베리아 등지에 분포한다.

길러보기

9월경에 익은 종자를 화단이나 화분에 바로 뿌리거나 가을이나 이른 봄에 포기나누기를 한다. 화단의 나무 아래 혹은 나무 사이에 심어서 관리하며, 화분에 심어 관리할 때는 반그늘에 두는 것이 좋다. 물은 2~3일에 한 번씩 준다.

비슷한 식물들

- **우산나물** : 잎이 마치 우산처럼 펼쳐진다. 모양은 삿갓나물의 잎과도 흡사하다. 그러나 우산나물의 잎 끝은 V자형이고, 삿갓나물은 그냥 한 개의 잎이 길게 나오는 점이 다르다.

▲ 우산나물

관상용으로 인기가 높은 야생 난

209 새우난초

■ 학 명 : *Calanthe discolor* Lindl.

■ 과 명 : 난초과

▲ 새우난초 꽃

ㅅ

▲ 새우난초 잎

새우난초는 남도 지방에서 자라는 여러해살이풀로, 뿌리줄기의 마디가 새우 등처럼 생겼다. 날씨가 따뜻한 반그늘에서 자라며, 키는 30~50㎝ 정도이다. 뿌리 부분은 포복성으로 마디가 많고 수염뿌리를 이룬다. 잎은 길이 15~25㎝, 너비 4~6㎝이다. 잎의 밑과 끝은 날카로우며 세로로 주름져 겹쳐져 있는 것이 특징이다. 2년생으로, 첫해에는 2~3개의 잎이 자라지만 이듬해에는 옆으로 늘어진다.

▲ 새우난초 종자 결실

꽃은 4~5월에 피는데, 꽃받침과 곁꽃잎이 붉은색이 도는 갈색이다. 입술꽃잎은 자줏빛을 띤 흰색으로 10여 개의 꽃이 약 15㎝ 정도의 꽃줄기에 걸쳐 윗부분에 뭉쳐 달린다. 잎 사이에서 꽃대가 나타나고 짧은 털이 있으며 1~2개의 비늘 같은 잎이 달린다. 열매는 7~8월경에 긴 타원형으로 달리고 안에는 작은 종자들이 많이 들어 있다.

2010년 봄에는 흑산도에서 특이한 새우난초가 발견되었는데, 한국 미기록종으로서 '신안새우난초'라는 이름을 얻었다. 본래 이 야생 난은 한 촉당 수천만 원을 호가할 정도로 귀한 종류로, 1984년 흑산도에서 자생하는 것만 알

▲ 새우난초 무리

려졌을 뿐 자생지 확인과 증거 표본 조사가 이뤄지지 않고 있었다. 신안새우난초는 상록성 여러해살이풀로, 잎은 2~3개가 나와 완전히 자란 후 2~3년 동안 유지되고, 꽃은 5월에 연한 홍색으로 핀다.

새우난초는 이 밖에도 여름새우난과 금새우난 등이 있는데, 어느 것이나 꽃이 아름답고 잎도 깔끔해 관상용으로 인기가 좋다. 특히 향기가 은은하고 멀리 가는 난초로 알려져 있다. 이런 인기 때문일까? 2010년 4월에는 제주도에서 대한민국 새우난초 축제가 열리기도 했다. 본래 야생종은 몇 종 안 되지만 교배와 변이를 할 수 있어 현재 세계적으로 재배 종은 1,300 종류나 된다.

난초과에 속하며, 새우난이라고도 한다. 난초과 식물 중 가장 넓게 펴져 있어서 아시아 열대 지방과 온대 지방에 주로 분포하고, 아프리카 남부 마다가스카르와 아메리카 열대 지방에서도 자라고 있다.

길러보기

봄에 땅속에 있는 뿌리를 분리하거나, 여름에 덜 익은 씨를 받아 이끼와 같이 수분을 잘 가두어 놓을 수 있는 곳에 뿌린다. 완전하게 익은 종자는 발아율이 저조하기 때문에 덜 익은 종자를 택하는 것이다. 물을 많이 주면 뿌리 부분이 상하고 조금 주면 잘 자라지 않는 경향이 있는데, 따라서 윗부분의 수분이 마르면 그때마다 조금씩 주는 것이 좋다. 키우기 어려운 품종이라고 할 수 있다.

비슷한 식물들

- **여름새우난** : 한라산 숲 속에서 자라고, 꽃은 8월에 연한 홍자색으로 핀다. 키는 40㎝이다.
- **금새우난** : 안면도, 울릉도, 제주도의 숲 속에서 자라며, 꽃은 4~5월에 황색으로 핀다. 키는 약 40㎝이다.
- **신안새우난초** : 꽃은 5월에 피고 연한 홍색을 띤다. 흑산도에 분포한다.

▲ 여름새우난

노란 꽃이 산수유 꽃과 비슷한

210 생강나무

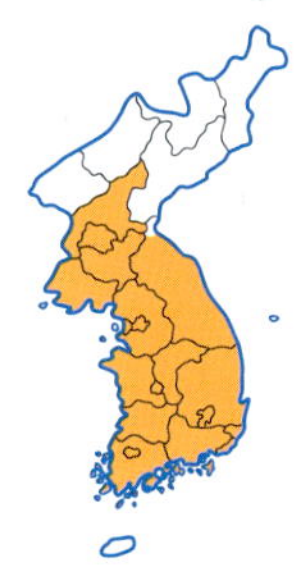

- 학 명 : *Lindera obtusiloba* Blume
- 과 명 : 녹나무과

▲ 생강나무 암꽃

▲ 생강나무 수꽃

"닭 죽은 건 염려 마라, 내 안 이를 테니."

그리고 뭣에 떠다 밀렸는지 나의 어깨를 짚은 채 그대로 퍽 쓰러진다. 그 바람에 나의 몸뚱이도 겹쳐서 쓰러지며, 한창 피어 퍼드러진 노란 동백꽃 속으로 너비 파묻혀 버렸다.

알싸한, 그리고 향긋한 그 냄새에 나는 땅이 꺼지는 듯이 온 정신이 고만 아찔하였다.

김유정의 〈동백꽃〉 중에서

김유정의 〈동백꽃〉은 농촌을 배경으로 성장기 소년과 소녀의 사랑을 담은 단편소설이다. 여기에서 동백꽃 하면 남쪽 지방에서 주로 피는 붉은 동백꽃을 떠올리게 되는데, 소설 속을 보자면 '노란 동백꽃'이다. 알싸하면서도 향긋한 향기까지 있다면, 이 역시 동백꽃의 향기와는 다르다. 이 소설에서 나오는 동백꽃이란 이른 봄 산수유와 비슷한 노란 꽃들이 피어나는 생강나무를 말한다. 동백나무가 자라지 않는 지방에서는 생강나무의 열매로 기름을 짜 동백기름처럼 사용했기에 이 생강나무를 동백나무라고도 불렀으며, 자연히 이 나무에 피는 꽃도 동백꽃이라고 했던 것이다.

생강나무 꽃은 어쩌면 그렇게도 산수유와 닮았는지 혼동이 되곤 한다. 꽃잎을 들여다봐야 구분이 되는데, 산수유나무의 꽃잎은 4개로 갈라지는데 비해 생강나무의 꽃잎은 6개로 갈라진다. 생강나무의 어린 가지는 털이 없고 줄기는 흑회색이다. 산수유나무의 어린 가지는 분록색이고 겉껍질이 벗겨지며 줄

▲ 생강나무 꽃봉오리

▲ 생강나무 잎

ㅅ

▲ 생강나무 열매

▲ 생강나무 종자 결실

기는 연한 갈색으로 벗겨진다.

생강나무라는 이름은 잎과 가지에 방향성 정유가 함유되어 있어 자르면 생강 냄새가 난다 하여 붙여졌다. 일본에서는 양념관목이라고 해서 생강나무를 양념이나 향료로 사용하였는데, 이 역시 이 나무의 특징을 잘 보여 준다.

매화처럼 이른 봄에 피는 꽃이라고 해서 황매목(黃梅木), 향려목(香麗木)이라고도 하며 아귀나무, 동백나무, 아구사리, 개동백나무라고도 한다. 중부 이북지방에서는 산동백, 강원도에서는 동박나무라고 부르기도 한다.

낙엽활엽관목 또는 소교목이나 대개 관목상이며 높이는 3~6m 정도이다. 수피는 흑회색이고 작은 가지는 황록색이다. 잎은 윗부분이 3~5개로 갈라져 산(山) 자 모양이거나 원형에 가까운 달걀 모양이다. 암수딴그루로, 꽃은 3월에 잎보다 먼저 피며, 열매는 구형으로 녹색에서 황색 또는 홍색으로 변하며 9~10월에 자흑색으로 익는다.

▲ 생강나무 수형

우리나라와 일본, 중국 등지에 분포한다. 우리나라의 경우 전국의 해발 100~1,600m에 자생하는데, 계곡이나 바위틈, 개천가, 바닷가에서 잘 자란다. 그늘이나 추운 곳, 건조지에서도 잘 자라며, 참나무와 소나무 숲에서도 혼생하며 자라는 것이 특징이다.

이른 봄에 노란 꽃을 피우는 영춘화(迎春花)이며, 가을에는 단풍이 아름다워 관상적 가치가 높다. 개화 기간은 30일 이상으로 비교적 길며 향기가 좋고, 꽃과 열매가 아름다워 관상용, 정원용, 향료용으로 심지만 이식 후 활착이 어려운 단점도 가지고 있다.

까만 열매로는 기름을 짜는데, 동백기름처럼 부인들의 머릿기름으로 사용되어 경기도 지방에서는 생강나무 기름을 동백기름이라고 한다. 또 산골에서는 등잔불의 기름으로도 사용한다. 어린잎은 말려서 작설차로 마시며, 새순은 나물로 무쳐 먹기도 한다. 한방에서 생강나무의 말린 가지를 황매피라 하여 건위, 복통, 해열에 사용한다.

길러보기

실생으로 번식한다.

비슷한 식물들

- **감태나무** : 수피와 작은 가지의 색깔이 회백색으로 평활하며, 잎 뒷면은 회녹색 또는 회백색 털이 있다.
- **털조장나무** : 꽃이 생강나무와 유사하지만 잎에 결각이 없고 줄기가 녹색이며 흑갈색 무늬가 있다. 무등산, 조계산 등 남부지방에서 자란다.

▲ 감태나무

▲ 털조장나무

ㅅ

정겨우면서도 강한 생명의 힘이 느껴지는

211 서양민들레

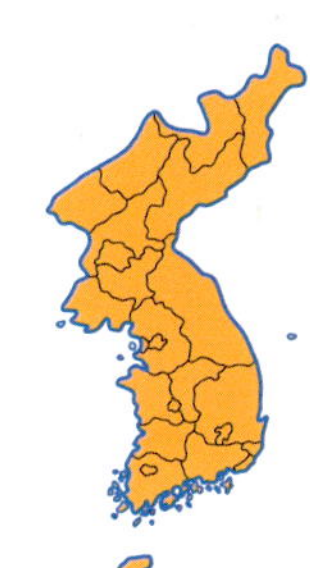

■ 학 명 : *Taraxacum officinale* Weber

■ 과 명 : 국화과

▲ 서양민들레 꽃 피기 전

▲ 서양민들레 종자 결실

민들레는 정겨운 꽃이면서도 생명력이 강한 꽃으로, 겨우 내 꽁꽁 얼었던 대지를 뚫고 연한 싹이 올라와 꽃부터 피운다. 또 초여름에 들어가면 노란 꽃잎이 지고 그 끝에는 많은 씨앗을 뭉치째 달고 있어 바람이 불 때마다 그 씨앗들은 허공으로 날아가 멀리멀리 퍼진다.

서양민들레는 유럽 원산이지만 우리나라 들이나 풀숲에서 흔하게 볼 수 있다. 들판은 물론 길가 등지에서도 쉽게 볼 수 있는데, 그만큼 양지바른 곳이라면 어디서나 잘 자라 귀화식물이면서도 우리나라 전역에 퍼졌다. 토종민들레와 서양민들레의 가장 확실한 구분법은 총포를 보는 것이다. 총포란 꽃대의 끝에서 꽃의 밑동을 싸고 있는 비늘 모양의 조각을 말하는데, 이 총포가 똑바로 서 있는 건 토종민들레고, 뒤로 젖혀져 있는 것은 서양민들레다.

키는 10~25㎝로 작은 편이다. 잎은 밑부분이 좁고 양면에 털이 없으며 가장자리가 밑을 향해 새의 날개처럼 갈라지는 것이 특징이다. 잎은 타원형으로 땅에서 여러 군데로 퍼진다. 꽃은 노란색이며 지름 2~5㎝ 정도이다. 잎이 없는 꽃줄기 끝에 1개씩 위를 향해 달리는데, 이른 봄인 3월부터 가을의 초입인 9월까지 피고 지고 한다. 열매도 6월 이후에 계속 달린다. 들에 나가 보면 마치 조그만 솜방망이처럼 꽃대 위에 잔뜩 씨앗을 이고 있는 둥그런 게 많이 보이는데, 바로 민들레 씨앗이다.

국화과에 속하며, 양민들레 또는 포공영이라고도 한다. 잎과 어린뿌리는 식용으로 쓰이는데, 특히 꽃을 말려서 차에 넣어 마시면 그윽한 향이 좋아 허

▲ 서양민들레 무리

브차로도 이용된다. 유럽에서도 잎을 샐러드로 먹고, 뉴질랜드에서는 뿌리를 커피 대용으로 사용한다.

길러보기

종자가 익어 날리기 전에 언제든지 뿌려도 된다. 따뜻한 곳에서는 늦가을에도 꽃이 피기 때문에 11월 이후에 종자를 받으면 보관 후 이듬해 봄에 뿌린다. 잎이나 뿌리를 식용 혹은 약용으로 사용하려고 할 경우는 주변 오염도가 낮은 곳을 택해야 한다.

비슷한 식물들

- **민들레** : 꽃받침잎에 작은 돌기가 나 있다. 노란색 꽃이 피는데, 서양민들레보다 색상이 흐리다.
- **흰민들레** : 꽃이 흰색이고 꽃받침이 위로 치켜져 올라 있다. 흰민들레는 우리 토종 민들레이다.
- **좀민들레** : 제주도에 분포하는 작은 민들레이다. '좀'이란 작다는 뜻이다.
- **알프스민들레** : 털이 많고 잎이 갈라지지 않는다.
- **붉은씨민들레** : 열매의 색깔이 붉다.

▲ 민들레

▲ 흰민들레

꽃향기가 천 리 가는

212 서향

- 학 명 : *Daphne odora* Thunb.
- 과 명 : 팥꽃나무과

▲ 서향 꽃

▲ 서향 잎

▲ 서향 수형

한 여승이 꿈속에서 향기를 좇아가다 보니 극락으로 들어가는 문 앞에 한 그루 나무가 있었는데, 상서로운 향이 나는 나무라고 하여 서향(瑞香)이라고 했다고 한다. 꿈속에서 향기를 맡았다 하여 수향(睡香), 향기가 천 리를 간다 하여 천리향(千里香)이라고도 하며, 다른 꽃향기를 뒤덮을 만큼 향기가 강하여 꽃들의 적이라 하여 화적(花賊)이라고도 부른다. 또 침정화, 침향, 중머리 등의 다른 이름도 있다. 중머리라는 이름은 물이 없으면 잎이 떨어져 동그란 꽃뭉치만 남아 마치 모습이 중머리와 비슷해 붙여졌다고 한다. 영어 이름은 'winter daphne'이다. 다프네(Daphne)는 아폴로에게 쫓기어 월계수가 된 요정이다. 잎 모양이 월계수 잎과 비슷하여 붙여진 이름이다.

▲ 서향 수피

상록활엽관목으로, 높이는 2m 정도이고, 원줄기는 곧고 가지가 많이 갈라지며 매끄럽고 광택이 난다. 잎은 어긋나고 다소 혁질이며 타원형 및 타원상 피침형이다. 꽃은 암수딴그루로, 4~5월에 전년도 가지 끝에 두상화서를 이루며 자주색 또는 흰색으로 핀다. 향기가 강하며, 꽃받침통은 끝이 4개로 갈라진다. 열매는 수과로 5~6월에 익는다.

서향은 건조한 땅과 그늘에서도 잘 자라나 습지에서는 잘 자라지 못하고, 추위와 공해에는 약하여 따뜻한 남쪽지방에서 잘 자란다. 중국 및 일본이 원산지이다. 우리나라에서는 남부지방에서 관상용으로 심는다. 서향은 대부분 수나무로 열매를 맺지 못하여 번식은 주로 장마철에 꺾꽂이로 한다.

꽃이 아름답고 향이 좋아 관상용으로 심으며, 뿌리와 나무껍질은 약용으로 사용된다. 해열, 이뇨, 염증, 통증, 급성인후염, 가래, 기침, 피부병, 타박상 등에 효과가 있는데, 약한 독성이 있으므로 적당량만 사용해야 한다. 열매에도 독성이 있어 먹으면 입안이 마비되고 구토를 하거나 피 설사를 하므로 절대 먹어서는 안 된다.

길러보기

삽목과 실생으로 번식한다.

비슷한 식물들

- **무늬서향** : 잎 가장자리에 연한 황색 무늬가 있다.
- **백서향** : 제주도, 거제도, 흑산도, 일본 등지에 자생한다.

키 작은 창포

213 석창포

- 학 명 : *Acorus gramineus* Sol.
- 과 명 : 천남성과

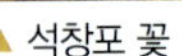

▲ 석창포 꽃

▲ 석창포 잎

석창포(石菖蒲)는 창포의 한 종류이다. 창포는 물가에서 자라지만, 석창포는 햇볕을 많이 받는 곳의 공중습도가 높은 바위나 물이 많은 냇가의 반그늘에서 자란다. 창포류 중 키가 작고 잎도 좁고 짧으며, 뿌리도 훨씬 가늘다. 키는 10~30㎝이다.

남부지방의 지리산, 내장산, 진도, 제주도 등지의 냇가나 골짜기에서 나는 상록여러해살이풀로, 잎은 뿌리줄기 끝에서 뭉쳐난다. 잎 모양은 줄처럼 생겼고 엷은 녹색 줄이 있으며 질기고 윤기가 난다. 뿌리는 옆으로 뻗어 가며 자라고 마디가 많다. 뿌리줄기 밑부분에서는 수염뿌리가 나는데, 땅속에 묻혀 있는 것은 흰색이고 땅으로 올라온 것은 녹색이다.

6~7월에 연한 노란색 꽃이 피며, 꽃줄기의 길이는 잎과 비슷한 10~30㎝, 너비는 약 0.5㎝이다. 잎은 항상 푸르지만 꽃이 안에 숨겨져 있어 거의 볼 수 없기 때문에 꽃을 보기 위한 관상용으로는 적합하지 않다. 둥근 열매가 8~9월에 녹색으로 익으며, 종자 밑부분에는 털이 있다.

천남성과에 속하며 석장포, 석향포, 창포, 애기석창포, 바위석창포라고도 한다. 관상용으로 쓰이고, 뿌리줄기는 약으로 쓰인다. 민간에서는 목욕을 할 때 함께 넣어 사용했다. 특히 뿌리가 왕성하게 발달하기 때문에 경사지에 심으면 장마철에 비가 많이 올 때 토양 유실을 방지할 수 있다. 우리나라와 일본, 중국, 인도 등지에 분포한다.

길러보기

9월에 받은 종자를 냉장고에 일주일 이상 보관했다가 물에 2~3일 정도 불린 후 뿌린다. 종자가 딱딱하기 때문이다. 가을에 뿌리를 나누거나 이른 봄 새순이 올라올 때 뿌리를 나누어 심어도 된다. 번식력이 좋은 식물이기 때문에 다른 식물과 함께 심는 것은 피하는 게 좋다. 햇볕이 잘 드는 경사지나 돌 틈에 심는다. 뿌리가 자리를 잡으면 따로 물 관리를 해 주지 않아도 된다.

비슷한 식물들

- **창포** : 연못가나 도랑가에서 자라며, 키는 30㎝가량이다. 옛날에는 단옷날 여인들이 창포를 넣어 끓인 물로 머리를 감았다.

- **꽃창포** : 붓꽃과로, 붉은 자주색 꽃이 핀다. 키는 60~120㎝로, 습지에 자란다.
- **뜰꽃창포** : 꽃창포를 개량한 것으로 물가나 습한 곳에 자라며, 키는 60~80㎝이다.
- **노랑꽃창포** : 꽃창포와 거의 유사하나 꽃이 노란색이다. 원산지는 유럽으로, 연못가에 많이 심는다.
- **돌창포** : 습기 있는 바위에 자라며, 꽃은 흰색이다. 강원도 팔봉산과 평안북도 강계 등에 분포한다.
- **숙은돌창포** : 꽃자루 끝이 밑으로 처지고, 석창포를 축소시킨 것 같다. 키는 5~15㎝이다.
- **한라꽃장포** : 숙은돌창포와 유사하며, 키는 6~8㎝로 아주 작다. 한라산에 분포하는 한국 특산종이다.

▲ 창포

▲ 꽃창포

▲ 노랑꽃창포

▲ 한라꽃장포

잎이 수레바퀴처럼 돌려나는 갈퀴

214 선갈퀴

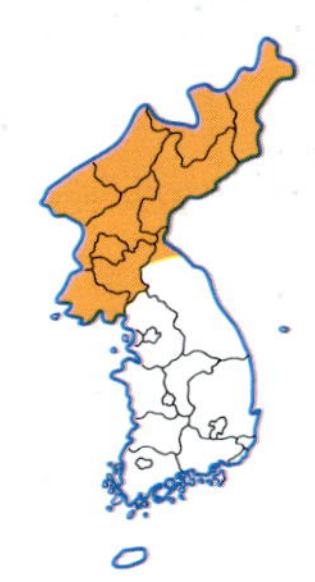

- 학 명 : *Asperula odorata* L.
- 과 명 : 꼭두서니과

▲ 선갈퀴 꽃

▲ 선갈퀴 잎

시골 길가에 무성하게 자라는 잡초들 사이로 가끔 보랏빛 꽃이 바람에 살살 흔들리는 식물을 볼 수 있다. 아카시아 꽃처럼 뭉텅이로 뭉쳐 있기도 하고 더러는 한두 개 모여 있기도 한데, 잎을 보면 아카시아 잎처럼 작은 잎이 두 줄로 여러 개 모여 난다. 이 식물이 갈퀴나물인데, 잎자루 끝에서 갈퀴처럼 생긴 덩굴손이 있어 붙여진 이름이다.

갈퀴나물에는 참 많은 식구가 있다. 선갈퀴는 그중 꽃이 흰색으로 깔때기 모양을 하고 있는 점이 차이점이다. 또한 땅속줄기를 옆으로 뻗으며 번식한다. 또 큰 차이는 갈퀴나물이 콩과 식물인데 반해, 선갈퀴는 꼭두서니과 식물이다.

줄기는 네모지며 곧추서는데, 키는 25~40㎝이다. 잎은 6~10장 정도가 돌려나며 길이 2.5~4㎝, 너비 0.5~1㎝이다. 잎 뒷면과 가장자리에 위를 향한 센털이 있다. 잎이 돌려나는 모습이 수레바퀴 같다고 해서 수레바퀴아재비라고도 한다.

꽃은 5~6월에 흰색으로 줄기 끝에 달리고 꽃 밑에서 또 각각 한 쌍씩의 작은 꽃자루가 나와 그 끝에 한 송이씩 달린다. 꽃부리는 끝이 4개로 갈라지고 수평으로 퍼진다. 열매는 둥글며 갈고리 같은 털이 빽빽이 나 있다. 전체적으로 개선갈퀴와 비슷하나 잎이 약간 두껍고 광택이 난다.

꼭두서니과의 여러해살이풀로, 우리나라와 일본, 러시아 사할린, 중국, 유럽, 북아메리카 등지에 분포한다. 우리나라에서는 강원도 이북과 울릉도 산

▲ 선갈퀴 무리

지에 분포한다.

열매는 마르면 향기가 있으므로 맥주의 향료로 사용한다. 한방에서는 뿌리를 제외한 전초를 약재로 사용한다. 이뇨제로 쓰이며 피부궤양, 발진, 종기, 화상에 소염 효과가 있다고 한다. 꽃말은 '용기'이다.

길러보기

6월에 종자를 받아 바로 뿌리거나 수분 증발을 억제하기 위해 종이로 감싼 다음 냉장고에 보관한 후 이듬해 봄에 뿌린다. 포기나누기는 가을이나 이른 봄에 새눈을 중심으로 나눈다. 종자발아율이 높은 품종이어서 대량으로 재배하고자 하면 종자를 많이 받아야 한다.

비슷한 식물들

- **갈퀴나물** : 꽃은 홍자색으로 한쪽으로 치우쳐 피고, 길이 1.2~1.5㎝이다.
- **두메갈퀴나물** : 잎은 길이 1~4㎝, 너비 1~2㎝로 달걀 모양이며, 잎 가장자리에 위로 향한 털이 있다.
- **등갈퀴나물** : 작은 잎이 8~12쌍으로 갈퀴나물의 5~8쌍보다 많으며, 꽃의 지름은 갈퀴나물보다 작아 구분이 된다.
- **가는갈퀴** : 작은 잎이 길이 1~2㎝의 긴 타원형 또는 줄 모양이고 끝이 뾰족하다.
- **가는살갈퀴** : 살갈퀴에 비하여 작은 잎이 좁고 끝이 오목하지 않으며 꽃이 약간 작다. 꽃은 홍자색으로 핀다.
- **노랑갈퀴** : 꽃이 자줏빛을 띤 노란색이다.
- **큰등갈퀴** : 작은 잎이 4~10개이고 건조하면 황갈색을 띠고, 하부의 잎은 덩굴손이 없다.
- **살갈퀴나물** : 꽃은 5월에 붉은빛이 강한 자주색으로 잎겨드랑이에 1~2개씩 달린다.
- **산개갈퀴** : 달걀 모양의 잎 네 개가 돌려난다.

▲ 두메갈퀴나물

ㅅ

줄기가 곧게 선 선봄까치꽃

215 선개불알풀

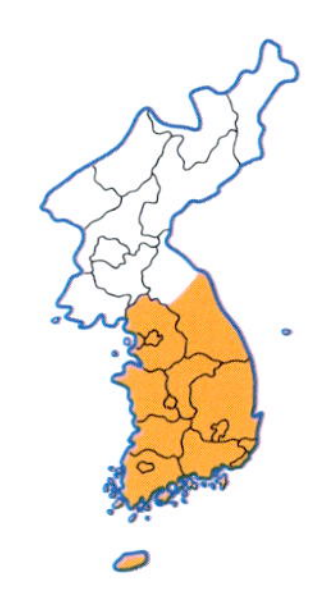

- 학 명 : *Veronica arvensis* L.
- 과 명 : 현삼과

▲ 선개불알풀 꽃

▲ 선개불알풀 잎

풀 이름 중에는 아주 작은 것에 힌트를 얻어 붙인 것도 많다. 개불알풀이 그렇다. 식물만을 놓고 보면 도대체 왜 개불알이라는 민망한 이름이 붙여졌는지 알기 어렵지만, 열매가 맺힌 것을 보면 정말 개불알을 닮았다. 그러나 이는 일본어를 번역하여 붙인 이름이고, 본래 우리말로는 '봄까치꽃'이라고 해서 예쁜 이름의 풀이다.

이 개불알풀에는 몇 가지 종류가 있는데, 선개불알풀은 서 있는 개불알풀이라는 뜻이다. 역시 이름이 민망하여 선봄까치꽃이라고도 한다. 개불알풀은 줄기가 밑에서부터 가지를 내어 옆으로 자라거나 비스듬하게 자라는 반면, 선개불알풀은 줄기가 곧게 선다. 또 꽃과 열매에 자루가 없는 점도 개불알풀과 다른 점이다.

키는 10~30㎝이고 밑부분에서 가지가 갈라지며, 전초에 짧은 털이 있다. 잎은 마주나나 윗부분의 잎은 어긋나기도 한다. 잎자루는 없으며 잎 길이는 1~2㎝, 너비는 0.7~1.5㎝로 달걀 모양이다. 잎 끝은 둔하며 가장자리에 둔한 톱니가 있다.

꽃은 5~6월에 연한 자주색을 띤 남색으로 줄기 윗부분의 잎겨드랑이에 피는데, 꽃자루는 없다. 꽃받침은 4개로 갈라지고, 꽃부리도 4개로 갈라진다. 열매는 속이 여러 칸으로 나뉘고 각 칸 속에 많은 종자가 들어 있으며 거꾸로 세운 심장 모양이다. 개불알풀과 비교하면 줄기가 곧게 서고 꽃과 열매에 자루가 없는 것이 다르다.

▲ 선개불알풀 무리

현삼과의 한해살이풀 또는 두해살이풀로, 우리나라를 비롯한 아시아와 유럽, 아프리카 등지에 분포한다. 우리나라에서는 울릉도와 중부 이남에 분포하며, 볕이 잘 드는 풀밭이나 길가에 자란다.

길러보기

꽃을 심을 땐 가을에 받은 종자를 바로 뿌리거나 보관했다가 이듬해 봄에 일찍 뿌린다.

비슷한 식물들

- **개불알풀** : 줄기는 부드러운 털이 나 있으며, 밑에서부터 가지가 갈라져 옆으로 자라거나 비스듬히 일어서며 자란다.
- **큰개불알풀** : 꽃은 지름 약 1㎝로 개불알풀의 꽃보다 크다.
- **눈개불알풀** : 줄기가 바닥을 기듯이 하다 끝부분에만 바로 선다.
- **개불알꽃** : 난초과로 복주머니란이라고도 한다. 산기슭의 풀밭에 자라며, 키는 5~40㎝이다.

▲ 개불알풀

▲ 큰개불알풀

줄기가 곧게 서는 골짜기의 황금

216 선괭이눈

- 학 명 : *Chrysosplenium pseudofauriei* H.Lev.
- 과 명 : 범의귀과

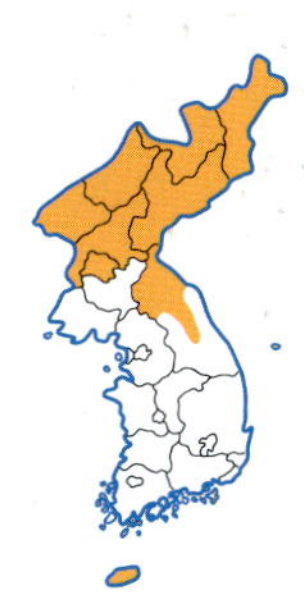

▲ 선괭이눈 꽃

▲ 선괭이눈 종자 결실

ㅅ

옛날에는 고양이를 괭이라고 하였다. 괭이눈이라는 꽃은 꽃이 지고 열매가 익을 무렵 씨앗을 감싼 씨방이 벌어지는데, 그 모습이 고양의 눈을 닮아 붙여진 이름이다. 그것을 보면서 고양이의 눈을 떠올리다니, 누가 이름을 붙였는지 절묘하다.

또 흥미로운 것은 꽃 주변의 잎이 노랗게 물이 들어 꽃의 일부처럼 보인다는 점이다. 이것은 꽃이 너무 작아 곤충들이 볼 수 없을까 봐 일부러 주변 잎을 노랗게 물들이는 것이다. 그래야 곤충들이 '저기도 꽃이 있네!' 하며 찾아와 수정을 시켜서 번식할 수 있다. 이렇게 잎이 꽃처럼 변신하는 기간은 약 1주일 정도이며, 나비나 벌이 찾아와 꽃가루를 받아 가면 잎은 다시 초록으로 바뀐다. 식물의 놀라운 생존 전략이다.

괭이눈은 여러 종류가 있는데, 선괭이눈은 꽃줄기가 뭉쳐나고 밑의 잎이 작고 위의 잎이 큰 것이 특이하다. 옆으로 벋어 가는 가지는 뿌리가 내린 다음 곧게 서서 키 10~20㎝ 정도 자란다. 가지가 곧게 선다고 해서 선괭이눈이라고 한다. 줄기에 털이 없다.

뿌리잎은 모여나고, 줄기잎은 1~2쌍이 마주난다. 잎은 달걀 모양 또는 타원 모양, 달걀을 거꾸로 세운 모양이다. 잎 끝은 둔하며 가장자리에 둔한 톱니가 있다. 유사종에 비하여 잎이 큰 편이다.

꽃은 4~5월에 황색으로 피며, 꽃받침조각은 4개이고 모가 진다. 꽃봉오리를 덮는 작은 잎은 가장자리에 비교적 날카로운 톱니가 있는데, 꽃이 필 무렵 노랗게 물들었다가 열매가 맺으면 녹색으로 되돌아온다. 꽃잎은 없고 수술은 8개이다. 열매는 속이 여러 칸으로 나뉘고 각 칸 속에 많은 종자가 들어 있고 2개로 갈라지며, 종자는 검은색이다.

꽃이 진 뒤 무성지(꽃이 피지 않는 줄기 또는 가지)가 발달하여 땅을 기다 끝에서 뿌리가 내려 방석 모양의 커다란 잎이 나와 또 하나의 개체로 성장한다. 그래서 대개 군락을 이룬다.

범의귀과에 속하는 여러해살이풀로, 우리나라와 중국, 우수리 강, 아무르 강 등지에 분포한다. 우리나라에서는 제주도와 강원도, 북부지방 산지의 볕이 잘 드는 곳에서 자란다. 꽃말은 '골짜기의 황금', '변하기 쉬운 마음'이다.

길러보기

새순이 올라올 때 포기나누기를 해서 화분에 심는다. 서늘하고 습기가 많은 곳에 심는 것이 중요하다.

비슷한 식물들

- **괭이눈** : 잎 모양은 달걀 모양, 수술은 4개이다.
- **애기괭이눈** : 키가 5~15㎝로 아주 작으며, 연한 황록색 꽃이 핀다.
- **흰괭이눈** : 잎 가장자리에 털이 규칙적으로 있다.
- **바위괭이눈** : 줄기가 자줏빛이다.
- **오대산괭이눈** : 강원도 오대산 북대사 근처와 함경도의 습지에 자란다. 잎에는 얕게 파인 톱니가 많다.
- **천마괭이눈** : 잎은 색깔이 노랗게 물들 때 너비가 가장 넓다.
- **산괭이눈** : 꽃은 연한 녹색이고, 잎은 하트 모양이다.
- **가지괭이눈** : 원형에 가까운 잎은 길이 0.5~1.5㎝, 너비 0.6~1.5㎝ 정도이다. 잎에 톱니가 있는 것이 특징이다.
- **금괭이눈** : 꽃 주변의 잎이 황금색으로 물들어서 붙여진 이름이다. 노란 부분이 다른 괭이눈 종류보다 더욱 넓어 보인다.

▲ 애기괭이눈

▲ 흰괭이눈

▲ 산괭이눈

ㅅ

늦은 봄에 피는 괭이밥

217 선괭이밥

- 학 명 : *Oxalis stricta* L.
- 과 명 : 괭이밥과

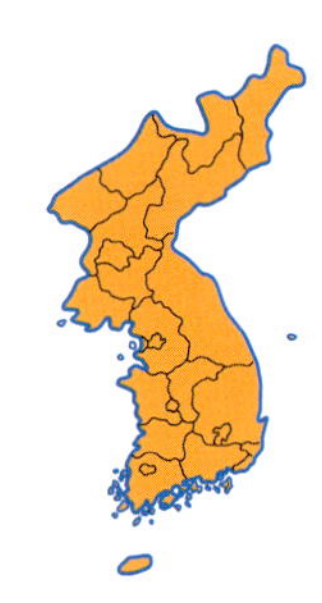

▲ 선괭이밥 꽃

▲ 선괭이밥 잎

괭이밥은 보통 이른 봄에 피는데, 선괭이밥은 아주 늦은 봄 또는 거의 여름에 꽃을 피우는 경우가 많다. 고양이가 잘 먹는다고 해서 괭이밥이라는 이름이 붙었다. 실제 잎을 따서 씹어 보면 신맛이 나는데, 먹을 것이 많지 않던 옛날에는 이 잎을 따 먹기도 했으며, 흔히 시금초라고 불렀다.

괭이밥과 선괭이밥은 우선 크기가 약간 다르다. 괭이밥이 키 10~30㎝ 정도로 작은 반면에, 선괭이밥은 키 40㎝ 정도로 크다. 또 잎과 줄기를 보면 구분할 수 있는데, 괭이밥이 뿌리가 곧고 땅위줄기가 땅을 기며 턱잎이 뚜렷하게 나타나는 것에 비해, 선괭이밥은 뿌리가 가늘고 땅위줄기는 곧게 서며 턱잎이 뚜렷하지 않다.

선괭이밥은 전국 각처의 들에 자생하는 여러해살이풀로, 양지바른 곳에서 잘 자라며 키는 30~40㎝이다. 전체에 털이 나고 줄기는 곧게 서며, 가지는 많이 갈라진다. 잎은 어긋나고 작은 잎은 3갈래로 갈라지고 끝이 오목하게 들어가며 가장자리에 작은 섬모가 있다. 꽃은 7~8월에 피며 노란색으로 작은 것들이 여러 송이 달린다. 열매는 9월경에 맺히는데, 긴 둥근형이다.

괭이밥과에 속하며 왕시금초, 왕괭이밥, 왕괭이밥풀, 왜선괭이밥, 곧은괭이밥풀, 작은선괭이밥풀이라고도 한다. 어린잎은 식용하고 전초를 약용으로 사용하며, 관상용으로도 사용한다. 우리나라와 일본, 중국, 시베리아 등지에 분포한다.

길러보기

9~10월경에 익는 종자를 저장하지 않고 화분에 바로 뿌리거나 가을이나 이른 봄에 포기나누기를 한다. 어느 곳에 두더라도 잘 자라는 생명력이 강한 식물로, 화분을 이용할 때에는 다른 식물들 주변에 심고, 바깥에 심을 때에는 집단을 이루게 하고 다음 해에 솎아 주는 것이 좋다. 물 관리는 2~3일 간격으로 한다.

비슷한 식물들

- **옥살리스** : 괭이밥속 식물 전체를 가리키는 말이다. 특히 관상용으로 재배되는 괭이밥 10여 종을 이른다. 관상용으로 재배하는 것들은 잎겨드랑에서 나온 꽃자루에 1~4개의 아름다운 꽃을 피운다. 희망봉괭이밥, 세르누아, 바리아빌리스, 마르티아나, 히르타, 자줏잎옥살리스 등이 있는데, 이중 자줏잎옥살리스는 잎이 하트 모양을 닮아 사랑초로도 불린다.

서 있는 밀나물

218 선밀나물

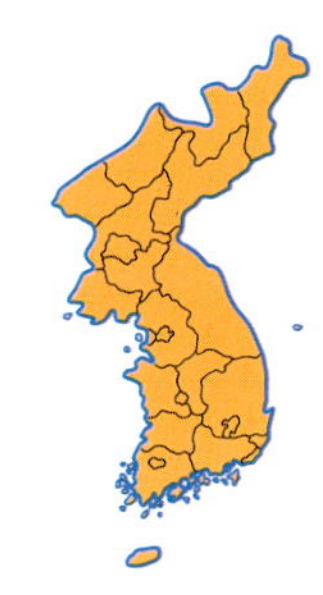

- 학 명 : *Smilax nipponica* Miq.
- 과 명 : 백합과

▲ 선밀나물 지상부(암꽃)

▲ 선밀나물 지상부(수꽃)

선밀나물은 산과 들에서 자라는 여러해살이풀이다. 밀나물과 비슷하지만 덩굴성이 아니므로 서 있는 밀나물이란 의미로 선밀나물이라고 한다. 잎이나 꽃의 모양이 거의 같은데, 하나는 덩굴처럼 자라고 다른 하나는 곧게 서서 자라니까 특이하다.

▲ 선밀나물 꽃봉오리

반그늘 혹은 양지에서 자라며, 키는 약 1m 정도이다. 잎은 길이 5~15㎝, 너비 2.7~7㎝로, 표면은 녹색이고 뒷면은 분백색이며 넓은 타원형으로 어긋난다. 꽃은 5~6월에 황록색으로 핀다. 밑부분의 잎겨드랑이에서 길이 4~10㎝ 정도의 꽃줄기가 나온다. 선밀나물은 암수딴그루로, 수꽃은 길이 0.4㎝ 정도로 옆으로 퍼지며 잎겨드랑이에 여러 개가 달리고, 암꽃은 둥근 씨방에 붙어 있다. 열매는 7~8월경에 검은색으로 익고 백분으로 덮여 있으며 둥글게 달린다.

선밀나물은 백합과에 속하며, 새밀이라고도 한다. 같은 백합과에 속하며, 꽃이 비슷한 것으로는 청미래덩굴과 청가시덩굴이 있다. 어린잎은 식용, 뿌

▲ 선밀나물 새순 올라오는 모습

▲ 선밀나물 종자 결실

리는 약용으로 쓰이는데, 약용으로 쓸 때는 우미채라고 한다. 우리나라와 일본, 중국에 분포한다.

길러보기

8월에 익은 종자를 받아 종이에 싸서 냉장 보관한 후 9~10월경에 뿌리고 이듬해 봄에 포기나누기를 하여 번식한다. 주로 물 빠짐이 좋고 부엽질이 많은 화단에 심는다. 물은 3~4일에 한 번 정도 준다.

비슷한 식물들

- **좁은잎밀나물** : 잎이 밀나물에 비해 좁다.
- **밀나물** : 가지가 많이 갈라지고 모가 난 줄이 있으며, 길이 2~3m로 다른 물체를 감으면서 자라는 덩굴성 식물이다.
- **청미래덩굴** : 굵고 딱딱한 뿌리줄기가 꾸불꾸불 옆으로 길게 벋어 나간다. 줄기는 마디마다 굽으면서 길이 2m 내외로 자라고 갈고리 같은 가시가 있다.
- **청가시덩굴** : 길이 5m 내외로 벋어 나가며, 능선과 곧은 가시가 있고 가지는 딱딱하며 녹색이다.
- **민청가시덩굴** : 줄기에 가시가 없다.

▲ 청미래덩굴

개화 기간이 긴 꽃

219 선백미꽃

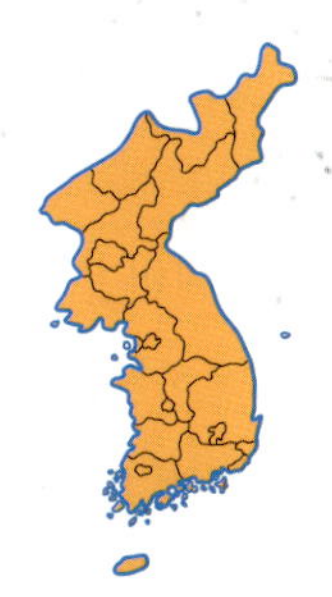

- 학 명 : *Cynanchum inamoenum* (Maxim.) Loes.
- 과 명 : 박주가리과

▲ 선백미꽃 꽃

선백미꽃은 백미꽃의 일종으로 '선'은 '서 있다'는 뜻이다. 키와 잎이 백미꽃과 거의 닮았는데, 꽃은 확실하게 구분이 되어, 백미꽃이 검은 자주색인 반면, 선백미꽃은 연한 황색이다.

선백미꽃은 우리나라 각처의 산지에서 자라는 여러해살이풀로, 햇볕이 잘 드는 양지의 부엽질이 많은 곳에 자라며, 키는 30~60㎝이다.

줄기는 곧게 서고, 달걀 모양 또는 타원형의 잎은 마주나며 길이 6~10㎝, 너비 3~6㎝로 가장자리가 밋밋하다. 잎자루는 길이 0.7~1㎝ 정도이다.

7~8월에 잎겨드랑이에서 짧은 꽃줄기가 나오는데, 우산살 모양으로 올라가며 연노랑색 꽃이 핀다. 꽃의 지름은 약 0.7㎝ 정도이다.

열매는 10월경에 여러 개의 씨가 익으면서 비스듬히 벌어지고 뿔 모양이다. 열매는 길이 4~5㎝, 너비 약 0.5㎝이고, 종자는 날개와 긴 종모가 있으며 넓은 달걀 모양이다.

박주가리과에 속하며, 금강박주가리라고도 한다. 관상용으로 쓰이며, 뿌리는 약용으로 쓰인다. 특히 한방에서는 백미꽃 대신 사용한다. 꽃이 풍성하고 개화 기간이 길기 때문에 실내에서 화분으로 키우기 좋은 식물이다. 우리나라와 중국, 일본, 사할린 등지에 분포한다.

길러보기

10월경에 달리는 종자를 종이에 싸서 냉장 보관하여 이듬해 봄에 뿌린다. 잎이 지고 없는 가을이나 이른 봄에 줄기에 뿌리를 붙여 포기나누기를 해서 옮겨 심어도 된다.

화분 아래 돌을 넣어 물 빠짐이 잘되게 하고, 심은 후에는 햇볕이 잘 드는 곳에 두는 것이 좋다. 또한 실외에 재배할 때는 물 빠짐이 좋은 곳에 집단적으로 심는 것이 좋다. 물은 2~3일 간격으로 준다.

비슷한 식물들

- **백미꽃** : 키는 50㎝가량이다. 백미 또는 아마존이라고도 하며, 약재로 많이 사용된다. 꽃은 검은 자주색으로 핀다.
- **푸른백미꽃** : 백미꽃과 비슷하나, 꽃이 초록빛을 띤다.
- **민백미꽃** : 꽃이 흰색이며, 산지의 볕이 잘 드는 풀밭에서 자란다.
- **덩굴민백미꽃** : 바다 근처의 풀밭에서 자란다. 줄기는 뭉쳐나며 곧게 서지만 위쪽이 흔히 덩굴로 된다. 키는 30~80㎝이다.

▲ 백미꽃

▲ 민백미꽃

ㅅ

깊은 산에 피는 앵두꽃을 닮은

220 설앵초

- 학 명 : *Primula modesta* var. *fauriae* (Franch.) Takeda
- 과 명 : 앵초과

▲ 설앵초 꽃

▲ 설앵초 잎

설앵초는 깊은 산 돌 틈에서 자라는 여러해살이풀이다. 앵초의 한 종류인데, 본래 앵초는 앵두나무와 풀이 합쳐진 말이다. 꽃의 모양이 앵두나무의 꽃과 비슷해서 앵초라고 하는데, 설앵초란, 잎 뒷면에 은황색 가루가 붙어 있어 눈처럼 보인다고 해서 눈 설(雪) 자를 붙였다.

▲ 설앵초 꽃봉오리 올라오는 모습

설앵초는 돌과 이끼가 있는 습한 곳에서 잘 자라는데, 주로 제주도 한라산과 경상남도의 해발 800m 이상의 고산 지대에서 자라며, 키는 10~15㎝이다. 잎은 길이 약 10㎝로 뿌리에서 나오고 가장자리에는 이 모양의 톱니가 있으며 전체적인 모양은 주걱처럼 생겼다. 꽃은 5~6월에 엷은 자주색으로 피는 긴 통꽃으로 줄기 정상부에 10개 정도 펼쳐지며 달린다. 열매는 8월경에 익으며 길이 5~8㎜로 끝이 5개로 갈라진다.

앵초과에 속하며 눈깨풀, 분취란화, 좀분취란화, 좀설앵초, 애기눈깨풀라고도 한다.

관상용으로 쓰이며, 어린순은 식용한다. 설앵초는 지구온난화가 계속되면

▲ 설앵초 무리

우리나라에서 멸종될 수도 있는 식물로, 국립생물자원관에서 발표한 '국가기후변화생물지표' 100종의 하나로 선정되기도 했다. 우리나라와 일본, 사할린에 분포한다.

길러보기

8월경 익은 종자를 보관했다가 이듬해 봄 화단이나 화분에 뿌린다. 뿌리는 가을에 포기를 나누어 봄에 심는 것이 좋다. 화단이나 화분에 심고 돌에 이끼를 붙여 함께 심으면 물 관리를 편하게 할 수 있고 습도를 유지하기가 수월하다. 물은 2~3일에 한 번 주고 매일 분무기로 주변에 뿌려 준다.

비슷한 식물들

- **앵초** : 뿌리줄기는 짧고 수염뿌리가 달리며 옆으로 비스듬히 서고, 전체에 꼬부라진 털이 많다. 꽃은 붉은빛이 강한 자주색으로 핀다.
- **큰앵초** : 잎이 둥글고 크다.
- **털큰앵초** : 큰앵초와 흡사하나 꽃줄기와 잎자루에 긴 털이 나 있다.
- **좀설앵초** : 잎이 작고 뒷면에 황색 가루가 붙어 있다.
- **돌앵초** : 높은 산의 바위 곁에서 자라며, 꽃은 5~6월에 연한 자주색으로 핀다.

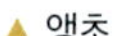

▲ 앵초

▲ 큰앵초

▲ 좀설앵초

고운 무늬 옷 입은

221 섬족도리풀

- 학 명 : *Asarum maculatum* Maekawa
- 과 명 : 쥐방울덩굴과

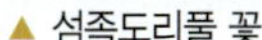

▲ 섬족도리풀 꽃

▲ 섬족도리풀 잎

족도리풀은 작고 동그란 꽃이 마치 족두리를 닮아서 붙여진 이름이다. 이 꽃에는 어머니와 딸의 슬픈 전설이 전해진다. 경기도 포천에 모녀가 살고 있었는데, 딸은 꽃처럼 아름다워 꽃아가씨로 불렸다. 얼굴이 하도 예뻐 궁녀로 뽑혔으나 어떤 일로 중국에 팔려가 이리저리 떠돌아다니다 죽고 말았다. 그 사이 어머니도 죽었는데, 이듬해 그 집 뒷마당에 족두리 같은 꽃을 피우는 식물이 자라 사람들은 이를 족도리풀이라 불렀다고 한다. 이런 전설 때문인지 꽃말은 '모녀의 정'이다.

족도리풀은 몇 가지 종류가 있는데, 자주족도리풀은 잎이 자주색을 띠어 붙여진 이름이다. 꽃은 다른 종들도 자줏빛을 띠는데, 족도리풀에 비해 꽃이 크고 짙은 흑자색인 점이 다르다. 한때 족도리풀의 변형으로 취급하기도 했으나, 매우 특징적인 종이므로 별개의 종으로 취급한다.

섬족도리풀은 제주도와 남부지방의 산지 숲 속에서 자라는 여러해살이풀이다. 키는 20㎝ 내외로 자라고, 잎은 심장형이거나 삼각상 달걀 모양으로 1~2개씩 나며, 표면은 진한 녹색으로 흰색 무늬가 있으며 가장자리는 밋밋하고 털은 없고 잎줄기가 있다. 꽃은 4~5월에 진한 자주색으로 잎자루 밑부분의 짧은 꽃줄기 끝에 항아리 모양으로 달리고 끝이 3개로 갈라진다. 열매는 8월에 길이 3㎝ 정도로 달리고, 씨방은 속이 여러 칸으로 나뉘고 각 칸 속에 많은 종자가 들어 있으며 반타원형이다. 족도리풀과의 차이는 잎이 두껍고 윗부분에 흰 무늬가 있는 것이 다르다.

쥐방울덩굴과의 여러해살이풀로 우리나라와 일본, 중국에 분포한다. 한국 특산종으로, 산지의 숲 속에서 드물게 자란다. 관상용으로 쓰이며, 뿌리는 약용으로 쓰이는데, 약재명은 세신이라고도 한다.

길러보기

늦가을이나 이른 봄에 포기나누기로 하거나 9월경에 받은 종자를 바로 뿌린다. 화분이나 화단에 심는다. 토양이 비옥한 반그늘에 심고, 물 관리는 2~3일 간격으로 한다.

비슷한 식물들

- **뿔족도리풀** : 꽃받침이 매우 작다.
- **개족도리** : 잎 표면은 짙은 녹색이고 흰색 무늬가 불규칙하게 있다.
- **구족도리풀**: 꽃에 통처럼 생긴 부분이 없다. 꽃 색깔은 검은색이다.
- **민족도리풀** : 족도리풀에 비해 잎이 약간 크고, 잎 뒷면에 털이 약간 있다. 털족도리풀, 서울족도리풀, 영종족도리풀이라고도 한다.
- **족도리풀** : 꽃은 5~6월에 자줏빛으로 피는데, 끝이 3갈래로 갈라지고 항아리 모양이다.
- **각시족도리풀** : 꽃받침이 뒤로 젖혀진다.
- **무늬족도리풀** : 잎 앞면에 흰색 무늬가 있다.
- **금오족도리풀** : 잎 양면에 털이 있고 특히 뒷면에 많다.

▲ 뿔족도리풀

▲ 개족도리

▲ 족도리풀

▲ 금오족도리풀

세 개의 꽃송이가 한 꽃대에 정겹게 피는

222 세바람꽃

- 학 명 : *Anemone stolonifera* Maxim.
- 과 명 : 미나리아재비과

▲ 세바람꽃 꽃(정면)

▲ 세바람꽃 꽃(측면)

바람을 좋아하는 바람꽃의 일종이다. 꽃줄기 하나에 세 개의 꽃송이가 달린다고 해서 세바람꽃이라는 이름을 얻었으나, 실제로 한 꽃줄기에 세 개의 꽃송이를 달고 있는 것을 보기가 쉽지 않다. 자생지에 가 보면 대부분 두 송이 정도 달린다.

▲ 세바람꽃 잎

제주도 한라산의 산지에서 나는 여러해살이풀로 미나리아재비과에 속한다. 자생지의 특성을 보면 이 꽃이 얼마나 까다로운 성격을 지녔는지 알 수 있다. 우선 주변에 계곡이 있어 습도가 높아야 하며, 햇볕이 잘 들지 않아도 1~2시간 정도는 빛이 들어야 한다. 토양도 유기질 함량이 높으면서 비옥해야 한다. 반음지, 물이 많은 계곡 옆 등이 최적의 생육 환경이다.

키는 10~20㎝이고, 뿌리줄기는 짧고 잔뿌리가 많으며 때로는 지하경이 옆으로 자란다. 뿌리에서 나온 잎은 여러 개이고 옆에서 나온 잎은 잔털이 많다. 잎은 길이 1~2.5㎝, 너비 1~2㎝ 정도로 앞과 뒤쪽에 털이 많이 있으며

▲ 세바람꽃 개화 직전

▲ 세바람꽃 개화

▲ 세바람꽃 무리

가장자리에는 톱니가 있다.

꽃은 5~6월에 줄기에서 2~3개의 꽃자루가 나와 그 끝에 흰색으로 한 송이씩 달린다. 꽃은 햇빛이 닿으면 활짝 피고 흐린 날이나 저녁에는 꽃잎을 다물어 버리는 습성이 있다. 작은 꽃줄기에는 털이 있고 길이 2~9㎝이다.

열매는 7~8월경에 길이 약 0.3㎝ 정도의 달걀 모양으로 달린다.

길러보기

8월경에 받은 종자를 바로 뿌리거나 상온 또는 냉장고에 보관 후 이듬해 봄에 뿌린다. 종자 발아에 관한 내용은 잘 알려져 있지 않은 품종이다. 습성이 까다로워 키우기에 적합하지 않다.

관상용으로 키운다면 세심히 관리해야 한다. 집단적으로 자라는 습성도 있지만, 한두 송이씩 자라는 습성도 있어 화분에 심어 관리해도 좋다. 물은 2~3일 간격으로 준다.

비슷한 식물들

- **바람꽃** : 높은 지대에 분포하며, 7~8월에 흰색 꽃이 핀다. 키는 10~15㎝로 꽃잎은 없다.

돌바람꽃 : 강원도, 경기도 이북의 고산지대에 자란다. 지름 약 2㎝로 꽃은 꽃대에 한 송이씩 달린다.

가래바람꽃 : 키 약 50㎝로, 전체적으로 잔털이 난다.

나도바람꽃 : 북부지방의 그늘진 숲에 자란다. 키는 20~30㎝, 꽃은 5~6월에 흰색으로 핀다.

너도바람꽃 : 산지의 반그늘에 자라며, 키는 15㎝가량이다. 4월에 길이 1㎝ 정도의 꽃대가 나와 그 위에 흰색 꽃이 핀다.

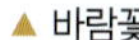

▲ 바람꽃

▲ 나도바람꽃

▲ 너도바람꽃

ㅅ

잎이 뿔처럼 세 갈래로 갈라진

223 세뿔석위

■ 학 명 : *Pyrrosia hastata* (Thunb. ex Houtt.) Ching

■ 과 명 : 고란초과

▲ 세뿔석위 잎

▲ 세뿔석위 포자낭

세뿔석위는 제주, 전남, 전북, 경남에 자라는 상록여러해살이풀이다. 양치식물처럼 꽃을 피우지 않고 포자로 번식한다. 세뿔이라는 이름은 잎이 세 갈래로 뿔처럼 생겼기 때문이며, 석위에서 '석'은 바위를 뜻하고 '위'는 부드러운 가죽을 뜻한다. 곧 석위는 바위에 붙어서 사는 가죽처럼 생긴 식물이란 뜻이다. 뿌리줄기가 옆으로 뻗고 길이는 약 3㎜이며 적색 또는 다갈색 비늘조각으로 덮이는 것이 특징이다.

세뿔석위는 주로 반그늘 혹은 양지의 공중습도가 높은 바위틈에서 잘 자란다. 잎은 길이 7~10㎝, 너비 2~3㎝이며 두껍다. 잎 표면은 녹색이고 뒷면에는 붉은빛이 도는 갈색 털이 빽빽하게 나 있다.

잎은 토양이 마르거나 주변습도가 높지 않으면 가장자리가 뒤로 말리는 특징이 있다. 관상용으로 기를 때 이것을 죽었다고 생각하고 잘라내는 경우도 있는데, 그러면 식물 전체를 죽일 수도 있으므로 주의해야 한다. 잎몸은 쌍날칼을 꽂은 창과 비슷한 모양으로, 3~5개로 갈라진다. 포자는 잎 뒤 모든 부분에 붙는다.

고란초과에 속하며, 변이가 많아 오손석위, 톱니석위, 흰우단석위, 붉은석위, 흰줄무늬석위, 은행잎석위 등 다양한 변종이 있다. 세뿔석위는 잎의 모양이 독특해 관상용으로 쓰이며, 잎은 약용으로 쓰인다. 우리나라와 일본, 중국 동북부에 분포한다.

▲ 수분 부족으로 세뿔석위 잎이 뒤로 말린 모습

▲ 세뿔석위 생육지

길러보기

늦가을이나 이른 봄에 포기나누기를 한다. 화분에 키우면 좋으며, 가능한 한 물을 많이 주지 않고 반그늘에 두는 것이 좋다. 물은 3~4일 간격으로 준다.

비슷한 식물들

- **석위** : 잎몸은 넓은 피침형 또는 달걀 모양 피침형으로 양 끝이 좁고 두껍다.
- **일엽초** : 고란초과의 상록여러해살이풀로, 뿌리줄기가 옆으로 벋는 것은 석위와 비슷하나, 긴 선처럼 생긴 잎이 무더기로 나오는 게 특징이다.

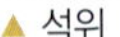

▲ 석위

▲ 일엽초

작은 잎이 세 개 달린

224 세잎양지꽃

- 학 명 : *Potentilla freyniana* Bornm.
- 과 명 : 장미과

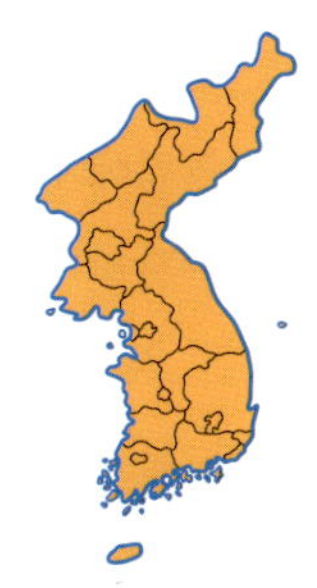

▲ 세잎양지꽃 꽃

▲ 세잎양지꽃 잎

ㅅ

양지꽃은 종류도 많고 꽃도 아주 예쁘며 이름 그대로 햇볕이 따스하게 드는 초원에서 많이 볼 수 있다. 붉은색 줄기가 옆으로 기는 것처럼 크는데, 중간에 잘리더라도 금세 회복이 되어 뿌리를 내리고 새순이 돋는다. 이른 봄이 되면 우리나라 산과 들 어디건 햇볕만 잘 드는 곳이라면 양지꽃이 자라는 모습을 볼 수 있는 것은 그만큼 생명력이 강하기 때문이다. 또한 꽃도 보통 4개월 정도 피므로 봄부터 여름까지 볼 수 있다.

세잎양지꽃은 양지꽃과 비슷하지만 작은 잎이 세 개로 구성되어 있어서 붙여진 이름이다. 양지꽃은 잎이 5~10장 정도 달리는 것이 보통이다. 토양의 조건에 관계없이 햇볕이 많이 드는 곳에서 자라며, 키는 15~30㎝이다.

잎은 뿌리에서 나오고 잎자루가 길며 길이 2~5㎝, 너비 1~3㎝이고 긴 타원형 또는 달걀 모양이다. 잎 표면은 녹색이고, 뒷면은 맥 위에 잔털이 많이 나 있으며, 가장자리에는 무딘 톱니가 있다.

꽃은 3~4월에 황색으로 피며 지름 1~1.5㎝로 끝이 오목하게 들어가는 원형으로 달린다. 열매는 6~7월경에 연갈색으로 열리는데, 안에는 약 1㎜ 정도 되는 작은 종자가 들어 있다. 꽃이 진 다음 옆으로 벋는 가지가 자라는 것이 특징이다. 열매가 작은 딸기 모양으로 달리고, 꽃도 뱀딸기를 닮아서 뱀딸기와 혼동이 되지만 뱀딸기의 꽃받침은 꽃보다 큰 반면, 양지꽃의 꽃받침은 꽃보다 작기 때문에 구별할 수 있다.

장미과에 속하며, 털양지꽃, 털세잎양지꽃, 우단양지꽃이라고도 한다. 관상용으로 쓰이며, 어린순은 식용, 꽃과 줄기, 잎 모든 부분이 약용으로 쓰인다.

▲ 세잎양지꽃 무리

우리나라와 일본, 중국 북부, 아무르 강과 만주 등지에 분포한다.

길러보기

6~7월경에 익은 종자를 바로 화분이나 화단에 뿌리거나 보관 후 가을에 뿌린다. 포기나누기는 가을에 하는 것이 좋다. 화분이나 화단에 심고 햇볕이 많이 드는 곳에서 재배하며, 물은 1~2일 간격으로 준다.

비슷한 식물들

- **돌양지꽃** : 바위틈에서 자라고, 잎 가장자리의 톱니가 크다.
- **가락지나물** : 양지꽃과 비슷하나 잎이 손바닥 모양이다.
- **딱지꽃** : 잎이 길게 갈라진다.
- **눈양지꽃** : 바닷가 습지에서 자라며, 전체적으로 옆으로 누워 있다.
- **민눈양지꽃** : 세잎양지꽃과 잎이 비슷하지만 잎 가장자리에 흰색의 누운 털이 난다. 깊은 산에서 자란다.
- **물양지꽃** : 뿌리에서 나온 잎은 꽃이 필 때 말라 없어진다. 깊은 산 냇가에서 자라며, 꽃은 7~8월에 황색으로 핀다.

ㅅ

▲ 돌양지꽃

▲ 가락지나물

▲ 딱지꽃

▲ 민눈양지꽃

나무의 적이란 별명을 가진

속새

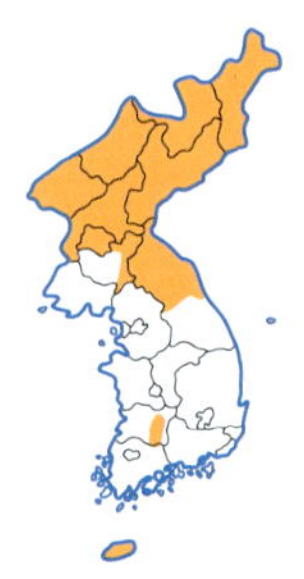

- 학 명 : *Equisetum hyemale* L.
- 과 명 : 속새과

▲ 속새 줄기

속새는 고생대 데본기에 전 지구를 뒤덮었던 식물로, 오늘날 중요한 지하자원인 석탄의 원료가 되었다. 줄기에는 규산염이 있어 아주 딱딱해 목재를 연마할 때 연장처럼 사용하기도 하고, 주석 그릇을 닦는 데에도 요긴하게 사용했던 식물이다. 그런 까닭에 목적(木賊)이라는 별칭과 주석초라는 이름으로도 불린다. 또 수많은 곁가지가 상자처럼 서로 겹쳐져 줄기를 이루고 있기 때문에 상자풀이라고도 한다.

속새는 제주도와 강원도 이북의 산지에서 자라는 상록여러해살이풀로, 물 빠짐이 좋지 않은 습지의 햇볕이 잘 들지 않고 부엽질이 풍부한 곳에서 잘 자란다. 이런 특성 때문에 속새가 자라는 곳에는 우물을 만들 수 있다고 생각해서 옛날에는 속새를 믿고 우물을 파기도 했다.

키는 30~60㎝이다. 퇴화된 비늘 같은 잎이 서로 붙어 마디 부분을 완전히 둘러싸서 잎집이 된다. 잎 끝은 톱니 모양이고 각 능선과 교대로 달린다. 지하뿌리에서 줄기가 여러 개 나와 모여 있는 것처럼 보이는 것이 특징이다. 줄기는 짙은 녹색으로 가지가 없고 마디와 마디 사이에는 10~18개의 능선이 있다. 포자낭은 길이 0.6~1㎝로 원줄기 끝에 달리며 원추형이다. 포자낭의 끝은 뾰족하며 처음에는 녹갈색이지만 점차 황색으로 변한다.

▲ 속새 생식경

▲ 속새 무리

속새과에 속하며 관상용으로 쓰이고, 전초는 약재로 사용된다. 최근에 외국에서 개량된 것이 많이 들어와 유사한 품종을 화원에서 많이 볼 수 있다. 달래, 냉이와 함께 겨울철과 봄철에 주변에서 쉽게 볼 수 있는 나물로, 이름도 속새라고 한다. 우리나라와 일본, 중국, 시베리아, 유럽, 북아메리카 등지의 북반구 습지대에 널리 분포한다.

▲ 속새 지상부 건조 약재

길러보기

줄기 마디를 뽑으면 통 속이 비어 있어 마디 끝에 발근촉진제를 묻혀서 삽목을 하면 좋다. 뿌리가 나오는 확률이 매우 높은 편이다. 습지 혹은 물기가 많은 웅덩이 근처에 심는 것이 바람직하다. 습기가 많은 곳을 좋아하기 때문이다. 따라서 실내에서 키울 때는 수련이 있는 화분이나 물 빠짐이 좋지 않은 화분에 키우는 것이 좋다. 외부에서 키울 때는 습지에서 잘 자라는 동자꽃, 관중, 노루오줌 등과 심어도 좋다.

비슷한 식물들

- **개속새** : 냇가의 양지바른 모래땅에서 자란다. 줄기는 흰빛이 도는 녹색이고 모난 줄이 있으며, 이 줄 위에 작은 점이 있거나 주름이 있다.
- **물속새** : 습지 또는 연못가의 얕은 물속에서 모여 자란다.
- **쇠물속새** : 연못가와 물가에 자란다. 짙은 녹색을 띠며, 10~30개의 가는 줄이 있다.
- **애기속새** : 품종 개량된 속새로, 높이는 15㎝ 내외이다.
- **쇠뜨기** : 높이 30~40㎝로, 소가 잘 먹는다고 해서 쇠뜨기라고 부른다. 속새와 비슷하나 속새는 하나의 줄기가 곧게 벋는 반면, 쇠뜨기는 줄기의 마디에서 가지가 모여난다.

▲ 쇠뜨기

무명 짤 때 풀칠하던 솔을 만들던 꽃

226 솔붓꽃

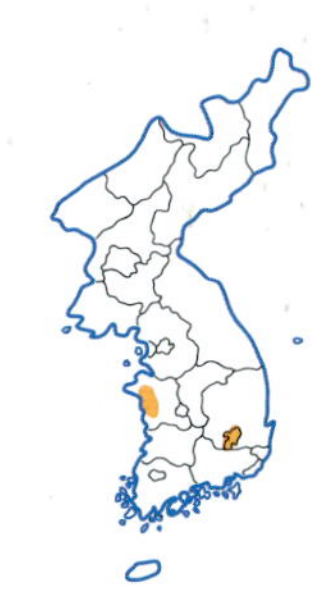

- 학 명 : *Iris ruthenica* Ker Gawl.
- 과 명 : 붓꽃과

▲ 솔붓꽃 꽃

▲ 솔붓꽃 잎

▲ 솔붓꽃 열매

우리가 많이 보아 온 꽃이나 이름을 알고 있는 꽃을 만나면 대개는 마치 오래된 친구라도 만난 기분이 들곤 한다. 붓꽃도 그런 꽃이다. 언제나 정겹게 우리 주변에 피어 있다. 학교 화단에도 있고, 공원이나 웬만한 놀이동산에 가도 한 곁에 보랏빛 꽃을 피운 붓꽃을 만날 수가 있다. 붓꽃은 조경 식물로 어울리기 때문이다.

붓꽃은 종류가 상당히 많은 편인데, 솔붓꽃은 무명을 짤 때 풀칠하던 솔을 이 식물의 뿌리로 만들었다고 해서 붙여진 이름이다. 자포연미 또는 자석포라고도 한다.

키는 8~13㎝이다. 뿌리줄기는 옆으로 벋으면서 새순이 나오고, 묵은 잎으로 싸여 있다. 잎은 비스듬히 서고 길이 15㎝가량의 줄 모양이다. 꽃이 피고 나면 더욱 자라 길이 30㎝ 정도까지 자란다.

꽃은 지름 3~4.5㎝로 4~5월에 꽃자루 끝에 1~2개가 보라색으로 핀다. 꽃자루는 길이 1.8~6㎝로 매우 짧으며, 잎집 같은 꽃대의 밑이나 꽃자루의 밑을 받치고 있는 녹색 비늘 모양의 잎은 가장자리가 붉은색을 띤다. 암술대는 꽃잎처럼 생기고 세 개로 갈라지는데, 끝부분은 얕게 다시 두 개로 갈라진다. 이 부분은 곤충을 유인하는 데 유용하다. 열매는 속이 여러 칸으로 나뉘고 각 칸 속에 많은 종자가 들어 있으며 6~7월에 익고 둥글다.

붓꽃과의 여러해살이풀로, 우리나라 전역과 중국, 내몽골, 러시아, 유럽 동부 등지에 분포한다. 산지의 건조한 곳에서 자란다. 뿌리줄기는 약재 또는 술 제조용으로 쓰인다. 모양이 각시붓꽃과 매우 비슷하지만, 솔붓꽃의 뿌리가 각시붓꽃의 뿌리에 비해 상대적으로 크고 강인하다. 환경부 멸종위기 야생생물 II급으로 지정, 보호되고 있다.

길러보기

10월 말에서 11월 말경 포기나누기로 번식하지만 쉽지는 않다. 토양은 배수성이 좋고 보습성도 적당한 사질 양토가 적당하며, 반그늘진 곳이 재배 적지이다.

비슷한 식물들

- **붓꽃** : 붓꽃과를 대표하는 꽃이다. 꽃이 피기 전의 모습이 붓처럼 생겨서 붓꽃이라고 부른다.
- **난장이붓꽃** : 꽃자루가 아주 짧아서 목 짧은 미인 같다. 키가 5~8㎝로 붓꽃 종류 중 가장 작다.
- **금붓꽃** : 진노랑 꽃이 핀다. 키는 13㎝가량이다.
- **노랑붓꽃** : 1998년 전라북도 변산반도에 200여 포기가 군락을 이루고 있는 것이 처음 발견되었다. 키는 15㎝가량이고, 한국 특산식물이다.
- **노랑무늬붓꽃** : 흰색 꽃잎에 노란 무늬가 있다. 오대산과 대관령, 팔공산 등지에 자란다. 키는 9~13㎝이다.
- **부채붓꽃** : 여름에 꽃이 피며, 자줏빛이다. 백두산의 습지에서 자라며, 키는 30~70㎝이다.
- **각시붓꽃** : 키가 10~20㎝밖에 안 된다. 하지만 가늘고 긴 잎은 계속 자라 키가 30㎝ 정도까지 된다.

▲ 붓꽃

▲ 금붓꽃

▲ 노랑무늬붓꽃

ㅅ

솜처럼 가는 흰 털이 잔뜩 나는

227 솜나물

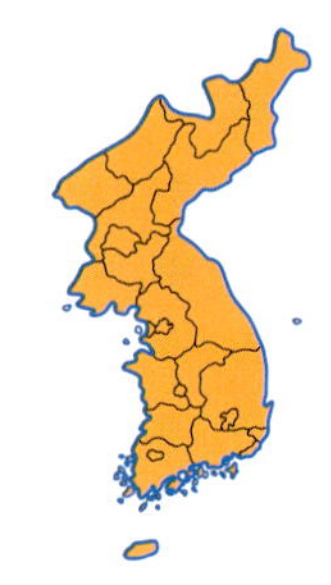

- 학 명 : *Leibnitzia anandria* (L.) Turcz.
- 과 명 : 국화과

▲ 솜나물 꽃

▲ 솜나물 잎

우리 들꽃 중에는 '솜' 자가 들어간 것이 여럿 있다. 설악산의 높은 바위에 자라는 솜다리는 에델바이스로 잘 알려져 있으며, 노란 꽃을 잔뜩 피우는 솜방망이와 솜대, 솜분취, 솜양지꽃 등이 있다. 모두 흰 털이 많이 나 있어서 솜 자가 붙은 것이다.

솜나물은 산과 들에서 자라는 여러해살이풀로, 토양 비옥도에 상관없이 양지바른 곳에서 잘 자라며, 키는 10~20㎝이다. 잎은 길이 5~15㎝ 정도로 표면은 광채가 많이 나며 짙은 녹색이고, 뒷면은 작은 섬모들이 나 있는데, 이 섬모들이 솜털 같다고 해서 솜나물이라고 한다. 이른 봄 잎이 올라올 때는 가는 섬모들로 둘러싸여 있지만, 따뜻해지면 서서히 섬모가 없어지는 것이 특징이다.

솜나물을 처음 보면 민들레처럼 보이기도 한다. 하지만 꽃 색깔과 잎 모양이 약간 다르다. 꽃은 4~5월에 가지 윗부분에서 피며 흰색이지만 뒷면은 홍자색이다. 또 꽃은 가을에도 피는데, 가을에 피는 꽃은 꽃받침조각과 꽃잎이 열리지 않는 폐쇄화이다. 열매는 7~9월경에 달리고, 종자는 갈색이다.

국화과에 속하며, 관상용으로 쓰이고, 어린순은 식용으로 쓰인다. 한편, 식물체를 말린 것을 대정초라고 해서 약용으로도 쓰인다. 우리나라와 일본, 사할린 섬, 쿠릴 열도, 타이완, 중국, 시베리아 등지에 분포한다.

길러보기

9월경 익은 종자를 화단에 뿌리거나 가을에 포기나누기를 한다. 양지에서 자라는 식물이기 때문에 햇볕을 많이 받는 화단에 심으며, 물 관리는 1~2일에 한 번 한다.

비슷한 식물들

- **웅기솜나물** : 바닷가에서 자라며, 키는 30~35㎝이다. 줄기에는 거미줄 같은 털이 난다. 함경북도에 자생한다.
- **풀솜나물** : 저지대의 풀밭이나 길가에서 자라며, 키는 8~25㎝ 정도이다. 풀밭에서 자란다고 해서 풀솜나물이라고 한다.

솜털이 나 있는 방망이꽃

228 솜방망이

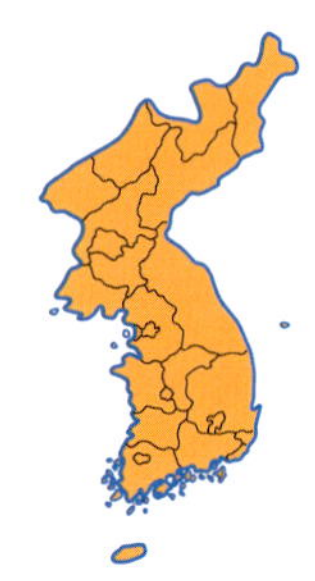

- 학 명 : *Tephroseris kirilowii* (Turcz. ex DC.) Holub
- 과 명 : 국화과

▲ 솜방망이 꽃

▲ 솜방망이 잎

솜으로 만든 방망이 같다고 해서 솜방망이다. 식물 전체에 마치 거미줄처럼 하얀 털이 많이 나 있는 것이 특징이다.

▲ 솜방망이 종자 결실

이른 봄 잎이 올라올 때는 잎 전체가 잔털로 덮여 있지만 자라면서 잔털은 많이 없어진다. 양지바른 들에서 자라는 여러해살이풀로, 비교적 척박한 토양에서도 잘 자라지만 부엽질이 많은 양지바른 곳에서 군락을 이룬다. 특히 무덤가에서 잘 자란다. 키는 20~60㎝ 정도로 큰 편이라서 방망이라는 이름이 붙었다. 잎은 길이 5~10㎝, 너비 1.5~2.5㎝이다. 여러 겹으로 되어 개화기까지 남아 있고 긴 타원형이다. 잎 양면이 많은 솜털로 덮여 있다. 꽃은 5~6월에 노란색으로 피는데, 지름 3~4㎝ 정도로 줄기 끝에 3~9개 정도가 달린다.

열매는 7~8월경에 달리며 길이 2.5㎜로 원통형이며 털이 촘촘히 나 있다.

국화과에 속하며, 들솜쟁이, 구설초, 산방망이, 소곰쟁이라고도 한다. 관상용으로 쓰이며, 어린순은 식용한다. 꽃을 포함한 모든 부분이 약용으로 쓰인다. 우리나라와 중국, 일본, 타이완 등지에 분포한다.

길러보기

7~8월에 익은 종자를 화단에 바로 뿌리면 종자가 싹이 틀 확률이 아주 높다. 또한 이른 봄에 뿌리를 여러 개로 나누고 화단에 옮겨 심어도 된다. 반그늘 혹은 음지에 두면 키가 너무 커서 줄기가 휘어져 버리기 때문에 양지쪽 화단에 심어야 한다. 물 관리는 1~2일에 한 번씩 한다.

비슷한 식물들

- **가는솜방망이** : 잎이 솜방망이에 비해 좁고 길다. 전라남·북도 산과 들에 자라며, 키는 15~30㎝이다.

ㅅ

- **산솜방망이** : 높은 산 양지바른 곳에서 자라며, 키는 15~45㎝이다. 꽃은 7~8월에 붉은빛을 띤 노란색으로 핀다.
- **쑥방망이** : 산지 풀밭에서 자라며, 키는 65~160㎝ 정도이다. 줄기는 곧게 서고 거미줄 같은 털이 나 있다.
- **민솜방망이** : 줄기는 곧게 서고 털이 없거나 위쪽에만 약간 있다.
- **물솜방망이** : 뿌리잎은 꽃이 필 때까지 남아 있으나 사방으로 퍼지고 창끝 모양이거나 주걱 모양이다.
- **삼잎방망이** : 높은 산에 자라며, 키는 1~2m이다. 꽃은 7~8월에 노란색으로 핀다.

▲ 산솜방망이

▲ 물솜방망이

보송보송한 털이 난 양지꽃

229 솜양지꽃

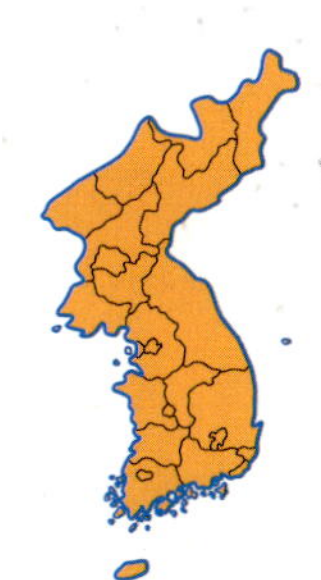

- 학 명 : *Potentilla discolor* Bunge
- 과 명 : 장미과

ㅅ

▲ 솜양지꽃 잎(앞면)

▲ 솜양지꽃 잎(뒷면)

양지꽃은 양지에 잘 자란다고 해서 붙은 이름인데, 비슷한 종류가 꽤 많다. 돌이나 바위틈에서 잘 자라는 돌양지꽃, 물가에서 자라는 물양지꽃, 가지가 누워서 기듯 자라는 누운양지꽃 등등 20여 종이나 된다. 이들은 꽃이 대부분 비슷하여 잎의 모양이나 털의 유무, 형태에 따라 구분을 한다.

▲ 솜양지꽃 꽃

솜양지꽃은 전초에 솜털이 보송보송하게 나므로 붙여진 이름이다. 잎을 뒤집으면 흰 털로 덮여 있는 부분이 드러나 번백초라고도 하며, 뽕구지라는 재미있는 이름도 있다. 원줄기는 비스듬히 자라며, 뿌리는 몇 개로 갈라져 양끝이 뾰족한 원기둥 모양이다. 이 뿌리가 마치 닭다리처럼 생겨서 계퇴근이라는 별칭도 붙었다.

키는 15~40㎝이다. 뿌리에서 여러 개의 잎이 나오고 작은 잎 여러 장이 잎자루 양쪽으로 나란히 줄지어 붙어 새의 깃처럼 보이며 3~4쌍의 작은 잎으로 된다. 줄기에서 나온 잎은 3개의 작은 잎으로 되고 달걀 모양 긴 타원형이며 가장자리에 톱니가 있다. 잎 표면은 녹색으로 털이 없고 뒷면은 흰 털로 덮여 있다.

꽃은 4~8월에 가지 끝에 노란색으로 달린다. 꽃받침잎은 달걀 모양으로 겉에 털이 있다. 꽃잎은 5개이며 수술과 암술이 많다. 열매는 외부에서 보는 것은 씨가 하나로 된 모양으로 작으며 익어도 터지지 않고 털이 없으며 갈색이다.

장미과의 여러해살이풀로, 우리나라와 중국, 동부 시베리아, 일본에 분포한다. 주로 바닷가와 양지에서 자란다. 지금은 산림이 우거지면서 예전보다 개체 수가 확연히 줄었으며 유전자원으로 가치가 많은 품종이어서 보전이 시급하다. 어린잎과 뿌리는 식용과 약용한다. 봄에 뿌리를 먹으면 밤 같은 맛이 난다. 덩이뿌리를 말린 것을 번백초라 하여 약재로 이용한다. 열을 내리면서 해독하는 작용이 있고, 종기를 없애 열독으로 인해 발생되는 질병에 활용하며, 지혈 작용도 한다.

길러보기

뿌리나누기와 포기나누기, 종자로 번식한다. 화단과 정원에 심어 기르기에 좋은 식물로, 꽃 피는 기간이 3~4개월 정도로 매우 길고 꽃이 피는 숫자도 많은 것이 큰 장점이다.

비슷한 식물들

- **양지꽃** : 줄기는 옆으로 비스듬히 자라고, 잎은 길이 1.5~5㎝, 너비 1~3㎝로 여러 개가 나와 사방으로 퍼진다.
- **나도양지꽃** : 키는 10~20㎝로 양지꽃에 비하여 작은 편이다. 꽃은 길이 10~15㎝의 꽃줄기 끝에 1~3송이가 달리는데, 지름 2㎝ 정도이다.
- **너도양지꽃** : 깊은 산의 나무 밑에서 자란다. 전체에 흩어져 나고 뿌리줄기는 길고, 작은 잎은 쐐기 모양으로 이빨 모양의 톱니가 나 있다.
- **돌양지꽃** : 돌이나 바위틈에서 잘 자라고, 잎 가장자리의 톱니가 크다.
- **물양지꽃** : 뿌리에서 나온 잎은 꽃이 필 때 말라 없어진다. 깊은 산 냇가에서 자라며, 꽃은 7~8월에 황색으로 핀다.
- **세잎양지꽃** : 키는 15~30㎝이며, 잎은 길이 2~5㎝, 너비 1~3㎝의 긴 타원형 또는 난형이다. 양지꽃과 비슷하지만, 작은 잎이 세 개로 이루어진다.
- **민눈양지꽃** : 잎의 가장자리에 흰색의 누운 털이 난다. 깊은 산에서 자란다.

▲나도양지꽃

▲ 물양지꽃

▲ 민눈양지꽃

ㅅ

소가 잘 뜯어먹는

230 쇠뜨기

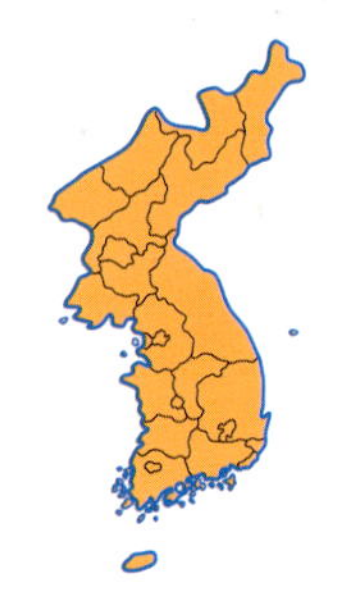

- 학 명 : *Equisetum arvense* L.
- 과 명 : 속새과

▲ 쇠뜨기 생식경 올라오는 모습

▲ 쇠뜨기 생식 생장

쇠뜨기는 소가 잘 뜯어먹는다고 해서 붙여진 이름이다. 이 식물은 변신의 천재로 볼 수 있는데, 특히 생식경과 영양경이라고 해서 서로 다른 줄기로 변신한다. 먼저 이른 봄에 처음 나오는 줄기는 연한 갈색이며, 한 뼘이 되게 쑥 올라와 그 끝에 많은 포자낭을 만든다. 이것이 바로 생식경인데, 마치 상상 속의 아파트처럼 보인다. 이 생식경에 달린 포자들이 퍼지고 나면 줄기가 시들어서 사라지고 연둣빛 싹이 올라와 본격적으로 자라기 시작한다. 도대체 처음에 나왔던 모습은 어디로 갔는지 전혀 찾아볼 수가 없다. 이 줄기가 바로 영양경이다.

▲ 쇠뜨기 생식경

재미있는 것은 처음 나온 생식경인데 어찌 보면 뱀 머리 같고, 말 꼬리 같기도 하다. 그래서 뱀밥이라고도 하고, 영어로는 호스 테일(horse tail), 즉 말꼬리라고 한다. 또 이 생식경은 연해서 나물로도 먹는데, 독성이 있으므로 물에 삶아 한참 우려낸 뒤에 먹어야 한다.

쇠뜨기가 있는 곳에 뱀이 잘 기어다니는 것도 특이하다. 전해지는 이야기

▲ 쇠뜨기 영양 번식 상태

로는 뱀이 이 식물의 약효를 알고 먹는다고 해서 뱀밥이라고 부르기도 한다.

전체적인 모양은 붓처럼 생겨서 한자로는 필두엽이라고도 한다. 하지만 역시 쇠뜨기라는 이름대로 이 풀은 소가 아주 잘 먹는다. 들판, 혹은 논둑이나 밭둑에 소를 매어 놓으면 근처의 쇠뜨기는 전부 소가 먹어치운다.

쇠뜨기는 우리나라 전국의 산과 들에 아주 흔하게 자라는 여러해살이풀로, 햇살이 잘 들어오는 곳이나 양지바른 곳에서 잘 자란다. 키는 30~40㎝ 정도이다. 이때의 쇠뜨기를 보면 신기한 것이 모양은 비슷하지만 전부 다르다는 것이다. 한편, 영양경은 속이 비어 있고 비스듬히 자라다가 지상에서 곧게 서며 세로로 모가 나 있다.

쇠뜨기는 독특한 식물이지만 사실 우리네 농촌에서는 잡초에 불과하다. 봄철 밭이나 논에 쇠뜨기가 자라면 뽑아내야 하는데, 워낙 뿌리가 깊이 자라 제거하기가 여간 어려운 게 아니다. 한때 만병통치약이라고 알려져 사람들이 많이 캐 갔지만 지금은 일부 약재로만 이용되고 있다. 쇠뜨기를 잘못 먹고 탈이 난 사람도 많았다고 한다.

속새과에 속하며, 생식경은 희고 연해 나물로도 먹으며, 또한 쇠뜨기 말린 것으로 술을 담가 먹기도 한다. 북반구의 난대 이북에서 한대까지 널리 분포한다.

▲ 쇠뜨기 포자가 핀 모습

▲ 쇠뜨기 포자가 날아간 모습

▲ 쇠뜨기 무리

길러보기

땅속줄기를 이용한다. 양지바른 곳이면 어디든 잘 자란다.

비슷한 식물들

- **개쇠뜨기** : 쇠뜨기와 비슷하지만 포자줄기와 영양줄기의 구별이 없다. 또 잎이 2배 정도 길다.
- **능수쇠뜨기** : 가지가 갈라져 능수버들처럼 아래로 처진다. 북한에서는 천연기념물로 보호한다.
- **물쇠뜨기** : 능선 위에 가시 같은 잔돌기가 있고 잎집의 갈래 조각 가장자리가 투명한 막질로 되어 있다.

작은 물푸레나무

231 쇠물푸레나무

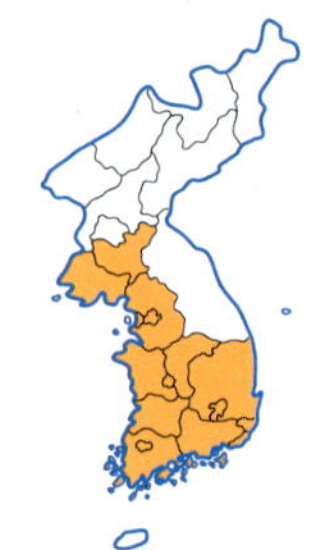

■ 학 명 : *Fraxinus sieboldiana* Blume

■ 과 명 : 물푸레나무과

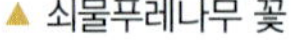

▲ 쇠물푸레나무 꽃

▲ 쇠물푸레나무 잎

재목이 워낙 단단하여 야구 방망이 재료로 쓰이는 나무이다. 단단한 까닭에 '쇠'라는 접두어가 붙은 것 같지만 여기에서는 '작다'는 의미이다. 그래서 앞에 '좀'을 덧붙여 좀쇠물푸레나무라고도 한다. 한자로는 수정목(水精木), 수청목(水青木), 진피수(榛皮樹), 수창목(水蒼木)이라고 한다.

쇠물푸레나무는 물푸레나무보다 잎이 작고 작은 잎이 5~9개로 좀 더 많이 달린다. 물푸레나무 종류들은 가지를 잘라 물에 담그면 물이 파랗게 변한다고 해서 붙여진 이름이다. 물푸레나무는 고대 그리스 신화에도 나오는 나무인데, 아킬레스의 창을 이 나무로 만들었다고 한다.

높이는 5~8m 정도로 자라나 대개 물푸레나무보다 작은 편이어서 눈높이에 맞게 꽃이 핀다. 마주나는 잎은 홀수 1회 깃꼴 겹잎이다. 작은 잎은 달걀 모양이며 양 끝이 좁다. 잎의 가장자리에 톱니가 있지만 없는 경우도 있다. 5월에 새 가지 끝이나 잎겨드랑이에서 흰색 꽃이 원추화서로 잔뜩 달린다. 9~10월에 익는 열매는 붉은 시과로 거꾸로 선 피침형이다. 열매의 크기는 2㎝ 정도이다.

낙엽활엽소교목이며 우리나라 원산으로, 우리나라 중부지방 이남과 일본 등지에 분포한다. 산 중턱 바위틈이나 계곡에서 잘 자란다. 나무껍질은 약재로 사용된다.

전남 백운산에는 수피가 잿빛을 띤 녹색 또는 갈색의 쇠물푸레나무가 자라는데, 작은 잎의 수가 쇠물푸레나무보다 많은 것이 특색으로 이를 백운쇠물푸레나무라고 한다.

▲ 쇠물푸레나무 열매

▲ 쇠물푸레나무 수피

▲ 쇠물푸레나무 수형

길러보기

꺾꽂이, 뿌리나누기, 휘묻이로 번식한다.

비슷한 식물들

- **백운쇠물푸레나무** : 우리나라 특산종으로, 작은 잎의 수가 쇠물푸레나무보다 많다.
- **물푸레나무** : 수피는 회색을 띤 갈색으로 흰 빛깔의 불규칙한 무늬가 있다.

▲ 물푸레나무

별보다 더 예쁜

232 쇠별꽃

- 학 명 : *Stellaria aquatica* (L.) Scop.
- 과 명 : 석죽과

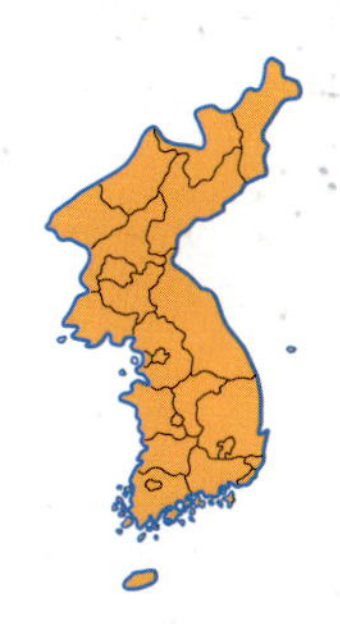

▲ 쇠별꽃 꽃봉오리

▲ 쇠별꽃 꽃

ㅅ

▲ 쇠별꽃 잎

별꽃은 꽃이 마치 별처럼 아름다워 붙여진 이름이다. 별꽃과 개별꽃 등 매우 다양한 종류가 있는데, 들이나 산 어디에서도 만날 수 있는 흔한 풀꽃이다.

별꽃 중 쇠별꽃은 잎이 크고 풍성하여 소를 뜻하는 '쇠' 자를 별꽃 앞에 붙였다. 들녘에서 보는 별꽃 종류 중에는 가장 흔한 편이다. 특히 별꽃이 수명이 짧은 데 비하여 쇠별꽃은 가을까지 풍성하다.

키는 20~50㎝까지 자라며, 밑부분은 옆으로 기면서 자라고 윗부분은 곧게 자란다. 줄기에 1개의 실 같은 관속이 있다. 잎은 마주나며 달걀 모양으로 잎맥이 쑥 들어간다. 아래의 잎은 잎자루가 있으나 위의 잎은 잎자루가 없다. 꽃은 5~6월에 흰색으로 달린다. 5장의 꽃잎이 다른 별꽃 종류에 비하여 더욱 깊게 갈라져 10장처럼 보인다. 줄기가 비어 있어 닭의 창자 같다고 해서 계장초라고도 한다. 열매는 속이 여러 칸으로 나뉘고 각 칸 속에 많은 종자가 들어 있으며, 종자는 약간 편평하며 겉에 작은 돌기가 있다.

석죽과의 두해살이풀 또는 여러해살이풀로, 우리나라를 비롯한 북반구의 온대와 난대, 북아프리카 등지에 분포한다. 전국 각지에 널리 분포하며, 들판의 다소 습한 곳에 많이 모여 난다. 어린순을 나물로 먹는데, 잣나물이라고 해서 봄날 미각을 돋워 주는 역할을 한다. 또 잎과 줄기는 번루 또는 자초, 아아장이라고 하여 위장약으로 사용된다.

길러보기

종자로 번식한다. 밭 근처에서는 잡초로, 제거 대상이다.

비슷한 식물들

- **별꽃** : 암술대가 세 갈래이며, 키는 20㎝가량이다. 쇠별꽃의 암술대는 5~6갈래이다.

실별꽃 : 줄기는 빽빽하며 네모지고 털이 나지 않는다. 잎은 길이 2~3㎝로 선형이다.

왕별꽃 : 전체에 누운 털이 난다. 잎은 길이 6~12㎝로 피침형이다.

가지별꽃 : 잎겨드랑이에서 잎이 있는 작은 가지가 난다. 꽃은 6~7월에 흰색으로 핀다.

개별꽃 : 잎은 마주나고, 길이 1~4㎝, 너비 0.2~0.4㎝이다. 꽃이 피는 시기는 4~5월이며, 열매는 6~7월에 둥글게 달린다.

긴개별꽃 : 숲 속에서 자라며, 키 15~30㎝로 개별꽃보다 크다.

나도개별꽃 : 꽃잎 끝이 파이지 않은 점이 다르다. 흔히 일기예보 꽃으로 통한다. 아침에 웅크리고 있으면 흐리거나 비가 오고, 활짝 피어 있으면 맑은 날이 된다.

덩굴개별꽃 : 꽃이 핀 다음에 가지가 옆으로 길게 벋으면서 덩굴처럼 변한다.

큰개별꽃 : 개별꽃하고 거의 같지만 키가 10~20㎝로 약간 크다. 산지의 응달에서 자란다.

ㅅ

▲ 별꽃

▲ 왕별꽃

▲ 개별꽃

▲ 큰개별꽃

고약의 재료로 쓰이는

233 쇠비름

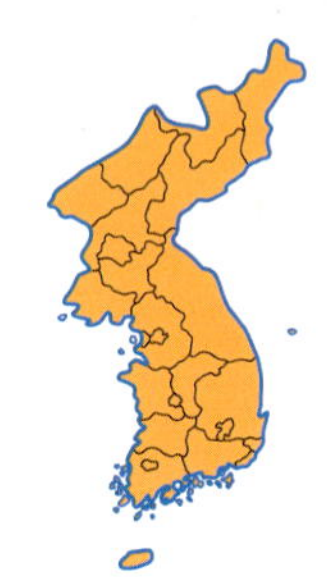

■ 학 명 : *Portulaca oleracea* L.

■ 과 명 : 쇠비름과

▲ 쇠비름 꽃

▲ 쇠비름 잎

쇠비름은 우리나라 어디에서든 흔하게 볼 수 있는 풀이다. 흔히 잡초처럼 여기는데, 나물로도 먹고 약재로도 훌륭한 식물이다. 오래 먹으면 장수하고 늙어도 머리카락이 희어지지 않는다고 해서 장명채(長命菜)라고도 한다. 뿌리는 흰색, 줄기는 붉은색, 잎은 푸른색, 꽃은 노란색, 씨앗은 검은색으로 5가지 색을 가지고 있다고 해서 오행초(五行草)라고 부르기도 한다. 비름과 비슷하나 과는 다르다.

쇠비름은 전국의 낮은 산과 들에서 자라는 한해살이풀로, 양지 혹은 반그늘의 언덕이나 편평한 곳에서 자라며, 키는 약 30㎝이다. 잎은 길이 1.5~ 2.5㎝, 너비 0.5~1.5㎝로 긴 타원형에 끝이 둥글며 마주나거나 어긋난다.

꽃은 노란색이며 줄기 끝이나 가지 끝 혹은 잎에서 3~5개씩 모여서 6월부터 가을까지 계속 핀다. 열매는 타원형이고 긴 대가 달린 종자가 많이 들어 있다. 종자는 검은빛이 도는 원형이다.

쇠비름과에 속하며 돼지풀, 도둑풀, 마치채(馬齒菜), 산산채(酸酸菜), 말비름이라고도 한다. 어린잎은 식용하고, 전초는 약용으로 쓰인다. 특히 한방에서 고약의 재료로 이용하며, 서양에서는 연한 것을 샐러드 재료로 이용하기도 한다. 전 세계의 온대 지역에 분포하며, 꽃말은 '불로장수'이다.

길러보기

잎이 있는 시기에는 언제라도 줄기를 이용한 꺾꽂이가 가능하고, 9월에 받은 종자를 이듬해 봄 화단에 뿌려서 번식시킬 수 있다. 어느 곳에서나 잘 자란다. 토양이 비옥한 곳이나 척박한 곳에서도 잘 자라지만 식재료로 재배하는 등의 목적이 아니라면 이 품종은 조금만 심어 관리해야 한다. 이유는 번식력이 무척 강해서, 다른 식물들을 자라지 못하게 할 만큼 왕성하게 번식하기 때문이다.

비슷한 식물들

- **비름** : 인도 원산으로, 길가나 밭 주변에 자란다. 키는 1m 정도이다.
- **가시비름** : 잎자루 아래에 가시가 나 있다. 남아메리카 원산으로, 키는 40~80㎝이다.
- **퍼슬린(Purslane)** : 서양 쇠비름 종류로, 쇠비름에 비하여 잎과 줄기가 크다. 잎과 줄기에 매운 맛이 있는 허브 식물이다.

씨방이 쇠채처럼 뭉쳐 있는

쇠채

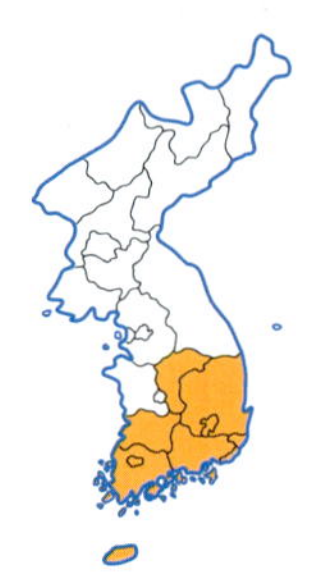

- 학 명 : *Scorzonera albicaulis* Bunge
- 과 명 : 국화과

▲ 쇠채 꽃봉오리

▲ 쇠채 꽃

▲ 쇠채 종자 결실

쇠채란 본래 쇠로 만든 채로 꽹과리나 징처럼 쇠를 두드려 소리를 내는 도구를 말한다. 쇠채라는 풀꽃은 그렇다면 그런 쇠채와 어떤 연관이 있을까? 바로 씨방에 답이 있다. 어른 주먹 만한 크기로 꽹과리채와도 비슷한 것이다. 하지만 이는 추론일 뿐이다.

쇠채의 키는 23~100㎝이다. 줄기에 상처를 내면 유액이 나오며, 전체는 흰 털로 덮여 있다. 뿌리의 경우 비대하게 크고, 줄기는 곧추서며 가지가 많이 갈라진다. 잎은 길이 7~35㎝의 줄 모양으로 끝이 뾰족하며 꽃이 필 때까지 남아 있고 흰 털로 싸여 있다.

꽃은 7~8월에 연한 황색으로 피고 꽃대 끝에 많은 꽃이 뭉쳐 가지 끝에 달린다. 꽃자루는 뭉쳐 핀 꽃 밑에서 약간 굵어지며 거미줄 같은 흰색 털로 덮여 있지만 점차 없어진다. 꽃부리는 길이 1.5~3㎝이다. 꽃받침의 길이가 꽃잎보다 짧다. 열매는 하나로 작으며 익어도 터지지 않고 10개의 능선이 있다.

자생지도 넓게 분포되어 있고 개체 수도 많이 있으나 공장이나 주거 시설 등의 개발로 인하여 자생지가 많이 훼손당하고 있는 실정이다. 따라서 현재 있는 자생지라도 보존해야 할 필요가 있다.

국화과의 여러해살이풀로, 우리나라와 중국, 시베리아, 헤이룽 강, 우수리 강 등지에 분포한다. 산기슭의 양지와 바닷가 풀밭 등에서 자란다. 어린잎은 식용한다. 비슷한 종으로는 멱쇠채와 쇠채아재비, 마늘잎쇠채 등이 있다.

길러보기

길가에 흔하게 자란다.

비슷한 식물들

- **쇠채아재비** : 날카로운 모양의 꽃받침 길이가 꽃잎보다 길다.
- **마늘잎쇠채** : 잎이 마늘잎을 닮았다. 뿌리는 굵고 흰색을 띠며 육질이다.
- **멱쇠채** : 키가 매우 작고, 이른 봄에 핀다. 물결 모양을 이루는 잎이 마치 미역처럼 보인다.

꽃향기가 진한

235 수수꽃다리

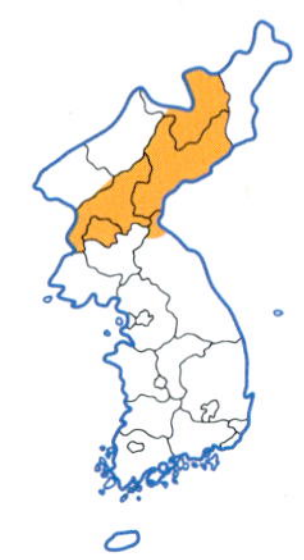

- 학 명 : *Syringa oblata* var. *dilatata* (Nakai) Rehder
- 과 명 : 물푸레나무과

▲ 수수꽃다리 꽃봉오리

▲ 수수꽃다리 꽃

나무 이름이 아주 예쁘다. 꽃차례의 모양이 수수이삭과 비슷하며 수수 꽃이 달리는 나무라 하여 붙여진 이름이다. 꽃봉오리의 모양이 못 머리처럼 생기고 향이 매우 강해 정향(丁香)이라고도 한다. 이 밖에도 개똥나무, 넓은잎정향나무 등으로도 불린다.

라일락처럼 생겨서 라일락이라고도 하나, 잎이 라일락보다 더 크고 색이 더 진하며 껍질은 회갈색을 띤다. 그러나 실제로는 라일락과 수수꽃다리를 구별하기가 매우 힘든데, 특히 우리나라 수수꽃다리를 서양인이 가져가 품종 개량한 라일락은 더욱 구분하기 어렵다.

낙엽활엽관목으로 높이는 3m 정도이다. 줄기는 많이 갈라지고 작은 가지는 회갈색으로 털이 없다. 잎은 마주나고 넓은 달걀 모양 및 달걀 모양이다. 꽃은 전년도 가지 끝에 원추화서를 이루며, 꽃대에 선상의 돌기가 있고 연한 자주색으로 4~5월에 핀다. 열매는 삭과로 타원형이며 9월에 익는다.

우리나라와 중국에 분포한다. 우리나라에는 주로 황해도 이북지방의 석회암 지대에 자생한다. 습기가 있는 사질 양토에서 잘 자라고 추위와 공해에 강하며 병충해와 맹아력도 강하여 옮겨 심어도 잘 사는 편이다.

꽃이 아름답고 향기가 좋아 관상수, 공원수의 용도로 이용하며, 목재는 조각재로 사용된다. 꽃의 향기는 강하고 좋아 향수의 원료로 이용된다. 약재로 사용되는 정향은 수수꽃다리를 포함한 유사식물들을 모두 포함하는 명칭으

▲ 수수꽃다리 잎

▲ 수수꽃다리 수피

로, 비장과 위를 따뜻하게 하고 성 기능을 강화시키며 종기나 술독, 풍독을 없애는 데 유용하다. 꽃말은 '우애'이다.

길러보기

삽목, 뿌리나누기, 실생으로 번식한다.

비슷한 식물들

- **개회나무** : 지리산 및 중부 이북 산지의 양지바른 곳에 자생하며, 꽃은 흰색으로 6월에 묵은 가지 끝에 원추화서로 달린다.
- **정향나무** : 작은 가지와 꽃차례에 털이 있다. 잎은 원형에 가까우며 표면의 맥이 약간 들어간다.
- **꽃개회나무** : 강원도 및 경상도 이북의 해발 700~1,800m의 산 중턱과 산꼭대기에 자생한다. 꽃은 6~7월에 자홍색으로 핀다.
- **미스김라일락** : 1947년 미국적십자사 직원이 북한산 백운대에서 채취한 털개회나무 종자 12개를 선발, 육성하여 왜성 품종으로 개발한 것이다.

▲ 정향나무

▲ 꽃개회나무

▲ 미스김라일락

실처럼 늘어진 가지가 멋있는

236 수양버들

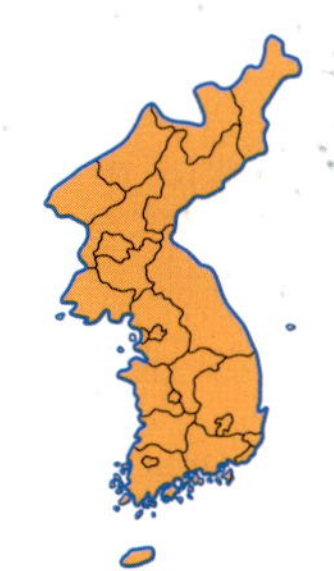

- 학 명 : *Salix babylonica* L.
- 과 명 : 버드나무과

ㅅ

▲ 수양버들 꽃

▲ 수양버들 잎차례

옛말에 '유실무실오동실(有實無實梧桐實)이요, 유사무사양유사(有絲無絲楊柳絲)'라는 말이 있다. 오동나무 열매와 버드나무에서 나오는 실은 있으나 마나 하다는 뜻이다. 그러나 실처럼 늘어뜨린 버드나무 가지는 여간 멋있는 것이 아니다. 물에 닿을 듯 말 듯 강가에 축축 늘어져 바람이 불면 살랑살랑 흔들린다.

▲ 수양버들 열매

능수버들은 천안삼거리에 많고, 능소라는 처녀 이름에서 유래한다는 설이 있듯, 수양버들도 몇 가지 유래가 있다. 이 나무가 유난히 양쯔 강 하류에 많이 자라는데, 이는 수나라 양제가 대운하를 만들면서 백성들에게 이 나무를 많이 심게 했기 때문이다. 그래서 수양버들이라는 설이 있다. 하지만 한자로는 수나라 양제라는 뜻이 아니라 드리운(垂) 버들(楊)이라는 의미이다. 중국 수양산 근처에 많이 자라서 수양버들이라고 했다는 설도 있고, 조선의 수양대군 이름을 따서 수양버들이 되었다는 이야기도 전해진다. 학명의 바빌로니카(*babylonica*)는 중동의 고대 도시 바빌론에서 유래한 말이다. 아마도 바빌론에도 이 나무가 상당히 많았던 모양이다.

수양버들은 낙엽활엽교목으로 높이 18m 정도, 지름 약 80㎝로 우리나라 전국의 마을 주변에서 흔히 볼 수 있다. 줄기는 곧고 굵은 가지가 많은데, 가지는 흑갈색 또는 적자색으로 털이 없다. 전체적인 수형은 원형을 이룬다. 잎은 피침형으로 양면에 모두 털이 없고 뒷면은 흰빛을 띠며 가장자리에 잔톱니가 있다. 암수딴그루로, 꽃은 3~4월에 잎보다 먼저 또는 잎과 동시에 녹황색으로 핀다. 수꽃은 2개의 수술이 있으며, 암꽃은 1개의 암술이 있고 털이 있다. 열매는 원추형의 삭과로 5~6월에 익는다.

물가나 습지에 주로 자라는데, 추위와 공해에 강하고 맹아력이 좋으며 생장 속도도 빨라 도심지의 가로수로 심기에 적합하다. 5~6월경에 다 익은 종자의 솜털이 날아다니면 주변이 지저분해지며, 기계 등을 취급하는 곳에서는

【NOTE】 수양버들의 전설

그리스 신화에 의하면, 태양의 신 아폴론의 이륜차에서 파에톤이라는 아가씨가 떨어져 죽자, 동생인 헤리아데스가 죽음을 애도하며 수양버들로 변했다고 한다. 수양버들의 길게 늘어진 가지는 파에톤의 눈물이라고 하며, 수양버들이 습기를 좋아하는 것도 이 눈물 때문이라고 한다. 이 때문인지 꽃말은 '사랑의 슬픔'이 되었다.

고장의 원인이 되기도 한다. 목재는 건축용이나 각종 기구재로 쓰이며, 가지와 잎, 꽃, 뿌리, 나무껍질, 열매 등 나무의 대부분이 약재로 이용된다. 꽃말은 '사랑의 슬픔'이다.

길러보기

5~6월 중에 성숙된 종자를 채취하여 바로 저습지에 씨를 뿌려 발아시킨 묘목을 심거나, 1년생 가지로 꺾꽂이를 해서 번식한다.

비슷한 식물들

- **개수양버들** : 평야와 강가에 자란다. 작은 가지가 노란빛을 띤 녹색이다. 이에 비해 수양버들은 붉은 갈색을 띤다.
- **능수버들** : 나무껍질은 회색을 띤 갈색이고, 작은 가지는 황록색이다.

▲ 능수버들

ㅅ

봄처녀 부끄러워 고개 숙이네

237 숙은처녀치마

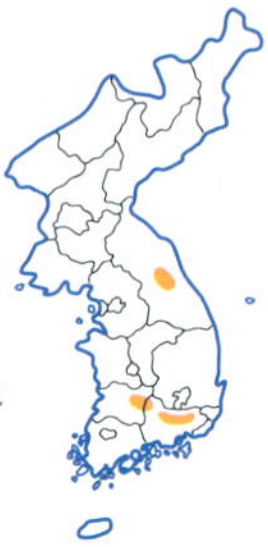

- 학 명 : *Heloniopsis tubiflora* Fuse, N.S.Lee & M.N.Tamura
- 과 명 : 백합과

▲ 숙은처녀치마 꽃

▲ 숙은처녀치마 꽃(보라색)

처녀치마는 이름만 들으면 소박한 느낌이다. 옛날 처녀들은 대개 검정색 치마를 즐겨 입었기 때문이다. 그러나 처녀치마는 잎이 땅바닥에 사방으로 둥글게 퍼져 있는 모습이 꼭 치마 같이 생겼다고 해서 붙여진 이름이다.

▲ 숙은처녀치마 여러 개체

이와 비슷한 것으로 칠보치마가 있는데, 경기도 수원시와 화성시의 경계를 이루는 칠보산에서 처음 발견되어 붙은 명칭이다. 잎이 처녀치마를 닮았으나, 꽃이 5~7월에 꽃줄기를 중심으로 여러 개가 아래에서 위로 올라가며 달린다.

숙은처녀치마는 2007년에 새로 등재된 품종으로, 꽃이 항상 아래를 향해 숙이고 있어 붙은 이름이다. 전에는 좁은잎처녀치마로 불렸던 품종으로 숙근성 식물인데, 이는 묵은 뿌리에서 움이 다시 돋는 것을 말한다.

ㅅ

키는 17~30㎝, 잎은 이른 봄 지상으로 올라오는데, 처녀치마와는 달리 잎 가장자리에 톱니가 없이 밋밋하다. 잎의 길이는 6~20㎝로 땅바닥에 평퍼짐하게 퍼져 방석 모양을 이룬다. 이 잎은 초식동물들에게 먹을거리가 없는 시기에 먹이의 주 표적이 된다. 자생지에 가 보면 동물들이 잎을 뜯어먹은 흔

▲ 숙은처녀치마 잎

▲ 숙은처녀치마 종자 결실

적을 쉽게 볼 수 있다.

꽃은 4~5월에 적자색으로 피는데, 초록색과 짙은 가지색, 보라색, 흰색도 발견되며 길이 10~15㎝의 꽃줄기 끝에 3~10개가 달린다. 꽃잎 밖으로 수술대보다 긴 암술대가 나와 있다. 열매는 속이 여러 칸으로 나뉘고, 각 칸 속에 많은 종자가 들어 있으며 익으면 능선을 따라 3개로 갈라진다.

백합과에 속하는 여러해살이풀로, 우리나라와 일본에 분포한다. 높은 산지 그늘의 습기 많은 곳은 물론 바위틈에서도 잘 자란다.

길러보기

종자 번식뿐만 아니라 엽삽도 가능하여 번식에 유리하다.

비슷한 식물들

- **처녀치마** : 잎은 길이 6~20㎝로 둥근 방석처럼 둥글게 퍼지며 윤기가 많고 끝이 뾰족하다. 꽃이 연한 홍색에서 자록색으로 변한다.
- **칠보치마** : 꽃은 5~7월에 피는데, 꽃줄기를 중심으로 여러 개의 꽃이 아래에서 위로 올라가며 달린다.
- **흰처녀치마** : 흰색 꽃이 핀다.

▲ 처녀치마

▲ 칠보치마

봄철 미각을 돋우는 나물

238 씀바귀

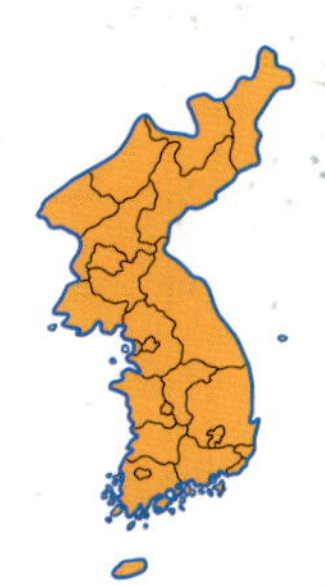

- 학 명 : *Ixeridium dentatum* (Thunb. ex Mori) Tzvelev
- 과 명 : 국화과

ㅅ

▲ 씀바귀 꽃봉오리

▲ 씀바귀 꽃

씁쓰레한 맛이 느껴지는 봄나물로, 무쳐 먹기도 하고 겉절이나 물김치로 담가 먹기도 한다. 씁쓰레한 맛은 봄철에 잃어버린 미각을 찾는 데에 아주 좋으며, 이른 봄에 씀바귀나물을 먹으면 그해 여름에 더위를 타지 않는다는 옛말도 있다.

▲ 씀바귀 종자 결실

씀바귀는 우리나라 어디에서도 잘 자라는 여러해살이풀로, 양지 혹은 반그늘에서 주로 자라며, 키는 25~50㎝ 정도 된다. 씀바귀 잎을 보면 끝이 뾰족하고, 주변에 톱니가 나 있기 때문에 공격적이라는 생각이 들기도 한다. 잎은 아래로 갈수록 좁아져서 잎자루에 이어지는데, 마치 전체적인 잎 모양이 칼처럼 보이기도 한다. 이런 모양을 흔히 피침형이라고 부른다.

꽃은 5~7월에 황색으로 피며 지름은 약 1.5㎝ 정도로 원줄기 끝에 달린다. 그러나 꽃이 필 정도가 되면 나물로 먹기는 어렵다. 이파리들이 억세어지기 때문이다. 열매는 9~10월경에 달리고, 종자에 붙은 갓털은 연한 갈색이다.

국화과에 속하며, 씸배나물, 씀바기, 쓴귀물, 싸랑부리, 꽃씀바귀, 흰씀바귀이라고도 한다. 또 쓴 나물이라고 해서 한자로 고채(苦菜)라고도 한다. 어린순과 뿌리는 식용하며, 전초는 약용으로 쓰인다. 꽃만 보면 고들빼기와 헷갈리지만 잎을 보면 구분할 수 있다. 씀바귀는 끝이 뾰족한 반면에, 고들빼기는 길쭉한 하트형이다. 우리나라와 일본, 중국 등지에 분포한다.

길러보기

10월에 받은 종자를 바로 화단에 뿌리거나 종자를 종이에 싸서 냉장 보관한 후 이듬해 봄에 뿌린다. 포기나누기는 이른 봄 새순이 올라올 때 한다. 어느 곳에서나 잘 자라는데, 식용을 목적으로 할 경우는 오염원이 많이 없는 곳에 심고, 퇴비도 많이 주는 것이 좋다. 물은 2~3일 간격으로 준다.

비슷한 식물들

- **흰씀바귀** : 흰색 꽃이 핀다.
- **꽃씀바귀** : 설상화가 8~10개이며 노란색 꽃이 핀다. 설상화란 꽃잎이 합쳐져서 1개의 꽃잎처럼 된 것을 이른다.
- **갯씀바귀** : 잎 모양은 하트 모양으로 두껍다. 바닷가의 모래땅에서 자란다.
- **냇씀바귀** : 줄기잎은 1~3개로 줄 모양의 피침형 또는 줄 모양이다. 냇가에 자란다.
- **벋은씀바귀** : 뿌리줄기를 옆으로 벋으면서 마디에서 잎이 나와 번식하고 자란다. 논둑에 잘 자란다.
- **벌씀바귀** : 줄기는 곧게 자라지만 밑에서 가지가 갈라지기도 하고 털이 없다. 논둑이나 벌판에서 잘 자라 벌씀바귀라고 한다.
- **불꽃씀바귀** : 인도 원산이며, 관상용으로 재배된다. 얼핏 보기에 씀바귀처럼 생겼으나 꽃 색깔이 붉은색 또는 노란빛을 띤 붉은색으로 불꽃같이 보인다.
- **선씀바귀** : 꽃은 5~6월에 연한 자주색으로 핀다.
- **좀씀바귀** : 잎은 어긋나고 달걀 모양의 원형, 넓은 달걀 모양 또는 넓은 타원형이다.
- **산씀바귀** : 줄기에 달린 잎은 어긋나고 달걀 모양 삼각형이다. 산이라는 명칭이 붙었지만 숲 가장자리와 냇가 근처에서 자란다.

▲ 흰씀바귀

▲ 갯씀바귀

작은 사과 같은 열매를 맺는

239 아그배나무

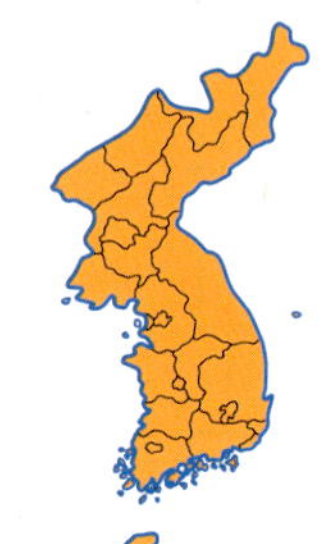

■ 학 명 : *Malus sieboldii* (Regel) Rehder

■ 과 명 : 장미과

▲ 아그배나무 꽃

▲ 아그배나무 잎

'아그배' 하면 꼭 외래어처럼 느껴진다. 그러나 아그란 '아기'의 전라도 사투리로 결국 아그배란 작은 배라는 뜻이다. 또 다른 설로는 갈라지는 잎이 꼭 아귀를 닮았다고 해서 붙여졌다고도 한다. 배라는 이름이 붙었지만 사실 열매는 작은 사과를 닮았다. 실제로도 사과나무속으로 사과나무에 가깝고 사과나무 접을 붙이는 대목으로 이용되곤 한다. 꽃사과, 애기사과라고도 하며, 한자명은 삼엽해당(三葉海棠), 당이(棠梨), 야황자(野黃子) 등이다.

낙엽활엽소교목으로 높이 2~6m이다. 작은 가지에는 털이 있으며 자갈색이다. 꽃은 4~5개씩 5월에 짧은 가지에 산형상으로 핀다. 열매는 둥글고 9~10월에 황홍색으로 익는다.

우리나라와 중국, 일본 등지에 분포한다. 내한성의 나무이며 척박한 토양에서도 잘 자라 우리나라 어느 곳에서나 잘 자란다. 1992년 리우데자네이루에서 열린 지구환경 회의에서 지구를 살리는 생명의 나무를 각 나라마다 정했는데, 우리나라에서는 아그배나무가 지정되었다.

꽃사과의 열매처럼 주렁주렁 달려 있는 모습이 앙증스러워 분재의 소재로 쓰이기도 하며, 꽃과 열매가 아름다워 공원수나 정원수로도 심는다. 씨가 너무 많고 크기도 작은데다 맛도 별로여서 식용으로는 대접을 받지 못하나, 과실주로는 향과 분홍빛의 빛깔로 환영받고 있다.

목재는 무겁고 단단하여 농기구의 자루나 각종 기구나 가구를 만들며 땔나무와 숯의 재료로도 쓰인다. 수피는 황색 염료로 사용된다. 한방에서는 열매를 해홍(海紅)이라 하여 해열, 번열, 당뇨, 경련, 기침가래 등에 사용한다. 민

▲ 아그배나무 열매

▲ 아그배나무 수피

ㅇ

▲ 아그배나무 수형

간요법으로 고열, 열병, 열이 나고 갈증이 심할 때, 기침, 당뇨에 열매를 달여 마시면 좋다. 어린잎에는 약한 독성이 있으므로 먹지 않는 것이 좋다. 꽃말은 '온화'이다.

길러보기

실생으로 번식한다.

비슷한 식물들

- **제주아그배나무** : 맹아의 잎은 갈라지지 않으며, 열매 지름은 1.5㎝이다.

▲ 제주아그배나무

꽃향기가 진한

240 아까시나무

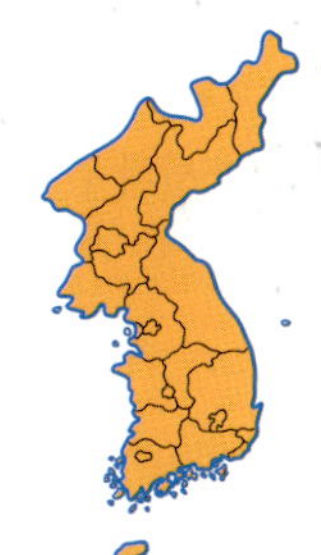

■ 학 명 : *Robinia pseudoacacia* L.

■ 과 명 : 콩과

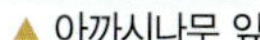
▲ 아까시나무 잎

▲ 아까시나무 가시

5월 말 뒷산에 흐드러지게 피는 아까시나무 꽃은 초여름의 상징이라고 할 만하다. 흰색의 꽃은 향이 매우 강해 멀리서도 이 나무의 존재를 알 수 있을 정도이다. 흔히 아카시아라고 부르지만 실제 아카시아는 전혀 다른 나무이다. 아카시아와 닮았으나 가짜라고 해서 영어명은 'false acasia'이다. 또 다른 영어명으로 'bastard acasia'라고도 하는데, 여기에서 'bastard'는 서자, 사생아, 애비 없는 자식 등으로 욕을 할 때 쓰는 말이다. 서양에서는 이 나무를 잡종, 가짜 등 별로 좋지 않은 나무로 보는 경향이 있다.

▲ 아까시나무 꽃

이는 우리나라에서도 비슷하다. 특히 생장이 너무나 왕성하고 주변에 다른 나무나 풀을 자라지 못하게 하는 나무로 인식이 나쁜 편이며, 심지어는 뿌리를 깊게 뻗쳐 묘를 망가뜨리기도 한다. 그래서 한때 베어 버려야 한다는 의견도 많았지만 산림 녹화에는 큰 공로를 한 수종으로 평가할 수 있다.

아까시나무가 다른 식물의 성장을 방해하는 것은 특유의 향 때문이다. 피톤치드의 일종인 테르펜(terpene)을 내뿜어 다른 식물의 생장을 억제하거나 방해하는 것이다. 이런 작용을 흔히 타감작용(allelopathy)이라고 한다.

▲ 아까시나무 열매

▲ 아까시나무 수피

낙엽활엽교목으로 높이 25m 정도이고 지름 1m 정도이다. 수피는 갈색이고 턱잎이 변한 가시가 있다. 잎은 어긋나며 7~19개의 작은 잎으로 된 기수 1회 깃꼴 겹잎이고, 작은 잎은 타원형 및 난형으로 가장자리는 밋밋하다. 꽃은 잎겨드랑이에 총상화서로 달린다. 꽃의 색상은 흰색이며 기부에 누른빛이 돌고 5~6월에 핀다. 열매는 넓은 선형의 협과로 편평하고 털이 없으며 10월에 익는다.

우리나라에는 1900년대 초에 연료림으로 도입하여 황무지 복구용, 연료림으로 심었는데, 번식력과 생장력이 매우 강하다. 햇빛을 좋아하고 건조하고 척박한 땅에서도 잘 자라며 추위와 공해에도 강하여 전국 어디에서나 잘 자란다.

목재는 매우 단단해 차량재, 건축내장재, 기구재, 철도침목, 목공예재, 신탄재로 쓰며, 잎은 사료로 사용한다. 또 어린잎은 나물로 해 먹는다. 잎과 뿌리는 약용으로 이뇨, 신장염, 수종 등에 쓴다. 아까시나무의 큰 장점은 최고의 밀원식물이라는 것이다.

ㅇ

길러보기

실생으로 번식한다.

비슷한 식물들

- **아카시아** : 오스트레일리아 원산으로, 황색 또는 흰색 꽃이 핀다. 상록수이다.
- **꽃아까시나무**: 북아메리카 원산으로, 연한 붉은색 꽃이 핀다. 1920년대에 우리나라에 도입되었다.
- **민둥아까시나무** : 꽃이 피지 않으며 둥근 수형을 이룬다. 북아메리카 원산으로, 높이는 25m 정도이다.

▲ 민둥아까시나무

잎이 커다란 부채처럼 생긴

241 앉은부채

■ 학 명 : *Symplocarpus renifolius* Schott ex Miq.

■ 과 명 : 천남성과

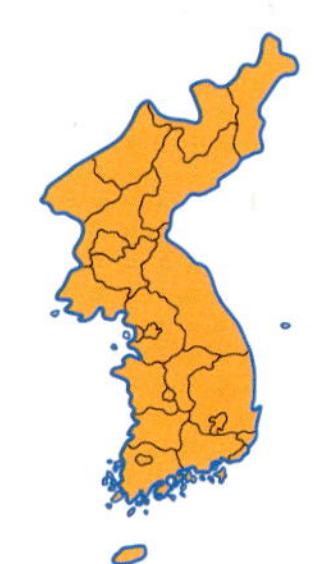

▲ 앉은부채 꽃

▲ 앉은부채 잎 올라오는 모습

2월 말에서 3월 초, 아직도 계곡 그늘에는 잔설과 녹지 않은 얼음들이 여기저기 눈에 띄지만 양지쪽에는 새싹이 불쑥 올라오곤 한다. 그 대표적인 것이 복수초로 흔히 눈 속에 피는 꽃이라고 하는데, 그에 못지않은 것이 바로 앉은부채이다. 흥미로운 것은 앉은부채가 있는 곳은 주변보다 온도가 더 높다는 사실이다. 이는 뿌리에 저장된 녹말을 스스로 분해해서 산소호흡을 통해 보통 12~14일까지의 개화 시기 동안 높은 온도를 유지할 수 있는 독특한 능력을 지녔기 때문이다.

다 자란 이 식물의 잎은 꼭 부채처럼 큰데, 그래서 앉은부채라고 한 것 같기도 하다. 그러나 실은 가부좌를 틀고 앉은 부처님과 닮아서 '앉은부처'라고 부르던 것이 바뀐 것이다.

앉은부채는 전국에 자생하는 여러해살이풀로, 골짜기나 약하게 경사진 곳에서 잘 자라며, 키는 10~20㎝이다. 잎은 길이 30~40㎝, 너비 35~42㎝로 둥글고 길며 끝이 뾰족하고 뿌리에서 발달되어 나온다.

꽃은 3~5월에 검은 자갈색으로 피며 길이 10~20㎝이고, 포의 길이는 8~20㎝, 지름 5~12㎝이다. 잎보다 꽃이 먼저 핀다. 그런데 자세히 들여다보면 꽃이 꼭 도깨비방망이 끝부분같이 생기기도 했다. 열매는 빨간색으로 6~7월경에 둥글게 모여 달린다.

잎은 꽃이 시든 후 크게 펼쳐져 봄나들이를 할 때에는 꽃이 시들어 버리고 잎만 무성하게 자라므로 품종을 구별하기가 쉽지 않다. 특히 이른 봄 자생지에 가면 꽃 안에 들어 있는 열매가 사라지고 없는 것을 볼 수 있는데, 이는 겨

▲ 앉은부채 암술이 먼저 발달한 모습

▲ 앉은부채 수술이 먼저 발달한 모습

▲ 앉은부채 무리

우내 굶주렸던 들쥐가 따 먹었기 때문이다.

천남성과에 속하며, 산부채풀, 삿부채잎, 우엉취라고도 한다. 어린잎은 식용으로 쓰이는데, 유독성 식물이므로 물에 잘 우려낸 뒤 먹어야 한다. 한방에서는 줄기와 잎을 이뇨제 등의 약으로 쓰기도 한다. 우리나라와 일본, 아무르 강, 우수리 강, 사할린 등지에 분포한다.

길러보기

6~7월에 익은 종자를 바로 뿌리거나 가을에 포기나누기로 번식할 수 있다. 그러나 독성이 강한 식물이어서 가정에서 기르기는 좋지 않다.

비슷한 식물들

- **애기앉은부채** : 앉은부채와 비슷하나 잎 길이 10~15㎝, 너비 7~12㎝로 작다. 또 잎이 다 피고 난 뒤인 여름에 꽃이 피는 것도 다르다.

▲ 애기앉은부채

잎이 알록달록 예쁜

242 알록제비꽃

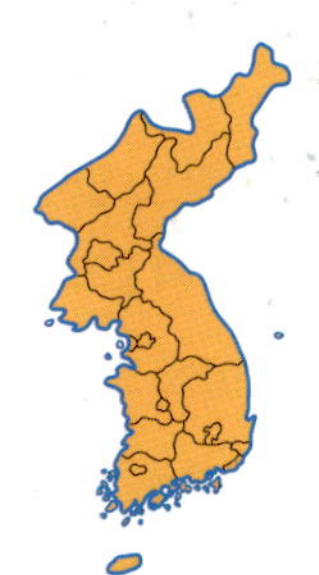

- 학 명 : *Viola variegata* Fisch. ex Link
- 과 명 : 제비꽃과

▲ 알록제비꽃 꽃(정면)

▲ 알록제비꽃 잎

어떤 꽃은 잎이 꽃보다 아름다워서 도대체 잎인지 꽃인지 구분이 되지 않는 것도 있다. 알록제비꽃 잎도 알록달록하니 아주 예쁘다. 그래서 이름도 알록제비꽃이라고 한다. 알록제비꽃은 우리나라 전역의 산에서 자라는 여러해살이풀로, 양지 혹은 반음지의 물 빠짐이 좋은 곳에 잘 자라며, 키는 5~10㎝이다.

잎은 길이와 너비가 각각 2.5~5㎝로 표면은 짙은 녹색이다. 잎맥을 따라 흰색 무늬가 있으며 뒷면은 자주색이다. 잎의 색에 따라 청알록제비꽃이 분리되기도 하지만 요즘에는 나누지 않는다. 청알록제비꽃은 앞면에 흰색 무늬가 약하고 뒷면은 푸르다. 초기에는 이렇게 구분되지만 꽃이 진 여름이 되면 거의 구분되지 않는다.

이것은 아마도 자라고 있는 곳의 여건에 따라 약간 다르게 나타나는 것 같다. 즉, 일조량이나 일조 시간, 기온, 토양 성분, 수분 등에 따라 변신을 하는 것이다. 제비꽃만큼 새로운 환경에 맞춰 그 형태와 빛깔을 바꾸는 식물도 없을 것이다. 그래서 제비꽃은 종류만도 60여 가지나 된다. 꽃은 5~6월에 자주색으로 피는데, 몇 개의 꽃줄기가 잎 속에서 나와 끝에 꽃이 1개씩 달린다. 열매는 8~9월경에 타원형으로 달린다.

제비꽃과에 속하며 청자오랑캐, 청알록제비꽃, 알록오랑캐, 얼룩오랑캐라고도 한다. 주로 관상용으로 쓰인다.

길러보기

9월에 종자를 받아 보관 후 9월에 뿌리거나 이른 봄 새순이 올라올 때 포기나누기를 한다. 화단이나 화분에 심는데, 물 빠짐이 좋은 곳이면 어디서나 잘 자란다. 물 관리는 2~3일 간격으로 한다.

비슷한 식물들

- **흰알록제비꽃** : 꽃이 흰색이다. 알록제비꽃은 일반 제비꽃처럼 자주색 꽃이 피어서 자주알록제비꽃이라고도 한다.

바위틈에 이끼와 함께 살아가는

243 애기괭이눈

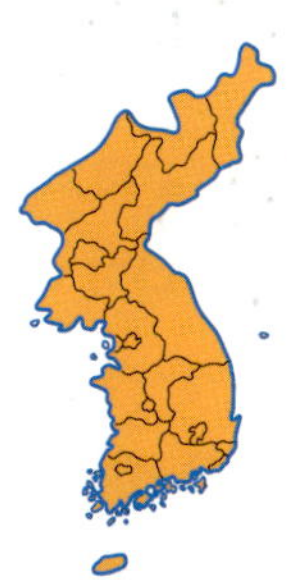

- 학 명 : *Chrysosplenium flagelliferum* F. Schmidt
- 과 명 : 범의귀과

▲ 애기괭이눈 꽃

▲ 애기괭이눈 잎

괭이눈이란 고양이의 눈이라는 뜻이다. 꽃이 마치 봄날 고양이의 눈과 비슷하다고 해서 붙여졌다.

애기괭이눈 역시 괭이눈의 하나로, 보통 괭이눈보다 약간 작다고 해서 애기라는 명칭이 붙었다.

▲ 애기괭이눈 씨방

애기괭이눈은 우리나라 각처의 계곡에서 자라는 여러해살이풀로, 습기가 많은 계곡의 바위틈에 이끼와 함께 살고 있다. 키는 약 15㎝가량이다. 잎은 둥근 심장 모양으로 길이 0.3~1㎝ 정도, 너비 0.4~1.2㎝ 정도이다. 꽃은 4~5월에 피는데, 연한 황록색이며 가운데 노란색 꽃이 있다. 열매는 6월경에 속이 여러 칸으로 나누어진 씨방에 많은 종자가 달린다.

특이한 것은 꽃이 워낙 작은 반면에 꽃이 필 때 옆의 잎까지 노랗게 변한다는 것이다. 꽃가루받이가 끝나고 나면 잎은 조금씩 벌어지고 다시 초록색으로 돌아간다. 독특한 생존 방법인데, 그렇게 해야 곤충들이 꽃을 금세 발견하고 날아와 꽃씨를 수정시키기 때문이다.

애기괭이눈은 다른 괭이눈과는 달리 길고 가늘게 자라는 것을 알 수 있다.

번식은 6월경에 열리는 종자로 이루어진다. 종자로 번식하는 대부분의 식

▲ 애기괭이눈 무리

물에서는 변이체가 나타나기 쉬운데, 괭이눈 종류도 마찬가지여서 최근에 약용식물에 대한 관심이 높아지면서 다양한 종류가 보고되고 있다.

범의귀과에 속하며, 덩굴괭이눈, 만금요, 애기괭이눈풀이라고도 한다.

대부분의 괭이눈은 잎이 마주나지만 애기괭이눈의 잎은 어긋난다. 주로 관상용으로 쓰이며, 봄에 잎과 줄기를 나물로 먹기도 한다. 우리나라와 일본, 사할린, 중국 동북부, 몽골 등지에 분포한다.

길러보기

6월경에 익은 종자를 바로 화분에 뿌리거나 가을에 포기나누기를 한다. 종자는 한 송이에서 20~40개 정도를 얻을 수 있기 때문에 한 송이만으로도 많은 양의 묘를 얻을 수 있다. 햇볕이 많이 드는 곳에서 돌에 이끼와 흙을 붙여 심으면 좋다. 이렇게 심은 후에는 상대습도를 높게 해 주어야 하기 때문에, 수반 같은 곳에 물을 많이 넣어 수분이 증발되게 만들거나 분무기를 이용하여 공중에 뿌려 줘도 좋다.

비슷한 식물들

괭이눈 종류는 가지괭이눈에서 알아보았다. 대표 종인 괭이눈은 줄기는 땅 위로 뻗고 마디에서 뿌리를 내린다. 키는 5~20㎝, 잎은 마주나며, 수술은 4개이다. 우리나라와 중국, 쿠릴 열도 남부, 일본 등지에 분포한다.

▲ 흰괭이눈

▲ 선괭이눈

하얀 꽃이 앙증맞게 피는

244 애기괭이밥

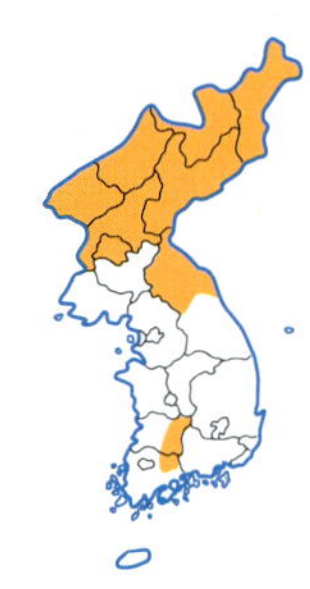

- 학 명 : *Oxalis acetosella* L.
- 과 명 : 괭이밥과

▲ 애기괭이밥 꽃

▲ 애기괭이밥 잎

괭이밥은 고양이가 먹는 밥이라는 뜻으로, 특히 고양이가 배탈이 났을 때 잘 뜯어먹는다고 한다. 잎을 따 먹어 보면 시큼한 맛이 나서 시금초라고 부르며, 초장초나 괴싱이라고도 했다. 괭이밥이 길가나 빈터, 밭 등에 흔하게 자라는 반면, 이보다 작은 애기괭이밥은 깊은 산에 가야 자생하는 걸 볼 수 있는 품종이다.

▲ 애기괭이밥 종자 결실

여러해살이풀로, 습기가 많고 토양이 비옥한 반그늘에서 잘 자라며, 키는 5~15㎝로 작은 편이다. 전체적으로 괭이밥과 비슷하지만 괭이밥은 노란 꽃이 피는 반면, 애기괭이밥은 꽃이 하얗다.

잎자루는 길이 3~10㎝로 뿌리에서 생기며 이 잎자루 끝에서 3개의 작은 잎이 옆으로 퍼진다. 그래서 언뜻 보면 클로버와 아주 비슷하다. 작은 잎은 길이 0.4~2㎝, 너비 0.7~3㎝로 하트 형이다. 꽃은 5~6월에 흰색으로 뿌리에서 꽃줄기가 나와 줄기 끝에 한 송이가 달린다. 열매는 7~8월경에 달리고 길이 0.4~0.6㎝로 둥글다.

▲ 애기괭이밥 무리

괭이밥과에 속하며 큰선괭이밥, 산괭이밥, 애기괭이밥풀이라고도 한다. 어린순은 식용으로 사용되는데, 신맛이 강하고 관상용으로도 많이 쓰인다. 북반구 온대 지역 북부에 분포한다.

길러보기

7~8월경에 익은 종자를 종이에 싸서 냉장 보관하였다 가을 무렵 화단에 뿌리면 번식시킬 수 있다. 만일 여름에 얻은 종자를 바로 뿌리면 종자가 부패하거나 혹은 발아하여 올라온 싹이 상할 수 있기 때문에 온도와 습도에 많은 신경을 써야 한다. 토양 비옥도가 높고 물 빠짐이 좋아야 한다. 화단에서는 반그늘, 실내에서는 빛이 잘 드는 곳에 둔다.

비슷한 식물들

- **괭이밥** : 키는 10~30㎝이며 가지를 많이 친다. 꽃은 5~9월에 노란색으로 핀다. 뿌리가 곧고 땅위줄기가 땅을 기며 턱잎이 뚜렷하게 나타난다.
- **선괭이밥** : 서 있는 괭이밥이란 뜻으로, 키가 20~40㎝로 커서 왕괭이밥이라고도 한다. 뿌리가 가늘고 줄기는 곧게 서며 턱잎이 뚜렷하지 않은 점이 괭이밥 종류와 구별된다.
- **자주괭이밥** : 꽃이 자주색으로 남아메리카에서 귀화한 식물이다. 인가 부근의 밭둑이나 길가에서 자라며, 키는 10~30㎝이다.

▲ 괭이밥

▲ 선괭이밥

앙증맞은 나리꽃

245 애기나리

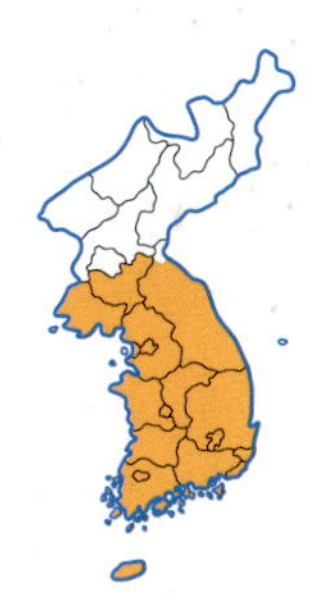

■ 학 명 : *Disporum smilacinum* A. Gray

■ 과 명 : 백합과

▲ 애기나리 개화 직전

▲ 애기나리 꽃

▲ 애기나리 열매

ㅇ

▲ 애기나리 무리

나리꽃은 한자로는 백합이라고 하는데, 꽃이 크면서도 화려한 것이 특징이다. 그래서 관상용으로 많이 재배되고 있고, 품종도 아주 많다. 나리꽃에는 아담과 이브의 전설이 전해지는데, 에덴동산에서 금단의 열매를 따먹은 후 쫓겨난 이브가 외로움을 느껴 흘린 눈물이 흰 나리가 되었다고 전해진다.

애기나리는 키 20~40㎝ 정도로 나리 종류 중에는 작다. 중부 이남의 산지에서 자라는 여러해살이풀로, 반그늘이나 양지에서 잘 자라며 배수가 잘 되는 흙을 좋아한다. 뿌리줄기가 길게 옆으로 뻗으며 대개 무리지어 자란다.

잎은 타원형으로 길이 4~7㎝, 너비 1.5~3.5㎝이다. 꽃은 4~5월에 연한 녹색으로 피며 가지 끝에서 1~2개 밑을 향해 달린다. 열매는 길며 둥글고 검은색으로 익는다.

애기나리는 큰애기나리와 비슷하지만 큰애기나리는 키 30~70㎝로 크고, 꽃도 같은 흰색이지만 약간 초록을 띠는 것이 다르다. 또 애기나리가 잎맥이나 잎 가장자리에 가는 돌기가 없는 반면 큰애기나리는 있고, 꽃도 애기나리가 먼저 피고 난 뒤에 큰애기나리가 핀다.

백합과에 속하며, 가지애기나리라고도 한다. 관상용으로 쓰이며, 어린순은 식용으로 사용되고, 한방에서는 뿌리줄기를 보주초라고 해서 약재로 사용한다. 우리나라 경기, 강원 이남과 일본, 중국에 분포한다.

길러보기

7~8월경에 익은 종자를 바로 화분이나 화단에 뿌리거나 가을에 포기나누기로 번식한다. 화분이나 화단, 어느 곳에서도 잘 재배되는 품종으로, 물은 2~3일에 한 번 정도 준다. 단, 잎이 시드는 가을에는 물을 4~6일에 한 번 준다.

비슷한 식물들

- **참나리** : 꽃은 7~8월에 피고 노란빛이 도는 붉은색 바탕에 검은빛이 도는 자주색 점이 많다.
- **금강애기나리** : 진부애기나리라고도 하며, 깊은 산이나 침엽수림 지대의 가장자리에 자란다. 우리나라 특산 식물이다.
- **솔나리** : 꽃은 7~8월에 1~4개가 밑을 향해 피고 짙은 홍색빛을 띤 자주색이지만 안쪽에 자줏빛 반점이 있으며 꽃덮개가 뒤로 말린다.
- **땅나리** : 꽃은 지름 3~5㎝로 7월에 노란빛이 섞인 붉은색 또는 짙은 붉은색으로 피는데, 줄기 끝에 1~8송이가 아래를 향해 달린다.
- **하늘나리** : 꽃은 지름 6~7㎝로 붉은색 또는 황적색이며, 6~7월에 윗부분에 1~5송이가 위를 향하여 달린다.
- **말나리** : 노란빛을 띤 붉은 꽃이 옆을 향해 핀다. 높은 지대에 분포하며, 키는 80㎝ 정도이다.
- **중나리** : 꽃은 7~8월에 줄기 끝과 가지 끝에 2~10송이가 밑을 향하여 달린다. 꽃잎은 황색을 띤 붉은색이고 안쪽에 자줏빛 반점이 있으며 길이 6~8㎝로 피침형이며 뒤로 말린다.

▲ 참나리

▲ 금강애기나리

▲ 솔나리

▲ 땅나리

▲ 말나리

▲ 중나리

줄기를 자르면 노란 액체가 나오는

246 애기똥풀

■ 학 명 : *Chelidonium majus* var. *asiaticum* (H. Hara) Ohwi

■ 과 명 : 양귀비과

▲ 애기똥풀 꽃봉오리

▲ 애기똥풀 꽃

▲ 애기똥풀 잎에서 나오는 유액

애기똥풀은 줄기를 자르면 노란 액체가 뭉쳐 있는 것이 꼭 노란 애기똥과 비슷해 붙여진 이름이다.

영어로는 셀런다인(Celandine)이라고 하는데, 이는 제비를 뜻한다. 그리스 신화에 따르면, 제비가 알에서 부화할 때 눈이 잘 뜨이지 않아 어미 제비가 애기똥풀의 노란 진액을 물어다 발라 주어 눈을 뜨게 한 데서 비롯되었다고 한다. 그래서인지 속뜻은 '어머니가 몰래 주는 사랑'이다.

▲ 애기똥풀 종자 결실

애기똥풀은 전국의 산지는 물론 동네 주변에서도 쉽게 볼 수 있는 두해살이풀로, 양지바른 곳이면 어디에서나 잘 자란다. 키는 30~70㎝ 정도이다. 줄기는 가지가 많이 갈라지고 속이 비어 있으며 분처럼 흰색을 띤다.

잎은 어긋나며 길이 7~14㎝, 너비 5~10㎝로 잎 끝이 둥글고 가장자리에는 둔한 톱니가 있다. 꽃은 5~8월에 황색으로 피며 길이 약 1.2㎝이고 줄기 옆에서 나온다. 꽃잎은 4장이며, 꽃봉오리 상태에서는 많은 털이 나 있다. 꽃은 매미꽃이나 피나물과 흡사한데, 모두 노랗고 작으며 꽃잎이 4장인 꽃이 핀다. 그러나 잎을 보면 구분할 수 있다. 열매는 9월경에 달리는데, 길이 3~4㎝, 지름 2㎜ 정도의 좁은 원주형이다.

ㅇ

▲ 애기똥풀 잎(앞면)

▲ 애기똥풀 잎(뒷면)

▲ 애기똥풀 무리

양귀비과에 속하며 까치다리, 젖풀, 씨아똥이라고도 한다. 어린잎은 식용하며, 꽃을 포함한 잎과 줄기는 백굴채라고 해서 약용으로 쓰인다. 그러나 독성이 강하므로 함부로 먹으면 안 된다. 우리나라와 일본, 중국 동북부, 사할린, 몽골, 시베리아, 캄차카반도 등지에 분포한다.

길러보기

9~10월에 결실되는 종자를 보관했다가 이듬해 봄 화단에 뿌린다. 화단에 심을 땐 여름철 물 관리가 중요한데, 잎이 많아 광합성 작용을 많이 하기 때문에 하루에 한 번 이상 물을 줘야 한다.

비슷한 식물들

- **매미꽃** : 굵고 짧은 뿌리줄기에서 잎이 뭉쳐난다. 줄기를 자르면 피 같은 즙이 나온다.
- **피나물** : 잎은 깃꼴 겹잎이고, 작은 잎은 넓은 달걀 모양이며 가장자리에 불규칙하고 깊게 팬 톱니가 있다. 줄기를 자르면 피 같은 즙이 나와 피나물이라고 한다.

▲ 피나물

잎이 가늘게 갈라지는 미나리아재비

247 애기미나리아재비

- 학 명 : *Ranunculus acris* L.
- 과 명 : 미나리아재비과

할미와 각시, 애기, 아재비, 사촌, 며느리 등 식물 이름에 사람에게 붙는 명칭이 붙는 것이 더러 있다. 이렇게 식물에 사람을 뜻하는 명칭이 붙는 것은 그 식물의 특징을 나타낸다. 이중 아재비는 본래와 비슷하지만 좀 더 큰 경우에 붙여지는 명칭이다.

미나리아재비 역시 미나리보다는 커서 키가 50~70㎝이다. 미나리의 키는 20~50㎝이다. 그리고 무엇보다 꽃 색깔이 다른데, 미나리아재비는 노랗지만 미나리는 흰색이다. 또 미나리아재비는 흰색 털이 많이 나 있지만 미나리는 털이 없는 것도 다른 점이다.

▲ 애기미나리아재비 꽃

미나리아재비과는 전 세계에 1,500종이 분포하는데, 우리나라에도 106종이나 살고 있을 정도로 대가족을 이루고 있다. 그중 애기미나리아재비는 미나리아재비에 비해 잎이 가늘게 갈라진다. 그러나 꽃은 약간 크다.

키는 20~35㎝로 미나리아재비의 절반 정도 된다. 가지는 중간 이상에서 분지한다. 뿌리에서 나오는 잎은 모여나고 자루가 길다. 잎은 5개로 갈라지고 끝이 뾰족하다. 꽃은 황금색으로 6~8월에 가지 끝 꽃 밑에서 한 쌍의 작은 꽃자루가 나와 끝에 한 송이씩 달리며 꽃대는 길다. 꽃받침 조각과 꽃잎은 5개이다. 꽃잎의 모양은 거꾸로 세운 달걀 모양이며, 열매는 하나로 모양이 작고 익어도 터지지 않으며 달걀 모양이고 길이 약 0.2㎝이다.

미나리아재비과에 속하며, 우리나라와 일본 등 북반구에 널리 분포한다. 우리나라에는 중부 이북 지방에 자란다. 유독성이며 관상용으로 쓰인다. 산미나리아재비, 선미나리아재비, 애기바구지, 좀미나리아재비라고도 한다.

▲ 애기미나리아재비 무리

길러보기

씨로 번식한다. 습한 곳에서 잘 자라므로 물 주기에 신경 써야 한다.

비슷한 식물들

- **개구리미나리** : 뿌리에 달린 잎과 줄기 밑에 달린 잎은 잎자루가 길지만 위로 올라가면서 짧아지다가 없어진다. 잎은 3개씩 2회 갈라지고 길이 3~6㎝, 너비 0.7~1.2㎝이다.
- **젓가락나물** : 줄기가 가늘고 억세며 젓가락같이 길다.
- **바위미나리아재비** : 키는 10㎝ 내외로 아주 작고 전체를 갈색 털이 빽빽이 덮고 있다.
- **왜미나리아재비** : 키는 15~20㎝이며, 곧게 서지만 연약한 편이다.
- **구름미나리아재비** : 풀 전체에 털이 있고 줄기는 곧게 선다. 키는 10~15㎝로 작고 산에서 주로 자란다.
- **기는미나리아재비** : 옆으로 뻗는 가지가 마치 기어가는 듯하다. 키는 40㎝ 정도이며 털이 있다.
- **누운미나리아재비** : 줄기는 길이 40㎝ 정도이며, 7월에 노란 꽃이 핀다. 가지가 기다 못해 누운 것 같다.
- **산미나리아재비** : 백두산 등 깊은 산에 자라며, 키는 40㎝ 정도이다.
- **미나리아재비** : 키는 50~70㎝이다. 꽃은 6~7월에 짙은 노란색으로 줄기 끝에 여러 송이가 붙는다.

▲ 왜미나리아재비

▲ 구름미나리아재비

▲ 산미나리아재비

ㅇ

248 애기봄맞이

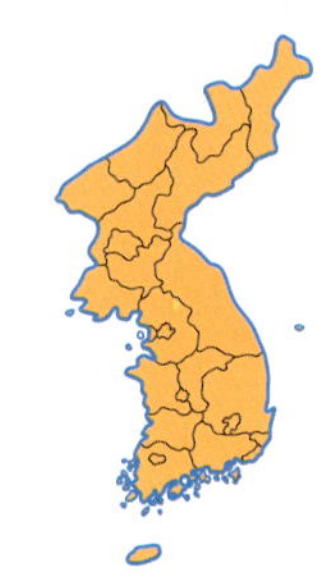

- 학 명 : *Androsace filiformis* Retz.
- 과 명 : 앵초과

▲ 애기봄맞이 꽃봉오리

▲ 애기봄맞이 꽃

봄맞이는 이른 봄에 봄을 알린다고 해서 보춘화라고도 하지만 엄연히 보춘화라는 식물은 별도로 있다. 또 잎이 둥글고 동전만해서 동전초라고도 부르고, 하얀 꽃이 땅에 점점이 뿌려진 듯해서 점지매라는 귀여운 이름도 있다.

봄맞이에는 몇 종류가 있는데, 애기봄맞이는 봄맞이보다 작아서 붙은 이름이다. 세엽점지매, 애기봄맞이꽃이라고도 한다.

▲ 애기봄맞이 잎

키는 꽃줄기 기준으로 15㎝ 정도이며, 전체에 털이 나지 않고 광택이 있다. 잎은 뿌리에서 나 비스듬히 땅 위로 퍼지는데, 달걀 모양 또는 달걀 모양 타원형이다. 잎은 길이 1~4.5㎝, 너비 0.2~0.9㎝이며 끝이 둔하거나 뾰족하다. 잎의 가장자리에는 잔톱니가 있다.

꽃은 4~5월에 흰색으로 우산 형태로 달리며, 꽃받침은 종형으로 끝이 5개로 갈라진다. 꽃은 지름 0.2㎝로 너무 작아 돋보기로나 관찰할 수 있다. 열매는 속이 여러 칸으로 나뉘고 각 칸 속에 많은 종자가 들어 있으며 구형이다.

앵초과의 한해살이풀로, 우리나라와 중국, 러시아, 유럽 등지에 분포한다. 우리나라에서는 경남과 충북, 경기 이북의 논둑, 밭둑에 자생한다. 명천봄맞이와 비슷하나 명천봄맞이의 잎은 피침형으로 가늘다. 또한 털이 많이 나는 점도 차이점이다. 관상용과 식용으로 이용된다.

길러보기

여름에 익은 종자를 보관했다가 이른 봄 화분에 뿌린다. 화분에 심어 관리하면 봄이 지나고 가을에 따뜻해지면 다시 꽃을 피운다.

비슷한 식물들

- **고산봄맞이** : 줄기가 갈라진 끝에 잎이 돌려나며, 어릴 때는 풀 전체에 흰 털이 난다. 키는 7㎝ 정도로 백두산에 자란다.

금강봄맞이 : 응달의 암벽에서 자라며, 키는 8㎝ 정도이다. 금강산과 설악산에 분포한다.

갯봄맞이 : 북부 바닷가 습지에 자라며, 전체에 털이 없고, 잎은 다소 분백색이 도는 녹색으로 윤이 난다.

별봄맞이 : 줄기가 연한 백록색으로, 제주도에 분포하는 외래종이다.

명천봄맞이 : 애기봄맞이와 비슷하나 털이 많다.

봄맞이 : 꽃은 4~5월에 흰색으로 피는데, 꽃이 5갈래로 갈라지는 것이 특징이다. 전체에 흰색 털이 있다.

▲ 고산봄맞이

▲ 갯봄맞이

▲ 봄맞이

봄 들녘에 깔리는 보라색 구름

249 애기자운

- 학 명 : *Gueldenstaedtia verna* (Georgi) Boriss.
- 과 명 : 콩과

ㅇ

▲ 애기자운 꽃봉오리

▲ 애기자운 꽃

▲ 애기자운 꽃 시드는 모습

▲ 애기자운 잎

봄날 남부지방의 들녘에 가 보면 보랏빛 꽃이 마치 구름처럼 피어 있는 들꽃들을 볼 수 있는데, 자색 구름꽃이라고 하여 자운영이라고 한다. 사진동호인들에게는 제법 인기를 끄는 꽃으로, 농가에서는 퇴비용으로 쓰기 위하여 심기도 한다.

이 자운영과 꽃이 닮았으나 키가 작은 것이 애기자운이다. 자운영의 키가 10~25㎝인 반면, 애기자운은 5~6㎝밖에 안 된다. 애기자운이 무리지어 피어 있으면 보랏빛 점이 박힌 녹색 융단을 깔아놓은 듯하다.

그러나 실제로 그런 모습은 보기 힘들다. 약재로 이용되어 무분별하게 채취하는 바람에 멸종위기종으로 분류되어 있는 것이다. 몇 년 전 경북 달성군에서는 애기자운 재배를 연구하여 지역 특산물로 상품화할 것이라고 하였는데 결과가 주목된다.

애기자운은 뿌리가 굵고 길며, 전체에 부드러운 털이 덮여 있다. 잎은 뿌리에서 모여나며 잎자루의 양 끝에 여러 개의 작은 잎이 새의 깃 모양으로 붙어 있으며, 작은 잎은 9~21개로 타원형 또는 피침형이다. 잎 끝은 둔하거나 뾰족하며 가장자리는 밋밋하다. 잎은 또한 갈색 털로 덮여 있다.

꽃은 4~8월에 보라색으로 피고 긴 꽃줄기 끝에 1~4개씩 모여 달린다. 흰색 꽃도 있으며, 흰색과 보라색이 섞여 있는 꽃도 가끔 볼 수 있다. 흰색 꽃을 달고 있는 것은 흰애기자운이라고도 한다. 꽃받침은 종형으로 흰색 털이 빽빽하며 끝이 5개로 갈라진다. 열매는 꼬투리로 맺히고 긴 달걀 모양이며 긴 털이 빽빽하게 나 있다.

콩과의 여러해살이풀로, 우리나라와 중국, 만주, 우수리, 시베리아에 분포한다. 우리나라에서는 경북 대구, 평북, 함북의 깊은 산에 자란다. 관상용으로 쓰이며, 전초를 황달, 이질, 타박상, 유선염, 종기 등에 약용한다. 또한 토종황기라 하여 닭백숙할 때 넣어 이용하기도 하고, 술을 담그기도 한다.

길러보기

전년도 채취한 종자를 봄에 파종한다. 따뜻한 곳에 파종하면 발아율이 높다. 약용식물로 가치가 높아 재배지가 늘어날 전망이다.

비슷한 식물들

- **팥애기자운** : 전체를 갈색의 솜털이 빽빽이 덮고 있다. 뿌리는 비대하여 많이 갈라지고, 줄기는 짧으며 작거나 거의 없다.
- **자운영** : 키는 10~25㎝이며, 꽃은 4~5월에 홍색을 띤 자주색으로 핀다.
- **두메자운** : 백두산 등 높은 산지에 자라며, 키는 7㎝ 정도이다. 7~8월에 홍자색 꽃이 핀다.
- **흰애기자운** : 애기자운과 비슷하나 꽃이 흰색으로 핀다.

▲ 자운영

▲ 두메자운

▲ 흰애기자운

ㅇ

250 애기풀

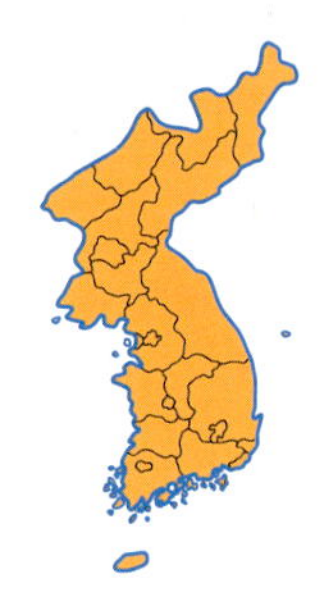

- 학 명 : *Polygala japonica* Houtt.
- 과 명 : 원지과

▲ 애기풀 꽃(정면)

▲ 애기풀 꽃(측면)

애기풀은 산이나 들에서 자라는 초본성 반관목이다. 초본성 반관목이란 풀이지만 줄기가 아주 단단해 나무의 성질을 띠고 있는 것을 말한다. 이름처럼 정말 귀엽고 작은 꽃으로, 주로 토양의 수분이 적은 곳과 물 빠짐이 좋고 햇볕이 잘 드는 곳에서 잘 자라며, 키는 약 20㎝이다.

▲ 애기풀 꽃봉오리

잎은 달걀형으로 잔털이 있으며 마주난다. 줄기는 뿌리에서 여러 대가 나와 바로 서거나 비스듬히 자라며 전체에 잔털이 있다. 또 가늘지만 아주 단단한 편이다. 꽃은 4~5월에 피는데, 나비와 같은 형상이며 연한 홍색으로 달린다. 꽃받침잎은 5개로 양쪽 2개의 꽃받침잎이 날개 모양으로 보인다. 열매는 9월경에 달리는데, 넓은 날개가 있으며 모양은 편평한 원형이다.

애기풀은 원지과에 속하는데, 원지와 비슷하다. 애기풀은 봄에 꽃이 피지만, 원지는 7~8월에 자주색 꽃이 피는 것이 다르다. 또 원지의 경우 꽃잎의 윗부분이 벌어지며 끝이 솔처럼 잘게 갈라지고, 잎이 가늘고 뿌리는 굵다. 참고로, 원지과에 속하는 식물은 전 세계에 1,000여 종이 분포하며, 우리나라에는 5종이 살고 있다.

애기풀은 관상용으로 쓰이며, 약재로도 많이 쓰인다. 가을에 줄기와 잎을

▲ 애기풀 잎

▲ 애기풀 종자 결실

ㅇ

그늘에서 말린 것은 영신초라 하며, 뿌리를 말린 것은 과자금이라고 한다. 또 식용하는 식물이다.

우리나라와 일본, 중국, 필리핀, 인도차이나 등지에 분포한다.

길러보기

이른 봄이나 가을에 옆에 붙어나오는 뿌리를 잘라 분리시키고, 종자 번식은 9월경에 받은 종자를 바로 뿌리는 것이 좋은데, 뿌리나누기를 권한다. 햇볕이 잘 드는 곳과 물 빠짐이 좋은 곳이면 어디든지 심어도 된다. 화분에 키우면 작은 크기에 단독으로 심는 것이 좋고, 외부에 심을 때는 처음에는 집단을 이루게 심는 것이 좋다. 물 관리는 뿌리를 내리기 전에는 2~3일 간격으로, 뿌리를 내린 다음은 별도의 물 관리는 필요하지 않다.

비슷한 식물들

- **원지** : 꽃은 7~8월에 자줏빛으로 피고 총상화서로 드문드문 달린다. 꽃잎은 윗부분이 벌어지고 밑부분이 붙어 있으며 끝이 솔처럼 잘게 갈라진다. 애기풀에 비해 잎이 가늘고 뿌리가 굵다.
- **두메애기풀** : 여러해살이풀로, 키는 20~30㎝이다. 전체에 잔털이 빽빽하며 뿌리는 가늘고 길며 단단하다. 함경남도 부전고원 이북의 고산과 강원도 일원에 난다.

▲ 두메애기풀

앵두꽃처럼 예쁜 꽃이 피는

251 앵초

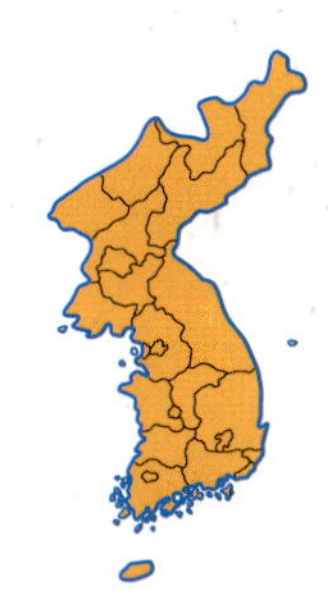

- 학 명 : *Primula sieboldii* E. Morren
- 과 명 : 앵초과

▲ 앵초 꽃봉오리

▲ 앵초 꽃

▲ 앵초 잎

ㅇ

▲ 앵초 종자 결실

▲ 앵초 종자

꽤 정겨운 이름의 꽃이다. 꽃이 마치 앵두나무 꽃처럼 생겼다고 해서 앵초라고 하는데, 이 꽃과 비슷한 꽃들이 시중에 많이 나와 있다.

이들은 원예 품종으로 프리뮬러 종류가 특히 많이 개량되어 판매되고 있다. 프리뮬러는 앵초의 학명이기도 하다. 앵초는 오랜 옛날부터 약초와 향신료로 다양하게 사용되어 별칭도 많다. 영국에서는 '베드로의 꽃', 스웨덴에서는 '오월의 열쇠', 프랑스에서는 '첫 장미', 독일에서는 '열쇠 꽃', 이탈리아에서는 '봄에 피우는 첫 꽃'이라고 한다. 또 영어로는 '카우스립'으로 소똥이란 뜻인데, 이는 소가 똥을 눈 곳에서 잘 피기 때문에 붙여졌다.

앵초는 산지에서 자라는 여러해살이풀로, 배수가 잘되고 비옥한 토양의 반그늘에서 잘 자란다. 키는 10~25㎝ 정도이다. 잎은 타원형이며 길이 4~10㎝, 너비 3~6㎝이다. 잎에는 가는 털이 있고 표면에 주름이 많이 지고 가장자리가 얕게 갈라지며 뿌리에 모여 있다. 꽃은 홍자색으로 4월에 피며 줄기 끝에 7~20개가 옆으로 펼쳐지듯 달린다. 열매는 8월경에 둥글게 맺는데,

지름 5㎜ 정도이다.

앵초과에 속하며, 우취란화, 깨풀, 연앵초라고도 한다. 관상용으로 쓰이며, 어린순은 식용, 뿌리를 포함한 전초는 약용으로 쓰인다. 우리나라와 일본, 중국 동북부, 시베리아 동부에 분포하고, 일본에서는 앵초의 자생지를 천연기념물로 지정하여 보호한다. 꽃말은 '행복의 열쇠' 또는 '가련'이다.

길러보기

8월에 받은 종자를 바로 화분이나 화단에 뿌리고, 잎이 지상부에서 없어지는 가을에 포기나누기를 한다. 화분에서 키우기 좋은 품종으로, 이른 봄 솜털에 덮인 싹이 올라오면 2~3일에 한 번 물을 준다. 여름에 햇볕이 강한 곳에 두면 잎이 타기 때문에 반그늘에 둬야 한다.

비슷한 식물들

- **큰앵초** : 키는 20~40㎝로, 잎은 거의 둥글다. 산지의 냇가와 숲 속에서 자란다.
- **털큰앵초** : 큰앵초와 비슷하나 꽃줄기와 잎자루에 긴 털이 많다.
- **설앵초** : 키는 15㎝ 정도로, 높은 산 위의 바위틈에서 자란다.
- **좀설앵초** : 키는 3~10㎝로, 잎이 작고 뒷면에 황색 가루가 붙어 있다. 높은 산에 자란다.
- **돌앵초** : 잎은 길이 3.5~5㎝, 너비 2~3㎝로 뿌리에서 나고 둥글거나 넓으며 가장자리가 얕게 갈라진다. 함경북도 갑산과 만주에 분포한다.

▲ 큰앵초

▲ 설앵초

햇빛이 잘 드는 양지에 피는 노란 꽃

252 양지꽃

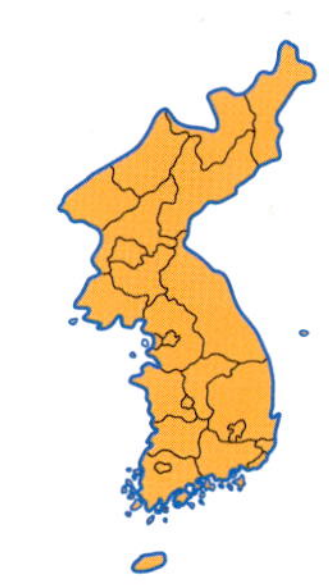

■ 학 명 : *Potentilla fragarioides* var. *major* Maxim.

■ 과 명 : 장미과

▲ 양지꽃 꽃

▲ 양지꽃 잎

봄 양지쪽에는 유난히 노란 꽃을 달고 있는 풀들이 많은데, 양지꽃도 그중 하나이다. 우리나라 산과 들 어느 곳에서도 쉽게 볼 수 있는 정다운 꽃으로, 특히 토질에 관계없이 햇빛이 잘 드는 곳이면 어디든 잘 자라서 양지꽃이라는 이름이 붙었다.

▲ 양지꽃 종자 결실

양지꽃은 종류가 매우 많다. 양지꽃보다 조금 늦게 피는 나도양지꽃, 높은 산 나무 밑에서 자라는 너도양지꽃, 솜털이 보송보송하게 나는 솜양지꽃, 돌이나 바위틈에서 잘 자라는 돌양지꽃, 물가에서 자라는 물양지꽃, 가지가 누워서 기듯 자라는 누운양지꽃 등 20여 종이나 된다.

양지꽃은 이들을 대표하는 야생화로 키는 30~50㎝ 정도이다. 줄기는 옆으로 비스듬히 자라고, 잎은 길이 1.5~5㎝, 너비 1~3㎝로 여러 개가 나와 사방으로 퍼진다. 잎의 양 끝이 좁고 양면에 털이 있으며 타원형이고, 꽃은 4~6월에 황색으로 핀다. 꽃의 지름은 1.5~2㎝로 꽃받침 길이보다 1.5~2배 정도 길다. 열매는 6~7월경에 길이 약 2㎜ 정도로 달리고 털이 없으며 달

▲ 양지꽃 무리

걀 모양이다.

꽃 모양이 뱀딸기 꽃이랑 아주 흡사하다. 사실 봄날 들판에 피는 조그만 꽃 중 노란색 꽃들은 대부분 서로 닮았다. 그래서 키나 잎을 보고 구분하는 것이 좋다. 뱀딸기는 잎이 어긋나고 뿌리에 달린 3장의 작은 잎은 달걀 모양이거나 달걀 모양 원형이다.

장미과에 속하며, 소시랑개비, 큰소시랑개비, 좀양지꽃, 애기양지꽃, 왕양지꽃이라고도 한다. 관상용으로 쓰이며, 어린순은 식용, 뿌리를 포함한 전초는 약용으로 사용된다. 북한의 함경도 지방과 중국 북동부, 시베리아, 일본 등지에 분포한다.

길러보기

7월경에 종자를 받아 바로 화분이나 화단에 뿌리거나, 가을과 이듬해 이른 봄 새싹이 지상부로 조금 올라올 때 포기나누기를 하여 화단이나 화분에 심는다. 양지바른 곳이면 어디에서든지 잘 자라며, 물 관리는 1~2일에 한 번씩 한다.

비슷한 식물들

- **나도양지꽃** : 깊은 산의 나무 밑에서 자란다. 전체에 털이 많으며 키는 10~20㎝이다.
- **너도양지꽃** : 높은 산의 나무 밑에서 자란다. 전체에 흩어져 나고 뿌리줄기는 길고, 작은 잎은 쐐기 모양으로 이빨 모양의 톱니가 나 있다.

▲ 나도양지꽃

얼룩덜룩한 잎도 아름다운

253 얼레지

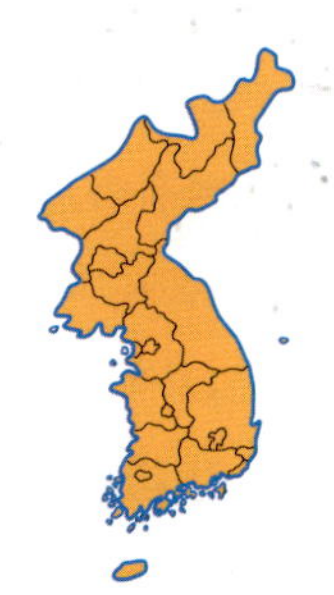

- 학 명 : *Erythronium japonicum* (Balrer) Decne.
- 과 명 : 백합과

▲ 얼레지 꽃

▲ 얼레지 잎

▲ 얼레지 종자 결실

ㅇ

얼레지는 전국의 높은 산에서 자라는 여러해살이 구근식물로, 반그늘의 물 빠짐이 좋은 비옥한 토질에서 잘 자란다. 키는 20~30㎝이다. 잎은 길이 6~12㎝, 너비 2.5~5㎝로 녹색 바탕에 자주색 무늬가 있는데, 이 무늬가 얼룩덜룩해서 얼룩취 또는 얼레지라고 부른다. 잎의 형태는 좁은 달걀 모양 또는 긴 타원형이다.

꽃은 4월에 두 장의 잎 사이에서 긴 1개의 꽃줄기가 나오고 상단부에 1개의 꽃이 밑을 향해 달린다. 꽃 색깔은 자주색이고, 꽃잎은 6개이며 길이 5~6㎝, 너비 0.5~1㎝이다. 아침에는 꽃봉오리가 닫혀 있다가 햇볕이 들면 꽃잎이 벌어지는데, 소요되는 시간은 불과 10분 이내이며 오후가 가까워지면 꽃잎이 뒤로 말린다. 그리고 꽃 안쪽에는 암자색 선으로 된 'W' 자 형의 무늬가 선명하게 나 있다.

열매는 6~7월경에 갈색으로 변하는데, 모양은 타원형 또는 구형이다. 종자는 검은색으로, 뒤에는 하얀 액과 같은 것이 붙어 있다. 씨방이 아래로 향해 있기 때문에 받을 시기를 놓치면 쏟아지고 없다. 흥미로운 것은 이 씨앗이 개미 유충 냄새와 비슷해 개미들이 자신들의 알인 줄 알고 옮겨 나른다는 것이다. 덕분에 씨가 발아하기 쉬우며 비교적 좁은 범위에 빽빽이 군집을 이루고 있다.

잎이 한 장과 두 장으로 나오는데, 한 장을 가진 잎은 개화하지 않는다. 간

▲ 얼레지 무리

혹 잎이 한 장인 것에서 꽃대가 올라오는 것이 있지만, 이는 다른 잎이 손상되어 없어졌기 때문이다. 종자 발아를 해서 생긴 알뿌리는 해마다 땅속 깊이 들어가는 특성을 보이는데, 많이 들어간 것은 약 30㎝ 정도 되고 일반적으로 20㎝가량은 들어가 있다. 바로 이 알뿌리 한 개에서 1개의 꽃이 피므로 얼레지를 1경 1화라고 한다.

또 특이한 것은 씨가 떨어진 뒤 바로 이듬해에 꽃이 피는 게 아니라 4년 이상 지나야만 꽃이 핀다는 것이다. 그래서 얼레지 꽃을 보면 매우 반갑기도 하다. 간혹 흰얼레지가 발견되기도 하는데, 이는 외국에 자생하는 흰얼레지와는 다른 형태의 것으로 보인다.

백합과에 속하며, 가재무릇이라고도 한다. 관상용으로 쓰이며, 잎은 식용, 뿌리는 식용 또는 약용으로 쓰인다. 우리나라와 일본 등지에 분포하며, 꽃말은 '질투', ' 바람난 여인'이다.

길러보기

5~6월경에 익는 종자를 화단에 뿌리고 습도만 잘 유지해 주면 발아율은 좋다. 종자는 저장하지 말고 그해 바로 뿌려야 한다. 아직까지 보고된 바는 없지만 알뿌리로 번식하는 것도 가능하다. 화단에 심는데, 토양 20~30㎝ 아래는 물 빠짐이 좋아야 한다. 물은 자주 주지 않아도 되는 품종이지만 집에서 키우기는 적합하지 않다.

비슷한 식물들

- **흰얼레지** : 꽃이 흰색이다.

▲ 흰얼레지

이것도 저것도 아닌 얼치기

254 얼치기완두

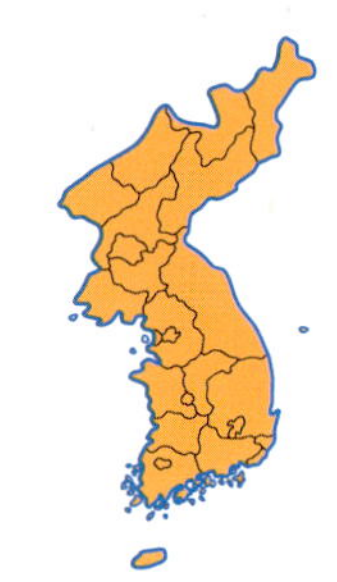

- 학 명 : *Vicia tetrasperma* (L.) Schreb.
- 과 명 : 콩과

▲ 얼치기완두 꽃

▲ 얼치기완두 잎

▲ 얼치기완두 열매

냉면은 보통 비빔냉면과 물냉면으로 크게 나뉜다. 그런데 비빔냉면이 매워서 먹기 힘들 때에는 냉육수를 넣어 먹기도 하는데, 이를 비빔냉면도 아니고 물냉면도 아니라 해서 얼치기냉면이라 한다. 곧 얼치기란 이것도 저것도 아닌 중간치, 또는 이것저것이 조금씩 섞인 모습을 의미한다.

얼치기완두 역시 그런 뜻이다. 새완두도 아니고 살갈퀴도 아닌 그 중간쯤 된다는 것이다. 꽃은 살갈퀴와 흡사하고, 전체적인 모양은 새완두를 닮았다.

줄기는 매우 가늘고 긴 줄기는 길이 30~60㎝ 정도로 덩굴져 자란다. 잎은 어긋나며 맨 끝의 잎이 짝수로만 되어 있으며 잎자루의 양쪽에 6~12개의 작은 잎이 새의 깃 모양처럼 붙어 있다. 작은 잎은 긴 타원형으로 끝부분이 약간 뾰족하고, 겹잎 잎차례 끝부분이 덩굴손으로 변형되는데, 갈라지지 않는다.

꽃은 4~6월 잎겨드랑이에서 연한 홍자색으로 1~3개씩 핀다. 꼬투리로 맺히는 열매는 타원형이며 표면에 털이 없다. 열매 안에 3~6개의 종자가 있다.

콩과의 두해살이풀로, 유럽 원산이다. 우리나라를 비롯한 아시아와 유럽, 북아메리카 등지에 분포한다. 우리나라에서는 남부지방의 산과 들에서 덩굴져 자란다. 땅을 비옥하게 해 주는 녹비식물로 이용된다.

길러보기

가을에 채취한 종자를 바로 파종하거나 이듬해 봄에 파종한다. 밭의 잡초를 제거하는 피복작물로 매우 어울린다.

비슷한 식물들

- **완두** : 키 2m 정도이며 꽃은 흰색과 붉은색, 자주색 등으로 늦은 봄에 핀다.
- **새완두** : 키 30~60㎝이다. 꽃은 백자색으로 3~7개가 모여 핀다. 덩굴손이 세 갈래로 갈라지는 점이 다르다.
- **살갈퀴** : 키 60~150㎝이며, 자주색 꽃이 잎겨드랑이에 한두 개씩 달린다.

▲ 살갈퀴

복수초에 연이어 꽃을 피우는

255 연복초

- 학 명 : *Adoxa moschatellina* L.
- 과 명 : 연복초과

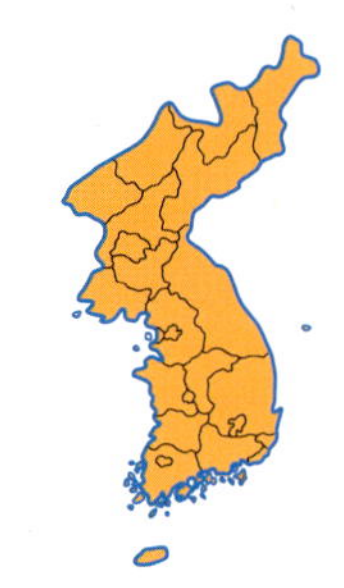

▲ 연복초 꽃

▲ 연복초 잎

연복초는 가야산 이북의 북부 지역 숲 속에서 자라는 여러해살이풀이다. 도감에는 북부 이북의 높은 산에 분포한다고 나오지만, 남부지방에도 넓게 분포하고 있다. 토양이 비옥한 반그늘에서 서식하며, 키는 8~15㎝ 정도로 아주 작다. 뿌리줄기는 가늘며 짧고 비늘조각이 있으며 옆으로 뻗어가는 가는 땅속줄기가 있다.

봄날 연복초를 발견하면 여간 기쁜 게 아니다. 복수초가 복과 장수를 기원한다면 연복초 역시 복을 주는 식물이라서 기쁨이 두 배가 되는 기분이다. 흥미로운 건 연복초라는 이름인데, 복수초를 찾다가 함께 발견되는 경우가 많이 있다. 복수초가 피고 진 후에 연이어서 꽃이 핀다고 해서 연복초라고 한다.

잎은 잎자루 길이가 4~9㎝이며 3~9개의 작은 잎으로 갈라진다. 꽃은 4~5월에 황록색으로 피는데, 길이 0.2~0.3㎝로 아주 작은 꽃들이 줄기 윗부분에 뭉쳐 달린다. 꽃이 너무 작아서 자칫 그냥 지나치기 쉬운 들꽃이다.

연복초과에 속하며, 주로 관상용으로 쓰인다. 연복초는 우리나라에 오로지 한 속 한 종만이 살고 있다. 우리나라의 가야산과 광릉, 북부지방을 비롯하여 북반구의 온대부터 한대에 걸쳐 분포한다.

길러보기

6월에 종자를 받아 바로 화분이나 화단에 파종하는 것이 가장 좋고, 가을이나 이듬해 봄에 포기나누기를 해도 된다. 햇볕이 많이 들지 않는 곳에 심고, 물은 2~3일 간격으로 주는 것이 좋다. 화분에 심으면 좋은데, 이때는 물을 많이 주지 않아도 되는 품종과 같이 심는 것이 좋다.

비슷한 식물들

- **복수초** : 꽃은 4월 초순에 피고 노란색이며 지름 3~4㎝로 연복초보다 크다. 키는 10~30㎝이다.
- **가지복수초** : 복수초에 비해 가지가 잘게 갈라진다. 경기도 광릉 산기슭의 나무 그늘에 서식하며, 키는 30㎝ 정도이다.

▲ 복수초

수명을 연장해 주는 약초

256 연영초

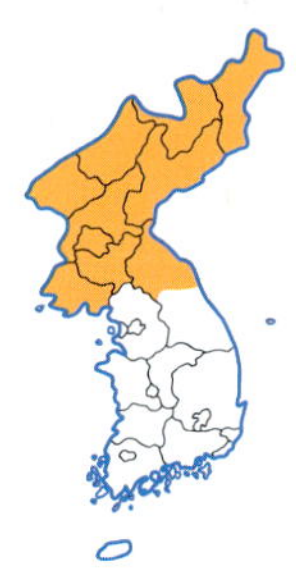

■ 학 명 : *Trillium kamtschaticum* Pall. ex Pursh

■ 과 명 : 백합과

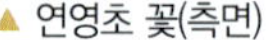

▲ 연영초 꽃(측면)

▲ 연영초 꽃(정면)

수명을 연장해 준다고 해서 연영초라고 하며, 학명 트릴리움(*trillium*)은 꽃잎과 잎이 모두 세 장인 데에서 유래한다. 경상북도 특히 울릉도와 강원도, 경기도 이북의 산지에서 자라는 여러해살이풀이다. 그러나 최근 지리산에서도 군락지가 발견되어 서식지가 남부지방까지 확대되었다.

▲ 연영초 꽃봉오리 올라오는 모습

주변 습도가 높거나 개울가 반그늘 혹은 음지의 부엽질이 풍부한 곳에서 잘 자라며, 키는 20~40㎝ 정도이다.

굵고 짧은 뿌리줄기에서 원줄기의 대가 자라나서 끝에 잎자루가 없는 잎이 나온다. 잎 끝은 짧게 뾰족하고 밑은 약간 둥글다. 또 잎의 가장자리는 밋밋하고 뒷면에 작은 돌기가 있다. 잎의 길이와 너비는 각각 7~17㎝이고, 줄기 끝에 3개 잎이 돌려가며 난다. 잎이 아주 커다란 것이 특징이다.

꽃은 5~6월에 꽃줄기 끝에 1개가 비스듬히 위를 향해 피며, 길이 4~6㎝이다. 꽃받침조각은 3개이며 긴 타원형으로 길이 2.5~3.5㎝이다. 꽃잎도 3개이며 타원형으로 끝이 둔하고 길이 3~4㎝이다. 열매는 7~8월경에 둥글게 달린다.

▲ 연영초 잎

▲ 연영초 잎(확대)

▲ 연영초 무리

백합과에 속하며, 연령초, 왕삿갓나물, 큰꽃삿갓풀, 큰연영초, 큰연령초, 연령초라고도 한다. 관상용으로 쓰이며, 식용, 약용으로도 사용된다. 우리나라와 중국 북동부, 시베리아 동부, 일본, 캄차카에 분포한다.

길러보기

8월경에 받은 종자를 바로 뿌리거나 종이에 싸서 냉장 보관한 후 이른 봄에 뿌린다. 그러나 저장한 종자의 발아율은 10% 미만으로 상당히 낮은 편이다. 관상용으로 쓰이긴 하나 재배하기가 아주 까다롭다.

비슷한 식물들

- **큰연영초** : 연영초와 거의 비슷하다. 연영초와 다른 점은 암술과 수술이 있는 가운데 씨방이 붉은색을 띠는 것이다. 줄기는 곧추서고, 밑동은 비늘잎으로 싸인다. 울릉도에 자생하며, 키는 약 30㎝이다.

앙증맞은 괴불주머니를 달고 있는

257 염주괴불주머니

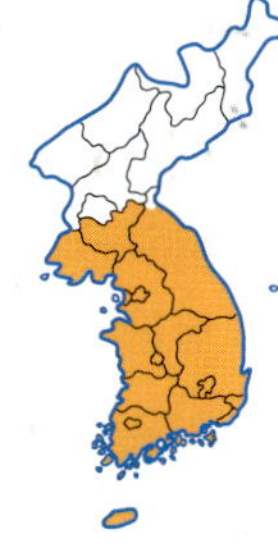

- 학 명 : *Corydalis heterocarpa* Siebold & Zucc.
- 과 명 : 양귀비과

▲ 염주괴불주머니 꽃

▲ 염주괴불주머니 잎

염주는 스님들이 손에 들고 다니는 물건이며, 괴불주머니는 오색의 비단 헝겊을 이용하여 여러 모양의 수를 놓아 만든 노리개를 말한다. 이렇게 특이한 이름이 붙은 것은 꽃의 모양에서 유래하는 것이 대부분이다. 꽃 모양이 꼭 괴불주머니를 닮았고, 열매는 염주알을 닮아서 붙여진 이름이다. 참고로, 괴불이란 오래된 연뿌리에 나는 열매를 말하는데, 이것이 나쁜 기운을 쫓는다고 알려져 있다.

▲ 염주괴불주머니 열매

염주괴불주머니는 우리나라 중부 이남에서 자라는 두해살이풀로, 공중습도가 높은 곳의 양지에서 잘 자란다. 키는 40~60㎝ 정도 된다. 전체가 흰빛을 띠며 줄기는 약간 굵은데, 이 줄기를 자르면 좋지 않은 냄새가 난다.

잎은 길이와 너비가 각각 10~25㎝로 삼각형이다. 꽃은 4~5월에 피는데, 황색이고 길이 1.5~2㎝이다. 꽃의 한쪽은 방패와 같은 모양으로 벌어지고, 다른 한쪽은 반대로 된다. 열매는 6~7월경에 달리고 염주처럼 잘록하다. 종자는 검은색이고 한 줄로 배열되며 많이 붙어 있다.

▲ 염주괴불주머니 무리

양귀비과에 속하며, 갯현호색이라고도 한다. 유독식물로, 관상용으로 쓰이며, 약재로도 사용된다. 우리나라와 일본에 분포한다.

길러보기

7~8월에 결실되는 종자로 번식한다. 여름이나 늦가을 혹은 초겨울에 싹이 올라왔다가 한겨울에는 없어지고 이른 봄에 그 자리에서 싹이 다시 올라온다. 따라서 종자는 식물 근처에 뿌려 주면 자연적으로 번식한다. 화단에 심을 경우 잎이 많아 하루에 한 번 물을 줘야 한다. 여름과 가을에 싹이 올라와 다른 식물들이 자라는 데 지장을 주기 때문에 다른 식물들과 같이 심지 않는 것이 좋다.

비슷한 식물들

- **자주괴불주머니** : 꽃은 염주괴불주머니와 비슷한데, 보라색이다.
- **산괴불주머니** : 습한 산지에서 자라며, 키는 약 40㎝이다. 원줄기는 속이 비고 곧게 자라며 가지가 갈라진다.
- **갯괴불주머니** : 바닷가 모래땅에 자라며, 키는 40㎝가량이다.
- **큰괴불주머니** : 키가 1.5m나 되며, 꽃은 6~8월에 자주색으로 핀다.
- **가는괴불주머니** : 키가 1m 이상으로 크며, 가지가 많고 전체적으로 흰빛이 돈다. 열매의 너비가 2~2.5㎜로 눈괴불주머니에 비해 좁다.
- **눈괴불주머니** : 가지가 많이 갈라져서 덩굴성같이 엉키며 길이 60㎝ 정도로서 능선이 있다. 열매의 너비는 3.5~4.5㎜이다.

▲ 자주괴불주머니

▲ 산괴불주머니

▲ 눈괴불주머니

봄을 맞이하는

258 영춘화

- 학 명 : *Jasminum nudiflorum* Lindl.
- 과 명 : 물푸레나무과

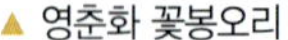

▲ 영춘화 꽃봉오리

▲ 영춘화 꽃

영춘화(迎春花)는 말 그대로 화사한 노란 꽃을 피워 봄을 맞이하는 꽃이라는 뜻이다. 하지만 꽃에 향기가 없어 봄을 맞이한다는 꽃 이름이 무색한 면이 있다. 봄바람에 풍겨오는 꽃의 향내가 있었더라면 영춘화라는 이름이 더욱 걸맞았을 것이다. 개나리도 영춘화라고 하지만 역시 향기는 없다. 서양에서는 겨울에 피는 재스민이라고 하여 '겨울 재스민(winter jasmine)'이라고 하고, 일본에서는 매화처럼 빨리 핀다고 해서 '황매(黃梅)'라고 한다.

한편, 개나리와 꽃 색깔과 모양이 비슷하여 혼동이 된다. 개나리는 꽃부리가 종 모양이고 황색으로 4갈래로 깊게 갈라지며, 열매는 달걀 모양의 삭과로 겉에 사마귀 같은 돌기가 있는 것이 특징인 반면, 영춘화의 꽃받침은 6갈래로 갈라지며 갈라진 조각은 선형이고 꽃부리는 황색으로 대개 6개로 갈라지는 것이 다르다. 영춘화는 이름에 걸맞게 개나리보다 일찍 꽃 피어 봄을 맞는다.

낙엽활엽관목으로, 높이는 2m 정도이다. 가지는 녹색이고 곧게 자라거나 밑으로 처지면서 땅에 닿는 부근에서 가끔 뿌리가 나서 다른 개체를 만든다. 잎은 마주나며 3출 복엽이고, 작은 잎은 달걀 모양 및 긴 타원상의 달걀 모양이며 가장자리는 밋밋하다. 꽃은 단생하거나 전년도 잎겨드랑이에서 1개씩 나오고, 꽃받침과 꽃부리는 6개로 갈라지며 황색으로 3월에 잎보다 먼저 핀다. 열매는 검은색의 장과로 9월에 익는데, 완전히 익지는 않는다. 그래서 종자 번식이 쉽지 않은 편이다.

중국 북부 원산으로, 우리나라에는 자생하지 않는다. 중부 이남의 정원에 심는다. 추위에 강해 추운 중부지방에서도 월동이 가능한 수종으로 햇빛이 잘

▲ 영춘화 잎

▲ 영춘화 수형

비추는 곳에서 꽃이 잘 핀다.

꽃이 아름다워 정원이나 공원 또는 화분에도 심는다. 특히 고속도로의 경사면에 어울리는 수종이다. 한약명이기도 한 영춘화는 해열, 이뇨에 쓰이며 잎은 타박상, 창상출혈에 쓴다.

길러보기

꺾꽂이, 뿌리나누기, 휘묻이로 번식한다.

비슷한 식물들

- **재스민** : 흔히 영춘화속에 속하는 식물을 총칭하는 말이다. 향료와 차를 만들어 내는 품종으로 유명하다. 영춘화도 재스민이라는 학명은 붙지만 향기는 전혀 없다.

▲ 재스민

꽃보다 꽃대로 유명한

259 옥녀꽃대

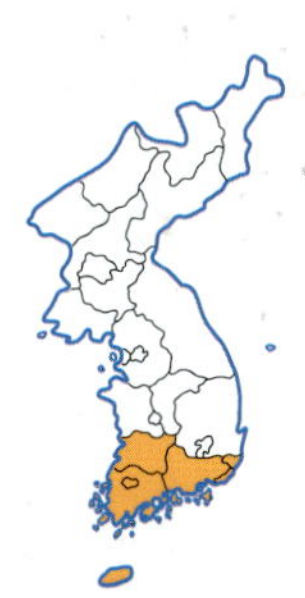

■ 학 명 : *Chloranthus fortunei* (A. Gray) Solms

■ 과 명 : 홀아비꽃대과

▲ 옥녀꽃대 꽃봉오리

▲ 옥녀꽃대 꽃

ㅇ

▲ 옥녀꽃대 새순

▲ 옥녀꽃대 줄기

옥녀꽃대라는 이름은 이 야생화가 처음 발견된 장소가 거제도 옥녀봉이라서 붙여진 것이다. 얼마 전까지 남부지방에서는 홀아비꽃대라고도 하고, 꽃이 작고 잎이 크다고 해서 과부꽃대라고도 했다. 하지만 홀아비꽃대는 별도로 구분이 되므로 현재는 옥녀꽃대라고만 한다. 종자가 익는 시기가 6월경인데, 종자가 결실되면 홀아비꽃대는 위로 솟구치지만, 옥녀꽃대는 약 45~60도 정도 비스듬히 누워 있어 구분이 된다. 또 홀아비꽃대는 잎 끝에 자줏빛이 있지만, 옥녀꽃대는 전부 녹색이다.

그런데 재미있는 건 꽃대라는 이름이다. 꽃이 아니라 꽃대라고 부르는 것은 꽃이 보잘 것 없어서 그렇게 부른다. 오죽하면 꽃대라고 했을까. 실제로 꽃을 보면 아주 작은 털 같은 것들이 달려 있을 뿐, 꽃이라고 부르기에도 민망하다.

▲ 옥녀꽃대 무리

옥녀꽃대는 제주도와 남부지방 숲에 사는 여러해살이풀로, 우리나라 특산종이다. 반그늘이나 양지에서 자라며 토양 비옥도가 좋은 곳에서 잘 자란다. 키는 15~40㎝ 정도이다. 잎은 줄기 끝에 타원형으로 4장이 뭉쳐나고 녹색이며 끝이 날카롭지 않다. 꽃은 4~5월에 흰색으로 핀다. 4장의 잎 사이에서 꽃대가 올라오는데, 꽃대 길이는 20~25㎝이며 전체에 털이 없고 가지는 갈라지지 않는다. 열매는 6~7월경에 노란색이 도는 녹색으로 둥글게 달린다.

▲ 옥녀꽃대 종자 결실

홀아비꽃대과에 속하며, 과부꽃대라고도 부른다. 우리나라와 일본, 중국에 분포한다.

ㅇ

길러보기

7월에 익은 종자를 따서 바로 화분이나 화단에 뿌리는 것이 발아율이 가장 높다. 따라서 이듬해 봄에 뿌리려고 저장하는 것보다는 바로 뿌리는 게 낫다. 또한 가을이나 이른 봄 새싹이 올라올 때 포기나누기를 해도 번식하기 쉽다. 물 빠짐이 좋은 화분이나 화단에 심어야 하고, 봄에는 물을 2~3일에 한 번, 가을에는 4~6일 간격으로 준다.

비슷한 식물들

- **홀아비꽃대** : 1개의 꽃이삭이 촛대같이 자라므로 홀아비꽃대라고 부른다. 옥녀꽃대에 비해 수술이 작다. 남부·중부지방에 분포한다.
- **꽃대** : 꽃이삭이 2개이다. 숲 속에서 자라는데, 땅속의 뿌리줄기에서 많은 뿌리가 갈라진다. 두사람꽃대, 쌍꽃대라고도 한다.

▲ 홀아비꽃대

꽃 모양이 작은 곤충의 암컷 모양을 한

260 옥잠난초

■ 학 명 : *Liparis kumokiri* F. Maek.

■ 과 명 : 난초과

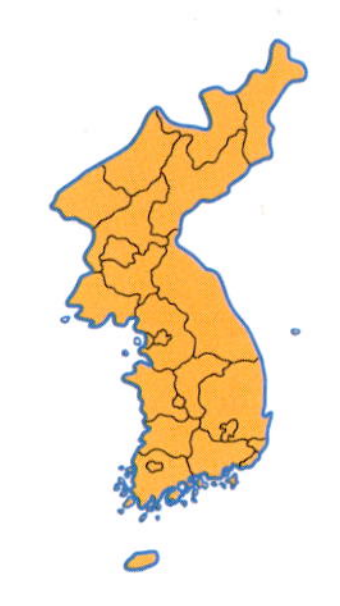

▲ 옥잠난초 꽃

▲ 옥잠난초 잎 올라오는 모습

옥잠난초는 우리나라 전역에 분포하는 여러해살이풀이다. 생육 환경은 물빠짐이 좋은 곳의 토양 비옥도가 높은 반그늘 혹은 음지에서 자란다. 키는 20~30㎝이고, 잎은 2개가 전년도의 줄기 옆에서 나오며 길이 5~12㎝, 너비 2.5~5㎝로 긴 타원형이고 가장자리에 주름이 많이 있다. 줄기는 각지고 곧게 선다. 뿌리는 알줄기 지름이 1~1.5㎝ 정도이고, 지상부에 나와 있는 것을 헛알줄기라 부르며 마른 잎자루로 싸여 있다. 꽃은 자줏빛이 도는 연한 녹색이며, 꽃자루는 높이 15~30㎝로 능선에 좁은 날개가 있고 5~15 송이의 꽃이 달린다. 꽃받침은 길이 약 0.6㎝로 좁은 타원형이고 끝이 둔하며 꽃잎은 중앙에 얕은 홈이 있고 길이는 꽃받침과 거의 유사하다. 입술모양 꽃부리는 중앙 윗부분에서 뒤로 젖혀지고 뚜렷하게 드러난 부분은 길이 약 0.5㎝로 끝이 약간 뾰족하다. 열매는 8~9월경에 익으며 길이 1~1.5㎝ 정도이다.

길러보기

집 안에서 키우기 좋은 품종이다. 잎이 넓어 물은 2~3일 간격으로 주고, 꽃이 피는 6월경에는 4~5일 간격으로 준다.

해마다 옆에서 생기는 작은 알뿌리를 봄에 분리한다. 종자는 덜 익은 것은 인위적으로 배양해야 하고, 완전히 익은 종자는 따서 이끼가 많은 곳에 뿌린다. 발아율은 매우 낮다.

ㅇ

비슷한 식물들

- **흑난초** : 키는 20~31㎝이고, 잎은 길이 5~12㎝, 너비 3~5.5㎝이며, 꽃은 지름 약 1.2㎝로 6~7월경에 흑자색으로 달린다.
- **키나리난초** : 키는 10~40㎝이고, 잎은 길이 6~12㎝, 너비 2.5~6㎝로 연한 녹색이며, 꽃은 연한 녹색이나 자줏빛이 돈다.
- **큰옥잠난초** : 키는 15~35㎝이고, 잎은 길이 10~20㎝, 너비 2~6㎝로 광택이 많이 난다. 꽃은 길이 약 0.1~0.5㎝로 녹색이며 아래에는 자줏빛이 난다.
- **나리난초** : 키는 15~25㎝이고, 잎은 긴 타원형으로 길이 4~12㎝, 너비 2.5~7㎝로 끝이 둔하며 가장자리가 물결 모양으로 주름져 있다. 꽃

은 검은 자갈색이다.

- **나나벌이난초 :** 키는 10~25㎝이고 잎은 길이 3~10㎝, 너비 2~5㎝이다. 꽃은 연한 녹색 혹은 자갈색으로 10~15개가 원줄기를 따라 올라가며 달린다.

▲ 흑난초 ▲ 키나리난초 ▲ 큰옥잠난초

▲ 나리난초 ▲ 나나벌이난초

【NOTE】 리파리스(Liparis)의 종류

리파리스류의 꽃 모습은 작은 곤충의 암컷 모양인데, 이는 곤충을 유인하기 위한 것으로 보인다.

학명에서 나타나는 *Liparis*는 희랍어의 Liparos에서 따왔으며, 이는 잎에 윤기가 많이 있고 빛난다는 데서 유래한다.

자생하는 난초 중에 종을 분류하기 까다로운 품종 중의 하나이다. Liparis 종 중 현재 알려진 종은 '계우옥잠난초', '나나벌이난초', '나리난초', '날개옥잠난초', '옥잠난초', '참나리난초', '큰꽃옥잠난초', '키다리난초', '한라옥잠난초', '흑난초'로 총 10종이다.

이 품종들의 특징은 대부분 습도가 높은 곳의 배수가 잘 되며 토양의 유기질 함량이 높은 곳에서 잘 자란다는 것이다. 품종을 구분할 때는 크게 2가지로 구분하는데, 하나는 '나리난초 계열'과 또 하나는 '옥잠난초 계열'이다.

이 두 계열을 구분할 수 있는 것은 윗부분에 달린 약모(사진 참조)이며 잎으로 구분하기에는 어려운 부분이 많이 있다. 나리난초와 많이 혼동하는 키다리난초의 두 품종 비교에서는 잎의 주름 여부가 포인트다. 나리난초는 잎에 주름이 많은 반면, 키다리난초는 밋밋하여 구분하기가 편하다.

나나벌이난초와 옥잠난초는 주변에서 가장 흔히 볼 수 있는 품종으로, 나나벌이난초는 꽃 모양이 벌과 흡사해서 '벌이'라고 지었으며, 이는 형태적인 모습으로 국명이 정해진 품종 중 하나이다.

큰꽃옥잠난초는 한동안 참나리난초로 오인되어 불렸는데, 두 품종 모두 고산지역에서 자라는 특성을 가지고 있으며, 주로 북부지역에서 자라서 오인되었던 종이다.

이 종의 이름은 2008년 이남숙에 의해 붙여졌으며, 일본에서는 2007년에 신종으로 발표하였고, 우리나라 국가표준식물 목록에는 아직까지 등재되어 있지 않은 품종이다.

리파리스(Liparis)종 중 유일하게 제주도에서만 관찰할 수 있는 품종이 '흑난초'이다. 이 품종은 외부인들의 접근을 허락하지 않을 정도로 숲이 우거져 햇볕이 잘 들지 않는 곳에서 자라는 특징이 있다.

ㅇ

〈옥잠난초류와 나리난초류의 구분법〉

계열 / 구분	나리난초 계열	옥잠난초 계열
약모	뾰족하다	둥글다
꽃색	자주색이 강함	녹색 계열(품종에 따라 유색이 있음)

우리나라가 원산지인

261 왕벚나무

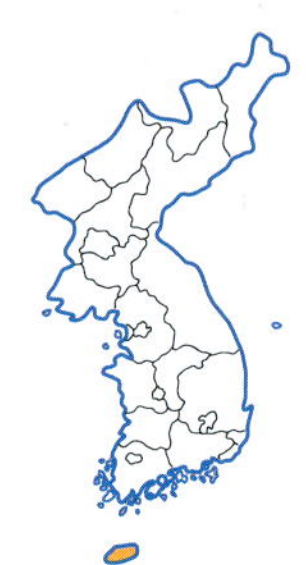

- 학 명 : *Prunus yedoensis* Matsum.
- 과 명 : 장미과

▲ 왕벚나무 꽃

▲ 왕벚나무 잎

벚꽃 하면 으레 일본 꽃으로 여기지만 실제로는 원산지가 우리나라이다. 제주도에서 자생하는 왕벚나무가 바로 그것이다. 1908년 서귀포에 거주하던 프랑스 신부 타케(Emile Joseph Taquet)가 한라산의 관음사 뒷산 해발 600m 지점에서 채집한 것을 장미과의 권위자인 독일 베를린 대학의 쾨네(Koehne) 교수에게 소개하면서 왕벚나무의 원산지가 우리나라라는 사실이 밝혀졌다.

왕벚나무 꽃을 흔히 사쿠라라고 하는데, 그 외에도 민벚나무, 제주벚나무, 큰꽃벚나무, 큰벚나무, 참벚나무라고도 한다.

낙엽활엽교목으로, 높이는 15m 정도이고 지름 약 50㎝이다. 수피는 회갈색 또는 암갈색이다. 잎은 어긋나고 달걀 모양 및 거꾸로 세운 달걀 모양으로 뒷면 맥 위와 자루에 털이 있으며 가장자리에는 겹톱니가 나 있다. 꽃은 3~5개가 산형상 총상화서를 이루며 흰색 또는 연한 홍색이고, 꽃잎은 타원상 달걀 모양이며 끝이 요형(凹形)으로 3~4월에 잎보다 먼저 핀다. 열매는 구형으로 검은색이며 6월에 익는다.

우리나라와 일본에 분포한다. 추위에 약하여 우리나라 중부지방에서는 월동이 어려운 수종이다. 땅이 깊고 비옥한 땅에서 잘 자라며, 햇볕이 잘 드는 곳에서 꽃이 잘 핀다.

제주시 남원읍 신례리 왕벚나무 자생지는 천연기념물 제156호로 지정되어 있다. 또 제주시 봉개동 왕벚나무 자생지는 천연기념물 제159호로, 전남 해남의 대둔산 왕벚나무 자생지는 천연기념물 제173호로 각각 지정되어 있다. 수명이 길지 않은 편으로, 60년이 되면 노목이 되어 쇠약해진다. 특히 다른 벚나무처럼 병충해에 약해 가지치기를 하면 곤란하다.

▲ 왕벚나무 열매

▲ 왕벚나무 수피

▲ 왕벚나무 수형

꽃이 아름다워 관상용이나 가로수용으로 심는다. 목재는 조직이 치밀하고 잘 비틀어지지 않아 가구재, 기구재, 건축 내장재로 쓰인다. 한방에서 열매와 수피를 진해, 해독, 기침, 두드러기 등의 피부염에 쓴다. 핵과인 열매는 식용하는데, 술로 담가 먹기도 하며, 버찌를 체에 걸러 냄비에 담고 꿀과 녹말을 타서 은근한 불에 조려 굳힌 떡을 만들어 먹기도 한다.

길러보기

올벚나무나 산벚나무를 대목으로 하여 접목하여 번식한다.

비슷한 식물들

- **산벚나무** : 꽃과 잎이 같이 나오는데, 꽃은 흰색 또는 연한 홍색으로 5월에 산형상으로 핀다.
- **잔털벚나무** : 꽃가지와 작은 꽃가지 및 잎 뒷면과 잎자루에 잔털이 있다.
- **만첩개벚나무** : 꽃이 여러 겹이다.

꽃이 여러 갈래로 갈라지는

262 왕별꽃

- 학 명 : *Stellaria radians* L.
- 과 명 : 석죽과

▲ 왕별꽃 꽃봉오리

▲ 왕별꽃 꽃

▲ 왕별꽃 잎

ㅇ

별꽃 종류들은 꽃이 별처럼 보인다고 해서 붙여진 명칭이다. 종류가 상당히 많은데, 대표종인 별꽃은 꽃잎이 V자로 갈라져서 10장처럼 보이며, 수술이 7개, 암술이 1개이다. 키는 20㎝ 정도이다.

▲ 왕별꽃 무리

이 별꽃보다 꽃이 큰 왕별꽃은 부드러운 털이 빽빽하고, 꽃잎이 잘게 갈라지는 점이 특징이다. 키도 커서 50~80㎝까지 자란다. 아랫부분은 비스듬히 자라다가 곧게 선다. 줄기는 네모지며 상부에서 가지를 친다. 잎은 마주나고 창처럼 끝이 뾰족하게 생겼거나, 또는 거꾸로 선 창처럼 끝이 뾰족하게 생겼고 가장자리는 밋밋하다. 잎은 길이 6~12㎝, 너비 1~2.5㎝이며 양 끝이 좁아진다.

꽃은 6~9월에 흰색으로 피어 꽃 밑에서 또 각각 한 쌍씩의 작은 꽃자루가 나와 그 끝에 한 송이씩 달린다. 꽃의 모양은 별꽃 무리보다는 개망초의 꽃과 비슷하다. 꽃이 핀 다음 꽃자루는 밑으로 처진다. 꽃덮개 갈래조각은 5개이고 끝이 5~12개로 갈라진다. 수술은 10개이고, 암술대는 3개로 갈라진다. 열매는 속이 여러 칸으로 나뉘며, 각 칸 속에 많은 종자가 들어 있고 달걀 모양이다. 종자는 검은색으로 겉에 접시 모양의 돌기가 있다.

석죽과의 여러해살이풀로, 우리나라와 중국 동북부, 시베리아 동부 및 캄차카에 분포한다. 우리나라에서는 백두산 등 북부 지방의 풀밭에서 주로 자란다. 어린순을 나물로 먹는다. 북한에서는 천연기념물로 지정하고 있다. 전초를 민간에서는 태독에 외용한다.

길러보기

이른 봄 새순이 올라올 때 포기나누기를 한다.

비슷한 식물들

- **별꽃** : 꽃잎이 V자로 갈라져서 10장처럼 보인다. 수술이 7개, 암술이 1개이다. 키는 20㎝ 정도이다.
- **쇠별꽃** : 5장의 꽃잎이 다른 별꽃 종류에 비하여 더욱 깊게 갈라져 10장처럼 보인다.
- **큰별꽃** : 꽃은 6~7월에 흰색으로 피며, 약간 대형의 취산화서를 이룬다.
- **가지별꽃** : 잎겨드랑이에서 잎이 있는 작은 가지가 난다. 꽃은 6~7월에 흰색으로 핀다.
- **개별꽃** : 4~5월에 흰색 꽃이 피는데, 5장의 꽃잎이 별 모양이다. 자주색에 가까운 꽃술 5개가 멋있게 난다.
- **긴개별꽃** : 숲 속에서 자라며, 키 15~30㎝로 개별꽃보다 크다.
- **나도개별꽃** : 꽃잎 끝이 파이지 않은 점이 다르다. 흔히 일기예보 꽃으로 통한다. 아침에 웅크리고 있으면 흐리거나 비가 오고, 활짝 피어 있으면 맑은 날이 된다. 키는 10~15㎝이다.
- **덩굴개별꽃** : 꽃이 핀 다음에 가지가 옆으로 길게 벋으면서 덩굴처럼 변한다. 꽃자루에 털이 한 줄로 난다. 수술은 10개, 암술은 2개이다.
- **큰개별꽃** : 개별꽃과 거의 같지만 키가 10~20㎝로 약간 크다. 산지의 응달에서 자란다.

▲ 별꽃

▲ 쇠별꽃

▲ 개별꽃

▲ 덩굴개별꽃

깊은 산 계곡에 자라는

263 왜갓냉이

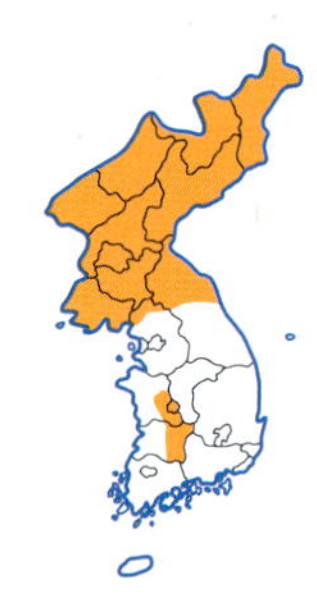

- 학 명 : *Cardamine yezoensis* Maxim.
- 과 명 : 십자화과

▲ 왜갓냉이 꽃

▲ 왜갓냉이 잎

냉이는 봄철 우리의 미각을 돋우는 나물로 유명한데, 우리 들꽃 중에는 냉이라는 이름이 붙은 것들이 상당히 많다. 냉이와 비슷해서 붙여진 것으로, 꽃이 비슷하거나 잎이 비슷하거나 또는 냉이처럼 맛난 나물로 먹을 수 있어서 붙여진 것들이 대부분이다.

왜갓냉이 역시 냉이를 닮아서 붙여졌는데, 냉이가 봄의 들판에 지천으로 피는 반면에, 왜갓냉이는 좀처럼 보기가 어렵다. 지리산, 덕유산 등과 중북부 이북의 아주 깊은 산속 계곡에 자라기 때문이다. 그만큼 희귀하므로 냉이처럼 나물로 먹기도 만만치가 않다.

왜갓냉이는 십자화과에 속하는 여러해살이풀로, 십자화란 꽃잎이 네 장으로 십자를 이루는 종류들을 말한다. 물기가 많은 반음지에서 잘 자라며, 줄기는 높이 30~50㎝이고 밑부분에서 가지가 뻗어나오며 위에서 갈라진다.

잎은 길이 1~4㎝, 너비 0.7~1.5㎝로 5~9개의 작은 잎이 새의 깃 모양으로 갈라진다. 잎자루는 길이 5~12㎝이다. 꽃은 5월에 흰색으로 정상부에서 뭉쳐 달리며, 열매는 7~8월경에 달리고, 종자는 흑갈색이다.

왜갓냉이와 황새냉이류는 헷갈리는데, 줄기를 보면 쉽게 구분할 수 있다.

ㅇ

▲ 왜갓냉이 무리

왜갓냉이는 기는 줄기가 있는 점이 다르다. 또한 는쟁이냉이와도 비슷하지만 는쟁이냉이는 왜갓냉이보다 잎이 더 크고 둥글다.

주로 관상용으로 쓰이며, 갓황새냉이, 산고추냉이, 꺵깽이냉이, 고초냉이, 왜갓황새냉이라고도 한다. 우리나라 설악산 이북의 산지와 일본 등지에 분포한다.

길러보기

8월에 종자를 받아 화단이나 화분에 바로 뿌리거나, 가을이나 이른 봄 새순이 올라오면 포기나누기를 해서 번식한다. 주변에 습기가 많은 곳을 선택하여 심어야 한다.

비슷한 식물들

- **꽃황새냉이** : 산골짜기의 냇가에서 자라며, 줄기는 곧게 선다. 키는 20㎝ 정도이다.
- **는쟁이냉이** : 깊은 산의 그늘진 냇가에서 자란다. 뿌리에서 나온 잎은 뭉쳐나고 길이 8㎝ 정도이며 긴 잎자루가 있고 깃꼴로 갈라지기도 한다. 어린잎은 식용한다.
- **황새냉이** : 논밭 근처와 습지에서 자란다. 밑에서부터 가지가 갈라져서 퍼지고 밑부분은 털이 있고 검은 자주색이다. 키는 10~30㎝이다.
- **냉이** : 들이나 밭에서 자란다. 전체에 털이 있고, 줄기는 곧게 서며 가지를 친다. 키는 10~50㎝인데, 어린순이 나올 때 뿌리째 캐서 나물로 먹는다.

▲ 황새냉이

▲ 냉이

키가 작은 자주색 골무꽃

264 왜골무꽃

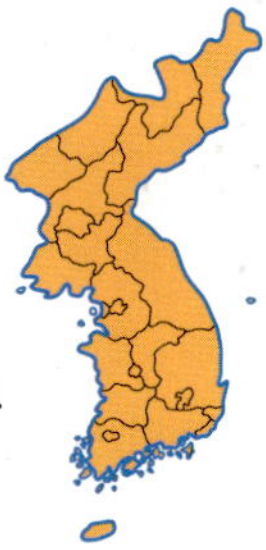

- 학 명 : *Scutellaria strigillosa* var. *yezoensis* (Kudo) Kitam.
- 과 명 : 꿀풀과

▲ 왜골무꽃 꽃

▲ 왜골무꽃 잎

ㅇ

골무는 옛날 여인들이 바느질할 때 손가락에 끼고 바늘을 꾹꾹 누르던 바느질 도구이다. 골무꽃은 꽃이 진 다음 열매를 감싸고 있는 꽃받침통의 모양이 골무를 닮아서 붙여진 것이다. 여기에는 여러 가지 종류가 있는데, 왜골무꽃은 키가 작은 골무꽃이라는 의미이다. 전체에 털이 적고 모가 난 줄에만 털이 있으며 잎이 달걀 모양인 품종을 이른다.

줄기는 부드럽고 능선에 위를 향한 털이 난다. 뿌리줄기는 길게 옆으로 벋는다. 잎은 마주나고 끝이 둥글고 밑부분은 수평하거나 둥글다. 잎은 길이 1.5~3.5㎝, 너비 1~1.5㎝로 양면에 털이 다소 있거나 빽빽하고 가장자리에 낮고 둔한 톱니가 있다.

꽃은 6~8월에 자주색으로 윗부분의 잎겨드랑이에 1개씩 달린다. 꽃받침은 길이 0.3㎝ 정도로 꽃이 진 다음 약간 더 자란다. 꽃부리의 길이는 2~2.2㎝이며, 수술은 4개이다. 하나의 봉선을 따라 과피가 벌어지는 열매는 반원형이고 둥근 돌기가 빽빽하다.

꿀풀과에 속하는 여러해살이풀로, 우리나라와 중국, 일본, 아무르 강 등지에 분포한다. 건조한 바닷가 모래땅에서 자란다. 참골무꽃과 비슷하여 둘을 별도로 구분하지 않기도 한다. 단, 참골무꽃의 잎이 왜골무꽃의 잎보다 작다.

길러보기

종자를 9월경에 받아 화분이나 화단에 바로 뿌리거나 이듬해 봄에 뿌리면 관상용으로 기를 수 있다.

비슷한 식물들

- **골무꽃** : 키는 20~30㎝이며, 잎은 넓은 달걀 모양으로 길이 약 2㎝이다. 꽃은 자주색으로 핀다.
- **가는골무꽃** : 골무꽃에 비해 잎이 가늘고 좁으며 잎사귀 가장자리에 톱니가 약간 있다. 잎은 길이 2~4㎝, 너비 0.3~1㎝이다.
- **광릉골무꽃** : 꽃은 5~6월에 연한 하늘색으로 핀다.
- **그늘골무꽃** : 작은 꽃자루에 액을 분비하는 가는 털이 나고, 꽃대 밑이나 꽃자루 밑을 받치고 있는 녹색 비늘 모양의 잎은 위로 갈수록 작아진다.

- **산골무꽃** : 잎겨드랑이에서 두 개씩 비스듬히 꽃을 피운다.
- **애기골무꽃** : 꽃은 7~8월에 흰색으로 피고 줄기 윗부분의 잎겨드랑이에 1개씩 달린다. 참골무꽃보다 크기가 작아 애기골무꽃이라고 한다.
- **좀골무꽃** : 키 5~20㎝이며, 잎 길이와 너비 모두 1㎝ 정도로 작다.
- **참골무꽃** : 바닷가 모래땅에 자라며, 잎은 작아서 길이 1.5~2㎝, 너비 0.4~0.7㎝이다.
- **호골무꽃** : 산골무꽃에 비해 잎이 엷고 마디에 종종 털이 있을 뿐 거의 털이 없다.
- **흰골무꽃** : 꽃이 흰색이다.
- **떡잎골무꽃** : 잎이 골무꽃보다 더 두꺼운 삼각상이며, 잎맥의 함몰이 뚜렷하고 줄기 상부의 잎이 하부의 잎보다 크다.

▲ 골무꽃

▲ 광릉골무꽃

▲ 산골무꽃

▲ 참골무꽃

▲ 호골무꽃

▲ 흰골무꽃

키가 유난히 작은 미나리아재비

265 왜미나리아재비

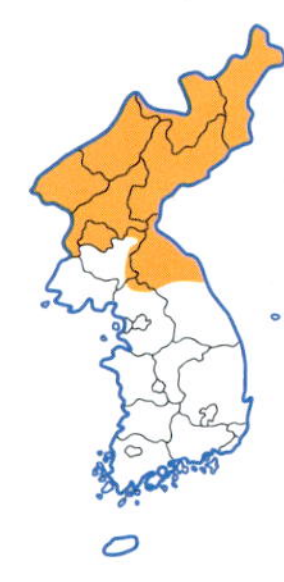

■ 학 명 : *Ranunculus franchetii* H. Boissieu

■ 과 명 : 미나리아재비과

▲ 왜미나리아재비 꽃봉오리

▲ 왜미나리아재비 꽃

▲ 왜미나리아재비 잎

미나리아재비는 미나리의 아저씨라는 뜻으로, 서로 비슷한 것을 말한다. 너도나 나도 같은 이름이 붙는 식물들과도 비슷하다. 하지만 미나리와 미나리아재비는 작은 잎 여러 장이 잎자루 양쪽으로 나란히 붙어 새의 깃털처럼 보이는 잎인 점을 빼면 비슷한 점이 거의 없다. 그리고 여기에 '왜' 자가 하나 더 붙었는데, 왜가 붙으면 대개 일본에서 유래되었거나 작다는 뜻이다. 왜미나리아재비 역시 전체적인 모습은 미나리아재비와 비슷하나 키도 작고 꽃도 작다. 미나리아재비 키가 약 60㎝인 반면, 왜미나리아재비는 약 20~30㎝에 불과하다.

▲ 왜미나리아재비 종자 결실

왜미나리아재비는 강원도 이북 산지에서 나는 여러해살이풀로, 기온이 서늘한 해발 약 1,000m의 반그늘지고 부엽질이 풍부한 토양에서 자란다. 뿌리에서 생긴 잎은 잎자루가 길며 길이 2~2.5㎝, 너비 약 2.5㎝로 3갈래로 갈라진다. 줄기에서 나온 잎은 윗부분의 것은 3개로 깊게 갈라진다. 꽃은 4~5월에 줄기 끝에 한두 송이가 달리고 꽃잎은 5개, 꽃받침도 5개이며 꽃 색깔은 황색이다. 열매는 6~7월경에 길이 약 0.2㎝의 짧은 털이 빽빽하고 둥글게 달린다.

ㅇ

▲ 왜미나리아재비 무리

미나리아재비과에 속하며, 실젓가락나물, 놋동이, 자래초, 비구지라고도 한다. 줄기 속이 비어 애기가 젓가락으로 사용할 수 있을 정도로 가벼워서 애기젓가락풀이라고도 한다. 주로 관상용으로 쓰이고, 약재로도 사용된다. 그러나 독이 있어 조심해야 하며, 특히 소나 말이 먹으면 죽을 수도 있다. 계룡산, 강원도 이북에 분포한다.

길러보기

9월경에 익은 종자를 보관하여 이듬해 봄에 화단에 뿌리거나 포기나누기를 한다. 햇볕이 적게 드는 반음지 화단에 심어야 한다. 고지대에서 자라는 식물이어서 실내에서 키우기는 어렵다.

비슷한 식물들

- **미나리아재비** : 산과 들의 볕이 잘 들고 습기가 있는 곳에서 자란다. 키는 60㎝ 정도이고 흰색 털이 빽빽이 나 있다.
- **미나리** : 습지에서 자라고 흔히 논에 재배한다. 꽃은 7~9월에 흰색으로 핀다.
- **바위미나리아재비** : 키는 10㎝ 내외이고 전체를 갈색 털이 빽빽이 덮고 있다. 한국 특산종으로, 제주도에 분포한다.
- **구름미나리아재비** : 바위미나리아재비에 비해 털이 많으며, 한라산과 백두산에 분포한다.
- **산미나리아재비** : 깊은 산에 자라며, 키는 40㎝ 정도이다. 뿌리잎은 모여 나고 세 갈래로 갈라진다.

▲ 미나리아재비

▲ 구름미나리아재비

▲ 산미나리아재비

작은 제비꽃이 더 아름답다

266 왜제비꽃

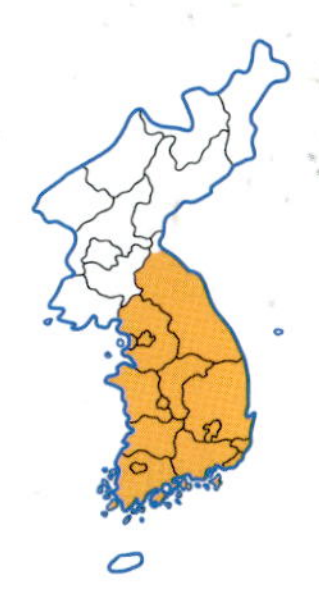

- **학 명** : *Viola japonica* Langsd. ex DC.
- **과 명** : 제비꽃과

제비꽃은 우리나라 전역의 산과 들에 자라는 흔한 야생화이다. 강남 갔던 제비가 돌아올 무렵에 꽃을 피운다 하여 제비꽃이라는 이름이 붙었는데, 서양에서도 오랜 옛날부터 이 꽃을 원예용으로 재배하여 장미와 더불어 많이 심었다. 특히 아테네를 상징하는 꽃이었으며, 기독교 시대에는 장미, 백합과 함께 성모 마리아께 바치는 꽃이었다. 장미는 아름다움을 나타내고, 백합은 위엄을 나타내며, 제비꽃은 성실과 겸손을 나타낸다는 의미가 담겨 있다.

제비꽃 중 왜제비꽃은 작은 제비꽃이라는 뜻이다. 하지만 다른 제비꽃에 비하여 작은 느낌은 나지 않는다. 뿌리줄기는 짧고 원줄기는 없다. 꽃줄기의 키 6~12㎝가 꽃의 키가 된다.

잎은 모여나고 달걀 모양으로 끝이 둔하다. 잎의 가장자리에 둔한 톱니가 있고 잎자루가 길다. 봄 잎보다 여름의 잎이 크고 잎자루 윗부분에 날개가 달린다.

꽃은 4월에 연한 자주색으로 피는데, 아래를 향한다. 보라색 줄무늬가 눈에 띠며, 꽃잎의 크기는 길이 1~1.5㎝이다. 꽃받침조각은 창처럼 끝이 뾰족하게 생겼으며, 꿀주머니는 원통형으로 제비꽃의 꿀주머니보다 가는 편이다.

제비꽃과에 속하는 여러해살이풀로, 우리나라와 일본에 분포한다. 주로 중부 이남에 많이 분포하고 산이나 들에 자란다. 주변 환경에 따라 잎의 크기나 꽃잎의 색상이 약간 달라 구별하는 데 혼동을 주곤 한다.

길러보기

7월에 종자를 받아 보관 후 9월에 뿌리거나, 이른 봄 새순이 올라올 때 포기나누기를 한다. 물은 2~3일 간격으로 준다.

비슷한 식물들

- **제비꽃** : 꽃은 짙은 붉은빛을 띤 자주색이고, 꽃받침잎은 창처럼 끝이 뾰족하게 생겼거나 끝이 뾰족하다. 키는 10㎝ 정도이다.
- **흰제비꽃** : 꽃이 흰색 또는 자주색을 띤 흰색이며, 잎은 긴 타원상 넓은 창처럼 끝이 뾰족하게 생겼다.
- **왕제비꽃** : 꽃은 흰색이며 자주색 줄이 있다. 키 40~90㎝까지 자란다.

뫼제비꽃 : 높은 산에 자라며, 꽃은 4~5월에 연한 자주색으로 핀다. 곁꽃잎 안쪽에 털이 없고 잎이 달걀 모양 심장형인 점이 다르다.

민둥뫼제비꽃 : 꽃은 4~5월에 연한 홍자색으로 잎겨드랑이에서 나온 길이 5~8㎝의 꽃대에 1개씩 달린다.

줄민둥뫼제비꽃 : 거의 민둥뫼제비꽃과 같으나 잎에 보랏빛 줄이 있다.

민둥제비꽃 : 꽃은 4~5월에 붉은 자주색으로 핀다. 풀 전체에 털이 전혀 없는 것이 특징이다. 키는 15㎝ 정도이다.

흰민둥뫼제비꽃 : 꽃이 흰색이다.

털제비꽃 : 꽃 색깔이나 키가 거의 민둥제비꽃과 같다. 단지 털이 아주 많다.

알록제비꽃 : 산지의 숲 속이나 숲 가장자리에 자라며, 4~5월에 진한 붉은 보라색 꽃이 핀다. 잎 앞면에 얼룩 반점이 있다.

▲ 제비꽃

▲ 흰제비꽃

▲ 민둥뫼제비꽃

▲ 털제비꽃

물망초를 닮은 작은 지치

267 왜지치

- 학 명 : *Myosotis sylvatica* Ehrh. ex Hoffm.
- 과 명 : 지치과

지치는 오랜 옛날부터 유용하게 사용한 식물이다. 자주색을 내는 염료로 썼는데, 이 색상은 매우 귀하여 왕실이나 귀족들만이 사용하였다. 또 어린잎은 식용하였으며, 뿌리를 약재로도 사용하였다.

▲ 왜지치 꽃

지치 종류 중 왜지치는 키가 작아서 붙은 이름이다. 지치가 길이 30~70㎝까지 크는 반면, 왜지치는 20~40㎝ 정도밖에 안 된다. 전초에 퍼진 털이 빽빽한 점도 구분점이다.

줄기는 곧게 자라며 윗부분에서 가지를 친다. 뿌리에서 나온 잎은 주걱처럼 생겼고, 줄기에서 나온 잎은 창을 거꾸로 세운 것 같은 형태로 길이 2~6㎝, 너비 0.7~1.2㎝이다. 상부에서 나는 잎은 약간 줄기를 감싸고 있다. 겨울에도 잎이 지지 않을 정도로 추위에 강한 편이다.

꽃은 연한 하늘색으로 5~8월에 꽃대축이 길게 자라고 꽃자루도 발달하지만 가지는 갈라지지 않고 달린다. 꽃이 지면 꽃자루가 점차 길어져 길이 1~1.5㎝가 되며, 꽃받침은 5개로 깊게 갈라지고 갈고리 모양으로 굽은 털이 있다. 꽃통 속에 다섯 개의 수술이 숨어 있다. 열매는 하나의 봉선을 따라 과피가 벌어지는 달걀 모양으로 5~8월에 익고 검은색으로 윤기가 나며 4갈래로 갈라진다.

지치과의 두해살이 혹은 여러해살이풀로, 우리나라와 일본, 만주, 중국, 캄차카, 사할린, 몽골, 시베리아, 히말라야, 코카서스, 중앙아시아, 유럽, 북아메리카에 분포한다. 우리나라에서는 평북과 함경도지방에 분포하며, 깊은 산 숲 속에서 자란다. 속명은 숲꽃말이, 임생물망초로서 일반적으로 물망초와 비슷하다 하여 물망초로도 불린다.

길러보기

9월경에 달리는 종자를 물에 넣어 냉장고에 3~4일 정도 둔 후 모래와 섞은 다음 손으로 약하게 비벼 뿌린다. 척박한 땅, 배수가 잘되고 햇볕을 받을 수 있는 곳이면 어디서나 잘 자란다.

비슷한 식물들

- **지치** : 키 30~70㎝로 왜지치보다 크며, 뿌리에 자주색이 있다.
- **거센털개지치** : 전체에 털이 많이 나 있는데, 개지치의 털보다 거센 것이 특징이다. 잎의 너비도 개지치의 것보다 크다.
- **갯지치** : 바닷가의 모래땅에서 자라며, 7~8월에 남자색 꽃이 줄기 끝에 달린다.
- **당개지치** : 뿌리줄기가 옆으로 길게 벋고 군데군데에서 새싹이 나온다. 그늘지고 습한 곳에서 잘 자란다.
- **산지치** : 산에 자라며 키는 약 30㎝이다. 전체에 누운 털이 빽빽이 나 있다.
- **개꽃마리** : 꽃이 왜지치와 비슷하나 잎은 피침형 또는 부채꼴 피침형으로 다르다.

▲ 지치

▲ 당개지치

작은 현호색

268 왜현호색

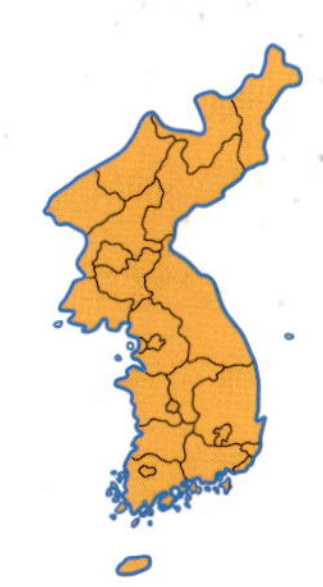

- 학 명 : *Corydalis ambigua* Cham. & Schleht
- 과 명 : 현호색과

▲ 왜현호색 꽃

▲ 왜현호색 잎

왜현호색 역시 작은 현호색이라는 뜻이다. 현호색이 키 20㎝ 정도로 작은 편인데, 왜현호색 키도 그 정도 된다. 현호색 종류는 갈퀴현호색과 댓잎현호색, 들현호색, 점현호색 등 여러 가지로 소개되어 있으니 함께 살펴보면 서로 구분할 수 있을 것이다.

왜현호색은 산지에서 나는 여러해살이풀로, 반그늘 혹은 양지의 물 빠짐이 좋고 토양 비옥도가 높은 곳에서 잘 자란다. 키는 10~30㎝ 정도이다. 잎은 길이 1~3㎝, 너비 약 0.2㎝로 연하며 회남색이 도는 녹색으로, 잎의 가장자리는 밋밋하고 3개로 갈라지며 끝이 둥글다.

꽃은 자줏빛이 도는 하늘색으로 4~5월에 피며 길이 1.7~2.5㎝로 원줄기 끝에서 3~10여 개가 뭉쳐서 달리고 한쪽 옆을 향하며 입술처럼 퍼진다. 열매는 6~7월경에 타원형으로 달리는데, 길이 1.5~2.3㎝, 너비 약 0.3㎝이다. 종자는 검은색 광택이 나는 갈색이며 10여 개가 들어 있다.

양귀비과에 속하며, 산현호색이라고도 한다. 꽃 모양이 예뻐 관상용으로 많

▲ 왜현호색 무리

이 재배된다. 유독성 식물로, 뿌리는 약용으로 쓰인다. 원산지는 우리나라이며 중국, 러시아 등에 분포한다.

길러보기

7월에 받은 종자를 종이에 싸서 냉장 보관 후 가을에 뿌리거나 이듬해 봄에 뿌린다. 가을에는 뿌리를 캐서 새로 생긴 작은 뿌리를 나누어 심는다. 양지에 물 빠짐이 좋은 곳을 선정하여 화분이나 화단에 심으면 좋다. 물은 2~3일 간격으로 준다.

비슷한 식물들

- **현호색** : 산록의 습기가 있는 곳에서 자란다. 키는 20㎝ 정도이다.
- **애기현호색** : 키는 약 25㎝로, 산지에서 자란다. 꽃은 4월에 자줏빛으로 핀다. 잎이 작다.
- **빗살현호색** : 잎에 빗살무늬가 나 있다.
- **점현호색** : 잎에 전체적으로 흰색 반점이 많다.

▲ 현호색

▲ 애기현호색

▲ 빗살현호색

▲ 점현호색

269 외대으아리

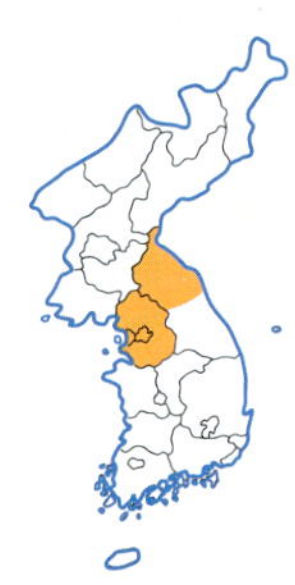

- 학 명 : *Clematis brachyura* Maxim.
- 과 명 : 미나리아재비과

 외대으아리 꽃

▲ 외대으아리 잎

으아리는 꽃이 예뻐 원예종으로 인기가 있는 야생화이다. 특히 큰꽃으아리의 경우 꽃의 지름이 15㎝ 정도까지 커 꽃 이름마냥 '으아!' 하고 감탄사까지 나올 지경이다. 학명 클레마티스(*Clematis*)는 '마음이 아름답다'는 뜻으로, 꽃을 보면 진짜 마음이 아름다워지는 듯하다.

▲ 외대으아리 꽃 시드는 모습

으아리 중 외대으아리는 반관목으로 자라는 점이 특이하다. 키는 1m 내외로 줄기는 곧추서거나 비스듬하다. 덩굴손으로 감아 올라가며 잎은 마주난다. 작은 잎은 3~5개로 길이 2.5~4㎝, 너비 2~3.2㎝의 달걀 모양 또는 타원형이며 가장자리가 밋밋하다.

꽃은 양성화로 6~9월에 1~3개씩 가지 끝에 흰색으로 달린다. 꽃받침조각은 4~5개로 흰색이고 옆으로 퍼지며 꽃잎이 없다. 씨는 하나로 모양이 작고 익어도 터지지 않으며 10월에 달걀 모양 또는 둥근 달걀 모양으로 익는다. 열매에는 날개와 돌기 같은 암술대가 남아 있다. 더위가 무르익을 즈음 발산하는 향은 곤충을 유인하는 데 큰 효과를 발휘한다.

미나리아재비과의 덩굴식물로 고칫대꽃이라고도 하며, 우리나라 중부 이북과 중국 동북부에 분포한다. 어린순은 나물로 먹고, 뿌리는 위령선이라 하여 관절염과 류머티즘, 통풍, 파상풍 등의 약재로 사용한다. 약재로 쓸 때에는 무수히 많은 잔뿌리는 제거해야 한다. 참고로, 위령선이란 강하고 신선처럼 영험하다는 뜻이다.

길러보기

번식은 포기나누기를 하거나 가을에 익은 종자를 채취하여 노천에 매장하였다가 이듬해 봄에 파종한다. 추위와 더위에는 강하나 모여 피는 힘은 약하며, 음지나 습지에서는 적응하지 못한다.

비슷한 식물들

- **긴잎으아리** : 꽃은 6~8월에 흰빛으로 피는데, 으아리보다 약간 크며, 꽃받침 길이는 1.2~1.6㎝이다. 잎은 창처럼 끝이 뾰족하다.
- **큰위령선** : 으아리보다 키가 크고 잎맥이 튀어나와 있고 잎축이 약간 연하다.
- **큰꽃으아리** : 꽃의 지름은 10~15㎝로 큰 편이며, 가지 끝에 1개씩 달리고, 꽃잎 끝은 뾰족하다.
- **으아리** : 꽃은 6~8월에 흰색으로 피며, 길이 1.2~2㎝ 정도로 원줄기 끝과 잎겨드랑이에서 나온다.
- **국화으아리** : 길이 약 5m로, 여수와 거문도, 제주도 해변의 산기슭 양지에서 자란다. 한국 특산종이다.
- **참으아리** : 길이 5m 내외로 산록 이하에서 흔히 자란다. 잎 가장자리는 거의 밋밋하나 간혹 깊게 파이기도 한다.

▲ 큰꽃으아리

▲ 으아리

▲ 참으아리

꽃받침대가 요강을 닮은 꽃

270 요강나물

■ 학 명 : *Clematis fusca* var. *coreana* (H. Lév. & Vaniot) Nakai

■ 과 명 : 미나리아재비과

▲ 요강나물 꽃봉오리

▲ 요강나물 꽃(정면)

▲ 요강나물 꽃(측면)

▲ 요강나물 잎

▲ 요강나물 종자 결실

대개 물건의 이름이 붙는 식물은 그런 모양을 갖고 있는 것이 대부분이다. 이 식물도 검은 꽃봉오리가 요강처럼 생겨서 요강나물이라는 이름이 붙었다. 그리고 나물이라는 말이 붙긴 했지만 독성이 강한 식물이므로 거의 먹지는 않는다. 요강나물은 선종덩굴이라고도 부르는데, 이는 꽃과 잎이 종덩굴을 닮았기 때문에 붙여진 것이다. 종덩굴은 덩굴식물이므로 기본적으로 감아 올라가는 특성이 있는 반면, 요강나물은 곧게 서서 자라므로 서 있는 종덩굴이라고 해서 선종덩굴이라고 한다.

요강나물은 설악산 이북의 높은 지대에서 자라는 낙엽반관목으로, 주변 습도가 높거나 안개가 많아 공기습도가 높고 부엽질이 많은 양지에서 자란다.

▲ 요강나물 무리

키는 30~100㎝이다. 잎은 어긋나는데, 3개의 작은 잎으로 구성되거나 단엽으로 깊게 3개로 갈라져 단풍잎처럼 되는 것도 있다. 잎의 표면과 뒷면 맥 위에는 잔털이 나 있다.

꽃은 5~6월에 줄기 끝에 1개씩 아래를 향해 달린다. 꽃받침은 흑갈색이고 작은 털이 많이 나 있는데, 이 꽃받침이 바로 요강을 닮았다. 열매는 9월경에 달리는데, 길이 약 3㎝ 정도의 갈색으로 된 깃털 모양의 털이 있으며 달걀을 거꾸로 세운 모양이다.

미나리아재비과에 속하며, 주로 관상용으로 쓰인다. 우리나라 특산종으로 설악산과 금강산, 황해도 구월산과 장산곶 등에 분포한다. 처음 싹이 올라와 꽃이 필 때까지 둥근 끈끈이 모양을 한 꽃봉오리가 달려 관상 가치는 높지만, 집에서 기르기는 아주 까다롭다.

길러보기

이른 봄이나 가을에 포기나누기를 하거나 9월경에 달린 종자를 바로 뿌려 번식한다. 주변 습도가 높은 곳에서 재배하는 것이 좋다. 특히 높은 산꼭대기 습지에서 잘 자란다. 그만큼 실내에서 재배하기는 어려운 품종이다.

비슷한 식물들

- **검종덩굴** : 길이 2m 정도의 덩굴식물로, 꽃 모양은 요강나물과 비슷하고, 식물체는 종덩굴과 비슷하다.
- **종덩굴** : 꽃은 7~8월에 피고 검은 자줏빛이며 종 모양이라서 종덩굴이라고 한다. 꽃부리 표면이 매끄러운 편이고 암자색이 돌며, 꽃은 잎겨드랑이에 1개씩 달리고, 꽃줄기에 2개의 포엽이 있다.

▲ 종덩굴

우단 같은 일엽초

271 우단일엽

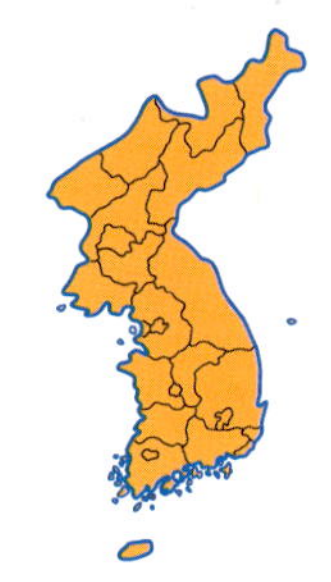

- **학 명** : *Pyrrosia linearifolia* (Hook.) Ching
- **과 명** : 고란초과

양치식물은 꽃을 피우지 않는 대신 포자로 번식한다. 대개는 상록성 식물인 경우가 흔한데, 우단일엽 역시 상록성 양치식물이다. 우단 같은 일엽초라고 해서 우단일엽이라고 부르는데, 우단이란 거죽에 고운 털이 돋도록 짠 비단을 말한다. 촉감이 부드럽고 화려한 것이 특징으로, 흔히 벨벳 또는 비로드라고도 한다.

식물 중에는 우단꼭두서니, 우단동자꽃, 우단석잠풀 등 우단이라는 명칭이 붙은 것들이 꽤 있다. 우단일엽은 이끼가 붙은 바위나 나무줄기에 붙어 자라는데, 이끼가 뿌리를 덮어서 습기를 유지하는 역할을 한다. 특히 주변 공중습도가 높고 반그늘에서 잘 자란다. 뿌리줄기가 옆으로 뻗으며 비늘조각이 빽빽하고, 잔솜털로 덮인 이파리 하나하나가 여간 멋진 게 아니라서 관상용으로 많이 재배되고 있는 품종이다.

잎은 길이 6~10㎝, 너비 0.2~0.5㎝로 윗부분은 주걱형이고 밑으로 가면서 좁아진다. 잎 표면은 녹색이고 털이 약간 있으며, 뒷면은 황갈색 또는 회갈색의 털이 빽빽하게 나 있다. 포자는 타원형 또는 원형이며 윗부분의 중앙 가운데 양쪽으로 두 줄 배열된다.

▲ 우단일엽 잎

최근 제주도 곶자왈에서 우단일엽과 거의 같으나 전체가 마치 우단일엽을 확대한 것처럼 큰 식물이 발견되어 보고되었는데, 이는 큰우단일엽이라고 한다. 이 식물 역시 바위에 착생하며, 겨울철에는 잎을 말아서 동면을 하는 것이 특징이다.

고란초과에 속하며, 주로 관상용으로 쓰인다. 우리나라와 일본, 중국, 타이완 등지에 분포한다.

길러보기

해마다 불어나는 포기를 가을이나 이른 봄에 나누어 번식한다. 돌 위에 이끼를 올려놓고 화분에 두면 좋다. 물은 주변 환경을 고려하여 분무기로 뿌려 습도를 맞추어 주고 2~3일 간격으로 준다.

비슷한 식물들

- **큰우단일엽** : 최근 학계에 보고된 희귀 양치식물로, 제주도 곶자왈에서 자란다. 전체적으로 우단일엽과 같으나 크기가 크다.
- **일엽초** : 바위 표면과 고목의 나무껍질에 붙어서 자라는 양치식물로, 잎의 길이는 10~30㎝이다.
- **밤일엽** : 산지 숲 속의 바위 또는 지면에 자라며, 잎이 밤나무 잎처럼 생겨 밤일엽이라고 한다. 잎 길이는 20~40㎝, 너비는 5~6㎝이다.

수줍은 듯 아래로 꽃이 피는

272 윤판나물

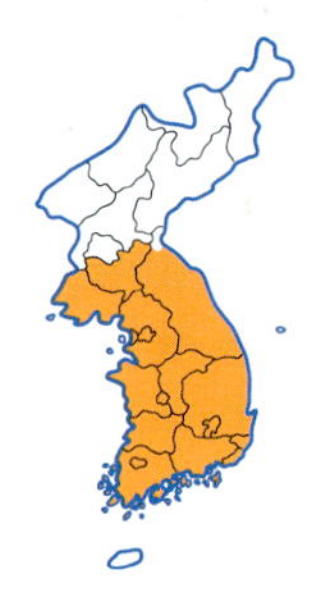

■ 학 명 : *Disporum uniflorum* Baker

■ 과 명 : 백합과

▲ 윤판나물 꽃 피기 전

▲ 윤판나물 꽃

윤판나물은 우리나라 중부 이남에 자생하는 여러해살이풀로, 특히 제주도, 울릉도 등에서 흔하게 발견되는 품종이다. 지대가 낮은 숲 속 반그늘의 토양이 비옥한 곳에서 잘 자라며, 키는 30~60㎝이다. 뿌리줄기는 짧고 뿌리가 옆으로 뻗으며 위에서 큰 가지가 갈라진다. 전체적으로 털이 없고 잎 끝이 뾰족한 것이 특징이다.

그런데 윤판이라는 이름의 유래가 흥미롭다. 지리산 주변에서는 귀틀집을 윤판집이라고도 부르는데, 이 식물의 꽃받침이 마치 윤판집의 지붕을 닮아서 윤판나물이라고 붙였다는 이야기가 전해진다.

잎은 길이 5~15㎝, 너비 1.5~4㎝로 긴 타원형이고 어긋난다. 꽃은 4~6월 황색으로 피는데, 길이 약 2㎝ 정도로 가지 끝에 1~3개가 통 모양으로 아래를 향해 달린다. 열매는 검은색으로 7~8월경에 길이 약 1㎝로 달린다.

윤판나물은 겉모습만 보면 둥굴레와 구분하기가 쉽지 않지만 윤판나물의 꽃은 황금색인 반면, 둥굴레 꽃은 흰색에 끝이 녹색인 것이 다르다. 또 생김새가 애기나리하고도 비슷하여 대애기나리, 큰가지애기나리라고도 한다.

백합과에 속하며, 관상용으로 쓰이고 어린잎과 줄기는 식용, 뿌리와 줄기는 약용으로 사용된다. 식용할 때는 나물로 무쳐 먹거나 국에 넣어 끓여 먹는다. 우리나라와 중국, 일본, 사할린 섬 등지에 분포한다. 꽃말은 '당신을 따르겠습니다'이다.

▲ 윤판나물 새순 올라오는 모습

▲ 윤판나물 종자 결실

길러보기

9월경 종자를 받아 이듬해 봄에 화분에 뿌리거나 뿌리에 새싹이 있는 것을 확인하고 가을에 포기나누로 번식한다. 물 빠짐이 좋은 토양에 심고, 화분에 심으면 해마다 꽃이 작아지기 때문에 2~3년에 한 번은 화분에서 꺼내어 일반 토양에 심어 주는 것이 좋다. 물은 2~3일에 한 번 준다.

비슷한 식물들

- **금윤판나물** : 꽃은 5~6월에 황색으로 피며 길이 2㎝ 정도이다. 한국 특산종으로, 제주 및 남부지방에 분포하며, 꽃이 아름다워 일본에서 많이 재배된다.
- **둥굴레** : 전체적인 모양이 윤판나물과 닮았지만 꽃의 끝부분이 약간 녹색을 띤 흰색이다.
- **윤판나물아재비** : 둥글레처럼 녹색을 띤 흰색 꽃이 핀다. 제주도와 울릉도에 자생한다.

▲ 둥굴레

▲ 윤판나물아재비

꽃이 피면 구분이 되는

273 윤판나물아재비

- 학 명 : *Disporum sessile* D. Don
- 과 명 : 백합과

▲ 윤판나물아재비 꽃

▲ 윤판나물아재비 잎

식물명에 아저씨를 뜻하는 아재비가 붙은 게 많다. 본래의 식물과 아재비가 붙은 식물을 구별해 내기는 결코 쉽지 않은데, 대개는 꽃을 보면 구분이 가능해진다. 윤판나물아재비 역시 꽃이 피기 전까지는 윤판나물과 똑같아 구별하기 쉽지가 않지만 윤판나물의 꽃은 노란색인 반면, 윤판나물아재비는 흰색으로 구분이 된다.

제주도와 울릉도의 산지에서 나는 백합과의 여러해살이풀이다. 연중 온도가 높은 곳의 섬 지역 반음지의 토양에 부엽질이 많은 곳에서 자란다.

키는 30~50㎝이고, 뿌리줄기는 짧고 땅속 옆으로 뻗어 가는 포복지를 낸다. 잎은 길이 5~15㎝, 너비 1.5~3㎝이고 긴 타원형 또는 넓은 타원형이다. 줄기 아래 잎은 주름이 많이 없는 반면, 위로 올라가면서 나오는 측면 잎은 잎에 골이 많이 나 있다.

꽃은 흰색으로 피나 앞부분은 녹색이고 윗부분이 흰색이다. 꽃은 5~6월에 줄기에서 나온 잎 사이에서 2~3개 정도 꽃대가 나와 꽃줄기 끝에 한 송이씩 아래로 처지며 달린다.

해안가 특정 지역에 자라는 품종이어서 일반적인 재배는 힘들다. 자생지 조건도 여러 개체가 한꺼번에 군락을 이루기보다는 한 개체씩 드문드문 피어 있는 것을 관찰할 수 있다. 잎이 유사한 둥굴레, 윤판나물과 더불어 심으면 교육용으로 적합하다.

길러보기

이른 봄이나 늦가을에 포복지를 절단하여 조금씩 번식시킨다. 아직까지 종자를 이용한 번식 방법은 규명되어 있지 않다.

비슷한 식물들

- **둥굴레** : 전체적인 모양이 윤판나물과 닮았지만, 꽃의 끝부분이 약간 녹색을 띤 흰색이다.
- **윤판나물** : 키는 30~60㎝이고, 꽃은 황색으로 피고 전역에서 자란다.

▲ 윤판나물

열매가 달콤하고 부드러운

274 으름덩굴

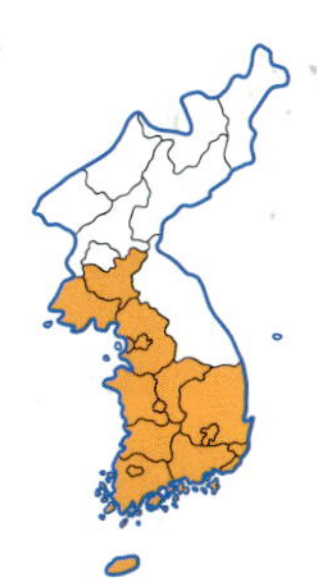

- 학 명 : *Akebia quinata* (Houtt.) Decne.
- 과 명 : 으름덩굴과

▲ 으름덩굴 암꽃

▲ 으름덩굴 수꽃

▲ 으름덩굴 새잎

▲ 으름덩굴 잎

으름이란 이름의 유래는 정확히 알려진 것은 없지만, 열매의 살이 반투명하여 얼음처럼 보인다 하여 얼음이라고 하였다가 으름으로 변하였다는 유래가 있다. 조선에 나는 바나나라 하여 조선바나나라고도 부른다. 간단히 으름이라고도 하며, 임하부인(林下婦人)이라는 특이한 이름도 있다. 임하부인이라는 이름은 으름의 모양이 꼭 성숙한 여인의 음부를 닮았다 하여 붙여진 별명이다. 실제로 열매가 익기 전에는 남성, 다 익어 갈라지면 여성의 상징처럼 보이기도 한다.

제주도에서는 밤이나 상수리 따위가 저절로 충분히 익은 상태 또는 그 열매를 아람이라고 하는데, 이 아람이 벌어진 것이 마치 전복이 입을 벌린 모양과 비슷하다고 하여 제주 사람들은 전복을 으름이라고 불렀다고도 한다.

낙엽활엽덩굴성 목본으로, 길이 5m 정도 자란다. 잎은 새로 난 가지에서는 어긋나며 오래된 가지에서는 모여나고, 작은 잎은 5개로 긴 타원형이며 양면 모두 털이 없으며 가장자리는 밋밋하다. 암수한그루로, 작은 수꽃은 위쪽에 많이 달리고, 암꽃은 크며 아래쪽에 적게 달린다. 꽃은 자홍색으로 4~8월에 잎과 함께 피며, 골돌상 열매는 장과로 긴 타원형이며 마치 작은 바나나 모양으로 10월에 자갈색으로 익으면서 벌어지는데, 껍질이 매우 두껍다.

우리나라와 일본, 중국 등지에 분포한다. 우리나라에서는 황해도 이남의 해발 50~1,300m의 산야에 자생한다. 습기가 있는 비옥한 땅에서 잘 자라고 그늘과 추위에도 강하다. 덩굴성 목본으로 시원한 그늘을 만들어 줄 뿐만 아니라, 열매는 보기 좋은데다 먹을 수 있어 아파트나 휴식 공간 등에 심으면

▲ 으름덩굴 열매

▲ 으름덩굴 종자

정취를 감상할 수 있어 좋다.

열매의 맛은 바나나같이 달콤하면서 부드러운데, 요플레 같은 맛도 난다. 검은색의 씨는 엄청 많아서 씨를 빼고 나면 별로 먹을 것이 없을 정도이다. 잎과 줄기, 꽃은 나물로 해 먹기도 하며, 옛날에는 씨에서 기름을 짜서 식용으로 쓰기도 하고 등잔불의 기름으로도 썼다.

줄기는 질겨서 칡과 같이 새끼 대신으로 나뭇단을 묶거나 바구니 등의 세공재로 사용하며, 뿌리와 줄기는 약용한다. 줄기를 목통(木通), 뿌리를 목통근(木通根), 씨앗을 예지자(預知子)라 하여 기를 원활하게 하고 간과 신장을 튼튼히 하며 거풍, 이뇨에 약재로 사용한다. 그 외에 동맥경화, 요통, 생리통, 몸이 부었을 때, 유방이나 목이 붓고 아플 때에도 사용한다.

길러보기

파종하여 발아시켜 모종하거나 야생묘를 뿌리나누기로 번식한다. 혹은 삽목으로도 번식한다.

비슷한 식물들

- **여덟잎으름** : 여덟 개의 잎을 가졌는데, 실제로는 6~9개이다.
- **개량으름** : 으름덩굴보다 열매가 크고 열매 색깔이 보라색이다.

은빛 꽃이 피는 난초

275 은난초

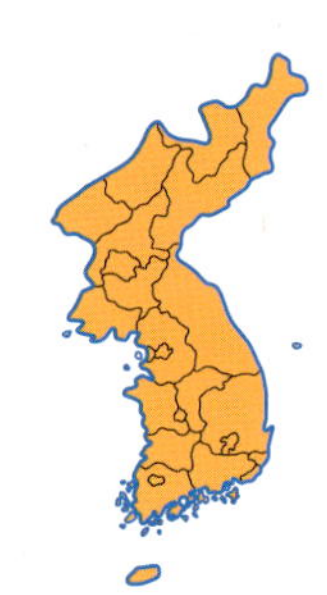

- 학 명 : *Cephalanthera erecta* (Thunb.) Blume
- 과 명 : 난초과

▲ 은난초 꽃봉오리

▲ 은난초 꽃

난초는 사람들에게 가장 사랑받는 식물 중 하나로, 예로부터 관상용으로 많이 재배되어 품종이 아주 많다. 전 세계에 약 700속 2만 5,000종이 알려져 있고, 한국 자생종도 39속 84종이나 된다. 외떡잎식물 중 가장 진화한 식물로 특히 꽃이 아름답고 향기가 좋다.

『삼국유사』〈가락국기〉에 보면, 가야의 시조인 김수로왕이 부인인 허황옥을 맞이할 때 난초로 만든 차와 술을 대접했다는 기록이 나오고, 사군자라고 해서 문인들이 자주 그렸던 그림 소재로 인기를 끌기도 했다.

우리나라 야생 난은 화려하지는 않지만 고상한 느낌을 주곤 해서 서양난보다 귀한 대접을 받는다. 그러나 그만큼 구경하기도 쉽지가 않다. 야생 난을 크게 분류하면 새우난초, 은난초와 금난초, 복주머니란, 타래난초, 자란 등이 있는데, 이 중에 은난초는 꽃이 은빛이고, 금난초는 꽃이 황색으로 구분된다. 또 금난초는 꽃받침 길이가 1.4~1.7㎝인 반면, 은난초는 1㎝ 이하이다.

은난초는 전국의 산과 들에 분포하는 여러해살이풀로, 물 빠짐이 좋은 반그늘 혹은 양지에서 잘 자라며 키는 40~60㎝이다. 잎은 길이 3~8.5㎝, 너비 1~2.5㎝로 긴 타원형이다. 잎 끝은 뾰족하며 줄기를 감싸며 어긋난다. 5월에 피는 꽃은 흰색으로 원줄기 끝에 3~10개가 이삭과 같이 달린다. 꽃잎은 넓으며 끝이 뾰족하고 꽃받침보다 약간 짧고, 입술꽃잎은 밑부분이 짧은

▲ 은난초 잎

▲ 은난초 종자 결실

꿀주머니로 되어 있다. 열매는 7~8월경에 길이 약 2㎝ 정도로 달리는데, 안에는 작은 종자들이 많이 들어 있다.

난초과에 속하며, 간단히 은란이라고도 한다. 주로 관상용으로 쓰인다. 우리나라와 일본, 중국에 분포한다.

길러보기

종자로 발아시켜 번식하는 것은 힘들고 가을에 포기나누기를 하는 것이 좋다. 부엽질이 많은 흙을 선택하여 물 빠짐을 좋게 한 후 화분에 심어야 한다. 물 관리는 3~4일 간격으로 한다.

비슷한 식물들

- **금난초** : 키 40~70㎝, 꽃받침 길이 1.4~1.7㎝이다. 은난초가 흰꽃이 피는 반면에, 금난초는 노란 꽃이 핀다.
- **은대난초** : 포기 전체에 털 같은 돌기가 나고, 밑의 포가 꽃차례보다 길다.
- **꼬마은난초** : 은난초와 닮았지만 잎이 작거나 거의 없으며, 꽃이 서로 떨어져 있는 것이 특징이다. 남부지방의 비옥한 숲 속에서 자란다.

▲ 금난초

▲ 은대난초

▲ 꼬마은난초

작은 은빛 꽃을 피우는

276 은대난초

- 학 명 : *Cephalanthera longibracteata* Blume
- 과 명 : 난초과

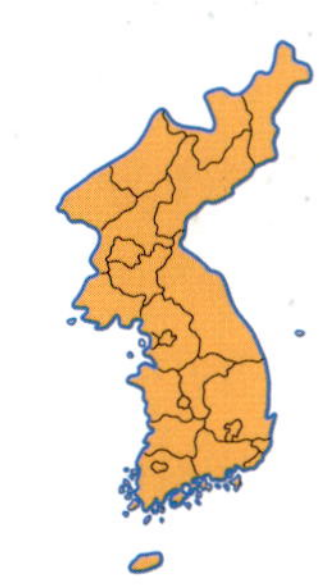

▲ 은대난초 꽃

▲ 은대난초 잎

ㅇ

은대난초는 은난초와 비슷하나 포기 전체에 털 같은 돌기가 나고, 밑의 포가 꽃차례보다 긴 것이 은난초와의 차이점이다. 특히 은난초와 거의 같은 곳에서 자라기 때문에 헷갈린다. 구체적으로 차이점을 더 알아보면, 은난초는 키가 10~30㎝인 반면, 은대난초는 키가 30~50㎝로 크다. 은난초는 줄기나 잎이 매끄럽지만, 은대난초는 껄끄러운 느낌이 있다. 잎의 경우 은난초는 길이 3~8㎝ 정도인 반면, 은대난초는 길이 5~15㎝이다. 또 포는 은난초가 모두 길이 1~3㎝로 꽃차례의 길이보다 짧지만, 은대난초의 포는 보통의 잎과 같고 꽃차례 위로 벌어진다.

▲ 은대난초 종자 결실

▲ 은대난초 무리

은대난초는 산지에서 자라는 여러해살이풀로, 반그늘 혹은 양지의 물 빠짐이 좋은 풀숲에서 잘 자란다. 잎은 길이 5~15㎝, 너비 1.5~4㎝로 끝이 뾰족하고 긴 타원형으로 어긋난다.

꽃은 5~6월에 피며 흰색이다. 꽃의 길이는 0.4~0.7㎝로 작은 편이며, 완전히 펴지지 않는 점이 독특하다. 꽃받침조각은 피침형이며 길이 1.1~1.2㎝이다. 꽃잎은 길이가 짧고 너비가 넓은 것이 특이하며, 꿀주머니가 있고 씨방에 털 같은 돌기가 나 있다. 열매는 7~8월경에 갈색으로 달린다.

난초과에 속하며, 은대난, 댓잎

은난초, 은대란이라고도 한다. 주로 관상용으로 사용되며, 우리나라와 일본 등지에 분포한다.

길러보기

해마다 옆에서 생기는 조그마한 알뿌리를 가을에 분리한다. 8월경 받은 종자는 바로 이끼에 물을 많이 주고 그 위에 털어 놓는 것이 좋은 번식 방법이다. 실내에서 키워도 좋지만, 공기가 잘 통하는 반그늘의 물 빠짐이 좋은 곳에 심는 것이 좋다. 물 관리는 2~3일 간격으로 한다.

비슷한 식물들

- **금난초** : 키 40~70㎝, 꽃받침 길이 1.4~1.7㎝이다. 은난초가 흰꽃이 피는 반면에, 금난초는 노란 꽃이 핀다.
- **은난초** : 꽃이 은빛이며, 꽃받침 길이가 1㎝ 이하이다.
- **꼬마은난초** : 은난초와 닮았지만 잎이 작거나 거의 없으며, 꽃이 서로 떨어져 있는 것이 특징이다. 남부지방의 비옥한 숲 속에서 자란다.

▲ 금난초

▲ 은난초

▲ 꼬마은난초

은은한 향이 종소리처럼 퍼지는

277 은방울꽃

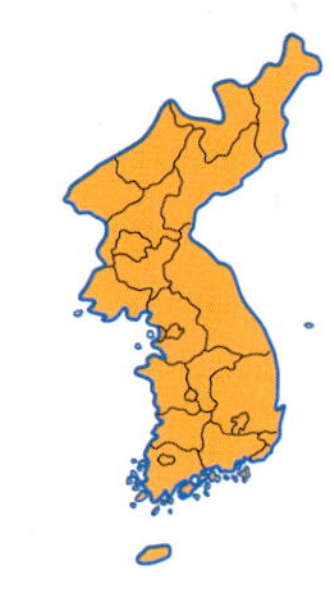

- 학 명 : *Convallaria keiskei* Miq.
- 과 명 : 백합과

▲ 은방울꽃 꽃(측면)

▲ 은방울꽃 꽃 내부

제비꽃이 피고 나면 완연한 봄이 된다. 이때부터 장미가 피기 전에 피는 은방울꽃은 흔히 '5월에 피는 백합'이라고도 부를 정도로 아름답고 많은 사람들에게 사랑받는 꽃이다. 유럽에서는 은방울꽃으로 만든 꽃다발이 행운을 준다고 하여 사랑하는 사람들끼리 주고받는 관습이 있다.

▲ 은방울꽃 열매

이 꽃이 서양에서 더욱 사랑받는 이유는 성모 마리아가 십자가 아래에서 흘린 눈물에서 피어난 꽃이기 때문이라고 한다. 그래서 '성모 마리아의 눈물'이라는 별명도 있으며, 서양 화가들이 성모 마리아를 그릴 때 함께 그리곤 했다. 이러한 유래 때문에 은방울꽃은 선과 악, 신앙과 이교 등 서로 반대되는 개념에서 항상 올바른 선택을 하는 쪽을 가리킨다고 한다.

은방울꽃이라는 이름은 꽃 모양이 앙증맞은 방울처럼 생긴 데에서 유래한다. 5월의 봄바람이 불 때 살살 흔들리는 꽃을 바라보면 금세라도 종소리가 들릴 것 같지만 종소리 대신 향긋한 냄새가 주변에 퍼진다. 사과나 레몬 향이 아주 일품이나 꽃 속에 독성을 감추고 있어 따 먹으면 안 된다.

은방울꽃은 산에 피는 여러해살이풀로, 토양이 비옥하고 물 빠짐이 좋은 반그늘에서 자라며 키는 20~30㎝ 정도이다. 잎은 길이 12~18㎝, 너비 3~7㎝

▲ 은방울꽃 무리

이다. 3월경에 막에 둘러싸인 첫 잎이 땅 위로 올라오는데, 잎의 가장자리는 밋밋하며 표면은 짙은 녹색이고 뒷면은 연한 흰빛이 도는 긴 타원형 또는 달걀 모양 타원형이다.

꽃은 4~5월에 흰색으로 피며, 길이 0.6~0.8㎝로 종이나 항아리처럼 생겼다. 은방울이란 바로 여기에서 붙여진 이름이다. 꽃은 끝이 6개로 갈라져서 뒤로 젖혀지는 것이 특징이다. 두 잎 사이에서 꽃대가 출현하고 아래에서 위쪽으로 올라가며 꽃이 달린다. 열매는 지름 약 0.6㎝ 정도로 붉은색이며 둥글고 9월경에 달린다.

백합과에 속하며 비비추, 초롱꽃, 영란이라고도 한다. 또한 오월에 꽃이 핀다고 해서 오월화, 은은하고 좋은 향기를 풍겨서 향수화라고도 한다. 관상용으로 쓰이며, 어린잎은 식용하고, 뿌리를 포함한 전초는 약용으로 쓰인다. 워낙 향이 좋아 향수 재료로 사용된다. 콘발라린이라고 해서 은방울꽃에서 추출한 물질은 심장을 강화시켜 준다고 한다. 우리나라와 중국, 동시베리아, 일본에 분포하며, 꽃말은 '순결', '다시 찾은 행복'이다.

길러보기

8~9월경에 익은 종자를 바로 화분에 뿌리거나, 가을이나 봄에 포기나누기를 한다. 물 빠짐이 좋은 곳에 심고, 화분에 심어 관리할 때는 봄에는 햇볕이 많이 드는 곳에 두고, 여름에는 그늘이 많이 지는 곳에 두는 것이 좋다. 또한 심을 때는 많은 개체를 심지 않고 조금만 심는 것이 요령이다.

비슷한 식물들

- **방울꽃** : 이름은 비슷하지만 쥐꼬리망초과의 여러해살이풀로, 꽃은 9월에 연한 자줏빛으로 핀다. 낮은 지대의 습기가 있는 그늘에서 자라며, 키는 30~60㎝이다.

▲ 방울꽃

꽃으로 풍년과 흉년을 점쳤던

278 이팝나무

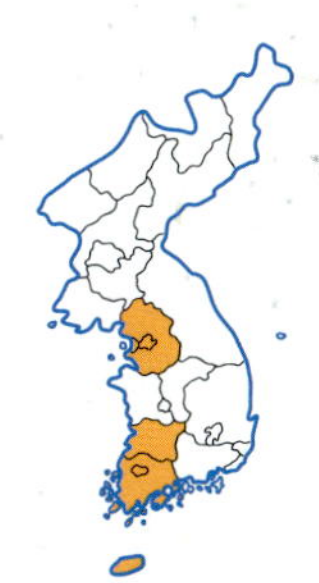

- 학 명 : *Chionanthus retusus* Lindl. & Paxton
- 과 명 : 물푸레나무과

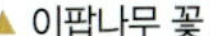

▲ 이팝나무 꽃

▲ 이팝나무 잎

▲ 이팝나무 열매

▲ 이팝나무 수형

봄철 도심의 길을 걷노라면 흰 쌀밥을 가지 끝에 올려놓은 듯한 나무들을 종종 볼 수 있다. 그대로 뭉치면 주먹밥이 될 것도 같다. 꽃이 흰 쌀밥(이밥) 같이 보여서 이팝나무라고 한다. 다른 유래도 있다. 옛날 이 나무에 치성을 드리면 풍년이 든다고 믿었는데, 꽃이 피는 모습을 보고 풍년인지 흉년인지 알아보기도 했다. 절기상으로 입하(立夏) 무렵에 꽃을 피우기 때문에 이팝나무라고 했다고도 한다.

이와 비슷한 이름을 가진 나무로 조팝나무가 있다. 꽃이 마치 쌀에 좁쌀을 섞어 지은 좁쌀 밥 같아서 조밥나무라고 하던 것이 변하여 조팝나무가 되었다고 전해진다. 두 나무가 서로 비슷한 이름을 가졌지만, 이팝나무는 키가 큰 물푸레나무과이고, 조팝나무는 높이 1~2m의 장미과이다. 또 다른 이름으로 니팝나무, 니암나무, 뻣나무라고 불리기도 한다.

이팝나무에는 슬픈 전설이 전해지기도 한다. 옛날 경상도 어느 곳에 착한 며느리가 있었는데, 시어머니는 시시콜콜 이 며느리를 트집 잡으며 구박했다. 한번은 제사가 있어서 쌀밥을 지었다. 며느리는 제삿밥을 제대로 지었는지 궁금해 밥알 몇 개를 먹었다. 그러나 이것을 본 시어머니는 제사에 쓸 밥을 먼저 먹었다며 온갖 학대를 해댔다. 억울함을 견딜 수 없던 며느리는 뒷산에 올라가 목을 맸다. 이듬해 무덤가에 나무가 자라더니 쌀밥 같은 흰 꽃이 가득 피었고, 사람들은 한 맺힌 며느리가 죽어서 나무가 되었다며 이팝나무로 불렀다고 한다.

우리나라 곳곳에는 멋진 이팝나무가 서식하는데, 경북 포항 흥해읍의 군락지는 그 유래가 고려 때까지 거슬러 올라가는 유서 깊은 곳이다. 충숙왕 시절인 14세기 초 향교를 세우고 기념 식수한 것이 퍼져 현재 군락을 이룬 것이다. 커다란 이팝나무가 30여 그루나 되어 해마다 봄이면 온통 쌀밥 잔치를 벌이는 듯하다. 이 군락지는 경북기념물 제21호로 지정되어 있다. 이외에도 고창 중산리 이팝나무(천연기념물 제183호), 순천 승주읍 평중리 이팝나무(천연기념물 제36호), 양산 신전리 이팝나무(천연기념물 제234호) 등 천연기념물로 지정된 명목이 많다.

낙엽활엽교목으로, 높이는 25m에 이른다. 수피는 회갈색이며 불규칙하게 세로로 갈라진다. 잎은 마주나며 긴 타원형 또는 거꾸로 세운 달걀 모양이다. 잎 가장자리는 밋밋하나 어릴 때에는 복거치가 나 있기도 하다. 암수딴그루로, 꽃은 5~6월에 새 가지 끝에 하얗게 달린다. 열매는 9~10월에 검푸른색으로 익는데, 타원형이다.

우리나라 원산으로 우리나라와 일본, 중국 등에 분포하며, 산골짜기나 들판에서 서식한다. 관상용으로 정원에 심거나 땔감으로 쓰며, 목재는 염료재와 기구재로 사용한다. '영원한 사랑', '자기 향상'이라는 고상한 꽃말을 가지고 있다.

길러보기

종자나 삽목으로 번식한다. 삽목은 여름철 습도가 높을 때 새로 나온 가지를 잘라 번식시킨다.

비슷한 식물들

- **긴잎이팝나무** : 잎은 피침형으로 길고, 꽃잎의 너비는 1~1.5㎜이다.
- **조팝나무** : 이팝나무와 이름이 비슷하나 꽃잎이 5장으로 이루어진 점이 매우 다르다. 높이도 1~2m로 작다.

▲ 조팝나무

남도 해변을 걸으며 만날 수 있는 난

279 자란

- 학 명 : *Bletilla striata* (Thunb.) Rchb.f.
- 과 명 : 난초과

▲ 자란 꽃

▲ 자란 잎과 줄기

자란은 전남 해남, 진도 및 목포의 일부 지역에서 나는 여러해살이풀이다. 생육 환경은 물 빠짐이 좋고 햇볕을 많이 받으며 토양의 유기물 함량이 풍부한 곳에서 자란다. 키는 15~60㎝이다. 잎은 길이 20~30㎝, 너비 2~5㎝로 긴 타원형이며 끝이 뾰족하고 밑부분이 좁아져서 잎의 하단부에서 5~6개가 서로 감싸며 줄기를 둘러싸 원줄기처럼 되고 세로로 많은 주름이 있다. 줄기는 굵으며 곧게 서고 아랫부분에 잎싸개가 2~3개 있다. 뿌리는 길이 2~4㎝로 넓적한 둥근 모양으로 안은 흰색이고 육질성이다. 꽃은 잎 사이에서 꽃줄기가 나와 줄기 끝에 3~7개가 홍자색으로 달린다. 꽃차례를 안고 있는 작은 잎은 길이 1~3㎝, 너비 약 0.5㎝로 붉은 자주색이며 꽃이 피기 전에 1개씩 떨어진다. 꽃은 지름 약 3㎝이며, 찢어진 꽃잎은 같은 형태로 길이 2.5~3㎝, 너비 약 0.7㎝로 끝이 뾰족하며 비스듬히 반쯤 벌어지고 맥이 있다. 입술꽃잎은 윗부분이 넓고 밑부분이 점차 좁아져 달걀을 거꾸로 세운 모양인데, 가장자리가 약간 안쪽으로 말리고 윗부분이 3개로 갈라지며 중앙부의 것은 거의 둥글고 안쪽에 5개의 도드라진 능선이 있다. 열매는 8~11월에 길이 2.5~3.5㎝의 긴 타원형으로 달린다.

▲ 자란 종자 결실

▲ 자란 무리

길러보기

물 빠짐이 좋은 화분을 만들어 심는다. 화분 깊이는 10~20㎝ 정도면 적당하고 부엽질이 많은 흙을 넣어 준다. 화단에 심을 때는 햇볕이 많이 들거나 반그늘이 지는 나무 아래 심어 관리한다. 물은 4~5일 간격으로 준다.

8~11월에 달리는 종자를 이용하여 번식시키는 방법과 해마다 가을이나 이른 봄에 알뿌리를 분리하여 심는 두 가지 방법이 있다. 먼저 종자를 이용하여 번식시키는 방법은 종자상에 이끼나 수태를 올려놓고 그 위에 종자를 흩어 고루 퍼지게 한 후 분무기와 같이 구멍이 좁은 것으로 물을 주어 종자가 이끼나 수태 안으로 약하게 들어가게 만든다. 그 후 신문이나 비닐을 덮어 약 15일 정도 습도를 유지시킨 뒤 벗겨내고 일반적인 관리를 한다. 뿌리를 분리하는 방법은 2~3년마다 한 번씩 해 줄 것을 권하는데, 이는 해마다 옆에서 자구(새로 생긴 알뿌리)가 생기는 것을 좀 더 키워서 분리하면 이듬해에 꽃을 볼 수 있기 때문이다.

시중에서 쉽게 구입할 수 있는 품종이며, 이는 외국에서 조직 배양을 통해 대량으로 생산한 묘를 수입하여 판매하기 때문이다. 상품화가 이미 되어 나온 품종이니 만큼 관리를 잘 하면 해마다 많은 꽃을 볼 수 있다.

비슷한 식물들

- **금난초** : 키 40~70㎝, 꽃받침 길이 1.4~1.7㎝이다. 은난초가 흰 꽃이 피는 반면에, 금난초는 노란 꽃이 핀다.
- **은난초** : 꽃이 은빛이며, 꽃받침 길이가 1㎝ 이하이다.
- **은대난초** : 포기 전체에 털 같은 돌기가 나고, 밑의 포가 꽃차례보다 길다.

▲ 금난초

▲ 은난초

▲ 은대난초

280 자란초

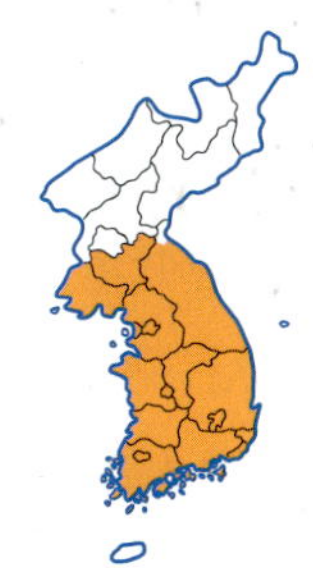

- 학 명 : *Ajuga spectabilis* Nakai
- 과 명 : 꿀풀과

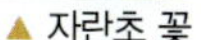

▲ 자란초 꽃

▲ 자란초 잎

자란초는 잎이 독특하다. 길이는 17㎝ 정도로 큰 편이 아니나 너비는 9㎝ 정도나 된다. 중부 이남의 산지에서 자라는 여러해살이풀로, 우리나라 특산 식물이다. 해발 500m 이상 되는 고산지대, 특히 전남 백양산과 전북 내장산, 경남 가야산, 강원도 공작산 등지에 분포한다.

반그늘이나 양지의 부엽질이 풍부한 나무 아래에서 잘 자라며 키는 약 50㎝이다. 땅속줄기가 옆으로 벋으면서 자라고, 줄기는 곧게 서며 털이 거의 없다. 하지만 잎은 표면과 뒷면 맥 위에 털이 약간 있으며 가장자리에 불규칙한 톱니와 털이 나 있다. 잎은 어긋나는데, 위의 잎이 아래 잎보다 더 큰 것이 특징이다.

꽃은 5~6월에 줄기 끝 또는 잎자루에 붙어 핀다. 꽃 색깔은 자주색이며 길이 약 3㎝ 정도이다. 꽃받침은 종처럼 생겼으며 5갈래로 갈라진다. 열매는 8월경에 달리는데, 둥글고 주름이 있다.

꿀풀과에 속하며, 큰잎조개나물, 자난초라고도 한다. 주로 관상용으로 쓰이며 드물게 약용으로도 사용된다.

길러보기

이른 봄과 가을에 포기나누기를 한다. 또 8월경에 달리는 종자를 바로 뿌리거나 종이에 싸서 냉장고에 보관한 후 이른 봄에 뿌린다. 햇볕이 많이 들지 않는 곳에 심는 것이 좋다. 특히 주변에 습도를 맞출 수 있는 웅덩이가 있는 것이 좋다. 햇볕을 많이 받으면 잎 끝이 타고 꽃이 빨리 탈색되므로 주의해야 한다.

비슷한 식물들

꿀풀과는 전 세계에 3,200종이 분포하고, 우리나라에는 120여 종이 서식한다. 대개 향기가 좋고 꽃이 아름다워 관상용으로 많이 사용된다. 꿀풀과의 대표 꽃으로는 골무꽃, 들깨풀, 꿀풀, 박하, 석잠풀 등이 있다.

자줏빛 구름 같은 꽃

281 자운영

- 학 명 : *Astragalus sinicus* L.
- 과 명 : 콩과

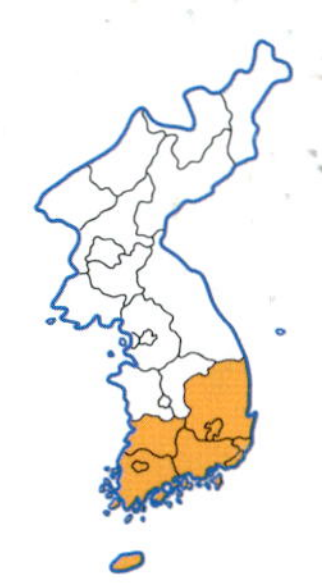

▲ 자운영 꽃

꽃이 자줏빛 구름과 같다고 해서 자운영이라고 한다. 자운영의 꽃말은 '그대의 관대한 사랑'으로, 꽃말처럼 살아서도 사랑을 베풀고 죽어서도 대지를 위해 헌신하는 식물이다. 예쁜 꽃과 달콤한 꿀로 우리에게 멋과 맛을 주며, 죽으면 퇴비가 되어 농사에 큰 도움이 된다. 이른 봄 농촌을 가 보면 논이 유채꽃이나 자운영으로 가득한 것을 볼 수 있는데, 둘 다 비슷한 이유로 심는 품종들이다. 자운영이나 유채꽃을 많이 심은 논에는 비료를 많이 주지 않아도 된다.

자운영은 중국 원산으로, 우리나라 남부에서 재배하는 두해살이풀이다. 따뜻한 양지에서 잘 자라며, 키는 10~25㎝이다. 꽃이 피지 않았을 때에는 토끼풀하고 비슷해 헷갈리기도 한다. 잎은 길이 0.6~2㎝, 너비 0.3~1.5㎝로 타원형이며, 작은 잎은 9~11쌍 정도가 함께 나온다. 잎자루는 길며, 턱잎은 달걀 모양이다.

꽃은 4~6월에 홍자색으로 줄기 끝에 7~10개가 펼쳐지듯 달린다. 꽃받침은 흰색 털이 드문드문 있으며 5개의 톱니가 나 있다. 열매는 7~8월경에 익고 길이 2~2.5㎝, 지름 약 0.6㎝로 누른빛이 도는 종자가 달린다.

콩과에 속하며, 연화초, 홍화채, 쇄미제, 야화생이라고도 한다. 녹비용, 사료용으로 많이 이용되며, 줄기는 약용으로 쓰인다. 또한 어린순은 나물로 먹기도 하고, 꿀을 만들기 위한 밀원식물로도 이용된다. 영국에서는 양이 이 풀을 먹으면 젖이 많이 나온다고 해 '밀크의 참새 완두'라고 부른다.

길러보기

8월에 받은 종자를 보관 후 이듬해 2월경에 뿌린다. 자운영은 특히 논에서 사료용이나 경관용으로 많이 재배한다. 물론 화분이나 화단에 심어도 좋다.

비슷한 식물들

- **토끼풀** : 유럽에서 건너온 귀화식물로, 본래는 가축에게 줄 사료로 들여왔는데, 축사나 농장 부근 풀밭에 정착해서 자라다가 주변의 산과 들로 널리 퍼져 아주 흔한 풀이 되었다. 키는 20~30㎝ 정도이다.

자주색 꽃을 피우는 괴불주머니

282 자주괴불주머니

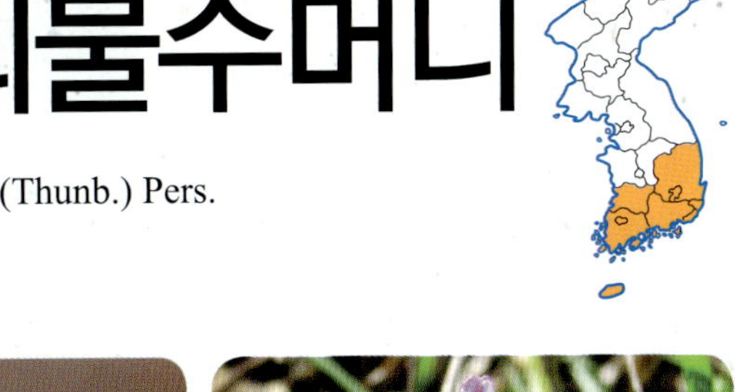

- 학 명 : *Corydalis incisa* (Thunb.) Pers.
- 과 명 : 현호색과

▲ 자주괴불주머니 꽃

▲ 자주괴불주머니 꽃(확대)

▲ 자주괴불주머니 잎

괴불주머니는 옛날 어린이들이 허리춤에 차고 노는 노리개이다. 이것과 비슷한 꽃이 몇 종류 있는데, 괴불주머니라고 이름이 붙는다. 그러나 꽃을 보고 붙인 이름인지 잘록한 열매를 보고 붙인 이름인지는 정확하지 않다. 자주괴불주머니는 그중 꽃 색깔이 자주색인 것을 말한다.

▲ 자주괴불주머니 종자 결실

주로 남부지방에 자라는 두해살이풀로, 습기가 많은 양지나 반그늘에서 자라며 키는 20~50㎝이다. 잎은 길이 3~8㎝로 삼각상 원형인데, 3개씩 2회 갈라지며 가장자리에는 톱니가 있고 어긋난다.

꽃은 5월에 홍자색으로 피며, 길이 4~12㎝이고 원줄기 끝에 부채 모양으로 뭉쳐서 달린다. 열매는 6~7월경에 길이 1.5㎝, 너비 0.3~0.5㎝의 긴 타원형으로 달리고, 종자는 검고 광택이 난다.

▲ 자주괴불주머니 무리

현호색과에 속하며, 자주현호색, 자근, 자주뺄꽃이라고도 한다. 관상용으로 쓰이며, 뿌리를 포함한 전초는 약용으로 사용된다. 제주도와 전라도, 경기도, 함경북도 등지에 분포한다. 꽃말은 '보물주머니'이다.

길러보기

6~7월에 익은 종자를 바로 뿌리거나 보관하였다가 이듬해 봄에 뿌린다. 화단에 심는 것이 좋으며, 잎이 많기 때문에 물 관리는 매일 해야 한다.

비슷한 식물들

- **염주괴불주머니** : 꽃은 4~5월에 황색으로 피며, 키는 40~60㎝이다. 열매가 염주알을 닮았다.
- **산괴불주머니** : 습한 산지에서 자라며, 키는 약 40㎝이다. 원줄기는 속이 비고 곧게 자라며 가지가 갈라진다.
- **갯괴불주머니** : 바닷가 모래땅에 자라며, 키는 40㎝가량이다.
- **큰괴불주머니** : 키가 1.5m나 되며, 꽃은 6~8월에 자주색으로 핀다.
- **가는괴불주머니** : 키가 1m 이상으로 크며, 가지가 많고 전체적으로 흰빛이 돈다. 열매의 너비가 2~2.5㎜로 눈괴불주머니에 비해 좁다.
- **눈괴불주머니** : 가지가 많이 갈라져서 덩굴성같이 엉키며, 길이 60㎝ 정도로서 능선이 있다. 열매의 너비는 3.5~4.5㎜이다.

▲ 염주괴불주머니

▲ 산괴불주머니

▲ 눈괴불주머니

ㅈ

노랑에서 자주색으로 변신 중

283 자주솜대

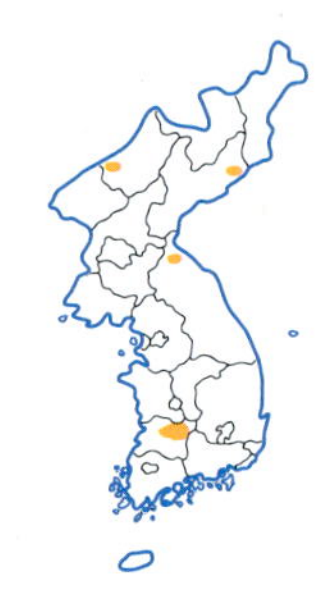

■ 학 명 : *Smilacina bicolor* Nakai

■ 과 명 : 백합과

▲ 자주솜대 꽃

▲ 자주솜대 잎

솜대는 벼과에 속하는 품종으로 키가 무려 10m에 이르는 큰 식물이다. 어릴 때에 흰 가루로 덮여 있는 것이 솜이 묻어 있는 것처럼 보인다고 해서 붙여진 이름인데, 대나무이다. 야생화 중에는 이 솜대와 비슷하게 생겼다고 해서 솜대라는 이름을 붙인 게 더러 있는데, 풀솜대와 왕솜대, 자주솜대가 그것이다. 물론 이들은 대나무가 아니라 백합과에 속하는 풀들이다.

▲ 자주솜대 열매

자주솜대는 꽃이 자주색이 돈다고 해서 붙여진 이름으로 자주솜때라고도 한다. 솜대에 비하여 전체에 거의 털이 없다. 키는 30~45㎝ 내외이고, 뿌리줄기는 다소 굵고 길게 옆으로 벋으며 마디가 있다. 줄기는 곧게 서고 상부가 비스듬히 올라간다. 줄기의 아랫부분에 두세 개의 칼집 모양의 잎이 줄기를 완전히 둘러싼다. 잎은 어긋나고 2개로 갈라지며 길이 6~11㎝, 너비 2.5~5㎝이다. 잎은 타원형 또는 창처럼 끝이 뾰족하게 생긴 타원형으로 끝이 날카롭다.

꽃은 6~7월에 처음에는 황색이지만 점차 자줏빛이 도는 검은색으로 바뀐다. 꽃은 지름 0.5㎝ 정도이며, 꽃줄기에 달린 꽃대는 길이 4~4.5㎝이다. 꽃덮개는 6조각으로 창처럼 끝이 뾰족하며, 수술은 6개이다. 열매는 둥글고 다갈색이다.

백합과에 속하는 여러해살이풀로, 우리나라 특산종이다. 이 품종은 1949년 정태현에 의해 지어졌고, 종소명인 *bicolor*는 '두 가지 색을 가진, 2색의'라는 뜻을 가지고 있다. 지리산과 광릉, 금강산, 평안북도 노봉, 함경남도 차일봉 등지에 분포한다. 멸종위기 식물로 지정되어 있는데, 최근 강원도 인제의 대암산 용늪 일대에서 군락을 이루고 있는 것이 확인되었다.

옛날 춘궁기 때에는 풀솜대와 함께 나물로 요긴하게 쓰였다. 특히 절에서 죽을 쑤어 먹었는데, 중생들을 구제하는 풀이라 하여 풀솜대를 '지장보살'이라고 불렀다 한다. 이에 따라 자주솜대도 자주지장보살이라는 별칭이 있다.

길러보기

9월경에 익은 종자를 바로 화단에 뿌리거나 마디로 되어 있는 뿌리를 가을에 캐내 나눈 후 화단이나 화분에 옮겨 심는다.

비슷한 식물들

- **왕솜대** : 풀솜대와 비슷하나 잎의 길이 15㎝ 정도, 너비 6~10㎝로 크다.
- **풀솜대** : 꽃은 5~7월에 흰색으로 원줄기 끝에 작은 꽃들이 뭉쳐 하나의 꽃을 이룬다.
- **세잎솜대** : 잎은 거꾸로 된 피침 모양으로 세 개가 어긋나고, 비늘잎은 밑부분에서 돌려난다.
- **민솜대** : 잎은 잎자루가 없으며 7~11장이 어긋난다.
- **연두솜대** : 식물체 전체에 털이 거의 없고, 꽃덮개 끝이 둥글며, 수술대는 흰색이고 암술머리는 녹색이다.

▲ 풀솜대

▲ 민솜대

자주색에서 녹색으로 바뀌는 잎

284 자주족도리풀

- 학 명 : *Asarum koreanum* (J.Kim & C.Yook) B.U.Oh & J.K.Kim
- 과 명 : 쥐방울덩굴과

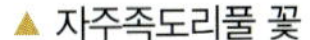

▲ 자주족도리풀 꽃

▲ 자주족도리풀 잎

ㅈ

족도리풀은 작고 동그란 꽃이 마치 족두리를 닮아서 붙여진 이름이다. 이 꽃에는 어머니와 딸의 슬픈 전설이 전해진다. 경기도 포천에 모녀가 살고 있었는데, 딸은 꽃처럼 아름다워 꽃아가씨로 불렸다. 얼굴이 하도 예뻐 궁녀로 뽑혔으나 어떤 일로 중국에 팔려가 이리저리 떠돌아다니다 죽고 말았다. 그 사이 어머니도 죽었는데, 이듬해 그 집 뒷마당에 족두리 같은 꽃을 피우는 식물이 자라 사람들은 이를 족도리풀이라고 불렀다고 한다. 이런 전설 때문인지 꽃말은 '모녀의 정'이다.

▲ 자주족도리풀 새순 올라오는 모습

족도리풀은 몇 가지 종류가 있는데, 자주족도리풀은 잎이 자주색을 띠어 붙여진 이름이다. 꽃은 다른 종들도 자줏빛을 띤다. 족도리풀에 비해 꽃이 크고 짙은 흑자색인 점이 다르다. 한때 족도리풀의 변종으로 취급하기도 했으나, 매우 특징적인 종이므로 별개의 종으로 취급한다.

키는 10~20㎝로, 뿌리는 옆으로 기며 독특한 향이 난다. 잎은 심장 모양이며 처음 돋을 때 잎맥이 자주색을 띠고, 잎은 자주색을 띠나 점차 자라며 녹색으로 바뀌며 족도리풀의 잎처럼 된다. 잎자루는 백녹색으로 다른 족도리풀 종류에 비해 흰색이 강한 편이다. 잎 양면에 털이 나기도 한다.

잎은 2~3장이 나오는데, 그 사이에서 한 송이의 꽃이 핀다. 꽃은 흑자색으로 통꽃이며 3갈래로 갈라진다. 갈래조각은 끝이 뾰족하고 가장자리는 구불거린다. 꽃잎은 없다.

쥐방울덩굴과의 여러해살이풀로, 우리나라와 일본, 중국에 분포한다. 한국 특산종으로 산지의 숲 속에서 드물게 자란다. 관상용으로 쓰이며, 뿌리는 약용으로 쓰이는데, 약재용 이름으로는 세신이라고도 한다.

길러보기

늦가을이나 이른 봄에 포기나누기로 하거나, 9월경 받은 종자를 바로 뿌린다. 화분이나 화단에 심는다. 토양이 비옥한 반그늘에 심고, 물 관리는 2~3일 간격으로 한다.

비슷한 식물들

- **뿔족도리풀** : 꽃받침이 매우 작다.
- **개족도리** : 잎 표면은 짙은 녹색이고 흰색 무늬가 불규칙하게 있다.
- **구족도리풀** : 꽃에 통처럼 생긴 부분이 없다. 꽃 색깔은 검은색이다.
- **민족도리풀** : 족도리풀에 비해 잎이 약간 크고, 잎 뒷면에 털이 약간 있다. 털족도리풀, 서울족도리풀, 영종족도리풀이라고도 한다.
- **족도리풀** : 꽃은 5~6월에 자줏빛으로 피는데, 끝이 3갈래로 갈라지고 항아리 모양이다.
- **각시족도리풀** : 꽃받침이 뒤로 젖혀진다.
- **무늬족도리풀** : 잎 앞면에 흰색 무늬가 있다.
- **금오족도리풀** : 잎 양면에 털이 있는데, 특히 뒷면에 많다.

▲ 뿔족도리풀

▲ 족도리풀

▲ 무늬족도리풀

▲ 금오족도리풀

꽃도 아름답고 약효도 좋은

285 작약(백작약)

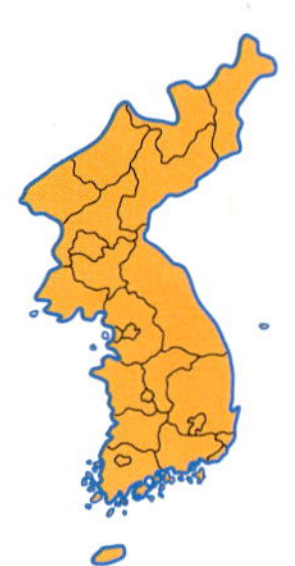

- 학 명 : *Paeonia japonica* (Makino) Miyabe & Takeda
- 과 명 : 미나리아재비과

▲ 작약 꽃봉오리

▲ 작약 꽃

작약은 멸종위기에 처한 식물 중 하나이다. 하도 귀해서 어떤 분들은 산삼보다 보기 어렵다고도 한다. 그런데 다행스럽게도 강원도 홍천 구만리에 대규모 자생지가 발견되었다.

작약은 우리나라 각처의 산지에서 나는 여러해살이풀로, 옛날부터 재배되어 온 식물이다. 중국에서는 모란보다도 먼저 재배되기 시작했다. 꽃이 워낙 크고 아름다운데, 재배종은 붉은색, 흰색 등 다양한 품종이 개량되어 있다.

작약은 토양 비옥도가 높고 반그늘이며 물 빠짐이 좋은 산지에서 잘 자라며, 키는 40~50㎝이다. 꽃이 붉거나 가지색인 것을 산작약 또는 적작약이라고 하고, 꽃이 흰 것을 작약이라고 따로 부른다.

잎은 길이 5~12㎝, 너비 3~7㎝로 앞면은 녹색이지만 뒷면은 흰빛이 돌며, 3~4개가 어긋나게 달리고 긴 타원형이다. 꽃은 흰색으로 지름 4~5㎝이며 6월에 원줄기 끝에 한 송이씩 달린다. 열매는 8월경에 길이 2~3㎝ 정도의 긴 타원형으로 달리고, 종자는 검은색이다.

미나리아재비과에 속하며 산작약이라고도 한다. 관상용으로 쓰이며 뿌리는 약용으로 쓰인다. 작약이 귀해진 건 바로 뛰어난 약효 때문에 무분별하게 채취했기 때문이다. 우리나라와 일본, 중국, 헤이룽 강과 우수리 강 등지에 분포한다.

ㅈ

길러보기

8월에 채취한 종자를 바로 뿌리는 것이 가장 좋고, 나머지 종자를 종이에

▲ 작약 잎

▲ 작약 종자 결실

싸서 냉장 보관한 후 이른 봄에 뿌려도 된다. 가을에 뿌리를 캐어 포기나누기를 하는 것도 괜찮다. 종자는 깊게 넣은 후 흙을 잘 덮어 줘야 새들이 종자를 쪼아 먹지 못한다. 물 빠짐이 좋고 거름기가 많은 화분이나 화단에 심는다. 빛을 직접 받으면 잎 끝이 타는 현상이 생기기 때문에 주의해야 한다. 물 관리는 2~3일 간격으로 한다.

비슷한 식물들

- **민산작약** : 산지 숲 속에서 자라며, 높이 50㎝ 이상으로 밑동이 비늘잎으로 싸인다.
- **털백작약** : 잎 뒷면은 흰빛을 띠며 털이 난다. 꽃은 5~6월에 흰색으로 핀다.
- **참작약** : 뿌리는 곧고 길며 양 끝이 뾰족한 원기둥 모양으로 길이 30㎝ 내외이고 잘린 면은 붉은색을 띤다.

털이 복슬복슬 털보 제비꽃

286 잔털제비꽃

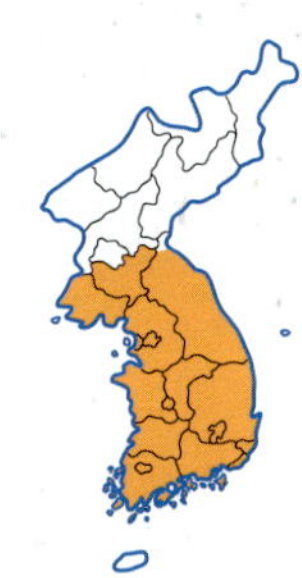

- 학 명 : *Viola keiskei* Miq.
- 과 명 : 제비꽃과

▲ 잔털제비꽃 꽃

▲ 잔털제비꽃 잎

ㅈ

▲ 잔털제비꽃 무리

제비꽃은 종류가 무척 많다. 지역이나 산의 높고 낮음, 인가 주위, 그늘과 반그늘, 양지 등과 같이 자연 조건에 따라 다른 종이 자란다. 꽃이나 잎의 모양, 색깔, 향기, 털의 유무 등으로도 종을 나눈다.

제비꽃 중 털이 유난히 많이 난 것을 털제비꽃이라고 한다. 털 중에서도 잔털이 전체에 나 있으며 흰색 꽃이 피는 것은 잔털제비꽃이다. 뿌리줄기가 비스듬히 옆으로 기며 자라는데, 마디가 여럿 붙어 있다.

키는 꽃줄기 크기인 5~10㎝이다. 잎은 뿌리에서 나와 비스듬하게 자라는데, 달걀 모양 원형을 이루며 밑은 깊은 심장 모양이고 가장자리에는 둔한 톱니가 난다. 꽃은 4월에 꽃줄기 끝에 흰색 꽃이 1개씩 옆을 향하여 달린다. 꽃잎은 옆의 것은 털이 약간 있거나 없고 자주색 줄이 있다. 꽃받침은 5개로, 끝이 둔한 좁은 긴 타원 모양이고, 꿀주머니의 크기는 길이 0.6~0.7㎝이다. 열매는 속이 여러 칸으로 나뉘고 각 칸 속에 많은 종자가 들어 있으며 달걀 모양 타원형이다.

제비꽃과에 속하는 여러해살이풀로, 우리나라 경기 이남, 일본에 분포한다. 동강제비꽃과 비슷하나, 동강제비꽃은 잎이 달걀 모양이고 밑부분이 둔한 심장형이며 꽃이 필 때 꽃보다 잎이 위를 향하는 점이 다르다.

길러보기

7월에 종자를 받아 보관 후 9월에 뿌리거나, 이른 봄 새순이 올라올 때 포기나누기를 한다. 물은 2~3일 간격으로 준다.

비슷한 식물들

- **제비꽃** : 꽃 빛깔은 짙은 붉은빛을 띤 자주색이고, 꽃받침잎은 창처럼 끝이 뾰족하다. 키는 10㎝ 정도이다.
- **털제비꽃** : 꽃 색깔이나 키가 거의 민둥제비꽃과 같다. 단지 털이 아주 많다.
- **흰털제비꽃** : 잎자루와 꽃줄기에 흰색 긴 털이 난다.
- **둥근털제비꽃** : 잎은 길이 2~3.5㎝, 너비 2~3㎝로 전체에 잔털이 많이 나 있다.
- **동강제비꽃** : 꽃이 필 때 꽃보다 잎이 위를 향한다.
- **흰제비꽃** : 꽃이 흰색 또는 자주색을 띤 흰색이며, 잎은 긴 타원형이고 넓은 창처럼 끝이 뾰족하다.
- **왕제비꽃** : 꽃은 흰색이며 자주색 줄이 있다. 키는 40~90㎝까지 자란다.
- **뫼제비꽃** : 높은 산에 자라며, 꽃은 4~5월에 연한 자주색으로 핀다. 곁꽃잎 안쪽에 털이 없고 잎이 달걀 모양 심장형인 점이 다르다.
- **민둥뫼제비꽃** : 꽃은 연한 홍자색으로 4~5월에 잎겨드랑이에서 나온 길이 5~8㎝의 꽃대에 1개씩 달린다.
- **줄민둥뫼제비꽃** : 거의 민둥뫼제비꽃과 같으나 잎에 보랏빛 줄이 있다.
- **민둥제비꽃** : 꽃은 4~5월에 붉은 자주색으로 핀다. 풀 전체에 털이 전혀 없는 것이 특징이다. 키는 15㎝ 정도이다.
- **흰민둥뫼제비꽃** : 거의 민둥뫼제비꽃과 같으나 꽃이 흰색이다.
- **알록제비꽃** : 산지의 숲 속이나 숲 가장자리에 자라며, 4~5월에 진한 붉은 보라색 꽃이 핀다. 잎 앞면에 얼룩 반점이 있다.

▲ 털제비꽃

▲ 둥근털제비꽃

▲ 뫼제비꽃

장대처럼 곧게 자라는

287 장대나물

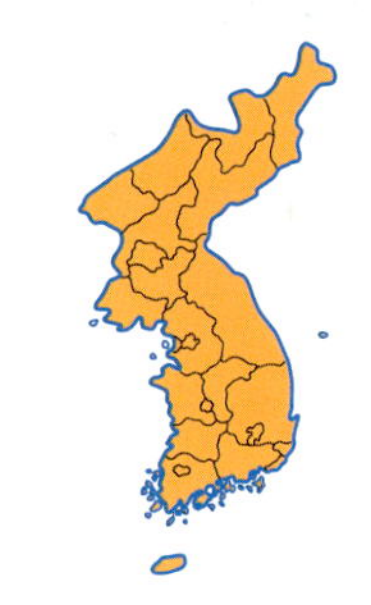

- 학 명 : *Arabis glabra* Bernh.
- 과 명 : 십자화과

▲ 장대나물 꽃봉오리

▲ 장대나물 꽃

장대나물은 산과 들에서 자라는 두해살이풀로, 물 빠짐이 좋은 양지에서 자란다. 키는 약 70㎝ 정도로 장대처럼 곧게 자란다고 해서 장대라는 이름이 붙었다. 장대라는 이름이 붙은 식물들이 꽤 있는데, 특히 노인장대는 학교 등지에서도 관상용으로 많이 심는 품종이다.

밑부분의 잎은 뿌리에서 생긴 잎과 더불어 털이 있으나 윗부분의 잎은 털이 없고, 줄기에서 난 잎은 긴 타원형이다. 첫해에는 잎이 한 군데에서 많이 나오지만, 다음 해에는 원줄기가 자라서 잎자루가 없는 잎이 어긋나게 달린다. 꽃은 4~6월에 피며 흰색으로 십자화 모양이며 원줄기 끝에 달린다. 열매는 8~9월경에 길이 4~6㎝로 달리고, 종자는 길이 약 0.3㎝이다.

십자화과에 속하며, 장대, 남개채, 깃대나물이라고도 한다. 어린잎은 식용으로 쓰이는데, 국을 끓여 먹기도 하고 나물로도 먹는다. 우리나라와 중국 북동부, 시베리아, 유럽, 북아메리카, 오스트레일리아 등지에 분포한다.

길러보기

9월에 받은 종자를 바로 뿌리거나, 보관 후 이듬해 봄에 뿌려 번식한다. 양지의 화단에 심으면 좋고, 물 관리는 2~3일 간격으로 한다.

▲ 장대나물 잎

▲ 장대나물 종자 결실

비슷한 식물들

- **큰산장대** : 깊은 산 응달에서 자라며, 키 15~30㎝이다. 연약해서 잘 쓰러지는데, 땅에 닿으면 뿌리가 내려 새싹이 돋는다.
- **섬장대** : 전체에 털이 없으며 곧게 서고, 키 20~50㎝이다. 울릉도에 자라는 한국 특산종이다.
- **털장대** : 줄기와 잎에 털이 아주 많이 난다. 햇볕이 잘 드는 양지에 자란다.
- **섬바위장대** : 키는 10~20㎝이고, 전체에 별 모양의 털과 갈라진 털이 있으며, 한라산에서 자란다.
- **가는장대** : 뿌리는 희고 줄기는 곧으며, 키는 15~60㎝이다. 털은 거의 없어 보이나 굽은 잔털이 있다. 산지 및 해안의 양지에서 자란다.
- **갯장대** : 바닷가 모래땅에 자란다. 키는 30㎝ 정도로, 잎과 함께 털이 많이 나 있다.
- **노란장대** : 꽃이 노란색이다.
- **느러진장대** : 줄기는 곧게 자라고 위에서 가지가 갈라지며, 키는 50~100㎝이다.
- **주걱장대** : 잎이 주걱처럼 생겼다.
- **자주장대나물** : 산기슭 숲 속에서 자라며, 키는 15~30㎝이다. 7월에 흰 바탕에 붉은색 꽃이 핀다. 백두산 등 북부지방에 분포한다.
- **흰장대나물** : 꽃이 흰색이다.

▲ 큰산장대

▲ 가는장대

▲ 노란장대

재배 딸기의 역사가 된

288 장딸기

■ 학 명 : *Rubus hirsutus* Thunb.

■ 과 명 : 장미과

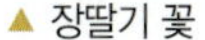

▲ 장딸기 꽃

▲ 장딸기 잎

딸기는 우리가 즐겨 먹는 열매이다. 딸기는 오랜 옛날부터 식용되었으나 재배되기 시작한 것은 중세 때부터라고 알려져 있다. 특히 아메리카 대륙이 발견되며 남아메리카에서 유럽으로 장딸기가 들어와 개량된 것이 오늘날 큼직한 딸기 역사의 시초이다.

딸기는 우리나라 전역의 산과 들에 흔하게 자라는데, 종류도 여럿 있어 잎이나 열매 등을 자세히 구분하며 감상하는 재미도 쏠쏠하다.

장딸기는 키가 20~60㎝로 작은 편이며, 땅속줄기가 옆으로 길게 뻗으면서 군데군데에서 새순이 나와 번식한다. 줄기는 가늘고 가시와 부드러운 털이 있어 풀같이 보이기도 하지만 낙엽이 지는 반관목 식물이다.

잎은 어긋나고 작은 잎 여러 장이 잎자루 양쪽으로 나란히 줄지어 붙어 새의 깃처럼 보인다. 작은 잎은 3~5개로 달걀 모양이며 창처럼 끝이 뾰족하고 가장자리에 겹톱니가 있고 양면에는 털이 빽빽이 난다.

꽃은 지름 3~4㎝로 큰 편이며 5~6월에 묵은 가지 옆에서 나오는 짧은 가지 끝에 흰색으로 1개씩 달린다. 꽃받침조각은 5개이고 양면에 털이 빽빽이 난다. 꽃잎은 5개이고 꽃받침 길이와 비슷하며 수평으로 퍼진다. 열매는 둥글고 7~8월에 붉게 익는다.

장미과의 소관목으로, 우리나라와 일본, 중국 남부에 분포한다. 제주도와 완도, 거제도 등 남부 섬 지방의 산지에서 잘 자란다. 열매는 식용하고, 밀원식물로도 이용된다. 뿌리와 잎 혹은 꽃은 자파라는 생약명으로 쓰기도 하는데, 열을 내리고 독을 없애는 효과가 있다.

길러보기

곁가지를 이용하여 삽목으로 번식하거나 포기나누기를 하고, 8월에 익은 종자를 받아 바로 뿌리거나 보관 후 이른 봄에 뿌린다. 햇볕이 많이 드는 곳에 심고 물 빠짐을 좋게 하고 퇴비를 많이 넣는다. 과육이 좋고 맛도 있어 재배하면 유익하다.

비슷한 식물들

- **노랑장딸기** : 열매가 노란색이다.

제주장딸기 : 줄기의 잎에 털이 없다.

가시딸기 : 줄기에 털과 가시가 없으며, 가지에 액을 분비하는 선점이 있는 것이 특징이다. 우리나라 특산종이다.

단풍딸기 : 여름에 열매가 노랗게 익는다. 안면도에 분포한다.

덩굴딸기 : 해발 600m 이하의 산기슭 및 산골짜기에서 자란다.

수리딸기 : 뿌리에서 싹이 나와 무리를 형성하며 가시가 있고 어린 가지에 털이 빽빽이 난다. 열매는 냄새가 약간 나지만 먹을 수 있다.

줄딸기 : 줄기를 타고 연한 홍색 꽃이 줄줄이 붙는다. 이들이 줄지어 딸기가 된다.

뱀딸기 : 논둑, 풀밭의 양지에 자라며, 꽃은 4~5월에 노랗게 핀다. 열매는 지름 1㎝ 정도로 둥글며 6월에 붉게 익는다.

산딸기 : 꽃은 흰색으로 6월에 핀다. 열매는 집합과로 둥글며 7~8월에 붉게 익는다.

나무딸기 : 키는 1m 정도이며, 꽃은 6~7월에 흰색으로 핀다. 열매는 둥글납작하며 지름 2㎝ 정도이다.

곰딸기 : 붉은가시딸기라고도 한다. 키는 2~3m이다.

멍석딸기 : 줄기가 30㎝ 정도 서다가 땅 위로 누워 길이 2m 정도로 뻗어 나간다.

▲ 줄딸기

▲ 뱀딸기

▲ 산딸기

▲ 곰딸기

백두산에 피는 노란 제비꽃

289 장백제비꽃

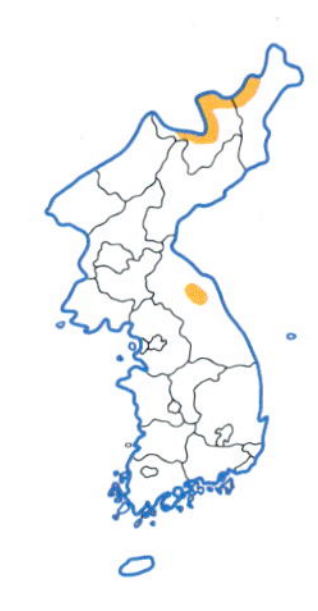

- 학 명 : *Viola biflora* L.
- 과 명 : 제비꽃과

▲ 장백제비꽃 꽃

▲ 장백제비꽃 잎

장백제비꽃은 장백산(백두산)에 자라는 제비꽃이라는 뜻이다. 꽃이 노란색이라서 장백노랑제비꽃이라고도 한다. 노랑제비꽃도 꽃이 노랗지만 잎 끝이 다르다. 장백제비꽃의 잎 끝은 둥그스름하나 노랑제비꽃의 잎 끝은 뾰족하다.

키는 5~20㎝이며, 뿌리줄기는 짧게 옆으로 벋는다. 뿌리줄기에서 나온 잎은 서너 개로, 잎의 형태는 넓은 콩팥 모양이며 둔한 톱니가 있고 털이 다소 난다.

꽃은 6~7월에 원줄기의 끝과 잎겨드랑이에서 꽃자루가 자라서 각각 1개씩 노란색으로 달린다. 꽃잎에 자줏빛 줄이 있으며, 꿀주머니는 반원형이다. 열매는 속이 여러 칸으로 나뉘며 각 칸 속에 많은 종자가 들어 있고 8월에 익는데, 달걀 모양 타원형으로 3개로 갈라진다.

제비꽃과의 여러해살이풀로, 백두산을 비롯하여 북반구의 아한대 지역에 널리 분포한다. 자생지가 1~2곳으로 그 개체 수가 매우 적다. 따라서 기후 변화에 따른 자생지 환경 악화에 대한 충분한 대비가 필요하다. 다소 습기가 있는 풀밭에서 자란다. 남한에서는 설악산의 높은 지대에만 자란다. 어린잎은 식용하고, 뿌리줄기를 쌍화황근채라 하여 해독, 간 기능 촉진, 부인병 등에 약용한다.

ㅈ

길러보기

종자를 받아 보관 후 9월에 뿌리거나, 이른 봄 새순이 올라올 때 포기나누기로 번식한다.

▲ 장백제비꽃 무리

비슷한 식물들

- **고깔제비꽃** : 금강제비꽃과 가장 흡사하다. 그러나 꽃이 잎 사이에서 올라온 꽃대 끝에 붉은 자주색으로 피는 점이 다르다.
- **애기금강제비꽃** : 금강제비꽃은 꽃의 좌우측 꽃잎 안쪽에 털이 있지만, 애기금강제비꽃은 털이 없고 전체적으로 작다.
- **남산제비꽃** : 흰색 꽃 안쪽에 자주색 줄이 나 있는 것이 특징이다.
- **서울제비꽃** : 잎이 긴 타원형이고 자줏빛이 돌지 않으며, 꽃은 보라색이다. 경기도에 분포한다.
- **태백제비꽃** : 잎 사이에서 나온 꽃자루에 흰 꽃이 1송이씩 달린다. 키는 25㎝ 정도이다.
- **광릉제비꽃** : 5~6월에 보라색 또는 연한 보라색 꽃이 잎 사이에서 나온 가는 꽃자루 끝에서 옆으로 한 송이씩 핀다.
- **간도제비꽃** : 황해도에 자란다. 꽃은 보라색이며, 키는 5~30㎝이다.
- **갑산제비꽃** : 키는 4~10㎝ 정도이며, 꽃은 연보라색이지만 흰색도 있다. 흰색의 경우 흰갑산제비꽃이라고도 한다.
- **금강제비꽃** : 꽃의 좌우측 꽃잎 안쪽에 털이 있다.
- **노랑제비꽃** : 꽃잎이 수평으로 퍼진 느낌이 든다. 잎은 끝이 뾰족하다.

▲ 고깔제비꽃 ▲ 남산제비꽃 ▲ 서울제비꽃

▲ 태백제비꽃 ▲ 갑산제비꽃 ▲ 노랑제비꽃

잎에 흰색 반점이 박혀 있는

290 점현호색

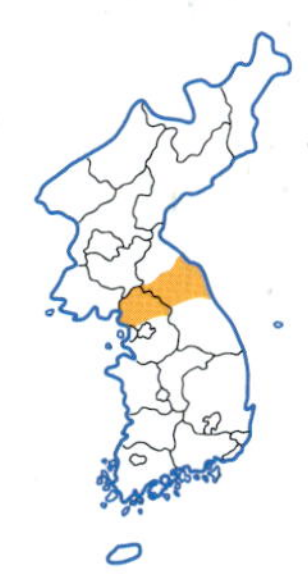

- 학 명 : *Corydalis maculata* B.U.Oh & Y.S.Kim
- 과 명 : 현호색과

ㅈ

▲ 점현호색 꽃봉오리

▲ 점현호색 꽃

현호색은 겨우내 얼었던 대지가 녹을 때쯤 성급하게 싹을 틔우고 꽃을 피운 뒤 일찌감치 한해를 보내고 사라지는 꽃이다. 속명 코리달리스(*corydalis*)는 그리스 어로 종달새를 뜻하는데, 이는 꽃의 모양이 종달새를 닮았기 때문이다.

▲ 설중에 핀 점현호색 꽃

우리나라에는 현호색 종류가 꽤 많은데, 현호색속에 속하는 식물 중에는 덩이줄기가 있는 것과 없는 것, 꽃의 빛깔이 자주색 계열인 것과 노란색 계열인 것으로 크게 나뉜다. 괴불주머니류와도 닮았는데, 노란색 계열의 꽃에 덩이줄기가 없으면 갯괴불주머니속에 속한다.

점현호색은 강원도와 경기도 일대에서 자라는 여러해살이풀로, 반그늘 혹은 양지의 물 빠짐이 좋고 토양 비옥도가 높은 곳에서 잘 자란다. 키는 8~25㎝로 작은 편이며, 잎은 길이 3~13㎝, 너비 3~16㎝이다. 잎 표면은 녹색이고 크고 뚜렷한 흰색 반점이 전체에 펴져 있으며, 이 하얀 점이 있다고 해서 점현호색이라는 이름이 붙었다.

꽃은 진한 청색이고 길이 2.4~3㎝로 4~5월에 원줄기 끝에 3~18개가 뭉쳐서 달린다. 열매는 6~7월경에 달리며 길이 0.9~2.8㎝, 너비 약 0.5㎝로

▲ 점현호색 잎

뒤쪽에 꿀주머니를 달고 있는 것이 특징이다. 종자는 둥글고 광택이 난다.

현호색과에 속하며, 꽃 모양이 독특하여 관상용으로 많이 재배된다. 유독식물이지만, 뿌리는 연호색(延胡索)이라고 하며 약용으로 쓰인다.

길러보기

7월에 받은 종자를 종이에 싸서 냉장 보관 후 가을에 뿌리거나 이듬해 봄 화단에 뿌린다. 가을에는 뿌리를 캐서 새로 생긴 작은 뿌리를 나누어 심어도 된다. 양지의 물 빠짐이 좋은 곳을 선정하여 화분이나 화단에 심으면 좋다. 물 관리는 2~3일 간격으로 한다

비슷한 식물들

- **현호색** : 산록의 습기가 있는 곳에서 자라며, 키는 20㎝ 정도이다.
- **탐라현호색** : 제주도에 분포한다.
- **각시현호색** : 꽃이 거의 흰색에 가깝다.
- **남도현호색** : 남도에 자라며, 흰색 꽃에 파란 무늬가 있는 것이 특징이다.
- **조선현호색** : 뿌리가 황색이고, 다른 현호색이 시들 때 본격적으로 자란다.
- **완도현호색** : 뿌리가 흰색이라서 조선현호색과 다르다. 완도에 자생한다.

▲ 현호색

▲ 남도현호색

▲ 조선현호색

제비가 돌아오는 봄에 피는 꽃

291 제비꽃

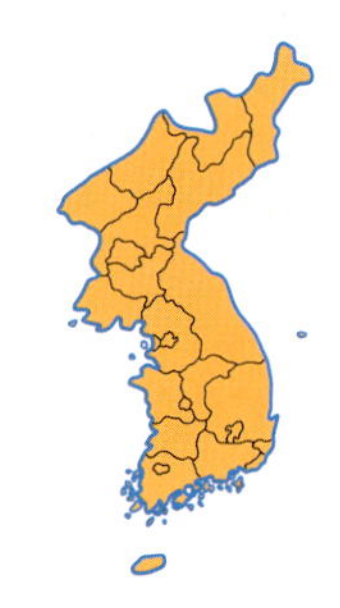

- 학 명 : *Viola mandshurica* W.Becker
- 과 명 : 제비꽃과

▲ 제비꽃 꽃

▲ 제비꽃 잎

봄날 우리나라 산과 들에 가장 흔하게 피는 꽃이 제비꽃이다. 제비꽃은 강남 갔던 제비가 돌아올 무렵에 피는 꽃이라서 붙여진 명칭으로, 양지 혹은 반음지의 물 빠짐이 좋은 곳에서 잘 자란다. 키는 10~15㎝로 작은 편이다.

▲ 제비꽃 종자 결실

잎은 길이 3~8㎝, 너비 1~2.5㎝로 가장자리에 얕고 둔한 톱니가 있다. 뿌리에서 긴 잎자루가 있는 잎이 모여 난다. 꽃은 4~5월 보라색 또는 짙은 자주색으로 피는데, 잎 사이에서 긴 꽃줄기가 나오며 그 끝에 한 송이 꽃이 한 쪽을 향하여 달린다. 열매는 6~7월경에 타원형으로 달린다.

서양에는 제비꽃에 얽힌 이야기가 많이 전해지는데, 나폴레옹이 제비꽃을 무척 좋아했다고 한다. 젊을 때에는 '제비꽃 소대장'으로 불릴 만큼 좋아했는데, 동지를 확인하는 표식으로 사용하기도 했다. 또 엘바 섬에 유배되었을 때에도 "제비꽃이 필 무렵 다시 돌아가겠다."고 말했다고 한다. 나폴레옹의 아내인 조세핀도 제비꽃을 무척 좋아했는데, 이혼한 후로는 단 한 번도 제비꽃을 쳐다보지 않았다고 한다.

▲ 제비꽃 무리

제비꽃에는 또 그리스 시대 이야기도 전해진다. 옛날 그리스 시대에 아티스라는 양치기 소년이 아름다운 소녀 이아를 사랑했다. 미의 여신 비너스는 이들의 사랑을 못마땅하게 생각하고 아들 큐피드에게 사랑이 불붙는 황금 화살을 이아에게 쏘게 하고, 아티스에게는 사랑을 잊게 하는 납 화살을 쏘게 했다. 그 후 이아가 아티스를 찾아갔으나 아티스는 이아를 모르는 척하며 돌아가 버렸다. 이아는 너무 슬퍼서 점점 야위어 가다가 세상을 떠나고 말았고, 비너스는 이아를 작은 꽃이 되게 하였는데, 그 꽃이 바로 제비꽃이다.

제비꽃은 아테네를 상징하는 꽃이었으며 로마 시대에는 장미와 함께 많이 심어졌다. 그리고 그리스도교 시대에는 장미, 백합과 함께 성모께 바치게 되었는데, 여기에서 장미는 아름다움을 나타내고, 백합은 위엄을 나타내며, 제비꽃은 성실과 겸손을 나타낸다.

제비꽃은 제비꽃과에 속하며, 흔히 오랑캐꽃이라고도 불린다. 이외에도 장수꽃, 씨름꽃, 민오랑캐꽃, 병아리꽃, 외나물, 옥녀제비꽃, 앉은뱅이꽃, 가락지꽃, 참제비꽃, 참털제비꽃, 큰제비꽃 등 부르는 이름이 아주 많다. 어린잎은 식용, 뿌리는 약용으로 쓰인다. 우리나라와 중국, 일본, 시베리아 동부 등지에 분포한다. 꽃말은 '겸양'이다.

길러보기

7월에 종자를 받아 보관한 후 9월에 뿌리거나 이른 봄 새순이 올라올 때 포기나누기로 번식한다. 화단이나 화분에 심는다. 물 빠짐이 좋은 곳이면 어디서나 잘 자라며, 물 관리는 2~3일 간격으로 한다.

비슷한 식물들

제비꽃은 그 종류가 아주 많아서 우리나라에만도 60여 종이나 된다. 앞에 소개한 갑산제비꽃, 고깔제비꽃, 남산제비꽃, 노랑제비꽃, 둥근털제비꽃, 민둥뫼제비꽃, 알록제비꽃들을 참조하기 바란다.

깨알만한 꽃을 피우는 반기생 식물

292 제비꿀

- 학 명 : *Thesium chinense* Turcz.
- 과 명 : 단향과

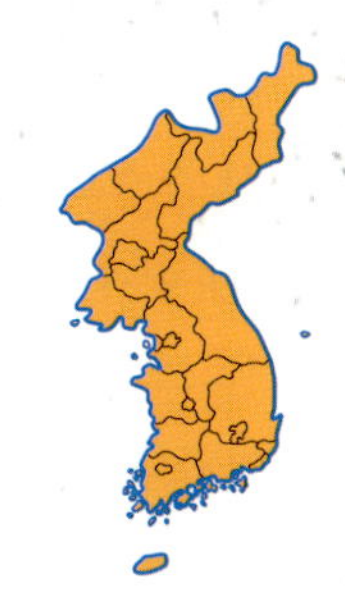

▲ 제비꿀 꽃

▲ 제비꿀 잎과 줄기

ㅈ

겉으로는 멀쩡해 보이나 자기 스스로 살지 못하고 기생하는 것들이 많다. 자신 스스로 충분히 살 수 있더라도 숙주에 달라붙어 편안하게 사는 것이 훨씬 더 좋아서 기생하는 것도 있는데, 그중 하나가 제비꿀이라는 식물이다. 전초를 보면 뿌리, 줄기, 잎, 꽃을 다 갖추었는데, 웬만하면 숙주에 기생하며 살아간다. 굵은 뿌리에서 가는 뿌리가 나와 다른 식물 뿌리에 붙어 영양분을 흡입하는 것이다.

전초에 털이 없이 깨끗하며 백록색을 띤다. 풀 속에서는 보호색이라서 언뜻 보아서는 보이지 않는데, 주변에 벼과나 콩과 식물이 있으면 뿌리 근처에서 찾아볼 수 있다. 특히 벼과의 잔디나 뿌리에 기생하는 개체가 많다. 키는 10~25㎝이다. 잎은 어긋나며 좁은 부채꼴이지만 가끔 3개로 갈라지기도 한다. 꽃은 4~6월에 잎겨드랑이에 1개씩 하얗게 달린다. 꽃잎처럼 보이는 것은 꽃받침이다. 열매는 타원상 구형으로 겉에 그물 같은 맥이 돋아난다. 종자는 1개씩 들어 있다.

단향과에 속하는 여러해살이풀로, 우리나라와 중국, 만주, 타이완, 몽골, 동시베리아, 일본 등지에 분포한다. 참고로, 단향은 인도네시아 자바 섬 동부가 원산지인 상록 기생성 소교목이다. 향이 좋은 나무로, 목재의 가운데와 뿌리 부분에서 단향유라는 향료를 얻는다.

한방에서는 토하고초라 하며 약재로 사용하였다. 특히 눈병을 치료하면 잘 낫는다고 전해진다. 중국에서도 전초 말린 것을 백예초라 하며 약재로 사용했으며, 일본에서는 금인초, 철인초라고 하는데, 이는 꽃이 철로 만든 작은 도장 같아 붙여진 이름이다.

길러보기

주로 잔디에 기생하는 경우가 많아 화분에 잔디를 심고 씨를 뿌려 놓으면 잔디뿌리에 기생하며 살아간다. 이렇게 다른 식물에 기생해 살아가는 품종은 재배하기 힘들다.

비슷한 식물들

- **긴제비꿀** : 한반도 북쪽 고산지대에 분포한다. 열매 겉에 그물맥이 생기지 않으며, 세로 능선이 있다.

한라산 높은 곳에 피는 달구지풀

293 제주달구지풀

- 학 명 : *Trifolium lupinaster* f. *alpinum* (Nakai) M.Park
- 과 명 : 콩과

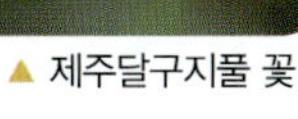

▲ 제주달구지풀 꽃

▲ 제주달구지풀 새순 올라오는 모습

달구지풀은 풀밭에서 흔히 자라는 들꽃이다. 길가에 흔하게 나서 말이나 소가 끄는 달구지에 깔려도 죽지 않고 살아간다고 하여 달구지풀이라는 이름이 붙여졌다고 한다. 또는 잎이 달구지의 굴대를 닮았다고 하여 유래된 이름이라는 설도 있다.

언뜻 보면 토끼풀하고도 비슷하나 꽃이 붉어 다르며, 잎도 토끼풀의 잎보다는 가는 편이다. 달구지풀의 꽃은 6~9월에 짙은 붉은색으로 피는데, 10~20송이가 부챗살처럼 달린다.

이 달구지풀에 비해 키가 작고 제주도 한라산의 높은 지역에 자라는 것이 제주달구지풀이다. 달구지풀의 키는 약 40㎝까지 자라는 반면, 제주달구지풀의 키는 10~15㎝에 불과하다.

제주달구지풀의 줄기는 서거나 비스듬히 자란다. 잎은 어긋나고 잎자루가 짧으며 손바닥 모양 겹잎이다. 작은 잎은 4~5개이며 길이 2~4㎝, 너비 0.5~1㎝로 긴 타원형 또는 창처럼 끝이 뾰족하다. 잎 뒷면 주맥에는 두 갈래로 갈라지는 털이 있고 가장자리에는 잔톱니가 있다.

꽃은 6~7월에 홍자색의 두화가 잎겨드랑이에서 나와 위쪽의 꽃자루가 짧아 정상부가 편형해지게 달린다. 꽃의 지름은 1.5~2.5㎝쯤 된다. 꼬투리로 맺히는 열매는 8~9월에 익으며, 열매 안에는 4~6개의 종자가 들어 있다.

콩과의 여러해살이풀로, 한국 특산종이다. 우리나라 제주도와 일본, 만주, 몽골, 사할린, 아무르 강과 우수리 강, 유럽 등지에 분포한다. 반그늘 혹은 햇볕이 많이 드는 곳의 유기질 함량이 많은 곳에서 자란다. 관상용으로 쓰이고, 밀원식물로도 이용된다.

길러보기

9월경에 달리는 종자를 받아 바로 뿌리거나 종이에 싸서 냉장고에 보관한 후 이듬해 봄에 뿌린다. 뿌리 번식은 이른 봄 새순이 올라오면 뿌리가 붙은 부분을 나누어 심는다. 고산지역의 특정한 지대에서 자라는 식물이기 때문에 재배하기 쉽지 않다.

비슷한 식물들

- **달구지풀** : 제주달구지풀과 비슷하나 전체적으로 더 크다. 키는 40㎝ 정도까지 자란다.
- **토끼풀** : 작은 잎 3장으로 된 겹잎이며, 꽃은 흰색으로 핀다.

한라산 봄을 지키는 샛노란 들꽃

294 제주양지꽃

■ 학 명 : *Potentilla stolonifera* var. *quelpaertensis* Nakai

■ 과 명 : 장미과

ㅈ

▲ 제주양지꽃 꽃

▲ 제주양지꽃 잎

▲ 제주양지꽃 무리

양지꽃은 햇빛을 유난히 좋아해서 붙여진 이름이다. 줄기는 붉은색으로 옆으로 기듯 자라는데, 중간에 잘리더라도 금세 뿌리를 내리고 새순이 돋는 생명력이 강한 들꽃이다. 또 꽃도 봄부터 여름까지 핀다.

양지꽃은 종류가 매우 많은데, 제주양지꽃은 제주도에 자란다고 해서 붙여진 명칭이다. 한라산 중턱 해발 700m 이상에 분포하는 한국 특산종이다.

키는 25㎝ 정도이며, 전체에 털이 있고 줄기가 자주색을 띤다. 줄기가 기어가며 자라는 것이 특징으로, 뿌리잎은 작은 잎 5~7개로 이루어져 있다. 작은 잎은 거꾸로 세운 달걀 모양 또는 타원형으로 가장자리에는 톱니가 있다. 이 잎이 소 마구간을 청소하는 삼지창 형태의 농기구인 쇠스랑을 닮아 제주소시랑개비라고도 한다. 소시랑은 쇠스랑의 사투리이다.

꽃은 노란색으로 꽃 중앙이 약간 붉은빛이 돌며 4~6월에 줄기 끝에 1~3개가 핀다. 수술도 노랗다. 열매는 찌그러진 달걀 모양이며, 씨는 1개로 모양이 작고 익어도 터지지 않으며 익는다.

장미과의 여러해살이풀로, 원산지는 우리나라이다. 꽃말은 '봄', '행복의 열쇠', '사랑스러움' 등이다. 어린잎은 나물로 먹고 국도 끓여 먹는다.

길러보기

종자를 바로 화분이나 화단에 뿌리거나 보관 후 가을에 뿌린다. 포기나누기는 가을에 하는 것이 좋다. 화분이나 화단에 심되 햇볕이 많이 드는 곳에서 재배하는 것이 좋다.

비슷한 식물들

- **양지꽃** : 줄기는 옆으로 비스듬히 자라고, 키는 30~50㎝이다.
- **돌양지꽃** : 바위틈에서 자라고, 잎 가장자리의 톱니가 크다.
- **눈양지꽃** : 바닷가 습지에서 자라며, 전체적으로 옆으로 누워 있다.
- **세잎양지꽃** : 양지꽃과 비슷하지만 작은 잎이 세 개로 구성되어 있다. 키는 15~30㎝이다.
- **민눈양지꽃** : 세잎양지꽃과 잎이 비슷하지만 잎 가장자리에 흰색의 누운 털이 난다. 깊은 산에서 자란다.
- **나도양지꽃** : 꽃은 5~6월에 노란색으로 피는데, 잎과 잎 사이에서 길이 10~15㎝의 꽃줄기가 나와 1~3송이가 그 끝에 달린다.
- **은양지꽃** : 뿌리잎은 세 개의 작은 잎으로 된 겹잎이다. 키는 10~20㎝로, 백두산에 자란다.
- **물양지꽃** : 깊은 산속의 물이 있는 곳 가까이에서 자란다. 잎은 어긋나고 세 장의 작은 잎이 나온다. 작은 잎은 길이 4~7㎝로 타원형이다.

▲ 양지꽃

▲ 돌양지꽃

▲ 민눈양지꽃

▲ 나도양지꽃

꽃 모양이 조개처럼 생긴

295 조개나물

■ 학 명 : *Ajuga multiflora* Bunge

■ 과 명 : 꿀풀과

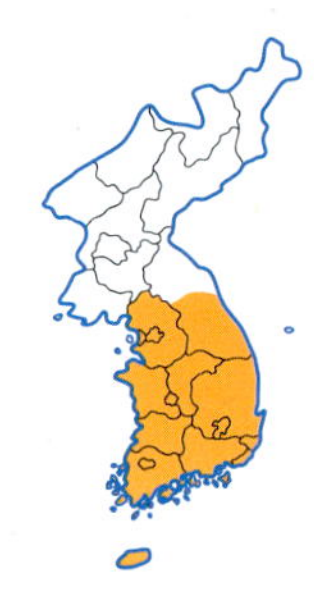

▲ 조개나물 꽃

▲ 조개나물 잎

조개나물은 경기도 이남에서 자라는 여러해살이풀로, 양지의 토양이 비교적 메마른 곳, 특히 묘지 주변이나 잔디가 많은 곳에서 잘 자란다. 키는 30~40㎝로 줄기에 긴 털이 빽빽하게 난다. 잎은 길이 1.5~3㎝, 너비 0.7~2㎝로 타원형 또는 달걀형이며 마주나고 가장자리에 톱니가 있다.

꽃은 5~6월에 자주색으로 피는데, 잎겨드랑이에서 뭉쳐 위로 올라가며 달리고 통형이다. 꽃의 끝은 입술 모양이고 꽃잎 뒤쪽에는 작은 털이 나 있다. 이 꽃의 모습이 꼭 혀를 내밀고 있는 조개와 비슷해 조개나물이라는 이름이 붙여졌다. 열매는 7~8월경에 납작하고 둥근 모양으로 달린다.

꿀풀과에 속하는데, 관상용으로 쓰이며, 잎과 줄기 및 뿌리는 약용으로 쓰인다. 나물이라는 이름은 붙었지만 약간 독성이 있어서 먹지 않는다. 제주도를 제외한 우리나라 전역과 중국, 우수리 강, 아무르 강 등지에 분포한다. 꽃말은 '순결', '존엄'이다.

길러보기

7~8월에 익은 종자를 바로 뿌리거나 이듬해 봄에 뿌리나누기를 한다. 화분이나 화단에 심는데, 이른 봄에는 2~3일 간격으로 물을 준다. 화분에 심을 경우 봄에는 햇볕이 많이 드는 곳에 두어야 한다.

ㅈ

비슷한 식물들

- **흰조개나물** : 꽃 색깔이 흰색이다.
- **붉은조개나물** : 꽃 색깔이 자주색이다.
- **아주가** : 조개나물속을 이르는 명칭으로, 외국에서 들어온 조개나물의 개량종이다. 조개나물과 꼭 닮았지만 줄기나 잎에 털이 없다.

▲ 흰조개나물

▲ 붉은조개나물

동물이 먹으면 졸음이 밀려오는

296 조름나물

- 학 명 : *Menyanthes trifoliata* L.
- 과 명 : 조름나물과

▲ 조름나물 꽃봉오리

▲ 조름나물 꽃

동물들이 뜯어먹으면 존다고 하여 조름나물이라는 이름이 붙었다. 강원도, 함경도, 평안북도, 백두산의 습원이나 도랑에서 나는 여러해살이풀이다. 햇볕이 잘 들거나 반그늘진 곳의 습원에서 자란다.

키는 20~35㎝이다. 잎은 길이 4~8㎝, 너비 2~5㎝이며, 잎자루는 길고 가장자리에 둔한 톱니가 있거나 밋밋하다. 녹색의 뿌리줄기는 길게 옆으로 뻗으며 자란다. 뿌리줄기의 지름은 약 1㎝가량 되는데, 다른 개체들과 뭉쳐 있거나 따로 떨어져 땅속 깊이 들어가 있다.

피지 않은 꽃봉오리는 붉은색을 띠나 꽃은 흰색으로 핀다. 일반 도감에는 개화 시기를 7~8월로 표시하고 있지만, 강원도나 백두산 등지에서 확인한 결과 빠르면 4월 하순, 보통 5~6월경에 만개하였고, 백두산의 경우는 6~7월이면 만개하는 것을 확인하였다. 7월 또는 8월이 되면 오히려 개체가 대부분 시든다.

꽃은 잎 사이에서 꽃줄기 끝부분에 20~30개 정도 뭉쳐서 달린다. 작은 꽃송이의 지름은 1~1.5㎝이다. 꽃에는 작은 섬모들이 많이 나 있는데, 수술은 5개이고 암술은 1개이며, 포기에 따라 긴 수술에 짧은 암술의 꽃과 긴 암술에 짧은 수술의 꽃이 있다. 열매는 8~9월경에 원형으로 달린다.

멸종위기식물 2급으로 분류된 희귀종이지만 원예종이 개발되어 있으므로 구경하기는 어렵지 않다. 원예로 심을 경우 물이 새지 않는 작은 화분에 심으

▲ 조름나물 새순 올라오는 모습

▲ 조름나물 잎

면 고온에 뿌리가 상할 수 있으니 주의해야 한다. 습지에 어리연꽃이나 노랑어리연꽃 등과 혼식하면 꽃이 비슷하므로 비교하기가 좋다.

길러보기

늦가을이나 이른 봄에 지하경을 잘라 번식한다. 그러나 이런 방법은 한 번에 몇 개밖에 얻을 수 없으므로 종자로 번식하는 것을 권한다. 종자는 물속에서 수 일 동안 저장하여 종피를 약하게 한 후 뿌려야 한다. 종자발아율은 낮은 편이다.

온도가 낮은 곳에서 자라므로 남부지방에서의 재배는 힘든 품종이다. 하지만 이 품종과 유사한 원예 품종이 있기 때문에 심어 감상할 수 있다. 물이 새지 않는 화분에 심는 것은 권하지 않는다. 이유는 대부분 화분이 작아 고온에 열을 그대로 전달해 뿌리 부분이 상하기 때문이다.

비슷한 식물들

- **어리연꽃** : 7~8월에 피는 꽃은 가운데가 황색이고 주변은 희다. 잎은 물 위에 뜨고 지름 7~20㎝로 둥근 심장 모양이다.
- **좀어리연꽃** : 조름나물과에 속하며, 오래된 연못에서 자란다. 6~7월에 흰 꽃이 핀다.

▲ 어리연꽃

▲ 좀어리연꽃

우리나라에 자라는 현호색

297 조선현호색

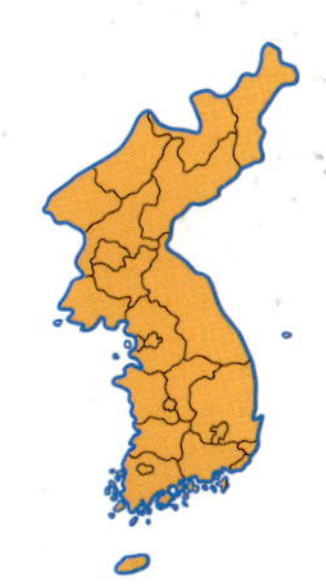

■ 학 명 : *Corydalis turtschaninovii* Besser

■ 과 명 : 현호색과

▲ 조선현호색 꽃

▲ 조선현호색 잎

ㅈ

▲ 조선현호색 무리

현호색은 씨앗이 검다고 해서 붙여진 이름이다. 하지만 씨앗보다는 역시 꽃이 매우 독특하다. 꽃 모양이 마치 새처럼 보이기도 한다. 그래서 서양에서는 속명을 그리스 어로 종달새를 뜻하는 코리달리스(*Corydalis*)로 지었다.

현호색은 우리나라에 여러 종류가 자라는데, 잎이나 꽃의 크기와 색상 등은 달라도 꽃의 형태는 비슷하다. 조선현호색은 우리나라에서 자라는 현호색이라는 뜻이다.

키는 17~28㎝ 정도로 자란다. 땅속의 덩이줄기는 지름 1㎝ 정도로 속은 노랗다. 줄기잎은 2장이 어긋나며, 잎은 3장의 작은 잎으로 된다. 작은 잎은 원형 또는 넓은 타원형으로 전체가 불규칙하게 깊게 갈라진다.

꽃은 4~5월 가지 끝에 5~10송이씩 차례로 달리는데, 붉은빛이 도는 옅은 자주색이며 푸른색도 있다. 꽃잎은 한쪽이 입술 모양으로 벌어지고 다른 한쪽은 꿀주머니가 되어 튀어나와 있다. 열매는 6~7월에 익으며, 씨는 1줄로 배열된다.

현호색과의 여러해살이풀로, 우리나라와 중국, 러시아 등지에 분포한다. 꽃이 아름다워 관상용으로 이용되며, 땅속줄기는 약재로 이용된다. 통증을 가라앉히고 혈액 순환을 도우므로 생리통, 산후출혈, 타박상, 허리 · 무릎이 아픈 증상 등에 쓰인다.

길러보기

덩이줄기를 나누거나 종자로 번식한다.

비슷한 식물들

- **현호색** : 키는 20㎝ 정도이다. 꽃은 봄에 홍자색으로 핀다. 줄기는 잎자루와 Y자형을 이루고, 덩이줄기 내부는 흰색이다.
- **빗살현호색** : 잎에 빗살 모양이 있다.
- **댓잎현호색** : 잎이 대나무 잎처럼 가늘고 길다. 개체 수가 많지 않다.
- **왜현호색** : 꽃이 자줏빛이 도는 하늘색이다.
- **들현호색** : 잎이 크고 넓다.
- **점현호색** : 잎에 흰색 반점이 있다.
- **애기현호색** : 산지에서 자라며, 키는 25㎝ 정도이다. 잎이 잘게 갈라진다.
- **난장이현호색** : 전체 키가 10㎝ 이하로 작다.
- **좀현호색** : 꽃은 홍자색으로 피며, 잎이 작다. 한라산에 분포한다.
- **갈퀴현호색** : 꽃 바로 아래에 있는 잎 모양이 갈퀴처럼 생겼다. 꽃은 진한 청색으로 5~10개 정도 모여 핀다.
- **쇠뿔현호색** : 2007년 경북에서 발견된 신종으로, 자주색을 띤 흰 꽃이 쇠뿔을 닮았다.
- **남도현호색** : 속이 여러 칸으로 나뉘며, 각 칸 속에 많은 종자가 들어 있고 거의 2열로 배열하고, 안쪽 꽃잎의 꼭대기가 V자 모양으로 함몰된다. 2004년 등재된 신종이다.

▲ 빗살현호색

▲ 댓잎현호색

▲ 남도현호색

ㅈ

좁쌀 같은 꽃이 흐드러지게 피는

298 조팝나무

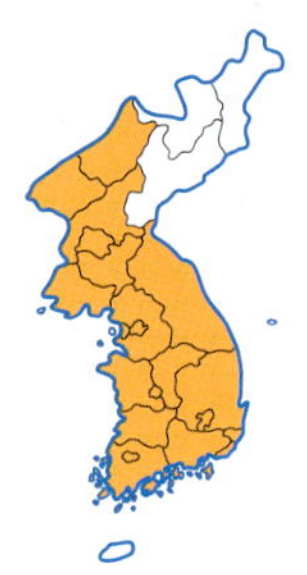

- 학 명 : *Spiraea prunifolia* f. *simpliciflora* Nakai
- 과 명 : 장미과

▲ 조팝나무 꽃

▲ 조팝나무 잎

옛날 그리스에서는 조팝나무로 화환을 만들었다. 그래서 조팝나무류는 그리스 어로 화환 또는 나선을 뜻하는 스파이리어(Spiraea)라고 부른다. 물론 우리말 이름 조팝나무는 다른 뜻으로, 마치 좁쌀을 흩뿌린 듯 꽃이 핀다고 해서 붙여진 것이다. 처음엔 조밥나무라고 부르다가 세게 발음되며 조팝나무가 되었다. 조밥나무라고도 하며, 한자로는 목상산(木常山), 이엽수선국(李葉繡線菊), 압뇨초(鴨尿草), 소엽화(笑葉花)라고 하는데, 목상산은 뿌리를 생약으로 부르는 명칭이다.

여기에서 수선국이라는 이름에는 슬픈 전설이 전해진다. 옛날에 수선이라는 효녀가 있었는데, 전쟁에 나가 포로가 된 아버지를 구하러 적국에 들어갔으나 이미 아버지는 돌아가신 뒤였다. 수선은 아버지 무덤에서 조그마한 나무 한 그루를 캐어 와 정성껏 가꾸었다. 이 나무에 아름다운 꽃이 흐드러지게 피어나니 세상 사람들은 그 꽃을 수선국이라고 했다고 전한다.

낙엽활엽관목으로, 높이는 2m 정도 자라고 밑에서 많은 줄기가 나와 큰 포기를 형성하는데, 줄기에는 능선이 있으며 다갈색이다. 잎은 어긋나고 타원형으로 가장자리에 잔톱니가 있다. 꽃은 윗부분의 짧은 가지에 4~5개가 산형상으로 달리고 4~5월에 흰색으로 핀다. 꽃잎은 5개로 거꾸로 세운 달걀모양 및 타원형이다. 열매는 털이 없는 골돌로 9월에 익는다.

우리나라와 중국, 타이완 등지에 분포한다. 우리나라에서는 전국의 해발 100~1,000m에 이르는 산야에 자란다. 햇빛이 잘 들고 습기가 있는 토양에서 잘 자라고 추위에 강하지만 공해에는 약한 편이다.

▲ 조팝나무 수형

꽃이 아름다워 관상용, 약용, 식용, 밀원식물용으로도 심는다. 군집을 형성하며 자라는 나무로 생울타리, 차폐용으로 심기에 적합한 수종이다.

봄에 나오는 어린순은 나물로 해 먹는다. 약용으로도 사용되는데, 『동의보감』에 의하면, 뿌리는 학질을 낫게 하고 가래침을 토하게 하며 열이 오르내리는 것을 낫게 한다고 기록되어 있다. 그런데 이 조팝나무에는 해열제 및 진통제 성분도 포함되어 있어 버드나무에서 추출한 물질과 함께 아스피린의 원료가 된다. 하늘은 동양에는 산삼을 내리고, 서양에는 아스피린을 내렸다고 하는 명약 중의 명약이 바로 아스피린이다.

길러보기

실생, 삽목, 뿌리나누기 등으로 번식한다.

비슷한 식물들

- **꼬리조팝나무** : 산기슭의 물이 있는 곳에 자라며, 꽃차례가 줄기 끝에 둥근 뿔 모양으로 모여 달린다.
- **참조팝나무** : 중부 이북에 자라며, 어린 가지와 잎에 털이 없고, 꽃은 중앙부가 붉은색을 띤다.
- **일본조팝나무** : 잎자루가 있고, 꽃차례가 편평하게 퍼지며 꽃 빛깔은 전체가 분홍색이다.
- **공조팝나무** : 중국 원산으로, 잎 양면에는 털이 없고, 꽃차례는 공 모양으로 모여 달린다.
- **인가목조팝나무** : 경북 이북 깊은 산지에 자라며, 잎 가장자리에 겹톱니가 있고 뒷면 맥 사이에 털이 있다.

▲ 꼬리조팝나무

▲ 참조팝나무

▲ 공조팝나무

족두리를 닮은

299 족도리풀

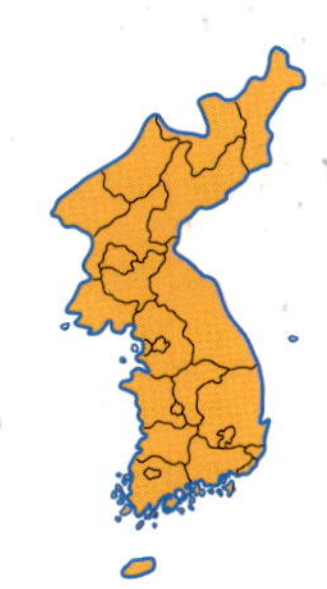

■ 학 명 : *Asarum sieboldii* Miq.

■ 과 명 : 쥐방울덩굴과

▲ 족도리풀 꽃

▲ 족도리풀 잎

족두리는 옛날 여자들이 결혼할 때 머리에 쓰던 쓰개다. 작고 동그란 꽃 모양이 마치 족두리를 닮아서 족도리풀이라고 한다. 족도리는 족두리의 옛말인데, 옛말을 아직도 고스란히 간직하고 있는 들풀이다.

▲ 족도리풀 꽃봉오리

이 풀에는 슬픈 전설이 전해진다. 옛날 경기도 포천 지방에 아주 예쁜 소녀가 살고 있었는데, 꽃처럼 아름다워서 꽃아가씨라고 불렸다. 꽃아가씨는 산나물을 캐고 꽃나무를 심으며 생활하다 궁녀로 뽑혔으며, 궁궐에서 생활하던 중 중국으로 팔려가고 말았다. 결국 중국 땅에서 들판에 굴러다니는 풀처럼 살다 죽고 말았다. 그러는 동안 그녀의 어머니도 죽었다.

두 모녀가 죽은 뒤 그 집 뒷마당에 풀들이 자라기 시작했다. 그 풀에 핀 꽃은 여자가 시집갈 때 쓰는 족두리처럼 생겼으며, 이 이야기가 널리 퍼지자 많은 사람들이 구경을 왔다. 사람들은 그 꽃이 꽃아가씨의 한이 맺힌 꽃이라고 했고, 그 풀을 족도리풀이라 불렀다고 한다.

족도리풀은 산지에서 자라는 여러해살이풀로, 반그늘 또는 양지의 토양이 비옥한 곳에서 잘 자라며, 키는 15~20㎝이다. 뿌리줄기는 마디가 많고 옆으

▲ 족도리풀 변이체(정면)

▲ 족도리풀 변이체(측면)

로 비스듬히 기며 마디에서 뿌리가 내린다.

잎은 너비 5~10㎝이고 줄기 끝에서 2장이 나며 하트형이다. 잎의 표면은 녹색이고 뒷면은 잔털이 많으며, 줄기는 자줏빛을 띤다. 꽃은 5~6월에 자줏빛으로 피는데, 끝이 3갈래로 갈라지고 항아리 모양이다. 잎 사이에서 올라오기 때문에 잎을 보고 쌓여 있는 낙엽을 들어 내면 속에 꽃이 숨어 있다. 열매는 8~9월경에 두툼하고 둥글게 달린다.

쥐방울덩굴과에 속하며, 약재용 이름은 세신이라고도 한다. 관상용으로 쓰이며, 뿌리는 약용으로 쓰인다. 우리나라와 일본, 중국에 분포한다.

길러보기

늦가을이나 이른 봄에 포기나누기를 하거나 9월경 받은 종자를 바로 뿌린다. 화분이나 화단에 심는다. 토양이 비옥한 반그늘에 심고, 물 관리는 2~3일 간격으로 한다.

비슷한 식물들

- **뿔족도리** : 꽃받침이 매우 작다.
- **개족도리** : 잎 표면은 짙은 녹색이고 흰색 무늬가 불규칙하게 있다.
- **구족도리풀** : 족도리풀과 형태는 비슷하나 꽃에 통처럼 생긴 부분이 없는 것이 다르다. 또 꽃 색깔은 검은색이며, 시베리아 서부 및 유럽에 분포한다.
- **민족도리풀** : 족도리풀에 비해 잎이 약간 크고, 잎 뒷면에 털이 약간 있다.

▲ 뿔족도리

▲ 개족도리

작은 꽃이 올망졸망 달리는

300 졸방제비꽃

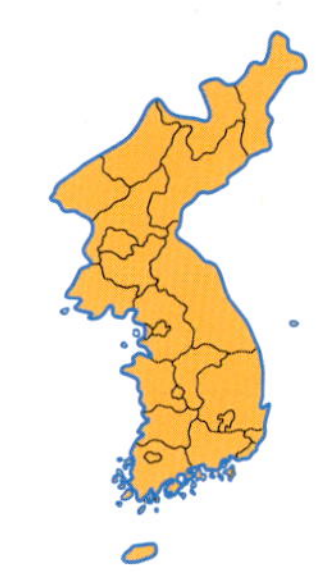

- 학 명 : *Viola acuminata* Ledeb.
- 과 명 : 제비꽃과

▲ 졸방제비꽃 꽃(자주)

▲ 졸방제비꽃 꽃(흰색)

▲ 졸방제비꽃 잎

제비꽃은 봄이면 산과 들은 물론 집 근처의 공터 등 어느 곳에서도 볼 수 있는 꽃이다. 제비꽃만큼 다양한 종류가 있는 꽃도 드물며 이름도 가지가지이고, 보라색과 흰색, 자주색 등 꽃 색깔도 다양하다. 또 키가 작은 꽃, 큰 꽃, 고깔을 닮은 고깔제비꽃, 남쪽 산에 많이 피는 남산제비꽃 등등 제비꽃만 모아도 책 한 권이 될 것이다.

▲ 졸방제비꽃 종자

졸방제비꽃은 꽃들이 올망졸망 피어서 붙여진 이름이다. 경상도에서는 올망졸망을 올방졸방이라고 하는데, 작고 조그만 꽃들이 고르지 않게 벌어져 있는 것을 표현한 것이다. 또 강원도와 경상도에서는 조리를 졸방이라고도 하는데, 꽃과 꽃줄기가 조리를 닮긴 했다.

졸방제비꽃은 우리나라 각처의 산과 들에서 자라는 여러해살이풀로, 양지 혹은 반그늘에서 잘 자라며, 키는 20~40㎝이다. 제비꽃 중에는 드물게 줄기가 곧게 서고, 잎은 길이 2.5~4㎝, 너비 0.3~0.5㎝로 어긋난다. 줄기 윗부분의 잎은 너비가 길이보다 짧고 끝이 뾰족해지며 가장자리에 둔한 톱니가 있다. 턱잎은 긴 타원형으로 빗살 모양의 톱니가 있다.

▲ 졸방제비꽃 무리

ㅈ

꽃은 5~6월에 흰색 또는 연한 자줏빛으로 원줄기 윗부분의 잎자루에서 옆을 향해 달리는데, 길이 5~10㎝의 꽃줄기가 나온다. 열매는 7~8월경에 달리며 타원형으로 길이 0.8~1㎝이다.

제비꽃과에 속하며, 관상용으로 쓰이고, 어린잎과 줄기는 식용으로 쓰인다. 식용할 수 있어 졸방나물이라고도 한다. 우리나라와 일본, 중국에 분포한다.

길러보기

가을에 포기나누기를 하거나 7월경에 받은 종자를 보관한 후 8월 말경에 뿌린다. 이른 봄에 종자를 뿌리면 꽃을 볼 수 있는 시간이 짧다. 다른 제비꽃들과 달리 정원의 반그늘에 심는 것이 좋다.

비슷한 식물들

- **민졸방제비꽃** : 털이 꽃잎 안쪽에만 있다.
- **참졸방제비꽃** : 졸방제비꽃에 비하여 매우 작으나 꽃은 도리어 약간 크고, 잎 끝이 조금 둥글다. 북한지방에 분포한다.
- **큰졸방제비꽃** : 줄기는 여러 대가 비스듬히 선다. 울릉도에 분포한다.
- **조갑지나물** : 졸방제비꽃과 비슷하나 잎이 둥글고 털이 없다.
- **왜졸방제비꽃** : 개화기에는 키가 2~5㎝밖에 안 되지만, 결실기에는 10~25㎝까지 자란다.

▲ 민졸방제비꽃

▲ 참졸방제비꽃

작은 가지가 열매처럼 열리는

301 좀가지풀

■ 학 명 : *Lysimachia japonica* Thunb.

■ 과 명 : 앵초과

▲ 좀가지풀 꽃

▲ 좀가지풀 잎

ㅈ

좀가지풀은 작은 가지가 달리는 풀이라는 뜻이다. 열매를 보면 크기는 작지만 가지를 닮았다. 이 풀의 속명은 리시마키아(*Lysimachia*)인데, 마케도니아의 리시마키온(Lysimachion) 왕 이름에서 유래한다. 리시마키온 왕이 성난 황소의 공격을 받았을 때 이 풀을 흔들었더니 소가 진정했다는 전설이 전해진다.

좀이라는 말이 붙은 식물은 대부분 작다는 뜻으로 좀고추나물, 좀꿩의다리, 좀붓꽃 등도 좀가지풀처럼 아주 작다. 이 외에도 애기, 왜, 병아리 등의 이름이 앞에 붙으면 작다는 뜻이다.

좀가지풀은 제주도, 지리산, 강화도의 산지에서 나는 여러해살이풀로, 겨울에 날씨가 따뜻한 남부지방의 물 빠짐이 좋고 부엽질이 풍부한 곳에서 잘 자라며, 키는 7~20㎝이다. 잎은 길이 0.6~2.3㎝, 너비 0.5~1.5㎝ 정도로 넓은 달걀형이고 짧은 털이 있으며 어긋나고, 줄기는 비스듬히 서지만 나중에는 옆으로 길게 벋는다.

꽃은 5~6월에 잎자루에서 한 송이씩 황색으로 달리는데, 손톱만큼 작다. 열매는 8~9월경에 맺히는데, 윗부분에 긴 털이 있고 둥글게 달리며, 종자는 검은색이다. 씨방 속이 여러 칸으로 나뉘며 각 칸 속에 많은 종자가 들어 있고 밑을 향하며 꽃받침이 남아 있다.

앵초과에 속하며, 돌좁쌀풀, 금좁쌀풀, 좀가지꽃이라고도 한다. 주로 관상용으로 쓰이며, 우리나라와 일본, 타이완, 중국, 말레이시아에 분포한다.

길러보기

포기나누기와 9월에 받은 종자를 바로 뿌리거나 상온 또는 냉장 보관한 후 이른 봄에 뿌린다. 종자발아율은 높은 편이다. 낮게 포복하면서 자라는 품종이어서 지피식물로 이용하는 것이 바람직하다. 다른 식물과 같이 심을 때는 가장 앞부분에 심으면 좋다. 물 관리는 2~3일 간격으로 한다.

비슷한 식물들

- **가시가지풀** : 키는 40~70㎝로, 마디는 약간씩 구부러지고 황갈색의 예리한 가시가 있다.

보일락 말락 작은 들꽃

302 좀개소시랑개비

- 학 명 : *Potentilla amurensis* Maxim.
- 과 명 : 장미과

▲ 좀개소시랑개비 꽃

▲ 좀개소시랑개비 잎

우리 들꽃 중에는 꽃이 피었어도 보일락 말락 작은 것이 많다. 일부러 꽃을 찾으려고 뒤적거려 보아도 과연 이게 꽃인가 하는 경우도 있는데, 좀개소시랑개비가 바로 그런 종류의 들꽃이다. 늦봄에 꽃이 노랗게 피긴 하지만 지름이 0.5~0.6㎝밖에 안 되니 거의 눈에 띄지 않는 것이다.

바로 '좀'이라는 접두어는 그래서 붙은 것이다. 개소시랑개비보다 작다고 해서 좀을 붙였는데, 개소시랑개비는 소시랑개비보다 못하다 하여 붙여진 이름이다. 소시랑개비란 잎이 마치 마구간에서 쓰던 쇠스랑을 닮았다 하여 붙여진 명칭인데, 양지꽃을 말한다. 개소시랑개비는 양지꽃과 비슷한 꽃을 피우지만 꽃의 모양은 양지꽃에 비할 바가 아니다. 형편없다고까지 할 만하다. 좀 자와 개 자를 동시에 붙였으니 실로 얼마나 형편없는 들꽃인지를 알 수 있다.

좀개소시랑개비는 전체적으로 거칠고 짧은 털이 있는데, 로제트로 겨울을 난다. 줄기가 지름 0.2~0.3㎝로 가늘고 분지가 많이 난다. 뿌리 근처의 작은 5개의 잎은 깃꼴 겹잎이며 중간 이상은 3개의 작은 잎이다. 작은 잎의 크기는 길이 1~1.5㎝, 너비 1.2~1.8㎝로 작고 광택이 없다.

꽃은 6~7월에 황색으로 핀다. 꽃의 지름은 10.6㎝ 내외이고, 꽃잎의 길이는 약 0.1㎝로 아주 작아서 그냥 흔적만 있는 것 같지만 꽃받침이 뚜렷하게 드러나는 것이 특징이다. 종자도 길이 0.5~0.7㎜로 작다.

장미과의 한해살이풀로, 잔잎양지꽃, 좀개쇠스랑개비라고도 한다. 개소시랑개비는 여러해살이풀이다. 진흙이나 하천가의 모래땅에 자란다.

길러보기

종자를 바로 화분이나 화단에 뿌리거나 보관 후 가을에 뿌린다.

비슷한 식물들

- **양지꽃** : 줄기는 옆으로 비스듬히 자라고, 키는 30~50㎝이다.
- **개소시랑개비** : 꽃은 6~8월에 잎겨드랑이에서 하나씩 황색으로 핀다. 꽃받침은 꽃잎보다 길고 털이 있다.

▲ 양지꽃

생명력이 강한 들꽃

303 좀민들레

■ 학 명 : *Taraxacum hallaisanense* Nakai

■ 과 명 : 국화과

▲ 좀민들레 꽃

▲ 좀민들레 잎

ㅈ

봄은 노란색에서 먼저 오는 것 같다. 개나리는 물론 제주도 유채꽃을 보면 봄이로구나 하는 생각이 드는 것이다. 민들레 역시 언제 봐도 정겨운 우리의 봄꽃으로, 우리나라 산과 들 어느 곳에나 흔하게 노란 꽃을 피운다. 양지 또는 반그늘에서 잘 자라는데, 특별히 땅이 비옥하지 않아도 잘 크는 생명력이 강한 들꽃이다.

민들레에는 안타까운 전설이 전해진다. 옛날 노아의 대홍수 때 온 천지에 물이 차 오르자 모두들 도망을 갔는데, 민들레만은 발이 빠지지 않아 도망을 가지 못했다. 사나운 물결이 목까지 차오자 민들레는 두려움에 떨다가 그만 머리가 하얗게 다 세어 버렸다. 민들레가 마지막으로 "살려달라"고 기도했더니, 하느님은 가엾게 여겨 그 씨앗을 바람에 날려 멀리 산 중턱 양지바른 곳에 피어나게 해 주었다. 그리하여 민들레는 하느님의 은혜에 감사하며 얼굴을 들어 하늘을 우러러보며 살게 되었다고 한다.

여러해살이풀로, 줄기는 없고 꽃줄기는 길이 약 15㎝이다. 잎은 뿌리에서 뭉쳐나며 긴 타원형 또는 부채꼴로 뾰족하며 길이 5~14㎝, 너비 0.9~2㎝이다. 잎 끝은 둔하고 뾰족하고 밑은 좁아져 꽃줄기처럼 되며 새의 깃처럼 갈라지고, 중앙의 갈라진 잎은 삼각형으로 옆의 양 끝이 뾰족하며, 옆으로 찢어진 잎은 4~6쌍이고 흰색 털이 있으나 점차 없어진다. 꽃은 황색으로 5~6월에 1개가 꽃줄기 끝에 달리며, 꽃줄기는 꽃이 필 때에는 잎의 길이와 같지만 점차 길어진다. 총포의 바깥 조각은 긴 타원상 피침형으로 안에 있는 조각의 1/2 길이이고, 안에 있는 조각은 부채꼴로 뾰족하며 털이 없다. 꽃부리는 길이 1.3~1.8㎝이고, 열매가 익어도 껍질이 갈라지지 않는 종자는 밑부분이 울툭불툭하며 줄이 있고 갈색이며 흰색의 가는 털이 있다.

바로 이 가는 털이 하느님이 만들어 주신 것은 아닐까? 민들레는 씨앗이 바람을 타고 날아가면 멀리는 40㎞까지 날아간다고 한다. 민들레는 서양에도 많은데, 우리나라에 자생하는 민들레와 서양민들레는 약간 차이가 있다. 우리 민들레는 꽃받침이 꼿꼿하지만, 서양민들레는 꽃받침이 아래로 처져 있어서 쉽게 구분이 가는 것이다. 그러나 현재 우리나라 들판에서 쉽게 볼 수 있는 것은 서양민들레라는 사실! 길가에서 민들레를 보면 우선 꽃을 받치고 있는 부분이 아래로 처졌나 반듯한가부터 보면 된다.

민들레는 국화과로 안질방이라고도 한다. 어린잎은 식용하고, 뿌리를 포함한 전초는 약재로 쓰인다. 김치나 생채를 담가먹기도 하고, 술로 만들기도 한다. 잎이나 뿌리를 식용 혹은 약용할 경우는 주변 오염도가 낮은 곳에서 서식하는 것을 이용해야 한다. 우리나라와 일본, 중국에 분포하며, 꽃말은 '감사의 마음'이다.

길러보기

종자를 받았을 때 신경을 많이 써야 한다. 이유는 워낙 고산에 있어 좀 익었다 하면 바로 날리기 때문이다. 자생지에서는 약간 덜 익은 종자를 종이에 싼 후 냉장고에 보관하여 완전히 익은 후 뿌린다. 이 품종 또한 종자발아율은 높은데, 덜 익은 종자를 수확하는 까닭에 종자발아율이 높지는 않다.

비슷한 식물들

- **흰민들레** : 꽃이 흰색이고, 잎이 서는 것이 많다. 키는 30㎝ 정도이다.
- **서양민들레** : 꽃받침이 밑으로 처져 있으며, 꽃 지름은 2~5㎝이다.
- **산민들레** : 산지의 습한 곳에서 자란다. 원줄기가 없고, 뿌리에서 곧바로 잎이 나온다.
- **털민들레** : 흰민들레에 비하여 꽃부리가 흰색이고 총포가 길며 털이 적은 편이다.

▲ 흰민들레

▲ 서양민들레

높은 산에 피는 작은 설앵초

304 좀설앵초

- 학 명 : *Primula sachalinensis* Nakai
- 과 명 : 앵초과

설앵초는 깊은 산 돌 틈에서 자라는 여러해살이풀로, 앵초의 한 종류인데, 본래 앵초는 앵두나무와 풀이 합쳐진 말이다. 꽃의 모양이 앵두나무의 꽃과 비슷해서 앵초라고 하는데, 설앵초란 잎 뒷면에 은황색 가루가 붙어 있어 눈처럼 보인다고 해서 눈 설(雪) 자를 붙였다.

이 설앵초 앞에 작다는 뜻의 '좀' 자를 붙인 좀설앵초는 잎이 작고 뒷면에 황색 가루가 붙어 있다. 설앵초의 잎이 길이가 약 10㎝인데 비하여, 좀설앵초의 잎은 길이가 2.5㎝가량에 불과하다. 또 설앵초에 비해 전체가 소형이다.

잎은 뿌리에서 모여나며 창을 거꾸로 세운 것 같고 끝은 둔하거나 뾰족하고 밑은 점차 좁아져서 날개처럼 된다. 잎 가장자리는 다소 뒤로 말리며 밋밋하거나 희미한 톱니가 있다. 잎 윗면은 녹색이고 뒷면은 담녹색이거나 황색 가루가 전면에 붙어 있다.

꽃은 7~8월에 잎 사이에서 길이 10~17㎝의 꽃줄기가 나와 그 끝에 자줏빛을 띤 연한 홍색으로 달린다. 꽃부리는 5갈래로 갈라지고 끝부분이 다시 2갈래로 갈라지며 연한 보라색을 띤다. 수술은 5개, 암술은 1개이다. 열매는 8~9월에 속이 여러 칸으로 나뉘고 각 칸 속에 많은 종자가 들어 있으며 타원형으로 익는데, 끝이 5개로 갈라진다.

앵초과에 속하며, 우리나라와 러시아에 분포한다. 우리나라에서는 평북 낭림산과 함경도의 고산 습지에 난다.

▲ 좀설앵초 잎

▲ 좀설앵초 종자 결실

길러보기

8월경 익은 종자를 보관하였다가 이듬해 봄 화단이나 화분에 뿌린다. 뿌리는 가을에 포기를 나누어 봄에 심는 것이 좋다. 고산식물이라서 키우기가 어렵다.

비슷한 식물들

- **앵초** : 뿌리줄기는 짧고 수염뿌리가 달리며 옆으로 비스듬히 서고, 전체에 꼬부라진 털이 많다. 꽃은 붉은빛이 강한 자주색으로 핀다.
- **설앵초** : 해발 800m 이상의 고산지대에서 자라며, 키는 10~15㎝이다.
- **큰앵초** : 잎이 둥글고 크다.
- **털큰앵초** : 큰앵초와 흡사하나 꽃줄기와 잎자루에 긴 털이 나 있다.
- **흰좀설앵초** : 꽃이 흰색으로 핀다.
- **돌앵초** : 높은 산의 바위 곁에서 자라며, 꽃은 5~6월에 연한 자주색으로 핀다.

▲ 앵초

▲ 설앵초

▲ 큰앵초

난쟁이 진달래꽃

305 좀참꽃

■ 학 명 : *Rhododendron redowskianum* Maxim.

■ 과 명 : 진달래과

▲ 좀참꽃 꽃

▲ 좀참꽃 잎

백두산 등 고산지대에는 풀인지 나무인지 헷갈리는 식물이 많이 자란다. 겉에서 보면 풀처럼 보이나 실제로는 나무인 것이 상당히 많은데, 좀참꽃나무도 그중 하나로 키가 10㎝밖에 안 된다. 이렇게 작은 나무를 소아관목으로 분류한다.

줄기는 옆으로 눕고 원줄기에서 뿌리가 난다. 잎은 가지 끝에 모여 나고 잎자루는 없거나 아주 짧다. 잎은 길이 0.8~1㎝, 너비 0.3~0.5㎝로 달걀 모양이거나 피침형이다. 잎의 가장자리에는 털이 난다.

꽃은 6~8월에 햇가지 끝에서 난 1~2개의 꽃자루 끝에 1개씩 붉은색으로 달린다. 참꽃은 흔히 진달래를 말하는데, 이 꽃도 작긴 하지만 진달래를 닮았다. 꽃대에는 길고 가는 털과 짧은 털이 섞여 난다. 수술은 10개이며, 열매는 속이 여러 칸으로 나뉘고 각 칸 속에 많은 종자가 들어 있고 달걀 모양이다.

진달래과에 속하며, 우리나라와 중국 동북부, 러시아 캄차카 등지에 분포한다. 우리나라에서는 함경북도 백두산과 낭림산 등지에 자생한다. 관상용으로 이용된다.

길러보기

종자로 번식하여 낮은 곳에서 적응시켜 키운다. 그러나 고산식물이라 키우기가 어렵다

비슷한 식물들

- **담자리참꽃나무** : 6~7월에 자줏빛을 띤 장밋빛 꽃이 핀다. 키는 10~15㎝, 꽃의 지름은 1.3㎝가량이다.
- **흰참꽃나무** : 꽃이 흰색이다.
- **분홍좀참꽃** : 꽃이 분홍색이다.

▲ 흰참꽃나무

연한 홍색 꽃이 줄줄이 피어나는

306 줄딸기

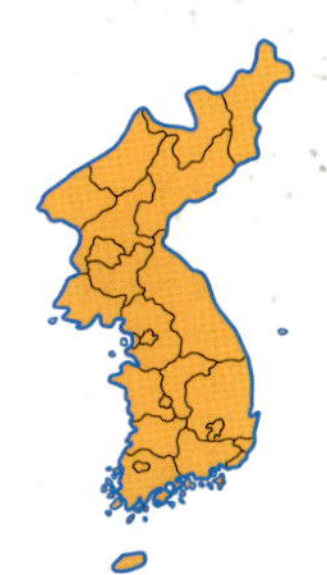

- 학 명 : *Rubus oldhamii* Miq.
- 과 명 : 장미과

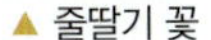

▲ 줄딸기 꽃

▲ 줄딸기 잎

ㅈ

딸기는 그 종류가 매우 많은데, 우리가 흔히 먹는 것은 교배종으로, 17세기 때 유럽이나 미국에서 몇 가지 야생종을 교배시킨 것이다. 줄딸기는 낮은 산지에서 자라는 낙엽활엽수로, 양지바른 곳이면 어디에서나 잘 자라므로 산에서 딸기를 봤다면 줄딸기일 가능성이 가장 크다. 흔히 그냥 산딸기라고 부르며 따 먹는데, 잎이나 열매 등을 자세히 보고 구분하면 식물을 감상하는 재미가 쏠쏠하다.

▲ 줄딸기 열매

줄딸기는 덩굴성 식물이므로 덩굴딸기라고도 하며, 옆으로 비스듬히 자라면서 약 2m 정도까지 큰다. 가지에는 털은 없지만 갈고리 같은 가시가 있다. 하지만 작은 가지는 털이 있기도 하며 붉은빛이 돌고 흰 가루가 덮이는 것이 특징이다. 잎은 뾰족하고 표면에는 잔털이 있고, 뒷면에는 맥 위에 잔털이 있으며 가장자리에는 거치가 있다.

꽃은 연한 홍색이나 때로는 흰색이며, 5월에 그 해 나온 새 가지 끝에 1개씩 달린다. 줄기를 타고 연한 홍색 꽃이 줄줄이 붙어 있는 것을 보면 곧 맺힐 딸기 생각이 나곤 한다. 꽃줄기는 길이 3~4㎝로서 가시가 있다. 열매는 7~

▲ 줄딸기 시든 모습

▲ 줄딸기 종자 결실

8월경 붉은색으로 익는데, 맛은 새콤달콤하다.

장미과에 속하며, 우리나라와 일본, 중국에 분포한다. 덩굴딸기, 곰의딸기, 동꿀딸기, 덤불딸기, 애기오엽딸기라고도 한다. 관상용으로 쓰이며, 열매는 식용으로 쓰인다.

길러보기

새로 나온 가지를 이용하여 가을에 삽목을 하거나 봄에 뿌리나누기를 한다. 특히 울타리용으로 적합하며, 물 관리는 3~4일 간격으로 한다.

비슷한 식물들

- **가시딸기** : 줄기에 털과 가시가 없으며, 가지에 액을 분비하는 선점이 있는 것이 특징이다. 우리나라 특산종이다.
- **단풍딸기** : 여름에 열매가 노랗게 익는다. 안면도에 분포한다.
- **덩굴딸기** : 해발 고도 600m 이하의 산기슭 및 산골짜기에서 자란다.
- **수리딸기** : 뿌리에서 싹이 나와 무리를 형성하며, 가시가 있고 어린 가지에 털이 빽빽이 난다. 열매는 냄새가 약간 나지만 먹을 수 있다.
- **청수리딸기** : 수리딸기와 비슷하나 줄기에 털이 없고 잎의 뒷면 맥 위에만 털이 약간 난다.
- **함경딸기** : 함경도 고산지대의 낮은 습지에서 자란다. 줄기에 가시가 없고 짧은 털이 있다. 열매는 자주색이다.

잎에 보라색 줄이 나는 제비꽃

307 줄민둥뫼제비꽃

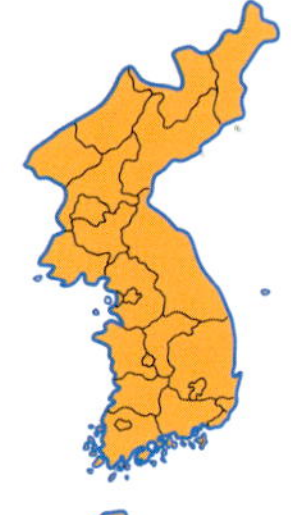

- 학 명 : *Viola tokubuchiana* var. *takedana* f. *variegata* F.Maek.
- 과 명 : 제비꽃과

▲ 줄민둥뫼제비꽃 꽃

▲ 줄민둥뫼제비꽃 잎

제비꽃만큼 다양한 종류가 있는 야생화도 드문 것 같다. 우리나라에만도 수십 종이나 자란다. 민둥뫼제비꽃도 그중 하나인데, 뫼제비꽃이 털이 있는데 비해 털이 나지 않아 민둥뫼라는 이름이 붙었다고 한다. 이 민둥뫼제비꽃의 변종으로 줄민둥뫼제비꽃과 흰민둥뫼제비꽃이 있다. 흰민둥뫼제비꽃은 꽃이 흰색으로 민둥뫼제비꽃의 홍자색과 차이를 보이며, 줄민둥뫼제비꽃은 잎에 보라색 줄이 나 있어 차이가 난다.

줄민둥뫼제비꽃의 키는 5~8㎝이며, 줄기는 없고 뿌리에서 잎이 모여나온다. 잎은 길이 3~6㎝, 너비 2~4.5㎝의 달걀 모양으로 끝이 뾰족하며, 잎 가장자리에 톱니가 있다. 잎 위쪽으로 가운데를 중심으로 하얀 줄무늬가 좌우로 난다. 잎은 꽃이 시든 후에도 계속 자란다.

꽃은 4~5월에 자주색을 띤 긴 꽃줄기가 곧게 나와 그 끝에 연한 홍자색으로 달린다. 꽃잎 안쪽에는 자주색을 띤 여러 갈래의 줄무늬가 나기도 한다. 열매는 길이 0.6~0.8㎝의 타원형으로 6~7월에 달린다.

제비꽃과에 속하는 여러해살이풀로, 우리나라와 일본, 중국 북동부에 분포한다. 산지 숲 속의 양지 또는 반음지의 물 빠짐이 비교적 좋은 곳에서 잘 자란다. 약재로 이용되는데, 해독과 소염, 소종, 이뇨 등에 효능이 있다고 한다.

길러보기

7월에 종자를 받아 보관 후 9월에 뿌리거나, 이른 봄 새순이 올라올 때 포기나누기를 한다. 양지 혹은 반음지의 물 빠짐이 좋은 곳에 심는다. 물은 2~3일 간격으로 준다.

비슷한 식물들

- **뫼제비꽃** : 높은 산에 자라며, 꽃은 4~5월에 연한 자주색으로 핀다. 곁꽃잎 안쪽에 털이 없고 잎이 달걀 모양 심장형인 점이 다르다.
- **민둥뫼제비꽃** : 꽃은 연한 홍자색으로 4~5월에 잎겨드랑이에서 나온 길이 5~8㎝의 꽃대에 1개씩 달린다.
- **민둥제비꽃** : 꽃은 4~5월에 붉은 자주색으로 핀다. 풀 전체에 털이 전혀 없는 것이 특징이다. 키는 15㎝ 정도이다.

- **흰민둥뫼제비꽃** : 거의 민둥뫼제비꽃과 같으나 꽃이 흰색이다.
- **털제비꽃** : 꽃 색깔이나 키가 거의 민둥제비꽃과 같다. 단지 털이 아주 많다.
- **알록제비꽃** : 산지의 숲 속이나 숲 가장자리에 자라며, 4~5월에 진한 붉은 보라색 꽃이 핀다. 잎 앞면에 얼룩 반점이 있다.
- **태백제비꽃** : 민둥뫼제비꽃의 꽃받침은 갈색이나, 태백제비꽃의 꽃받침은 녹색이다.
- **자주잎제비꽃** : 민둥뫼제비꽃에 비해 때로 잎 표면에 잔털이 있고 뒷면은 자주빛을 띤다. 꽃은 홍자색으로 핀다.

▲ 뫼제비꽃

▲ 민둥뫼제비꽃

▲ 알록제비꽃

▲ 태백제비꽃

열매가 스님 머리를 닮은

308 중대가리풀

- 학 명 : *Centipeda minima* (L.) A. Braun & Asch.
- 과 명 : 국화과

▲ 중대가리풀 꽃봉오리

▲ 중대가리풀 꽃

▲ 중대가리풀 잎

ㅈ

머리를 빡빡 깎은 사람을 놀릴 때 흔히 '중대가리'라고 한다. 식물 이름이 중대가리라서 왜 그렇게 붙였는지 궁금하기 짝이 없는데, 열매 모양 때문이다. 이는 아마도 중대가리나무의 열매에서 비롯된 것이 아닌가 한다.

중대가리풀을 토방풀이라고도 하는데, 토방이란 흙마루, 토마루를 의미한다. 이 풀이 논두렁이나 밭두렁에 잘 자라므로 서식처와 명칭도 잘 어울린다. 이왕이면 토방풀로 정하는 것이 나을 것 같다. 속명 센티페다(*Centipeda*)는 지네처럼 많은 다리라는 뜻을 지녔는데, 땅위줄기를 사방으로 뻗으며 줄기 마디에서 뿌리를 내리는 모습을 잘 나타낸다.

키는 5~25㎝로 땅위를 벋는데, 가지를 많이 친다. 잎은 어긋나며 주걱 모양으로 잎자루는 없으며 길이 0.7~2㎝, 너비 0.4~1.2㎝로 아주 작다. 잎 가장자리에 둔한 톱니가 나고 뒷면에는 선점과 털이 있다.

꽃은 7~9월에 줄기 위 잎겨드랑이에서 한 송이씩 피며 지름 0.3~0.4㎝로 매우 작다. 수술은 5개, 암술은 1개이며, 암술머리는 두 갈래로 깊게 갈라진다. 씨는 하나로 모양이 작고 익어도 터지지 않으며 엷은 황색이다.

꽃차례 부분을 손가락으로 누르면 연노랑 열매가 드러난다. 이것이 약간 냄새가 나는데, 석호유(石胡荽)라는 한자 이름이 생긴 연유이다.

국화과에 속하는 한해살이풀로, 우리나라와 중국, 만주, 일본, 타이완, 인도, 동시베리아, 말레이시아, 오스트레일리아, 북아메리카 등지에 분포한다. 습한 경작지에서 사는 전형적인 여름형 한해살이다. 약재로도 이용되는데, 눈에 백태가 끼었을 때 효과가 있다고 한다.

길러보기

밭 근처 눅눅한 땅에 흔히 자라는 잡초이다. 직접 가꾸지는 않는다.

비슷한 식물들

- **중대가리나무** : 꼭두서니과의 낙엽관목으로, 개울둑에서 자란다. 키는 3~4m이며, 열매가 스님 머리를 떠올려 붙은 이름이다. 구슬꽃나무로 개칭되었다.

▲ 중대가리나무

산속에 피는 베들레헴의 노란 별

309 중의무릇

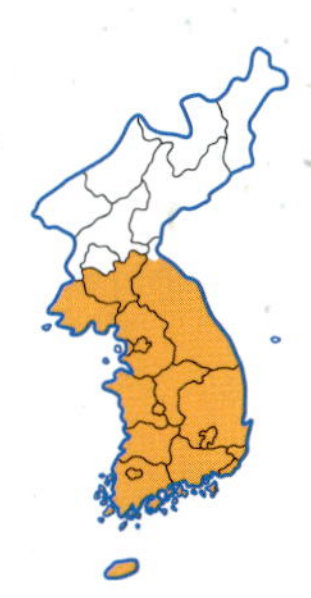

- 학 명 : *Gagea lutea* (L.) KerGawl.
- 과 명 : 백합과

▲ 중의무릇 꽃봉오리

▲ 중의무릇 꽃

ㅈ

중의무릇, 참 독특한 이름이다. 우리 들꽃에는 이렇게 재미난 이름이 많은데, 중의무릇에서 무릇은 '물웃'→'물릇'→'무릇'으로 변한 것으로 생각된다. 즉, 물기가 많은 곳에서 피는 꽃이라는 뜻을 지닌 듯하다. 영어로는 '베들레헴의 노란 별(yellow star of Bethlehem)'이라고 하는데, 작고 노란 꽃을 보면 정말 별처럼 아름답다.

중의무릇은 중부 이남에 자생하는 여러해살이풀로, 주로 부엽질이 많은 반그늘에 서식하며, 키는 15~20㎝이다. 잎은 길이 15~30㎝, 너비 0.5~0.9㎝로 알뿌리가 있는 기부에서 1개가 올라온다. 잎은 안쪽으로 말리는 듯하고 육질이며 줄기를 감싼다.

꽃은 4~5월 황색으로 피며 길이 1.2㎝ 정도이다. 어두워지면 꽃을 오므리고 햇볕이 많은 한낮에는 꽃을 활짝 피운다. 꽃잎은 6개로 꽃잎 뒷면에는 녹색이 돈다. 윗부분에 잎이 두 장 붙어 있는데, 이는 꽃봉오리를 보호하기 위해 둘러싸고 있는 잎이다. 열매는 6~7월경에 길이 0.7㎝ 정도로 둥글게 달린다.

백합과에 속하며, 중무릇, 조선중무릇, 참중의무릇, 반도중무릇, 애기물구지라고도 한다. 관상용으로 쓰이며, 비늘줄기는 정빙화라는 약재로 쓰인다. 우리나라와 일본, 중국, 사할린, 시베리아, 유럽 등지에 분포한다.

▲ 중의무릇 잎

▲ 중의무릇 개화 직전

길러보기

6~7월에 결실되는 종자를 가을에 화분에 뿌리거나, 가을이나 이른 봄에 알뿌리를 나누어서 번식한다. 보통 화분이나 화단에 심는다. 키가 작고 잎이 가는 식물이어서 물 관리는 2~3일 간격으로 한다. 재배할 때는 토양을 비옥하게 하며 물이 잘 빠지는 곳을 선정하는 것이 좋다.

비슷한 식물들

- **애기중의무릇** : 작은 비늘줄기에서 싹이 나와 높이 10㎝ 정도로 자란다. 중의무릇보다 전체적으로 작은데, 특히 잎의 너비가 2㎜ 정도로 가늘고 부채 모양이라 중의무릇과 크게 차이가 난다.

▲ 애기중의무릇

뿌리에서 쥐의 오줌 냄새가 나는

310 쥐오줌풀

- 학 명 : *Valeriana fauriei* Briq.
- 과 명 : 마타리과

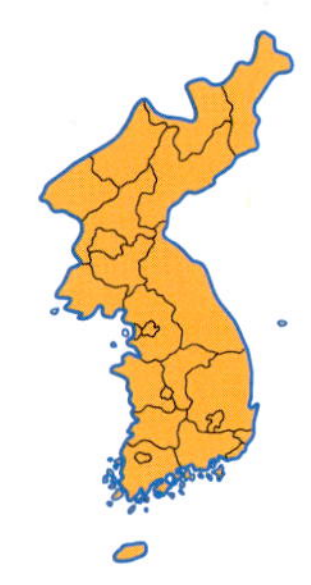

▲ 쥐오줌풀 꽃봉오리

▲ 쥐오줌풀 꽃

▲ 쥐오줌풀 새순 올라오는 모습

쥐가 오줌을 눈 풀이라는 이름은 이 식물의 뿌리에서 쥐 오줌 냄새가 나서 붙여졌다. 땅속에서 가는 뿌리줄기가 옆으로 뻗으면서 번식하는데, 뿌리는 수염뿌리이다. 쥐오줌풀은 또 숙근성 여러해살이풀이다. 숙근성이란 해마다 묵은 뿌리에서 움이 다시 돋는 식물을 말한다. 곧 가을이 지나 지상 식물부가 모두 사라져 죽은 것처럼 보이지만 봄이 되면 뿌리에서 싹이 올라오는 식물이다.

쥐오줌풀은 척박한 토양에서도 잘 자라지만, 비교적 토양이 비옥한 곳과 반그늘 혹은 양지에서 잘 자라며, 키는 40~80㎝이다. 잎은 지상부로 올라오고 난 후에 뿌리에서 나온 잎이 자라지만, 개화 때에는 뿌리에서 나온 잎이 없어지고 줄기에서 자란 잎이 나온다. 줄기에서 나온 잎은 5~7개로 갈라지고 톱니가 있다.

꽃은 5~7월에 연한 붉은색으로 피는데, 원줄기 끝과 옆 가지에서 둥근 형태로 달리는 것이 특징이다. 열매는 8월경에 길이 0.4㎝ 정도로 꽃잎이 붙은 자리에 달린다. 열매에는 짧은 깃털이 있어서 가을의 약한 바람에도 쉽게 떨어져 나가는데, 이는 쥐오줌풀이 살아가는 방법이다.

▲ 쥐오줌풀 잎

▲ 쥐오줌풀 종자

▲ 쥐오줌풀 무리

마타리과에 속하며, 길초, 긴잎쥐오줌, 줄댕가리, 은댕가리, 바구니나물이라고도 한다. 관상용으로도 쓰이며, 어린잎은 식용, 뿌리는 약용으로 쓰인다. 유럽에서도 아주 오랜 옛날부터 뿌리를 약재로 사용했다. 우리나라와 일본, 사할린, 타이완, 중국 동북부 등지에 분포한다.

길러보기

늦가을에 뿌리나누기를 하며, 가을에 받은 종자를 바로 화단에 뿌리거나 저장 후 이듬해 2~3월에 뿌린다. 양지의 토양 비옥도가 조금 있는 화단에 심는다. 물 관리는 2~3일 간격으로 한다.

비슷한 식물들

- **광릉쥐오줌풀** : 열매에 털이 있으며, 키는 40~80㎝이다.
- **긴잎쥐오줌풀** : 잎의 갈라진 조각 가장자리에 톱니가 없다.
- **서양쥐오줌풀** : 뿌리에서 나온 줄기는 높이 1m 이상까지 큰다. 허브식물이며, 서양에서는 만병통치 약재로 유명하다.
- **넓은잎쥐오줌풀** : 키는 40~90㎝이며, 잎이 넓다. 울릉도와 백두산, 관모봉 등지에 분포한다.
- **설령쥐오줌풀** : 서양에서는 고대 그리스 시대부터 약재로 사용했다. 키는 약 55㎝로, 줄기에 털이 많아 털쥐오줌풀이라고도 한다.

지리산 중턱에 빛나는 별꽃

311 지리산개별꽃

- 학 명 : *Pseudostellaria okamotoi* Ohwi
- 과 명 : 석죽과

지리산개별꽃은 지리산 중턱 이상과 덕유산에서 자라는 여러해살이풀이다. 지리산과 개별꽃을 합쳐서 지리산개별꽃이라는 이름이 붙었다. 지리산은 워낙 품이 넓은 산이라서 독특한 식물이 많이 자라는데, '지리'라는 이름이 붙은 식물은 이외에도 지리바꽃, 지리말발도리, 지리터리풀, 지리산싸리, 지리강활, 지리점나도나물, 지리고추나무, 지리회나무, 지리산물푸레, 지리

오리방풀 등이 있다. 이 밖에도 지리산 특산식물로 지정된 것이 많은 편이다.

개별꽃은 별꽃에 '개' 자를 붙인 것이다. '개' 자를 붙이면 보통 작다거나 좀 못하다는 뜻이지만 개별꽃은 별꽃보다 크다. '개' 자에는 야생 혹은 들이라는 뜻도 있으므로 별꽃보다 더욱 야생이라는 의미로 볼 수 있다. 실제로 개별꽃은 '들별꽃'이라고도 한다. 참고로, 별꽃은 꽃 모양이 별처럼 생긴 종류이다.

지리산개별꽃은 반그늘이고 토양의 비옥도가 높은 곳에서 잘 자라며, 키는 10~15㎝로 아주 작은 편이다. 잎은 줄기 끝에서 4장이 돌려나는데, 그중 2장은 크고 2장은 작으며 양 끝이 뾰족하다. 꽃은 5~6월에 흰색으로 줄기 끝에서 한 송이가 핀다.

석죽과에 속하며, 지리미치광이풀, 지리산들별꽃이라고도 부른다. 주로 관상용으로 사용된다.

길러보기

이른 봄 올라오는 새싹을 이용하여 포기나누기를 한다. 지리산 중턱 등 고산지대에서 나는 식물이므로 일반인은 재배하기 어려운 식물이다.

비슷한 식물들

- **개별꽃** : 위쪽의 잎은 점차 작아지고 끝이 뾰족하며, 아래쪽의 잎은 좁아져 잎자루처럼 된다.
- **큰개별꽃** : 꽃줄기에는 털이 없고, 뿌리는 여러 개가 달린다. 이에 비해 지리산개별꽃은 꽃줄기에 털이 있고 뿌리는 1~2개가 달리는 게 다르다.
- **참개별꽃** : 큰개별꽃과 비슷하지만, 작은 꽃자루에 줄을 이루며 돋은 털이 있고 꽃밥이 붉은빛이 강한 자주색인 점이 다르다.

▲ 개별꽃

▲ 큰개별꽃

지리산 특산식물

지리대극

- 학 명 : *Euphorbia togakusensis* Hayata
- 과 명 : 대극과

지리대극은 지리산과 대극이 합쳐진 이름이다. 대극에는 민대극과 흰대극, 암대극 등 십여 종이 있는데, 대부분 유독식물로 알려져 있다. 대극이라는 말 자체가 큰 창이라는 뜻인데, 이 식물의 뿌리가 워낙 맵고 써서 목구멍을 크게 찌른다는 데에서 유래한다. 흔히 대극은 버들옻이라고도 하는데, 이는 대

극의 잎을 자르면 옻나무처럼 하얀 수액이 흐르며, 잎의 모양이 꼭 버드나무 잎처럼 생겼기 때문이다.

지리대극은 대극과에 속하며 여러해살이풀로, 반그늘이고 토양의 비옥도가 높은 곳에서 서식한다. 키는 50~100㎝로 큰 편이다.

잎은 길이 6~14㎝, 너비 1~2.3㎝로 분백색을 띤 녹색이며 긴 타원형이다. 꽃은 4~5월에 줄기 끝에 드문드문 달린다. 종자는 8~9월경에 겉면이 밋밋하고 원형으로 달린다.

이 종은 일본 특산종으로 1904년에 발표되었고, 지리산에 몇 개체가 자생하고 있다. 그만큼 희귀한 식물로, 관상용으로 쓰인다.

길러보기

가꾸는 방법이 명확히 알려져 있지 않은 식물이다. 관리하는 요령 역시 잘 알려져 있지 않아 그만큼 재배는 잘 되지 않는다. 단지 퇴비를 많이 주고 반그늘에서 키우면 무난하다.

비슷한 식물들

- **대극** : 줄기는 곧게 서며, 흔히 밑부분에서 가지를 치고 가는 털이 있다. 키는 80㎝ 정도이고, 자르면 흰 유액이 나온다.
- **두메대극** : 줄기는 뭉쳐나며, 길이 10~15㎝로 아주 작다. 매우 유독한 식물로 제주도에 분포하며, 제주대극이라고도 한다.
- **민대극** : 암꽃과 수꽃에 소포엽이 없어 민대극이라고 한다. 또 새순이 꽃게의 다리처럼 붉은색을 띠므로 붉은대극이라고도 한다.
- **암대극** : 바닷가 바위틈에 자라며, 꽃이 필 때 총포엽이 노란색을 띤다.
- **흰대극** : 포엽이 둥그렇다.

▲ 두메대극

▲ 민대극

▲ 흰대극

자주색 염료로 쓰이던

313 지치

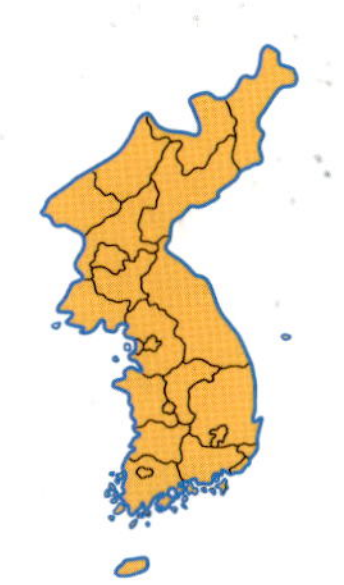

- 학 명 : *Lithospermum erythrorhizon* Siebold & Zucc.
- 과 명 : 지치과

▲ 지치 꽃

▲ 지치 종자 결실

식물은 우리에게 많은 것을 준다. 우선 꽃을 통해 우리에게 아름다움을 주고, 광합성을 통해 산소를 공급하며, 나물이나 과실을 제공하기도 한다. 또 나무는 목재로 건축 재료로 쓰이며, 펄프를 생산해 종이를 만들기도 한다. 그리고 식물 중에는 특유한 색깔을 우리에게 주기도 하는데, 바로 염료를 추출할 수 있는 품종들이 그렇다. 지치는 뿌리가 자주색인데, 옛날에는 옷감에 자주색 물을 들이는 용도로 많이 사용했다. 그래서 자주색 풀이라는 뜻으로 자초(紫草)라고 부르기도 한다.

산과 들의 풀밭에서 나는 여러해살이풀로, 토양의 부엽질이 많고 물 빠짐이 좋으며 햇볕이 잘 드는 나무 아래의 반그늘에서 잘 자란다. 키는 30~70㎝이다. 잎은 양 끝이 뾰족하고 밑부분이 좁아지며 마주난다. 잎 앞면은 잎맥을 따라 깊게 주름이 있고, 가장자리는 밋밋하며, 잎자루는 없다. 원줄기는 가지가 갈라지고 털이 많다.

5~6월에 흰색 꽃이 피는데, 줄기 정상에서 꽃받침과 꽃잎이 각각 5개로 갈라진다.

▲ 지치 새순

열매는 8~9월경에 달리는데, 회색을 띤 흰색이며 매끄럽고 광택이 난다.

지치과에 속하며, 뿌리가 자주색이라서 자초 또는 지초, 지추라고도 한다. 뿌리는 약용, 자주색 염료 등으로 쓰이며, 지치(지초)는 진도의 명주로 유명한 술인 홍주의 색을 내는 데에 쓰인다. 농가에서 약초로 재배되는 품종이다. 우리나라에서는 식용하는 예가 드물지만, 열대 아시아에서 흔히 식용하는 채소이다. 특히 스리랑카에서는 2,000년 전부터 먹은 것으로 전해진다. 지치에는 칼슘과 카로틴, 비타민 C가 매우 풍부하다. 우리나라와 일본, 중국, 아무르 강에 분포한다. 꽃말은 '희생'이다.

길러보기

9월경에 달리는 종자를 물에 넣어 냉장고에 3~4일 정도 둔 후 모래와 섞은 다음 손으로 약하게 비벼 뿌린다. 물 빠짐이 좋게 하기 위해 자갈이나 바위가 많은 토양에 심는 것이 좋다. 뿌리가 아래로 깊이 내려가는 식물이기 때문에 토양을 깊이 파고 퇴비를 많이 넣어야 한다.

비슷한 식물들

- **개지치** : 뿌리에 자주색이 없다. 전체에 흰색의 짧고 센 털이 있으며, 키는 20~40㎝이다.
- **갯지치** : 바닷가의 모래땅에서 자라며, 7~8월에 남자색 꽃이 총상화서를 이룬다.
- **당개지치** : 뿌리줄기가 옆으로 길게 벋고 군데군데에서 새싹이 나온다. 그늘지고 습한 곳에서 잘 자란다.
- **산지치** : 산에 자라며, 키는 약 30㎝이다. 전체에 누운 털이 빽빽이 나 있다.

▲ 개지치

▲ 당개지치

ㅈ

314 지칭개

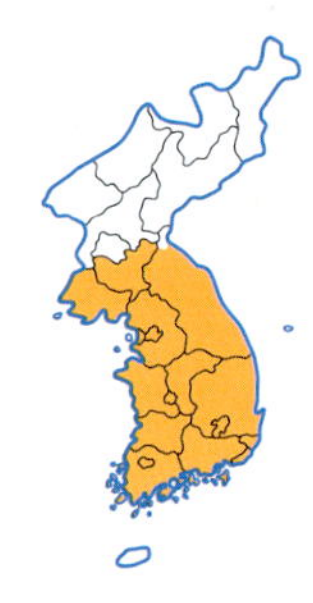

- 학 명 : *Hemistepa lyrata* Bunge
- 과 명 : 국화과

▲ 지칭개 꽃봉오리

▲ 지칭개 꽃

부침개가 언뜻 떠오르는 꽃이다. 지칭개가 길가에 피어 있으면 곧 여름이로구나 하는 생각이 들게 된다. 늦은 봄부터 초가을까지 꽃이 피어 있는 까닭에 여름에도 흔하게 볼 수 있기 때문이다.

▲ 지칭개 종자 결실

언뜻 보면 잎은 냉이를 닮았으며, 꽃은 엉겅퀴하고도 닮았다. 냉이 잎에 비해 흰 털이 많이 나 있는 것이 다른 점이다. 그러나 아직 꽃이 피지 않은 어린순만 있으면 냉이인 줄 알고 캐는 경우가 많다. 냉이보다 쓰니까 너무 써서 버리는 경우가 흔한데, 식용하려면 먼저 끓는 물에 데쳐 쓴맛을 우려내야 한다. 한편, 작은 꽃이 뭉쳐서 머리 모양을 이룬 모습이 엉겅퀴와 비슷해 보이는데, 그런 꽃을 흔히 두상화라고 한다.

지칭개는 중부지방 이남의 산과 들에 자라는 두해살이풀로, 건조하고 마른 양지 혹은 반음지에서 잘 자라며, 키는 60~80㎝이다. 줄기는 비어 있다. 뿌리에서 나온 잎은 꽃이 필 때 말라 없어지고, 줄기 밑부분에 달린 잎은 거꾸로 된 피침 모양 또는 긴 타원형이다. 잎의 길이는 7~21㎝로 뒷면에 흰 털이

▲ 지칭개 잎 나오는 모습

▲ 지칭개 줄기

빽빽하고 뾰족하게 나 있다.

꽃은 봄부터 여름까지 피는데, 홍자색으로 통꽃이며 줄기나 가지 끝에 1개씩 위를 향해 달린다. 꽃이 필 때는 곧게 서는 것이 독특하다.

열매는 8~10월경에 긴 타원형으로 달리며, 암갈색이다.

국화과에 속하며, 지칭개나물이라고도 부르지만 주로 관상용으로 쓰이며, 꽃을 포함한 모든 부분을 약용한다. 물론 어린순을 나물로 먹기도 하는데, 끓는 물에 데쳐서 쓴맛을 빼야 한다. 우리나라와 일본, 중국, 인도, 오스트레일리아 등지에 분포한다.

길러보기

10월에 받은 종자를 화단이나 화분에 바로 뿌리거나, 종자를 종이에 싸서 냉장 보관한 후 이듬해 봄에 뿌린다. 어느 곳에서나 잘 자라니까 키우기는 쉽다.

비슷한 식물들

- **흰지칭개** : 흰색 꽃이 핀다.
- **엉겅퀴** : 지칭개와 비슷하나 잎 끝에 뾰족한 가시들이 있다. 꽃도 훨씬 더 크고 붉다.

▲ 흰지칭개

▲ 엉겅퀴

우리 민족의 꽃

315 진달래

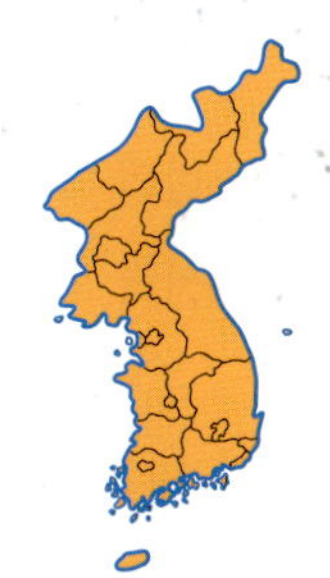

- 학 명 : *Rhododendron mucronulatum* Turcz.
- 과 명 : 진달래과

ㅈ

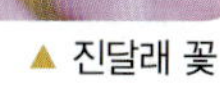

▲ 진달래 꽃

▲ 진달래 잎

나 보기가 역겨워 가실 때에는 말없이 고이 보내 드리오리다.
영변의 약산 진달래꽃 아름따다 가실 길에 뿌리오리다.
가시는 걸음걸음 놓인 그 꽃을 사뿐히 즈려 밟고 가시옵소서.
나 보기가 역겨워 가실 때에는 죽어도 아니 눈물 흘리오리다.

김소월의 〈진달래꽃〉

봄이면 산을 붉게 물들이는 진달래는 국화인 무궁화 못지않게 우리 민족의 꽃이라고 할 만하다. 영어 이름도 'Korean rosebay'라 한다. 달래보다 더 진하다 하여 진달래라고 했다고도 하는데, 꽃을 먹을 수가 있어 참꽃이라고도 하고 진달내, 진달래나무, 참꽃나무, 두견화(杜鵑花)라고도 한다. 두견화라는 이름은 옛날 촉나라 임금 우두가 억울하게 죽어 그 넋이 두견새가 되었고, 두견새가 울면서 토한 피가 두견화로 변했다는 데서 유래한다.

진달래하면 꽃도 아름답지만 식용할 수 있어 예로부터 많이 먹었다. 꽃잎으로 화전을 부쳐 먹고 술을 담가 마시기도 하는데, 진달래꽃으로 담근 술을 두견주라고 한다. 그러나 너무 많이 먹으면 시력이 나빠진다고 하니 적당량을 먹어야 한다.

낙엽활엽관목으로, 높이는 2~3m 정도이다. 잎은 어긋나며 긴 타원상 피침형으로 약간 광택이 난다. 꽃은 양성화로 잎겨드랑이에 1개씩 또는 2~5개가 모여 달리며, 꽃부리는 깔때기 모양으로 연한 홍색이다. 꽃은 3~4월에 잎보다 먼저 핀다. 열매는 삭과로 원통형이며 10월에 익는다.

▲ 진달래 열매

▲ 진달래 열매 꼬투리

우리나라 원산으로, 우리나라와 일본, 중국, 몽골 등지에 분포한다. 우리나라에서는 전국 산야의 저지대나 고산, 계곡, 암석 위, 척박지 등을 가리지 않고 자란다. 토양을 가리지 않아 척박한 땅에서도 잘 자라고 맹아력도 강하지만, 공해에는 약해 도심지에서는 잘 자라지 못한다.

우리나라 곳곳에 진달래가 아름답게 피는 곳이 많은데, 그중에서도 여수의 영취산이 가장 유명하다. 4월이 되면 푸른 다도해를 배경 삼아 온 산이 붉게 타오르는데, 면적이 무려 10만 평에 이르는 국내 최대의 군락지이다. 암릉을 따라 피어난 진달래 군락지를 걷는 꽃 산행은 봄바람 속에 진달래꽃 내음까지 더해져 그야말로 환상적이다.

꽃이 아름다워 관상용으로 심는다. 한방에서는 꽃을 약으로 쓰는데 진해, 조경, 혈액순환, 기침, 혈압, 월경불순 등에 좋다고 알려져 있다. 줄기로는 숯을 만들어 숯 물로 삼베나 모시를 물들이면 푸른빛이 도는 회색 물이 든다.

길러보기

실생으로 번식한다.

비슷한 식물들

- **털진달래** : 작은 가지와 잎에 털이 있다.
- **흰진달래** : 꽃이 흰색이다.
- **반들진달래** : 잎 표면에 광택이 있고 양면에 사마귀 같은 돌기가 있다.
- **한라산진달래** : 열매가 가늘고 길다. 타케진달래라고도 하는데, 타케는 신부 이름 타케(Taquet)에서 따왔다.
- **제주진달래** : 키가 작고 꽃도 작으며 5개의 수술이 있다. 한라산 정상 근처에서 자란다.

▲ 흰진달래

동백기름 대신 쓰던 기름나무

316 쪽동백나무

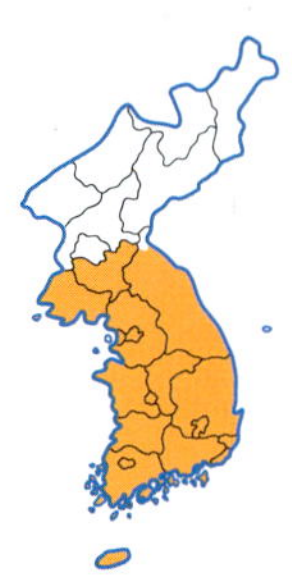

- 학 명 : *Styrax obassia* Siebold & Zucc.
- 과 명 : 때죽나무과

▲ 쪽동백나무 꽃

▲ 쪽동백나무 잎

나뭇잎이 쪽진 머리 모양을 하고 있어 쪽동백나무라고 이름 붙였다고 한다. 잎 가장자리의 윗부분에 잔톱니가 있다는 데서 톱니라는 뜻의 쪽과, 열매에서 짠 기름을 동백기름처럼 쓴다고 해서 쪽동백나무라고 했다고도 하며, 동백 씨앗보다 작아 쪽을 붙여 쪽동백나무라고 부르게 되었다고도 한다. 정나무, 때쪽나무, 물박달, 산아즈까리나무, 개동백나무, 왕때죽나무, 물박달나무, 산아주까리나무, 때죽나무 등으로도 불린다. 영어 이름은 'snowbell'로 때죽나무와 같은데, 이것으로 쪽동백나무가 때죽나무와 혼동되어 불리는 것을 알 수 있다.

낙엽활엽소교목으로, 높이는 10m 정도이고, 작은 가지의 수피는 다갈색으로 벗겨진다. 잎은 어긋나며 뒷면에는 회색 잔털이 많고, 잎자루는 짧다. 꽃은 양성화로 5~6월에 새로 난 가지에 총상화서로 하얀 통꽃 20개가 밑으로 처지면서 달린다. 열매는 핵과로 달걀 모양 원형 및 타원형이며 9~10월에 회녹색으로 익는다.

우리나라와 일본, 만주, 중국에 분포한다. 우리나라에서는 황해도 이남의 해발 100~1,800m에 자생한다. 추위에 강해 우리나라 전역에서 월동이 가능한 수종이며, 공해에도 강해 도심지의 공원수로 심기에 적합하다.

앞에서 살펴보았듯, 쪽동백나무는 때죽나무와 꽃과 열매의 모양 등이 매우 비슷하다. 둘 다 향이 좋고 향수나 머릿기름의 원료가 되어 더욱 헷갈리는데, 꽃이 달리는 방식과 열매의 크기가 약간 다르다. 때죽나무는 길이 1~3㎝의 꽃자루에 2~5개의 꽃이 달리는 반면, 쪽동백나무는 길이 0.8㎝~1㎝

▲ 쪽동백나무 꽃 무리

▲ 쪽동백나무 열매

▲ 쪽동백나무 수피

의 꽃자루에 20개 정도의 꽃이 달린다. 열매는 쪽동백나무가 약간 더 크다.

꽃의 향기가 좋아 관상수와 공원수의 용도로, 열매는 기름을 짜는 용도로 심는다. 목재는 나이테가 보이지 않을 정도로 결이 곱고 아름다워서 그림이나 글씨를 써넣을 수 있는 미술용 화구나 각종 조각이나 기구를 만드는 데 사용하며 목걸이, 핸드폰 고리를 만드는 데에도 쓴다.

한편, 한방에서 꽃을 옥령화(玉鈴花)라 하는데, 화를 풀어 주고 생리작용을 활성화시키며 기관지염, 신경통, 요충 제거, 종기의 염증을 가라앉히는 등 그 효능이 때죽나무와 거의 같다. 민간요법으로 벌레나 뱀에 물렸을 때 꽃을 생으로 찧어 바르면 좋다.

길러보기

실생으로 번식한다.

비슷한 식물들

- **좀쪽동백나무** : 쪽동백나무에 비해 잎이 약간 작으며, 잎의 위 가장자리에 불규칙한 결각상의 톱니가 있다.
- **흰좀쪽동백** : 잎 뒷면에 흰색 털이 빽빽하게 나 있다.
- **나래쪽동백** : 일본 원산으로, 꽃차례에 성모가 빽빽하게 난다. 종자는 기름을 짜는 데 쓰인다.

줄기에 가시가 많은

317 찔레꽃

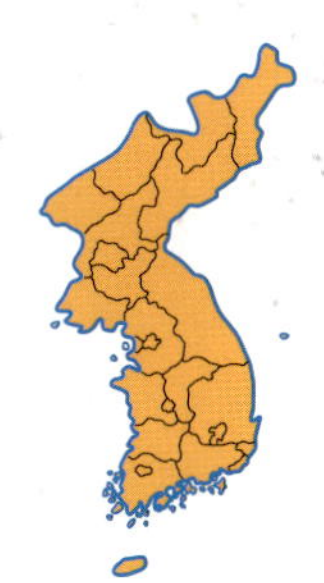

■ 학 명 : *Rosa multiflora* Thunb.

■ 과 명 : 장미과

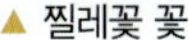
▲ 찔레꽃 꽃

▲ 찔레꽃 잎

▲ 찔레꽃 줄기

▲ 찔레꽃 열매

대개 찔레꽃 하면 흰 꽃을 떠올리기 마련이다. 그러나 실제로 붉게 피는 찔레꽃도 있다. 봉오리가 생길 때 붉게 되었다가 점차 흰색으로 변한다.

찔레라는 이름은 가시가 많아 잘 찔리는 나무라는 뜻이다. 찔룩나무, 질구나무, 질꾸나무, 가시나무, 들장미, 야장미, 영실, 자매화, 자매장미화, 새비나무라고도 하는데, 여기에서 들장미나 야장미란 찔레꽃이 야생장미라는 의미이다. 오늘날 장미의 할아버지쯤으로 봐도 된다.

낙엽활엽관목으로, 높이는 2m 정도이고 흔히 덩굴성이다. 작은 가지에 가시가 많이 나 있다. 잎은 깃꼴 겹잎으로 어긋나고, 5~9개의 작은 잎은 타원형 및 거꾸로 세운 달걀 모양으로 양 끝이 좁고 톱니가 있다. 꽃은 5월에 피며 새 가지 끝에 원추화서를 이루며 흰색 혹은 연한 홍색으로 향기가 좋다. 작은 꽃자루에는 털이 거의 없다. 열매는 9~10월에 붉은빛으로 익고, 종자는 흰색으로 털이 나 있다.

▲ 찔레꽃 수피

우리나라와 일본, 중국에 분포한다. 우리나라에서는 전국 산야의 양지바른 산기슭이나 골짜기, 냇가에서 자란다. 꽃과 열매가 아름다워 관상용으로 심으며, 가시가 있어 담장의 생울타리용으로

▲ 찔레꽃 무리

심기도 하는데, 열매와 뿌리는 식용, 약용으로 쓴다. 특히 새순은 먹을 것이 귀했던 옛날 어린이들이 자주 먹기도 했으며, 김치로 담가 먹기도 했다. 꽃은 물에 우려 차로 마시거나 전을 부쳐서 먹는다. 비타민 C, 비타민 P, 타닌, 아스트라갈린, 사포닌, 지방산, 아미노산, 루틴 등이 들어 있어 맛은 약간 떫고 시큼하면서도 달짝지근하다. 한방에서 뿌리를 장미근, 잎을 장미엽, 꽃을 장미화, 열매를 영실(營實) 또는 장미자(薔薇子)라 한다. 이뇨, 해독, 해열, 이뇨, 신장염, 각기, 수종, 변비, 월경불순 등에 쓰인다. 꽃말은 '고독', '주의 깊다' 등이다.

길러보기

1년생 가지를 3~7월 사이에 삽목하거나 실생으로 번식한다.

비슷한 식물들

- **돌가시나무** : 줄기가 포복성 반상록 덩굴로, 중부 이남 바닷가 또는 풀밭에서 자란다.

▲ 돌가시나무

피고 지고 반복하는 앙증맞은 꽃

318 참꽃마리

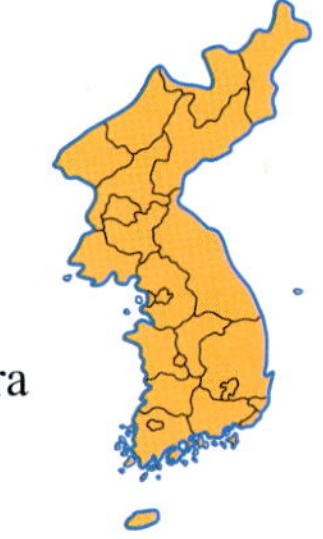

- 학 명 : *Trigonotis radicans* var. *sericea* (Maxim.) H.Hara
- 과 명 : 지치과

참 예쁜 이름을 가진 야생화로, 마리는 '~말이'에서 온 말이다. 김말이, 계란말이처럼 꽃이 말려 있다는 뜻이다. 꽃이 필 때 꽃차례가 말리기 때문에 꽃마리라는 이름이 붙었는데, 여기에 다시 '참' 자를 붙였다.

'보다 좋은'이라는 뜻이 들어 있듯, 꽃이 연하늘색으로 꽃마리보다 예쁘다.

꽃은 아주 작아서 지름 1㎝가 되지 않아 과연 나비나 벌과 같은 곤충들을 불러 모을 수 있을까 하는 의심이 들기도 한다. 그런데 이런 작은 꽃은 찾아오는 곤충이 따로 있기 마련이다. 자세히 들여다보면 조그만 개미나 이름 모를 작은 곤충이 왔다 갔다 한다. 또 하나, 꽃을 오랫동안 피워서 곤충을 유인한다.

참꽃마리는 우리나라 산과 들의 습한 곳에서 나는 여러해살이풀로, 반그늘 혹은 양지에서 잘 자라며, 키는 10~15㎝이다. 잎은 길이 1.5~4㎝로 끝은 뾰족하고 달걀 모양으로 어긋난다. 꽃은 5~7월에 연한 남색으로 피는데, 지름 0.7~1㎝이며, 꽃이 필 때는 비스듬히 섰다가 다소 밑으로 처지는 게 특징이다. 작고 앙증맞은 꽃이 피고 지고를 반복하기 때문에 꽃이 피는 시기는 상당히 긴 편이다. 열매는 9월경에 달린다.

▲ 참꽃마리 잎

지치과에 속하며, 뿌리꽃마리, 좀꽃마리, 조선꽃마리, 털꽃마리, 왕꽃마리, 참꽃말이라고도 한다. 어린순은 식용으로 쓰이며, 잎과 줄기는 약재로 사용된다. 우리나라와 일본, 중국 동북부, 아무르 강 등지에 분포한다.

ㅊ

길러보기

9월에 받은 종자를 화단이나 화분에 바로 뿌리거나, 가을이나 이른 봄에 포기나누기를 한다. 화단이나 화분에 심으면 좋다.

비슷한 식물들

- **꽃마리** : 키는 10~30㎝ 정도이다. 잎은 길이 1~3㎝, 너비 0.6~1㎝로, 양면에는 짧으면서도 거센 털이 나 있다.
- **갈고리꽃마리** : 5~6월에 보랏빛을 띤 짙은 남색 꽃이 핀다.
- **덩굴꽃마리** : 옅은 남색 꽃이 가지 옆에서 대여섯 송이 핀다.
- **섬꽃마리** : 산지에서 자란다. 키는 40~100㎝로서 가지가 많이 갈라진다.
- **좀꽃마리** : 밑에서 가지가 갈라져서 무더기로 자란다.

▲ 꽃마리

319 참졸방제비꽃

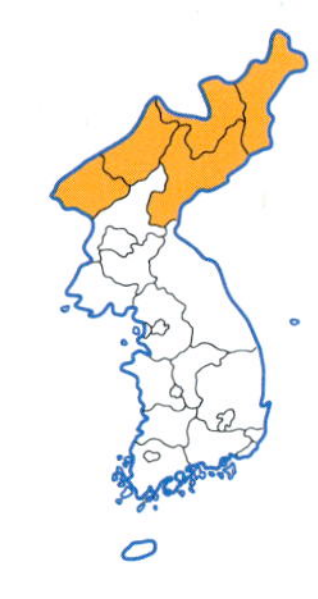

- 학 명 : *Viola sacchalinensis* H. Boissieu
- 과 명 : 제비꽃과

▲ 참졸방제비꽃 꽃

▲ 참졸방제비꽃 잎

졸방제비꽃은 꽃들이 올망졸망 피어서 붙여진 이름이다. 경상도에서는 올망졸망을 올방졸방이라고 하는데, 작고 조그만 꽃들이 고르지 않게 벌어져 있는 것을 표현한 것이다. 또 강원도와 경상도에서는 조리를 졸방이라고도 한다. 졸방제비꽃은 사실 꽃과 꽃줄기가 조리 즉, 졸방을 닮긴 했다.

이 졸방제비꽃 앞에 '참' 자를 붙인 참졸방제비꽃은 졸방제비꽃보다 더 낫다는 뜻이다. 졸방제비꽃에 비하여 전체 모습이 작긴 하나 꽃은 오히려 약간 크며, 잎도 조금 더 둥글다.

키는 15㎝ 정도이며, 뿌리줄기는 비교적 짧으며 갈색의 반점이 있다. 뿌리잎은 모여 나고 둥근 심장형이다. 잎은 길이 3~4㎝로 윗부분은 좀 뾰족하다. 줄기잎은 어긋난다. 턱잎은 창처럼 끝이 뾰족하게 생겼으며 새의 깃 모양으로 가늘게 갈라진다.

꽃은 5~6월에 줄기 잎겨드랑이에서 연보라색으로 피는데, 꽃자루가 가늘며 길고 좌우대칭을 이룬다. 꽃잎은 5개로 달걀을 거꾸로 세운 모양이고 길이 1~1.5㎝이다. 꽃잎의 끝은 둥글며 5개의 수술과 1개의 암술이 있다. 열매는 속이 여러 칸으로 나뉘며, 각 칸 속에 많은 종자가 들어 있고 다소 작은 편이며 긴 달걀 모양으로 세 조각으로 벌어진다.

▲ 참졸방제비꽃

제비꽃과에 속하는 여러해살이풀로, 우리나라 특산종이며, 평안북도와 함경도 등지에 분포한다. 관상용으로 쓰이고, 어린잎과 줄기는 식용으로 쓰인다. 식용할 수 있어 참졸방나물이라고도 한다.

길러보기

가을에 포기나누기를 하거나 7월경에 받은 종자를 보관 후 8월 말경에 뿌린다. 이른 봄에 종자를 뿌리면 꽃을 볼 수 있는 시간이 짧다. 다른 제비꽃들과 달리 정원의 반그늘에 심는 것이 좋다.

비슷한 식물들

- **졸방제비꽃** : 제비꽃 중에는 드물게 줄기가 곧게 서고, 잎은 길이 2.5~4㎝, 너비 0.3~0.5㎝로 어긋난다.
- **큰졸방제비꽃** : 줄기는 여러 대가 비스듬히 선다. 울릉도에 분포한다.
- **민졸방제비꽃** : 털이 꽃잎 안쪽에만 있다.
- **왜졸방제비꽃** : 꽃이 필 무렵에는 키가 2~5㎝밖에 안 되지만, 결실기에는 10~25㎝까지 자란다.
- **조갑지나물** : 졸방제비꽃과 비슷하나 잎이 둥글고 털이 없다.

▲ 졸방제비꽃

▲ 민졸방제비꽃

옛 처녀의 치마를 닮은

320 처녀치마

■ 학 명 : *Heloniopsis koreana* Fuse, N.S.Lee & M.N.Tamura

■ 과 명 : 백합과

▲ 처녀치마 꽃대 올라오는 모습

▲ 처녀치마 꽃봉오리

▲ 처녀치마 꽃

▲ 처녀치마 새순 올라오는 모습

▲ 처녀치마 잎

참 독특한 이름으로, 이 식물의 잎 때문에 붙여졌다. 잎은 길이 6~20㎝가량으로 땅바닥에 평퍼짐하게 퍼져 방석 같기도 한데, 이 모습이 마치 옛날 처녀들이 즐겨 입던 치마와 비슷하다.

처녀치마는 전국 산지에서 자라는 숙근성 여러해살이풀이다. 숙근성이란 해마다 묵은 뿌리에서 움이 다시 돋는 식물을 말한다. 즉, 뿌리가 잠을 자다가 때가 되면 다시 새싹이 돋는 것을 말한다. 습지와 물기가 많은 곳에서 서식하며, 키는 10~30㎝이다.

이른 봄 언 땅이 녹으면 싹이 올라오는데, 이 시기는 초식동물들이 모처럼 먹을 것을 찾아 나와 활발하게 움직일 때이다. 그래서 자생지에 가 보면 처녀치마의 잎이 많이 훼손되어 있는 것을 볼 수 있다. 잎은 윤기가 많이 나며 끝이 뾰족하다.

▲ 처녀치마 종자 결실

꽃은 4~5월에 적자색으로 줄기 끝에서 3~10개 정도가 뭉쳐 달린다. 꽃잎 밖으로는 수술대보다 긴 암술대가 나와 있다. 꽃이 필 때 꽃대는 작지만, 꽃이 질 때쯤에는 길이가 원래보다 1.5~2배 정도 자라는 것이 특징이다. 열매는 8월경에 길이 약 0.5㎝로 배 모양으로 달린다.

백합과에 속하며, 차맛자락풀, 치마풀이라고도 한다. 비슷한 종으로는 칠보치마와 숙은처녀치마가 있다. 숙은처녀치마는 2006년에 등재되었는데, 바위틈에서도 자란다. 주로 관상용으로 쓰이며, 우리나라와 일본에 분포한다.

길러보기

가을이나 겨울에 포기나누기를 하거나 종자를 얻은 후 바로 화분에 뿌리는 것이 가장 좋다. 남은 종자는 냉장 보관한 후 이듬해 봄에 일찍 뿌린다. 물기가 많은 화단을 선정해서 심고, 공중습도를 높게 유지하는 것이 중요하다.

비슷한 식물들

- **칠보치마** : 잎이 마치 처녀치마를 닮아서 붙여진 이름이다. 잎은 뿌리에 10여 개가 나와서 사방으로 퍼지고 황색을 띤 녹색이며 거꾸로 세운 피침형이다.
- **숙은처녀치마** : 꽃이 아래를 향해 핀다.

▲ 칠보치마

▲ 숙은처녀치마

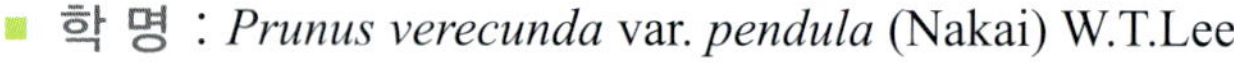
수양버들처럼 가지가 축축 늘어지는

321 처진개벚나무

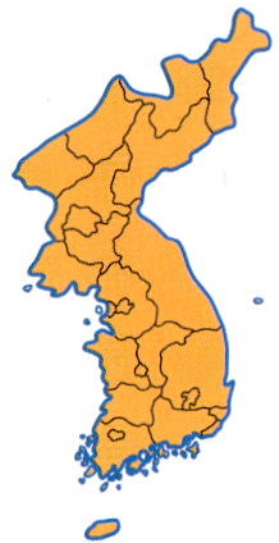

■ 학 명 : *Prunus verecunda* var. *pendula* (Nakai) W.T.Lee

■ 과 명 : 장미과

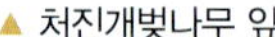
▲ 처진개벚나무 잎

▲ 처진개벚나무 열매

▲ 처진개벚나무 꽃

조선 효종은 인조의 뒤를 이은 임금으로, 17세기 중엽에 북벌 계획을 세웠다. 북쪽 오랑캐에게 다시는 당하지 않고자 대비한 것인데, 남한산성의 방비를 강화했고, 임경업을 시켜 명나라와 함께 대청전선을 구축하기도 했다. 그

때 서울 우이동에 잔뜩 심었던 것이 처진개벚나무이다. 처진개벚나무는 탄력이 강해 활을 만드는 데 아주 좋았다. 또 껍질로는 활을 감아서 손이 아프지 않게 하기도 했다.

처진개벚나무는 벚나무지만 수양버들처럼 축축 늘어진다고 해서 수양벚나무, 능수벚나무라고도 한다. 가지가 아래로 처지면 자연스럽게 사람의 시선도 아래로 가기 마련이어서, 가지와 물이 맞닿는 수평선에 시선이 가게 되어 정적의 평화로움을 느끼게 하는 나무로, 호숫가에 심으면 물과 호수와 잘 어울릴 수 있어 더없이 좋다.

그런데 여기에서 수양이란 말의 유래가 흥미롭다. 이는 수나라 양제가 양자강에 대운하를 만들 때 언덕에 버드나무를 많이 심어서 붙여진 것이라고 한다. 그러나 길게 늘어진다는 뜻의 수양(垂楊)에서 유래되었다는 설도 있다.

낙엽활엽교목으로, 높이는 15m 정도이다. 잎은 달걀 모양으로 가장자리에 뾰족한 톱니가 나 있다. 꽃은 4월에 연한 홍색으로 피고, 열매는 둥근 핵과로 6~7월에 자흑색으로 익는다.

장미과에 속하며, 원산지는 우리나라이다. 양지바르고 습기가 많은 비옥한 땅에서 잘 자라며, 추위에도 강하여 전국 곳곳에 산재되어 잘 자라는 나무이다. 서울 우이동의 해발 100m 되는 인가 부근에 많이 자생한다. 다른 벚나무들처럼 전정을 하면 안 되며 또한 이식도 잘 안 되는 나무이다. 수명은 길지만 벚나무 중에서도 대기 오염에 가장 약한 나무라 도심지에서는 잘 자라지 않는다.

관상용으로 심으며, 목재는 도구재로 사용된다. 열매는 식용하며, 수피는 약재로 사용된다.

길러보기

벚나무를 대목으로 접목하여 번식한다.

비슷한 식물들

- **개벚나무** : 전체적으로 수양벚나무와 비슷하나 가지가 밑으로 처지지 않는다.

사약으로 사용된

322 천남성

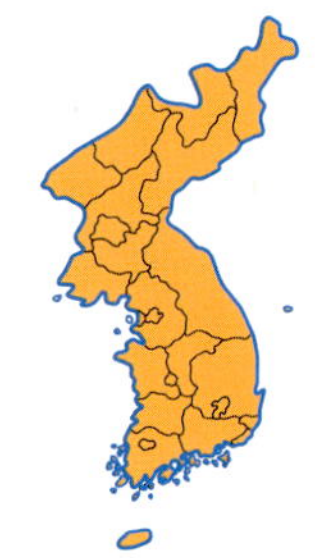

■ 학 명 : *Arisaema amurense* f. *serratum* (Nakai) Kitag.

■ 과 명 : 천남성과

▲ 천남성 꽃

▲ 천남성 잎

본래 천남성은 남쪽에 뜨는 별을 뜻하는데, 식물에도 있다. 천남성이라는 이름이 붙은 것은 이 식물의 성질이 양기가 강해 별 중 가장 양기가 강한 천남성을 빗대어 붙여진 것이라고 한다. 옛 책에는 호장(虎掌)이라고 소개했는데, 크고 둥근 덩이줄기 주변에 구형의 결눈이 있는 것이 마치 호랑이 발바닥처럼 생겼기 때문이다. 그리고 뱀이 머리를 쳐들고 있는 것 같기도 해서 '사두화'라고도 했다.

천남성은 특히 옛날에 사약으로 사용되었다. 조선의 사악한 여인 장희빈에게 내린 사약이 바로 천남성 뿌리의 가루이다. 이렇듯 유독한 식물이지만 잘 사용하면 약으로도 쓰인다. 특히 밀가루 반죽과 섞어 수제비를 만들어 먹으면 담에 결렸을 때 효과가 있다고 한다.

천남성은 숲의 나무 밑이나 습기가 많은 곳에서 자라는 여러해살이풀로, 토양이 비옥하고 물 빠짐이 좋은 곳에서 잘 자라며, 키는 20~50㎝이다. 줄기는 겉은 녹색이지만 때로는 자주색 반점이 있다. 줄기에 1개의 잎이 달리는데, 5~11개의 작은 잎으로 갈라진다. 잎은 길이 10~20㎝이고 5~10 갈래로 갈라지며 긴 타원형이다. 작은 잎은 양 끝이 뾰족하고 톱니가 있다.

꽃은 5~7월에 피는데, 녹색 바탕에 흰 선이 있고 깔때기 모양으로 가운데 꽃차례 중의 하나인 곤봉과 같은 것이 달려 있다. 꽃잎 끝은 활처럼 말리는 것이 또한 독특하다. 열매는 10~11월에 붉은색으로 포도송이처럼 달린다.

▲ 천남성 종자 결실

▲ 천남성 여러 개체

천남성과에 속하며 유독성 식물로, 알뿌리는 약용으로 쓰인다. 우리나라와 중국 동북부에 분포한다. 꽃말은 '보호', '비밀', '여인의 복수', '장대한 아름다움' 등 여러 가지가 있다.

길러보기

가을에 종자를 따서 이듬해 봄 화단에 뿌리거나, 알뿌리 옆에 해마다 조그마하게 달리는 작은 알뿌리를 분리해 번식한다. 물기가 많은 곳을 좋아하지만, 너무 물기가 많으면 알뿌리가 썩을 수 있기 때문에 되도록 물 빠짐이 좋은 화단에 심는 것이 좋다.

비슷한 식물들

- **남산천남성** : 포가 자주색 또는 보라색이고 흰 세로줄이 있다.
- **둥근잎천남성** : 작은 잎에 톱니가 없고 포가 녹색이다.
- **넓은잎천남성** : 작은 잎은 5개로 중앙부의 것이 가장 크고 긴 타원형 또는 달걀 모양이며 양 끝이 좁다.
- **두루미천남성** : 줄기가 유난히 길쭉하고 꽃대가 올라온 모습이 꼭 두루미 머리 같아서 붙여진 이름이다.
- **섬천남성** : 키가 60㎝ 정도 자라는데, 하부에 비늘잎이 있다. 거문도에 자생한다.
- **무늬천남성** : 잎에 무늬가 있다.
- **큰천남성** : 다른 천남성에 비해 잎과 줄기, 꽃이 모두 크다.

▲ 두루미천남성

▲ 큰천남성

먹을 수 없는 개꽃

323 철쭉

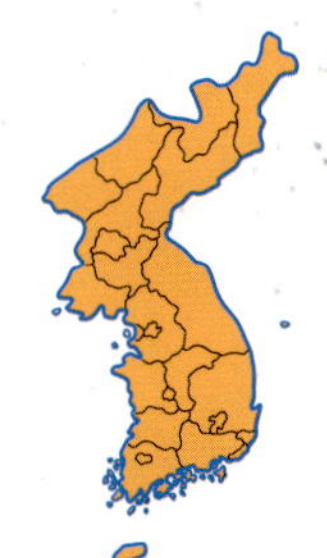

■ 학 명 : *Rhododendron schlippenbachii* Maxim.

■ 과 명 : 진달래과

▲ 철쭉 꽃

▲ 철쭉 잎

▲ 철쭉 수피

▲ 철쭉 겨울눈

철쭉은 진달래와 비슷하게 생겼다. 진달래는 잎보다 꽃이 먼저 피나, 철쭉은 잎과 꽃이 동시에 피는 점이 다르다. 또 철쭉은 꽃잎 안쪽에 적자색의 반점이 있고, 꽃 자체에 점액질이 있어 구분이 간다. 진달래꽃은 먹을 수 있어서 참꽃이라고 하는 반면, 철쭉꽃은 먹지 못하므로 개꽃이라고도 한다. 이 밖에도 함박꽃, 척촉, 철죽 등으로도 불리는데, 척촉(躑躅)에서 철쭉으로 바뀐 것으로 보인다. 척(躑) 자는 머뭇거린다는 뜻인데, 꽃에 독이 있어서 양이 가까이 가지 못하고 머뭇거린다고 해서 붙여졌다.

낙엽활엽관목으로, 높이는 2~5m 정도이다. 줄기는 곧게 자라고 굵은 가지를 많이 내며, 수피는 회갈색으로 오래되면 갈라진다. 잎은 어긋나고 가지 끝에 5개씩 모여 달리며 거꾸로 세운 달걀 모양이다. 꽃은 양성화로 3~7개씩 가지 끝에 모여 산형화서를 이루며 연한 홍색의 꽃잎 안쪽에 적자색 반점이 있고 잎과 함께 5월에 핀다. 진달래와는 달리 꽃에 점액질이 있어 먹지는 못한다. 열매는 삭과로 긴 타원상 거꾸로 세운 달걀 모양이며 10월에 익는다.

우리나라와 중국, 일본 등지에 분포한다. 전국의 해발 100~2,000m 사이의 산야에 자생한다. 음지와 한지를 가리지 않고 잘 자라는데, 주로 나무숲이나 그늘진 곳에서 잘 자란다. 추위에 강하나 침수에는 약한 수종이다.

꽃이 아름다워 관상수, 정원수로 심으며, 목재는 조각재로 사용된다. 꽃은 약용으로 쓰는데 강장, 이뇨, 위장병 등에 효능이 있다. 꽃에 독성이 있으나 그리 독하지 않고 약해서 벌들이 잠시 기절했다가 곧 깨어날 정도라고 한다.

▲ 철쭉 군락

우리나라에는 철쭉이 유명한 곳이 많은데, 설악산과 소백산, 황매산 등지가 대표적이다. 이들 산에서는 매년 철쭉제를 벌이며 산신령에게 제사를 지내기도 한다.

길러보기

실생과 삽목으로 번식한다.

비슷한 식물들

- **산철쭉** : 서울 북한산 등에서 자란다. 연한 홍자색의 꽃이 피는데, 꽃이 아름다워 정원수나 관상수로 심는다.
- **겹산철쭉** : 산철쭉과 비슷하나 겹꽃으로 핀다.
- **흰철쭉** : 꽃이 흰색으로 핀다.
- **황철쭉** : 일본 원산으로, 꽃 색깔이 황색이다.

▲ 산철쭉

가지와 어린 가시가 녹색인

324 청가시덩굴

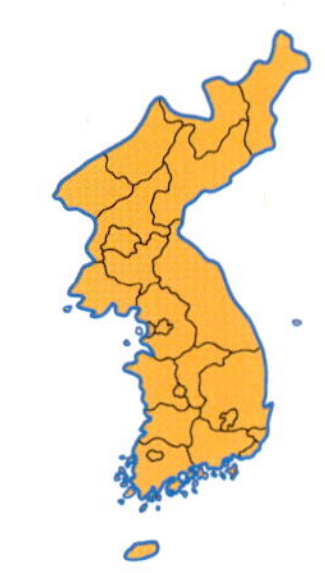

■ 학 명 : *Smilax sieboldii* Miq.

■ 과 명 : 백합과

▲ 청가시덩굴 꽃봉오리

▲ 청가시덩굴 수꽃

가지와 어린 가시가 녹색이며 덩굴성 목본이라 하여 청가시덩굴이라고 부른다. 덩굴손이 메기수염처럼 생겼다고 해서 점어발(粘魚髮) 또는 점어수(粘魚鬚)라고도 한다. 이 밖에도 청가시나무, 청가시덤불, 종가시나무라는 별칭도 있다.

▲ 청가시덩굴 암꽃

낙엽활엽덩굴성 목본으로, 길이 5m 정도까지 자란다. 작은 가지는 녹색으로 곧은 가시와 흑색 반점이 있는데, 다른 나무와 함께 바위 위에 덤불을 형성하며 자란다. 줄기는 녹색으로 날카로운 가시가 나 있으며, 잎은 달걀 모양 타원형 및 달걀 모양 심장형이고 가장자리는 물결 모양이다.

암수딴그루로, 꽃은 잎겨드랑이에 산형화서로 달리며 6월에 황록색으로 핀다. 수꽃은 6개의 수술이 있고, 암꽃은 1개의 암술이 있다. 열매는 장과로 둥글며 9~10월에 검은색으로 익는다. 전체적으로 청미래덩굴과 비슷하나, 청미래덩굴에 비해 잎이 길쭉하고 가장자리가 구불거리는 것이 특징이다.

일본, 중국, 타이완 등지에 분포하며, 우리나라에서는 전국의 계곡과 산기슭에 자생한다. 청가시덩굴은 양지와 음지 모두에서 잘 자라고, 맹아력이 강하여 많은 줄기가 뻗어 나와 다른 나무를 감고 올라간다. 비옥한 땅을 좋아하

▲ 청가시덩굴 잎

▲ 청가시덩굴 수피

▲ 청가시덩굴 열매(미성숙)

▲ 청가시덩굴 열매(성숙)

며, 건조지에서는 잘 자라지 못하나 추위에는 강하다.

한방에서 뿌리, 뿌리줄기를 통증, 염증, 관절염에 쓴다. 잎은 자상의 상처에 붙이면 잘 낫는데, 산속에서 못이나 칼에 찔렸을 때 응급 처치로 청가시덩굴의 잎이나 칡의 잎을 짓이겨 붙이면 상처 치료에 도움이 된다.

한편, 뿌리나 줄기에는 사포닌, 타닌, 수지, 전분, 티고게닌, 네오티고게닌이 함유되어 있어 달인 물을 몸에 바르면 아토피에 좋다. 한편, 봄에 어린순과 어린잎을 데쳐서 고추장에 찍어 먹거나 무쳐서 나물로 해 먹는데, 약간 달짝지근한 맛이 난다.

길러보기

뿌리 맹아를 포기나누기를 하거나 봄에 씨를 뿌려 싹을 틔워 키운 묘목으로 실생한다.

비슷한 식물들

- **청미래덩굴** : 줄기는 마디에서 굽어 자라며 길이 3m에 이르고, 갈고리 같은 가시가 있으며, 열매는 붉다.

▲ 청미래덩굴

옛날 요깃거리였던

325 청미래덩굴

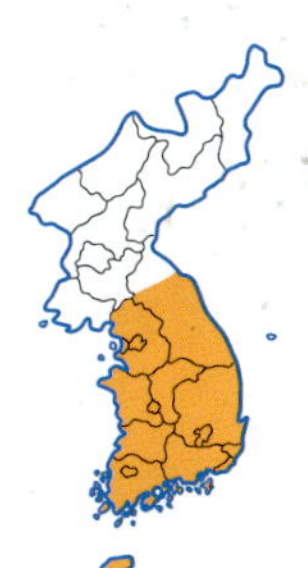

■ 학 명 : *Smilax china* L.

■ 과 명 : 백합과

▲ 청미래덩굴 암꽃

▲ 청미래덩굴 수꽃

▲ 청미래덩굴 잎 전개되는 모습

▲ 청미래덩굴 잎과 열매(미성숙)

망개떡은 찹쌀가루를 쪄서 치대어 거피 팥소를 넣고 반달이나 사각 모양으로 빚어 두 장의 나뭇잎 사이에 넣고 찐 떡이다. 이때 쓰이는 나뭇잎이 청미래덩굴 잎이다. 경상도에서는 청미래덩굴을 망개나무라고도 부르는데, 사실 청미래덩굴과 망개나무는 전혀 다른 종이다.

망개나무 외에 명감나무, 종가시덩굴, 청열매덩굴이라고도 하며, 이 외에도 매발톱가시, 좀청미래, 좀명감나무, 섬명감나무, 팥청미래덩굴 등 지방에 따라 부르는 이름이 아주 많은 나무이다.

청미래덩굴의 뿌리를 토복령(土茯笭) 또는 금강두(金剛兜)라고도 하는데, 토복령은 땅에 있는 복령이라는 뜻으로, 혹같이 생긴 덩이뿌리가 있어서 붙여진 명칭이다. 덩이뿌리에는 녹말 성분이 많아 옛날 춘궁기에 곡식과 섞어 밥을 지어 먹었다. 나라가 망한 뒤 산으로 들어간 선비들이 뿌리를 캐어 먹기도 한 토복령은 신선이 남긴 음식이라 하여 선유량(仙遺糧)이라고도 하고, 넉넉한 요깃거리가 된다고 하여 우여량(禹餘糧)이라고도 한다.

낙엽활엽덩굴성 목본으로, 줄기는 마디에서 굽어 자라며 길이가 3m에 이르고 갈고리 같은 가시가 있어 다른 나무를 기어올라 덤불을 이룬다. 잎은 두꺼우며 광택이 나고 넓은 타원형이다. 꽃은 암수딴그루로 청록색이며 5월에 잎겨드랑이에 산형화서로 달린다. 열매는 둥글고 붉은색으로 한 곳에 5~10개씩 9~10월에 익으며, 종자는 황갈색이다.

우리나라와 일본, 중국, 필리핀, 인도차이나 등지에 분포한다. 우리나라에서는 황해도 이남의 해발 1,600m 이하의 양지 산기슭이나 숲 가장자리에 자

▲ 청미래덩굴 열매(성숙)

▲ 청미래덩굴 수피

생하는데, 햇빛이 잘 드는 곳에서 잘 자라고 그늘진 곳이나 건조한 곳에서도 잘 자라며 추위에도 강하다.

봄에 나오는 어린순은 살짝 데쳐 쌈장에 싸 먹고, 잘 익은 붉은 열매는 그냥 먹기도 한다. 또 잎을 달여 차로 마시면 백 가지 독을 제거한다고 알려져 있으며, 특히 수은 중독을 해독한다고 알려져 있다. 뿌리는 매독, 발한, 이뇨, 지사, 해독, 관절염, 요통, 종기 등에 사용한다. 열매가 달린 것은 꽃꽂이용으로도 훌륭하다. 이 밖에도 관상용, 생울타리, 정원의 칸막이 장식용으로 사용된다.

ㅊ

길러보기

봄에 파종하여 모종을 하기 위한 묘목으로 실생하여 번식한다.

비슷한 식물들

- **좀청미래덩굴** : 청미래덩굴보다 잎이 작으며 줄기가 곧게 서고 가지가 많다.
- **청가시덩굴** : 줄기는 길이 5m 내외로 길이 약 10m까지 벋어 가며 능선과 곧은 가시가 있다. 가지는 딱딱하며, 열매는 검은색이다.

▲ 청가시덩굴

사철쑥 등에 기생하는 더부살이 식물

326 초종용

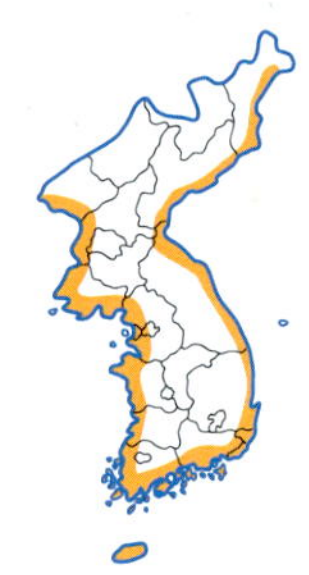

■ 학 명 : *Orobanche coerulescens* Stephan

■ 과 명 : 열당과

▲ 초종용 꽃봉오리

▲ 초종용 꽃

▲ 초종용 꽃(위에서 본 모습)

▲ 초종용 시든 모습

더부살이는 남의 집에서 먹고 자면서 일을 해 주고 삯을 받는 일 또는 그런 사람을 말한다. 즉, 남에게 얹혀 사는 것을 이르는데, 이런 관계가 생물계에도 많다. 한 생물이 다른 생물의 영양분을 빼앗으면서 살아가는 것을 더부살이한다고 하며, 다른 말로는 기생한다고 한다. 기생충은 대표적인 더부살이 동물이며, 또 세균도 넓은 의미에서는 더부살이라고 할 수 있다.

식물에는 겨우살이 종류와 열당과가 대표적이다. 이중 열당과는 엽록체가 없는 식물로, 다른 식물의 뿌리에 기생한다. 우리나라에는 야고 등 모두 8종이 서식한다.

열당과의 하나인 초종용은 해변가 모래땅에서 자라는 기생식물로 여러해살이풀이다. 본래 중국에서는 오리나무더부살이를 초종용이라고 부르는데, 우리나라에서는 갯가에 자라는 갯더부살이를 이렇게 부르게 되었다. 여기에서 종용이란 느리고 부드러운 모양을 말하며, 약의 성질에서 유래한다.

초종용은 사철쑥이나 다른 국화과 식물이 있는 곳에서 잘 자라며, 키는 10~30㎝이다. 잎은 흰색으로 비늘 모양이며 길이 1~1.5㎝이다. 잎에는 긴 털이 드문드문 있고 어긋난다.

▲ 초종용 무리

꽃은 5~6월에 연한 자주색으로 피며 길이 3~10㎝로 원줄기 끝에 빽빽하게 달린다. 열매는 7~8월경에 길이 약 1㎝의 좁은 타원형으로 달린다. 열매가 다 익으면 두 쪽으로 갈라지며 안에는 검은색 종자가 많이 들어 있다.

초종용은 열당, 갯더부살이, 사철더부살이, 쑥더부살이, 사철쑥더부살이, 개더부사리라고도 한다. 원줄기는 약용으로 쓰이며, 동아시아, 동유럽 등지에 분포한다.

길러보기

8월에 받은 종자를 쑥 종류가 있는 화단에 바로 뿌리거나, 종자를 종이에 싸서 냉장 보관한 후 이듬해 봄에 뿌려 번식한다. 그러나 재배하기는 매우 까다롭다.

비슷한 식물들

- **개종용** : 엽록소가 없으므로 식물체가 흰색이며, 전체적으로 털이 없거나 거의 없다. 꽃은 4~5월에 흰색으로 핀다.
- **육종용** : 높은 산 음지에 자생하는 기생식물로, 혹처럼 생겼으며 껍질이 솔방울같이 비늘 모양이다. 육종용은 약재 이름으로 많이 사용되며, 오리나무더부살이라고도 하며, 백두산에 분포한다.
- **백양더부살이** : 전북 내장산 계곡에 자라며, 쑥에 기생하여 산다.
- **가지더부살이** : 높은 산의 숲 속에서 자라며, 키는 5~10㎝로 아주 작다. 7월에 흰색 꽃이 5~10개씩 뭉쳐서 핀다.

▲ 백양더부살이

▲ 가지더부살이

콩알처럼 작은 제비꽃

327 콩제비꽃

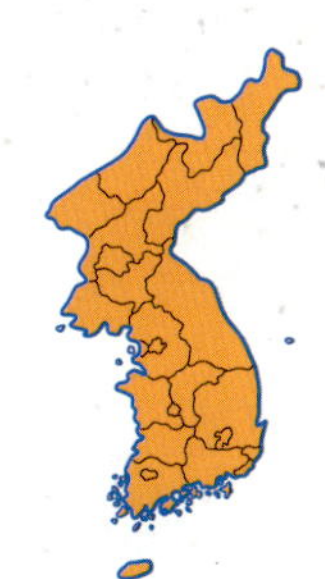

- 학 명 : *Viola verecunda* A.Gray
- 과 명 : 제비꽃과

▲ 콩제비꽃 꽃

▲ 콩제비꽃 잎

ㅋ

▲ 콩제비꽃 새순 올라오는 모습

흔히 작은 것을 '콩알만 하다'고 표현하는데, 콩제비꽃의 콩도 그런 뜻이다. 잎이 콩잎을 닮기는 했지만 먹는 콩보다는 작은 콩의 의미가 훨씬 더 적합하다. 어떤 것은 다 커도 5㎝ 정도밖에 안 된다. 물론 아주 크게 크면 20㎝쯤 되는 것도 있다.

'콩' 자를 붙인 만큼 우리나라에 60여 종류나 되는 제비꽃 중에서 가장 작지 않을까 하는 생각도 해 본다.

제비꽃은 제비가 돌아올 때쯤 핀다고 해서 붙여진 이름이지만 흔히 오랑캐꽃으로도 불린다. 이는 옛날 오랑캐들이 주로 꽃 피는 봄에 침략해 왔기 때문에 붙여진 이름이다. 그때는 제비꽃이 피면 왠지 걱정이 되지 않았을까.

콩제비꽃은 산과 들의 습기가 있는 곳에 자라는 여러해살이풀로, 양지 혹은 반음지의 습기가 많은 곳에 잘 자라며, 키는 5~20㎝이다. 줄기는 뭉쳐나고 곧게 서거나 비스듬히 자란다. 줄기에 달린 잎은 어긋난다. 잎은 길이 1.5~2.5㎝, 너비 2~3.5㎝로 가장자리에 둔한 톱니가 있다. 또 잎자루가 잎보다 2~4배 정도 긴 것이 특징이다.

꽃은 4~5월에 흰색으로 피는데, 원줄기 윗부분의 잎겨드랑이에서 나오는 긴 꽃줄기에 1개씩 달린다. 열매는 8~9월경에 긴 달걀형으로 달린다.

제비꽃과에 속하며, 조개나물, 조갑지나물, 좀턱제비꽃이라고도 한다. 참고로, 조개나물이라는 이름의 식물은 별도로도 존재한다. 주로 관상용으로 쓰이며, 어린순을 나물로 먹고, 뿌리를 제외한 식물체는 약용한다. 우리나라

▲ 콩제비꽃 무리

와 일본, 중국, 사할린, 아무르 강 등지에 분포한다.

길러보기

9월에 종자를 받아 바로 뿌리거나, 이른 봄 새순이 올라올 때 포기나누기를 한다. 화단이나 화분에 심는다. 물 빠짐이 좋은 곳이면 어디서나 잘 자란다. 물 관리는 2~3일 간격으로 한다.

비슷한 식물들

제비꽃 친구들은 앞에서 많이 소개했다. 갑산제비꽃, 고깔제비꽃, 나도제비꽃, 남산제비꽃, 노랑제비꽃, 둥근털제비꽃, 민둥뫼제비꽃, 알록제비꽃, 제비꽃, 졸방제비꽃을 살펴보기 바란다.

숲 속에 하얗게 빛나는 은하수

328 큰개별꽃

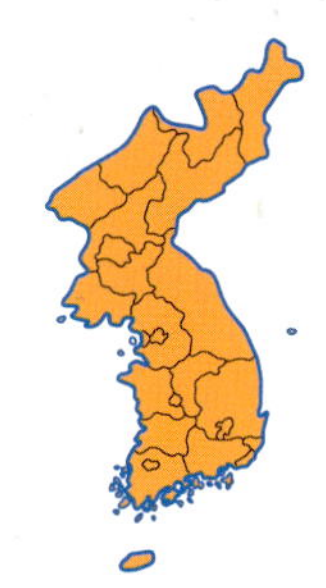

- 학 명 : *Pseudostellaria palibiniana* (Takeda) Ohwi
- 과 명 : 석죽과

▲ 큰개별꽃 꽃봉오리

▲ 큰개별꽃 꽃

흔히 꽃에 '개' 자가 붙으면 본래의 꽃보다 못하다는 표현인데, 개별꽃은 별꽃에 그다지 뒤지지 않는다. 다섯 장으로 된 꽃잎은 같지만, 별꽃의 꽃잎은 V자로 갈라져 모두 10장으로 보인다는 점이 다를 뿐이다. 특히 개별꽃은 자줏빛에 가까운 5개의 꽃술이 하얀 꽃잎에 하나씩 놓이면 환상적인 조화를 이루어 별꽃보다 훨씬 더 화려하다.

개별꽃에도 몇 종류가 있는데, 큰개별꽃은 개별꽃보다 전체적으로 커서 붙여진 이름이다. 특히 잎이 크다. 자생지를 가 보면 약간 습기가 있는 숲 속에 많은 개체가 무리를 지어 서식하는데, 은하수처럼 아름답다. 사실 큰개별꽃의 꽃말은 '은하수'이다.

키는 10~20㎝이며, 두 줄로 돋은 털이 있다. 뿌리줄기는 1~4개가 함께 달리는데, 개별꽃처럼 굵어지지 않는다. 잎은 줄기의 마디 사이가 짧아서 돌려나는 것처럼 보이나 마주나며 피침형 또는 넓은 피침형이다. 네 장의 잎이 모여 나는데, 특히 윗부분 두 쌍의 잎은 십자형으로 배열되며 넓은 달걀 모양으로 크다.

꽃은 4~6월 원줄기 끝에 흰색으로 위를 향해 달린다. 꽃줄기에 털이 없고, 녹색의 꽃받침은 5~7개로 갈라진다. 꽃받침잎과 꽃잎은 5~8장이며, 수술은 10개, 암술대는 2~3개이다. 열매는 속이 여러 칸으로 나뉘며, 각 칸 속에 많은 종자가 들어 있고 익으면 4갈래로 갈라져 종자가 나온다.

석죽과에 속하는 여러해살이풀로, 우리나라와 일본에 분포한다. 전국의 습윤한 숲의 나무 아래나 계곡 주변에서 자란다. 어린순은 나물로 먹으며, 뿌

▲ 큰개별꽃 새순 올라오는 모습

▲ 큰개별꽃 잎

리를 태자삼, 동삼이라고 하여 약재로 쓴다. 선미치광이풀, 큰들별꽃, 민개별꽃이라고도 한다.

길러보기

열매 속의 씨를 화단에 바로 뿌리거나, 종자를 종이에 싸서 냉장 보관한 후 이듬해 봄에 뿌리면 집에서도 가꿀 수 있다.

비슷한 식물들

- **별꽃** : 꽃잎이 V자로 갈라져서 10장처럼 보인다. 수술이 7개, 암술이 1개 있다. 키는 20㎝가량이다.
- **개별꽃** : 4~5월에 흰색의 꽃이 피는데, 5장의 꽃잎이 별 모양이다. 자주색에 가까운 꽃술 5개가 멋있게 난다.
- **긴개별꽃** : 숲 속에서 자라며, 키가 15~30㎝로 개별꽃보다 크다.
- **나도개별꽃** : 꽃잎 끝이 파이지 않은 점이 다르다. 흔히 일기예보 꽃으로 통한다. 아침에 웅크리고 있으면 흐리거나 비가 오고, 활짝 피어 있으면 맑은 날이 된다. 그래서 서양에서는 '가난한 사람들의 날씨 거울'이라는 별명도 있다. 키는 10~15㎝이다.
- **덩굴개별꽃** : 꽃이 핀 다음에 가지가 옆으로 길게 벋으면서 덩굴처럼 변한다.
- **참개별꽃** : 큰개별꽃에 비해 꽃잎은 거꾸로 된 피침형이고 끝이 둘로 갈라지며, 암술대는 3~4개이다. 키는 25㎝ 정도이다.
- **숲개별꽃** : 잎이 길이 3~7㎝의 줄 모양으로 가늘어서 가는잎개별꽃, 가는잎들별꽃이라고도 한다.

▲ 별꽃

▲ 개별꽃

▲ 덩굴개별꽃

봄 소식 전해 주는 봄까치

329 큰개불알풀

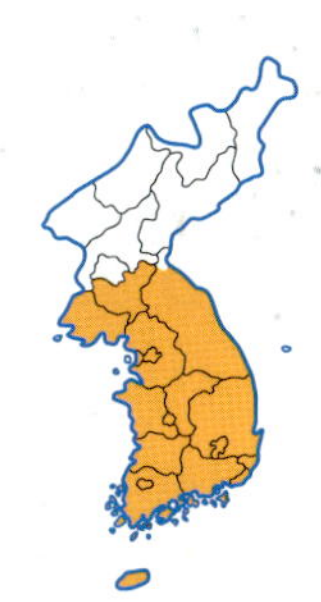

■ 학 명 : *Veronica persica* Poir.

■ 과 명 : 현삼과

▲ 큰개불알풀 꽃

▲ 큰개불알풀 종자 결실

ㅋ

우리 식물들은 대부분 여러 개의 이름을 갖고 있다. 지방에 따라 부르는 명칭이 다르기 때문인데, 더러 민망한 것도 꽤 많은데 그중 하나가 바로 개불알풀이다. 열매의 모양이 희한하게도 개의 불알을 닮아서 붙여진 이름인데, 이게 조금 더 큰 것이 큰개불알풀이다. 봄 소식을 전하는 까치 같다고 해서 '봄까치꽃'이라고도 부른다는데, 특징을 살펴보면 차라리 큰개불알풀이 낫다 싶다. 그렇지만 서양인들은 꽃이 피었을 때 보이는 수술 2개가 꼭 눈처럼 보이는지 '버드 아이(bird's eye)', 바로 '새의 눈'이라고 부른다.

또 하나 특이한 별칭으로는 '큰지금'이 있다. 지금에 '큰'을 붙였는데, 지금이란 한자로 지금(地錦), 즉 땅위의 비단이라는 뜻이다. 봄날 이 꽃이 군락을 지어 죽 피어 있는 모습이 정말 비단을 쫙 깔아놓은 듯해서 붙여진 이름이다. 이 밖에도 지금이라는 별칭이 있는 식물로는 담쟁이덩굴과 비단풀이 있다.

큰개불알풀은 중부 이남의 산과 들에서 흔히 자라는 두해살이풀로, 양지바른 곳이면 어디서나 잘 자라며, 키는 10~20㎝가량이다. 줄기는 밑부분이 옆으로 뻗거나 비스듬히 서고 윗부분이 곧게 선다. 잎은 줄기 밑부분에서는 마주나고 윗부분에서는 어긋나며 삼각형이다. 잎몸에는 털이 있고 가장자리에는 4~7개의 굵은 톱니가 있다.

꽃은 5~6월에 하늘색으로 피는데, 꽃자루 길이는 2~4㎝이고, 꽃은 지름 1㎝ 이하로 작다. 그러나 개불알꽃보다 크기 때문에 큰개불알꽃이라는 이름이 붙었다. 또 꽃잎은 겉은 푸른데, 안쪽으로 가면 흰색이고 짙은 보라색 줄

▲ 큰개불알풀 무리

무늬가 나 있다. 이것은 곤충이 꽃잎의 보라색 줄을 따라 암술이 있는 하얀 중심까지 쉽게 오도록 안내하는 역할을 한다. 식물의 놀라운 생존 방법을 엿볼 수 있는 품종이다. 암술 1개와 수술 2개가 있는데, 수술 꽃밥은 마치 까만 콩을 얹어 놓은 것처럼 보인다.

꽃은 잎겨드랑이에 한 송이씩 붙는다. 그런데 만일 꽃가루를 곤충이 옮겨주지 못한다면 수술이 시들어 꼬부라지며 암술머리에 꽃가루를 닿게 만들어 수정을 한다. 정말 강인한 생명의 힘을 느낄 수 있다. 열매는 8~9월에 달리고, 종자는 타원형이며 잔주름이 많다.

현삼과에 속하며 큰지금, 큰개불알꽃, 봄까치꽃, 왕지금꼬리풀이라고도 한다. 주로 관상용으로 쓰이며, 어린순은 식용으로 사용된다. 우리나라는 물론 유럽과 아시아, 아프리카에 분포한다.

길러보기

두해살이풀이기 때문에 가을에 종자를 뿌린다. 어느 곳에서나 잘 자라므로 관리는 쉬운 편이다.

비슷한 식물들

- **개불알풀** : 꽃잎이 연한 분홍빛을 띠며, 키는 5~15㎝로 큰개불알풀에 비해 작다.
- **선개불알풀** : 꽃은 지름 2㎜ 정도로 아주 작다. 개불알풀에 비해 줄기가 곧게 서며 꽃과 열매에 자루가 없다. 키는 10~30㎝이다.
- **눈개불알풀** : 키가 작고 땅바닥에 누운 듯 꽃을 피운다.

▲ 개불알풀

▲ 선개불알풀

잎과 꽃이 괭이밥보다 큰

330 큰괭이밥

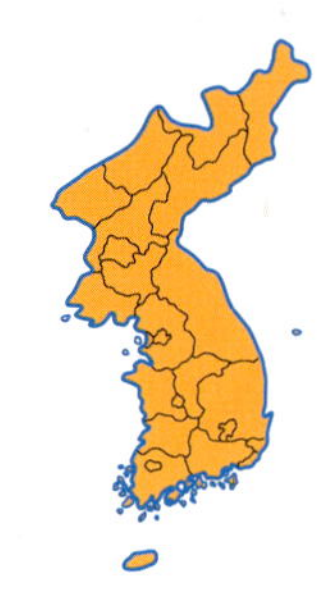

- 학 명 : *Oxalis obtriangulata* Maxim
- 과 명 : 괭이밥과

▲ 큰괭이밥 꽃

▲ 큰괭이밥 잎

괭이밥이라는 이름은 고양이 밥이라는 뜻으로, 잎에서 신맛이 나는데, 실제로 고양이가 먹는다. 큰괭이밥은 괭이밥보다 잎이 크다고 해서 붙여진 이름이다. 꽃이 진 후에도 잎이 계속 크게 자라 나비 크기만 해진다.

▲ 큰괭이밥 종자 결실

큰괭이밥은 깊은 산속에서 자라는 여러해살이풀로, 반그늘 혹은 양지에서 잘 자라며, 키는 10~15㎝가량 된다. 잎은 하트형으로 줄기에서 3개가 올라오는 것이 보통이다. 그래서 간혹 토끼풀과도 혼동된다. 작은 잎은 잎 끝의 중앙부가 약간 파이고 가장자리와 양면에 털이 덮여 있으며, 잎은 길이 약 3㎝, 너비 4~6㎝이다. 이에 비해 괭이밥은 잎의 길이와 너비가 각각 1~2.5㎝로 작다.

꽃은 4~5월 흰색으로 피는데, 꽃잎 가운데 붉은색 줄이 여러 개 나 있는 것이 특징이다. 열매는 7~8월경에 달걀형으로 달리는데, 길이 약 2㎝ 정도 된다. 괭이밥류는 대부분 잎이 먼저 올라오고 다음에 꽃이 피지만, 큰괭이밥은 꽃이 먼저 피고 꽃이 시들 무렵 잎이 올라오는 것이 다른 점이다.

괭이밥과에 속하며, 어린잎은 식용 및 약용하고, 관상용으로 쓰인다. 특히

▲ 큰괭이밥 무리

원예 품종이 많이 개발되어 있는데, 꽃의 지름이 3㎝가량이나 되는 희망봉괭이밥, 전체가 붉은 자주색이고 잎이 괭이밥보다 약간 작으며 노란 꽃이 피는 붉은괭이밥, 꽃에 무늬가 있는 멕시코 원산의 괭이밥, 남아프리카가 원산인 노랑괭이밥 등이 많이 재배되고 있다. 우리나라와 일본, 중국, 우수리 강 등지에 분포한다.

길러보기

7~8월경에 익은 종자를 종이에 싸서 냉장 보관한 후 9월 중순경에 화분이나 화단에 뿌리거나 가을에 포기나누기를 해 화분에 옮겨 심는다. 배수가 잘 되는 양지의 화단이나 화분에 심으며, 여름에는 잎이 많으므로 하루에 한 번 물을 주고, 가을과 겨울에는 내년을 위해 5~7일에 한 번 정도 물을 주는 것이 요령이다.

비슷한 식물들

- **괭이밥** : 잎의 길이와 너비가 각각 1~2.5㎝이다.
- **애기괭이밥** : 키가 5~8㎝로 아주 작다.
- **선괭이밥** : 포기 전체에 털이 나고 줄기는 곧게 선다. 키가 20~40㎝로 커서 왕괭이밥이라고도 한다.
- **자주괭이밥** : 연한 홍색 꽃이 피며, 남아메리카 원산의 귀화식물이다.
- **희망봉괭이밥** : 괭이밥과 비슷하지만 훨씬 크고 잎자루가 길다. 꽃의 지름이 약 3㎝로 괭이밥 종류 중 가장 커서 관상용으로 많이 재배된다. 남아프리카 희망봉이 원산지이다.

▲ 괭이밥

▲ 애기괭이밥

▲ 자주괭이밥

구슬처럼 자줏빛 꽃이 뭉쳐 피는

331 큰구슬붕이

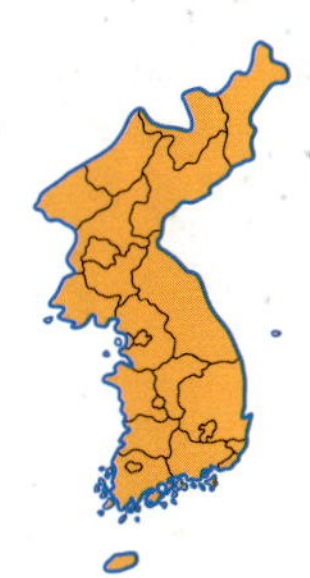

■ 학 명 : *Gentiana zollingeri* Faw.

■ 과 명 : 용담과

▲ 큰구슬붕이 꽃

▲ 큰구슬붕이 새순 올라오는 모습

ㅋ

▲ 큰구슬붕이 시든 모습

▲ 큰구슬붕이 종자 결실

참 예쁜 이름으로, 이름만 보면 구슬이 송송 달려 있는 모습이 떠오른다. 구슬붕이에 비해 크다고 해서 큰구슬붕이라고 하지만 키는 서로 비슷해서 5~10㎝ 정도이다. 단지 꽃이 구슬붕이가 지름 1~1.5㎝인 반면, 큰구슬붕이는 지름 2~2.5㎝로 좀 더 크다. 또 뿌리에서 나온 잎이 방석처럼 퍼지지 않고 줄기에 달린 잎보다 작은 것이 구슬붕이와 다른 점이다. 구슬붕이는 꽃받침조각이 뒤로 젖혀지지만, 큰구슬붕이는 젖혀지지 않는다.

큰구슬붕이는 산과 들에서 나는 두해살이풀로, 물 빠짐이 좋은 양지에서 자라며, 키는 5~10㎝로 작은 편이다. 잎은 길이 0.5~1.2㎝, 너비 0.3~1㎝로 가장자리가 두껍다. 뿌리에서 나온 잎은 다른 잎보다 작고 옆으로 퍼지지 않는다. 잎의 색은 흰색이고 잔돌기가 있으며, 잎의 뒷면은 적자색을 띠고 달걀형으로 어긋난다.

꽃은 5~6월에 피는데, 자줏빛이 돌고 길이 1.8~2.5㎝로 원줄기 또는 가지 끝에 몇 개씩 모여 달리며, 꽃줄기는 매우 짧거나 없다. 꽃받침통은 길이 5~7㎜로 5개로 갈라지고 갈라진 조각은 넓고 끝이 뾰족하며, 꽃부리는 길이 18~25㎜로서 꽃받침보다 2~2.5배 긴 것이 특징이다. 열매는 8~9월경에 달리고 많은 종자가 들어 있다.

용담과에 속하며, 큰구실붕이, 큰구실봉이라고도 한다. 주로 관상용으로 쓰이고, 식물체 전체는 약용으로 사용된다. 우리나라를 비롯해 동아시아 지역의 온대 지방에 분포한다. 꽃말은 '기쁜 소식'이다.

길러보기

9월경에 익은 종자를 받아 뿌려야 다음 해에 꽃을 피운다. 그러나 옮겨심기가 까다롭기 때문에 가정에서는 키우기가 매우 어려운 품종이다.

비슷한 식물들

- **구슬붕이** : 뿌리에서 나온 잎이 방석처럼 퍼지고, 꽃받침조각은 뒤로 젖혀진다.
- **봄구슬붕이** : 꽃이 청자색이며, 산지의 습한 풀밭에서 자란다.

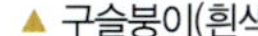
▲ 구슬붕이(흰색)

▲ 봄구슬붕이

꽃이 큰 으아리

큰꽃으아리

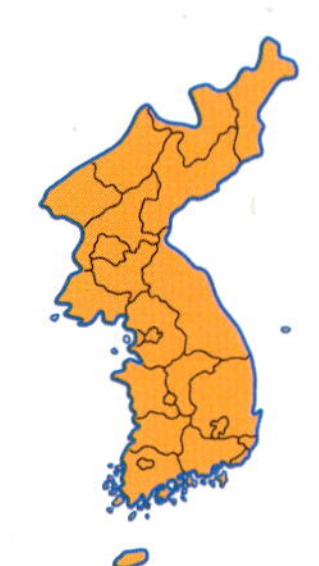

- 학 명 : *Clematis patens* C.Morren & Decne
- 과 명 : 미나리아재비과

▲ 큰꽃으아리 꽃

▲ 큰꽃으아리 잎

큰꽃으아리라는 이름은 '꽃이 큰 으아리'라는 뜻으로 어사리, 개비머리라고도 부른다.

낙엽활엽 덩굴성 목본으로, 길이 2m 이상이다. 줄기는 가늘고 길며 원주형이고 흑자색이며 6개의 세로 능선이 있다. 잎은 깃꼴 겹잎이고 작은 잎은 3개(드물게 5개)로 달걀 모양 및 달걀 모양 피침형이며 톱니가 없고 잎의 가장자리가 밋밋하다. 꽃은 1개씩 마주나며 흰색 또는 자줏빛으로 5~6월에 핀다. 꽃잎은 넓은 달걀 모양 타원형 및 긴 타원형으로 끝이 뾰족하다. 열매인 수과는 달걀 모양이며 황금색 털이 있다.

우리나라와 중국, 만주, 일본 등지에 분포한다. 우리나라에는 전국 산야의 해발 100~850m의 양지바른 계곡과 산기슭에 자생한다. 햇볕이 잘 들고 비옥한 땅을 좋아하여 주로 숲의 가장자리나 도로변 등에서 잘 자라지만, 그늘에서는 잘 자라지 못하고 추위에는 강하다.

덩굴성 목본이며, 꽃이 아름다워 울타리 주변이나 구조물의 녹화용으로 적합하다. 특히 꽃이 덩굴성으로 밑으로 늘어지면서 피므로 아파트 베란다의 조경용으로 심어도 좋은 수종이다. 특히 꽃이 아름다워 원예 품종으로 많이 개발되어 있는데, 붉은빛이 도는 자주색, 붉은빛이 도는 흰색, 보라색 등의 꽃도 있다.

한방에서는 위령선(威靈仙)이라 하여 약재로 쓰는데 사지마비, 요통, 근육마비, 타박상, 다리의 동통 등에 쓴다. 미나리아재비과의 식물은 대부분 유독성 식물로서, 식용으로 먹을 때는 반드시 잎과 줄기를 삶아서 물에 불려 독성

▲ 큰꽃으아리 종자 결실

▲ 큰꽃으아리 수피

ㅋ

분을 뺀 다음에 말려서 나물이나 묵나물로 만들어 먹어야 한다.

길러보기

가을에 종자를 채취하여 노천매장하였다가 봄에 파종하여 키운 묘종으로 번식하거나 포기나누기로 번식한다.

비슷한 식물들

- **위령선** : 중국 원산으로, 꽃은 흰색이며 1~2월에 1개씩 잎겨드랑이에 나고 중앙 이하에 1쌍의 달걀 모양 포편(苞片)이 있다.
- **으아리** : 꽃은 흰색으로 원추화서 또는 취산화서로 달리며, 열매는 수과, 깃털 모양의 긴 암술대가 있는 것이 특징이다.
- **외대으아리** : 꽃은 양성화 또는 단성화로 가지 끝에 1~3개씩 흰색으로 달리며, 열매는 수과로 달걀 모양 및 달걀 모양 원형이며 털이 없고 날개가 있으며 9~10월에 익는다. 끝에 돌기 같은 짧은 암술대가 남아 있다.
- **참으아리** : 꽃은 흰색으로 원추화서 또는 취산화서로 가지 끝이나 잎겨드랑이에 다수 달리고, 열매는 수과로 주황색이고 거꾸로 세운 달걀 모양이며 가장자리가 돌출하고 암술대가 붙어 있는 것이 특징이다.

▲ 위령선

▲ 으아리

▲ 외대으아리

▲ 참으아리

두루미가 서 있는 듯한

333 큰두루미꽃

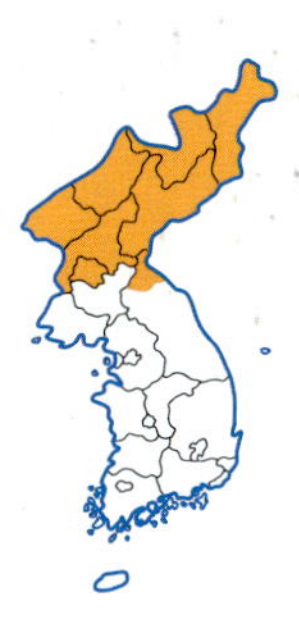

■ 학 명 : *Maianthemum dilatatum* (Wood) A. Nelson & J. F. Macbr.

■ 과 명 : 백합과

▲ 큰두루미꽃 꽃

▲ 큰두루미꽃 잎

ㅋ

큰두루미꽃은 두루미꽃보다 크다는 뜻을 지닌 꽃이다. 두 품종은 서로 비슷하지만 잎이나 식물체가 큰두루미꽃이 더 크며, 특히 두루미꽃에는 돌기 같은 털이 나 있어 구분된다. 잎의 경우 두루미꽃은 길이 2~5㎝, 너비 1.5~4㎝인 반면, 큰두루미꽃의 잎은 길이 3~10㎝, 너비 2.5~8㎝이다.

두루미라는 이름이 붙은 것은 꽃이 마치 두루미 머리와 목을 닮았고, 잎과 잎맥 모양이 두루미가 날개를 넓게 펼친 것과 비슷하기 때문이다. 큰두루미꽃은 우리나라 북부와 울릉도의 산지에서 자라는 여러해살이풀로, 주변에 습기가 많거나 안개가 많으며 토양 유기질 함량이 높은 곳에서 잘 자란다.

이름은 거창하게 큰두루미꽃이지만 키는 고작 8~15㎝에 불과하다. 뿌리줄기는 옆으로 길게 뻗고 마디에서 뿌리가 나오며, 줄기는 곧게 서고 밑부분이 얇은 종이처럼 반투명한 막질의 잎집으로 싸여 있다. 2~3장의 잎이 마주나고 끝이 뾰족하다.

꽃은 5~6월에 흰색으로 한 줄기에 10여 개 정도가 달린다. 5월에 이 꽃이 군락을 이루고 피어 있는 모습을 보면 마치 하얀 두루미 떼가 있는 것처럼 보인다. 열매는 8~9월경에 붉은색으로 달리고, 지름 0.3㎝ 정도의 둥근 종자가 3개씩 들어 있다.

백합과에 속하며, 주로 관상용으로 쓰인다. 한방에서는 뿌리를 제외한 식물체 전체를 무학초라고 해서 약재로도 사용한다. 우리나라 울릉도와 일본, 중국 동북부, 사할린, 캄차카 반도, 시베리아 동부 등지에 분포한다.

길러보기

가을에 포기나누기를 하거나 9월경에 받은 종자를 바로 뿌린다. 통풍이 잘 되고 주변 습도가 높은 곳에서 자라는 식물이어서 재배하기는 까다롭다.

비슷한 식물들

- **두루미꽃** : 큰두루미꽃과 비슷하지만 잎이 작고 식물체도 작으며 돌기 같은 털이 있다.

▲ 두루미꽃

애기나리보다 큰

334 큰애기나리

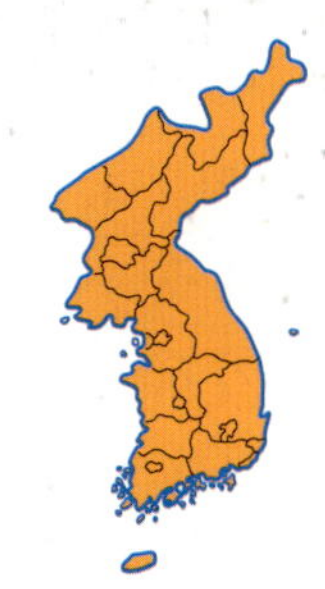

- 학 명 : *Disporum viridescens* (Maxim.) Nakai
- 과 명 : 백합과

▲ 큰애기나리 꽃봉오리

▲ 큰애기나리 꽃

▲ 큰애기나리 잎

ㅋ

나리는 제법 키가 큰 식물에 속해 종류에 따라서는 거의 2m에 가까운 것도 있으며, 대개는 1m 정도에 이른다. 이에 비해 애기나리는 키가 30㎝ 정도에 불과하다. 이것보다 조금 크다고 해서 큰애기나리라고 불리는 이 꽃은 키가 50㎝에 이른다.

하지만 길에서 이들 나리를 발견하면 애기나리인지 큰애기나리인지 구분하기가 쉽지 않다. 다음 몇 가지를 살펴보면서 구분하면 된다. 첫째, 가지가 갈라지면 큰애기나리, 갈라지지 않으면 애기나리이다. 둘째, 애기나리는 비스듬하게 자라지만 큰애기나리는 위로 자란다. 셋째, 잎의 경우 애기나리가 길이 4~7㎝인데 반해, 큰애기나리는 길이 6~12㎝로 배나 된다. 또 보통은 애기나리가 먼저 꽃을 피우고 난 뒤에 큰애기나리가 꽃을 피운다.

큰애기나리는 산지의 숲 속에서 자라는 여러해살이풀로, 빛이 간접적으로 들어오는 나무 아래나 숲 속의 유기질이 많고 물 빠짐이 좋은 곳에서 잘 자란다. 줄기 끝이 밑으로 휘어지는 것이 독특하고, 잎은 길이 6~12㎝, 너비 2~5㎝로 긴 타원형이며 마주난다. 꽃은 흰색으로 5~6월에 줄기 끝에서 1~3개가 아래를 향해 달리고, 꽃잎은 6장이다. 열매는 8~9월경에 둥글고 검은색으로 익는다.

백합과에 속하며, 중애기나리라고도 한다. 어린잎은 식용으로 쓰이며, 뿌리와 줄기는 약재로도 사용된다.

▲ 큰애기나리 지상부

길러보기

이른 봄이나 가을에 포기나누기를 하거나, 9월경에 받은 종자를 바로 뿌리거나 종이에 싸서 냉장 보관한 후 이른 봄에 뿌려 번식한다. 종자발아율은 높은 편이다.

직접 햇볕이 들지 않는 나무 아래에 심는 것이 요령이며, 물 빠짐이 좋은 곳에 퇴비를 많이 넣고 심는다. 물 관리는 2~3일 간격으로 한다.

비슷한 식물들

- **애기나리** : 전체적으로 큰애기나리보다 작다. 키는 30㎝가량이다.
- **뻐꾹나리** : 잎만 보면 큰애기나리와 비슷하나, 꽃에 자주색 반점들이 박혀 있다.
- **큰닭의덩굴** : 큰애기나리를 큰닭의덩굴이라고도 부르지만 다른 종류이다. 큰애기나리는 5~6월에 흰색 꽃이 피는데 반해, 큰닭의덩굴은 9~10월 가지 끝과 잎겨드랑이에 황록색의 꽃이 핀다.
- **금강애기나리(진부애기나리)** : 키는 25~50㎝이고, 하나의 줄기가 곧게 선다. 진부에서 처음 발견된 것으로 진부애기나리라고도 한다. 꽃은 7~8월에 피는데, 노란빛이 도는 연한 녹색이고 붉은빛이 강한 자주색 반점이 있다.

▲ 애기나리

▲ 뻐꾹나리

▲ 금강애기나리

앙증맞은 꽃이 피는

335 큰앵초

- 학 명 : *Primula jesoana* Miq.
- 과 명 : 앵초과

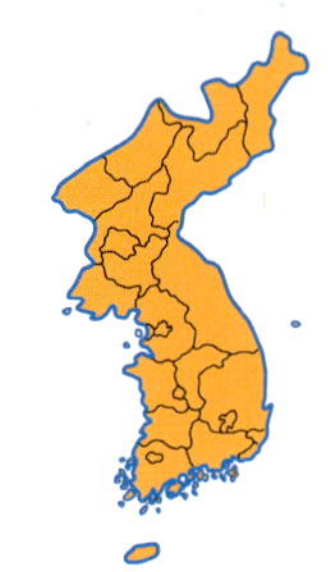

▲ 큰앵초 꽃

▲ 큰앵초 잎

앵초보다 크다고 해서 큰앵초다. 앵초라는 이름은 꽃이 앵도나무의 꽃과 비슷해서 붙여진 것으로, 앵초의 키는 약 20㎝인데 반해 큰앵초의 키는 약 30~50㎝이다. 잎도 큰앵초가 길이 4~18㎝, 너비 6~18㎝로 각각 10㎝ 미만인 앵초보다 크다. 앵초는 잎에 잔털이 많이 나며 원추형으로 생긴 반면, 큰앵초는 단풍잎처럼 끝이 갈라지는 것도 다른 점이다.

▲ 큰앵초 꽃봉오리

큰앵초는 깊은 산에서 자라는 여러해살이풀로, 반그늘이며 습기가 많은 곳에서 서식한다. 잎에는 짧은 털이 있고, 잎자루는 길이 30㎝ 정도로 심장형이다. 잎자루 가장자리는 얕게 7~9개로 갈라지며 톱니가 있다.

꽃은 5~6월에 홍자색으로 피는데, 지름 1.5~2.5㎝로 각 층에 5~6개의 꽃이 달린다. 작은 꽃줄기는 길이 1~2㎝이며 윗부분에 짧은 털이 있다.

열매는 8월경에 여러 개 씨방으로 형성된 곳에 많은 종자가 들어 있으며, 길이 0.7~1.2㎝로 긴 타원형으로 달린다.

앵초과에 속하며, 주로 관상용으로 쓰이고, 어린순은 식용으로 쓰인다. 특

▲ 큰앵초 종자 결실되는 모습

▲ 큰앵초 종자 결실

히 앵초류는 꽃이 예뻐 원예 품종으로 많이 개발되는데, 봄철 도심 화단에서 흔히 볼 수 있는 '프리뮬러'는 앵초의 개량종이다.

우리나라와 일본에 분포한다.

길러보기

7~8월에 익은 종자를 바로 화단에 뿌리거나, 종자를 종이에 싸서 냉장 보관한 후 다음 해에 뿌린다. 뿌리는 가을에 나누어야 이른 봄에 좋은 꽃을 볼 수 있다. 화단에 심고 대기습도를 높게 해 줘야 한다. 꽃이 필 때나 잎이 무성할 때는 분무기를 이용하여 공중에 물을 뿌려 주고, 토양에는 1~2일에 한 번씩 물을 준다.

비슷한 식물들

- **앵초** : 큰앵초보다 전체적으로 작으며, 잎에 잔털이 많다.
- **돌앵초** : 바위 곁에서 자라고, 잎은 길이 3.5~5㎝, 너비 2~3㎝이다. 함경도 갑산에 서식한다.
- **좀앵초** : 잎이 작고 뒷면에 노란색 가루가 붙어 있다.
- **설앵초** : 높은 산 위에서 자란다. 줄기는 곧게 서고, 키는 15㎝가량이다.
- **좀설앵초** : 좀앵초와 설앵초의 특징을 동시에 지닌다. 키가 3~10㎝로 아주 작으며, 높은 산에 서식한다.
- **털큰앵초** : 큰앵초에 비하여 잎자루와 꽃줄기에 긴 털이 많다.

▲ 앵초

▲ 설앵초

▲ 좀설앵초

키가 멀대같이 큰 나물

336 큰장대

- 학 명 : *Hesperis trichosepala* Turcz.
- 과 명 : 십자화과

▲ 큰장대 꽃

▲ 큰장대 꽃봉오리

장대나물은 산과 들에서 자라는 두해살이풀로, 장대처럼 곧게 자란다고 해서 장대라는 이름이 붙었다. 키는 약 70㎝인데, 줄기에 난 잎이 잎자루 없이 줄기를 감듯 붙어 있어서 키가 더욱 커 보인다.

장대나물에는 여러 종류가 있는데, 큰장대는 꽃이 장대나물보다 커서 붙여진 이름이다. 열매도 큰장대가 장대나물보다 두 배쯤 길다. 그러나 키는 50㎝ 정도로 장대나물보다는 작다. 줄기는 하나가 곧추 자라고 윗부분에서 가지를 치며 짧은 털이 성글게 난다. 뿌리에서 나는 잎은 꽃이 필 때 사라진다. 잎은 마주나며 긴 타원형으로 양 끝이 좁아지며 잎의 양면에는 털이 드문드문 나고 가장자리에는 거친 톱니가 있다.

꽃은 5~6월에 줄기 끝에 연한 홍자색으로 많이 모여 피며 길이 1~1.7㎝, 너비 0.7㎝쯤 된다. 꽃잎은 넓은 달걀 모양으로 수술은 6개인데, 그 중 4개는 길다. 암술은 한 개가 있다. 열매는 가늘고 길며 7~8월에 여물면 씨앗이 나온다. 씨는 적갈색으로 타원형이다.

십자화과에 속하는 두해살이풀로, 우리나라와 중국, 몽골 등지에 분포한다. 우리나라에서는 평북 낭림산과 함북 무산 등지의 산지에 자란다. 어린잎은 식용으로 쓰이는데, 국을 끓여 먹기도 하고 나물로도 먹는다. 큰꽃장대, 큰장대나물, 향화초라고도 한다.

길러보기

8월에 받은 종자를 바로 뿌리거나 보관 후 이듬해 봄에 뿌려 번식한다. 양지의 화단에 심으면 좋고, 물 관리는 2~3일 간격으로 한다.

비슷한 식물들

- **장대나물** : 키는 약 70㎝로, 첫해에는 잎이 한 군데에서 많이 나오지만 다음 해에는 원줄기가 자라서 잎자루가 없는 잎이 어긋나게 달린다.
- **큰산장대** : 깊은 산 응달에서 자라며, 키 15~30㎝이다. 연약해 잘 쓰러지는데, 땅에 닿으면 뿌리가 내려 새싹이 돋는다.
- **섬장대** : 전체에 털이 없으며 곧게 서고, 키는 20~50㎝이다. 울릉도에 자라는 한국 특산종이다.

털장대 : 줄기와 잎에 털이 아주 많이 난다. 햇볕이 잘 드는 양지에 자란다.

섬바위장대 : 키는 10~20㎝이고, 전체에 별 모양의 털과 갈라진 털이 있으며, 한라산에서 자란다.

가는장대 : 뿌리는 희고 줄기는 곧으며, 키는 15~60㎝이다. 털은 거의 없어 보이나 굽은 잔털이 있다. 산지 및 해안의 양지에서 자란다.

갯장대 : 바닷가 모래땅에 자란다. 키는 30㎝ 정도이며, 잎과 함께 털이 많이 나 있다.

노인장대 : 키가 2m 정도로 아주 크며, 전체에 털이 흩어져 나고, 줄기는 곧게 서며 가지를 많이 친다. 귀화식물이다.

노란장대 : 꽃이 노란색이다.

느러진장대 : 줄기는 곧게 자라고 위에서 가지가 갈라지며, 키가 50~100㎝이다.

주걱장대 : 잎이 주걱처럼 생겼다.

자주장대나물 : 산기슭 숲 속에서 자라며, 키는 15~30㎝이다. 7월에 흰 바탕에 붉은색 꽃이 핀다. 백두산 등 북부지방에 분포한다.

흰장대나물 : 꽃이 흰색이다.

▲ 장대나물

▲ 가는장대

▲ 노란장대

337 큰천남성

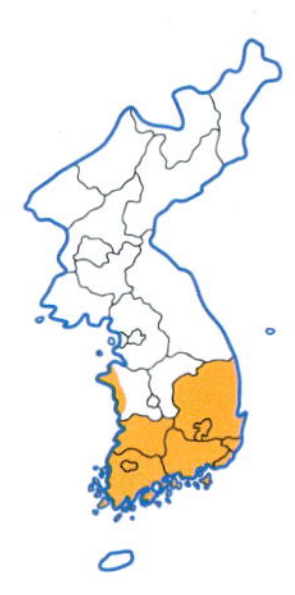

- 학 명 : *Arisaema ringens* (Thunb.) Schott
- 과 명 : 천남성과

▲ 큰천남성 꽃

▲ 큰천남성 잎

▲ 큰천남성 잎(시든 모습)

▲ 큰천남성 열매(미성숙)

▲ 큰천남성 열매(성숙)

천남성보다 크다는 이름이 붙었으나 실제 키는 천남성보다 작은 품종이다. 천남성의 키는 20~50㎝인데, 큰천남성의 키는 15~20㎝에 불과하다. 그런데도 '큰' 자를 붙인 이유는 잎 때문이다. 천남성의 잎은 길이가 10~20㎝인데, 큰천남성의 잎은 훨씬 길어서 약 30㎝까지 자란다.

천남성은 유독성 식물로, 특이한 이름을 가졌다. 곧 뜻대로라면 하늘 남쪽의 별이라는 뜻이다. 이는 이 식물이 가진 약 성분 때문으로, 양기가 아주 강해서 양기가 많은 남쪽 하늘의 별이라는 이름을 얻은 것이다. 약으로 사용되긴 하는데, 유독성 식물이므로 바로 달여 마시면 극히 위험하다. 옛날에는 사약으로 사용되었을 정도로 극약 성분을 지니고 있다.

큰천남성은 남도의 계곡이나 서해안 섬에 자생하는 여러해살이풀로, 반그늘이며 토양의 비옥도가 높은 곳에서 서식한다. 둥근 줄기는 넓고 평평한 공 모양이다.

잎은 길이 15~25㎝ 정도이며, 작은 잎은 3장이고 넓은 달걀 모양으로 길이 8~30㎝, 너비 4~10㎝ 정도이다. 잎의 앞면은 광택이 많이 나는 녹색이고 뒷면은 흰빛이 돈다. 꽃은 5월에 녹색으로 피는데, 꽃의 안쪽은 흑자색이고 뒤쪽은 녹색 줄이 많이 나 있다. 암수딴그루이며, 열매는 9월에 옥수수 알처럼 달려 빨갛게 익는다.

천남성과에 속하며, 푸른천남성, 자주큰천남성, 왕사두초라고도 한다. 주로 관상용으로 쓰이고, 유독성인 알뿌리는 약용으로 쓰인다. 우리나라와 일본, 중국, 타이완 등지에 분포한다.

길러보기

가을에 종자를 따서 이듬해 봄 화단에 뿌리거나, 알뿌리 옆에 해마다 조그마하게 달리는 작은 알뿌리를 분리해 번식한다. 토양이 비옥한 화단에 심으며, 물은 2~3일 간격으로 준다.

비슷한 식물들

- **천남성** : 키는 20~50㎝, 잎은 길이 10~20㎝이고 5~10갈래로 갈라지며 긴 타원형이다. 작은 잎은 양 끝이 뾰족하고 톱니가 있다.
- **섬천남성** : 키는 60㎝ 정도 자라 큰천남성보다 크다. 하부에 비늘잎이 있다. 거문도에 자생한다.

▲ 천남성

열매자루가 황새 다리처럼 긴 냉이

338 큰황새냉이

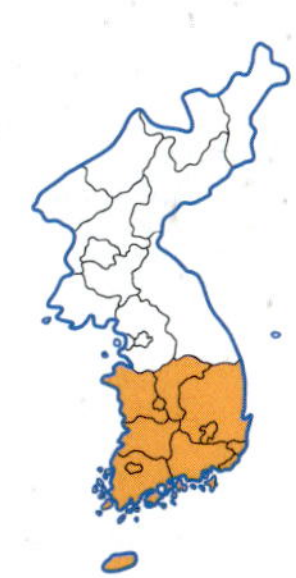

- 학 명 : *Cardamine scutata* Thunb.
- 과 명 : 십자화과

ㅋ

▲ 큰황새냉이 무리

황새냉이는 냉이보다 커서 붙은 이름인데, 열매자루가 황새 다리처럼 길다고 하여 붙여진 이름이다. 큰황새냉이는 여기에 또 '큰' 자를 붙였으니 더욱 큰 냉이이다. 큰황새냉이는 황새냉이에 비하여 기는 줄기가 있고 맨 끝의 갈래 잎이 매우 크며, 꽃도 더욱 크다.

키는 10~20㎝로, 털이 없거나 약간 있다. 잎은 어긋나며 새의 깃처럼 갈라지는데, 작은 잎은 3~11장이다. 끝의 작은 잎이 가장 커서 길이 1~4㎝, 너비 0.7~3㎝의 긴 타원형이다. 이에 비해 황새냉이의 작은 잎은 길이 0.3~1.5㎝, 너비 0.5~1.5㎝이다. 큰황새냉이는 잎의 가장자리에 둔한 톱니가 있으며 양면과 가장자리에 털이 있다.

꽃은 흰색으로 5~6월에 줄기 끝에서 총상화서로 달린다. 꽃잎은 4장으로 넓은 주걱 모양이며 꽃받침잎은 4장, 긴 타원형이다. 수술은 6개로 그 중 2개는 짧으며, 암술은 1개이다. 열매는 각과이고 익으면 2갈래로 터진다.

십자화과에 속하는 여러해살이풀로, 우리나라와 일본, 중국, 러시아에 분포한다. 우리나라 중부 이남의 산과 들의 습지나 강가에 자생한다. 어린순은 나물로 먹는다. 또한 냉이는 예로부터 석명자라 하여 눈 관련 질환에 약재로 썼다.

길러보기

채종 후 바로 파종한다. 잎이나 줄기 삽목이 가능하고, 포기나누기도 번식률이 높다.

비슷한 식물들

- **황새냉이** : 논밭 근처와 습지에서 자란다. 밑에서부터 가지가 갈라져서 퍼지고, 밑부분은 털이 있고 검은 자주색이다. 키는 10~30㎝이다.
- **꽃황새냉이** : 큰황새냉이에 비해서 꽃잎의 길이가 2배쯤 길다.
- **냉이** : 키는 10~50㎝이다. 전체에 털이 있고 줄기는 곧게 서며 가지를 친다.
- **왜갓냉이** : 기는줄기가 있으며, 키는 30~50㎝, 잎은 길이 1~4㎝, 너비 0.7~1.5㎝이다.
- **노란냉이** : 키는 20~50㎝이며, 노란색 꽃이 핀다.
- **는쟁이냉이** : 뿌리에서 나온 잎은 뭉쳐나고 길이 8㎝가량이며, 긴 잎자루가 있고 깃꼴로 갈라지기도 한다.
- **큰는쟁이냉이** : 전체가 대형이고, 잎과 줄기에 깊은 결각상 톱니가 있다.
- **미나리냉이** : 잎은 5~7장의 작은 잎으로 된 새의 깃 모양으로, 가장자리에 불규칙한 톱니가 있다.

ㅋ

▲ 황새냉이

▲ 냉이

▲ 노란냉이

▲ 미나리냉이

잎이 실타래처럼 틀어진

339 타래붓꽃

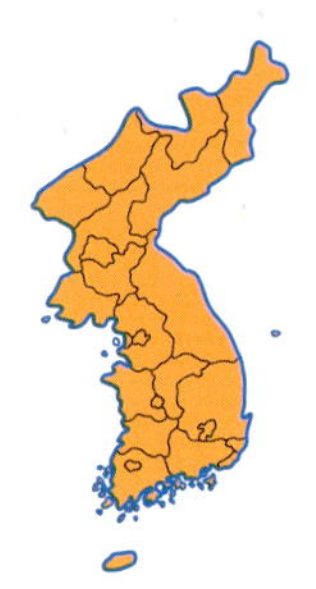

- 학 명 : *Iris lactea* var. *chinensis* (Fisch.) Koidz.
- 과 명 : 붓꽃과

▲ 타래붓꽃 꽃

▲ 타래붓꽃 꽃(위에서 본 모습)

붓꽃은 꽃이 올라오는 모습이 붓처럼 생겨서 붙은 명칭으로, 그 종류가 상당히 많은 편이다. 그중 타래붓꽃은 잎이 타래처럼 느슨하게 비틀어져서 얻은 이름이다.

▲ 타래붓꽃 종자 결실

타래붓꽃은 습기가 많고 양지바른 곳에서 자라는 여러해살이풀로, 습지와 토양에 습기가 많은 곳에서 잘 자라며, 일부 지역에서는 마른 토양에서도 잘 자란다. 키는 40~50㎝이다. 잎은 길이 약 40㎝, 너비 0.5㎝ 정도이고 가는 선이 많으며 꼬이면서 올라가는 것이 큰 특징이다.

꽃은 5~6월에 자주색으로 핀다. 밖에 있는 3개의 꽃잎과 안에 있는 3개의 꽃잎은 다른 붓꽃들의 꽃잎보다 너비가 작은 편이다. 꽃은 짧은 꽃줄기 끝에 달리는데, 향이 강하다. 열매는 7~8월경에 달리는데, 길이 약 6㎝, 너비 0.5㎝ 정도이고 부채꼴이다. 열매의 끝이 날카로우며 밑부분이 자줏빛이 도는 것이 특징이다.

▲ 타래붓꽃 새순 올라오는 모습

▲ 타래붓꽃 잎

붓꽃과에 속하며, 주로 관상용으로 쓰이고, 씨는 마린자, 꽃은 마린화라고 해서 각각 약용으로 쓰인다. 우리나라와 일본, 중국 등지에 분포한다.

길러보기

7월에 종자를 받아 보관한 후 9월에 뿌리거나, 이른 봄 새순이 올라올 때 포기나누기를 한다. 화단이나 화분에 심는데, 물 빠짐이 좋은 곳이면 어디서나 잘 자란다. 물은 2~3일 간격으로 준다.

비슷한 식물들

- **붓꽃** : 붓꽃을 대표하는 종으로, 키는 60㎝ 정도이며, 청색이 도는 보라색 꽃이 아름답게 핀다.
- **각시붓꽃** : 크기가 작고, 비교적 이른 봄에 꽃이 핀다.
- **솔붓꽃** : 잎이 마치 솔잎처럼 가늘다. 산지의 건조한 곳에 자라며, 키는 15㎝ 정도이다.
- **금붓꽃** : 노란색 꽃이 줄기에 하나씩 핀다. 산기슭 양지에 자라며, 키는 13㎝ 정도이다.
- **노랑붓꽃** : 줄기에 꽃이 두 개씩 달린다. 내장산에만 서식하는 한국 특산종으로, 키는 15㎝ 정도이다.

▲ 붓꽃

▲ 각시붓꽃

▲ 금붓꽃

흰색 꽃을 피우는 제비꽃

340 태백제비꽃

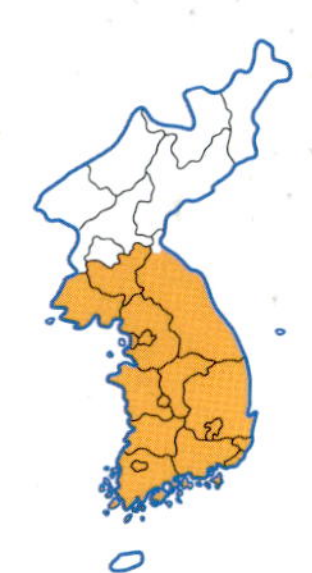

- 학 명 : *Viola albida* Palib
- 과 명 : 제비꽃과

▲ 태백제비꽃 꽃

▲ 태백제비꽃 꽃 뒷모습

식물명에 지명이 붙으면 대개 그 지역에서 처음 발견된 품종을 말한다. 태백제비꽃 역시 강원도 태백산에서 처음 발견된 종으로, 본래는 한국 특산종이었으나 만주 등지에서도 많이 발견되어 특산종에서 제외되었다. 그렇다고 해서 이 꽃이 흔하다는 말은 아니며, 여전히 희귀식물로 분류되고 있다.

꽃의 생김새는 단풍제비꽃이나 남산제비꽃과 비슷하게 생겼다. 단풍제비꽃이나 남산제비꽃은 우리나라에 서식하는 60여 종의 제비꽃 중 드물게 꽃이 희고 잎이 갈라지는 특성을 지닌다. 그러나 태백제비꽃은 잎이 갈라지지 않아서 구분이 된다.

태백제비꽃은 중부 이남의 산지에서 나는 여러해살이풀로, 양지 혹은 반음지의 물 빠짐이 좋은 곳에 잘 자라며, 키는 약 25㎝ 정도이다. 잎은 길이 4.5~12㎝, 너비 2.5~10.5㎝로 가장자리에 안쪽으로 꼬부라진 톱니가 있으며, 잎은 뿌리에서 바로 나온다. 꽃은 4~5월에 흰색으로 피는데, 향기가 있으며 잎 사이에서 긴 꽃줄기가 나와 그 끝에 1개씩 달린다. 중앙에서 포가 2개씩 마주나며, 열매는 6~7월경에 타원형으로 달린다.

제비꽃과에 속하며, 태백씨름꽃, 사향씨름꽃, 태백오랑캐라고도 한다. 주로 관상용으로 쓰이며, 잎은 약용으로 쓰인다. 우리나라와 만주, 일본에 분포한다.

길러보기

7월에 종자를 받아 보관한 후 9월에 뿌리거나, 이른 봄 새순이 올라올 때 포기나누기를 한다. 화단이나 화분에 심는데, 물 빠짐이 좋은 곳이면 어디서나 잘 자란다. 물은 2~3일 간격으로 준다.

비슷한 식물들

- **금강제비꽃** : 꽃이 폐쇄화이고, 땅속줄기가 있다. 금강산, 오대산 등지에 분포한다.
- **장백제비꽃** : 7월에 노란 꽃이 피며, 백두산에 분포한다.
- **광릉제비꽃** : 경기도 광릉의 산기슭에서 자란다. 뿌리줄기는 옆으로 짧게 자라며 뿌리에서 잎이 돋는다.

- **서울제비꽃** : 잎이 긴 타원 모양이고 자줏빛이 돌지 않으며, 꽃이 보라색이다.
- **갑산제비꽃** : 잎은 뿌리에서부터 뭉쳐나고 잎자루는 가늘며 길다. 5월에 흰색 꽃이 핀다. 함경도 갑산과 경기도 가평에 서식한다.

▲ 금강제비꽃

▲ 장백제비꽃

▲ 서울제비꽃

▲ 갑산제비꽃

알록달록 복주머니를 닮은 난

341 털복주머니란

■ 학 명 : *Cypripedium guttatum* var. *koreanum* Nakai

■ 과 명 : 난초과

▲ 털복주머니란 꽃

▲ 털복주머니란 잎

털복주머니란은 우리나라 강원도, 백두산 일대에서 나는 여러해살이풀이다. 생육 환경은 반그늘이 진 곳이나 햇볕의 양이 많지 않고 배수가 잘 되며 유기질 함량이 높은 비탈진 곳에서 자란다. 키는 약 30㎝ 정도이고, 잎은 마주나고 가운데 큰 맥을 중심으로 좌우로 약 3줄이 선명하게 나 있으며 넓은 타원형으로 끝이 뾰족하고 전체적으로 가는 털이 있으며, 지상부에서 약간 뜬 상태의 잎줄기에 붙어 달린다. 줄기는 밑부분에 2~3장의 잎이 붙어 있고 가운데에서 출현하며 전체적으로 가는 털이 매우 촘촘하게 달려 있다. 뿌리는 땅속줄기가 옆으로 뻗으며 마디마디에서 뿌리가 내린다.

꽃은 황백색 바탕에 자주색 반점이 있으며 지름 3~5㎝로 밑을 향해 달리는데, 잎 가운데에서 꽃줄기가 발달해 올라오며 윗부분에 생긴 작은 포 아래에 1개가 달린다. 꽃은 윗꽃받침조각은 끝이 둔하며 길이 2~2.5㎝이고 넓은 달걀 모양으로 잔털이 있으며, 옆꽃받침조각은 끝이 2개로 갈라지며 길이는 약 1.5㎝ 정도이고 타원형으로 주머니 모양이며 안쪽에 털이 있다. 열매는 8~9월경에 달리며 안에는 미세한 종자들이 많이 들어 있다.

환경부에서는 2011년 6월에 멸종위기종 2급에서 1급으로 상향 조정하여 일반인들로부터 자생지를 차단, 보호하고 있다. 현재 국명은 1996년 이영노 박사에 의하여 지어진 것이다.

길러보기

7~8월에 결실되는 종자로 번식하지만 종자발아율이 낮기 때문에 주로 포기나누기를 한다. 최근에는 씨를 조직 배양하여 대량으로 번식시키기도 한다. 물 빠짐이 좋은 화단을 이용하고, 물을 많이 주면 알뿌리가 썩을 수도 있으므로 주의를 요한다. 봄에는 2일에 한 번 정도 물을 준다.

비슷한 식물들

- **광릉요강꽃** : 4~5월에 연한 녹색이 도는 붉은 꽃이 줄기 끝에서 밑을 보고 핀다. 흔히 큰복주머니란이라고 한다. 키는 20~40㎝이다.
- **복주머니란** : 키는 30~50㎝로, 5~6월에 붉은색으로 피고, 우리나라 전역의 숲 속 반그늘이나 양지의 낙엽수 아래에서 자란다.

▲ 광릉요강꽃

▲ 복주머니란

짧은 털이 잔뜩 나 있는 제비꽃

342 털제비꽃

- 학 명 : *Viola phalacrocarpa* Maxim.
- 과 명 : 제비꽃과

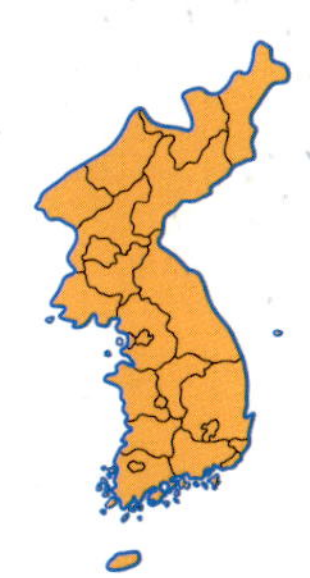

▲ 털제비꽃 꽃

▲ 털제비꽃 잎

제비꽃은 종류가 무척 많다. 지역이나 산의 높고 낮음, 인가 주위, 그늘과 반그늘, 양지 등과 같이 자연 조건에 따라 다른 종이 자란다. 꽃이나 잎의 모양, 색깔, 향기, 털의 유무 등으로도 종을 나눈다.

제비꽃 중 털이 난 제비꽃이 있는데, 털제비꽃과 둥근털제비꽃, 흰털제비꽃, 잔털제비꽃 등 매우 많다. 이들을 구분하는 것은 꽃의 털 모양, 잎의 모양, 그리고 키 등이다.

이중 털제비꽃은 전체에 짧은 퍼진 털이 잔뜩 나 있다. 뿌리줄기는 짧고 줄기는 없다. 잎은 무더기로 나는데, 길이 1~3㎝, 너비 0.8~2.5㎝이다. 그러나 열매가 익을 때에는 길이 약 8㎝까지 길게 자란다. 또 잎자루도 약 20㎝로 길다. 잎 양면에는 역시 털이 있으며 가장자리에는 물결무늬의 톱니가 있다.

꽃은 4~5월에 붉은빛을 띤 자주색으로 피는데, 잎 사이에서 길이 5~10㎝의 꽃줄기가 나와 1송이씩 달린다. 수술은 5개이며, 꽃잎은 길이 1~1.3㎝, 꿀주머니는 길이 0.6~0.8㎝이다. 열매는 속이 여러 칸으로 나뉘며, 각 칸 속에 많은 종자가 들어 있고 5~6월에 익는다. 열매는 타원형이며 잔털이 빽빽이 난다.

제비꽃과에 속하는 여러해살이풀로, 우리나라와 일본, 중국 북동부, 시베리아 동부 등지에 분포한다. 털제비꽃과 흡사하게 생겼으나 전체에 털이 거의 없는 것을 민둥제비꽃이라고 한다.

길러보기

7월에 종자를 받아 보관 후 9월에 뿌리거나, 이른 봄 새순이 올라올 때 포기나누기를 한다. 물은 2~3일 간격으로 준다.

비슷한 식물들

- **제비꽃** : 꽃 빛깔은 짙은 붉은빛을 띤 자주색이고, 꽃받침잎은 창처럼 끝이 뾰족하게 생겼다. 키는 약 10㎝이다. 참털제비꽃이라고도 한다.
- **잔털제비꽃** : 잔털이 전체에 나 있으며 흰색 꽃이 핀다.
- **흰털제비꽃** : 잎자루와 꽃줄기에 흰색 긴 털이 난다. 잎은 길이 3~8㎝, 너비 2~4㎝로 꽤 넓고 큰 편이다.

둥근털제비꽃 : 잎은 길이 2~3.5㎝, 너비 2~3㎝로 전체에 잔털이 많이 나 있다.

성긴털제비꽃 : 잎은 윗부분이 뾰족한 삼각상 달걀 모양으로 가장자리에 물결무늬의 톱니가 있다. 나중에 나온 잎에 흰색 털이 있다.

민둥제비꽃 : 전초가 털제비꽃과 비슷하나 전체에 털이 거의 없다. 민둥이란 털이 없다는 뜻이다.

▲ 제비꽃

▲ 잔털제비꽃

▲ 둥근털제비꽃

▲ 민둥제비꽃

잎이 손바닥 모양인

팔손이

- 학 명 : *Fatsia japonica* (Thunb.) Decne. & Planch.
- 과 명 : 두릅나무과

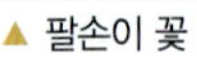
▲ 팔손이 꽃

▲ 팔손이 잎

팔손이는 잎이 손바닥을 펼친 모양이며 여덟 가락으로 갈라져 있어 붙여진 이름이다. 한자명도 팔각금반(八角金盤)으로, 숫자 8과 관련이 있다. 그러나 7개 혹은 9개로 갈라지기도 한다. 이 나무는 새집증후군을 일으키는 것으로 알려진 포름알데히드를 제거하는 데 효과가 우수한 식물로 유명하다. 또한 공기를 정화시키는 음이온을 대량 방출하는 나무로도 잘 알려져 있어 아파트의 실내에서 많이 키운다.

상록활엽관목으로, 높이는 2~4m이고 작은 가지는 굵으며 털이 없다. 잎은 어긋나고 심장형의 손바닥 모양으로 7~9개로 갈라진다. 잎의 가장자리에 톱니가 있고, 잎자루는 30㎝ 이상으로 매우 길다. 꽃은 흰색으로 10~11월에 가지 끝에서 산형상 원추화서로 핀다. 열매는 둥근 장과로, 이듬해 4~5월에 검은색으로 익는다.

우리나라와 일본, 동아시아에 분포한다. 우리나라에서는 경남의 남해 섬과 거제도 등 낮은 산과 반그늘진 기슭이나 골짜기에 자생한다. 특히 통영 비진

▲ 팔손이 어린잎

▲ 팔손이 꽃차례

▲ 팔손이 열매

▲ 팔손이 수피

도의 자생지는 천연기념물 제63호로 지정되어 있다. 꽃이 핀 모습이 수더분한 남자 같아 비진도에서는 총각나무라고 부르기도 한다.

상록수로 관상용, 정원수용, 가정의 실내공기 정화용 등으로 심는다. 공해에는 강하나 한지에서 월동에는 약한 나무로, 우리나라 내륙에서는 기온이 낮아 실외에서 재배하기는 어렵다. 햇빛이 잘 드는 거실 창가에서 키워야 하며, 어느 정도 습기가 있는 비옥한 토양을 좋아한다.

한방에서 뿌리와 잎을 기침과 가래, 천식, 어혈, 통증, 천식, 타박상에 쓴다. 민간요법으로 관절통, 타박상에 말린 잎을 달인 물로 찜질하면 효과가 있다고 한다. 그러나 독성이 있으므로 주의해야 한다.

길러보기

뿌리나누기와 삽목, 실생으로 번식한다.

비슷한 식물들

- **통탈목** : 잎의 지름이 50~75㎝의 타원형이며 7~12갈래로 갈라진다. 타이완 원산으로, 우리나라에서는 제주도와 남부지방에서 재배된다.

▲ 통탈목

꽃이 팥처럼 생긴

344 팥꽃나무

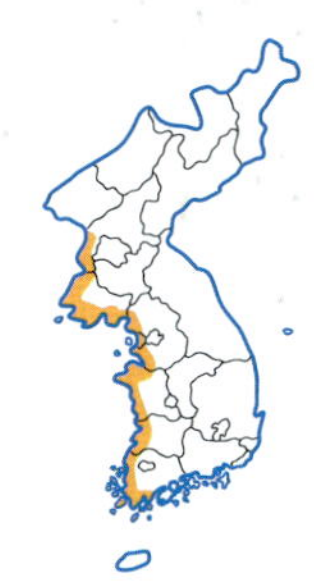

■ 학 명 : *Daphne genkwa* Siebold & Zucc.

■ 과 명 : 팥꽃나무과

ㅍ

▲ 팥꽃나무 꽃

▲ 팥꽃나무 잎차례

팥꽃나무는 잎이 나기 전에 아름다운 담홍색 꽃이 피는데, 꽃이 마치 팥처럼 생겨서 붙여진 이름이다. 서해에 조기가 밀려올 무렵에 꽃이 피는 나무라 하여 조기꽃나무라고 부르기도 한다. 이명은 팟꽃나무, 넓은이팝나무, 이팥나무, 니팝나무, 이팝나무, 넓은잎이팝나무, 넓은잎팟꽃나무, 넓은잎팥꽃나무 등 여러 가지가 있다.

낙엽활엽관목으로, 높이 1m 정도이고, 줄기는 자갈색을 띠며 작은 가지는 암갈색으로 털이 있다. 잎은 마주나거나 간혹 어긋하며 양 끝은 뾰족하고 양면에 약간의 털이 있다. 꽃은 전년도 가지 끝에 3~7개씩 달리며 담홍색으로 3~5월에 잎보다 먼저 핀다. 열매는 둥글고 흰색의 장과로 7월에 익는다.

우리나라의 해풍이 미치는 해안의 산기슭과 숲가의 척박한 곳에서 잘 자란다. 햇빛이 잘 드는 곳을 좋아하고 내조성이 강하여 바닷가에서도 잘 자란다. 추위에 강하여 서울에서도 월동이 가능하다.

꽃이 아름답고 향기가 좋아 관상용으로 심으며 약용, 제지 원료 등의 용도로 심는다. 꽃의 빛깔이 특별한데다가 꽃이 피는 기간도 길고 크기도 적당해

▲ 팥꽃나무 꽃봉오리

▲ 팥꽃나무 꽃(흰색)

▲ 팥꽃나무 꽃무리

▲ 팥꽃나무 열매

▲ 팥꽃나무 수피

화단에 키우면 좋다. 꽃이나 뿌리는 가래와 염증을 없애며 신경통 등의 증상에 처방한다. 줄기의 섬유는 특수 제지 원료로 이용된다. 그러나 유독성 식물이므로 조심해야 한다.

길러보기

삽목과 실생으로 번식한다.

비슷한 식물들

- **넓은잎팥꽃나무** : 장산곶에 자라며, 잎이 넓다.

팥알 같은 열매가 달리는

팥배나무

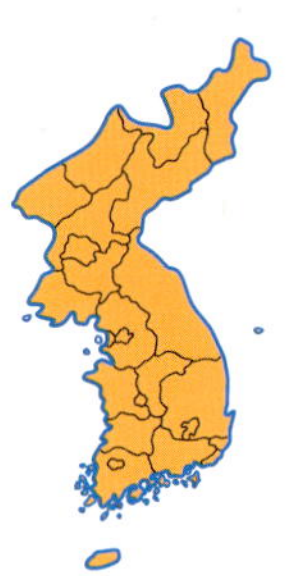

- 학 명 : *Sorbus alnifolia* (Siebold & Zucc.) C.Koch
- 과 명 : 장미과

▲ 팥배나무 꽃

▲ 팥배나무 잎

열매가 팥같이 작은 배처럼 생긴 데에서 유래한다. 실제 꽃도 배꽃처럼 희게 핀다. 작기는 하지만 꿀이 많이 들어 있어 좋은 밀원식물이기도 하다. 지방에 따라 다른 이름이 많은데 산매자나무(강원도), 물앵두나무, 운향나무(전남), 벌배나무, 물방치나무(황해도), 팟배나무, 팟배, 왕잎팥배, 긴팟배, 참팥배나무, 둥근잎팥배나무, 달피팥배나무, 왕잎팥배나무 등으로도 불린다. 한자명은 두(杜), 당(棠)이다. 여기에서 두(杜)는 나무와 흙을 합친 글자이며 나무와 흙으로 둑을 막는다는 뜻으로, 이 나무를 하천이나 둑의 물을 막을 때 많이 사용해 붙여진 것이다.

낙엽활엽교목으로, 높이 15m 정도이고 작은 가지에 피목이 뚜렷하다. 잎은 어긋나며 달걀 모양 타원형으로 표면과 뒷면 맥 위에 털이 나 있으나 점차 사라진다. 꽃은 6~10개가 정생하는 복산방화서로 달리고 5월에 흰색으로 핀다. 열매는 타원형의 이과(梨果)로 달린다. 이과란, 꽃받침이 발달하여 육질로 되고 심피는 연골질 또는 지질로 되며 다심피이고 다종자인 열매를 말한다. 열매는 반점이 뚜렷하고 9~10월에 황홍색으로 익는다.

▲ 팥배나무 잎차례

▲ 팥배나무 묘목

▲ 팥배나무 열매(미성숙)

▲ 팥배나무 열매

▲ 팥배나무 낙엽

▲ 팥배나무 수피

우리나라 전국의 해발 100~1,300m에 자라며 일본, 중국 등에도 분포한다. 척박하고 그늘진 곳에서도 잘 살며 추위에도 강하다. 가을에 물드는 황갈색의 단풍도 아름답지만 단풍이 지고 난 뒤에 팥알같이 달리는 붉은 열매는 더욱 아름답다. 이 열매는 새와 짐승들의 좋은 먹이가 되기도 한다.

꽃과 열매가 아름다워 관상용, 조경용으로 심으며, 목재는 건축용이나 숯으로 쓰인다. 마룻바닥을 까는 데 이용하며, 각종 기구를 만드는 데에도 쓰인다. 공해에 약하여 도심지의 공원에 심어 대기오염의 지표식물로 활용된다. 수피와 잎은 붉은색 염료를 얻는 데 사용된다. 붉은 열매는 맛이 없어 식용하지는 않는데, 한방에서 허약체질, 빈혈, 강장, 해열, 이뇨, 기침과 가래, 당뇨 등에 쓰이며, 특히 남자들의 정력에 좋다고 알려져 있다. 꽃말은 '매혹'이다.

길러보기

실생으로 번식한다.

비슷한 식물들

- **벌배나무** : 잎의 얕은 결각이 특징이다. 벌배는 경기 방언에서 유래된 이름이다.
- **왕잎팥배** : 잎과 열매가 크다.
- **긴잎팥배나무** : 잎이 타원형이고 열매가 길쭉하다.
- **털팥배나무** : 잎 뒤에 털이 있는 것이 특징이다.

대나무처럼 마디가 있는 귀여운 꽃

346 패랭이꽃

■ 학 명 : *Dianthus chinesnsis* L.

■ 과 명 : 석죽과

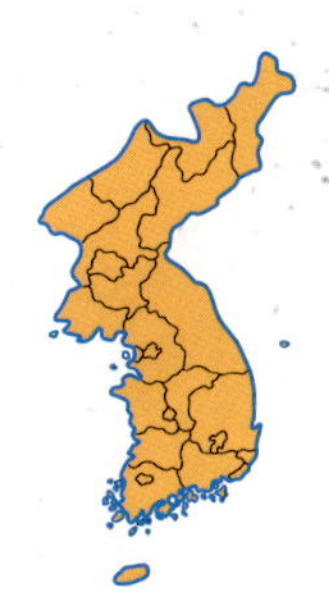

▲ 패랭이꽃 꽃

▲ 패랭이꽃 꽃(흰색)

ㅍ

▲ 패랭이꽃 잎 올라오는 모습

▲ 패랭이꽃 무리

옛날 서민들이 쓰던 모자를 패랭이라고 한다. 꽃이 꼭 그 패랭이 모자를 닮아 붙여진 이름인데, 대나무처럼 줄기에 마디가 여러 개 나 있어서 석죽(石竹)이라고도 불린다. 여기에는 옛날부터 전설이 하나 전해진다.

중국에 힘이 센 장사가 한 사람 있었는데, 그가 사는 마을에 석령(石靈)이라는 괴물이 살았다. 그는 괴물을 찾아 산으로 올라가 석령을 향해 화살을 쏘았다. 그런데 얼마나 세게 쏘았던지 화살이 바위에 깊이 박혀서 빠지지 않았다. 그 뒤 그 돌에서 대나무처럼 마디가 있는 고운 꽃이 피어났으며, 사람들은 바위에서 핀 대나무를 닮은 꽃이라고 해서 석죽이라고 이름 붙였다고 한다. 이것이 바로 패랭이꽃이다.

패랭이꽃은 우리나라 곳곳에 자생하는 숙근성 여러해살이풀로, 반그늘이나 양지에 자라는데, 군락을 이루는 듯하면서도 서로 조금씩 거리를 두고 서식하는 모습이 신기하다.

키는 약 30㎝이며, 잎은 마주나고 길이 3~4㎝, 너비 0.7~1㎝로 잎 끝이 뾰족하다.

꽃은 진분홍색으로 늦은 봄인 6월부터 여름까지 피며, 길이 약 2㎝ 정도이다. 꽃은 줄기 끝에 2~3송이가 달리며, 꽃잎은 5장으로 끝이 약하게 갈라지고 안쪽에는 붉은색 선이 선명하고 전체적으로 둥글게 보인다. 열매는 9월에 검게 익으며 원통형이다.

석죽과에 속하며 꽃패랭이꽃, 석죽이라고도 한다. 주로 관상용으로 쓰이며, 전초는 약용으로 쓰인다. 우리나라와 일본에 분포한다.

길러보기

봄에 새싹이 올라온 것을 여름에 줄기 삽목을 하거나 가을에 포기나누기를 한다. 9월경에 익은 종자를 바로 화분에 뿌리거나 이른 봄에 뿌려도 된다. 여기서 유의할 사항은 새싹이 올라온 후 약 10일이 지나면 바로 땅에 심어야 한다는 것이다. 그렇지 않으면 바람이 잘 통하지 않아 어린싹이 쉽게 상하기 때문이다. 토양에 관계없이 어느 곳에서나 자라지만 잎이 작고 세력이 왕성하지 못하기 때문에 주변의 잡초를 제거해 주어야 한다. 물은 3~4일 간격으로 준다.

비슷한 식물들

- **사철패랭이꽃** : 연중 꽃이 피며, 빛깔은 짙은 홍색이다. 원예 품종으로 많이 개발되어 있다.
- **각시패랭이꽃** : 산기슭 풀밭에서 자란다. 줄기는 높이 25㎝ 정도로 비스듬히 자라고, 꽃은 빨강색이다. 금강산 등지에 분포한다.
- **구름패랭이꽃** : 꽃이 마치 구름이 흩어진 것처럼 보인다. 함경남도 부전고원의 돌밭에서 자라는데, 키는 30~100㎝이다.
- **술패랭이꽃** : 꽃이 마치 술처럼 보인다. 산이나 들에서 자라며, 줄기는 곧추서고, 키는 30~100㎝이다.
- **난쟁이패랭이꽃** : 줄기는 곧추서고, 키는 10㎝ 정도밖에 안 된다. 백두산에 서식한다.
- **갯패랭이꽃** : 바닷가에서 잘 자라며, 여름에 붉은색 꽃이 핀다.

▲ 구름패랭이꽃

▲ 술패랭이꽃

▲ 갯패랭이꽃

솜이 잔뜩 묻어 있는 것처럼 꽃이 피는

347 풀솜대

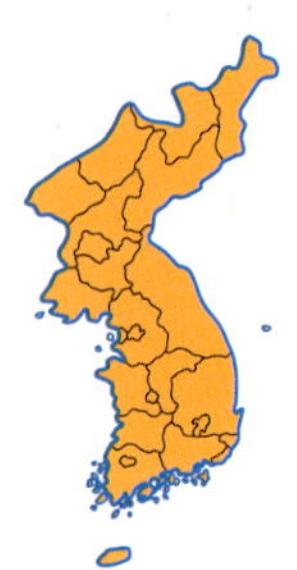

- 학 명 : *Smilacina japonica* A. Gray
- 과 명 : 백합과

▲ 풀솜대 꽃

▲ 풀솜대 잎 올라오는 모습

옛날 춘궁기 때 산과 들에서 나는 나물은 요긴한 식량이었다. 풀솜대 역시 구황식물로 이용되었는데, 특히 절에서 죽을 쑤어 먹곤 했다고 한다. 그래서 중생들을 구제하는 풀이라는 뜻으로 풀솜대를 '지장보살'이라고도 불렀다. 지장보살은 모든 중생을 구제하기 전에는 성불하지 않겠다는 서원을 세운 위대한 보살이니, 작은 풀꽃에 붙인 별칭으로 최고의 이름이 아닐 수 없다.

풀솜대란 솜대에 '풀'을 붙인 이름인데, 솜대는 어릴 때에 흰 가루로 덮여 있는 것이 솜이 묻어 있는 것처럼 보인다고 해서 부르는 이름이다. 본래 솜대는 벼과에 속하는 품종으로, 키가 무려 10m에 이르는 큰 식물이다. 이 솜대와 비슷하다고 풀솜대라고 했지만 키는 아주 작아서 20~50㎝에 불과하다. 한편, 왕솜대도 있는데, '왕' 자 때문에 솜대보다 훨씬 클 것 같지만 풀솜대보다 잎이 훨씬 길다고 해서 왕솜대로 불리는 것뿐이다.

풀솜대는 산에서 자라는 여러해살이풀로, 반그늘과 부엽질이 많은 토양에서 잘 자란다. 뿌리줄기는 육질이고 옆으로 자라며 끝에서 원줄기가 나와 비스듬히 자란다. 이 줄기는 위로 올라갈수록 털이 많아진다.

▲ 풀솜대 개화 직전

▲ 풀솜대 열매

▲ 풀솜대 종자 결실

잎은 길이 6~15㎝, 너비 2~5㎝로서 줄기를 따라 두 줄로 나 있으며 긴 타원형으로 끝이 좁아진다. 잎이 지상부로 올라오면 얼핏 보기에는 둥굴레와 닮은 것처럼 보이지만 잎의 크기와 줄기를 보면 다른 것을 볼 수 있다. 꽃은 흰색으로 5~7월에 원줄기 끝에 작은 꽃들이 뭉쳐 하나의 꽃을 이루는 것이 특징이다. 열매는 9월경에 달리며 둥글고 붉은색으로 익는다.

백합과에 속하며, 솜대, 솜죽대, 솜때, 지장보살, 왕솜대, 큰솜죽대, 품솜대라고도 한다. 주로 관상용으로 쓰이며, 어린순은 식용, 뿌리는 약용으로 쓰인다. 또 주변 여건에 따라 충분히 밀원식물로 사용할 수 있는 품종이다. 우리나라와 일본, 중국, 아무르 강, 헤이룽 강 등지에 분포한다.

길러보기

9월경에 익는 종자를 바로 화단에 뿌리거나, 마디로 되어 있는 뿌리를 가을에 캐내 나눈 후 화단이나 화분에 옮겨 심어 번식한다. 화단에 심으면 좋고, 물은 잎이 많은 봄에는 1~2일에 한 번씩 주고, 잎이 떨어지고 없는 가을에는 4~6일에 한 번씩 준다.

비슷한 식물들

- **솜대** : 벼과에 속하는 상록나무로, 키는 10m에 이른다.
- **자주솜대** : 지리산과 광릉, 북한 지역 등에 분포한다. 솜대에 비해 전체에 털이 거의 없다. 멸종위기 식물이다.
- **왕솜대** : 풀솜대와 비슷하나 잎의 길이 약 15㎝, 너비 6~10㎝로 크다.

▲ 솜대

▲ 자주솜대

풍요로운 섬에 핀 대극

348 풍도대극

- 학 명 : *Euphorbia ebracteolata* var. *coreana* Hurus
- 과 명 : 대극과

▲ 풍도대극 꽃

▲ 풍도대극 잎

대극은 긴 창이라는 뜻이다. 혹시 식물의 모습이나 잎이 창처럼 길어서 그런 이름이 붙었을까 생각되나, 뿌리를 약재로 쓸 때 워낙 맵고 써서 목구멍을 크게 찌르는 듯하여 붙여진 이름이다. 흔히 대극은 버들옻이라고도 하는데, 이는 대극의 잎을 자르면 옻나무처럼 하얀 수액이 흐르며, 잎의 모양이 꼭 버드나무 잎처럼 생겼기 때문이다.

대극에는 민대극, 암대극, 지리대극 등 10여 종이 있다. 이중 풍도대극은 경기도 안산시에 있는 풍도에서 발견되어 붙여진 이름이다. 1940년 일본 학자 Hurusawa에 의하여 처음 보고된 품종으로, 국내에서는 1949년에 식물학자 박만규에 의하여 처음으로 등재되었다.

대극과의 다른 품종처럼 약재로 이용되는데, 특히 속명인 유포르비아(*Euphorbia*)는 로마시대 모리타니의 왕 주바(Juba)의 주치의 유포버스(Euphorbus)의 이름에서 유래하여 서양에서도 오랜 옛날부터 약재로 썼음을 알 수 있다.

키는 40~50㎝이며, 굵은 뿌리줄기가 있고 자르면 형광색이 나는 황록색 액이 나온다. 줄기는 곧게 서고 털이 있거나 없다. 잎은 어긋나며 길이 9~10㎝, 너비 1~2㎝로 길쭉한 타원형이다. 잎 가장자리는 밋밋하다.

꽃은 녹색으로 3~4월에 줄기 끝이나 잎겨드랑이에 배상화서로 달린다. 꽃잎은 없고, 수꽃은 여러 개로 각각 1개의 수술로 되어 있다. 암꽃은 암술대가 3개이고 각각 2갈래로 갈라진다. 열매는 둥근 모양이고 속이 여러 칸으로 나뉘며, 각 칸 속에 많은 종자가 들어 있다.

형태학적인 관점에서 붉은대극과 닮은 점이 많아 종의 구분에 대한 논란도 있다. 단지 붉은대극과 달리 잎이 좁고 꽃대의 끝에서 꽃의 밑동을 싸고 있는 비늘 모양의 조각에 털이 빽빽한 것으로 구분이 된다.

대극과의 여러해살이풀로, 우리나라의 풍도와 대청도에서 자라는 특산식물이다. 어린잎은 식용하며, 뿌리와 흰 수액은 약재로 이용된다.

길러보기

특산식물로, 재배하기는 쉽지 않다.

비슷한 식물들

- **붉은대극** : 새순이 꽃게의 다리처럼 붉은색을 띤다. 암꽃과 수꽃에 꽃봉오리를 덮는 작은 잎이 없어 민대극이라고도 한다.
- **대극** : 키는 80㎝가량이며, 꽃의 지름은 약 1.5㎝이다.
- **두메대극** : 줄기는 뭉쳐나며 길이 10~15㎝로 아주 작다. 매우 유독한 식물로 제주도에 분포하며, 제주대극이라고도 한다.
- **암대극** : 바닷가 바위틈에 자라며, 꽃이 필 때 꽃대 끝에서 꽃의 밑동을 싸고 있는 비늘 모양의 조각이 노란색을 띤다.
- **흰대극** : 전초에 흰빛이 돌며, 꽃봉오리를 덮는 작은 잎이 둥그렇다.
- **지리대극** : 지리산에 자라며, 키는 50~100㎝로 큰 편이다. 잎은 길이 6~14㎝, 너비 1~2.3㎝로 분백색을 띤 녹색이다.

▲ 대극

▲ 붉은대극

▲ 두메대극

▲ 지리대극

야생화 천국 풍도에 핀 바람꽃

349 풍도바람꽃

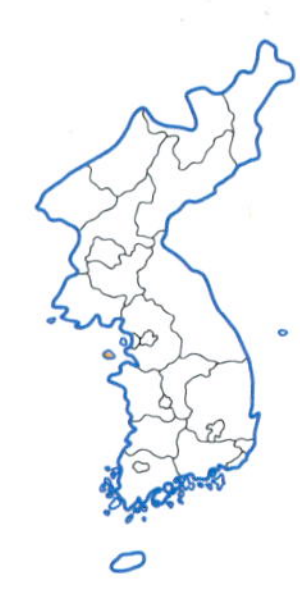

- 학 명 : *Eranthis pungdoensis* B.U.Oh
- 과 명 : 미나리아재비과

▲ 풍도바람꽃

▲ 풍도바람꽃 뒷모습과 잎

바람이 부는 곳을 워낙 좋아하여 바람꽃이라고 한다. 특히 이른 봄 응달의 눈이 녹지 않았을 때에도 꽃을 피우기도 하는데, 그래서 예전부터 이 꽃이 피어야 봄이 오는 것을 느낄 수 있었다.

바람꽃은 그 종류가 상당히 많다. 특히 만주바람꽃이나 변산바람꽃, 바이칼바람꽃, 남바람꽃 등 지명이 붙은 것도 많은데, 풍도바람꽃은 경기도 안산의 풍도에서 자라는 바람꽃을 뜻한다.

풍도는 물고기 등 자연이 주는 선물이 풍성해서 풍도라 하였다고도 하고, 바람이 많아서, 그리고 단풍이 고와 풍도라고 부른다고도 한다. 봄이면 야생화가 지천으로 피니 야생화가 풍성하다는 뜻도 될 것 같다. 그중에서도 풍도바람꽃은 풍도 야생화를 대표하는 품종이다.

본래 이 꽃은 변산바람꽃에 포함되어 있었으나, 꽃잎과 꽃의 색상 등 다른 점이 많고 특히 풍도에만 자생하여 2011년에 국가표준식물 목록에 풍도바람꽃으로 등재되었다. 꽃잎처럼 보이는 꽃받침잎이 변산바람꽃에 비해 크며, 밤에도 꽃을 닫지 않는 점이 특징이다.

키는 10㎝ 정도이며, 땅속에서 직접 나오는 잎은 방사형 오각형으로 깊게 세 갈래로 갈라진다. 잎의 너비 2~3㎝이다. 꽃은 2~3월에 흰색으로 피는데, 겉에 흰 꽃받침잎이 마치 잎처럼 보인다. 이는 너무 이른 시기에 꽃이 피므로 곤충이 별로 없는 까닭에 조금이라도 더 많은 곤충을 유인하기 위하여 꽃처럼 보이도록 한 것이다. 꽃은 넓은 깔때기 모양으로 길이 2.5~3.7㎝, 너비 2.4~3.5㎝이다. 이에 비하여 변산바람꽃은 길이 1.1~2.5㎝ 너비 1.1~2㎝이므로 풍도바람꽃이 두 배 이상 꽃이 큰 것을 알 수 있다. 열매는 4~5월에 달린다. 종자는 둥근 갈색으로 여러 개가 들어 있다.

미나리아재비과의 여러해살이풀로, 풍도에만 자생한다.

길러보기

열매를 따 종이에 싸서 냉장 보관하였다가 가을에 뿌리면 싹이 난다.

비슷한 식물들

- **바람꽃** : 키는 20~40㎝이고, 꽃은 여름에 흰색으로 핀다.

- **남바람꽃** : 잎 앞면에 희미한 흰 무늬가 보이는 것이 특징이다.
- **나도바람꽃** : 줄기 끝에 길이 3㎝가량의 작은 꽃자루들이 우산 모양으로 달리고 그 끝에 한 송이씩 꽃이 달리는 것이 특징이다.
- **너도바람꽃** : 옛날 사람들은 이 꽃이 피면 봄이 왔음을 알았다고 해서 절기를 구분해 주는 꽃이라는 의미로 '절분초'라고도 했다.
- **만주바람꽃** : 한 꽃대에 두 송이씩 꽃이 피는 것이 특징이다.
- **변산바람꽃** : 2월에서 3월 사이에 꽃망울을 터뜨리기 때문에 쉽게 보기 어렵다.
- **바이칼바람꽃** : 잎자루에 세 갈래로 갈라진 잎이 1~2개 난다. 6월에 흰 꽃이 피며, 만주 등지의 북부지방에 분포한다.
- **회리바람꽃** : 5월에 연노랑색 꽃이 피며 꽃받침이 뒤로 젖혀진다. 대관령과 설악산 등에 분포한다.
- **홀아비바람꽃** : 꽃대가 한 개씩 자라는 것이 특징이다. 꽃은 4월에 흰색으로 핀다.
- **꿩의바람꽃** : 꽃을 달고 있는 가늘고 긴 꽃줄기가 꿩의 다리와 같이 연약해 보여 붙여진 명칭이다.

▲ 바람꽃

▲ 나도바람꽃

▲ 너도바람꽃

▲ 만주바람꽃

▲ 변산바람꽃

▲ 홀아비바람꽃

뿌리가 피처럼 붉은

350 피뿌리풀

■ 학 명 : *Stellera chamaejasme* L.

■ 과 명 : 팥꽃나무과

우리 땅에는 점차 사라지고 있는 식물이 꽤 많다. 그중 하나가 피뿌리풀인데, 자생지인 제주도 송담리 주변의 오름에 가 보면 이미 파괴되어 명맥만 유지되는 경우가 흔하다. 해마다 개체 수가 감소하여 멸종위기 식물로 분류되어 관리되고 있으나, 무분별한 채집 때문에 앞으로 모습을 감추지 않을까 하는 걱정이 앞선다.

재미있는 것은 이 품종이 옛날 망아지를 몽골에서 들여온 뒤 퍼졌다는 것이다. 아마도 말의 분뇨에서 나온 씨앗이 자랐을 것으로 생각된다. 현재 몽골과 중국에 피뿌리풀이 많이 분포하고 있는 것을 보면 충분히 설득력이 있는 이야기이다.

피뿌리풀이라는 이름은 뿌리가 마치 피처럼 붉어서 붙여졌다. 제주도 한라산 오름 일대와 황해도 이북의 들 풀밭에서 나는 팥꽃나무과의 여러해살이풀이다. 햇볕이 잘 드는 곳과 반그늘진 곳에서 자란다.

키는 30~40㎝이고, 잎은 길이 1~2.5㎝, 너비 약 0.4㎝로 끝은 뾰족하고 밑부분은 둥글고 뾰족하며 마주나고 가장자리는 밋밋하다. 꽃은 홍색으로 5~7월에 원줄기 끝에 10~20 송이가 달리는데, 끝이 5갈래로 갈라지고 끝부분은 흰색이고 수술은 10개이다.

근년에 국립산림과학원에서 대량 증식에 성공하여 자생 식물의 유전자원 보존 및 자원화에 큰 도움을 줄 것으로 기대되어 다행스럽다.

길러보기

특정 지역에서 자라는 식물이어서 아직 관리법에 대해서 알려진 내용이 없다. 번식법에 관해서도 알려지지 않았다.

비슷한 식물들

특별히 알려진 식물이 없다.

하늘을 향해 편 매의 발톱 같은

351 하늘매발톱

- 학 명 : *Aquilegia japonica* Nakai & H. Hara
- 과 명 : 미나리아재비과

▲ 하늘매발톱 꽃

▲ 하늘매발톱 잎

하

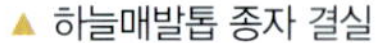

▲ 하늘매발톱 종자 결실

▲ 고사한 하늘매발톱 잎

매의 발톱이라는 특이한 이름을 가진 이 꽃은 꽃잎 끝부분이 다섯 개로 갈라지고 마치 날카로운 매의 발톱처럼 꼬부라져 있다. 여기에 '하늘'이 붙은 것은 이 식물이 하늘에 가까운 고지대에 서식하기 때문이다. 매발톱꽃은 산골짜기 양지에 자라는데 비해, 하늘매발톱은 백두산 등 북한의 낭림산 이북 고산지대에서만 자란다.

속명은 아퀼레기아(*Aquilegia*)이다. 이는 독수리를 뜻하는 라틴 어 아킬라에서 유래한다. 노란색 꽃을 피우는 서양매발톱꽃의 경우 원예 품종으로 개발되어 속명을 그대로 사용해 아퀼레기아라고도 한다. 한편, 서양에서는 꽃모양을 피에로가 쓰는 모자로 보았는지, 이 꽃을 '피에로의 달'이라고도 한다.

하늘매발톱은 산에서 자라는 여러해살이풀로, 양지나 반그늘에서 자라고 토양이 비옥한 곳에서 더욱 잘 자라며, 키는 약 1m 정도이다. 잎은 길이 5~7㎝, 너비 6~8㎝이다. 잎은 2~3갈래로 깊게 갈라지고 뒷면은 마치 하얀 분

을 뿌린 듯한 분백색이다.

꽃은 흰색과 연분홍색 등이 있는데, 4~6월에 가지 끝에서 아래를 향해 달린다. 꽃봉오리 때는 아래를 향하지만 꽃이 피면서 점점 하늘을 보며, 특히 열매가 맺히면 하늘을 향하게 된다. 열매는 7~8월경에 달리는데, 종자는 검은색으로 광택이 많이 나며 씨방에 많이 들어 있다.

미나리아재비과에 속하며, 산매발톱이라고도 한다. 주로 관상용으로 쓰인다. 백두산 등 낭림산 이북 지방과 일본에 분포하는데, 북한에서는 천연기념물로 지정하여 보호하고 있다.

길러보기

종자가 익는 7월에는 뿌리지 말고, 종자를 종이에 싸서 냉장 보관한 후 8월 말 화분이나 화단에 뿌리거나 이듬해 봄에 뿌린다. 새싹이 올라와 본잎이 전개되면 바로 옮겨 심어야 한다. 그렇지 않으면 어린 싹이 바람이 잘 통하지 않아 상하기 때문이다. 물 빠짐이 좋은 곳이면 어디서나 잘 자라며, 물은 2~3일 간격으로 준다.

비슷한 식물들

- **노랑매발톱** : 꽃은 6~8월에 노란빛을 띤 흰색으로 가지 끝에 한 송이씩 아래를 향하여 달린다.
- **매발톱꽃** : 산골짜기 양지에서 자라며, 키는 50~100㎝이다. 줄기 윗부분이 조금 갈라진다.
- **서양매발톱꽃** : 꽃은 5~7월에 황색으로 피고 가지 끝에 달린다. 미국 원산으로, 속명 그대로 아퀼레기아라고도 한다.

▲ 노랑매발톱

▲ 매밥톱꽃

새싹에 노란 꽃봉오리를 달고 나오는

352 한계령풀

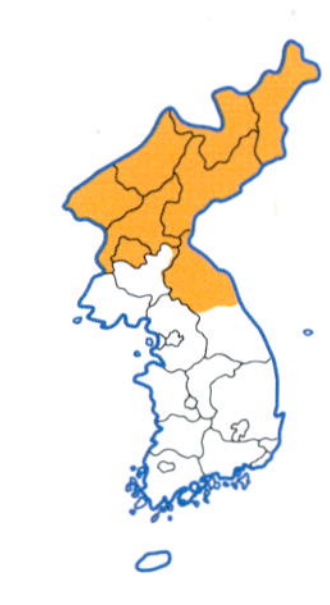

■ 학 명 : *Leontice microrhyncha* S.Moore

■ 과 명 : 매자나무과

▲ 한계령풀 꽃봉오리

▲ 한계령풀 꽃

▲ 한계령풀 종자 결실

설악산 한계령 능선에서 처음 발견되었다고 해서 '한계령'이라는 이름이 붙은 이 야생화는 독특한 점이 많다. 뿌리가 마치 콩나물처럼 긴데, 그 끝에는 감자처럼 생긴 덩이뿌리가 하나 달려 있다. 이 덩이뿌리가 본뿌리로, 콩나물처럼 긴 것은 뿌리라기보다는 줄기처럼 보인다.

이 덩이뿌리는 좀처럼 발견하기가 쉽지 않다. 일단 한계령풀이 그동안 잘 알려져 있지 않으며, 특히 오랫동안 이 식물은 한해살이풀 또는 두해살이풀로 여겨져 왔기 때문이기도 하다.

또 하나 독특한 점은 성격이 아주 급한 식물이라는 것이다. 봄에 새싹이 나온다 싶으면 이미 꽃봉오리와 잎을 동시에 달고 있다. 그렇게 빨리 서두르고 또 열매도 얼른 맺고 지상에서 한두 달 봄을 즐기다 사라져 버리는 점도 이 꽃을 더욱 신비하게 하는 요소이다.

한계령풀은 우리나라 중부 이북의 고산에서 자라는 여러해살이풀로, 반그늘 혹은 양지의 토양이 비옥하고 물 빠짐이 좋은 곳에서 잘 자란다. 뿌리는 땅속 깊이 곧게 들어가며, 키는 30~40㎝이고, 털이 없다.

잎은 1개가 달리고 1㎝ 정도 자란 후 3개로 갈라지는 것이 특징이다. 또 3개로 갈라진 것은 다시 3개씩 갈라지며 반원형 또는 원형으로서 원줄기를 완

▲ 한계령풀 새순 올라오는 모습

▲ 한계령풀 잎

▲ 한계령풀 무리

전히 둘러싼다. 꽃은 5월에 노란색으로 피는데, 길이와 너비 각각 약 1㎝ 정도이며 많은 꽃이 원줄기 끝에 달린다. 열매는 7~8월경에 둥글게 달린다.

매자나무과에 속하며, 메감자라고도 한다. 주로 관상용으로 쓰인다. 우리나라 강원도 지방과 중국, 몽골, 러시아에 분포한다. 가리왕산, 금대봉, 오대산, 점봉산, 태백산 및 북부지방의 고지대에서 발견되는데, 최근에는 해발 400~450m 지대인 강원도 홍천군 동면 대학산 일대에서 서식하고 있는 것이 확인되었다. 우리나라에서는 환경부에 의해 멸종위기 희귀식물로 지정되어 있다.

길러보기

8월에 익은 종자를 받아 화단에 바로 뿌리거나, 종자를 종이에 싸서 냉장 보관한 후 이듬해 이른 봄에 뿌린다. 또한 가을이나 이른 봄에 포기나누기를 해도 번식할 수 있다. 그러나 재배하기 까다로운 식물이다.

비슷한 식물들

- **세잎풀** : 땅속줄기는 가늘고, 잎은 3개의 작은 잎으로 구성되며 뿌리에서 자라고 잎자루가 길다.

한라산에 핀 작은 돌창포

353 한라꽃장포

■ 학 명 : *Tofieldia fauriei* Lev. et Vnt.

■ 과 명 : 백합과

▲ 한라꽃장포 꽃

▲ 한라꽃장포 잎

▲ 한라꽃장포 새순 올라오는 모습

▲ 한라꽃장포 종자 결실

돌창포는 강원도 팔봉산과 평안북도 강계 등지에서 자라는 품종으로, 꽃은 7~8월에 흰색으로 핀다. 이에 비하여 한라꽃장포는 한라산에 분포하는 야생화로, 꽃이 검은 자주색인 점이 가장 큰 차이점이다.

한라꽃장포는 뿌리줄기가 짧고 작은데, 바위틈과 습기가 있는 바위에 붙어 자라기 때문이다. 뿌리는 많이 나며 노란빛을 띤 갈색으로 가늘고 단단하다. 줄기는 가늘고 곧게 서며, 키는 6~8㎝이다. 잎은 서로 마주 안으며 퍼지고 줄 모양이다. 꽃자루에 작은 잎이 3장 달린다.

꽃은 6~7월에 달리며 꽃대축이 길게 자라고 꽃자루도 발달하지만 가지가 갈라지지 않으며 핀다. 작은 꽃자루는 짧으나 열매가 익을 때쯤 되면 길이 1.5~5㎜ 정도로 자란다. 수술은 6개, 암술은 1개이며, 열매는 속이 여러 칸으로 나뉘며, 각 칸 속에 많은 종자가 들어 있고 11월에 익으며 달걀을 거꾸로 세운 모양이다.

참고로, 창포는 잎이 긴 창처럼 쭉쭉 올라온다고 해서 붙여진 이름이다. 옛날 단옷날이 되면 여인들이 이 잎을 넣고 끓인 물로 머리를 감았는데, 그렇게 하면 1년 내내 병이 없고 머릿결은 물론 피부도 고와진다고 하였다.

돌창포는 이 창포와 비슷하면서 바위틈에 자라는 특성 때문에 붙여진 이름이다. 그러나 창포는 천남성과 식물이며, 돌창포는 백합과 식물로 서로 다른 계통을 지녔다. 또한 꽃창포라고 하여 습지에 자라며 붉은빛이 강한 자주색 꽃을 피우는 품종도 있는데, 이는 붓꽃과로, 창포나 돌창포와는 또 다른 계통의 식물이다.

한라꽃장포는 백합과의 여러해살이풀로, 한라산 해발 1,700m 이상의 높이에 분포하는 한국 특산종이다. 한라돌창포라고도 한다. 관상용 및 약용으로 쓰였으나, 희귀식물로 지정되어 야생으로서의 채취는 어렵다.

길러보기

3~4월에 포기나누기로 번식한다. 석부작 등에 사용하면 더욱 운치가 있다.

비슷한 식물들

- **돌창포** : 습기 있는 바위 곁에서 자라며, 잎은 길이 5~20㎝이다. 꽃은 7~8월에 흰색으로 핀다.
- **숙은돌창포** : 꽃이 아래를 향하여 달린다. 석창포를 축소한 듯하여 숙은돌창포라고 부른다. 키는 5~15㎝이다.
- **창포** : 호수나 연못가의 습지에 나며, 잎은 뿌리 끝에서 촘촘히 나오고 길이 약 70㎝, 너비 1~2㎝이다. 잎 가운데에 뚜렷한 선이 있다.
- **석창포** : 잎이 창포보다 좁고 길이가 짧으며, 뿌리가 가늘다. 잎 길이는 30~50㎝이며, 산골짜기에서 자란다.
- **꽃창포** : 창포와 비슷하나 붓꽃과로, 붉은빛이 강한 자주색 꽃이 핀다. 습지에 자란다.

▲ 석창포

▲ 창포

▲ 꽃창포

할머니처럼 정겨운 꽃

354 할미꽃

■ 학 명 : *Pulsatilla koreana* (Yabe ex Nakai) Nakai ex Mori

■ 과 명 : 미나리아재비과

▲ 할미꽃 꽃 올라온 모습

▲ 할미꽃 꽃(확대)

▲ 할미꽃 씨앗

봄꽃 중 할미꽃만큼 정겨운 꽃도 드물다. 아마 제비꽃과 쌍벽을 이룬다고 할까. 이른 봄 양지바른 무덤가에 하얀 털이 보송보송하게 난 할미꽃을 보노라면 생전의 할머니를 대하는 듯한 느낌까지 난다.

할미꽃에는 전설이 전해진다. 손녀 세 명을 둔 할머니가 있었는데, 첫째는 부잣집으로 시집을 가고, 둘째도 양반집으로 시집갔지만 셋째는 가난한 농사꾼 집에 시집을 갔다. 어느 날 할머니가 손녀들을 보기 위해 길을 나섰다. 첫째는 밥 한 그릇 주고 얼른 가라는 것이었고, 둘째는 할머니를 쫓아내듯 대문 밖으로 떠밀었다. 할머니는 할 수 없이 셋째 손녀한테 가기로 했지만 너무 지쳐서 쓰러져 죽고 말았다. 다음 해 봄 할머니가 쓰러졌던 곳에 할머니의 꼬부라진 허리처럼 꽃대가 구부러진 꽃이 피고 사람들은 이 꽃을 할미꽃이라고 불렀다고 한다.

할미꽃은 제주도를 제외한 우리나라 전역에 자란다. 그 넓은 제주도에 할미꽃이 자라지 않는다니 신기한 일이다. 양지바른 곳 특히 토양이 중성화된 곳에 서식하는데, 키는 30~40㎝이다. 잎은 길이 30~40㎝로 새의 깃처럼 깊게 2~5갈래로 갈라지며, 전체에 긴 하얀 털이 빽빽이 나서 흰빛이 돌지만 표면은 짙은 녹색이고 털이 없다.

꽃은 4~5월에 붉은색으로 피며 길이 약 3㎝ 정도이다. 잎 끝에서 줄기가 올라오며 줄기 끝에 1개의 꽃이 긴 종처럼 달린다. 꽃잎 겉면은 잔털이 많이

▲ 할미꽃 새순 전개되는 모습

▲ 할미꽃 잎

나 있고, 안쪽은 검붉은 자주색이다. 열매는 5~6월경에 익으며 긴 달걀형이고 겉에는 가는 흰색 털이 있으며, 아래쪽에 검은색의 종자가 붙어 있다.

미나리아재비과에 속하며, 노고초, 가는할미꽃이라고도 한다. 주로 관상용으로 심고, 뿌리는 약용으로도 쓰인다. 우리나라와 중국 동북부, 우수리 강, 헤이룽 강 근처에 분포한다. 꽃말은 '슬픔', '추억', '슬픈 추억', '충성' 등이다.

길러보기

종자를 이용하는 것이 번식시키기에 가장 좋다. 6월경 익은 종자를 바로 화분이나 화단에 뿌리는 것이 종자발아율이 가장 높다. 냉장고에 저장을 하면 기간에 따른 차이는 있지만 종자 수명이 길지 않아 발아율이 높지 않다. 화분이나 화단에 심는데, 모래가 많고 물 빠짐이 좋은 땅의 햇볕이 잘 드는 곳에 심는 것이 요령이다. 물은 봄에는 2~3일 간격으로 주고, 여름과 가을에는 4~5일 간격으로 준다.

비슷한 식물들

- **동강할미꽃** : 동강의 바위틈에서 자라는 한국 특산식물로, 꽃이 필 때 하늘을 보고 피면서 갖가지 다양한 색깔을 갖는 것이 독특하다.
- **가는잎할미꽃** : 잎이 할미꽃 잎보다 가늘다.
- **산할미꽃** : 높은 산에서 자라며, 꽃은 6~7월에 자주색으로 핀다. 함경북도 관모봉에 서식한다.
- **분홍할미꽃** : 꽃은 4~5월에 피고 할미꽃처럼 생겼으나 색이 연한 분홍색이다. 할미꽃보다 잎의 갈래 조각이 가늘고 길며 전체 크기가 작다.

▲ 동강할미꽃

▲ 긴동강할미꽃

▲ 흰동강할미꽃

바닷가 모래땅에 뿌리를 내리는

355 해당화

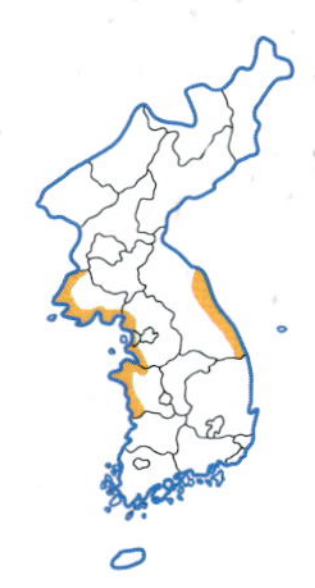

■ 학 명 : *Rosa rugosa* Thunb.

■ 과 명 : 장미과

▲ 해당화 꽃

▲ 해당화 잎

당신은 해당화 피기 전에 오신다고 하였습니다.
봄은 벌써 늦었습니다.
봄이 오기 전에는 어서 오기를 바랐더니,
봄이 오고 보니 너무 일찍 왔나 두려워합니다.

철모르는 아이들은 뒷동산에 해당화가 피었다고,
다투어 말하기로 듣고도 못 들은 체하였더니
야속한 봄바람은 나는 꽃을 불어서
경대 위에 놓입니다그려.
시름없이 꽃을 주워서 입술에 대고
"너는 언제 피었니?" 하고 물었습니다.
꽃은 말도 없이 나의 눈물에 비쳐서
둘도 되고 셋도 됩니다.

한용운의 〈해당화〉

해당화는 여러 시인들의 시제로 사용된 꽃이다. 그런데 두보는 숱한 시를 지었으되 해당화에 대해서는 쓰지 않았는데, 그것은 바로 자신의 어머니가 '해당부인'이라 함부로 쓰지 않았던 것이다.

해당화는 해당나무, 해당과(海棠果), 필두화(筆頭花)라고도 불리는데 수화(睡花), 즉 잠든 꽃이라는 독특한 별칭도 있다. 이는 당나라 현종과 관련이 깊다. 하루는 현종이 양귀비를 불렀는데, 술에 취해 겨우 부축해서 왔다고 한다. 현종이 양귀비에게 물었다.

"그대는 아직 잠에 취해 있느냐?"

이에 양귀비가 대답했다.

"해당의 잠이 아직 덜 깼나이다."

이때부터 해당화는 수화라는 별명을 얻었다고 한다.

바닷가 모래땅에 굳게 뿌리박고 사는 해당화를 보면 강인한 생명력의 아름다움을 느끼게 된다. 여름 아침 해변에 아침 이슬을 듬뿍 머금고 바다를 향해 피어 있는 모습을 보면 마치 멀리 떠난 임을 기다리는 여인처럼 보이기도 한다. 높이가 겨우 1~1.5m로 작은 나무이지만 갈색 가시가 빽빽하여 나름 자기 보존력도 지녔다.

잎은 어긋나고 홀수 깃꼴 겹잎이며, 작은 잎은 5~9개 정도로 타원형에서 달걀 모양 타원형이다. 잎이 두꺼운 편이며 가장자리에는 톱니가 있다. 또 잎의 표면에는 주름이 많으며 뒷면에는 털이 빽빽하다.

해당화의 멋은 꽃으로, 5~7월 늦봄 또는 초여름에 가지 끝에 1~3개 정도의 홍색 꽃이 피는데, 드물게는 흰 꽃도 핀다. 꽃은 지름 6~10㎝가량으로 제법 크다. 꽃잎은 5개로 구성되는데, 마치 거꾸로 세운 심장 모양이다. 물론 향수의 원료가 되는 만큼 꽃의 향기는 강하다. 한편, 열매는 8월에 지름 2~3㎝ 정도의 편구형 수과로 붉게 익으며, 식용이 가능하다.

낙엽활엽관목으로, 키 1.5m 정도이며, 우리나라를 비롯한 동북아시아에 분포한다. 우리나라 각처의 바닷가 모래땅과 산기슭에서 자란다. 모래땅과 같이 물 빠짐이 좋고 햇볕을 많이 받는 곳에서 잘 자란다. 향이 많이 나기 때문에 바람이 불어오면 장미 향보다 더 은은한 향이 난다. 어린순은 나물로 먹

▲ 해당화 열매

▲ 해당화 종자 결실

▲ 해당화 줄기

▲ 해당화 수피

▲ 해당화 수형

으며, 뿌리는 약재, 특히 당뇨병 치료제로 이용된다.

향기가 좋아 관상용으로도 많이 재배되며 밀원용으로 심기도 한다. '미인의 잠결'이나 '온화', '당신을 따르렵니다'라는 좋은 꽃말도 있지만 '원망'이라는 나쁜 꽃말도 지니고 있다.

길러보기

실생, 삽목, 포기나누기로 번식한다.

비슷한 식물들

흰해당화 : 흰색 꽃이 핀다.

▲ 흰해당화

이른 봄 군락으로 피어 봄을 전해 주는

356 현호색

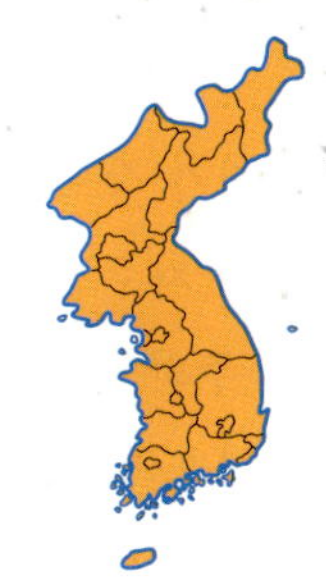

- 학 명 : *Corydalis remota* Fisch. ex Maxim
- 과 명 : 현호색과

현호색(玄胡索)이란 이름은 씨앗이 검은 데에서 유래하며, 특히 기름진 땅이나 척박한 땅 등 어디에서나 잘 자란다는 의미도 들어 있다. 하지만 서양 사람들은 이를 달리 본 모양이다. 꽃 모양이 마치 종달새 머리와 비슷하다고 해서 속명을 그리스 어로 종달새를 뜻하는 코리달리스(*Corydalis*)로 지은 것이다.

현호색은 애기현호색, 댓잎현호색, 가는잎현호색, 빗살현호색, 둥근잎현호색 등 여러 현호색 종류를 대표하는 종이다. 우리나라 산과 들 어디에서나 쉽게 볼 수 있는 여러해살이풀로, 양지 혹은 반그늘의 물 빠짐이 좋고 토양이 비옥한 곳에서 잘 자라며, 키는 약 20㎝ 정도로 작

▲ 현호색 꽃

▲ 현호색 잎

ㅎ

은 편이다.

키가 작으면 수난을 자주 당하기 마련. 현호색도 이른 봄 등산객의 등산화 밑에 자주 뭉개지곤 한다. 하지만 대개 군락을 이루며 서식하기 때문에 조금만 주의를 기울이면 충분히 현호색을 발견할 수 있다.

현호색은 약재로 쓸 때도 현호색이라고 한다. 이때는 지름 1㎝ 정도의 덩이줄기를 의미한다. 잎은 표면이 녹색이고, 뒷면은 회백색이며 어긋난다. 꽃은 4~5월에 연한 홍자색으로 5~10개가 원줄기 끝에 뭉쳐서 달리며 길이 약 2.5㎝ 정도이다. 열매는 6~7월경에 길이 2㎝, 너비 0.3㎝ 정도로 달리는데, 종자는 검은색으로 광택이 난다.

현호색과에 속하며, 뿌리는 약용으로 쓰인다. 어린순은 식용하기도 한다.

우리나라를 비롯하여 중국 동북부, 시베리아에 분포한다.

길러보기

7월에 받은 종자를 종이에 싸서 냉장 보관한 후 가을에 뿌리거나 이듬해 봄에 뿌린다. 가을에 뿌리를 캐서 새로 생긴 작은 뿌리를 나누어 심어도 번식할 수 있다. 양지에 물 빠짐이 좋은 곳을 선정하여 화분이나 화단에 심으면 좋다. 물은 2~3일 간격으로 준다.

비슷한 식물들

현호색 종류들은 앞에서도 살펴보았다. 갈퀴현호색, 댓잎현호색, 들현호색, 왜현호색, 점현호색 등을 참조하기 바란다.

왜현호색은 작은 현호색 종류로 깊은 숲 속에서 자라며, 좀현호색도 작은 현호색 종류로 제주도 산기슭에서 자란다. 섬현호색은 울릉도에 자생하고, 들현호색은 산기슭이나 논밭에서 자주 볼 수 있다. 애기현호색은 주로 경기도 지역의 산과 들에 자주 보이며, 댓잎현호색은 잎이 대나무 잎을 닮았고, 빗살현호색은 잎에 빗살무늬가 나 있다.

높은 산에 자라는 골무꽃

357 호골무꽃

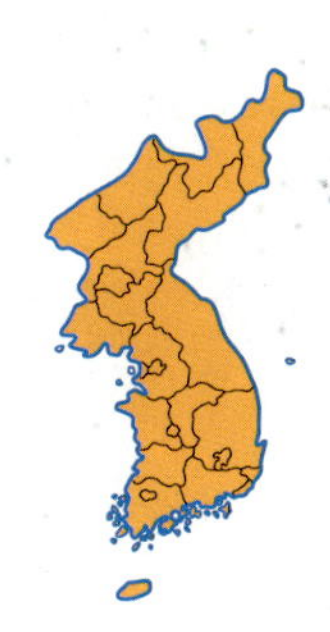

■ 학 명 : *Scutellaria pekinensis* var. *ussuriensis* (Regel) Hand.-Mazz.

■ 과 명 : 꿀풀과

▲ 호골무꽃 꽃봉오리

▲ 호골무꽃 잎

ㅎ

▲ 호골무꽃 무리

골무꽃은 열매를 감싸고 있는 꽃받침통의 모양이 바느질 도구인 골무를 닮아 붙여진 이름이다. 키가 20~30㎝이며, 잎은 넓은 달걀 모양으로 길이 약 2㎝이며, 꽃은 자주색으로 핀다. 이 골무꽃 종류 중 호골무꽃은 잎 끝이 동그랗고 전체적으로 동그란 톱니가 있고 잎과 줄기의 털이 적게 난다. 산골무꽃과 비슷하지만 마디에 털이 많고 다른 부분에는 털이 적게 나는 것이 특징이다.

키는 15~30㎝로, 줄기는 곧게 서며 네모지고 가늘다. 잎은 마주나고 달걀 모양이며 길이 2~4㎝, 너비 1.5~2.5㎝이다. 잎 끝은 둔하거나 뾰족하며 잎 가장자리에는 톱니가 있다.

꽃은 연한 자주색으로 6~8월에 줄기 끝에 길게 자란 꽃대축에 발달한 꽃자루에 달리며, 화서는 길이 3~6㎝이다. 꽃받침은 종형으로, 길이 1.5㎝가량이다. 열매는 분과이다.

꿀풀과에 속하는 여러해살이풀로, 우리나라와 일본, 만주, 동시베리아에 분포한다. 우리나라에서는 평북, 함북의 백두산 등 깊은 산지에 자란다. 개골무꽃 또는 산골무꽃이라고도 한다.

길러보기

종자를 받아 화분이나 화단에 바로 뿌리거나 이듬해 봄에 뿌리면 관상용으로 기를 수 있다.

비슷한 식물들

- **골무꽃** : 키 20~30㎝이며, 잎은 넓은 달걀 모양으로 길이 약 2㎝이다. 꽃은 자주색으로 핀다.
- **가는골무꽃** : 골무꽃에 비해 잎이 가늘고 좁으며 잎사귀 가장자리에 톱니

가 약간 있다. 잎은 길이 2~4㎝, 너비 0.3~1㎝이다.

- **광릉골무꽃** : 꽃은 5~6월에 연한 하늘색으로 핀다.
- **그늘골무꽃** : 작은 꽃자루에 액을 분비하는 선모가 나고, 꽃대 밑이나 꽃자루 밑을 받치고 있는 녹색 비늘 모양의 잎은 위로 갈수록 작아진다.
- **왜골무꽃** : 잎은 길이 1.5~3.5㎝, 너비 1~1.5㎝로 양면에 털이 다소 있거나 빽빽하다.
- **다발골무꽃** : 잎 앞면은 녹색이고 거칠며, 뒷면은 연한 녹색이고 맥 위에 털이 있다.
- **산골무꽃** : 잎겨드랑이에서 두 개씩 비스듬히 꽃이 핀다.
- **애기골무꽃** : 꽃은 흰색으로 7~8월에 줄기 윗부분의 잎겨드랑이에 1개씩 달린다. 참골무꽃보다 크기가 작아 애기골무꽃이라고 한다.
- **좀골무꽃** : 키 5~20㎝, 잎 길이와 너비 모두 1㎝ 정도로 작다.
- **참골무꽃** : 바닷가 모래땅에 자라며, 잎은 작아서 길이 1.5~2㎝, 너비 0.4~0.7㎝이다.
- **흰골무꽃** : 꽃이 흰색이다.
- **떡잎골무꽃** : 잎이 골무꽃보다 더 두꺼운 삼각상이며, 잎맥의 함몰이 뚜렷하고 줄기 상부의 잎이 하부의 잎보다 크다.

▲ 광릉골무꽃

▲ 산골무꽃

▲ 참골무꽃

▲ 흰골무꽃

잎이 길고 수염이 난 광대

358 호광대수염

- 학 명 : *Lamium cuspidatum* Nakai
- 과 명 : 꿀풀과

광대수염은 목 주변에 주름이 많은 것이 꼭 광대 옷과 비슷하다. 또 꽃잎의 알록달록한 점은 더욱 더 광대 옷을 연상시킨다. 게다가 꽃잎 밑에 달린 꽃받침 끝이 수염처럼 뾰족하게 나왔는데, 이것이 꼭 광대의 수염 같이 생겼다.

광대수염은 우리나라 곳곳의 산과 들에 자라지만, 호광대수염은 함경남도 부전고원에 자라는 품종이다. 키는 50㎝ 정도로, 줄기는 모가 지고 곧게 선다. 잎은 마주나고 잎자루가 길며 긴 달걀 모양이고 길이 약 6㎝, 너비 2.8㎝ 정도이다. 잎 밑은 둥글고 끝이 날카로우며 거친 톱니가 있고, 잎 앞면과 잎자루에는 거친 털이 흩어져 난다.

꽃은 7~8월에 엷은 홍자색으로 피는데, 광대수염은 대개 하얗게 피므로 꽃을 보면 두 품종을 구분하기 쉽다. 꽃받침은 종 모양으로 5개로 갈라지며, 갈라진 조각은 줄 모양으로 끝이 날카롭고 가장자리에는 거친 털이 난다. 씨는 하나로 모양이 작고 익어도 터지지 않으며, 종자는 4면형이다.

꿀풀과의 여러해살이풀로, 부전고원과 관모봉, 백두산 등지에 분포하는 한국 특산종이다. 어린순은 나물로 먹으며, 풀 전체를 약재로도 사용한다. 잎이 광대수염보다 길어서 긴잎광대수염이라고도 한다.

길러보기

종자를 바로 화분에 뿌리거나 신문지나 화장지 같은 종이에 싸서 보관하다 이듬해 2월경에 뿌린다. 이때 싹이 나면 화분이나 화단에 옮겨 심는다. 햇볕이 잘 드는 창가에 두는 것이 좋다.

비슷한 식물들

- **광대수염** : 꽃은 흰색이거나 연한 자주색으로 핀다. 잎은 달걀 모양으로 긴 달걀 모양의 호광대수염과 차이가 있다.
- **섬광대수염** : 울릉도에 자라며 높이 1m 내외이고, 줄기는 곧게 서며 털이 없는 것이 다르다.
- **왜광대수염** : 꽃이 달리는 곳의 잎에 잎자루가 없다. 남한에는 자라지 않는다.
- **광대나물** : 전국의 양지바른 밭이나 길가에 자라며, 꽃은 3~5월에 잎겨드랑에서 여러 개가 붉은 보라색으로 핀다.

▲ 광대수염

▲ 광대나물

북부 고원의 침엽수림에 자라는 노루발

359 호노루발

- 학 명 : *Pyrola dahurica* (Andres) Kom.
- 과 명 : 노루발과

▲ 호노루발 꽃

▲ 호노루발 잎

노루발은 우리나라 전역의 산에 자라는 풀꽃이다. 눈이 내린 겨울에도 푸른 잎을 간직하여 강인한 생명력이 느껴지는데, 특히 넓은 잎이 밑동에서 뭉쳐나는 모습을 보면 더욱 그렇다. 꽃은 연한 노란빛을 띤 흰색으로 은은한 멋이 풍긴다.

노루발 종류 중 호노루발은 우리나라 북부지방의 고원에 자라며, 전체적으로 노루발보다 작다. 호노루발의 키는 10~20㎝, 노루발의 키는 25㎝가량이며, 호노루발의 잎은 길이 2.5~3.5㎝, 너비 2~3㎝, 노루발의 잎은 길이 5~7㎝, 너비 3~5㎝이다.

뿌리줄기는 가늘고 길며 옆으로 벋는다. 잎은 뿌리에서 모여나며 둥근 달걀 모양 또는 넓은 타원형이고 가장자리에 뚜렷하지 않은 톱니가 있다. 잎 앞면은 진녹색이고 뒷면은 간혹 보라색을 띤다. 잎자루는 길이 1~4㎝이다. 꽃줄기는 곧추서고 아래쪽에 비늘조각이 있다.

꽃은 7~8월에 꽃줄기에 7~15개가 흰색으로 피거나 약간 붉은색을 띠기도 한다. 꽃받침은 다섯 갈래로 갈라지고 타원형 또는 둥그스름한 원형이며 끝은 뾰족하다. 꽃잎은 5장이고, 암술대는 굵고 길이 0.3~0.4㎝로 곧바로 꽃받침 밖으로 나온다. 열매는 속이 여러 칸으로 나뉘고, 각 칸 속에 많은 종자가 들어 있고 지름 약 0.5㎝이다.

노루발과의 상록 여러해살이풀로, 우리나라와 중국 동북부, 러시아 극동 지역 등지에 분포한다. 고원지대의 침엽수림에서 자란다. 관상용으로 이용되고, 한방에서는 약재로도 사용한다. 흔히 호노루발풀이라고도 한다.

길러보기

종자를 따서 바로 뿌리거나, 이른 봄 싹이 올라올 때 그 부분의 뿌리를 같이 붙여 포기를 나누어 번식한다. 씨가 싹이 나면 뿌리가 더 나올 때까지 기다린 뒤 옮겨 심는다.

비슷한 식물들

- **노루발** : 꽃은 6~7월에 피고 노란빛을 띤 흰색이거나 흰색이며 5~12개가 밑을 향하여 달린다. 꽃대축은 길게 자라고 꽃자루가 발달하지만 갈

라지지 않는다.

- **매화노루발** : 흰색 꽃이 마치 작은 매화 같으며, 키는 5~10㎝이다. 바닷가 숲 속에서 자란다.
- **새끼노루발** : 고산지대의 침엽수림 밑에서 자라며, 꽃은 녹색이 도는 흰색으로 핀다. 키가 7~15㎝로 작다.
- **애기노루발** : 키가 20㎝가량으로, 황백색 꽃이 핀다. 잎은 넓은 타원형이며 가죽질이다.
- **분홍노루발** : 깊은 산속 나무 밑에서 자라며, 꽃은 7~8월에 분홍색으로 핀다.
- **콩팥노루발** : 잎은 1~3개가 밑부분에서 어긋나며 둥근 콩팥 모양이다. 6~7월에 노란색을 띤 흰색 꽃이 핀다.
- **홀꽃노루발** : 키가 10㎝ 정도로 아주 작고, 7월에 줄기 끝에 흰 꽃이 하나씩 달린다. 백두산에 서식한다.

▲ 노루발

▲ 매화노루발

▲ 홀꽃노루발

쉽게 만날 수 있는 오랑캐꽃

360 호제비꽃

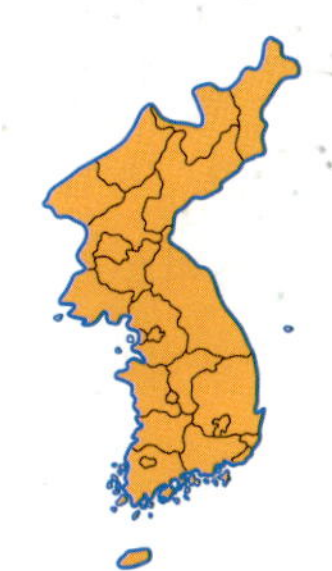

- 학 명 : *Viola yedoensis* Makino
- 과 명 : 제비꽃과

강남 갔던 제비가 돌아올 무렵에 꽃이 피는 제비꽃은 우리나라에 분포하는 종류만 해도 60여 종이 될 정도로 대가족이다. 그중 호제비꽃은 제비꽃과 함께 우리가 가장 쉽게 만날 수 있는 품종으로, 제비꽃에 비해 잎자루 위쪽에 날개가 없어 구분된다.

키는 7~15㎝이고 줄기는 없다. 잎은 뿌리줄기에서 모여 나며 길이 3~6㎝, 너비 1~2㎝의 삼각형으로 뾰족한데, 여름을 지나며 더 길어진다. 잎 가장자리에는 둔한 톱니가 있으며, 잎 앞면에는 털이 약간 난다.

꽃은 3~4월에 자주색으로 1개씩 달리며 옆으로 향한다. 꽃받침잎은 넓은 피침형으로 부속체는 둥근 모양이다. 꽃잎은 길이 1~1.5㎝로 곁꽃잎이며 털은 없다. 열매는 5~8월에 익으며 달걀모양 타원형이고 속이 여러 칸으로 나뉘며, 각 칸 속에 많은 종자가 들어 있고 노란색이다.

제비꽃과의 여러해살이풀로, 우리나라와 중국, 일본 등지에 분포한다. 양지 풀밭이나 밭 근처에서 서식한다. 어린순은 식용하며, 관상용으로 쓰인다. 전초를 지정이라고 하여 약재로 쓴다. 들오랑캐, 들제비꽃이라고도 하며, 꽃말은 '수줍은 사랑'이다.

길러보기

종자를 받아 보관 후 9월에 뿌리거나, 이른 봄 새순이 올라올 때 포기나누기를 한다. 물 빠짐이 좋은 곳이면 어디서나 잘 자란다. 물은 2~3일 간격으로 준다.

비슷한 식물들

- **제비꽃** : 꽃 빛깔은 짙은 붉은빛을 띤 자주색이고, 꽃받침잎은 창처럼 끝이 뾰족하다. 키는 10㎝ 정도이다.
- **흰제비꽃** : 꽃이 흰색 또는 자주색을 띤 흰색이며, 잎은 긴 타원상으로 창처럼 끝이 뾰족하다.
- **왕제비꽃** : 꽃은 흰색이며 자주색 줄이 있다. 키는 40~90㎝이다.
- **뫼제비꽃** : 높은 산에 자라며, 꽃은 4~5월에 연한 자주색으로 핀다. 곁꽃잎 안쪽에 털이 없고 잎이 달걀 모양 심장형인 점이 다르다.
- **서울제비꽃** : 호제비꽃에 비해 잎이 달걀 모양 또는 긴 달걀 모양이고 자주색이 돌지 않는 점이 다르다.
- **왜제비꽃** : 꽃은 연한 붉은색이다.

▲ 제비꽃

▲ 뫼제비꽃

▲ 서울제비꽃

향기 좋은 노루발 꽃 한 송이

361 홀꽃노루발

- 학 명 : *Moneses uniflora* (L.) A. Gray
- 과 명 : 노루발과

▲ 홀꽃노루발 꽃

▲ 홀꽃노루발 잎

ㅎ

노루발은 노루가 잘 다니는 곳에 자라는 풀꽃이라고 해서 붙여진 이름이다. 눈이 내린 한겨울에도 싱싱한 잎을 자랑하는 강인한 풀꽃이며, 노란빛을 띤 흰색으로 은은한 멋이 풍긴다. 홀꽃노루발은 꽃줄기 하나에 한 개의 꽃이 달려서 붙여진 이름이다. 이에 비하여 노루발은 7~15개의 꽃이 달린다.

뿌리줄기는 가늘게 옆으로 벋으며 전체에 털이 나지 않는다. 키는 5~10㎝이다. 잎은 뿌리줄기 위에서 2~4개씩 모여 나며, 달걀 모양 원형으로 길이 1~1.5㎝이다. 잎 끝은 둥글고 가장자리에는 잔톱니가 있다. 잎자루는 길이 0.6~0.8㎝이다.

꽃은 7월에 꽃줄기 끝에 흰색으로 핀다. 꽃의 지름은 1.5~2㎝로 아래를 향하며, 비늘 같은 잎 한두 개가 꽃줄기 윗부분에 달린다. 꽃받침은 다섯 개의 조각으로 이루어진 달걀 모양이며, 수술은 10개이다. 꽃은 매우 향기롭다. 열매는 속이 여러 칸으로 나뉘며, 각 칸 속에 많은 종자가 들어 있고 납작한 원형이다. 종자가 익으면 위에서부터 5갈래로 갈라진다.

노루발과의 상록여러해살이풀로, 우리나라와 중국 동북부, 러시아, 몽골, 유럽 등지에 분포한다. 우리나라에서는 함경북도 백두산과 관모봉 등지의 숲 속에서 자란다. 관상용으로 이용되고, 한방에서는 약재로도 사용한다.

길러보기

종자를 따서 바로 뿌리거나 이른 봄 싹이 올라올 때 그 부분의 뿌리를 같이 붙여 포기나누기를 하여 번식한다. 씨가 싹이 나면 뿌리가 더 나올 때까지 기다린 뒤 옮겨 심는다.

비슷한 식물들

- **노루발** : 꽃은 6~7월에 피고 노란빛을 띤 흰색이거나 흰색이며 5~12개가 밑을 향하여 달린다. 꽃대축은 길게 자라고 꽃자루가 발달하지만 갈라지지 않는다.
- **매화노루발** : 흰색 꽃이 마치 작은 매화 같으며, 키는 5~10㎝이다. 바닷가 숲 속에서 자란다.
- **새끼노루발** : 고산지대의 침엽수림 아래 자라며, 꽃은 녹색이 도는 흰색

으로 핀다. 키가 7~15㎝로 작다.

- **애기노루발** : 키가 20㎝ 정도로 황백색 꽃이 핀다. 잎은 넓은 타원형이며 가죽질이다.
- **분홍노루발** : 깊은 산속 나무 밑에서 자라며, 꽃은 7~8월에 분홍색으로 핀다.
- **콩팥노루발** : 잎은 1~3개가 밑부분에서 어긋나며 둥근 콩팥 모양이다. 6~7월에 노란색을 띤 흰색 꽃이 핀다.

▲ 매화노루발

▲ 노루발

ㅎ

긴 꽃대가 하나인

362 홀아비꽃대

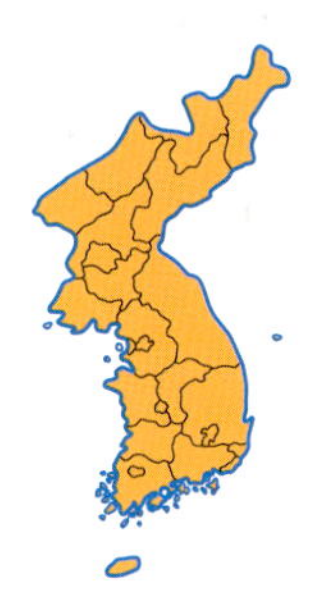

- 학 명 : *Chloranthus japonicus* Siebold
- 과 명 : 홀아비꽃대과

▲ 홀아비꽃대 꽃봉오리

▲ 홀아비꽃대 꽃

왠지 외로운 느낌을 주는 이름이다. 꽃줄기가 하나 길게 올라와 그 끝에 흰 꽃이 둥그렇게 뭉쳐 핀다. 꽃대가 하나라서 홀아비꽃대인 것이다. 이에 비해 꽃대가 두 개가 있으면 그냥 '꽃대'라고 한다. 하지만 대표 종은 홀아비꽃대이므로 꽃대도 홀아비꽃대과에 속한다.

홀아비라는 말은 사실 그다지 깨끗한 느낌을 주는 말이 아니다. 홀아비 냄새도 그렇고, 말 자체가 조금은 처량한 기분을 불러일으키기 때문이다. 그러나 정작 이 꽃을 산에서 만나면 아주 신선하다. 더욱이 흰 꽃이 꼭대기에 잔뜩 모여 핀 모습은 아름답기까지 하다. 홀아비도 잘하면 이처럼 멋진 삶을 살 수 있지 않을까 하는 엉뚱한 상상도 해 본다.

홀아비꽃대와 상대되는 꽃은 옥녀꽃대라고 할 수도 있을 것이다. 홀아비는 남자, 옥녀는 여자, 어쩐지 서로 어울리기도 하고 안 어울리기도 한다. 옥녀꽃대는 홀아비꽃대보다 수술이 두 배 이상 길쭉하고 날씬한 것이 특징이다. 하지만 옥녀란 여성을 의미하는 게 아니라 거제도 옥녀봉을 뜻한다. 처음으로 그곳에서 발견된 꽃대라고 해서 옥녀꽃대라고 하는 것이다.

홀아비꽃대는 전국의 산지에서 자라는 여러해살이풀로, 양지나 반그늘의 토양이 푹신할 정도로 낙엽이 많고 부엽질이 풍부한 곳에서 잘 자라며, 키는 20~30㎝ 정도이다. 잎은 줄기 위쪽에 네 개 달리는데, 잎 한 개의 크기는 길이 4~12㎝, 너비 2~6㎝로 끝이 뾰족하다. 잎의 가장자리에는 자줏빛 톱니가 있으며, 광택이 나는 달걀형 또는 타원형으로 마주 달리지만 마디 사이가 짧기 때문에 돌려난 것같이 보이기도 한다.

▲ 홀아비꽃대 새순

▲ 홀아비꽃대 잎

▲ 홀아비꽃대 줄기

▲ 홀아비꽃대 종자 결실

꽃은 4~5월에 흰색으로 피는데, 길이 2~3㎝이다. 꽃줄기 안쪽에 노란색이 있고 줄기 끝에 왕관 모양으로 된 것이 붙어 있는 점이 독특하다. 열매는 8~9월경에 익으며 길이 2~3㎜ 정도이다.

홀아비꽃대과에 속하며, 홀애비꽃대, 홀아비꽃대, 홀꽃대라고도 한다. 주로 관상용으로 쓰이며, 잎과 줄기는 약용으로도 쓰인다. 우리나라와 일본, 중국에 분포한다.

길러보기

가을이나 새싹이 올라오는 이른 봄에 포기를 나누거나, 8~9월경에 익은 종자를 받아 바로 뿌리거나 냉장 보관한 후 가을이나 이른 봄 화분에 뿌려서 번식한다. 종자가 딱딱하기 때문에 2~3일 정도 물에 불린 후에 뿌린다. 토양이 비옥하고 물 빠짐이 좋은 화단에 심어야 한다. 물은 2~3일 간격으로 준다.

비슷한 식물들

- **꽃대** : 홀아비꽃대과에 속하며, 꽃줄기가 두 개이다. 땅속의 뿌리줄기에서 많은 뿌리가 갈라지며, 줄기는 곧게 서고, 키는 30~50㎝ 정도이다.

▲ 홀아비꽃대 무리

옥녀꽃대 : 제주도를 비롯해 남부지방에 서식한다. 거제도 옥녀봉에서 처음 발견되어 옥녀꽃대라고 불린다. 수술이 홀아비꽃대 수술보다 두 배 이상 가늘고 긴 것이 특징이다.

ㅎ

▲ 옥녀꽃대

슬픈 전설을 간직한

363 홀아비바람꽃

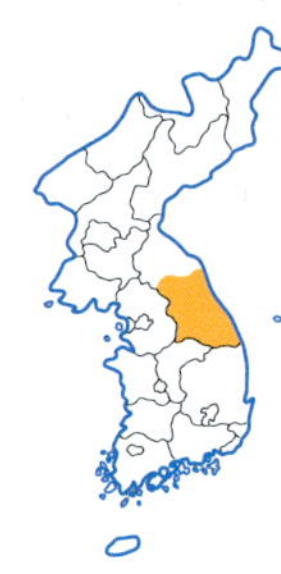

■ 학 명 : *Anemone koraiensis* Nakai

■ 과 명 : 미나리아재비과

▲ 홀아비바람꽃 꽃봉오리

▲ 홀아비바람꽃 꽃

홀아비라는 이름이 붙은 이 꽃 역시 꽃대가 하나이다. 남성적인 명칭이 붙긴 했으나 여러 모로 여성적인 느낌을 풍기는 꽃이다. 우선 바람꽃 자체의 속명이 아네모네(*Anemone*)로, 그리스 어로는 '바람의 딸'을 뜻한다. 게다가 이 꽃에 전해지는 전설도 여성이 주인공이다.

고려 충선왕 때 김해 무점 지방에 김태은이라는 청년이 살았는데, 열심히 공부해 과거에 합격하고 논실마을 이씨 집안 처녀와 결혼했다. 하지만 3년 뒤 부인은 병에 걸려 죽을 지경에 이르렀다. 부인은 유언을 남겼다.

"내가 죽으면 이 흰 모시저고리를 안고 주무세요. 그러다 새로 여자를 얻으면 이 저고리를 땅에 묻어 주세요."

몇 년 뒤 남편은 이웃동네 처녀에게 반해 결혼을 하게 되자 아내의 유언에 따라 흰 모시저고리를 서쟁골 금령천 약수터 옆에 묻어 주었다. 이듬해 그곳에서 하얗고 가녀린 꽃 한 송이가 피어 진한 향을 내니 사람들은 그 꽃을 홀아비바람꽃이라고 불렀다.

이 전설에서 사람들이 왜 홀아비바람꽃이라고 지었을까 생각해 보았는데, 답이 없다. 홀아비가 된 남편을 위한 꽃이라는 해석도 이상하고, 평생 홀아비처럼 살라는 악의로 지었다고 할 수도 없으니 말이다. 어쨌든 홀아비바람꽃에는 남성보다는 여성적인 느낌이 들어 있다.

바람꽃 중에는 이 꽃 말고도 꽃대가 하나만 자라는 것이 있는데, 바로 외대바람꽃이다. 비슷한 처지임에도 하나는 홀아비, 하나는 외대로 불리는데, 외대가 홀아비보다 꽃이 조금 커서 지름 약 4㎝이다. 이에 비해 홀아비바람꽃

▲ 홀아비바람꽃 잎

▲ 홀아비바람꽃 종자 결실

의 지름은 1.2㎝밖에 안 된다.

홀아비바람꽃은 높은 산이나 숲 속 깊은 곳에서 자라는 여러해살이풀로, 부엽질이 풍부하고 습기가 충분한 곳에서 자라며, 키는 20~50㎝이다. 잎은 길이 2㎝가량, 너비 4㎝가량으로 1~2개가 나며, 표면과 가장자리에 털이 있고 뒷면에는 털이 없다. 꽃은 4~5월에 흰색으로 피는데, 원줄기에서 나온 꽃줄기 끝에 한 송이 달린다. 꽃줄기는 1개로 긴 털이 있다.

열매는 7~8월경에 납작한 타원형으로 달린다.

미나리아재비과에 속하며, 홀애비바람꽃, 호래비바람꽃, 좀바람꽃, 홀바람꽃이라고도 한다. 주로 관상용으로 쓰인다. 유독성 식물이므로 먹을 수는 없다. 우리나라 특산종으로, 조선은련화라는 근사한 이름도 있다.

길러보기

8월경 결실되는 종자를 바로 뿌리거나 이듬해 2월경에 뿌려 번식한다. 서늘한 곳을 좋아하는 식물이기 때문에 집 안에서 기르는 것은 적합하지 않다. 전문적으로 재배하려면 깊은 산속에서 재배해야 한다.

비슷한 식물들

- **바람꽃** : 키는 15~30㎝이며, 긴 흰색 털이 나 있다.
- **외대바람꽃** : 하나의 꽃줄기에서 꽃이 피는 것은 홀아비바람꽃과 같다. 줄기는 20~30㎝, 꽃 지름은 약 4㎝이다.

▲ 바람꽃

꽃이 도라지를 닮은

364 홍노도라지

- 학 명 : *Peracarpa carnosa* var. *circaeoides* (F.Schmidt ex Miq.) Makino
- 과 명 : 초롱꽃과

언뜻 이름만 들으면 꽃이 붉은 도라지가 아닐까 생각되나 꽃은 흰색 또는 연한 자주색이다. 제주도의 홍노리 부근에서 처음 발견되어 홍노라는 이름을 얻었고, 골좀도라지 또는 골도라지라고도 부른다. 홍노리는 현재 서귀포시 서홍동과 동홍동 사이를 말한다. 꽃이 다섯 갈래로 갈라져 도라지꽃과 비슷해 도라지라는 이름이 붙여졌다.

제주도 일원에 나는 초롱꽃과의 여러해살이풀로, 주변 습도가 높은 곳이나 습한 곳의 나무 그늘 아래 토양이 비옥한 곳에서 자란다. 홍노리는 낮은 지

역이었으나 현재는 한라산 해발 1,200m 이상의 고지에만 서식을 하는 것으로 알려져 있다.

키는 5~15㎝이고, 줄기는 지하경 끝에서 나와 자라며 윗부분에 잎이 약간 달리며, 뿌리는 옆으로 뻗으며 그 끝에서 줄기가 난다. 잎은 마주나는데, 길이 0.8~2.5㎝, 너비 0.6~2㎝로 넓은 달걀 모양이며, 표면에 짧은 털이 군데군데 있고 가장자리에 둔한 톱니가 있다.

꽃은 4~7월 흰색 또는 연한 자주색으로 원줄기 끝에 1개씩 달리고 길이 0.4~0.8㎝이며 5개로 깊게 갈라진다. 처음 꽃이 필 때는 위를 향해 피지만 열매가 자람에 따라 아래로 처진다. 열매는 9~10월경에 길이 약 0.6㎝ 정도로 달리고 타원형이며, 종자는 반짝거리며 길이 약 0.2㎝ 정도이다.

길러보기

자생지에서의 자연 번식은 잘 되고 있지만 알려진 번식법은 없다. 또한 관리법도 아직 제대로 알려진 것이 없다.

비슷한 식물들

- **도라지** : 키가 40~100㎝로, 홍노도라지보다 훨씬 크다. 꽃도 지름이 4~5㎝로 크다.
- **애기도라지** : 도라지를 축소시킨 것 같아서 애기도라지라고 한다. 꽃은 6~8월에 하늘색으로 피고, 키는 20~40㎝이다.

▲ 도라지

▲ 애기도라지

노란 단풍이 예쁜

365 황매화

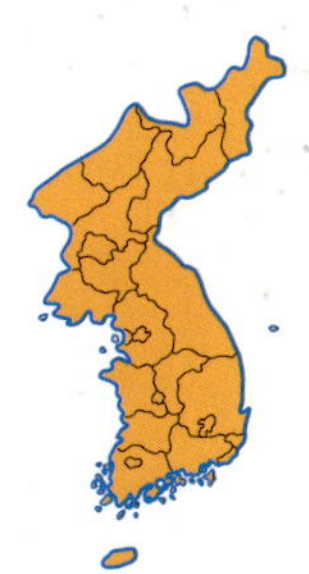

- 학 명 : *Kerria japonica* (L.) DC.
- 과 명 : 장미과

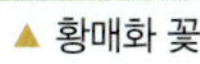

▲ 황매화 꽃

▲ 황매화 잎

▲ 황매화 열매

꽃이 매화와 비슷하고 황색으로 핀다 하여 황매화라고 부른다. 이명은 죽도화, 죽단화, 수중화, 체당화(棣棠花), 산취(山吹), 금매화 등이다.

낙엽활엽관목으로, 높이 1.5~2m 정도이고, 가늘고 긴 가지가 총생하는데 작은 가지는 녹색으로 능선이 진다. 잎은 긴 타원형으로 어긋나고 결각상의 겹톱니가 있다. 잎맥이 표면에서 오목하게 들어가고 뒷면에는 돌출되어 있으며 그 위에 털이 있다. 꽃은 황색으로 4~5월에 가지 끝에 1개씩 핀다. 열매는 수과로 9~10월에 흑갈색으로 익으며 꽃받침이 남아 있다.

우리나라와 중국, 일본에 분포한다. 우리나라에서는 황해도 이남의 습기가 많은 곳에 자생한다. 비옥한 사질 양토를 좋아하며 음지와 양지 모두에서 잘 자라고 추위를 잘 견디며 공해에도 강하다.

노란 꽃이 아름답고 개화 기간도 길며, 가을의 노란 단풍과 겨울의 벽색 줄기는 관상 가치가 높아 관상수, 정원수로 심는다. 특히 사찰이나 공원에 많이 심는다. 꽃말은 '숭고', '높은 기풍'이다.

줄기는 언제나 녹색으로 흰색의 푹신한 속이 있는데, 옛날엔 이 부분을 이용해 아이들이 딱총을 만들어 가지고 놀았다. 한방에서는 꽃, 줄기, 잎 모두를 체당화(棣棠花)라 하여 약재로 사용하는데 거풍, 진해, 거담에 효능이 있으며 소화불량, 수종, 류머티즘, 창독, 소아의 마진을 치료하는 데도 쓴다.

길러보기

초봄이나 여름에 삽목이나 포기나누기로 번식한다.

비슷한 식물들

- **겹황매화** : 겹꽃으로 꽃잎이 많이 피나 열매를 맺지 못한다.

나물로도 먹고 약으로도 쓰는

366 황새냉이

- 학 명 : *Cardamine flexuosa* With.
- 과 명 : 십자화과

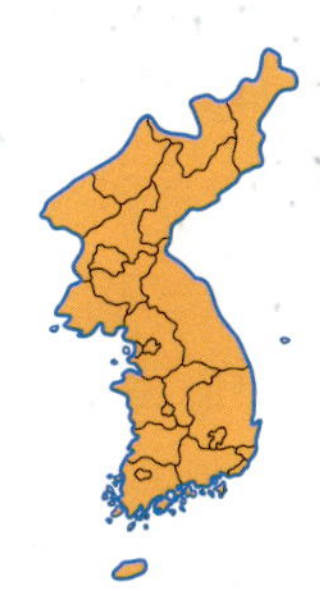

▲ 황새냉이 줄기에 붙은 잎

황새냉이는 열매자루가 황새 다리처럼 길다고 하여 붙여진 이름이다. 석명자라는 약재로도 쓰는데, 특히 눈 관련 질환에 쓴다.

키는 10~30㎝이며, 줄기는 곧게 자란다. 가지가 밑에서부터 갈라져 퍼지는데, 짙은 보라색을 띠며 짧은 털이 난다. 잎은 어긋나고 3~7개로 갈라지며 깃꼴 겹잎이다. 작은 잎은 7~17개가 달리며 달걀 모양 또는 넓은 달걀 모양이다.

꽃은 흰색으로 4~5월에 20개 정도가 총상화서로 달린다. 꽃의 지름은 약 0.7㎝이다. 꽃받침은 4개로 십자 모양이며, 꽃잎은 꽃받침보다 2배 정도 길다. 꽃잎은 길이 0.3~0.4㎝로 달걀을 거꾸로 세운 모양이다. 수술은 6개인데 4개가 길고, 암술은 1개이다. 열매는 각과로 길이 2㎝가량, 지름 1㎜가량으로 익으면 두 조각으로 갈라진다.

십자화과에 속하는 한해 또는 두해살이풀로, 우리나라를 비롯한 동아시아와 히말라야, 유럽 및 북아메리카의 온대에서 난대에 걸쳐 분포한다. 논밭 근처와 습지에서 자란다. 냉이라는 이름이 붙었듯 어린순은 나물로 먹는다. 나물밥도 해 먹고 국으로도 먹으며 튀김으로도 먹는다. 또한 정력자, 공제자라 하여 약재로 쓰인다.

길러보기

채종 후 바로 파종한다. 잎이나 줄기 삽목이 가능하고 포기나누기도 번식률이 높다. 비교적 저온에서도 잘 자라며 토양도 크게 가리지 않는 편이나, 햇볕이 잘 들고 배수도 잘 되는 비옥한 토양인 사양토를 선택하도록 한다.

비슷한 식물들

- **큰황새냉이** : 황새냉이에 비하여 기는줄기가 있고, 맨 끝의 갈래 잎이 매우 크며 꽃도 더욱 크다.
- **꽃황새냉이** : 큰황새냉이에 비해서 꽃잎의 길이가 2배쯤 길다.
- **냉이** : 키 10~50㎝로, 전체에 털이 있고, 줄기는 곧게 서며 가지를 친다.
- **왜갓냉이** : 기는줄기가 있으며, 키는 30~50㎝이다. 잎은 길이 1~4㎝, 너비 0.7~1.5㎝이다.

- **노란냉이** : 키는 20~50㎝이며, 노란색으로 꽃이 핀다.
- **는쟁이냉이** : 뿌리잎은 뭉쳐나고 길이 8㎝가량이며, 긴 잎자루가 있고 깃꼴로 갈라지기도 한다.
- **큰는쟁이냉이** : 전체가 대형이고, 잎과 줄기에 깊은 결각상 톱니가 있다.
- **미나리냉이** : 잎은 5~7장의 작은 잎으로 된 새의 깃 모양으로 가장자리에 불규칙한 톱니가 있다.

▲ 냉이 ▲ 왜갓냉이

▲ 노란냉이 ▲ 미나리냉이

꽃이 회오리처럼 피는

367 회리바람꽃

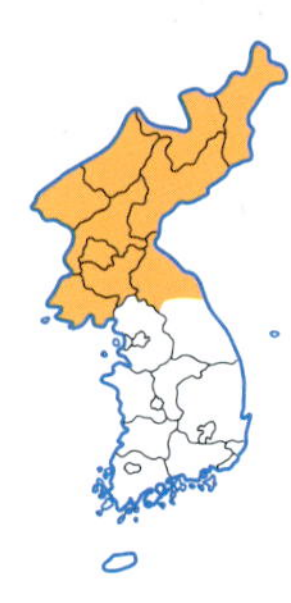

- 학 명 : *Anemone reflexa* Steph. & Willd.
- 과 명 : 미나리아재비과

▲ 회리바람꽃 꽃

▲ 회리바람꽃 잎

▲ 회리바람꽃 종자 결실

▲ 회리바람꽃 종자 결실(확대)

꽃 중에는 누가 봐도 비슷한 느낌을 주는 꽃이 있다. 그중 하나가 바람꽃인 것 같다. 우리나라 사람들도 '바람'을 붙였는데, 서양에서도 바람을 붙였으니 아네모네가 바로 그리스 어로 '바람의 딸'을 의미한다. 바람꽃은 유난히 바람을 좋아해서 대개 높은 산에서 바람을 맞으며 자란다.

바람꽃 종류 중 회리바람꽃은 회리라는 곳에서 처음 발견된 것이 아닌가 하는 착각을 주기 쉽다. 그러나 여기에서 회리란 지명이 아니라 회오리의 준말이다. 꽃이 마치 회오리를 일으키듯 모여 있어 붙은 명칭이다.

회리바람꽃은 강원도 이북 지방에 자생하는 여러해살이풀로, 반그늘의 부엽질이 풍부한 곳에서 자라며, 키는 20~30㎝이다. 잎은 길이 3~7㎝, 너비 0.9~ 2.5㎝로 뾰족한데, 잎 3개가 돌려가며 달리고 가장자리에 톱니가 있다.

꽃은 5~6월에 옅은 노란색으로 핀다. 꽃줄기의 길이는 2~3㎝로 끝에 1개의 꽃이 달리고 털이 있다. 꽃잎이 없어 줄처럼 생긴 꽃받침이 꽃잎처럼 보인다. 꽃받침은 아래로 처져 꽃줄기에 달라붙고 꽃술만 둥글다. 열매는 6~7월경에 달리고, 씨는 작고 많이 들어 있다. 꽃 모양은 노란 방울이 꽃을 형성한 것처럼 보여 다른 바람꽃들과 구별된다.

미나리아재비과에 속하며, 반악은연화라고도 한다. 주로 관상용으로 쓰이며, 유독성 식물이므로 먹을 수는 없다. 우리나라의 대관령 및 설악산 이북과 중국 북동부, 시베리아 등지에 분포한다.

길러보기

6~7월에 종자를 받아 바로 화단에 뿌리는 것이 좋다. 종자를 종이에 싸서 냉장 보관하면 발아율이 많이 낮아지기 때문이다. 재배는 까다롭다. 낙엽수가 많고 여름에는 그늘이 있어야 하며 바람이 잘 통하는 곳이어야 한다. 물 빠짐이 좋고 서늘한 곳에서 잘 자란다.

비슷한 식물들

- **매화바람꽃** : 꽃은 7~8월에 피고 흰색이며 원줄기 끝에 1개씩 하늘을 향하여 핀다. 함경북도 관모봉에 서식한다.
- **바람꽃** : 높은 지대에서 자라며, 굵은 뿌리줄기에서 자란 줄기는 키가 15~30㎝이다.
- **쌍둥이바람꽃** : 꽃은 5~6월에 흰색으로 피는데, 꽃자루 2개가 나와서 끝에 1개씩 달리기 때문에 쌍둥이바람꽃이라고 한다.

▲ 바람꽃

풀밭에 몰래 피는 흰 각시붓꽃

368 흰각시붓꽃

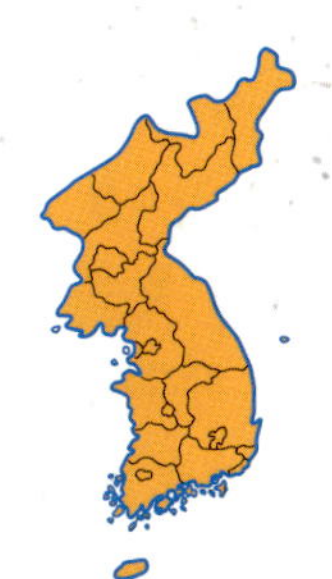

■ 학 명 : *Iris rossii* f. *alba* Y.N.Lee

■ 과 명 : 붓꽃과

▲ 흰각시붓꽃 꽃

▲ 흰각시붓꽃 꽃 시드는 모습

각시붓꽃은 붓꽃 중에서도 키가 유난히 작아서 붙은 이름이다. 붓꽃은 키가 60㎝가 넘지만 각시붓꽃은 10~20㎝밖에 안 된다. 각시붓꽃은 비교적 흔하게 볼 수 있는 야생화인데, 꽃이 연보라색으로 핀다. 꽃이 하얗게 피는 것이 흰각시붓꽃이다.

키는 30㎝ 정도이며, 땅속줄기와 수염뿌리가 발달한다. 뿌리줄기는 모여나며 갈색의 섬유로 덮여 있다. 잎은 길이 30㎝, 너비 0.2~0.5㎝로 긴 줄 모양이다. 꽃이 필 무렵의 잎은 꽃대와 길이가 비슷하다. 하얀 꽃잎에 보라색 무늬가 뿌려져 있는 것이 특징이다.

4~5월에 지름 4㎝ 정도의 흰색 꽃이 핀다. 꽃자루는 길이 5~15㎝로, 꽃대 밑이나 꽃자루 밑을 받치고 있는 녹색 비늘 모양의 잎이 4~5개 있으며, 맨 위의 꽃대 밑이나 꽃자루의 밑을 받치고 있는 녹색 비늘 모양의 잎에 꽃이 한 송이 달린다. 암술대는 3개로 갈라진 뒤 각각 다시 두 개로 깊게 갈라진다. 꽃이 핀 기간이 짧아 꽃을 발견하기가 매우 힘들다. 열매는 속이 여러 칸으로 나뉘며, 각 칸 속에 많은 종자가 들어 있다. 종자는 둥글며 지름 0.8㎝ 정도이다.

붓꽃과의 여러해살이풀로, 우리나라와 중국, 일본 등지에 분포한다. 산지의 풀밭에 자란다. 개체 수가 흔하지 않은 소중한 꽃이다. 관상용으로 정원에 심는다.

길러보기

관상용으로 많이 재배된다. 그러나 서늘하면서도 습기가 충분한 곳에 심어야 하기 때문에 관리하기 어렵다.

비슷한 식물들

- **각시붓꽃** : 잎은 길이 13~29㎝, 너비 0.2~0.6㎝에 이른다.
- **붓꽃** : 붓꽃과를 대표하는 꽃이다. 꽃이 피기 전의 모습이 붓처럼 생겨서 붓꽃이라고 부른다.
- **솔붓꽃** : 무명을 짤 때 풀칠하던 솔을 이 식물의 뿌리로 만들었다고 해서 솔붓꽃이라고 한다. 잎의 길이는 15㎝ 정도이다.

난장이붓꽃 : 꽃자루가 아주 짧아서 목 짧은 미인 같다. 키가 5~8㎝로, 붓꽃 종류 중 가장 작다.

금붓꽃 : 진노랑 꽃이 핀다. 키는 13㎝ 정도이다.

노랑붓꽃 : 1998년 전라북도 부안군 변산반도에서 200여 포기가 군락을 이루고 있는 것이 처음 발견되었다. 키는 15㎝ 정도이고, 한국 특산 식물이다.

등심붓꽃 : 북아메리카 원산으로, 남쪽 지방에 널리 퍼져 있는 귀화식물이다. 키는 10~20㎝이다.

부채붓꽃 : 여름에 자줏빛 꽃이 피며, 백두산의 습지에서 자란다. 키는 30~70㎝이다.

▲ 각시붓꽃 ▲ 붓꽃 ▲ 솔붓꽃

▲ 등심붓꽃 ▲ 금붓꽃 ▲ 부채붓꽃

ㅎ

강원도 높은 산에 숨어 피는 현호색

369 흰갈퀴현호색

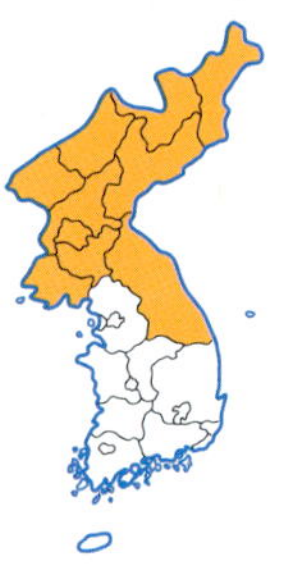

■ 학 명 : *Corydalis grandicalyx* f. *albifloris* Y.N.Lee

■ 과 명 : 현호색과

현호색은 아직 쌀쌀한 이른 봄 꽃이 피려면 더 있어야겠다 싶을 때 양지바른 언덕이나 개울가 비탈에 반갑게 얼굴을 내미는 꽃이다. 주로 서늘하고 높은 산에서 잘 자란다. 그래서 아직 응달에 눈이 뭉쳐 있는 산을 오르다 우연히 현호색을 만나면 여간 반가운 게 아니다.

현호색에서 '현'은 검다는 뜻으로 알뿌리가 거무튀튀해서 붙였고, '호'는 오랑캐의 뜻으로 이 꽃이 중국 북쪽 지방에서 많이 나서 붙인 것이다. 마지막으로 '색'은 꼬인다는 뜻으로 새싹이 돋아날 때 매듭이 생겨서 붙여졌다. 현호색이라는 이름은 꽤 복잡하게 지어진 것을 알 수 있다.

현호색은 대가족을 이루고 있는데, 갈퀴현호색은 꽃 바로 아래에 있는 잎 모양이 갈퀴처럼 생겨서 이름 붙여졌다. 꽃은 5~10개 정도 모여 피는데, 진한 청색이다. 전체적인 모습은 비슷하나 꽃이 하얗게 피는 것을 흰갈퀴현호색이라고 한다. 흰갈퀴현호색의 키는 10~20㎝이다. 잎은 2회 3출 겹잎으로 어긋나고, 작은 잎은 둥글거나 달걀 모양이며 잎 가장자리는 밋밋하다.

꽃은 3~5월에 달리며 꽃대축이 길게 자라고 꽃자루도 발달하지만 가지가 갈라지지 않고 흰색으로 달리며, 꽃받침은 길이와 너비가 각각 0.3~0.5㎝쯤 된다. 열매는 납작한 방추형으로 종자는 2열로 배열된다. 종자의 표면은 광택이 난다.

현호색과의 여러해살이풀로, 강원도 등 중부 이북지방 높은 산의 낙엽수림 아래에서 자라는 한국 특산종이다. 자생지에서는 대개 갈퀴현호색과 같이 자란다. 현 자생지는 매우 국한된 지역이므로 특별한 관리가 요구되나 그렇지 못하고 있는 실정이다. 비단 이 품종만의 문제는 아니지만, 특히 자주색이 뚜렷한 곳에서 돋보이는 흰색은 자칫 욕심을 내는 사람들에 의해 자생지가 훼손당할까 걱정되는 품종이기도 하다. 이렇듯 보기 어렵고 귀한 품종은 모두가 보호해야 하는 것이 아닐까 생각한다. 다른 현호색처럼 알뿌리는 한약재로도 쓰인다.

길러보기

꽃이 예쁘니까 집에서 관상용으로 기르기도 하지만 서늘한 곳을 좋아해 키우기가 까다롭다. 또 봄철에만 잠깐 모습을 보였다가 사라지는 까닭에 화분에서 기르면 마치 죽은 것처럼 보이기도 한다.

비슷한 식물들

- **현호색** : 산록의 습기 있는 곳에 자라며, 키는 20㎝ 정도이다. 꽃은 봄에 홍자색으로 핀다.
- **갈퀴현호색** : 꽃 바로 아래에 있는 잎 모양이 갈퀴처럼 생겼으며, 꽃은 진한 청색으로 핀다.
- **빗살현호색** : 잎에 빗살 모양이 있다.
- **댓잎현호색** : 잎이 대나무 잎처럼 가늘고 길다. 다른 현호색에 비해 개체 수가 많지 않다.
- **왜현호색** : 꽃이 자줏빛이 도는 하늘색이다.
- **들현호색** : 잎이 크고 넓다.
- **점현호색** : 잎에 흰색 반점이 있다.
- **애기현호색** : 산지에서 자라며, 키는 25㎝ 정도이다. 잎이 잘게 갈라진다.
- **난장이현호색** : 전체 크기가 10㎝ 이하로 작다.
- **섬현호색** : 꽃은 5월에 자주색으로 피며, 키는 40㎝ 정도이다. 잎은 깊게 갈라진다. 울릉도에 분포한다.
- **좀현호색** : 꽃은 홍자색으로 피며, 잎이 작다. 제주도 한라산에 분포한다.

▲ 현호색

▲ 갈퀴현호색

▲ 들현호색

▲ 점현호색

370 흰갯봄맞이

- 학 명 : *Glaux maritima* L.
- 과 명 : 앵초과

▲ 흰갯봄맞이 꽃

▲ 흰갯봄맞이 잎

ㅎ

봄맞이는 봄을 맞이하는 꽃이라고 해서 붙여진 이름이다. 이른 봄에 봄을 알린다고 해서 보춘화라고도 하지만 엄연히 보춘화라는 식물은 별도로 있다. 봄맞이에는 몇 가지 변종이 있는데, 갯봄맞이는 북부 바닷가 습지에 자라는 종으로 전체에 털이 없고, 잎은 다소 분백색이 도는 녹색으로 윤이 나는 것이 특징이다.

이 갯봄맞이도 변종이 있으니 흰갯봄맞이가 그것이다. 꽃잎이 흰색이라서 '흰' 자가 붙었는데, 갯봄맞이의 꽃은 연분홍색이다. 다른 부분은 거의 비슷하여 구별하기가 어렵다.

키는 5~20㎝이다. 땅속줄기는 굵으며 줄기가 곧게 서거나 비스듬히 자란다. 잎은 잎자루가 없어 다닥다닥 붙는데, 넓은 창처럼 끝이 뾰족하게 생겼거나 또는 타원형으로 잎 끝이 둔하다. 잎은 길이 0.6~1.5㎝, 너비 0.3~0.6㎝이며, 잎의 뒷면에는 점이 있다.

꽃은 봄에 피는데 꽃자루는 거의 없다. 꽃받침꽃은 넓은 종 모양으로 끝이 5개로 갈라지며, 갈라진 조각은 긴 타원형이다.

앵초과의 한해살이풀로, 우리나라와 중국 등지에 분포한다. 아직 정확한 학명이 지어지지 않은 품종이다. 하지만 학명이 없다고 이 품종을 흰색이 아닌 갯봄맞이의 한 부류로 소개하는 것은 앞으로 전개되는 국가간 종의 전쟁에서 자칫 뒤처질 수 있다는 생각으로 이렇게 새로운 장으로 분류하여 적게 되었

▲ 흰갯봄맞이 무리

다. 관상용으로 쓰인다.

길러보기

여름에 익는 종자를 보관했다가 이른 봄 화분에 뿌린다.

비슷한 식물들

- **갯봄맞이** : 전체에 털이 없고, 잎은 다소 분백색이 도는 녹색으로 윤이 난다. 북부 바닷가 습지에 자란다.
- **봄맞이** : 꽃은 4~5월에 흰색으로 피는데, 꽃이 5갈래로 갈라지는 것이 특징이다. 전체에 흰 털이 있다.
- **별봄맞이** : 줄기가 연한 백록색으로, 제주도에 분포하는 외래종이다.
- **명천봄맞이** : 애기봄맞이와 비슷하나 털이 많다.
- **고산봄맞이** : 줄기가 갈라진 끝에 잎이 돌려나며,어릴 때는 풀 전체에 흰 털이 난다. 키는 7㎝ 정도로, 백두산에 서식한다.
- **금강봄맞이** : 응달의 암벽에서 자라며, 키는 8㎝ 정도이다. 금강산과 설악산에 분포한다.
- **애기봄맞이** : 키는 15㎝가량이다. 잎은 길이 1~4.5㎝, 너비 0.2~0.9㎝이며 끝이 둔하거나 뾰족하다.

▲ 갯봄맞이

▲ 봄맞이

▲ 고산봄맞이

ㅎ

하얀 골무꽃으로 바느질을 할까?

흰골무꽃

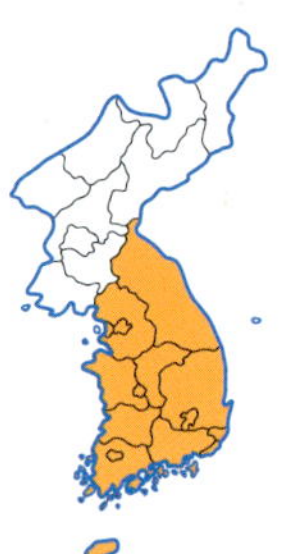

- 학 명 : *Scutellaria indica* f. *albiflora* Y.N.Lee
- 과 명 : 꿀풀과

골무 하면 옛 여인들이 바느질할 때 손가락에 끼는 작은 도구를 이른다. 헝겊을 두껍게 대어 만드는데, 바늘을 누를 때 사용하면 손이 아프지 않다. 골무꽃은 바로 열매를 감싼 꽃받침통이 골무를 닮아서 붙여진 이름이다.

골무꽃은 꽃이 자주색으로 피는데, 흰색으로 피는 종도 몇 가지가 있다. 대표적인 것이 애기골무꽃과 흰골무꽃이다. 또 광릉골무꽃도 연한 하늘색으로 피므로 처음 보면 흰색 같다.

이중 흰골무꽃은 전체적으로 골무꽃과 비슷하다. 키는 10~30㎝이며, 잎은 길이와 너비가 각각 2㎝가량이다. 잎자루에 털이 있다.

꽃은 흰색으로 달리며 꽃대축이 길게 자라고 꽃자루도 발달하지만 가지가 갈라지지 않으며 핀다. 꽃받침은 긴 통 모양이고 밑부분이 구부러진다. 꽃잎에는 자주색 점이 있다. 작은 열매는 두꺼운 껍질에 싸여 있고 지름 1㎜가량이다.

꿀풀과에 속하는 여러해살이풀로, 우리나라와 중국, 일본, 타이완, 인도차이나 반도 등지에 분포한다. 우리나라에서는 강원도 금강산 이남의 숲 속 음지에 자란다. 비바리골무꽃이라고도 하며, 어린잎은 식용한다.

길러보기

종자를 받아 화분이나 화단에 바로 뿌리거나 이듬해 봄에 뿌리면 관상용으로 기를 수 있다.

비슷한 식물들

- **골무꽃** : 키 20~30㎝이며, 잎은 넓은 달걀 모양으로 길이 약 2㎝이다. 꽃은 자주색으로 핀다.
- **왜골무꽃** : 전체에 털이 적고 모가 난 줄에만 털이 있으며, 잎은 달걀 모양이다.
- **가는골무꽃** : 골무꽃에 비해 잎이 가늘고 좁으며 잎사귀 가장자리에 톱니가 약간 있다. 잎은 길이 2~4㎝, 너비 0.3~1㎝이다.
- **광릉골무꽃** : 꽃은 5~6월에 연한 하늘색으로 핀다.
- **그늘골무꽃** : 작은 꽃자루에 액을 분비하는 선모가 나고, 꽃대 밑이나 꽃자루 밑을 받치고 있는 녹색 비늘 모양의 잎은 위로 갈수록 작아진다.
- **다발골무꽃** : 잎 앞면은 녹색이고 거칠며, 뒷면은 연한 녹색이고 맥 위에 털이 있다.
- **산골무꽃** : 잎겨드랑이에서 두 개씩 비스듬히 꽃이 핀다.
- **애기골무꽃** : 꽃은 흰색으로 7~8월에 줄기 윗부분의 잎겨드랑이에 1개씩 달린다. 참골무꽃보다 크기가 작아 애기골무꽃이라고 한다.
- **좀골무꽃** : 키 5~20㎝에 잎 길이와 너비 모두 1㎝ 정도로 작다.

- **참골무꽃** : 바닷가 모래땅에 자라며, 잎은 길이 1.5~2㎝, 너비 0.4~0.7㎝로 작다.
- **호골무꽃** : 산골무꽃에 비해 잎이 엷고 마디에 종종 털이 있을 뿐 거의 털이 없다.
- **떡잎골무꽃** : 잎이 골무꽃보다 더 두꺼운 삼각상이며, 잎맥의 함몰이 뚜렷하고 줄기 상부의 잎이 하부의 잎보다 크다.

▲ 골무꽃 ▲ 광릉골무꽃 ▲ 산골무꽃

▲ 애기골무꽃 ▲ 참골무꽃 ▲ 떡잎골무꽃

잎과 줄기에 흰 털이 난

372 흰괭이눈

■ 학 명 : *Chrysosplenium pilosum* var. *fulvum* (N.Terracc.) H.Hara

■ 과 명 : 범의귀과

▲ 흰괭이눈 꽃

▲ 흰괭이눈 잎

ㅎ

식물을 보고 동물을 떠올리기란 그리 쉬운 발상은 아닐 것이다. 특히 전체적인 모양이 아니라 극히 일부만을 비유하기란 더욱 어려운 일이다. 그럼에도 불구하고 옛날 식물 이름을 지은 사람들은 정말 대단한 상상력을 가졌다. 혹시 천재들이 아니었을까?

괭이눈이 그렇다. 꽃이 핀 모습을 보고 고양이의 눈을 상상했다. 괭이눈 종류들은 대개 노란색 꽃을 피우는데, 흰괭이눈 하면 어쩐지 꽃이 희지 않을까 하는 생각이 들기도 한다. 하지만 그러면 고양이 눈에 이상이 있는 것이니 괭이눈이라고 붙이지 않았을 것이다. 바로 꽃보다는 잎과 줄기에 힌트가 있다. 잎과 줄기에 흰 털이 있어서 흰괭이눈이라고 한 것이다.

흰괭이눈은 우리나라 중부 이남 산의 습기가 많은 곳에서 자라는 여러해살이풀로, 반그늘이고 주변 습도가 높은 곳에서 자라며, 키는 약 15㎝ 정도이다.

잎은 길이 1~2.3㎝, 너비 0.8~2㎝이고, 표면은 털이 있으나 뒷면은 털이 없고 마주난다. 뿌리에서 옆으로 뻗는 줄기가 없고 원줄기는 밑에서부터 갈라진다. 원줄기 밑부분에는 갈색 털이, 윗부분에는 흰색의 퍼진 털이 빽빽하게 나 있다. 꽃은 4~6월에 황록색으로 피는데, 길이 약 0.3㎝, 너비 약 0.2㎝이며 줄기 끝에 달린다. 열매는 7~8월경에 달리고, 종자는 검은색이다.

▲ 흰괭이눈 무리

범의귀과에 속하며, 큰괭이눈, 힌괭이눈, 흰털괭이눈이라고도 한다. 주로 관상용으로 쓰인다.

길러보기

8월에 받은 종자를 바로 뿌리는 것이 가장 좋고, 가을이나 이듬해 봄에 포기나누기를 해도 번식할 수 있다. 화단이나 화분에 심으면 좋다. 물 빠짐만 좋게 하고 반그늘에서 키우는 것이 요령이다. 물은 2~3일 간격으로 준다.

비슷한 식물들

- **괭이눈** : 꽃은 4~5월에 피고 연한 노란빛을 띤 녹색으로 가지의 끝부분에 모여 달린다.
- **산괭이눈** : 꽃이 진 다음 포기 밑동에 작은 구슬눈이 생긴다.
- **애기괭이눈** : 키 5~15㎝이고, 긴 털이 있으며, 밑부분에서 기는줄기가 나와 옆으로 뻗는다.

▲ 산괭이눈

▲ 애기괭이눈

제주도에 자라는 한국 특산종

373 흰그늘용담

- 학 명 : *Gentiana chosenica* Okuyama
- 과 명 : 용담과

▲ 흰그늘용담 꽃봉오리

▲ 흰그늘용담 꽃

▲ 흰그늘용담 무리

용담은 약재로 많이 이용되는 식물이다. 좋은 약은 입에 쓰다고, 용담이 바로 그렇다. 뿌리의 맛이 아주 쓴 탓에 '용의 쓸개'라는 뜻으로 용담이라 한 것이다.

흰그늘용담은 언뜻 그늘에 자라는 것을 떠올리는데, 그늘과는 상관이 없다. 제주도 한라산 해발 1,500m 고지 이상의 자생지에 가 보면 주변에 큰 나무가 없는 툭 터진 곳의 풀숲이나 햇볕이 잘 드는 곳에 자라고 있다.

한국 특산종으로, 용담과의 두해살이풀이다. 키는 약 5㎝ 정도이고, 줄기는 밑에서 갈라져 뭉쳐나고, 뿌리는 약 6㎝ 정도 땅속으로 들어간다.

잎은 길이 약 1.5㎝, 너비 약 1.3㎝로 달걀 모양이고 뿌리 끝에서 뭉쳐나며 끝이 뾰족하고 가장자리가 막질로 되며 잔돌기가 있고 위로 갈수록 점차 작아져서 줄기잎으로 된다. 줄기잎은 어긋나고 끝이 뾰족하고 가장자리가 흰색의 막질이며 뒷면 주맥과 더불어 규칙적인 잔돌기가 있다.

꽃은 흰색으로 5~7월 줄기 끝에 한 송이씩 달리고 윗부분에 점 같은 작은 돌기가 있다. 꽃부리는 꽃받침보다 약 2배 정도 길고 끝에 가시 같은 돌기가 있으며 수술은 5개, 암술은 1개가 꽃부리 통속에 들어 있다. 열매는 7월경에 달린다.

길러보기

구슬붕이 경우를 볼 때, 흰그늘용담도 7월경에 받은 종자를 바로 뿌리거나 종이나 솜에 싸서 건조되지 않게 한 후 냉장고에 보관하여 이듬해 봄에 뿌리면 될 것으로 본다. 그러나 해발 고도가 높은 곳에 사는 식물이어서 재배는 어려운 품종이다.

비슷한 식물들

- **구슬붕이** : 양지바른 들에서 자라며, 5~6월에 종 모양의 연한 자주색 꽃이 줄기 끝에 핀다.
- **용담** : 산지의 풀밭에 자라며, 키는 60㎝까지 큰다. 종처럼 생긴 꽃은 8~10월에 자주색으로 핀다.
- **칼잎용담** : 잎이 긴 타원형의 끝이 뾰족한 모양이다. 산지의 숲 속에 자라며, 키는 60~100㎝이다.
- **덩굴용담** : 줄기가 덩굴성으로 다른 물체를 감는다. 산기슭의 양지에 자란다.
- **큰용담** : 산지에서 자라며, 키가 1m 정도로 매우 크다.

▲ 구슬붕이

▲ 용담

▲ 칼잎용담

흰 꽃이 피는 금강애기나리

흰금강애기나리

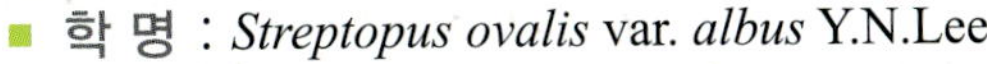

■ 학 명 : *Streptopus ovalis* var. *albus* Y.N.Lee

■ 과 명 : 백합과

애기나리 종류는 나리꽃 중에서도 키가 비교적 작은 무리를 이른다. 대표종인 애기나리는 키 15~40㎝로, 꽃은 4~5월에 흰색으로 핀다. 금강애기나리는 형태는 애기나리와 비슷하나 꽃이 황백색으로 자주색 반점이 있는 것이 특징인데, 금강산에서 먼저 발견되어 '금강'이라는 이름이 붙었다.

이 금강애기나리와 닮았지만 꽃이 희고 자주색 반점이 없는 것이 흰금강애기나리이다. 원로 식물학자인 고(故) 이영노 박사에 의하여 1996년에 발견되어 이름 붙여진 것으로, 학명에도 이영노 박사의 이름이 붙어 있다.

흰꽃이 핀다고 하여 흰금강애기나리라고 하였고, 속명인 *Streptopus*는 꼬이다의 뜻인 Streptos와 발의 뜻인 pous의 합성어로, 꽃차례가 잎 아래에 꼬여

들어 있다는 의미이다. 종소명인 *ovalis*는 '넓은 둥근 그릇 모양의 형태를 가진'이라는 뜻이고, 종아명인 *albus*는 '흰색'이라는 뜻을 가지고 있다.

백합과에 속하며, 강원도 평창군 진부에서 처음으로 발견되어 '진부애기나리'라고도 부른다. 우리나라와 중국 동북부에 분포한다. 어린순은 나물로 먹으며, 한방에서는 뿌리줄기를 약재로 사용한다. 요즘에는 공원을 조성할 때 이 식물을 많이 심는 편이다. 또 작은 화분에 담아서 관상용으로도 널리 사용하고 있다.

길러보기

7월에 달리는 열매를 따 종자를 받아서 바로 뿌리거나, 가을이나 이른 봄에 뿌리를 포기나누기로 번식한다. 일반적으로 고도가 낮은 곳에서는 재배하기 힘든 품종이다.

비슷한 식물들

- **금강애기나리** : 꽃이 연한 황백색으로 피는데, 자주색 반점이 있는 것이 특징이다. 키는 10~30㎝이다.
- **애기나리** : 꽃은 흰색으로 4~5월에 줄기 끝에 1~2개가 밑을 향해 달린다. 키는 15~40㎝이다.
- **큰애기나리** : 애기나라 중에는 가장 커서 키 30~70㎝이며, 줄기가 갈라진다.
- **가지애기나리** : 연한 녹색 꽃이 가지 끝에 한두 개씩 핀다.
- **죽대아재비** : 잎이 금강애기나리와 비슷하나, 꽃이 넓은 종형이고 꽃줄기는 중간에서 한 번씩 꼬이며 관절이 있는 점이 다르다. 키도 50~100㎝로 크다.

▲ 금강애기나리

▲ 애기나리

▲ 큰애기나리

뜨거운 심장을 가진 꽃

375 흰금낭화

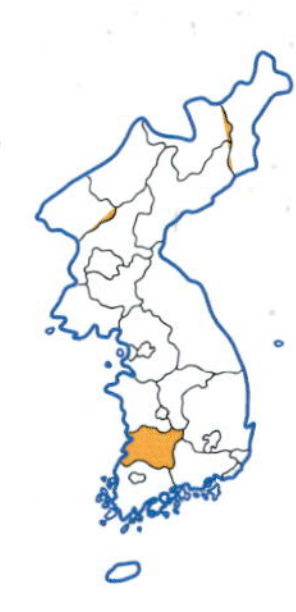

■ 학 명 : *Dicentra spectabilis* (L.) Lem.

■ 과 명 : 현호색과

▲ 흰금낭화 꽃

▲ 흰금낭화 잎

우리꽃은 대개 작은 편이다. 그에 비하면 서양 꽃은 대개 큼지막하다. 그래서 눈길은 서양 꽃에 먼저 가곤 한다. 그러나 큰 만큼 금세 질리는 것도 또한 서양 꽃이다. 그에 비한다면 우리꽃은 작지만 여간 귀여운 게 아니다. 모양도 아기자기하다.

흰금낭화 역시 아주 아름다운 꽃이다. 봄이 무르익은 4~5월 흰금낭화는 어른 무릎 정도까지 키가 크고, 꽃대가 활처럼 휘면서 흰색 꽃이 여러 송이 피어난다. 꽃은 줄기를 따라 위로 올라가는데, 크기는 작은 편이다. 하지만 자세히 들여다보면 끝이 양쪽으로 살짝 올라가 하트 모양을 이룬다. 영어로는 'bleeding heart'라고 하는데, 이는 '피가 흐르는 심장'이란 말이다.

이 하트 속에 하얀색이 붙어 있는데, 마치 작은 주머니처럼 생겼다고 해서 아름다운 주머니 꽃이라는 의미로 흰금낭화라는 이름이 붙었다. 이 하얀 주머니 속에 암술과 수술이 들어 있다. 지구상에는 참 많은 꽃이 있지만 모두 자기만의 빛깔과 모양을 가지고 있다는 것을 다시 한 번 확인할 수 있다.

한 가지 아쉬운 것은 금낭화는 비교적 일찍 지고 만다는 것이다. 4~6월에 꽃이 피었다가 6~7월에는 열매를 맺는다. 세상은 온갖 생명으로 가득 차 푸른빛을 한껏 자랑하고 있을 때, 금낭화는 서둘러 휴면에 들어가는 것이다. 한편, 열매는 긴 타원형으로 달리고 안에는 검고 빛이 나는 씨앗이 들어 있다. 금낭화는 등모란이나 덩굴모란이라고도 하는데, 모란처럼 아름답다고 해서 붙여진 이름이다. 또 옛날 여자들이 갖고 다니던 주머니와 비슷하다고 해서 '며느리주머니'라고도 하며, 입술에 밥풀이 붙어 있는듯 하다고 해서 '밥풀꽃'이라고도 한다.

꽃말은 '당신을 따르겠습니다'이다. 꽃의 모습이 마치 고개를 숙이고 사랑하는 사람에게 순종하는 듯한 모습이니 절묘하게 어울린다.

금낭화는 이른 봄 새순을 나물로 무쳐 먹기도 하지만, 나물로 먹을 땐 삶은뒤 며칠간 물에 우려내야 한다. 독성이 강하기 때문이다. 금낭화는 약재로도 사용된다.

흰금낭화는 현호색과에 속하며, 우리나라에서는 설악산의 봉정암 근처에서 처음으로 발견되었다. 그러나 요즘은 우리나라 곳곳의 산지에서 자라고 있다. 우리나라 이외에는 중국에 분포한다.

길러보기

씨앗을 받아 바로 뿌리는 것이 가장 좋다. 아니면 종이에 싸서 냉장 보관한 뒤 이듬해 봄에 뿌리면 된다. 늦가을에 덩이뿌리를 3~4㎝ 정도의 크기로 잘라 꽃눈을 붙여 모래에 심으면 다음 해 봄에 싹이 나오고 꽃이 핀다.

비슷한 식물들

- **금낭화** : 꽃은 홍색으로 4~5월에 꽃대가 활처럼 휘면서 여러 송이 피어난다.
- **자주괴불주머니** : 산기슭 그늘진 곳에서 자라며, 키는 20~25㎝이다. 4~5월에 자주색 꽃이 핀다.

▲ 금낭화

▲ 자주괴불주머니

드물게 보이는 하얀 광대나물

376 흰꽃광대나물

■ 학 명 : *Lagopsis supina* (Stephan) Ikonn.-Gal. ex Knorring

■ 과 명 : 꿀풀과

우리가 잘 모르는 것 중에도 먹을 수 있는 풀이 굉장히 많다. 광대나물도 그 중 하나이다. 이름이 낯설지 모르지만 이 들꽃은 우리 주위에서도 흔하게 볼 수 있다. 아직 음지에는 찬바람이 부는 봄날 양지바른 산가나 길가에 잡초처럼 핀다. 그만큼 생명력이 강한 야생화라고 할 수 있다.

광대나물은 꽃이 광대가 입는 옷을 연상케 하여 붙여진 이름으로, 꽃은 홍자색이며 잎겨드랑이에 여러 송이가 돌려난다. 이 꽃이 흰색이면 흰꽃광대나물이라고 하며, 잎이 자주색이며 하트 모양으로 생긴 것은 자주광대나물이라고 한다.

흰꽃광대나물은 광대나물의 변이종으로, 키는 10~30㎝가량 되며, 줄기는 네모지고 자줏빛이 난다. 잎은 마주나는데, 뿌리에서 난 잎은 둥근 모양이고, 줄기에서 난 잎은 심장형으로 양쪽에서 줄기를 완전히 둘러싼다. 지름은 1~2㎝ 정도이며, 잎자루는 없고, 잎 가장자리에는 톱니가 있다.

▲ 흰꽃광대나물 꽃

꽃은 4~5월에 잎겨드랑이에 여러 송이가 붙어 돌려난 것처럼 보인다. 꽃의 지름은 0.7~1.2㎝, 길이는 2~3㎝ 정도이다. 꽃을 보면 꼭 입술 같아서 우리에게 '봄이 왔어요!'라고 고백하는 듯하다. 꽃잎에는 잔털이 많이 난다. 열매는 7~8월에 달걀 모양으로 익으며, 3개의 능선이 있고 앞면에 하얀 반점이 있다.

꿀풀과의 두해살이풀로, 우리나라 각처의 풀밭이나 길가에 광대나물과 섞여 자란다. 어린순은 나물로 먹고, 풀 전체는 약재로도 사용된다.

길러보기

두해살이풀이기 때문에 종자로만 번식한다. 8월경에 종자를 받아 이듬해 봄에 화단에 뿌리면 쑥쑥 큰다. 음지나 양지 구분 없이 잘 자라지만 햇볕이 잘 드는 곳에서 더 잘 자란다.

비슷한 식물들

- **광대나물** : 홍자색 꽃이 핀다. 키는 10~30㎝이다.
- **자주광대나물** : 귀화식물로, 잎이 자주색이고 하트 모양이다.

▲ 광대나물

▲ 자주광대나물

희고 노란 꽃을 피우는 민들레

흰노랑민들레

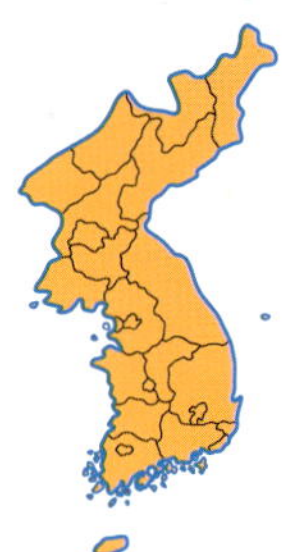

- 학 명 : *Taraxacum coreanum* var. *flavescens* Kitam.
- 과 명 : 국화과

민들레라는 말은 듣기만 해도 기분이 좋아지는 말이다. 우리나라 산과 들 어디에나 피는 꽃, 꽃이 지면 둥그렇게 꽃씨들을 품었다가 바람에 날려보내는 작은 들꽃이 민들레이다. 굳이 멀리까지 가지 않아도 된다. 가까운 공원이나 학교 정원, 길가 빈 터에도 핀다.

그런데 흰노랑민들레라니? 희면 흰색, 노란색이면 노랑이라고 할 것인데, 두 가지 색을 모두 표현했으니 나름 속사정이 있을 것이다. 꽃에 그 비밀이 있다. 언뜻 보면 꽃은 연노랑색이다. 그러나 가운데 부분은 노랗고 주변으로 갈수록 희어진다. 이런 색상은 마치 민들레와 흰민들레가 합쳐진 것처럼 보이기도 한다.

민들레 종류가 몇 가지 있는데, 우리가 한 가지 알아둘 것은 들판에 무수히 피어난 민들레 중에 가장 흔한 것이 서양민들레라는 사실이다. 토종민들레는 그 다음이고, 흰민들레와 흰노랑민들레가 그 뒤를 잇는다. 대체 왜 귀화식물이 토종식물보다 많아진 것일까? 혹시 홑씨가 훨씬 많기 때문은 아닌지 궁금하다. 우리 민들레도 서양민들레 못지않게 생명력이 강함에도 개체 수에서 밀렸으니 말이다. 한 가지 단서는 서양민들레는 봄부터 가을까지 줄기차게 꽃을 피운다는 사실이다.

서양민들레와 우리나라 고유의 토종민들레는 총포로 구분한다. 서양민들레는 총포가 뒤로 젖혀져 있다. 또 토종민들레는 꽃대가 시원스럽게 길며 꽃이 진 후에도 꼿꼿하게 서 있으나, 서양민들레는 꽃대가 짧고 꽃이 지면 마치 할 일 다 했다는 듯이 옆으로 드러눕는다. 또 서양민들레의 꽃은 진노랑색이라서 구분이 쉽다.

흰노랑민들레는 여러해살이풀로, 양지 혹은 반음지에서 자라며, 키는 10~20㎝이다. 잎은 가장자리가 깊게 갈라지고 양쪽 면에 털과 톱니가 있으며 피침형이다. 꽃은 연노란색으로 꽃줄기 위에 1개씩 달린다.

민들레꽃은 보통 한 송이로 알고 있지만 사실은 수십 개의 작은 꽃송이들이 모여 이루어진 꽃차례다. 이 꽃송이들은 수분을 담당하는 것과 곤충을 유인하는 것으로 구분되는데, 종자 번식을 위한 지혜라고 볼 수 있다. 총포는 옅은 녹색으로, 꽃이 필 때보다 꽃이 핀 후에 더 자란다.

열매는 5~6월경에 달린다. 씨가 바람에 날려다니다 땅에 내리면 싹이 나고 꽃이 피는데, 그 모든 과정이 일주일이 채 걸리지 않는다. 그만큼 자생력이 강한 식물이다.

국화과에 속하며, 주로 관상용으로 쓰인다. 어린순은 식용하고, 전초는 민들레와 마찬가지로 포공영, 뿌리는 포공영근이라고 해서 약재로 사용한다.

길러보기

6월에 종자가 익으면 바로 화분에 뿌리는 것이 좋다. 어떤 환경에서도 살아가는 식물이다. 잎이나 뿌리를 식용 혹은 약용으로 사용할 경우는 주변 오염도가 낮은 곳을 택해 심어야 한다.

비슷한 식물들

- **흰민들레** : 민들레와 비슷하지만, 흰색 꽃이 핀다.
- **민들레** : 키는 15~30㎝이며, 뿌리에서 잎과 꽃대가 모여난다. 꽃은 노란색이다.
- **좀민들레** : 산록에서 자라며, 원줄기가 없고 잎이 무더기로 나와서 비스듬히 퍼진다.
- **서양민들레** : 총포가 밖으로 구부러지는 것이 특징이다. 꽃은 3월부터 9월까지 피는데, 진노랑색이다.

▲ 흰민들레

▲ 민들레

▲ 좀민들레

▲ 서양민들레

전초에 흰빛이 도는 대극

378 흰대극

- 학 명 : *Euphorbia esula* L.
- 과 명 : 대극과

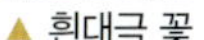

▲ 흰대극 꽃

▲ 흰대극 잎과 줄기

대극은 큰 창을 뜻하는 말이다. 풀에 그런 이름을 썼으니 커다란 창처럼 생겼거니 하겠지만 전혀 다르다. 이는 약재로 사용할 때 뿌리가 몹시 맵고 써서 목구멍을 크게 찌르는 것 같다고 해서 붙여진 것이다.

▲ 흰대극 줄기

대극 종류 중 흰대극은 전초에 흰빛이 도는 대극이라서 붙여진 이름이다. 키는 20~50㎝이며, 줄기는 곧게 자라고 위에서 가지를 친다. 잎은 줄기에서는 마주나지만 끝에서는 돌려난다. 잎 모양은 선상 타원형으로 길이 2.5~5㎝, 너비 1~3㎝이다. 잎의 뒷면은 흰색을 띤다. 꽃차례가 달리지 않은 줄기에서는 잎이 빽빽이 모여 난다.

꽃줄기는 줄기 끝에서 우산살 모양으로 5~6개가 나오며, 갈라진 꽃줄기는 다시 2~3개로 갈라져 그 끝에 2~3개의 꽃차례가 달린다. 꽃은 4~5월에 노랗게 피며, 여러 개의 수술과 1개의 암술이 있다. 씨방은 3실이며, 암술대는 3개이고 끝은 2갈래로 갈라진다. 열매는 6~7월에 익고 속이 여러 칸으로 나뉘며, 각 칸 속에 많은 종자가 들어 있다. 종자는 약간 눌린 공 모양이고 털이 없다.

대극과의 여러해살이풀로, 우리나라와 중국, 만주, 일본, 몽골, 아무르, 시베리아, 유럽 등지에 분포한다. 우리나라에서는 산골짜기, 강가 등에서 자란다. 식물체에 상처를 내면 흰 유액이 나오는데, 약재로 사용된다. 흰대극에 비하여 잎이 넓고 짧은 것은 섬흰대극이라고 하는데, 제주도에 분포하여 제주대극이라고도 한다.

길러보기

정원에 심어 가꾸는 것이 좋으며, 집단적으로 심는 것이 운치가 있다. 이식하고 뿌리를 내린 후 계분을 비료로 준다.

비슷한 식물들

- **대극** : 키는 80㎝ 가량이며, 꽃의 지름은 1.5㎝ 정도이다.
- **두메대극** : 줄기는 뭉쳐나며 길이 10~15㎝로 아주 작다. 매우 유독한 식물로 제주도에 분포하며, 제주대극이라고도 한다.
- **민대극** : 암꽃과 수꽃에 꽃봉오리를 덮는 작은 잎이 없어 민대극이라고 한다. 또 새순이 꽃게의 다리처럼 붉은색을 띠므로 붉은대극이라고도 한다.
- **암대극** : 바닷가 바위틈에 자라며, 꽃이 필 때 꽃대의 끝에서 꽃의 밑동을 싸고 있는 비늘 모양 조각이 노란색을 띤다.
- **지리대극** : 지리산에 자라며, 키 50~100㎝로 큰 편이다. 잎은 길이 6~14㎝, 너비 1~2.3㎝로 분백색을 띤 녹색이다.
- **섬흰대극** : 흰대극에 비하여 잎이 넓고 짧다. 제주대극이라고도 한다.

▲ 대극

▲ 두메대극

▲ 지리대극

높은 산에 자라는 흰 꽃

379 흰두메자운

■ 학 명 : *Oxytropis anertii* f. *alba* Y. N. Lee

■ 과 명 : 콩과

두메자운은 높은 산에 자라는 자운영이라는 뜻으로, 특히 백두산에 자란다고 하여 장백극두, 두메돔부, 묏돔부라고도 불리는 품종이다. 꽃이 한창일 때에는 보랏빛이 형광색으로 반짝거려 신비로운 풍경화를 그려내기도 한다.

흰두메자운은 꽃이 흰색으로 피어 붙여진 이름이다. 줄기는 매우 짧다. 잎은 줄기 끝에서 모여 나는데, 많은 작은 잎으로 이루어진 작은 잎 여러 장이 잎자루 양쪽으로 나란히 줄지어 붙어 새의 깃처럼 보인다. 작은 잎은 마주나며 길이 0.4~1.3㎝, 너비 0.1~0.5㎝로 피침형이다. 잎의 뒷면에는 털이 있다.

꽃은 6~8월에 잎 사이에서 나온 길이 4~8㎝의 꽃줄기 끝에 5~10개가 달리며, 꽃대축이 길게 자라고 꽃자루도 발달하지만 가지가 갈라지지 않는다. 꽃받침은 종형이며 겉에 긴 털이 있고 끝이 5개로 갈라진다. 꼬투리로 맺히는 열매는 달걀 모양 타원형이며 길이 0.9~2㎝이다. 열매 끝은 부리 모양이며 긴 털이 난다.

콩과의 여러해살이풀로, 우리나라와 중국 동북부에 분포한다. 우리나라에서는 북부지방의 높은 산 풀밭에 자란다. 관상용이나 밀원보조용으로 사용된다.

길러보기

고산식물이라서 키우기가 어렵다.

비슷한 식물들

- **털두메자운** : 전체에 갈색 털이 빽빽하며, 작은 잎이 4~5개 돌려난다.
- **애기자운** : 키가 5~6㎝로 매우 작다. 양지바른 풀밭에 나며, 꽃은 4월에 분홍색으로 핀다.
- **팥애기자운** : 5월에 꽃줄기 끝에 노란 꽃이 핀다. 꼬투리로 맺히는 열매는 가늘고 길어 애기자운과 비교된다.
- **두메자운** : 6~8월에 홍자색 꽃이 1~5 송이 핀다. 꽃대축이 길게 자라고 꽃자루도 발달하지만 갈라지지 않는다.

▲ 애기자운

▲ 두메자운

높은 산 풀밭에 자라는 땃딸기

380 흰땃딸기

■ 학 명 : *Fragaria nipponica* Makino

■ 과 명 : 장미과

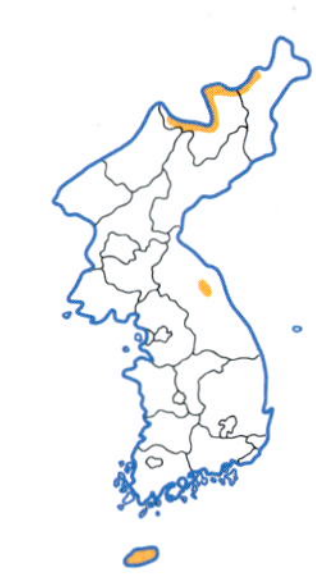

▲ 흰땃딸기 꽃

▲ 흰땃딸기 잎

딸기는 오랜 옛날부터 재배되어 온 식물이다. 오늘날처럼 큰 딸기는 남아메리카에서 유럽으로 전해진 장딸기를 개량한 것이 시초가 된다고 알려져 있다. 딸기는 야생에도 상당히 많은 종류가 있는데, 땃딸기는 기는가지로 번식하며, 8~9월에 15~30㎝ 정도 자란 꽃줄기 끝에 흰색 꽃이 핀다.

이와 비슷한 것이 흰땃딸기로, 꽃이 5월경에 피는 점이 다르다. 흰땃딸기는 키가 10~30㎝로, 뿌리줄기는 약간 굵고 기는줄기가 나오며 전체에 털이 있다. 잎은 뿌리에서 나오며 세 장의 작은 잎으로 구성되고 잎자루는 길다. 잎의 양면에는 누운 털이 있으며, 가장자리에 톱니가 있다.

꽃은 잎의 길이와 비슷한 꽃줄기가 자라서 1~4개씩 흰색으로 달린다. 꽃받침조각은 5개, 꽃잎도 5개이고 암술과 수술은 많다. 열매는 6~7월에 붉은색으로 열리는데, 달걀 모양으로 맛이 달다.

장미과의 여러해살이풀로, 우리나라와 일본에 분포한다. 우리나라에서는 제주도와 충북, 평북, 함북 등지의 높은 산 풀밭에서 자란다. 열매는 식용하고, 밀원식물로도 이용된다.

길러보기

곁가지를 이용하여 삽목 번식하거나 포기나누기를 하고, 8월에 익은 종자를 받아 바로 뿌리거나 보관 후 이른 봄에 뿌린다. 햇볕이 많이 드는 곳에 심고 물 빠짐을 좋게 하고 퇴비를 많이 넣는다.

비슷한 식물들

- **땃딸기** : 기는가지로 번식하며, 길이 15~30㎝ 자란 꽃줄기 끝에 흰색 꽃이 핀다. 북부지방에 분포한다. 초본 식물이다.
- **줄딸기** : 줄기를 타고 연한 홍색 꽃이 줄줄이 붙는데, 이들이 줄지어 딸기가 된다.
- **뱀딸기** : 논둑, 풀밭의 양지에 자라며, 꽃은 4~5월에 노랗게 핀다. 열매는 지름 1㎝ 정도로 둥글며 6월에 붉게 익는다.
- **산딸기** : 꽃은 흰색으로 6월에 핀다. 열매는 집합과로 둥글며 7~8월에 붉게 익는다.

- **나무딸기** : 키는 1m 정도이다. 꽃은 6~7월에 흰색으로 핀다. 열매는 둥글납작하며 지름 2㎝ 정도이다.
- **곰딸기** : 붉은가시딸기라고도 한다. 키는 2~3m이다.
- **멍석딸기** : 줄기가 30㎝ 정도 서다가 땅 위로 누워 길이 2m 정도로 뻗어 나간다.
- **장딸기** : 목본 식물로, 키는 20~60㎝에 이른다. 남부지방 바닷가 야산에 잘 자란다.
- **노랑장딸기** : 열매가 노란색이다.
- **제주장딸기** : 줄기의 잎에 털이 없다.

▲ 뱀딸기 ▲ 산딸기

▲ 곰딸기 ▲ 장딸기

노란 꽃 무리 속에 빛나는 흰 민들레

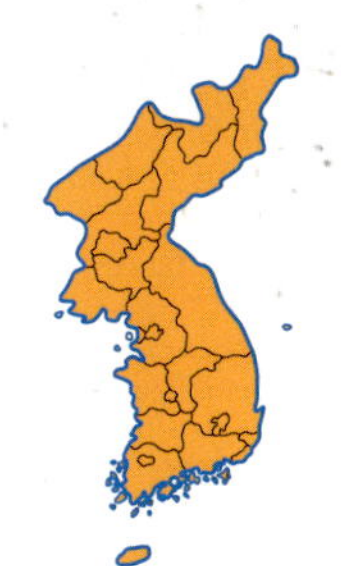

- 학 명 : *Taraxacum coreanum* Nakai
- 과 명 : 국화과

ㅎ

노란민들레는 토종인지 서양에서 온 것인지 알기가 쉽지 않다. 대개 꽃받침이 아래로 처져 있으면 서양민들레, 꼿꼿하면 토종민들레로 구분한다. 그러나 흰 꽃이 피는 흰민들레는 외래종이 아닌 토종뿐이다.

흰민들레는 민들레처럼 나물로도 먹고 약재로도 쓰는데, 민들레보다 더욱 몸에 좋다고 알려져 있다. 흰민들레에는 비타민과 미네랄 및 필수아미노산이 풍부하여 간, 위 및 당뇨 등에 좋은 성분이 다량 함유되어 있다는 것이다. 『약용식물사전』에도 "민들레는 위장을 튼튼하게 하고 소변을 원활하게 하며 소화불량, 변비, 간장병, 황달, 천식, 자궁병, 식중독에 좋다."고 기록되어 있다. 이런 사실이 널리 알려지면서 전국 각지에 흰민들레를 재배하는 농가도 부쩍 늘어났다. 흰민들레를 필요로 한다면 야생에서 채취하는 것보다 재배 농가에서 구입하는 것이 좋겠다.

흰민들레는 키가 10~15㎝이며, 원줄기는 없고 잎은 뿌리에서 무더기로 나와 비스듬히 퍼진다. 잎은 길이 7~25㎝, 너비 1.4~6㎝로 거꾸로 선 창처럼 끝이 뾰족하게 생겼다. 양면에 털이 약간 나며 양쪽 가장자리는 무 잎처럼 갈라진다. 잎이 서는 것이 많은 점도 민들레와 차이점이다. 꽃은 4~6월에 꽃줄기 끝에 1개씩 하늘을 향하여 달리며 밑에 털이 빽빽하게 난다. 꽃이 핀 다음 꽃줄기는 길이 30㎝ 내외로 자라고 속이 비어 있다. 열매는 7~8월에 익으며, 씨는 하나로 작고 익어도 터지지 않고 윗부분에 돌기가 있다.

국화과에 속하는 여러해살이풀로, 우리나라와 일본, 만주, 우수리강 등지에 분포한다. 어린 순을 묵나물로 하고, 꽃은 약재로 쓰인다. 김치나 생채를 담가 먹기도 하고, 술로 만들기도 한다.

길러보기

종자가 익어 날리기 전에 언제든지 뿌려도 된다. 어떤 환경에서도 살아가는 식물이므로 관리는 크게 신경 쓰지 않아도 된다.

비슷한 식물들

- **민들레** : 꽃은 4~5월에 피는데, 노란색으로 지름 3~7㎝ 정도이며 잎과 같은 길이의 꽃줄기 위에 달린다.
- **좀민들레** : 산록에서 자라며, 꽃의 크기가 작다.
- **서양민들레** : 꽃받침이 밑으로 처졌으며, 꽃 지름은 2~5㎝이다.
- **산민들레** : 산지의 습한 곳에서 자란다. 원줄기가 없고, 뿌리에서 곧바로 잎이 나온다.
- **털민들레** : 흰민들레에 비하여 꽃부리는 흰색이고, 꽃대 끝에서 꽃의 밑동을 싸고 있는 비늘 모양의 조각은 길며 털이 적은 편이다.

▲ 민들레

▲ 서양민들레

▲ 좀민들레

수줍은 듯 고개 숙인 하얀 봄처녀

382 흰얼레지

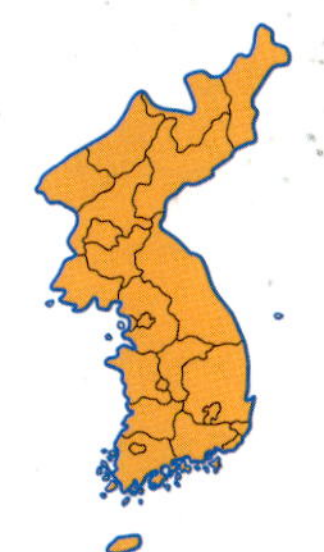

- **학 명** : *Erythronium japonicum* f. *album* T.B.Lee
- **과 명** : 백합과

얼레지는 연한 자주색 꽃이 일품인 야생화이다. 높은 지대의 비옥한 땅이나 산골짜기에 자라는데, 마치 누가 쳐다볼까 고개를 숙인 모습이 여간 매력 있는 게 아니다. 꽃이 예뻐 관상용으로도 좋고, 잎은 나물로도 먹고, 비늘줄기는 약재로도 쓰이는 등 쓰임새도 많은 들꽃이다.

얼레지 중 하얀 꽃이 피는 것은 흰얼레지라고 한다. 전체적인 모습은 비슷하지만 얼레지는 꽃자루가 붉은색인 반면에 흰얼레지는 녹색이며, 또 얼레지는 잎에 진한 자주색 무늬가 나지만 흰얼레지는 녹색이거나 희미한 흰색 무늬가 있는 점이 구별된다.

키는 20~30㎝이며, 비늘줄기는 끝이 뾰족하고 땅속 깊이 들어 있다. 이 비늘줄기에서 2개의 잎이 나와 수평으로 퍼진다. 잎은 길이 6~12㎝, 너비 2.5~5㎝로 좁은 달걀 모양 또는 긴 타원형이다.

꽃은 3~4월에 두 장의 잎 사이에서 긴 꽃줄기가 나와 끝에 1개가 아래를 향하여 달린다. 꽃잎은 6개이며, 길이 5~6㎝, 너비 0.5~1㎝이다. 열매는 6~7월에 둥글게 익는다.

백합과의 여러해살이풀로, 우리나라와 일본 등지에 분포한다. 대개 얼레지 군락지에 함께 피는데, 실제로 발견하기는 쉽지 않은 품종이다. 하지만 자주색 군락에서 흰색들이 나오기 때문에 멀리서도 쉽게 구분이 가능하다. 이 때문에 자생지에서 그 모습을 점차 잃어 가고 있는 것은 안타까운 일이다. 현재는 여러 군데에서 흰얼레지가 출현하고 있는 것은 고무적인 일이다. 대부분의 식물에서 albi 계통은 종자발아율도 떨어지고 원식물에 비해 수명이 짧은 것도 우리가 보호해야 하는 이유 중 하나이다. 관상용으로 쓰이며, 뿌리와 비늘줄기는 약용으로 쓰인다. 얼레지는 나물로도 먹는데, 흰얼레지는 독성이 강하여 먹지 않는다.

길러보기

5~6월경에 종자를 채취하여 화단에 뿌린다. 습도를 잘 유지해 주면 발아율은 좋다. 화단에 심고, 토양 20~30㎝ 아래에는 물 빠짐이 좋아야 한다. 물은 자주 주지 않아도 괜찮지만 습도를 유지하기가 어려워 집에서 키우기는 쉽지 않다.

비슷한 식물들

- **얼레지** : 꽃이 연한 자주색으로 핀다. 잎은 달걀 모양 또는 타원형으로 녹색 바탕에 자주색 무늬가 있고 가장자리가 밋밋하다.

▲ 얼레지

꽃이 젖처럼 하얀 제비꽃

흰젖제비꽃

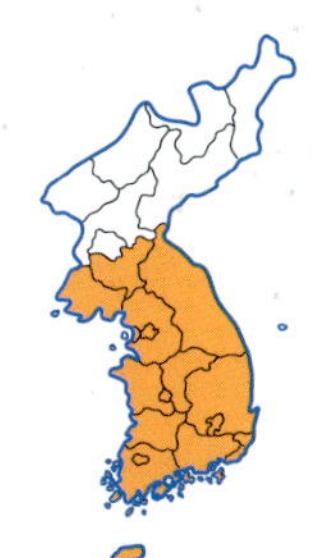

- 학 명 : *Viola lactiflora* Nakai
- 과 명 : 제비꽃과

제비꽃만큼 정겨운 들꽃도 드물다. 강남 갔던 제비가 돌아올 때 피니 제비꽃이 피면 이제 봄이 왔다는 뜻이다. 제비꽃은 우리나라에 분포하는 종류만 해도 60여 종이 될 정도로 대가족이다. 가장 흔한 종은 역시 대표 종인 제비꽃과 호제비꽃으로, 둘 다 꽃이 자주색으로 핀다.

흰젖제비꽃은 왜제비꽃과 흰제비꽃의 중간형으로, 꽃이 젖처럼 희다고 하여 붙여진 이름이다. 왜제비꽃은 꽃이 연한 붉은색이라 구분이 되고, 흰제비꽃은 흰젖제비꽃보다 잎이 좁으며 잎자루에 날개가 있는 점이 차이가 난다.

다른 제비꽃처럼 줄기는 없으며, 키는 15㎝가량, 뿌리는 흰색이다. 잎은 뿌리에서 모여 나며 삼각상 긴 타원형 또는 피침형이다. 잎은 길이 6~12㎝, 너비 2~3㎝이며, 잎 가장자리에 둔한 톱니가 있다. 잎자루는 날개가 없다.

꽃은 4~5월에 잎 사이에서 잎보다 긴 꽃줄기가 올라와 그 위에 하얗게 달린다. 꽃줄기 중앙부에 2개의 꽃대 밑이나 꽃자루의 밑을 받치고 있는 녹색 비늘 모양의 잎이 있고 부채꼴이다. 꽃받침은 5조각이며, 곁꽃잎 안쪽에 털이 있다. 열매는 속이 여러 칸으로 나뉘며, 각 칸 속에 많은 종자가 들어 있고 긴 타원형이다.

제비꽃과의 여러해살이풀로, 우리나라와 중국 등지에 분포한다. 전국의 산과 들에 서식한다. 어린순은 식용하며, 관상용으로 쓰인다. 또한 전초를 지정이라고 하여 약재로 사용한다. 흰애기제비꽃, 흰꽃오랑캐, 흰젖오랑캐라고도 한다.

길러보기

종자를 받아 보관 후 9월에 뿌리거나, 이른 봄 새순이 올라올 때 포기나누기를 한다. 물 빠짐이 좋은 곳이면 어디서나 잘 자란다.

비슷한 식물들

- **제비꽃** : 꽃 빛깔은 짙은 붉은빛을 띤 자주색이고, 꽃받침잎은 끝이 뾰족하다. 키는 10㎝ 정도이다.
- **흰제비꽃** : 꽃이 흰색 또는 자주색을 띤 흰색이며, 잎은 긴 타원형으로 넓고 끝이 뾰족하다.
- **왜제비꽃** : 꽃은 연한 붉은색이다.
- **흰들제비꽃** : 잎자루 윗부분의 좁은 날개 가장자리와 잎 표면에 짧은 털이 있고, 꽃잎 중 상판에 줄무늬가 있으며, 저지대에 자란다.
- **호제비꽃** : 키는 7~15㎝이고, 잎은 뿌리줄기에서 모여나며 길이 3~6㎝,

너비 1~2㎝의 삼각상 피침형이다.

- **왕제비꽃** : 꽃은 흰색이며 자주색 줄이 있다. 키는 40~90㎝까지 큰다.
- **뫼제비꽃** : 높은 산에 자라며, 꽃은 4~5월에 연한 자주색으로 핀다. 곁꽃잎 안쪽에 털이 없고 잎이 달걀 모양의 심장형인 점이 다르다.
- **서울제비꽃** : 호제비꽃에 비해 잎이 달걀 모양 또는 긴 달걀 모양이고 자주색이 돌지 않는 점이 다르다.

▲ 제비꽃

▲ 호제비꽃

▲ 뫼제비꽃

▲ 서울제비꽃

꽃 모양이 조개처럼 생기고 흰 꽃이 피는

384 흰조개나물

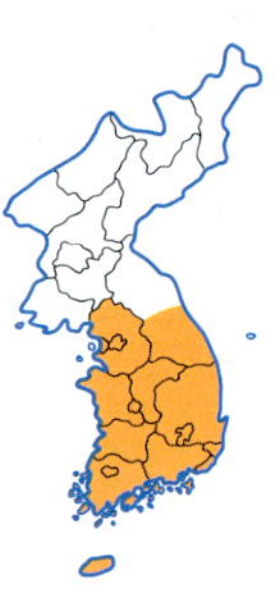

■ 학 명 : *Ajuga multiflora* f. *leucantha* (Nakai) T.B.Lee

■ 과 명 : 꿀풀과

▲ 흰조개나물 꽃

▲ 흰조개나물 무리

조개나물은 꽃의 모습이 꼭 혀를 내밀고 있는 조개와 비슷해 붙여진 이름이다. 꽃은 5~6월에 자주색으로 피는데, 잎겨드랑이에서 뭉쳐 위로 올라가며 달리고 통형이다. 이 조개나물과 비슷하나 흰 꽃이 피는 것을 흰조개나물이라고 한다. 또 꽃 색깔이 자주색으로 피면 붉은조개나물이라고 한다.

흰조개나물은 키가 30㎝ 정도이며, 줄기에는 긴 털이 빽빽이 난다. 뿌리는 짧은 뿌리줄기 끝에 잔뿌리가 사방으로 벋어 나간다. 잎은 마주나며 길이 1.5~3㎝, 너비 0.7~2㎝로 타원형 또는 달걀 모양이며 가장자리에 톱니가 있다.

꽃은 5~6월에 흰색으로 피는데, 잎겨드랑이에서 뭉쳐 위로 올라가며 달리고 통형이다. 꽃받침은 길이 2㎝ 정도로 2개로 갈라지며 밑부분의 것은 다시 3개로 갈라지며 중앙부의 것이 가장 길다. 열매는 7~8월경에 납작하고 둥근 모양으로 달린다.

꿀풀과의 여러해살이풀로, 우리나라와 중국, 만주, 아무르 강, 우수리 강 등지에 분포한다. 햇볕이 잘 들고 메마른 경사지 또는 풀밭에 잘 자란다. 나물이라는 이름은 붙었지만 약간 독성이 있어서 먹지 않는다. 관상용으로 쓰이며, 잎과 줄기 및 뿌리는 약용으로 쓰인다. 또 지상부를 잘라 염료로도 사용한다.

길러보기

종자를 바로 뿌리거나 이듬해 봄에 뿌리나누기를 한다. 번식이 잘 되고 꽃이 아름다우며 여름철 더위도 잘 견뎌 노지 녹화용으로 좋은 품종이다.

비슷한 식물들

- **조개나물** : 꽃이 자주색으로 핀다.
- **붉은조개나물** : 꽃 색깔이 붉은자주색이다.
- **아주가** : 조개나물속을 이르는 명칭으로, 외국에서 들어온 개량 종이다. 조개나물과 꼭 닮았지만 줄기나 잎에 털이 없다.
- **주름조개나물** : 잎 가장자리에 물결 모양 주름이 있다.
- **분홍꽃조개나물** : 꽃이 분홍색으로 핀다.

▲ 조개나물

잎자루와 꽃줄기에 흰 털이 난

385 흰털제비꽃

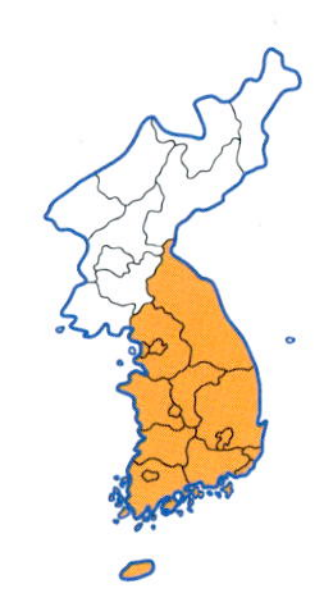

■ 학 명 : *Viola hirtipes* S.Moore

■ 과 명 : 제비꽃과

▲ 흰털제비꽃 꽃봉오리

▲ 흰털제비꽃 꽃

▲ 흰털제비꽃 잎

제비꽃이 하도 예쁘게 피었기에
화분에 담아 한 번 키워 보려고 했지요
뿌리가 아프지 않게
조심조심 삽으로 떠다가
물도 듬뿍 주고 창틀에 놓았지요.

– 안도현의 시 〈제비꽃 편지〉 중에서

제비꽃은 봄을 수놓는 들꽃이다. 눈이 녹고 따뜻한 바람이 불 때면 산과 들 어디에서도 반갑게 고개를 내민다. 제비꽃 중 흰털제비꽃은 잎자루와 꽃줄기에 퍼진 긴 털이 하얗게 나서 붙여진 이름이다.

키는 7~12㎝이며, 줄기는 없고 뿌리는 흰색이다. 뿌리줄기는 짧다. 잎은 모두 뿌리에서 모여나고 달걀 모양 긴 타원형이다. 잎은 길이 3~7㎝, 너비 2~3.5㎝이며, 잎의 가장자리에 둔한 톱니가 있다. 꽃은 4월에 연한 홍자색으로 여러 개의 꽃줄기 끝에 핀다. 꽃줄기는 길이 7~12㎝로 중앙부에 2개의 꽃대 밑이나 꽃자루의 밑을 받치고 있는 녹색 비늘 모양의 잎이 있다. 꽃받침조각은 창처럼 끝이 뾰족하고 털이 없으며, 꽃잎의 길이는 1.5~2㎝이다. 꽃잎은 5장으로 달걀 모양이며 암술은 1개, 수술은 5개이다. 열매는 6~7월에 속이 여러 칸으로 나뉘며, 각 칸 속에 많은 종자가 들어 있고 달걀 모양으로 털이 없다.

제비꽃과의 여러해살이풀로, 우리나라와 일본, 만주, 중국의 북동부 및 우수리 강 등지에 분포한다. 양지 풀밭에 자란다. 어린순은 식용하며, 관상용으로 쓰인다.

길러보기

종자를 받아 보관 후 9월에 뿌리거나 이른 봄 새순이 올라올 때 포기나누기를 한다. 물 빠짐이 좋으면 어디서나 잘 자란다. 물은 2~3일 간격으로 준다.

비슷한 식물들

- **제비꽃** : 꽃 빛깔은 짙은 붉은빛을 띤 자주색이고, 꽃받침잎은 창처럼 끝

이 뾰족하다. 키는 10㎝ 정도이다.

- **흰제비꽃** : 꽃이 흰색 또는 자주색을 띤 흰색이며, 잎은 긴 타원형의 넓고 끝이 뾰족한 모양이다.
- **왜제비꽃** : 꽃은 연한 붉은색이다. 잎이 흰털제비꽃의 잎에 비하여 짧다.
- **흰들제비꽃** : 잎자루 상부의 좁은 날개 가장자리와 잎 표면에 짧은 털이 있고, 꽃잎 중 상판에 줄무늬가 있으며, 저지대에 자란다.
- **둥근털제비꽃** : 잎은 길이 2~3.5㎝, 너비 2~3㎝로 전체에 잔털이 많이 나 있다.
- **아욱제비꽃** : 전체에 흰 털이 많이 나고, 잎은 뿌리에서 모여난다. 꽃이 필 때의 잎은 둥근 심장 모양이다. 울릉도와 북부지방에 분포한다.
- **호제비꽃** : 키는 7~15㎝이고, 잎은 뿌리줄기에서 모여나며 길이 3~6㎝, 너비 1~2㎝의 삼각상 피침 모양이다.
- **왕제비꽃** : 꽃은 흰색이며 자주색 줄이 있다. 키는 40~90㎝까지 큰다.
- **뫼제비꽃** : 높은 산에 자라며, 꽃은 4~5월에 연한 자주색으로 핀다. 곁꽃잎 안쪽에 털이 없고 잎이 달걀 모양의 심장형인 점이 다르다.
- **서울제비꽃** : 호제비꽃에 비해 잎이 달걀 모양 또는 긴 달걀 모양이고 자주색이 돌지 않는 점이 다르다.

▲ 제비꽃

▲ 호제비꽃

▲ 뫼제비꽃

▲ 서울제비꽃

꽃이 흰 현호색

386 흰현호색

■ 학 명 : *Corydalis albipetala* B.U.Oh

■ 과 명 : 현호색과

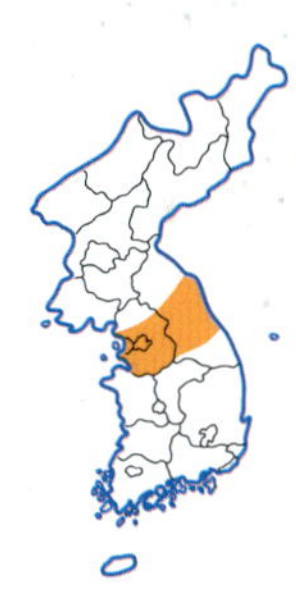

▲ 흰현호색 꽃

▲ 흰현호색 잎

ㅎ

현호색은 본래 북방 계통의 식물로, 알뿌리가 거무튀튀하며 새싹이 돋아날 때 매듭이 생겨서 붙은 이름이다. 알뿌리는 약재로 이용되는데, 혈과 기의 순환을 용이하게 해 준다고 한다.

현호색은 그 종류가 상당히 많은데, 흰현호색은 꽃이 흰색으로 핀다고 하여 붙은 명칭이다. 키는 20㎝ 정도로 땅속줄기는 가늘고 길다. 줄기는 비스듬히 기운다. 잎은 두 장으로 작은 잎이 3개 있고 잎몸이 2개 이상으로 갈라진다. 작은 잎은 달걀 모양으로 불규칙하게 깊게 갈라진다.

꽃은 줄기 끝에 2~14개 정도가 달리며, 꽃대축이 길게 자라고 꽃자루도 발달하지만 가지가 갈라지지 않으며 핀다. 작은 꽃줄기는 꽃이 필 때에는 키 0.5~1㎝이나 열매가 숙성될 때에는 1~1.4㎝까지 자란다. 열매는 속이 여러 칸으로 나뉘며, 각 칸 속에 많은 종자가 들어 있고 선형이며 약간 휘어진다. 종자는 다소 납작한 콩팥 모양이며 표면에 광택이 있다.

현호색과의 여러해살이풀로, 우리나라와 동북아시아에 분포한다. 우리나라는 강원도 등 중부지방의 산지에 자란다. 다른 현호색처럼 알뿌리는 한약재로도 쓰인다.

길러보기

꽃이 예쁘니까 집에서 관상용으로 기르기도 하지만, 서늘한 곳을 좋아해 키우기가 까다롭다.

비슷한 식물들

- **현호색** : 산록의 습기 있는 곳에 자라며, 키는 20㎝ 정도이다. 꽃은 봄에 홍자색으로 핀다.
- **흰갈퀴현호색** : 꽃 바로 아래에 있는 잎 모양이 갈퀴처럼 생겼으며, 꽃은 흰색으로 핀다.
- **갈퀴현호색** : 꽃 바로 아래에 있는 잎 모양이 갈퀴처럼 생겼으며, 꽃은 진한 청색으로 핀다.
- **빗살현호색** : 잎에 빗살 모양이 있다.

댓잎현호색 : 잎이 대나무 잎처럼 가늘고 길다. 다른 현호색에 비해 개체 수가 많지 않다.

왜현호색 : 꽃이 자줏빛이 도는 하늘색이다.

들현호색 : 잎이 크고 넓다.

점현호색 : 잎에 흰색 반점이 있다.

애기현호색 : 산지에서 자라며, 키는 25㎝ 정도이다. 잎이 잘게 갈라진다.

난장이현호색 : 전체 키가 10㎝ 이하로 작다.

섬현호색 : 꽃은 5월에 자주색으로 피며, 키는 40㎝ 정도이다. 잎은 깊게 갈라진다. 울릉도에 분포한다.

좀현호색 : 꽃은 홍자색으로 피며, 잎이 작다. 한라산에 분포한다.

▲ 현호색 ▲ 갈퀴현호색 ▲ 댓잎현호색

▲ 왜현호색 ▲ 들현호색 ▲ 점현호색

ㅎ

우리나라의 고유 특산종

387 히어리

- 학 명 : *Corylopsis gotoana* var. *coreana* (Uyeki) T.Yamaz.
- 과 명 : 조록나무과

▲ 히어리 꽃

▲ 히어리 잎

마치 외래어 같아서 외국에서 들어온 나무처럼 느껴지지만 히어리는 엄연히 우리나라 고유 수종이다. 학명조차도 '*Corylopsis gotoana* var. *coreana*'로 우리나라산임이 명시되어 있으며, 영문명도 'Korean winter hazel'로 우리나라산임을 알 수 있다.

히어리라는 이름은 시오리(十五里)에서 히어리로 바뀌어서 된 것으로 생각된다. 송광납판화, 납판나무, 송광꽃나무, 조선납판화 등으로도 불린다. 여기에서 송광납판화란, 이 나무가 송광사 부근에서 발견되었으며 꽃잎이 밀랍과 같이 두꺼운 데서 비롯된 것이다.

낙엽활엽관목 또는 소교목으로, 높이는 5m 정도이다. 가지가 많이 올라와 둥근 수형을 이루며, 가지는 황갈색으로 흰색의 피목이 있고, 겨울눈은 타원형으로 황갈색이다. 잎은 달걀 모양 원형으로 가장자리에 뾰족한 톱니가 있고, 표면은 연한 녹색이며 뒷면은 회백색으로 털이 없다.

꽃은 3~4월에 총상화서로 달리는데, 꽃이 핀 다음에 8~12개의 황색 꽃이 달리며, 꽃잎은 거꾸로 세운 달걀 모양이다. 열매는 삭과로 털이 많고, 종자는 검은색으로 9월에 익는다.

우리나라 특산종으로, 햇볕이 잘 드는 곳을 좋아하고 건조한 땅에서도 잘 견디며 추위에 매우 강하다. 지리산, 변산반도 등 주로 남쪽 지방에 자라는 나무인데, 수원의 광교산과 남해 섬에서도 자라는 것이 발견되었으며, 최근에는 수원 광교산보다 더 북쪽인 강원도 화천의 백운산 해발 500m 되는 곳에서 히어리 군락이 발견되어 히어리 북한계선이 새로 설정되었다.

▲ 히어리 열매

▲ 히어리 수피

▲ 히어리 종자 결실

▲ 히어리 종자

최근에는 자생지가 많이 발견되고 있어 주목된다. 특히 경남 하동의 적량면 구제봉 일대의 해발 200~500m 사이 계곡과 비탈 등에 히어리 대규모 군락지가 있다. 이곳의 히어리는 높이가 6~7m, 수령은 50년 이상으로 국내 최대 군락지로 평가된다.

노란 꽃과 황금색의 단풍이 아름다워 관상수, 정원수로 심는다.

길러보기

실생과 삽목으로 번식한다.

비슷한 식물들

- **중국히어리** : 히어리보다 꽃이 좀 더 길게 늘어지고 가지는 바로 선다.
- **풍년화** : 일본 원산으로 공원수, 정원수로 식재하며, 3~4월에 잎이 나기 전에 꽃이 노란색으로 핀다.

▲ 풍년화

| 참고문헌 및 웹사이트 |

- 국가표준식물목록(2012), 산림청
- 꼭 알아야 할 한국의 야생화(2008), 허북구 · 박석근, 중앙생활사
- 꽃도감-600가지[개정판](2004), 한국화훼장식교수연합회, 부민문화사
- 꽃의 이름을 묻다(1998), 이하석, 문학동네
- 대한식물도감(1989), 이창복, 향문사
- 몸에 좋은 산야초(2003), 장준근, 넥서스BOOKS
- 백두고원(2002), 김태정 · 이영준 · 한상훈, 대원사
- 봄 여름 가을 한국의 야생화(2010), 한국야생화연구회, 아이템북스
- 봄꽃 쉽게 찾기(2008), 윤주복, 진선books
- 쉽게 찾는 수생식물(2004), 김태정 · 강은희, 현암사
- 쉽게 찾는 야생화(2010), 김태정, 현암사
- 야생화 기르기(2008), 코야마 유키오 외, 그린홈
- 야생화 쉽게 찾기(2003), 송기엽 · 윤주복, 진선출판사
- 야생화-202 식물도감[손안에미니북1](2009), 장은옥 · 서정근, 수풀미디어
- 야생화도감[아하! 포켓](2005), 김완규, 지식서관
- 야생화도감-봄편(2010), 정연옥 외, 푸른행복
- 야생화-애장본(2004), 송기엽, 진선출판사
- 우리 꽃 야생화를 찾아서(2009), 김광섭, 디자인소리
- 우리 산야에 피는 야생화(2006), 박노복 외, 문예마당
- 우리가 정말 알아야 할 우리 꽃 백가지 2(2010), 김태정, 현암사
- 울타리 안에서 키우는 야생화 재배와 이용(2009), 박노복 · 정연옥, 푸른행복
- 제주도 야생화(2004), 서재철, 일진사
- 집에서 키우는 사계절 야생화(2006), 김필봉, 학마을B&M
- 채색의 시간-한국의 야생화 편(2008), 김충원, 진선아트북
- 한국식물도감(2002), 이영노, 교학사
- 한국의 야생화(1997), 김태정, 국일미디어
- 한국의 야생화(2003), 이유미, 다른세상
- 한국의 야생화(2007), 김태정, 교학사
- 한국의 야생화[우리 산과 들에 숨쉬는 보물](2010), 자연을 담는 사람들, 문학사계
- 世界有用植物事典(1989), 堀田滿 외, 平凡社
- 국가생물종지식정보시스템(www.nature.go.kr), 국립수목원